Betriebswirtschaftliche Studien

Betriebswirtschaftliche Studien

(ehemals Heidelberger betriebswirtschaftliche Studien)

Informationen über frühere in der Reihe erschienene Bände sendet Ihnen auf Anfrage gerne der Verlag

Dyckhoff, H., Ahn, H. (Hrsg.), Produktentstehung, Controlling und Umweltschutz. 1998. ISBN 3-7908-1098-3

Diedrich, R., Entscheidungen bei Ungewißheit. 1999. ISBN 3-7908-1167-X

Ewert, R.: Wirtschaftsprüfung und asymmetrische Information. 1990. *Vergriffen*

Schuster, P.: Erfolgsorientierte Steuerung kleiner und mittlerer Unternehmen. Funktionale, instrumentelle und organisatorische Aspekte eines größengerechten Controlling-Systems. 1991. *Vergriffen*

Laux, H., Schenk-Mathes, H. Y.: Lineare und nichtlineare Anreizsysteme. Ein Vergleich möglicher Konsequenzen. 1992. ISBN 3-7908-0596-3

Schwinger, R., Einkommens- und konsumorientierte Steuersysteme. Wirkungen auf Investition, Finanzierung und Rechnungslegung. 1992. ISBN 3-7908-0597-1

Pfaff, D., Kostenrechnung, Unsicherheit und Organisation. 1993. *Vergriffen*

Schöbel, R., Kapitalmarkt und zeitkontinuierliche Bewertung. 1995. ISBN 3-7908-0835-0

Sander, M.: Internationales Preismanagement. 1997. ISBN 3-7908-0991-8

König, R.: Wirtschaftliche Effizienz und Steuerreformen. 1997. ISBN 3-7908-0998-5

Ossadnik, W.: Mehrzielorientiertes strategisches Controlling. 1998. ISBN 3-7908-1088-6

Klose, W.: Standortplanung in distributiven Systemen. 2001. ISBN 3-7908-1410-5

Krafft, M.: Kundenbindung und Kundenwert. 2002. ISBN 3-7908-1445-8

Andreas Pfnür

Betriebliche Immobilienökonomie

Mit 76 Abbildungen und 93 Tabellen

Springer-Verlag
Berlin
Heidelberg
GmbH

Dr. Andreas Pfnür
Universität Hamburg
Von-Melle-Park 5
20146 Hamburg
Deutschland
pfnuer@econ.uni-hamburg.de

Als Habilitationsschrift auf Empfehlung des Fachbereiches Wirtschaftswissenschaften der Universität Hamburg,
gedruckt mit Unterstützung der Deutschen Forschungsgemeinschaft

ISBN 978-3-7908-1487-3 ISBN 978-3-642-57499-3 (eBook)

DOI 10.1007/978-3-642-57499-3

Die Deutsche Bibliothek CIP-Einheitsaufnahme
Pfnür. Andreas: Betriebliche Irrunobilienökonomie / Andreas Pfnür. - Heidelberg: Physica-Verl. 2002
(Betriebswirtschaftliche Studien)

Ursprünglich erschienen bei Physzica-Verlag Heidelberg 2002

Umschlaggestaltung: Erich Kirchner. Heidelberg

SPIN 10874396 88/2202-5 4 3 2 1 0 - Gedruckt auf alterungsbeständigem Papier

Vorwort

Die betriebliche Immobilienökonomie ist in der deutschsprachigen betriebswirtschaftlichen Literatur lange vernachlässigt worden. In den angelsächsischen Ländern ist man in der Lösung von Teilproblemen einerseits der Entwicklung in Deutschland weit voraus, anderseits fehlt es aber auch hier an grundlegenden Konzepten zum Umgang mit betrieblich genutzten Immobilien. Die Ursache ist im mangelnden Verständnis des Erfahrungsobjekts „Immobilie" zu suchen. Die erforderliche interdisziplinäre Zusammenarbeit zwischen Architekten, Ingenieuren, Juristen, Raum- und Städteplanern, Soziologen und Ökonomen ist an den meisten Forschungseinrichtungen eher Programm als Realität. Zusätzlich hafteten der Immobilienwirtschaft lange Zeit die Makel der „Unwissenschaftlichkeit" und „Unterakademisierung" an. Gegenwärtig wachsen mit der wachsenden Bedeutung der Kapitalmärkte für die Unternehmensführung die immobilienwirtschaftlichen Probleme der Unternehmen. Gleichzeitig steigt der Ausbildungsstand und damit das Interesse für wissenschaftliche Methoden, sodass die Bedeutung der hier behandelten Thematik in Forschung und Praxis gewachsen ist. Zielsetzung der vorliegenden Arbeit ist es, Probleme im Umgang mit Unternehmensimmobilien aus der betriebswirtschaftlichen Perspektive systematisch zu behandeln, um erstmalig einen Überblick über dieses Forschungsgebiet zu schaffen.

Die vorliegende Arbeit ist während meiner Tätigkeit als Hochschulassistent am Arbeitsbereich für Öffentliche Wirtschaft von Herrn Prof. Dr. Lothar Streitferdt entstanden. Sie wurde im Juli 2001 vom Fachbereich Wirtschaftswissenschaften der Universität Hamburg als Habilitationsschrift anerkannt.

Mein besonderer Dank gilt Herrn Prof. Dr. L. Streitferdt für die wertvollen Anregungen und die konstruktive Kritik in der Entstehungsphase der Arbeit. Gleichfalls bin ich den Gesellschaftern und den Mitarbeitern der Unternehmensberatung Eversmann & Partner Corporate Real Estate zu großem Dank für die wertvolle materielle und inhaltliche Unterstützung insbesondere der empirischen Teile der Arbeit verpflichtet. Ein großes *„Danke schön"* allen ehemaligen und gegenwärtigen Mitgliedern des Lehrstuhlteams für die tatkräftige Unterstützung. Mein besonderer Dank für eine fruchtbare wissenschaftliche Zusammenarbeit gilt hier Dr. Christina Schaefer. Schließlich danke ich allen Kollegen und Praktikern, die geduldige Diskussionspartner waren und mir mit wertvollen Anregungen zur Seite gestanden haben.

Hamburg, Januar 2002 Dr. Andreas Pfnür

Inhaltsverzeichnis

A BEZUGSRAHMEN **1**

1 Einleitung **3**
1.1 Problemstellung 3
1.2 Vorgehensweise 5
1.3 Begriffliche Grundlagen und Abgrenzung des Untersuchungsgegenstandes 6
1.3.1 Begriffsabgrenzung „Immobilie“ 6
1.3.2 Abgrenzung des Untersuchungsgegenstandes, des Blickwinkels und der verwendeten Begriffe 10
2 Die Immobilie als Wirtschaftsgut **13**
2.1 Kernproblem der Immobilienökonomie 13
2.1.1 Rechtliche Regulierung der Flächenallokation 14
2.1.2 Standortbezogenheit der Immobilienökonomie 20
2.1.3 Zeitbezogenheit der Immobilienökonomie 23
2.2 Merkmale betrieblicher Immobilien im Leistungserstellungsprozess 27
3 Bedeutung von betrieblichen Immobilien für den Unternehmenserfolg **29**
3.1 Umfang von Immobilien im Leistungserstellungsprozess 30
3.2 Nutzenstiftung von Immobilien 34
3.2.1 Differenzierung immobilienwirtschaftlicher Nutzen 34
3.2.2 Nutzenwirkungen der Immobilie im Zeitablauf 37
3.3 Kostenverursachung durch Immobilien 38
3.3.1 Zum Kostenbegriff der Immobilienwirtschaft 38
3.3.2 Differenzierung immobilienwirtschaftlicher Kostenarten 39
3.3.3 Kosten des Immobilienwechsels 43
3.3.4 Kostenwirkungen der Immobilie im Zeitablauf 46
3.4 Risikoverursachung von Immobilien 55
3.4.1 Zum Risiko-Begriff 56
3.4.2 Differenzierung immobilienwirtschaftlicher Risiken 57
3.4.3 Aufbau des Risikopotenzials der Immobilie im Zeitablauf 65
3.5 Bewertung von Immobilien 69
3.5.1 Problem der Immobilienbewertung 69
3.5.2 Bewertungsanlässe und zugehörige Wertbegriffe 72
3.5.3 Bewertungsverfahren 83
3.5.4 Prozess der Immobilenbewertung 105
3.6 Zwischenergebnis 106

B HANDLUNGSFELDER DER BETRIEBLICHEN IMMOBILIENÖKONOMIE 109

4 Überblick 111
4.1 Alternative Ansätze in der Literatur 111
4.1.1 Historische Ursprünge 111
4.1.2 Neuere Entwicklungen 113
4.2 Systematik der Handlungsfelder 123
5 Die Bewirtschaftung des Immobilienbestands 129
5.1 Nutzenmanagement: Immobilienmarketing 129
5.2 Kostenmanagement von betrieblichen Immobilien 134
5.2.1 Grundzüge einer immobilienbezogenen Kostenrechnung 134
5.2.2 Instrumente zur Kostensenkung 140
5.3 Immobilieninformationssystem 154
5.3.1 Grundlagen eines Immobilieninformationssystems 154
5.3.2 Grundzüge eines Immobilieninformationssystems am Beispiel SAP R/3 RE 162
6 Immobilienanalyse und -planung 167
6.1 Ermittlung des Flächenbedarfs 167
6.1.1 Wurzeln des Flächenbedarfs im Unternehmen 167
6.1.2 Der Einfluss neuer Informations- und Kommunikationstechnologien auf den Flächenbedarf 180
6.2 Planung des Flächenbestands 195
6.2.1 Problemskizze 195
6.2.2 Ableitung des Immobilienangebots aus übergeordneten und strategischen Unternehmenszielen 198
6.2.3 Technische Flächenplanung (Facilities Planning) 206
6.2.4 Programm zur Planung des Flächenbestands 213
7 Formen der Bereitstellung von Immobilien 219
7.1 Varianten hinsichtlich Eigentum und Besitz 219
7.1.1 Kauf 220
7.1.2 Miete 223
7.1.3 Leasing 226
7.1.4 Sale-and-lease-back 237
7.2 Varianten des Entwicklungsgrads 239
7.2.1 Projektentwicklung 240
7.2.2 Besonderheiten des Redevelopments von Immobilien 259
7.2.3 Vergleichende Beurteilung der Entwicklungsgrade 270
7.3 Finanzierungsaspekte betrieblich genutzter Immobilien 274
7.3.1 Implikationen der Kapitalverwendung des Unternehmens für die Finanzierung von Immobilien 274
7.3.2 Besonderheiten der Finanzierung betrieblich genutzter Immobilien 281
7.3.3 Finanzierungsinstrumente 283
7.3.4 Finanzwirtschaftliche Wirkung der Immobilienfinanzierung 300

8 Entscheidung zwischen Bereitstellungsvarianten ... **303**
8.1 Problemstellung ... 303
8.2 Qualitativer Vergleich ... 304
8.2.1 Schaffung vollständiger Alternativen ... 305
8.3 Grundlagen des quantitativen Vergleichs ... 322
8.3.1 Problemstellung und Einordnung ... 322
8.3.2 Die Eingangsdaten ... 325
8.4 Immobilieninvestition unter der Annahme sicherer Eingangsdaten ... 335
8.4.1 Vollständige Finanzplanung ... 335
8.4.2 Entscheidungshilfen in der Form von Kapitalwerten ... 342
8.4.3 Rentabilitätsmaße ... 346
8.5 Berücksichtigung des Risikos in immobiliaren Investitionsentscheidungen ... 349
8.5.1 Verfahrensüberblick ... 349
8.5.2 Anwendungen im Immobilienbereich ... 352
8.6 Berücksichtigung der Unsicherheit mit Hilfe der Theorie der Realoptionen ... 369
8.6.1 Problemstellung ... 369
8.6.2 Grundzüge der Theorie der Realoptionen ... 371
8.6.3 Der kontinuierliche Fall ... 376
8.6.4 Anwendung: Timing einer Bereitstellungsentscheidung ... 383
8.6.5 Anwendung: Evaluation des betrieblichen Immobilienbestands ... 386
8.6.6 Diskussion der Prämissen ... 391
8.7 Zwischenergebnis ... 394
9 Zwischenergebnis ... **397**

C Institutionalisierung des betrieblichen Immobilienmanagements. Grundlegende Probleme und empirische Ergebnisse ... **401**

10 Problembereiche der Institutionalisierung der betrieblichen Immobilienwirtschaft ... **403**
10.1 Immobilienmanagement als institutionenökonomisches Optimierungsproblem ... 403
10.2 Ableitung von Zielen für den Einsatz betrieblicher Immobilien: Eigentümerfunktion versus Nutzerfunktion ... 405
10.3 Eingliederung immobilienwirtschaftlicher Aufgaben in die Aufbauorganisation ... 408
10.4 Koordinations- und Motivationsprobleme in der betrieblichen Immobilienwirtschaft ... 413
10.4.1 Beziehung I: Stakeholder – Unternehmensleitung ... 413
10.4.2 Beziehung II: Unternehmensführung – Immobilienmanagement ... 417
10.4.3 Beziehung III: Immobilienmanagement – Nutzer ... 422
10.5 Zwischenergebnis ... 428

11 Empirische Ergebnisse ... 429
11.1 Vorbemerkung zur Studie ... 429
11.1.1 Ziel und Aufbau der Studie ... 429
11.1.2 Zur Grundgesamtheit und zu den tatsächlich Befragten ... 431
11.1.3 Inhaltlicher Aufbau der Studie ... 432
11.1.4 Durchführung der Auswertung ... 434
11.2 Zielsystem der betrieblichen Immobilienwirtschaft ... 434
11.2.1 Bedeutung des Immobilienmanagements für den Unternehmenserfolg ... 434
11.2.2 Ziele des Immobilienmanagements ... 437
11.2.3 Einflussmöglichkeiten des Immobilienmanagements ... 438
11.2.4 Schlussfolgerung bezüglich des Zielsystems ... 440
11.3 Aufbauorganisation der betrieblichen Immobilienwirtschaft ... 441
11.3.1 Outsourcing und eigenes Angebot an Immobilienleistungen ... 442
11.3.2 Eingliederung der Immobilienabteilung in die Unternehmensorganisation ... 445
11.3.3 Innere Struktur der Immobilienabteilung ... 451
11.3.4 Reorganisationsprozesse des betrieblichen Immobilienmanagements ... 456
11.3.5 Einschätzung der Organisation des Immobilienmanagements ... 459
11.3.6 Zwischenergebnis ... 461
11.4 Steuerungssystem der betrieblichen Immobilienwirtschaft ... 462
11.4.1 Die Steuerung der Immobilienabteilung durch die Unternehmensleitung ... 462
11.4.2 Die Steuerung der Immobiliennutzung durch das Immobilienmanagement ... 472
11.4.3 Zwischenergebnis ... 477
11.5 Würdigung der empirischen Ergebnisse ... 479
12 Zusammenfassung und weiterführende Überlegungen ... 481

D GESTALTUNGSEMPFEHLUNGEN FÜR EIN EFFEKTIVES IMMOBILIENMANAGEMENT ... 483

13 Optimierungskonzept des betrieblichen Immobilienmanagements ... 485
13.1 Integration immobilienwirtschaftlicher Ziele ... 485
13.2 Differenzierung des Immobilienmanagements nach Objekt-Clustern ... 488
13.3 Flexibilität des betrieblichen Immobilienbestands ... 493
13.3.1 Begriff der Flexibilität ... 493
13.3.2 Maßnahmen zur Flexibilisierung des Immobilienmanagements ... 495
13.4 Immobilienwirtschaftliche Basisstrategien ... 500
Literatur ... 505
Sachverzeichnis ... 539

A BEZUGSRAHMEN

1 Einleitung

1.1 Problemstellung

Im betrieblichen Leistungserstellungsprozess werden Immobilien als physikalischer Ort der Leistungserstellung benötigt. Art und Umfang der Inanspruchnahme von Immobilien kann sich zwischen verschiedenen Leistungserstellungsprozessen erheblich unterscheiden. Folglich stehen Unternehmen vor der Aufgabe, ihren individuellen Bedarf an Immobilien zu ermitteln, die benötigten Immobilien bereitzustellen und zu unterhalten. In der Vergangenheit ist dieser Aufgabe in Theorie und Praxis im Vergleich zu anderen Produktionsfaktoren wenig Beachtung geschenkt worden. Das betriebliche Immobilienmanagement, unter dem hier die Bewirtschaftung der primär zum Zweck der Leistungserstellung im Besitz von Unternehmen befindlichen Immobilien verstanden wird, wurde in der Vergangenheit sowohl in der Praxis als auch im wissenschaftlichen Bereich in Deutschland weitgehend vernachlässigt. In den letzten fünf Jahren wird dem Thema vermehrt Beachtung geschenkt. Unter Schlagworten wie Facility Management,[1] Corporate Real Estate Management,[2] wertorientierte Steuerung von Unternehmensimmobilien[3] oder Portfolio-Management[4] werden unterschiedliche Teilprobleme des Immobilienmanagements vermehrt diskutiert, ohne dass bislang eine in sich geschlossene, nach außen hin abgegrenzte Konzeption vorgelegt werden konnte. Im deutschsprachigen beschränkt sich die wissenschaftliche Beschäftigung mit dem Thema auf vier Dissertationen, die in den vergangenen vier Jahren erschienen sind.[5]

Seit den 80er Jahren ist den Unternehmen die Höhe des im Immobilienbestand gebundenen Werts und die Höhe der von Immobilien ausgehenden Kosten zunehmend bewusst geworden. Dennoch verfügten zu Beginn der 1990er Jahre nur

---

[1] Vgl. Binder, S., 1989; Cotts, D. G. u. Lee, M., 1992; Harden, H. u. Kahlen, H. (Hrsg.), 1993; Verband öffentlicher Banken (Hrsg.), 1994; Frutig, D. u. Reiblich, D., 1995; Braun, H. - P., Oesterle, E. u. Haller, P., 1995; Barrett, P., 1998; Nävy, J., 1998; Pierschke, B., 1998; Staudt, E., Kriegesmann, B. u. Thomzik, M., 1999.

[2] Vgl. Neidich, D. u. Steinberg, T., 1984; Miles, M., Pringle, J. u. Webb, B., 1989; Brown, R. K. et al., 1992; Joroff, M., Louargarnd, M, Lambert, S. u. Becker, F., 1993; Rodriguez, M. u. Sirmans, C. F., 1996; von Jürgensonn, I., 1997; Linneman, P., 1998; Schäfers, W., 1998a; Schulte, K. - W., Schäfers, W. (Hrsg.), 1998; O'Mara, M. A., 1999.

[3] Vgl. von Jürgensonn, I., 1997; Grünert, L., 1999b; Hens, M., 1999.

[4] Vgl. Dubben, N. u. Sayce, S., 1991; Pagliari, J. L. (Hrsg.), 1995.

[5] Vgl. Schäfers, W., 1997; von Jürgensonn, I., 1997; Grünert,L., 1999b; Hens, M., 1999.

ein Teil der deutschen Großunternehmen über eine exakte Aufstellung der von ihnen belegten Immobilienflächen, geschweige denn der von den Flächen ausgehenden Kosten-, Nutzen- und Risikowirkungen auf den Erfolg des Unternehmens. Angesichts der Tatsache, dass Immobilienkosten in deutschen Unternehmen nach den Personalkosten regelmäßig der zweitgrößte Kostenblock und im Anlagevermögen die größte Position darstellen, stellt sich die Frage nach den Ursachen dieser Ignoranz.[1] Möglicherweise sind Immobilien als Lebensraum allgegenwärtig, so dass an eine betriebswirtschaftliche Optimierung des Bestands nicht gedacht wurde. Ebenso könnten die erheblichen stillen Reserven über den wahren Wert des Immobilienbestands hinweg getäuscht haben. Vielleicht sind Immobilien als eiserne Reserve begriffen worden, welche zur Überbrückung von „schlechten Zeiten" dienen sollte. Schließlich besteht die Möglichkeit, dass sich niemand im Unternehmen für die betriebswirtschaftliche Steuerung des Immobilienbestands zuständig gefühlt hat oder eine Optimierung des Immobilienbestands aufgrund persönlicher Interessen vermieden hat.

Im Zuge der Diskussion um die wertorientierte Steuerung von Unternehmen rückte die Produktivität des betrieblichen Immobilienbestands ebenso in den Focus betriebswirtschaftlicher Diskussionen wie in den Debatten um die Kreierung von Wettbewerbsvorteilen und das Kostenmanagement. Der anfänglichen Euphorie aufgrund der Höhe des entdeckten Kostensenkungspotential ist mittlerweile die Einsicht gefolgt, dass die ökonomischen Wirkungen von Immobilien nur sehr schwer beeinflussbar sind. Dies liegt an den speziellen Eigenarten der Immobilie als Wirtschaftsgut, welche sich von denen der übrigen Betriebsmittel bereits auf den ersten Blick deutlich abheben. Neben anderen im Rahmen dieser Arbeit zu diskutierenden Besonderheiten zeichnen sich Immobilien als Produktionsfaktoren vor allem dadurch aus, dass betriebswirtschaftliche Bewertungsvorgänge erhebliche Probleme bereiten. Immobilien sind als Lebensraum von individuellem Wert für jeden Mitarbeiter sowie für die Umwelt eines Unternehmens. Sie unterliegen damit vielfältigen Individualinteressen und dem Interesse des Allgemeinwohls, was eine auf die Unternehmensziele ausgerichtete Immobilienpolitik erschwert. Entscheidungen über die Bereitstellung betrieblicher Immobilien besitzen langfristige Bindungsdauern. Dies erschwert im Falle von veränderten Unternehmenszielen, veränderten Rahmenbedingungen oder von Fehlentscheidungen die Korrektur.

Aus der kurzen Skizze der wichtigsten Eigenarten von Immobilien, welche einer betriebswirtschaftlichen Optimierung im Wege stehen, wird deutlich, dass die betriebswirtschaftliche Optimierung der Immobilien des Unternehmens ihre natürlichen Grenzen hat. Vor dem Hintergrund der Kostenverursachung der betrieblichen Immobilien erscheint es lohnend, diese Grenze zu testen und wo weit wie möglich abzubauen. Das Ziel dieser Arbeit ist es, die Möglichkeiten und Grenzen der betriebswirtschaftlichen Optimierung von Immobilien im Leistungserstellungsprozess des Unternehmens aufzuzeigen.

[1] Vgl. Arthur Andersen (Hrsg.), 1995; Schäfers, W., 1996; Pfnür, A., 1998a.

1.2 Vorgehensweise

Die Arbeit unterteilt sich in vier Teile. Der Teil A dient der Auffächerung der verschiedenen Facetten der hier behandelten Problemstellung. Dass die Immobilie sich von anderen Wirtschaftsgütern unterscheidet, wurde bereits in der Problemstellung kurz angerissen. Eine umfassendere Kennzeichnung der Besonderheiten von immobiliaren Wirtschaftsgütern erfolgt im Kapitel 2. Dabei wird besonderes Gewicht auf die Perspektive des Einsatzes von Immobilien zum Zwecke der betrieblichen Leistungserstellung gelegt. Im Kapitel 3 wird gezeigt, welche generelle Bedeutung die betrieblichen Immobilien aus dieser Perspektive für den Unternehmenserfolg haben. Um die Bedeutung für den Unternehmenserfolg nicht nur generell sondern im konkreten Anwendungsfall messen zu können, sind ökonomische Bewertungen von Immobilien erforderlich. Wie sich im weiteren Verlauf der Arbeit zeigen wird, ist die im Abschnitt 3.5 ausführlich diskutierte Bewertung von betrieblichen Immobilien eine fundamentale Grundlage der betrieblichen Immobilienökonomie, ohne deren Kenntnis eine an den Unternehmenszielen ausgerichtete Optimierung der betrieblichen Immobilien unmöglich ist.

Die Teile B und C bilden den Schwerpunkt der Arbeit. Im Teil B wird zunächst eine objektorientierte Perspektive gewählt, welche die Immobilie als werthaltiges Gut begreift. Im Teil C wird die betriebliche Immobilienökonomie aus einer organisationsorientierten Perspektive betrachtet, die das auf Immobilien gerichtete Verhalten zum Gegenstand hat.

Im Teil B wird zunächst im Kapitel 4 ein kurzer Überblick über die bestehenden Ansätze der betrieblichen Immobilienökonomie gegeben. Die neueren Arbeiten befassen sich dabei aus zwei Perspektiven mit der Thematik:, die unter den Begriffen Corporate Real Estate Management und Facility Management diskutiert werden. Anschließend wird in einer eigenen Systematik die betriebliche Immobilienökonomie in ihre einzelnen Handlungsfelder zerlegt. Das Vorgehen orientiert sich dabei an einer chronologischen Reihenfolge. Die gegenwärtig in der Nutzung befindlichen betrieblichen Immobilien erfordern eine laufende Bewirtschaftung. Diese ist Gegenstand des Kapitels 5. Im Rahmen der Evaluation der betrieblichen Immobilien ist zunächst zu planen, wie der vorhandene Bestand zukünftig genutzt wird und welche Bestandsveränderungen erforderlich sind. Dazu wird im Kapitel 6 eine in sich geschlossene Vorgehensweise zur Planung des Flächenbedarfs erarbeitet. Den Schwerpunkt des Teils B bildet die Diskussion der Formen der Bereitstellung von Immobilien im Kapitel 7 sowie die Entwicklung eines Prozesses zur Entscheidungsfindung zwischen verschiedenen Bereitstellungsvarianten im Kapitel 8. Abschließend werden die Ergebnisse des Teils B zusammengefasst.

Im Teil C wird die Frage diskutiert, wie ein betriebliches Immobilienmanagement in einem Unternehmen eingeführt werden kann. Dazu wird im Kapitel 10 zunächst eine theoretische Analyse der Problembereiche der Institutionalisierung des betrieblichen Immobilienmanagements durchgeführt. Im Kapitel 11 werden die Ergebnisse des Kapitels 10 der realen Situation der betrieblichen Immobilienökonomie bei Großunternehmen in der Bundesrepublik Deutschland gegenübergestellt. Da über den Entwicklungsstand der betrieblichen Immobilienökonomie in

Deutschland bislang kaum empirisch fundierte Ergebnisse vorliegen, ist auch die Problemstellung der Institutionalisierung eines betrieblichen Immobilienmanagements bislang nicht klar definiert gewesen. Dazu wurde vom Verfasser eine umfangreiche empirische Erhebung zum Entwicklungsstand und den Perspektiven der Organisation der Immobilienverantwortung in deutschen Großunternehmen durchgeführt, die Problemstellung und Lösungsansätze transparent macht. Im Kapitel 12 wird hierzu eine abschließende Bilanz gezogen.

Im Teil D werden die wichtigsten Ergebnisse der Teile B und C dieser Arbeit in einen Zusammenhang gestellt und in ein Optimierungskonzept für das betriebliche Immobilienmanagement umgesetzt. Insbesondere wird die bis dato vernachlässigte Frage nach einer Strategie für das betriebliche Immobilienmanagement beantwortet.

1.3 Begriffliche Grundlagen und Abgrenzung des Untersuchungsgegenstandes

Der Begriff „Immobilie" ist aufgrund seiner vielfältigen Bedeutung im wissenschaftlichen und nicht zuletzt auch im umgangssprachlichen Bereich mit sehr unterschiedlichen Inhalten belegt. Darum ist es zu Beginn dieser Arbeit notwendig, eine Übersicht über die Palette an Immobilien-Begriffen zu geben, um das hier zugrunde liegende Verständnis näher zu erläutern. Mit der Abgrenzung des Begriffes (a) gehen unweigerlich die Abgrenzungen des Untersuchungsgegenstandes und der Betrachtungsperspektive (b) einher.

1.3.1 Begriffsabgrenzung „Immobilie"

Um sich im ökonomischen Sinn Gedanken über den Immobilienbegriff zu machen, ist es zweckmäßig, zunächst die rechtliche Begriffsauffassung zu kennen, da die Immobilie als Wirtschaftsgut im Geschäftsverkehr nach Art und Umfang rechtlich determiniert wird.

1.3.1.1 Rechtlicher Begriff

Juristisch gesehen findet der Begriff „Immobilie" keine Verwendung. In Rechtsnormen ist vielmehr der Begriff „Grundstück" von großer Bedeutung, der allerdings unmittelbar zu einer Definition des Begriffes „Immobilie" führen kann. Im allgemeinen Sprachgebrauch ist ein Grundstück eine räumlich zusammenhängende Bodenoberfläche, die in der Natur durch Mauern, Hecken, Zäune, Begrenzungssteine o. Ä. gegen andere Grundstücke abgegrenzt ist. Um als Grundlage für Rechtsvorgänge zu dienen, ist dieser von jederzeit veränderbaren äußeren Umständen abhängige Grundstücksbegriff allerdings nicht präzise genug. Eine genauere Bestimmung ermöglicht der katasterrechtliche Grundstücksbegriff. Unter einem Grundstück wird hier ein zusammenhängender Teil der Erdoberfläche verstanden, der im Kataster unter einer eigenen Flurstücknummer geführt wird.[1] Im Zivilrecht werden Grundstücke den Sachen (§§ 93 ff. BGB) beziehungsweise die ein Grundstück betreffenden Rechte dem Sachenrecht (§§ 873 ff. BGB) zugeordnet. Im sachenrechtlichen Sinn besteht ein Grundstück aus einem oder mehreren Teilen der Erdoberfläche, das im Bestandsverzeichnis des Grundbuchs unter einer laufenden Nummer aufgeführt ist und auch aus mehreren Flurstücken bestehen kann.[2]

Das Bewertungsrecht kennt neben dem „Grundbuchgrundstück" auch das „Wirtschaftsgrundstück".[3] Das „Wirtschaftsgrundstück" kann sich auch aus mehreren im Grundbuch eingetragenen Grundstücken zusammensetzen.[4] Maßgebend für die Abgrenzung ist hier weder das „Grundbuchgrundstück" noch das Flurstück des Katasters, sondern die wirtschaftliche Nutzungsmöglichkeit, die sich z. B. anhand des Gegenstandes der Einigung beim Erwerbsvorgang konkretisieren lässt.[5] Bürgerlich-rechtlich werden zum Grund und Boden hinzugerechnet:[6]

- dessen wesentliche Bestandteile (§ 93 BGB). Die wesentlichen Bestandteile von Grundstücken sind „...die mit dem Grund und Boden fest verbundenen Sachen, insbesondere Gebäude, sowie die Erzeugnisse des Grundstücks, solange sie mit dem Boden zusammenhängen."[7]
- die Rechte, die mit dem Eigentum an einem Grundstück verbunden sind (§ 96 BGB). Dies sind subjektiv-dingliche Rechte wie z. B. Grunddienstbarkeiten (§ 1018 BGB), Vorkaufsrechte und Mineralgewinnungsrechte.
- das Zubehör (§ 97 BGB). „Zubehör sind bewegliche Sachen, die, ohne Bestandteil der Hauptsache zu sein, dem wirtschaftlichen Zwecke der Hauptsache zu dienen bestimmt sind und zu ihr in einem dieser Bestimmung entsprechenden räumlichen Verhältnis stehen."[8]

Die sachenrechtliche Abgrenzung des Grundstücks und seiner wesentlichen Bestandteile wird im Steuerrecht stellenweise durchbrochen. Hier wird für Steuerbilanzzwecke in Grund und Boden unterschieden. Außerdem erfolgt die Zuordnung von Gebäuden und Zubehör nach abweichenden Kriterien.[9]

Abgesehen vom dinglichen Vollrecht Eigentum gibt es andere dingliche Rechte, die eine eingeschränkte, sachenrechtliche Herrschaft garantieren. Diese „grundstücksgleichen Rechte" umfassen neben dem hier nicht in Rede stehenden Eigentum an Flugzeugen, Schiffen, dem Jagd- und Fischereirecht auch das Nutzungsrecht an Grundstücken in den Formen des Erbbaurechts, des Wohnungseigentums und des Bergwerkeigentums. Diese grundstücksgleichen Rechte verbrie-

---

[1] Vgl. Eickmann D. u. Pinger, W., 1988, S. 71.
[2] Vgl. § 3 Abs. 1 GBO; siehe auch: Thiele – Mühlhan, I., 1996, S. 231.
[3] Vgl. z. B. Simon, J. u. Kleiber, W., 1996, S. 26.
[4] Vgl. Harbich, A., 1986, S. 17.
[5] Vgl. Hanraths, J., 1974, S. 55.
[6] Vgl. zu einer Übersicht: Simon, J. u. Kleiber, W., 1996, S. 27 ff.
[7] § 94 BGB.
[8] § 97 Abs. 1 BGB.
[9] Vgl. z. B. Simon, J., Cors, K. G., Troll, M., 1993, S. 716 ff.

fen ein dem Eigentum sehr stark angenähertes, umfassendes und lang anhaltendes Nutzungsrecht am Grundstück, so dass für sie ein eigenes Grundbuch geführt wird.[1]

Der Definitionszweck der rechtlichen Grundstücksbegriffe wird zunächst bestimmt durch die Regelung der Eigentumsverhältnisse und darüber hinaus durch die eindeutige Zuordnung der mit dem Grundstückseigentum einhergehenden Rechte und Pflichten, auf die an verschiedenen Stellen dieser Arbeit insbesondere im Zusammenhang mit der Problematik der Immobilienbereitstellung noch zurückzukommen ist. Zur Erlangung von Rechtssicherheit bezieht sich der Grundstücksbegriff ursprünglich auf die vermessungstechnischen Festlegungen in den Flurkarten. Von dieser technischen Begrenzung wird fallweise aus Gründen der Einfachheit oder Gerechtigkeit abgewichen, wenn, wie im nächsten Abschnitt zu untersuchen, ökonomische Faktoren die Nutzung mehrerer Flurstücke im Verbund als ein Grundstück erfordern.

1.3.1.2 Ökonomischer Begriff

Entgegen den rechtlichen Zielen der Rechtssicherheit, Verkehrssicherheit und Gerechtigkeit steht ökonomisch die effiziente Allokation aller mit dem Wirtschaftsgut „Immobilie" verbundenen Rechte und Pflichten zur Erreichung der Ziele von Wirtschaftssubjekten im Vordergrund einer begrifflichen Eingrenzung. Die Zielorientierung wirtschaftlichen Verhaltens erfordert eine ökonomische Bewertung der mit Immobilien verbundenen Rechte und Pflichten. Immobilien werden als Wirtschaftsgut demzufolge in dem Maße bedeutsam, wie Wirtschaftssubjekte Kosten- oder Nutzenwirkungen von ihnen wahrnehmen. Folglich haben große Teile der Erdoberfläche entweder eine sehr geringe oder aber eine rein volkswirtschaftliche Bedeutung, da sie für eine betriebswirtschaftliche Nutzung ungeeignet oder unzugänglich sind. Eine an Kosten und Nutzen orientierte Betrachtungsweise hat Auswirkungen auf die Abgrenzung von Immobilien. Immobiliare Einheiten entstehen durch ökonomisch sinnvolle Nutzungsmöglichkeiten und nicht durch technische oder juristische Abgrenzbarkeit. So wird es im Wirtschaftsleben häufig sinnvoll sein, mehrere „Grundbuchgrundstücke" gemeinsam zu nutzen und zu handeln.

Aus ökonomischer Sicht bedeutsam ist, dass Wirtschaftssubjekte die mit Immobilien verbundenen Rechte wahrnehmen können. Für eine ganze Reihe an Rechten ist hier allerdings ein Eigentumsübergang nicht erforderlich. Die rechtmäßige Inbesitznahme beispielsweise im Mietverhältnis ist häufig vollkommen ausreichend. Gegenüber der rechtlichen Abgrenzung eines Grundstücks folgt daraus ebenfalls die Notwendigkeit einer kleinteiligeren ökonomischen Abgrenzung von Immobilien.

In Arbeiten, die sich vornehmlich mit der Kapitalanlage in Immobilien befassen, wird darauf hingewiesen, dass Immobilien nicht nur einer ingenieurwissenschaftlichen, dreidimensionalen Abgrenzung bedürfen,[2] sondern dass als vierte

---

[1] Vgl. Wieling, H. – J., 1992, S. 351.

[2] Vgl. z. B. Abromeit – Kremser, B., 1986, S. 28.

Dimension die Zeit ein integraler Bestandteil einer ökonomischen Immobiliendefinition ist: „Real Estate as Space and Money over Time.“[1] Damit soll zum Ausdruck gebracht werden, dass die Immobilie an sich keinen intrinsischen Wert besitzt, sondern die Werthaltigkeit mit einer Nutzung von Immobilien im Zeitablauf entstehen. Erst durch die mit einer Vermietung erreichten Transformation von Raum/Zeit-Einheiten in Geld/Zeit-Einheiten wird die Immobilie zu einem lohnenden Investitionsobjekt.[2] Allerdings sind bereits mit der Erstellung von Immobilien Kosten verbunden. Ebenso kann das Eigentum an Immobilien mit zeitunabhängigen Pflichten wie zum Beispiel der Entsorgung von Altlasten verbunden sein. Obwohl deshalb der oben zitierten Auffassung in dieser Arbeit nicht unbedingt gefolgt werden kann, besitzt, wie im nächsten Abschnitt noch deutlich wird, die Zeit eine besondere Bedeutung bei der Behandlung immobiliarer Wirtschaftsgüter.

Abschließend münden die begriffsklärenden Ausführungen in folgender ökonomischen Definition von Immobilien, die im folgenden in dieser Arbeit Verwendung findet:

> Immobilien sind Wirtschaftsgüter in Form von Grundstücken beziehungsweise grundstücksgleichen Rechten, Gebäuden und Zubehör deren Kosten- und Nutzenwirkungen im Zeitablauf die Zielerreichung von Wirtschaftssubjekten beeinflussen. Sie können dabei nach Maßgabe der wirtschaftlichen Nutzungsmöglichkeit sowohl eine Teilmenge als auch eine Gruppe von Grundstücken, grundstücksgleichen Rechten oder deren wesentlicher Bestandteile im Sinne des bürgerlichen Rechts sein.

Um zu verdeutlichen, welche Immobilien diese Definition beinhaltet, ist eine Klassifikation hilfreich. Immobilien lassen sich anhand der folgenden, in Tabelle 1.1 genannten Kriterien systematisieren.

---

[1] Phyrr, S. A., et al., 1989, S. 4.

[2] Vgl. Bone – Winkel, S., 1994, S. 23.

Tabelle 1.1. Unterscheidungskriterien für Immobilien

Unterscheidungskriterium:	Beispielhafte Ausprägungen:
Gegenstand	• Grundstücke • Gebäude • Zubehör

Nutzungsart	• privat
	• gewerblich
	  • Bürofläche
	  • Lagerfläche
	  • Produktionsfläche im engeren Sinne
	  • Schauflächen
	  • Verkaufsflächen
	  • Wohnfläche (Hotel)
	  • Freizeitfläche
	  • Gesundheitsflächen
	  • Verkehrsfläche

Objektgröße	• groß • mittel • klein
Lage	• zentrale Innenstadtlage (1a) • periphere Innenstadtlage (1b) • Randlage • Umland
Eigentumsverhältnisse	• Anteilseigner • Eigentümer • Mieter • Leasingnehmer
Alter	• Altbau • Neubau • modernisierter Altbau

Quelle: Eigene Darstellung.

1.3.2 Abgrenzung des Untersuchungsgegenstandes, des Blickwinkels und der verwendeten Begriffe

Untersucht man immobilienwirtschaftliche Fragestellungen, so bieten sich grundsätzlich eine ganze Reihe an unterschiedlichen Blickwinkeln und Abgrenzungsmöglichkeiten des Untersuchungsgegenstandes. Deshalb ist zunächst eine kurze Erläuterung der hier zugrundeliegenden Perspektive erforderlich.

1. Immobilien im Besitz des Unternehmens
   Wenn im Folgenden von Immobilien gesprochen wird, so wird davon ausgegangen, dass sie sich im Besitz von Unternehmen befinden, gleichgültig ob sie gemietet, gekauft, selbst errichtet oder geleast sind. In der Literatur finden sich

hierfür auch die Begriffe „Unternehmensimmobilien“, „Corporate Property“ oder „Corporate Real Estate“.[1]

2. Primäre Betrachtung der Immobilie als Betriebsmittel im Leistungserstellungsprozess
   Die Immobilie wird hier primär aus dem Blickwinkel des Betriebsmittels im Leistungserstellungsprozess eines Unternehmens gesehen. Die Betrachtung erstreckt sich über den gesamten Lebenszyklus der Immobilie von der Bereitstellung über die Nutzung bis zur Veräußerung. In Abgrenzung zur Bauökonomie,[2] in der das einzelne Bauwerk im Mittelpunkt steht und der Bauwirtschaftslehre,[3] die darüber hinaus auch die Unternehmen dieses Wirtschaftszweigs untersucht, wird hier der wirtschaftliche Einsatz von Immobilien als Mittel im Leistungserstellungsprozess in den Vordergrund gestellt. In der Literatur wird diese Eingrenzung auch als „Corporate Real Estate Management“ bezeichnet.[4] Abweichend von dieser Perspektive wird die Immobilie unter Bezeichnungen wie „Immobilien-Investition“, „Real Estate Investment“ oder „Real Estate Portfolio Management“ primär als Kapitalanlageform mit den sich daraus ergebenden speziellen Problembereichen verstanden.[5] Beide Betrachtungsweisen haben allerdings eine beachtliche Schnittmenge, z. B. im Bereich der Investitionsrechnung.

3. Betriebsbedingte Anschaffung der Immobilie
   Im Folgenden von Relevanz sind diejenigen Immobilien, die zum Zeitpunkt des Erwerbs dem Zweck einer betriebsbedingten Nutzung dienten. Dabei ist es gleichgültig, ob die Immobilien gegenwärtig tatsächlich betrieblich genutzt werden oder aber ehemals betriebsbedingt waren und jetzt einer fremden Nutzung unterliegen.

4. Konzentration auf Gewerbeimmobilien
   Im Besitz von Unternehmen befinden sich zwar überwiegend gewerblich genutzte Immobilien, eine Reihe von Unternehmen verfügt allerdings auch über einen erheblichen Bestand an Wohnimmobilien. Ein Teil dieser Wohnimmobilien ist ehemals aus betrieblichen Gründen angeschafft worden. Beispielsweise haben die großen Stahlkonzerne in den Blütezeiten des Ruhrgebiets vor Ort Wohnraum für ihre Mitarbeiter schaffen müssen, um überhaupt an dieser Stelle produzieren zu können. Ein Großteil dieser Wohnungen ist auch gegenwärtig

---

[1] Vgl. Brown, R. K. et al., 1992; Schäfers, W., 1997; Schulte, K. – W. u. Schäfers, W., 1998.

[2] Vgl. zur Abgrenzung der Bauökonomie z. B.: Lisowksy, A., 1954, S. 611; Möller, D. – A., 1996, S. 2.

[3] Vgl. zu den Inhalten der Bauwirtschaftslehre z. B.: Pfarr, K. – H., 1983; Pfarr, K. – H., 1984; Diederichs, C. J., 1992; Schulte, K. – W., 1996.

[4] Ausführliche Überblicke aus dieser Perspektive geben: Brown, R. K. et al., 1992; Schäfers, W., 1997; Schulte, K. – W. u. Schäfers, W., 1998.

[5] Ausführliche Überblicke aus dieser Perspektive geben: Greer, G. E. u. Farrell, M., 1988; Phyrr, S. A., et al., 1989; Ferguson, J. u. Heizer, J., 1990; Ferguson, J. u. Heizer, J., 1990; Greer, G. E., 1997; Schulte, K. – W., 1998.

noch im Besitz der Unternehmen. Die Bewirtschaftung dieser Immobilien weist aber seit geraumer Zeit kaum noch die hier näher zu analysierenden Verflechtungen mit dem betrieblichen Leistungserstellungsprozess auf. Vielmehr weist die Wohnungswirtschaftslehre eigene, hier nur am Rande interessierende Spezifika auf.[1] Aufgrund der eingeschränkten Themenrelevanz sollen diese Objekte im Folgenden nur dann näher betrachtet werden, wenn explizit darauf hingewiesen wird.

Die Abgrenzungen betten das Erkenntnisobjekt dieser Arbeit in die Immobilienökonomie[2] ein, die SCHULTE wie folgt definiert: „Die Immobilienökonomie befasst sich zum einen mit dem Management von Immobilienunternehmen, zu denen neben Projektentwicklern, Investoren, Immobilienfinanzierungsinstitutionen und Immobiliendienstleistern im weiteren Sinne auch Bauunternehmen zählen, und sie beschäftigt sich zum anderen mit dem Erkenntnisobjekt Immobilie und deren Management in der Planungs-, Erstellungs- und Nutzungsphase."[3] Das Management von Unternehmen des Wirtschaftszweiges Immobilien wird im Folgenden nicht näher verfolgt. Vielmehr wird die Immobilie als Wirtschaftsgut betrachtet, welches zum Zwecke der betrieblichen Leistungserstellung von einem Unternehmen angeschafft worden ist.

Immobilien, welche die oben angeführten Abgrenzungskriterien erfüllen, werden in dieser Arbeit als betriebliche Immobilien bezeichnet. Die Gesamtheit aller dieser Immobilien eines Unternehmens ist dessen betrieblicher Immobilienbestand. Die Beschäftigung mit Fragen, die sich mit dem zum Zwecke der Leistungserstellung angeschafften betrieblichen Immobilienbestand beschäftigen, wird in dieser Arbeit als betriebliche Immobilienökonomie verstanden. Alle Handlungen, die sich auf die Planung, Durchführung und Kontrolle von Aufgaben der betrieblichen Immobilienökonomie richten, werden als betriebliches Immobilienmanagement bezeichnet.

---

[1] Vgl. z. B. Jenkis, H. W. , 1996; S. 4 ff.

[2] Vgl. zur Abgrenzung der Immobilienökonomie Schulte, K. – W. et. al., 1998, S. 108 ff.

[3] Schulte, K. – W., 1996, S. 9.

2 Die Immobilie als Wirtschaftsgut

Um die Bedeutung von Immobilien für das einzelne Unternehmen zu klären, ist zunächst eine makroökonomische Betrachtung der Bedeutung von immobiliaren Wirtschaftsgütern hilfreich. Die Analyse auf der makroökonomischen Betrachtungsebene ist sinnvoll, da sich Preise als Knappheitsindikator für immobiliare Wirtschaftsgüter aus dieser Perspektive erklären. Die Preise sind, wie noch zu zeigen ist, für die betriebswirtschaftliche Perspektive wichtigste Rahmenbedingungen.

2.1 Kernproblem der Immobilienökonomie

Seit Menschen gedenken hat es immer wieder kriegerische Auseinandersetzungen mit dem Ziel gegeben, andere von der Nutzung dieses Landes auszuschließen. Auch wenn es im Falle großer Territorien nicht immer vollständig möglich ist, andere von der Nutzung auszuschließen, so besteht zumindest hinsichtlich der hier behandelten betrieblichen Immobilien kein Zweifel daran, dass es sich um private Wirtschaftsgüter handelt, die nicht den Charakter eines durch jedermann nutzbaren öffentlichen Gutes aufweisen.[1] Die Probleme der Immobilienökonomie sind Verteilungsprobleme, in denen das Angebot und die Nachfrage an wirtschaftlich sinnvoll nutzbaren Immobilien zusammenzuführen ist.

Solange der Weltraum als Lebensraum des Menschen noch nicht erschlossen ist, ist das Angebot an wirtschaftlich sinnvoll nutzbaren Immobilienflächen in quantitativer Hinsicht durch die Erdoberfläche und deren Nutzungsmöglichkeit natürlich begrenzt. Die Nachfrage nach Immobilien leitet sich ab aus den sieben Grunddaseinsfunktionen des menschlichen Lebens:[2]

- Wohnen (Wohnimmobilien),
- Arbeiten (Gewerbeimmobilien),
- sich versorgen (Einzelhandelsimmobilien),
- sich bilden (Schul-, Universitätsgebäude),
- sich erholen (Kinos, Schwimmbäder, Freizeitparks),
- Verkehrsteilnahme (Straßen, Brücken, Schienen),

---

[1] Vgl. zur Theorie öffentlicher Güter: Arnold, V., 1992, insb. S. 79; Rosen, H. S. u. Windisch, R., 1992, S. 128.

[2] Vgl. Pfarr, K. – H., 1977, S. 36 ff.

- Leben in der Gemeinschaft (Kirchen, Bürgerhäuser, Gerichts- und Verwaltungsgebäude).

Die Nachfrage steigt mit der gegenwärtigen Zunahme der Bevölkerung generell an,[1] wobei durch die starke Urbanisierung die Nachfrage in den Ballungsgebieten wirtschaftlicher Tätigkeit zusätzlich gesteigert wird.[2] Aufgrund zunehmender wirtschaftlicher Entwicklung nimmt der Flächenverbrauch überproportional zum Bevölkerungswachstum zu.[3] Das steigende Bevölkerungswachstum und die wachsende wirtschaftliche Aktivität gehen einher mit einer steigenden Bodenversiegelung durch Verkehrswege und nicht zuletzt auch Gebäude. Die Ergebnisse der Erforschung eines ökologischen Wirtschaftens, „Sustainable Development", zeigen allerdings die Grenzen der Bodenversiegelung.[4] Immobilien sind somit per se knappe Güter.

Der effiziente Einsatz von Immobilien hängt davon ab, ob und wie eine Immobilie genutzt wird. Diese Verteilung immobiliarer Güter auf die verschiedenen alternativen Nutzungen wird im Folgenden als Flächenallokation bezeichnet. Die Flächenallokation bereitet aufgrund der drei nachfolgend näher zu analysierenden Schwierigkeiten große Probleme:

1. die rechtliche Regulierung der Flächenallokation,
2. die Standortbezogenheit von Immobilien und
3. die zeitliche Bezogenheit der Flächenallokation.

2.1.1 Rechtliche Regulierung der Flächenallokation

Zunächst stellt sich die Frage, ob überhaupt und wenn ja, welcher der sieben Grundfunktionen menschlichen Daseins die jeweiligen Grundstücks- und Gebäudeflächen zugeführt werden. In der Bundesrepublik Deutschland ist die Flächenverteilung 1993 beispielsweise entsprechend der Tabelle 2.1 erfolgt:

---

[1] Vgl. United Nations Population Network, http://www.popin.org/pop1998/ v. 23.02.99 und die Statistiken http://www.undp.org/hdro/population.htm,, v. 23.02.99.

[2] Vgl. zur Urbanisierung: http://www.undp.org/hdro/iurban.htm, v. 23.02.99.

[3] Vgl. die Statistiken des United Nations Population Network: http://www.undp.org/hdro/-98hdi1.htm, v. 23.02.99.

[4] Vgl. zur Bedeutung der Umweltvorsorge in der räumlichen Planung: Kistenmacher, H., 1996, S. 15 ff.; vgl. zur Sustainable Development durch Raumplanung: Frenz, W., 2000.

Tabelle 2.1. Bodennutzung in der Bundesrepublik Deutschland (1993)

Flächenart	Anteil in km²	Anteil in %
Bodenfläche insgesamt	356 970	100,0
Landwirtschaftsfläche (einschl. Moor u. Heide)	195 433	54,7
Waldfläche	104 326	29,2
Gebäude- und Freifläche	20 657	5,8
Verkehrsfläche	16 327	4,6
Wasserfläche	7 798	2,2
Betriebsfläche (unbebaut)	2 428	0,7
Erholungsfläche	2 307	0,6
Flächen anderer Nutzung	7 694	2,2

Quelle: www.statistik-bund.de, v. 19.03.99.

Es wird deutlich, dass mit 5,8 % „Gebäude- und Freifläche" nur ein geringer Flächenanteil zu Bebauungszwecken zur Verfügung steht, der sich zudem noch in Wohn- und Gewerbebebauung unterteilt. Den öffentlichen und privaten Betrieben stehen zusätzlich 0,7 % an Betriebsfläche z. B. für Lagerplätze zur Verfügung. Der Bestand an Gewerbe- und Industrieflächen wird in diesem Umfang grundsätzlich als ausreichend angesehen.[1] Die Festlegung der Flächennutzung wirkt sich nicht nur, wie gegenwärtig stark diskutiert, auf die ökologische Situation aus,[2] sondern, wie die Tabelle 2.2 veranschaulicht, auch auf die Verteilung des Vermögens. Das Immobilienvermögen in Westdeutschland verteilte sich 1988 nach Berechnungen des DIW auf der Basis von Sachwerten wie folgt:

Tabelle 2.2. Verteilung des Immobiliarvermögens in Westdeutschland

Sektor	Immobiliarvermögen in Mrd. DM	davon Gebäudewert in Mrd. DM
Unternehmen	3.176	1.865
Haushalte	5.200	3.542
Staat	743	---

Quelle: DIW (1996).

Angesichts der erheblichen umwelt- und verteilungspolitischen Dimension erscheint es zweckmäßig, dass die übergeordnete Planung und Ordnung des Raumes gemäß Art. 75 I Nr. 4 GG in Deutschland Aufgabe des Bundes ist. Die Verfahrensweise ist im 1998 novellierten Bau- und Raumordnungsgesetz (BauROG) und einer Reihe untergeordneter Rechtsnormen geregelt, von denen die im Zusammenhang mit dieser Arbeit grundlegenden in der Abbildung 2.1 systematisiert sind.

[1] Vgl. Bizer, K., 1995, S. 17.
[2] Vgl. Bizer, K., 1995, S. 11 f.

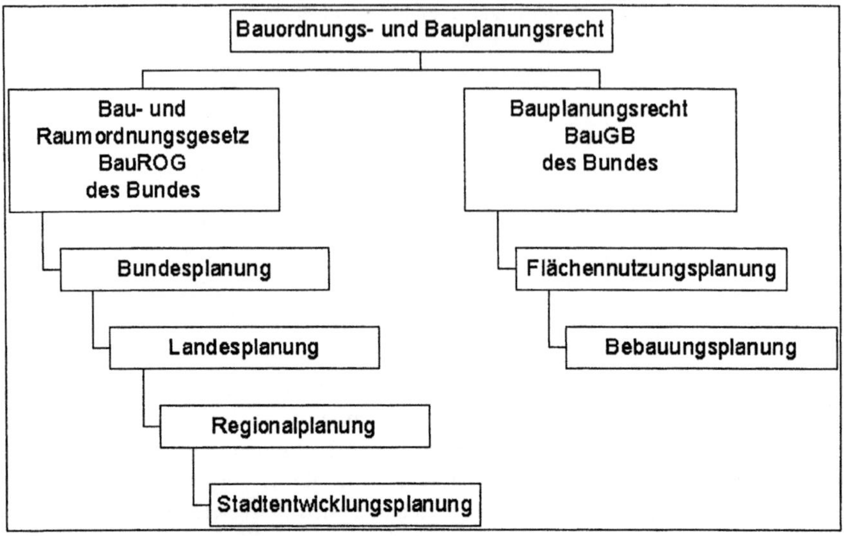

Abb. 2.1. Übersicht Bauplanungs- und Bauordnungsrecht. Quelle: Eigene Darstellung.

Leitvorstellung des Bau- und Raumordnungsgesetzes ist eine nachhaltige Raumentwicklung, „...die die sozialen und wirtschaftlichen Ansprüche an den Raum mit seinen ökologischen Funktionen in Einklang bringt und zu einer dauerhaften, großräumig ausgewogenen Ordnung führt. Dabei sind

1. die freie Entfaltung der Persönlichkeit in der Gemeinschaft und in der Verantwortung gegenüber künftigen Generationen zu gewährleisten,
2. die natürlichen Lebensgrundlagen zu schützen und zu entwickeln,
3. die Standortvoraussetzungen für wirtschaftliche Entwicklungen zu schaffen,
4. Gestaltungsmöglichkeiten der Raumnutzung langfristig offen zu halten,
5. die prägende Vielfalt der Teilräume zu stärken,
6. gleichwertige Lebensverhältnisse in allen Teilräumen herzustellen,
7. die räumlichen und strukturellen Ungleichgewichte zwischen den bis zur Herstellung der Einheit Deutschlands getrennten Gebieten auszugleichen,
8. die räumlichen Voraussetzungen für den Zusammenhalt in der Europäischen Gemeinschaft und im größeren europäischen Raum zu schaffen.“[1]

Mit dem Gesetz wird das Ziel verfolgt, ökologische, soziale und wirtschaftliche Interessen Einzelner im Sinne der Allgemeinheit zu koordinieren. Es enthält weniger konkrete Vorgaben als vielmehr inhaltliche Leitlinien sowie Verfahrensvorschriften für eine Gesamtplanung, die aus der Abstimmung einzelner Fach- und Detailpläne entstehen. Für die Detailplanung sieht das Gesetz neben der Bundesebene mit der Landes-, Regions- und Gemeindeebene maximal vier Detaillie-

[1] BauROG 1998, § 1, Abs. 2.

rungsebenen vor.[1] Dabei soll „die Entwicklung, Ordnung und Sicherung des Gesamtraums ... die Gegebenheiten und Erfordernisse seiner Teilräume berücksichtigen (Gegenstromprinzip).“[2]

Die Durchführung konkreter Bauprojekte ist zwar den Zielen der Raumordnung anzupassen,[3] sie regelt sich aber vor allem nach der im ersten Kapitel des BauGB bundesrechtlich fixierten Bauleitplanung. Die Bauleitplanung enthält wesentlich konkretere Regelungen zur Abstimmung eines Objekts mit seiner Umgebung. Sie ist Bestandteil des kommunalen Selbstverwaltungsrechts nach Art. 28 GG und obliegt deshalb der Planungshoheit der Gemeinden. Die Planungshoheit beinhaltet die Verpflichtung, Bürger und Träger öffentlicher Belange in die Planung einzubeziehen.[4] „Die Bauleitpläne sollen eine nachhaltige städtebauliche Entwicklung und eine dem Wohl der Allgemeinheit entsprechende sozialgerechte Bodennutzung gewährleisten und dazu beitragen, eine menschenwürdige Umwelt zu sichern und die natürlichen Lebensgrundlagen zu schützen und zu entwickeln.“[5] Diese Ziele sind bewusst recht vage formuliert. Auch ein Katalog an insbesondere zu berücksichtigenden Belangen bringt keine exaktere Präzisierung. Vielmehr bieten sich der örtlichen politischen Willensbildung ein erheblicher Gestaltungsspielraum. Die Bauleitplanung besteht aus zwei Teilbereichen:

1. Vorbereitende Bauleitplanung – Flächennutzungsplan (§§ 5 – 7 BauGB) und
2. Verbindliche Bauleitplanung – Bebauungsplan (§§ 8 – 10 BauGB).

Zu 1.) Inhaltlich werden im Flächennutzungsplan lediglich die sich aus der beabsichtigten städtebaulichen Entwicklung ergebende Art der Bodennutzung in Grundzügen für das gesamte Gemeindegebiet dargestellt.[6] Dazu können insbesondere für die Bebauung vorgesehene Flächen nach der Art ihrer baulichen Nutzung ausgewiesen werden. Unterschieden werden dabei die in der Tabelle 2.3 wiedergegebenen Nutzungsarten.

---

[1] Vgl. BauROG 1998, §§ 6 – 17.

[2] BauROG 1998, § 1, Abs. 3, Satz 2.

[3] Vgl. §1, Abs. 4 BauGB.

[4] Vgl. §§ 3 – 4 BauGB.

[5] § 1, Abs. 5, BauGB.

[6] § 5 Abs. 1 BauGB.

Tabelle 2.3. Typen von Bauflächen und zugehörigen Baugebieten

Bauflächen (entsprechend § 1 BauNVO)	Baugebiete (entsprechend §§ 2-11 BauNVO)
Wohnbauflächen (W)	• Kleinsiedlungsgebiet (WS) • Reine Wohngebiete (WR) • Allgemeine Wohngebiete (WA) • Besondere Wohngebiete (WB)
gemischte Bauflächen (M)	• Dorfgebiet (MD) • Mischgebiete (MI) zulässig: Wohngebäude, Geschäfts- und Bürogebäude, Einzelhandelsbetriebe, Schank- und Speisewirtschaften sowie Betriebe des Beherbergungsgewerbes, sonstige Gewerbebetriebe, Anlagen für Verwaltungen sowie für kirchliche, kulturelle, soziale, gesundheitliche und sportliche Zwecke, Gartenbaubetriebe, Tankstellen, Vergnügungsstätten • Kerngebiete (MK) Geschäfts-, Büro- und Verwaltungsgebäude, Einzelhandelsbetriebe, Schank- und Speisewirtschaften, Betriebe des Beherbergungsgewerbes und Vergnügungsstätten sonstige nicht wesentlich störende Gewerbebetriebe, Anlagen für kirchliche, kulturelle, soziale, gesundheitliche und sportliche Zwecke, Tankstellen im Zusammenhang mit Parkhäusern und Großgaragen, Wohnungen für Aufsichts- und Bereitschaftspersonen sowie für Betriebsinhaber und Betriebsleiter, sonstige Wohnungen nach Maßgabe von Festsetzungen des Bebauungsplans
gewerbliche Bauflächen (G)	• Gewerbegebiete (GE) zulässig: Gewerbebetriebe aller Art, Lagerhäuser, Lagerplätze und öffentliche Betriebe, Geschäfts-, Büro- und Verwaltungsgebäude, Tankstellen, Anlagen für sportliche Zwecke • Industriegebiete (GI) zulässig: Gewerbebetriebe aller Art, Lagerhäuser, Lagerplätze und öffentliche Betriebe, Tankstellen

Bauflächen (entsprechend § 1 BauNVO)	Baugebiete (entsprechend §§ 2-11 BauNVO)
Sonderbauflächen (S)	• Sondergebiete (SO) zulässig: Gebiete für den Fremdenverkehr, wie Kurgebiete und Gebiete für die Fremdenbeherbergung, Ladengebiete, Gebiete für Einkaufszentren und großflächige Handelsbetriebe, Gebiete für Messen, Ausstellungen und Kongresse, Hochschulgebiete, Klinikgebiete, Hafengebiete, Gebiete für Anlagen, die der Erforschung, Entwicklung oder Nutzung erneuerbarer Energien, wie Wind- und Sonnenenergie, dienen. ausschließlich in SO zulässig: Einkaufszentren großflächige Einzelhandelsbetriebe, die sich nach Art, Lage oder Umfang auf die Verwirklichung der Ziele der Raumordnung und Landesplanung oder auf die städtebauliche Entwicklung und Ordnung nicht nur unwesentlich auswirken können, sonstige großflächige Handelsbetriebe

Quelle: BauNVO, eigene Darstellung.

Gewerbe in der hier interessierenden Größenordnung können entsprechend den näheren Spezifizierungen in der Tabelle nur in gemischten Bauflächen, gewerblichen Bauflächen und Sonderbauflächen betrieben werden. Zusätzlich zur Art kann auch das allgemeine Maß der baulichen Nutzung in Form einer Grundflächenzahl, Geschossflächenzahl, Baumassenzahlen in m^3 pro m^2 Grundstücksfläche, Zahl der Vollgeschosse oder der Höhe der baulichen Anlagen festgelegt werden.[1] Aus der Flächennutzungsplanung gehen keine unmittelbaren Rechte und Pflichten für die Bürger hervor. Sie ist allerdings für das Verwaltungshandeln insoweit verbindlich, als dass sie die Grundlage des Bebauungsplans ist[2] und andere öffentliche Planungsträger den Flächennutzungsplan in ihren Planungen berücksichtigen müssen.[3]

Zu 2.) Im Gegensatz zum Flächennutzungsplan ist der Bebauungsplan als Satzung eine dem Bürger gegenüber verbindliche Rechtsnorm.[4] Der Bebauungsplan wird aus dem Flächennutzungsplan heraus entwickelt.[5] Er ist kleinteiliger, flächenscharf abgegrenzt und inhaltlich wesentlich detaillierter als der Flächennutzungsplan. Aus dem Flächennutzungsplan übernommen und gegebenenfalls spezifiziert werden insbesondere die Art und das Maß der baulichen Nutzung. Zusätzlich kann der Bebauungsplan gem. § 9 BauGB eine ganze Reihe an Festset-

[1] Vgl. §5, Abs. 2, Satz 1 in Verbindung mit §§ 16 – 21 BauNVO.
[2] Vgl. § 8 Abs. 2, Satz 1 BauGB.
[3] Vgl. §7 BauGB.
[4] Vgl. § 8 Abs. 1 u. § 10 BauGB.
[5] Vgl. §8 Abs. 2, Satz 1. Zu Ausnahmen siehe: § 8 Abs. 2 Satz 2 ff.

zung z. B. zur Bauweise, der überbaubaren und der nicht überbaubaren Grundstücksflächen oder der Stellung der baulichen Anlagen enthalten.

Das Bauordnungs- und Bauplanungsrecht regelt die Allokation der Flächen auf verschiedene Flächennutzungen. Durch die Verzahnung der oben in den wesentlichen Zügen umrissenen Pläne sowie einer ganzen Reihe an weiteren Fachplänen beispielsweise aus dem Bereich des Umweltschutzes und der Wirtschaftsförderung wird hier eine Abwägung des verfassungsrechtlichen Schutzes des Eigentums an Grund und Boden und der Baufreiheit (gem. Art. 14 Abs. 1, Satz 1, 2 GG) mit dem Interesse der Allgemeinheit erreicht. Ein Ergebnis dieser Abwägung ist die zulässige Art und das Ausmaß der wirtschaftlichen Nutzung einer Grundstücksfläche, die wiederum Kosten und Nutzen einer Immobilie sowohl für den einzelnen Nutzer als auch für die Volkswirtschaft maßgeblich beeinflussen.

Die rechtliche Regulierung der Flächenallokation schafft einen Ausgleich zwischen der Effizienz in der Nutzung von Immobilien auf der einen und den Interessen der Allgemeinheit auf der anderen Seite. Aus Sicht der Immobilieneigentümer begrenzen die rechtlichen Regulierungen der Rechte und Pflichten an Immobilien deren effiziente Nutzung erheblich. Es ist zu erwarten, dass zu der rechtlichen Regulierung der Immobiliennutzung in Zukunft sukzessive eine ökonomische Regulierung hinzu kommt, welche die sozialen Kosten der Flächennutzung internalisiert. Erste Ansätze lassen sich in der Diskussion um eine ökologische Steuerreform in der Flächennutzung erkennen, welche die Nutzung von Immobilienflächen mit einer Steuer belegt. Grundgedanke dieser Reformbestrebungen ist die umweltpolitisch ausgerichtete Steuerung der Flächennutzung durch Naturschutzabgaben und flächennutzungsbezogener Steuern statt der bislang einheitlich erhobenen Grundsteuer.[1]

2.1.2 Standortbezogenheit der Immobilienökonomie

Die effiziente konzeptionelle Gestaltung einer Immobilie hängt unmittelbar von den an seinem Standort zum Zeitpunkt der Planung vorherrschenden Rahmenbedingungen der Nutzung ab. Die Rahmenbedingungen der standortbedingten Nutzung sind äußerst vielschichtig, sodass sich eine komplexe interdisziplinäre Planungsaufgabe stellt.

Eine sehr ähnliche Planungsaufgabe wird in der Standortlehre bereits seit geraumer Zeit untersucht.[2] Die Standortlehre geht dabei allerdings von einer im Vergleich zur bisherigen Untersuchung entgegengesetzten Mittel-Zweck-Beziehung aus, da hier für vorgegebenen Nutzungen geeignete Standorte gesucht werden. Dennoch gelten in Immobilienökonomie und Standortlehre die gleichen Rahmenbedingungen der standortbedingten Nutzung. Sie werden in der Standortlehre als Standortfaktoren bezeichnet. Die Standortfaktorenforschung ist ein zentrales For-

[1] Vgl. zu einer Übersicht der Reformvorschläge: Ewringmann, D. (Hrsg.), 1995.

[2] Vgl. zu den Ursprüngen der Standortlehre: von Thünen, J. H., 1826; Launhardt, W., 1882; Weber, A., 1922; Lösch, A., 1940; Behrens, K. C., 1971. Vgl. zu einer Übersicht über den neueren Stand z. B.: Behrens, K. C., 1971; Kaiser, K. – H., 1979, S. 18 ff.

schungsthema der Standortlehre, das insbesondere empirisch sehr intensiv bearbeitet wurde. Eine Übersicht über die Ergebnisse in der industriellen Standortfaktorenforschung geben LÜDER/KÜPPER:

Tabelle 2.4. Ergebnisse empirischer Erhebungen von industriellen Standortfaktoren

Brede (1971)	Fürst/Zimmermann (1973)	Kreuter (1974)
1. Boden und Gebäude	1. Verkehr	1/2. Boden
2. Arbeitskräfte	2. Boden und Gebäude	1/2. Arbeitskräfte
3. Absatz	3/4. Arbeitskräfte	3. Verkehr und Transport
4. Öff. Förderung	3/4. Öff. Förderung	4. Übernahme vorhandener Produktionsstätten
5/6 Transport	5. Gemeindlich-industrielle Atmosphäre	5. Absatz
5/6 Fühlungsvorteile	6. Absatz und Beschaffung	6. Sonstige (inkl. persönliche Präferenzen)
7. Persönliche Präferenzen	7. Allgemeine Infrastruktur	7. Beschaffung
8. Sonstige	8. Industrielle Agglomeration	8/9. Öffentliche Förderung
		8/9. Allgemeine Infrastruktur
Ballestrem/Förtsch (1974)	**Dohrmann (1976)**	**Kaiser/Hoerner (1976)**
1. Boden und Gebäude	1. Boden und Gebäude	1. Arbeitskräfte
2. Verkehr	2. Arbeitskräfte	2. Verkehr und Transport
3. Arbeitskräfte	3. Verkehr	3. Boden und Gebäude
4. Örtliche Kontakte	4. Ballungsvorteile	4. Allgemeine Infrastruktur
5. Persönliche Präferenzen	5. Öffentliche Förderung	5. Absatz und Beschaffung
6. Maschinelle Anlagen	6. Sonstige Faktoren	6. Sonstige (inkl. pers. Präferenzen)
7. Öffentliche Förderung	7. Persönliche Präferenzen	7. Öffentliche Förderung
8. Finanzierung	8. Energie und Wasser	8. Industrielle Agglomeration
9 -11. Absatz		
9 -11. Energie		
9 -11. Immissionen		

Tabelle 2.4. (Fortsetzung)

Bundesministerium für Arbeit und Sozialordnung (1979)	Ruppert (1979)	Freund/Zabel (1978)
1. Boden 2. Arbeitskräfte 3. Absatz 4 - 5. Öffentliche Förderung 4 - 5. Persönliche Präferenzen 6. Rohstoffe	1. Arbeitskräfte 2. Boden und Gebäude 3. Öffentliche Förderung 4. Absatz und Beschaffung 5. Verkehr 6. Geringere Umweltschutzrestriktionen 7. Energie und Wasser 8. Zusammenarbeit mit Behörden 9. Soziale Infrastruktur	1. Boden und Gebäude 2. Verkehr und Transport 3. Öffentliche Förderung 4. Niedrige Produktionskosten 5. Absatz und Beschaffung 6. Verdichteteres Gebiet mit Wachstumschance 7. Allgemeine Infrastruktur

Quelle: Lüder, K. u. Küpper, W., 1983, S. 14.

Die Ergebnisse der Tabelle 2.4. beziehen sich zwar nur auf den industriellen Bereich, gleichwohl sind alle Gruppen an Standortfaktoren enthalten. Im Dienstleistungssektor ergeben sich allerdings andere Gewichtungen der Faktorengruppen.[1] Die Ergebnisse der Studien zeigen den großen Umfang und die Vielschichtigkeit der Standortfaktoren. Die Standortfaktorengruppen lassen sich in beliebig viele einzelne Standortfaktoren weiter aufsplittern,[2] sodass bei der Standortwahl ein höchst komplexes Planungsproblem entsteht, das im Modell nur unter erheblichen Vereinfachungen abzubilden ist. Die Komplexität dieses Problems verdeutlichen insbesondere mathematische Modelle zur betrieblichen Standortwahl, die trotz ihres teilweise erheblichen Umfangs aufgrund ihrer Realitätsferne keine nennenswerte praktische Bedeutung erlangt haben.[3] Verändert man nun die Betrachtungsperspektive und sucht für ein Immobilienobjekt die geeignete Nutzung, entsteht eine ähnlich komplexe Planungsaufgabe, da bis auf den Faktor „Grund und Boden" prinzipiell sämtliche Standortfaktoren sowie alternative Varianten sinnvoller Nutzung der Immobilie in dem Kalkül zu berücksichtigen sind.

Der Tabelle 2.4 ist zu entnehmen, dass der Standortfaktorengruppe „Boden und Gebäude" und damit der Immobilienökonomie insgesamt die höchste Bedeutung bei der Standortwahl beigemessen wird. So zeigen empirische Ergebnisse, dass Standortentscheidungen häufig durch mangelhafte Ausstattungen mit Immobilien z. B. im Fall zusätzlichen Kapazitätsbedarfs ausgelöst werden.[4] Anders herum bestimmt die Entscheidung für einen bestimmten Standort den Handlungsspielraum der nachgelagerten immobilienökonomischen Aktivitäten. Bei Immobilieninvestitionen wird der richtigen Standortwahl regelmäßig der größte Erfolgsbeitrag zuge-

[1] Vgl. Mehrens, K., 1978, S. 25 ff.
[2] Vgl. Friedrich, P., 1976, S. 41.
[3] Vgl. z. B. Hansmann, K. – W., 1974; Jacob, H., 1976; Hummeltenberg, W., 1981.
[4] Vgl. Lüder, K. u. Küpper, W., 1983, S. 138 ff.

sprochen, was folgender Ausspruch verdeutlicht: „Für erfolgreiche Immobilieninvestitionen gibt es drei Kriterien: Lage, Lage, Lage.“[1] Zwischen der Standortlehre und der Immobilienökonomie besteht deshalb eine enge, wechselseitige Beziehung, deren gemeinsames Ziel es ist, das einzelne Objekt mit seiner Umgebung in Einklang zu bringen.

2.1.3 Zeitbezogenheit der Immobilienökonomie

Auf die Bedeutung der Zeit bei der Nutzung von Immobilien wurde bereits bei der ökonomischen Begriffsabgrenzung hingewiesen. Allerdings findet nicht nur die Nutzung über einen für ein Wirtschaftsgut ungewöhnlich langen Zeitraum statt, sondern auch die Herstellung und die Finanzierung. Diese Langfristigkeit gepaart mit einer sich ständig im Wandel befindlichen Umwelt sorgt für ein ökonomisches Spannungsfeld, das nachfolgend näher betrachtet wird.

Ein Gebäude wird in der Regel für eine klar definierte Nutzung geplant und errichtet. Aufgrund der in der Regel langwierigen Planung, Genehmigung und Bauausführung vergeht ein vergleichsweise langer Zeitraum bis zur Bereitstellung des Objekts. Besonders deutlich wird die Langfristigkeit bei der Errichtung industrieller Großanlagen wie beispielsweise Kernkraftwerken. So betrug die Zeit bis zur Fertigstellung des Kraftwerks Mülheim-Kärlich im Jahr 1986 beispielsweise 16 Jahre. Eine dauerhafte Inbetriebnahme ist aufgrund der Rücknahme einer Teilerrichtungsgenehmigung bis zum Fertigstellungszeitpunkt dieser Arbeit nicht erfolgt.[2]

Die dynamische Entwicklung des Standortes und der wirtschaftlichen Situation der Nutzer verändern gleichzeitig die Nutzungsanforderungen an die Immobilie. Die wesentlichen Ursachen veränderter Nutzungsanforderungen sind in den Entwicklungen der in Abbildung 2.2 überblicksartig dargestellten Umweltdimensionen zu suchen:

[1] Vgl. z. B. Pearson, T. D., 1991.

[2] Vgl. http://www.rweenergie.de/unternehmen/Kraftwerk_Muehlheim-Kaerlich.htm v. 30.03.1999.

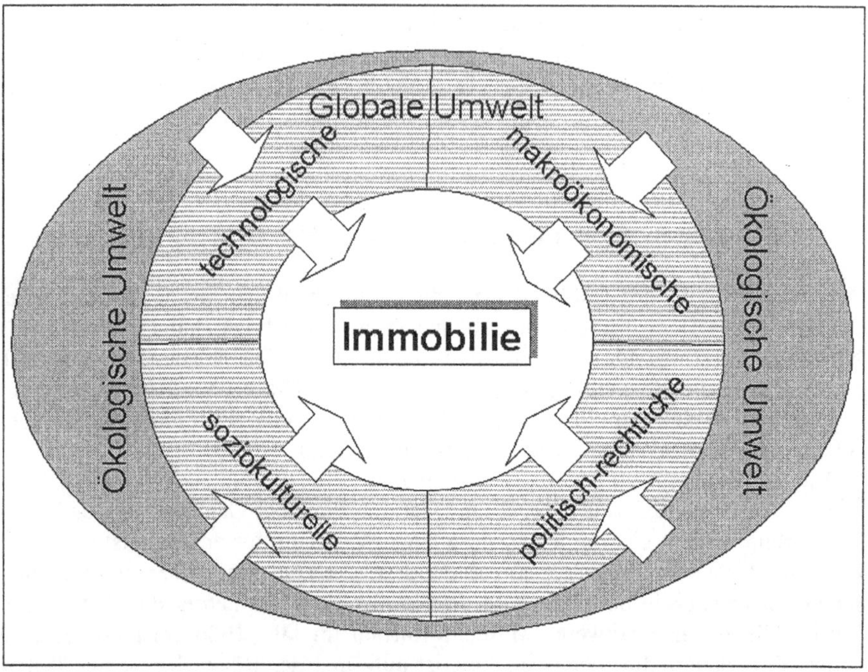

Abb. 2.2. Umweltdimensionen einer Immobilie. Quelle: in Anlehnung an Steinmann, H. u. Schreyögg, G., 1996, S. 156 ff.

- Technologischer Wandel
  Die Veränderung von Produktionsprozessen, Produkten sowie der Informations- und Kommunikationstechnologie lassen eine veränderte, in der Regel geringere Quantität des Flächenbedarfs erwarten, da mit der zunehmenden Technisierung Rationalisierungserfolge erzielt werden. Gleichzeitig verändert sich die Anforderung an die Qualität der Immobilie.[1] So ist beispielsweise bei Direktbanken die Telefonnummer beziehungsweise die Internetadresse im Kundenverkehr wichtiger als der Standort. Gebäude müssen in ihrer Bauausführung die Installation moderner Kommunikationstechnologie beispielsweise durch das Vorhandensein doppelter Böden erlauben.

- Makroökonomischer Wandel
  Wie die Tabelle 2.4 zeigt, ist die strukturelle und konjunkturelle Entwicklung einer Wirtschaftsregion ein wesentlicher Standortfaktor für die Unternehmen als Nutzer von Gewerbeimmobilien. Folglich wirken sich Veränderungen der makroökonomischen Umwelt auf den Immobilienmarkt aus. So führt die zunehmende Globalisierung der Märkte zu starken Veränderungen der Flächennachfrage in bestimmten Regionen. Das äußert sich beispielsweise an den Finanzplätzen wie Frankfurt oder London in einer mittelfristig wachsenden

[1] Vgl. Pfnür, A. , 1998a, S. 17. Siehe auch Kapitel 6.

Nachfrage nach Büroflächen. Gleichzeitig verlagert sich im Zuge der Abwanderung von lohnintensiven Arbeitsplätzen die Nachfrage nach entsprechenden Immobilien in Länder mit entsprechenden Standortvorteilen.[1]

Schwankender Einfluss auf die Flächennachfrage wird der konjunkturellen Entwicklung beigemessen. Die Nachfrage nach Leistungen im Gewerbebau steigt vor dem Aufschwung im konjunkturellen Zyklus regelmäßig an.[2] Allerdings hat sich die Nachfrage im Gewerbebau seit einigen Jahren von der konjunkturellen Entwicklung aufgrund gewichtigerer Faktoren wie der staatlichen Bauförderung abgekoppelt. Insgesamt ist der Konjunkturzyklus zu kurzfristig, um die Nachfrage nach langfristigen Immobilieninvestitionen entscheidend zu beeinflussen. Gleichwohl wird eine ansteigende Konjunktur als Anlass von Bauinvestitionen gesehen.

Im Zuge der strukturellen und konjunkturellen Entwicklung führt eine Intensivierung des Wettbewerbs zu einem Kostendruck auf die Unternehmen, in dessen Zuge sie auch die Immobilienkosten durch effizientere Immobilienobjekte verringern müssen. Besonders deutlich wird dies am Beispiel der privatisierten öffentlichen Unternehmen wie Bahn oder Post, die große Flächen ihres Immobilienbestands am Markt verwerten.[3] Aber auch in den privatwirtschaftlichen Unternehmen wird beim Neubezug von Objekten den Betriebskosten und flexiblen Nutzungsmöglichkeiten vermehrt Beachtung geschenkt.

- Politisch-rechtliche Umwelt

  Der starke Einfluss der politisch-rechtlichen Umwelt am Standort einer Immobilie erstreckt sich hauptsächlich auf die Festlegung der Nutzungsintensität von Grundstücken im Rahmen der Raumplanung und deren Vollzug. Beispielsweise ist es von großer Bedeutung für den Wert einer Immobilie, wenn auf einem Grundstück innerhalb eines Sondergebiets, in dem nur universitäre Nutzung erlaubt ist, dem Eigentümer plötzlich eine gewerbliche Nutzung zugestanden wird. Der Einfluss wird ebenfalls deutlich, wenn von politischer Seite Sanierungs- und Entwicklungsgebiete festgelegt werden, oder wenn beispielsweise wie im Falle der Hamburger Hafencity oder dem Rheinauhafen in Köln ehemals industrieller Nutzung vorbehaltene Gebiete durch veränderte Flächennutzungspläne einer zeitgemäßen Nutzung zugänglich gemacht werden.

  Starken Einfluss auf das Angebot an Immobilienflächen hat die staatliche Förderung. Zeitweilige Überangebote an Gewerbeimmobilien, wie gegenwärtig in Ostdeutschland zu verzeichnen, werden auf die Bautätigkeiten von institutionellen Investoren wie Immobilienfonds zurückgeführt, die im Zuge staatlicher Förderung von Bauinvestitionen durch Sonderabschreibungen in großem Umfang Steuersparmodelle errichtet haben.[4] Hier wird deutlich, dass der Markt für Immobilienflächen untrennbar mit dem Markt für Kapitalbeteiligungen in Immobilien verbunden ist.

---

[1] Vgl. Rußig, V. u. Spillner, A., 1998.
[2] Vgl. Bartholmai, B., 1998.
[3] Vgl. Rußig, V. u. Spillner, A., 1998.
[4] Vgl. Bartholmai, B., 1998; Rußig, V., 1998; Rußig, V. u. Spillner, A., 1998.

- Soziokultureller Wandel
  Der soziokulturelle Wandel der Gesellschaft spiegelt sich zunächst im Wandel der Art und Intensität der Wahrnehmung der Grundfunktionen menschlichen Daseins wider.[1] Im Zeitablauf ergeben sich aus der Verschiebung von Lebensgewohnheiten und Wertvorstellungen variierende Nutzungsanforderungen an eine Immobilie, sodass ihr bisheriges Nutzungskonzept obsolet geworden ist und zur Revitalisierung ansteht.[2] Beispielsweise sind nach der Wiedervereinigung in Ostdeutschland große Fachmarktzentren am Rand von Ballungsgebieten entstanden. Mit zunehmender Veränderung des Konsumverhaltens erfolgt der Ausbau des Einzelhandels in den Innenstädten, sodass die Fachmarktzentren an ökonomischer Bedeutung im Einzelhandel einbüßen. Aufgrund der vorhandenen, streckenweise sehr hochwertigen Infrastruktur stellt sich die Frage, welcher alternativen Nutzung diese Objekte zugeführt werden.

  Eine weitere Ursache sich ändernder Nutzungsanforderungen an Immobilien liegt in der Verschiebung der demografischen Daten. Der Trend zu Single-Haushalten und die zunehmende Anzahl an Senioren verändern z. B. den Bedarf an Dienstleistungen, so dass entsprechende Freizeit- und Versorgungseinrichtungen geschaffen werden müssen.[3]

  Schließlich unterliegen auch Immobilien gestalterischen und konzeptionellen Modewellen. So wurden beispielsweise in den 70er Jahren Großraumbüros geschaffen, wohingegen in den 90er Jahren vornehmlich Gruppenbüros errichtet wurden. Besonders deutlich wird der konzeptionelle Wandel von Immobilien im Einzelhandel, wo die großen Kaufhäuser der 60er und 70er Jahre seit den 90er Jahren von Shop-in-Shop-Konzepten abgelöst werden.

- Ökologischer Wandel
  Baugrundstücke sind maßgebliche Bestandteile des Umweltmediums „Boden", der neben den Medien „Wasser" und „Luft" und den Organismen die Belastungsbereiche der natürlichen Umwelt bilden.[4] Entsprechend hat die Bebauung und Nutzung von Grundstücken Auswirkungen auf die Situation der Ökosysteme, die dem Menschen als Lebensraum dienen.[5] Die negative Wahrnehmung der Auswirkungen auf den Lebensraum des Menschen verbunden mit der Bereitschaft auf Abhilfe wird als Umweltbewusstsein bezeichnet.[6] Mit wachsendem Umweltbewusstsein in der Bevölkerung werden Umweltkosten und Umweltnutzen zunehmend in ökonomischen Kalkülen internalisiert und gewinnen an Bedeutung.[7] Aufgrund der von ihnen ausgehenden Umweltbelastungen sind auch Immobilien Gegenstand des gesellschaftlichen Umweltbewusstseins geworden. Insbesondere die ökologisch orientierte Raumplanung, die Belastung

[1] Vgl. Pfarr, K. – H., 1977, S. 36 ff.

[2] Vgl. Aengevelt, L., 1992, S. 633 ff.

[3] Vgl. Bundesinstitut für Bevölkerungsforschung, 1998; Statistisches Bundesamt Deutschland, 1998, Abschnitt Bevölkerung.

[4] Vgl. z. B. Wicke, L., 1993, S. 1 ff. u. S. 57 ff.

[5] Vgl. Haber, W., 1980, S. 135 ff.

[6] Vgl. Rat von Sachverständigen für Umweltfragen, 1978, S. 445.

[7] Vgl. zum Konstrukt des Umweltbewusstseins z. B.: Hammerl, B. M., 1994, insb. S.48 ff.

des Bodens durch Bodenversiegelung und Kontamination sowie eine ökologisch verträgliche Bauweise unter Verwendung umweltschonender Materialien waren Gegenstand der gesellschaftlichen Ökologiedebatte. Das verstärkte Umweltbewusstsein wirkt nicht aus sich selbst heraus, sondern über die übrigen Umweltdimensionen auf eine ökologieorientierte Planung, Gestaltung und Nutzung von Gebäuden. So sind beispielsweise in den 80er und 90er Jahren die Umweltschutzauflagen der Flächennutzung durch eine Reihe an Gesetzesänderungen erheblich verschärft worden.[1] Das Image bei Kunden und Mitarbeitern steigt mit ökologisch gestalteten Gebäuden. Infolge der zunehmenden Internalisierung von Umweltkosten verlagern Unternehmen flächen- und emissionsintensive Produktionsverfahren in Länder geringerer Bevölkerungsdichte, was die Nachfrage nach entsprechenden Industrieflächen zurückgehen lässt.

Die Dynamik der Nutzungsanforderungen führt aufgrund der statischen Wesenszüge von Grundstücken und Gebäuden zu einer Verkürzung der Nutzungsdauer. Dieser Kontrast von langer Bereitstellungsphase bei gleichzeitig starkem Wandel der Umweltbedingungen birgt im Extremfall sogar die Gefahr, dass eine Immobilie zum Zeitpunkt der Fertigstellung der Bebauung bereits konzeptionell überholt ist. In seiner Wirkung verschärft wird das Zeitproblem durch eine Tendenz zum Anstieg der Baukosten und somit der Investitionsvolumina. Hierfür verantwortlich sind:

1. der zunehmende Technisierungsgrad der Gebäude,[2]
2. der Trend zum ökologischen Bauen.

Im Ergebnis ist das Risiko von Fehlplanungen mit hohen finanziellen Folgen für den Einzelnen ebenso wie für die Volkswirtschaft sehr groß.

Der vorausgegangenen Abschnitt hat die makroökonomischen Probleme beim Umgang mit Immobilien aufgezeigt. Immobilien haben sich vom Wesen her als Bestandteil des Lebensraums und somit von öffentlichem Interesse gezeigt, welche entsprechend ihres Standorts einer zeitgemäßen Nutzung zugeführt werden müssen. Im Folgenden ist auf der Individualebene zu untersuchen, welches die Besonderheiten von betrieblichen Immobilien im Leistungserstellungsprozess eines Wirtschaftssubjekts sind.

2.2 Merkmale betrieblicher Immobilien im Leistungserstellungsprozess

Gegenüber den übrigen Produktionsfaktoren eines Unternehmens weisen Immobilien eine Reihe an Besonderheiten auf, deren Zusammenwirken die Quelle aller

---

[1] Vgl. zu einer Übersicht: Kistenmacher, H., 1996.
[2] Vgl. Pfarr, K. – H., 1977, S. 36 ff.

spezifischen Probleme in der betrieblichen Immobilienwirtschaft darstellen. Diese Charakteristika lassen sich wie folgt zusammenfassen:[1]

- Immobilität, Heterogenität und begrenzte Marktfähigkeit
  Die Immobilie ist, wie schon das Wort zum Ausdruck bringt, an einen Standort gebunden. Vor allem aus der Standortgebundenheit folgt die Einzigartigkeit einer Immobilie. Diese Einzigartigkeit jeder Immobilie macht es so schwierig, Immobilienmärkte zu beschreiben,[2] voneinander abzugrenzen, Marktpreise zu bestimmen und den Wert von Immobilien zu ermitteln.[3]

- Kapitalintensität und Bindungsdauer von immobilienwirtschaftlichen Entscheidungen
  Immobilienwirtschaftliche Investitionsentscheidungen sind durch vergleichsweise hohe finanzielle Konsequenzen mit einer in der Regel langfristigen Entscheidungsbindung gekennzeichnet.

- Langfristigkeit und Wertzuwachspotential
  Immobilien zeichnen sich gegenüber anderen Sachanlagen durch einen langfristigen Erstellungszeitraum, hohen Abnutzungsvorrat und vergleichsweise geringen technischen Verschleiß aus.[4] Immobilien unterliegen nicht unbedingt einem Werteverzehr, vielmehr kann sich insbesondere der Wert des Grundstücks im Zeitablauf erhöhen. Hieraus ergeben sich für Unternehmen die Möglichkeiten zur langfristigen Kapitalanlage,[5] Spekulation und der Bildung von stillen Reserven.[6]

- Physische Präsenz, öffentliches Interesse und nicht-monetäre Nutzenstiftung
  Die starke physische Präsenz von Immobilien in der natürlichen Umwelt bringt ein hohes öffentliches Interesse an Immobilien mit sich. In der Folge unterliegen Immobilien einer starken rechtlichen Reglementierung und Einflussnahme der Gebietskörperschaften. Die physische Präsenz bietet neben der monetären Nutzenstiftung auch ein erhebliches Potenzial nicht-monetärer Kosten- und Nutzenstiftung, die sich beispielsweise im Imagetransfer auf den Eigentümer, Neid oder Besitzerstolz, niederschlägt.

---

[1] Weitere Besonderheiten sind zu berücksichtigen, wenn man die Immobilie aus der Perspektive der Kapitalanlage betrachtet (vgl.: Bone - Winkel, S., 1994, S. 27).

[2] Vgl. Weimer, A. M., 1966, S. 108 f.

[3] Vgl. Keunecke, K. P., 1994, insb. S. 86 ff.

[4] Vgl. Männel, W., 1968; Biedermann, H., 1990.

[5] Vgl. Greer, G. E. u. Farrell, M., 1988; Phyrr, S. A. u. a., 1989; Ferguson, J. u. Heizer, J., 1990; Jaffe, A. J. u Sirmans, C. F., 1995; Greer, G. E., 1997; Schulte, K. – W. u. a. (Hrsg.), 1998.

[6] Vgl. Weimer, A. M., 1966, S. 106 ff.

3 Bedeutung von betrieblichen Immobilien für den Unternehmenserfolg

In der Produktionsfaktoren-Systematik von GUTENBERG werden Immobilien, so wie sie hier definiert wurden, den Arbeits- und Betriebsmitteln zugerechnet.[1] „Unter dem zweiten Elementarfaktor Arbeits- und Betriebsmittel sollen alle Einrichtungen und Anlagen verstanden werden, welche die technische Voraussetzung betrieblicher Leistungserstellung, insbesondere also der Produktion, bilden.... Zu den Arbeits- und Betriebsmitteln gehören demnach alle bebauten oder unbebauten Betriebs-, Verwaltungs-, Wohn- und Arbeitsgrundstücke, die Gesamtheit aller maschinellen Apparaturen unter und über Tage, also insbesondere alle Arbeits- und Kraftmaschinen, Behälter, Öfen, Fördereinrichtungen, Geräte und Apparate, Hand- und Maschinenwerkzeuge, Vorrichtungen, Lehren und Messgeräte, das gesamte Büro- und Betriebsinventar, Schaufenstereinrichtungen u. dgl., deren Betrieb zur Erfüllung seiner Aufgaben bedarf."[2] Als unverzichtbare Betriebsmittel sind Immobilien in den meisten Unternehmen Kosteneinflussgröße und Leistungsparameter. Um den Grad ihrer Bedeutung im Vergleich zu anderen Produktionsfaktoren zu messen, kann man die Kostenverursachung, die Nutzenstiftung und die Veränderung der Risikoposition als Maßstab heranziehen. Nachfolgend ist zu untersuchen, wie betriebliche Immobilien Kosten, Nutzen und Risiko eines Unternehmens beeinflussen. Um einen Eindruck von den Dimensionen der Bedeutung betrieblicher Immobilien für den Unternehmenserfolg zu erlangen, ist zunächst zu klären, in welchem Umfang Unternehmen Immobilien im Leistungserstellungsprozess einsetzen.

In der zweiten Hälfte dieses Kapitels wird im Abschnitt 5 die Frage diskutiert, wie die Bedeutung von Immobilien im Unternehmen bewertet werden kann. Die Bewertung von Immobilien bildet die Grundlage für jede immobilienbezogene Entscheidung im Unternehmen. Trotzdem ist der Bewertung von Immobilien in der Bundesrepublik Deutschland verglichen mit anderen Kapitalanlagen wie beispielsweise Aktien wenig Beachtung geschenkt worden.[3] Die Bewertung von Immobilien ist ein sehr vielschichtiges Problem, welches bei allen Wirtschaftlichkeitsüberlegungen, weit über die Bereitstellungsentscheidung hinaus, seine unterschiedlichen Facetten zeigt. Der Abschnitt 5 dieses Kapitels bildet deshalb nicht nur die Grundlage für die Bereitstellungsentscheidung, sondern auch für Entscheidungen über das Kosten-, Nutzen und Risikomanagement des vorhande-

---

[1] Vgl. Gutenberg, E., 1983, S. 2 ff.

[2] Gutenberg, E., 1983, S. 4.

[3] Vgl. Falk, B., 1992, Abschnitt III, S. 1.

nen Immobilienbestands. Da alle immobilienbezogenen Bewertungsvorgänge unmittelbar oder mittelbar schon vor Beginn des Lebenszyklus von Immobilien die Bereitstellungsentscheidung beeinflussen, sollen sie an dieser Stelle im Zusammenhang dargestellt werden.

3.1 Umfang von Immobilien im Leistungserstellungsprozess

Zum Umfang der im Leistungserstellungsprozess eingesetzten Immobilien sind bereits empirische Erhebungen durchgeführt worden. Allerdings hat keine der in Deutschland durchgeführten Studien den Umfang genau beziffern können, weil zu den Zeitpunkten der Befragung ein Großteil der Unternehmen selber nicht über die notwendigen Informationen verfügten.[1] Um den Umfang von Immobilien im Leistungserstellungsprozess näherungsweise zu beziffern, gibt es aber einige Schätzhilfen. So sind Aussagen über den Flächenumfang anhand der Mitarbeiterzahlen eines Unternehmens möglich. Geht man beispielsweise von einem durchschnittlichen Flächenverbrauch bei Banken von 30 m^2 Nettogeschossfläche pro Kopf aus,[2] so entspricht dies bei einem Unternehmen mit 25.000 Mitarbeitern einer Nettogeschossfläche von 75.000 m^2.

Aus den von der Deutschen Bundesbank veröffentlichten Statistik über die Jahresabschlüsse deutscher Unternehmen lassen sich die Anteile von Immobilien an den Bilanzwerten deutscher Unternehmen errechnen.

[1] Vgl. Arthur Andersen (Hrsg.), 1995, S. 10 ff.; Pfnür, A., 1998b, S. 6.

[2] Dies entsprach in Deutschland im Jahre 1998 der Situation bei deutschen Filialbanken (vgl. Pfnür, A., 1998b, S. 6).

Tabelle 3.1. Anteil der Immobilien an den Bilanzwerten deutscher Unternehmen

Jahr	Grundstücke und Gebäude in Mrd. DM	Bilanz-summe in Mrd. DM	% Anteil "Grundstücke und Gebäude" an der Bilanzsumme	% Anteil "Grundstücke und Gebäude" am Sachvermögen	% Anteil des Sachvermögens an der Bilanzsumme
1971	142,79	893,96	15,97	24,90	64,14
1972	156,40	981,29	15,94	25,20	63,25
1973	168,29	1053,01	15,98	25,17	63,50
1974	176,45	1099,40	16,05	25,30	63,44
1975	176,13	1123,64	15,67	25,01	62,69
1976	184,17	1221,61	15,08	24,31	62,01
1977	186,66	1260,57	14,81	24,57	60,26
1978	189,47	1342,58	14,11	23,46	60,17
1979	197,90	1450,80	13,64	22,86	59,68
1980	204,75	1543,94	13,26	21,92	60,51
1981	222,14	1647,58	13,48	21,94	61,47
1982	227,99	1687,29	13,51	22,44	60,21
1983	232,35	1757,70	13,22	22,56	58,60
1984	238,92	1850,09	12,91	22,64	57,05
1985	243,24	1902,89	12,78	22,76	56,17
1986	248,93	1944,59	12,80	23,02	55,61
1987	233,96	2041,16	11,46	20,72	55,31
1988	244,22	2164,33	11,28	20,69	54,54
1989	260,45	2352,30	11,07	20,48	54,06
1990	264,72	2546,42	10,40	19,43	53,49
1991	287,00	2813,85	10,20	19,30	52,84
1992	310,65	2906,94	10,69	20,66	51,71
1993	318,19	2947,59	10,79	21,16	51,01
1994	313,28	2995,86	10,46	21,18	49,37
1995	303,04	3091,25	9,80	20,00	49,03
1996	299,97	3122,92	9,61	19,96	48,11

Quelle: Deutsche Bundesbank, 1999, S. 18 ff.; eigene Berechnungen.

Diese Daten ergeben zwar Hinweise, aber kein genaues Bild über den Umfang der im Leistungserstellungsprozess eingesetzten Immobilien. Um zu exakten Zahlen zu kommen, wären folgende Korrekturen erforderlich:

1. Erstens sind Korrekturen in den Wertansätzen erforderlich, da die Buchwerte in der Regel erhebliche stille Reserven umfassen. Das DIW hat das Immobilienvermögen der deutschen Unternehmen zum Zeitpunkt 1991 mit DM 3.176 Mrd. beziffert.[1] Die Deutsche Bundesbank ermittelt zum selben Zeitpunkt einen Buchwert des Immobilienbestands von DM 287 Mrd. Der Sachwert des Immobilienvermögens liegt somit um das 11-fache über dem Buchwert. Auch wenn sich die Berechnungsgrundlagen in Details unterscheiden, macht die Differenz das Ausmaß der stillen Reserven deutlich. Die Differenz zwischen Verkehrs-

[1] Vgl. DIW, 1996, S. 61.

und Buchwerten ist vom unternehmensindividuellen Wertansatz der Immobilien in der Bilanz abhängig. Für die Deutsche Bank AG schätzt SCHÄFERS den Besitz auf einen Verkehrswert von DM 12 Mrd. gegenüber einem Buchwert von DM 3,2 Mrd. Bei der Siemens AG wird das Verhältnis von DM 8,3 Mrd. zu DM 50 Mrd. angegeben.

2. Zweitens werden die gemieteten und geleasten Flächen in den Daten nicht ausgewiesen. Ein erheblicher Anteil an Gewerbeimmobilien wird im Besitz von privaten Investoren und dem Staat sein, sodass die Zahlen nur die Immobilien umfassen, welche von Unternehmen an Unternehmen vermietet werden.

   Hinsichtlich des Anteiles des Immobilieneigentums am betrieblichen Immobilienbestand ergeben sich branchen- und unternehmensindividuell erhebliche Unterschiede.[1] Durchschnittlich liegt der Eigentumsanteil in Deutschland bei ca. 50 % der Flächen.[2] ARTHUR ANDERSEN stellt in einer europaweiten Studie fest, dass der Eigentumsanteil im produzierenden Gewerbe vergleichsweise höher ist als im Handel und im Bereich Finanzdienstleistungen.[3]

3. Drittens besteht ein Teil des in der Bilanz ausgewiesenen Immobilienbestands aus Wohnungen oder Brachflächen, welche nicht zum betrieblich genutzten Immobilienbestand zu zählen sind.

Insgesamt vermitteln die Zahlen über den Bilanzwert von Unternehmensimmobilien dem Betrachter einen ersten Eindruck von der Bedeutung, welche die betrieblichen Immobilien für den Unternehmenserfolg haben können. Ein Zeitvergleich der Bilanzwerte lässt einen Rückgang der Bedeutung des Immobilienbestands vermuten. Eine empirische Analyse bestätigt diese Vermutung nicht.[4] Auf die Fragen, wie sich der Gebäudeflächenbedarf des jeweiligen Unternehmens in den letzten Jahren entwickelt hat, und welche zukünftigen Erwartungen die Unternehmen diesbezüglich haben, zeigen sich je nach Flächenart sehr unterschiedliche Ergebnisse:

- Bedarfsentwicklung bei Büroflächen
  In den letzten 40 Jahren ist der Flächenbedarf bei allen Unternehmen i. d. R. erheblich gestiegen. Beispielsweise stieg bei einem Unternehmen im Bankenbereich der Flächenbedarf in diesem Zeitraum um 40 %, bei einem Automobilzulieferer um 560 %. Für die Zukunft planen 70 % der Unternehmen ihren Flächenbedarf kräftig zu verringern. In den nächsten 10 Jahren rechnen die Unternehmen recht einstimmig mit einem Rückgang der Flächen um 20 %.

- Bedarfsentwicklung bei Handelsflächen
  In der Vergangenheit ist der Flächenbedarf im Handel stark gestiegen. Die Ausdehnung der Handelsflächen wird sich auch zukünftig in drei Viertel der

[1] Vgl. Arthur Andersen (Hrsg.), 1995, S. 15 ff.
[2] Vgl. Pfnür, A., 1998a, S. 6.
[3] Vgl. Arthur Andersen (Hrsg.), 1995, S. 16.
[4] Vgl. Pfnür, A., 1998a, S. 7 ff.

Unternehmen fortsetzen. In ein Viertel der Unternehmen bleibt der Flächenbedarf konstant.

- Bedarfsentwicklung bei Produktionsflächen
  In der Vergangenheit ist der Produktionsflächenbedarf vergleichbar mit dem Bedarf an Büroflächen bei allen Unternehmen stark gestiegen. Zukünftig planen bis auf eins alle Unternehmen ihren Bedarf an Produktionsflächen einzuschränken. Im Vergleich zu den Büroflächen scheint hier die Quantifizierung des Einsparungspotenzials allerdings schwieriger zu sein, sodass in der Regel nur Tendenzaussagen abgegeben wurden.

- Bedarfsentwicklung bei Lagerflächen
  Der Bedarf an Lagerflächen ist in der Vergangenheit im Gleichschritt mit der Ausdehnung im Produktions- und Handelsflächenbereich gestiegen. Für die Zukunft prognostizieren 71 % der Befragten einen Rückgang der Lagerflächen in ihrem Unternehmen. 29 % hingegen nehmen den zukünftigen Lagerflächenverbrauch als konstant an.

Die Ergebnisse verdeutlichen die große quantitative Veränderung des Flächenbedarfs. Insgesamt zeigt sich, dass der Flächenverbrauch in der Vergangenheit, vor allem durch ein starkes Wachstum der Unternehmen und eine Ausdehnung ihrer Produktpaletten angestoßen, gewachsen ist. Die bislang durchgeführten Rationalisierungs- und Outsourcing-Maßnahmen konnten diesen Effekt höchstens dämpfen. Für die Zukunft wird bedingt durch den Umbau des Leistungsprogramms – weg von industrieller Produktion hin zu mehr Dienstleistungen – mit einem Rückgang der Produktionsflächen gerechnet. Insbesondere im Büroflächen- und Lagerflächenbereich wird bedingt durch einen vermehrten Einsatz von IuK-Technologie und sonstige Steigerungen der Flächenproduktivität der Flächenbedarf eher als rückläufig angesehen. Dementgegen scheinen die Handelsflächen weniger Flächeneinsparungspotenzial aufzuweisen. Vielmehr wird von den Unternehmen mit einer Steigerung des Flächenbedarfs gerechnet. Betrachtet man die zukünftige Entwicklung des Flächenbedarfs in den Industrieländern, so sind folgende Einflussfaktoren auf den Immobilienbedarf von Unternehmen zu berücksichtigen:[1]

1. Allgemein verstärktes Kostenbewusstsein hervorgerufen durch Globalisierung und stärkere Wettbewerbsintensität.
2. Veränderung der Produktpaletten und der Leistungserstellungsprozesse durch Fortschritte in der Informations- und Kommunikationstechnologie: z. B. Dematerialisierung von Produkten und Produktionsprozessen, neue Bürokonzepte, virtuelle Unternehmen und verstärkte Telearbeit.
3. Standardisierung der Unternehmensinfrastruktur. Im Konzept „Corporate Infrastructure Management“ stellt das INTERNATIONAL DEVELOPMENT RESEARCH COUNCIL“ (IDRC) Überlegungen an, inwieweit sich die Infrastruktur eines Unternehmens vor allem bestehend aus Immobilien und EDV

[1] Diese Faktoren wurden durch eine von PFNÜR 1997 durchgeführte empirische Erhebung bestätigt. (Vgl. Pfnür, A., 1998a, S. 6 ff.).

standardisieren lässt, sodass sich das Unternehmen aus seiner physischen Hülle jederzeit herauslösen lässt.[1]

Diese Anhaltspunkte lassen vermuten, dass die Inanspruchnahme des Produktionsfaktors Immobilie durch die Unternehmen in Zukunft mengenmäßig abnehmen wird, gleichzeitig aber die Anforderungen an die Qualität der Gebäude steigt.[2]

3.2 Nutzenstiftung von Immobilien

3.2.1 Differenzierung immobilienwirtschaftlicher Nutzen

Die Nutzenstiftung von Immobilien kann sich auf einer ganzen Reihe verschiedener Wege vollziehen, die in Abbildung 3.1 systematisiert werden und nachfolgend zu erläutern sind. Der primäre Nutzen von Immobilien liegt entweder in der Erwirtschaftung von Mieterträgen und Veräußerungsgewinnen oder in ihrem bestimmungsgemäßem Gebrauch als Betriebsmittel begründet. Geht man, wie in dieser Arbeit geschehen, davon aus, dass die Immobilie betriebsbedingt angeschafft worden ist, sollte die letztgenannte Art der Nutzenstiftung die maßgebliche sein. Trotzdem ist im Bestand von Großunternehmen regelmäßig zu Pufferungszwecken oder aufgrund mangelnder zeitnaher Veräußerbarkeit ein Anteil an fremdvermieteten Immobilien vorhanden. Der Nutzen, den diese Immobilien dem Unternehmen stiften, ist unmittelbar aus den Mieterträgen ableitbar. Die Zurechnung des Nutzen einer Immobilie als Produktionsfaktor ist demgegenüber ein größeres Problem. Die Immobilie dient ihrem Nutzer zu einem mehr oder minder bestimmten Zweck, wobei sie selten als leistungsbeeinflussender Parameter angesehen wird. Nur in Ausnahmefällen wird der Immobilie ein Anteil am Output des Unternehmens zugerechnet. Ein solcher Ausnahmefall ist der Einzelhandel, der in Form von Kennzahlen wie "Umsatz pro m^2 Verkaufsfläche" einen Maßstab für den Nutzen betrieblicher Immobilien besitzt. Bei Produktions- und Büroimmobilien hat die Immobilie in der Regel einen geringeren Anteil am Erfolg des Kerngeschäfts. Gleichwohl besteht die Nutzenstiftung dieser Immobilientypen auch in der Verbesserung des Ergebnisses bei den Nutzern der Immobilie.

---

[1] Vgl. IDRC, 1997 und die dort angegebene Literatur.

[2] Für die Zukunft planen 70 % der Unternehmen ihren Flächenbedarf kräftig zu verringern. In den nächsten 10 Jahren rechnen die Unternehmen beispielsweise recht einstimmig mit einem Rückgang des Büroflächenbedarfs um 20 % (vgl. Pfnür, A. 1998, S. 6).

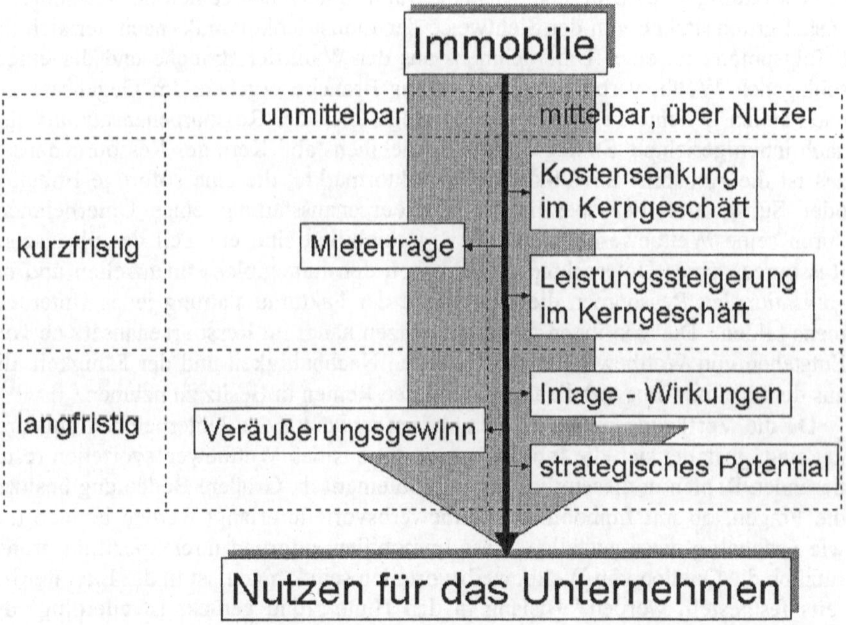

Abb. 3.1. Arten der Nutzenstiftung von Immobilien. Quelle: Eigene Darstellung.

Ein Teil der Ergebnisverbesserung ist vergleichsweise leicht messbar. Werden beispielsweise durch einen Neubau die Raumkosten verringert oder der Krankenstand eines Unternehmens durch eine verträglichere Arbeitsplatzumgebung gesenkt, so ist die realisierte Kostensenkung mit etwas Mühe aus der Kostenrechnung zu ermitteln. Der andere Teil immobiliarer Nutzenstiftung ist dementgegen intangibel. Der Imageeffekt von prestigeträchtigen Gebäuden wie dem Commerzbank Hochhaus in Frankfurt oder der strategische Nutzen einer Immobilie dürfte kaum quantifizierbar sein. Eine weitere, schwer messbare Form der Nutzenstiftung von Immobilien wird im Schrifttum mit der Generierung von Wettbewerbsvorteilen umschrieben.[1] Das strategische Potenzial von Immobilien ist damit allerdings noch nicht ausreichend charakterisiert.

Verallgemeinernde Hinweise auf den strategischen Nutzen von Immobilien für das Unternehmen gibt der Ressourcenansatz (resource based approach).[2] Der Grundgedanke des Ressourcenansatzes besteht in der Annahme, dass ein überdurchschnittlicher Unternehmenserfolg seine Quelle in der individuellen Ressour-

---

[1] Vgl. Brown, R. K. et al., 1992, S. 86 f; Nourse, H. O. u. Roulac, S. E., 1993; Schäfers, W., 1996, S. 48.

[2] Vgl. Bamberger, I. u. Wrona, T. 1996, S. 130 ff.; Knyphausen – Aufseß, D., 1997, S. 452 ff. und die dort zitierte Literatur.

cenausstattung eines Unternehmens hat. Damit unterscheidet sich der Ressourcenansatz grundsätzlich von der Sichtweise der Industrieökonomik, nach der sich die Erfolgspotenziale eines Unternehmens aus der Wahl der Branche und der eingeschlagenen Wettbewerbsstrategie in dieser Branche ergeben. Im Gegensatz zur nach außen gerichteten Wettbewerbsstrategie zielt der Ressourcenansatz auf eine nach innen gerichtete Strategie des Unternehmens ab.[1] Kern des Ressourcenansatzes ist die Annahme unvollkommener Faktormärkte, die eine sofortige Imitation oder Substitution der spezifischen Ressourcenausstattung eines Unternehmens durch seine Wettbewerber verhindern. Immobilien sind ein Teil der physischen Ressourcen eines Unternehmens, die neben den intangiblen, finanziellen und organisationalen Ressourcen die Gesamtheit der Faktorausstattung jedes Unternehmens bilden.[2] Der von ihnen gestiftete Nutzen hängt im Ressourcenansatz ab vom Entstehen von Wettbewerbsvorteilen, deren Nachhaltigkeit und der Fähigkeit, die aus den Wettbewerbsvorteilen resultierenden Renten in Besitz zu nehmen.[3]

Da die Verfügungsrechte an Immobilien eindeutig den Unternehmen zugeordnet sind, gestaltet sich die Inbesitznahme der aus den Wettbewerbsvorteilen resultierenden Renten in diesem Fall als unproblematisch. Größere Bedeutung besitzen die Fragen, ob mit Immobilien Wettbewerbsvorteile erlangt werden können und wie nachhaltig diese ausfallen. Dass Immobilien aufgrund ihrer Spezifität grundsätzlich die Quellen von Wettbewerbsvorteilen sein können, ist in der Literatur bereits festgestellt worden.[4] Bislang in den Hintergrund gerückt ist allerdings die Frage der Nachhaltigkeit dieser Wettbewerbsvorteile. Die Nachhaltigkeit der Wettbewerbsvorteile wird anhand der Kriterien Abnutzbarkeit, Transferierbarkeit, Imitierbarkeit und Substituierbarkeit beurteilt. Vergegenwärtigt man sich die im Abschnitt 2 .2 diskutierten spezifischen Eigenschaften der Immobilität, Heterogenität, Langfristigkeit und des starken öffentlichen Interesses, leuchtet unmittelbar ein, dass Immobilien grundsätzlich sehr gut geeignet sind, um gerade die Nachhaltigkeit der generierten Wettbewerbsvorteile zu stützen. Zentral gelegene, auf industrielle Produktion infrastrukturell ausgelegte Standorte sind beispielsweise in Westdeutschland trotz abschmelzender Industrien aufgrund der wachsenden Umweltschutzauflagen kaum noch verfügbar. Neben knappen, für das Unternehmen nachhaltig sehr wertvollen immobiliaren Ressourcen gibt es aber eine ganze Reihe an Immobilien, die die genannten Kriterien nicht erfüllen, wie beispielsweise Flächen für einfache Bürotätigkeiten in beliebiger Lage.[5]

Die Nutzenarten sind damit ausreichend beschrieben. Aufgrund der besonderen zeitlichen Komponente von Immobilien, die unter Gliederungspunkt 2.1.3 herausgearbeitet worden ist, stellt sich die Frage, wie die Nutzenwirkungen im Zeitablauf entstehen.

---

[1] Vgl. Hinterhuber, 1990, S. 63.

[2] Vgl. Bamberger, I. u. Wrona, T. 1996, S. 132 f. Andere Systematiken finden sich z. B. bei: Porter, M. E., 1996, S. 63 ff.

[3] Vgl. Porter, M. E., 1996.

[4] Vgl. Brown, R. K. et al., 1992, S. 86 f; Nourse, H. O. u. Roulac, S. E., 1993; Schäfers, W., 1996, S. 48

[5] Vgl. zu einem Selektionsverfahren: Neidich, D. u. Steinberg, T. M., 1984, S. 76 ff.

3.2.2 Nutzenwirkungen der Immobilie im Zeitablauf

Ein Ergebnis des Abschnitts 2.2 über Besonderheiten von Immobilien war insbesondere die Langfristigkeit. Es liegt daher nahe, auch die Nutzenentwicklung über den gesamten Lebenszyklus der Immobilie hinweg zu betrachten (siehe Abbildung 3.2). Trifft ein Unternehmen zu einem Zeitpunkt t_0 die Entscheidung, eine Immobilie selbst zu erstellen, so fallen in der Bauzeit (t_0 - t_1) nur Kosten und keine Nutzenwirkungen an. Ist die Immobilie fertig gestellt, entspricht sie häufig schon nicht mehr den aktuellen Anforderungen. Gleiches gilt für gemietete oder gekaufte Objekte, bei denen sich der Bereitstellungsvorgang über einen längeren Zeitraum erstreckt. Das Nutzenniveau ist im Zeitpunkt t_1 auf $U^I{}_1$ abgesunken.

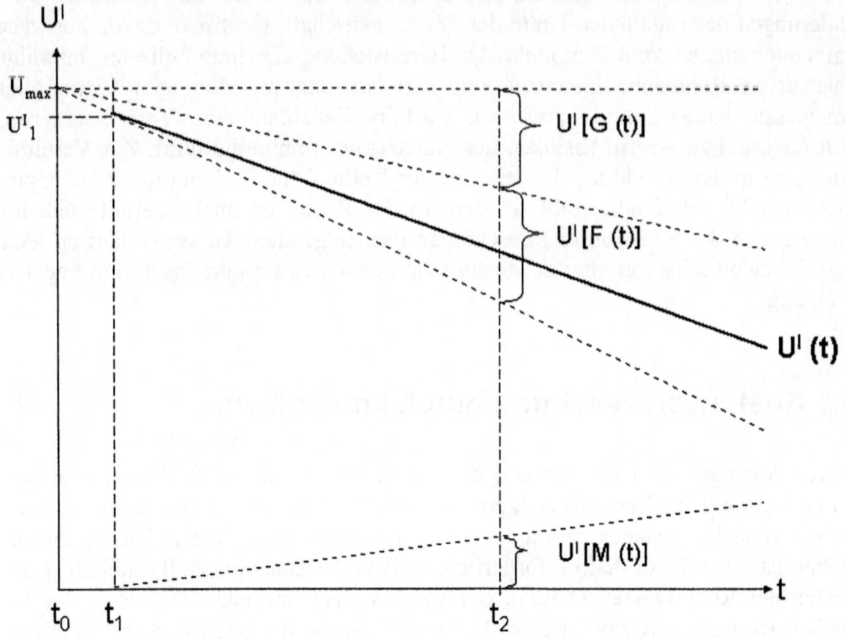

Abb. 3.2. Typische Entwicklung des Nutzens von Immobilien im Zeitablauf. Quelle: Eigene Darstellung.

Im weiteren Verlauf hängt der Nutzen von der Entwicklung der Immobilienmärkte und der Veränderung in den Nutzungsanforderungen ab. Die Entwicklung der lokalen Immobilienmärkte bestimmt die Höhe der Mieterträge der fremd genutzten Immobilien und den Verlauf der Wertentwicklung des Immobilienbestands. In der Abbildung 3.2. wird zur Vereinfachung von einer linear steigenden Marktentwicklung U^I [M (t)] an den Immobilienmärkten ausgegangen.

Veränderte Nutzungsanforderungen ergeben sich aufgrund eines Wandels in der Umwelt des Unternehmens, die ihren Niederschlag in der Geschäftstätigkeit des Unternehmens finden. Dies bleibt nicht ohne Auswirkungen auf den Immobilienbereich. Extreme Beispiele für die Auswirkung unternehmerischer Entscheidungen auf den Immobilienbestand finden sich vor allem in den privatisierten Großunternehmen des Bundes wie zum Beispiel der Deutschen Post AG, die durch Umstrukturierung und Rationalisierung einen Großteil der ehemaligen Postämter in den Innenstadtlagen nicht mehr benötigen. In der Abbildung 3.2 wird vereinfachend von einem linear fallenden Verlauf der Kurve U^I [G(t)] ausgegangen.

Neben der indirekten Wirkung von Umweltänderungen auf die Geschäftstätigkeit ist der Immobilienbereich auch direkt von der Dynamik in der Umwelt des Unternehmens betroffen. Die Leistungsfähigkeit des Flächenbestands unterliegt zum Beispiel dem technischen Fortschritt, im Zeitablauf überarbeiteten Flächennutzungs- und Bebauungsplänen sowie soziokulturellen und ökonomischen Veränderungen des regionalen Umfeldes der Liegenschaft. Geht man davon aus, dass ein Unternehmen zum Zeitpunkt der Bereitstellung die Immobilie so auswählt, dass deren Rahmenbedingungen eine den Nutzungsanforderungen bestmöglich angepasste Konstellation aufweisen, wird im Zeitablauf eine Verschlechterung auftreten, die zu einem Absinken des Nutzens der Immobilie führt. Zur Vereinfachung ist in der Abbildung 3.2. ein linearer Verlauf der Wirkung der Flächenproduktivität U^I [F(t)] unterstellt worden. In der Praxis ist im Einzelfall auch mit Sprüngen in der Funktion und abschnittsweise steigendem Kurvenverlauf zu rechnen. Letztendlich sorgt aber der technische Fortschritt für eine insgesamt negative Steigung.

3.3 Kostenverursachung durch Immobilien

Bevor Aussagen über die Art und den zeitlichen Anfall der Kostenverursachung durch betriebliche Immobilien getroffen werden können, ist im Rahmen dieser Arbeit zunächst genauer zu klären, was genau unter dem Begriff Kosten zu verstehen ist. Dies ist deshalb erforderlich, weil in der Bauwirtschaft, ähnlich wie in Teilen der Rechtswissenschaften, ein anderes Begriffsverständnis als in der Betriebswirtschaftslehre vorherrscht. Nach der Klärung der begrifflichen Diskrepanzen werden die immobilienwirtschaftlichen Kosten in ihre Bestandteile zerlegt. Von besonderer Bedeutung sind die Kosten des Immobilienwechsels, da sie wichtige Hinweise auf die anschließend zu beschreibenden Wirkungen von Immobilien im Zeitablauf geben.

3.3.1 Zum Kostenbegriff der Immobilienwirtschaft

Im Hochbau und der Betriebswirtschaftslehre bestehen unterschiedliche Auffassungen des Kostenbegriffs.[1] In der für das Bauwesen erstellten DIN 276 sind „Kosten ... Aufwendungen für Güter, Leistungen und Abgaben einschließlich Um-

[1] Vgl. Kalusche, W., 1991, S. 20 f.

satzsteuer, die für die Planung, Errichtung von Hochbauten erforderlich sind.“[1] Die bereits auf den ersten Blick erkennbaren Unterschiede dieser Begriffsauffassungen zu gängigen betriebswirtschaftlichen Definitionen von Kosten sind erheblich: Wenn in den DIN-Vorschriften von Kosten gesprochen wird, sind im betriebswirtschaftlichen Verständnis eigentlich Zahlungen gemeint. Der Zweck der DIN ist die Zuordnung aller von einem Immobilien-Investitionsprojekt verursachten Zahlungen. Hauptziel der DIN-Vorschriften ist es, ein gemeinsames Verständnis der AKosten≅ einer Immobilie als Verhandlungsgrundlage für alle an der Aushandlung von Immobilienverträgen Beteiligten zu schaffen. Die Normierung der Kostenerfassung vernachlässigt damit zwangsläufig die individuelle Situation von Wirtschaftssubjekten. Weil im bauwirtschaftlichen Kostenbegriff kalkulatorische Anders- und Zusatzkosten keine Berücksichtigung finden, ist er für kaufmännische Dispositions- und Kontrollaufgaben ungeeignet.

3.3.2 Differenzierung immobilienwirtschaftlicher Kostenarten

Die exakte Ermittlung von Immobilienkosten ist ein wichtiger und umfassend diskutierter Bestandteil der Baubetriebslehre.[2] Die Kostenaufstellung dient den Baubetriebswirten einerseits als Vertragsgrundlage bei der Erstellung von Hochbauten und als Bemessungsgrundlage des Honorars für die planerischen Leistungen von Architekten und Ingenieuren entsprechend der Honorarordnung für Architekten und Ingenieure (HOAI). Andererseits sind die Kosteninformationen Bestandteil der Wirtschaftlichkeitsrechnung von Bauprojekten.

In der Praxis haben sich zwei ergänzende Verfahren zur Ermittlung von Immobilienkosten durchgesetzt. Dies sind die Ermittlung der Investitionsausgaben und die Ermittlung der periodenbezogenen Kostenverursachung von Immobilien in der Nutzungsphase. Die Ermittlung der Investitionsausgaben eines Bauvorhabens, die in der Baubetriebslehre auch als Baukosten i. w. S. bezeichnet werden, erfolgt üblicherweise mit Hilfe der DIN 276 "Kosten von Hochbauten". Die DIN 276 enthält eine Kostenaufstellung in Form einer Kontenstruktur und schreibt den phasenorientierten Ablauf der Kostenermittlung genau vor.[3] Entsprechend des Planungs- und Baufortschritts werden die Baukosten anhand der Planungsunterlagen von Architekten und Ingenieuren zunächst grob geschätzt, dann detaillierter berechnet und veranschlagt sowie abschließend anhand der eingegangenen Rechnungen festgestellt. Dazu dient eine dreistufige Kostengruppierung, deren erste Ebene sich wie folgt unterteilt: [4]

[1] DIN 276.

[2] Vgl. Pfarr, K. - H., 1984; Pfarr, K. - H., 1984; KGSt, 1985.

[3] Vgl. Kalusche, W., 1991, S. 22 ff.

[4] Vgl. zur ausführlicheren Darstellung: Kyrein, R., 1997, S. 363 ff.

10 000 Baugrundstück
20 000 Erschließung
30 000 Bauwerk
40 000 Gerät
50 000 Außenanlagen
60 000 Zusätzliche Maßnahmen
70 000 Baunebenkosten

Zur Ermittlung der Kostenverursachung durch Immobilien in der Nutzungsphase wird in der Praxis vor allem auf die in der Baubetriebslehre etablierte DIN 18960 zurückgegriffen. Der Zweck dieser Norm ist die Berechnung der periodenbezogenen Baunutzungskosten einer Immobilie.[1] Die Baunutzungskosten gliedern sich grob in folgende Kostenarten:[2]

	Kostengruppe Gebäudeerstellung:	
1.	Kapitalkosten (KA)	
	1.1	Fremdmittel
	1.2	Eigenmittel
2.	Abschreibung (D)	
	Kostengruppe Gebäudenutzung:	
3.	Verwaltungskosten (V)	
4.	Steuern (ST)	
5.	Betriebskosten (BK)	
	5.1	Gebäudereinigung
	5.2	Abwasser und Wasser
	5.3	Wärme und Kälte
	5.4	Strom
	5.5	Bedienung
	5.6	Wartung und Inspektion
	5.7	Verkehrs- und Grünflächen
	5.8	Sonstiges
6.	Bauunterhaltungskosten (BU)	

Quelle: DIN 18960.

[1] Vgl. Kalusche, W., 1989, S. 28 ff.
[2] Vgl. zu einer detaillierten Aufstellung: Schub, L. u. Stark, K., 1985, S. 67 ff.

Zum Einsatz der DIN 18960 zur Ermittlung der immobilienbezogenen Kosten in der Unternehmensrechnung sind einige Modifizierungen erforderlich:

- Berücksichtigung von kalkulatorischen Kosten
  Der DIN 18960 liegt der bauwirtschaftliche Kostenbegriff zugrunde. Neben den in dieser Begriffsauffassung angesprochenen Grundkosten verursachen Immobilien Opportunitätskosten in Form von kalkulatorischen Mieten, kalkulatorischen Zinsen, kalkulatorischen Wagnissen (z. B. Mietausfallwagnis) und Anderskosten (kalkulatorischen Abschreibungen), die explizit in den einzelnen Kostengruppen berücksichtigt werden müssen.

- Berücksichtigung von vermieteten Flächen
  Im Falle vermieteter Flächen würden sich die Betriebskosten um die Mieteinnahmen (ME) sowie die umlagefähigen Mietnebenkosten (UM) verringern und die kalkulatorischen Kosten des Mietausfallwagnis (MA) erhöhen.

- Berücksichtigung angemieteter Immobilien
  Sind vom Unternehmen zusätzlich Flächen gemietet, die nicht im eigenen Besitz sind, erhöht sich der Kostenanteil um Mietkosten (MA) und Mietnebenkosten (MN).

Eine empirische Erhebung bei deutschen Großunternehmen hat gezeigt, dass erstaunlicher Weise nur etwa jedes vierte Unternehmen über genaue Informationen zu seinen immobilienbezogenen Kosten verfügt.[1] Eine exemplarische Verteilung auf die einzelnen Kostenarten ergibt sich bei den Unternehmen, die Kenntnis ihrer Kostenstrukturen haben, wie in Abbildung 3.3 dargestellt.

[1] Vgl. Pfnür, A., 1998, in den USA erbrachte eine Befragung 1993 ähnliche Ergebnisse. Hier kannte lediglich ein Drittel von 50 befragten Großunternehmen die Kostenstrukturen im Immobilienbereich (vgl. Apgar, M., 1993, S. 125).

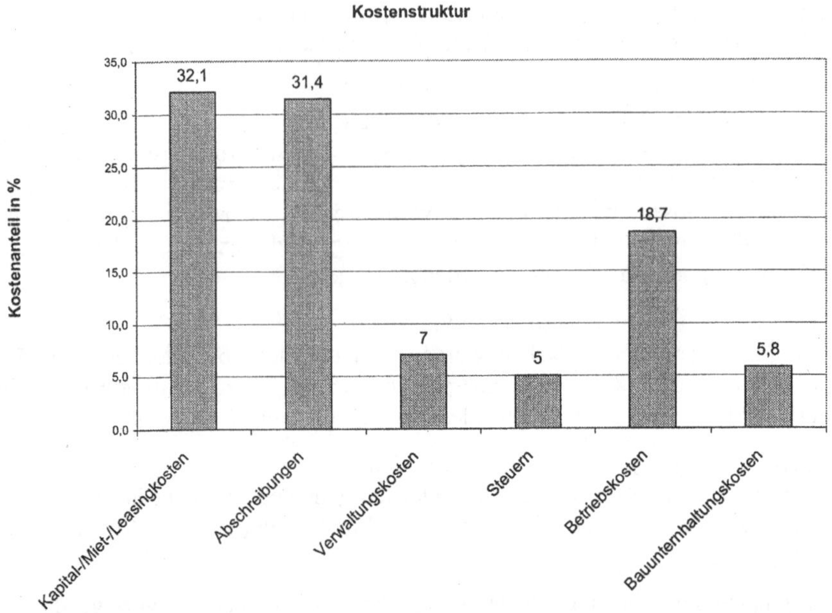

Abb. 3.3. Exemplarische Struktur der immobilienbezogenen Kosten. Quelle: Pfnür, A., 1998a, S. 12.[1]

Bei diesen Ergebnissen ist davon auszugehen, dass kalkulatorische Kosten, insbesondere kalkulatorische Kapitalkosten, in den Kalkülen der Unternehmen bislang keine marktgerechte Berücksichtigung finden. Befragt man Fachleute, gehen diese in Schätzungen recht einhellig davon aus, dass der Anteil der Immobilienkosten an den Gesamtkosten in Großunternehmen durchschnittlich ca. 10 % beträgt. Die immobilienwirtschaftlichen Kosten schwanken allerdings in Abhängigkeit von der Branche recht erheblich.

Für die Kostenrechnung des Unternehmens verursachen Immobilien in Abhängigkeit von der Beschäftigung in für ihr Wesen charakteristischem Umfang variable sprungfixe und fixe Kosten.[2] Als variabel sind in der Praxis lediglich die Betriebskosten (BK) also ca. 20 % der Gesamtkosten anzusehen. Die übrigen 80 % der Immobilienkosten sind aufgrund der mangelnden Teilbarkeit betrieblicher Immobilien nur in größeren Sprüngen Beschäftigungsschwankungen anzupassen. In Abhängigkeit von der Mietvertragsbindung, der Situation am Immobilienmarkt beziehungsweise der Planungs- und Bauzeit kann die Möglichkeit der Anpassung an die veränderte Beschäftigungssituation faktisch nur unter erheblicher zeitlicher Verzögerung bestehen. Die Immobilienkosten sind dann als fix an-

[1] Zu ähnlichen Kostenstrukturen kommt Sieverts, E., 1980, S. 107.

[2] Vgl. Kloock, J., Sieben, G. u. Schildbach, T., 1984, S. 43 ff.; Haberstock, L., 1998, S. 58 f.; Coenenberg, A., 1999, S. 51 ff.

zusehen. Ist ein Unternehmen existentiell auf besondere Flächen an einem Standort angewiesen, wie es beispielsweise bei einem qualitätsorientierten Winzer der Fall sein kann, so sind die verursachten Immobilienkosten mit Ausnahme der Betriebskosten sogar absolut fix. Die Struktur der Kosten macht deutlich, dass eine größere Anpassung der Immobilienkosten an eine veränderte Beschäftigungssituation des Unternehmens nur mit einem Immobilienwechsel zu erzielen ist. Der Immobilienwechsel, unter dem hier auch die ersatzlose Aufgabe von Flächen subsumiert werden soll, ist allerdings nicht ohne Kosten möglich. Welche Kosten damit verbunden sind, ist im nächsten Abschnitt zu untersuchen.

3.3.3 Kosten des Immobilienwechsels

Wie der vorausgehende Abschnitt gezeigt hat, gehen von Entscheidungen über die Immobilienbereitstellung langfristige Kostenwirkungen aus. Allgemein bieten sich Möglichkeiten der Kostensenkung durch einen Wechsel von Immobilien, wenn

1. die wirtschaftlich optimale Nutzungsdauer kürzer ist als die technische Nutzungsdauer,
2. der technische Fortschritt Kostensenkungsmöglichkeiten in den Baunutzungskosten erschließt,
3. sich Flächenbedarfsänderungen einstellen.

Von einem Immobilienwechsel können dann die in Abbildung 3.4 in ihrem zeitlichen Verlauf dargestellten Kostenarten ausgehen.

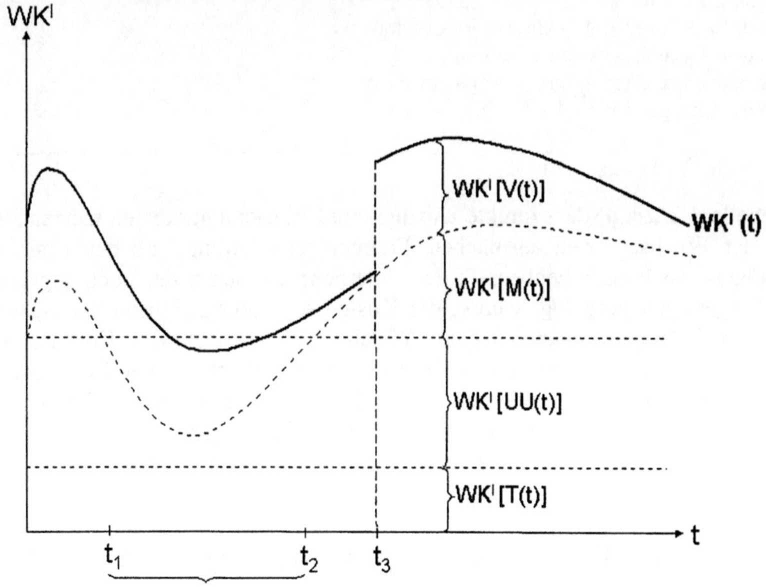

Abb. 3.4. Typische zeitliche Entwicklung der Wechselkosten. Quelle: Eigene Darstellung.

Transaktionskosten fallen aus dem Kauf- und Verkauf beziehungsweise der Anmietung von Objekten an. Sie setzten sich gegebenenfalls zusammen aus Grunderwerbssteuer, Notargebühren, Grundbuchgebühren, Beraterhonoraren und Maklerprovisionen. Sie belaufen sich bei einer durchschnittlichen Kauftransaktion auf 10 % des Objektwertes. In der Abbildung 3.3 wird von einem konstanten Verlauf der Kurve $WK^I[T(t)]$ ausgegangen. Zwar ist eine Erhöhung der Grunderwerbssteuer gegenwärtig im Gespräch. Generell dürfte die Annahme allerdings realistisch sein.

Die durchschnittlichen Umzugs- und Umstellungskosten pro Büroarbeitsplatz werden von den Unternehmen mit DM 1.200 bis DM 10.000 angegeben.[1] Neben den Transportkosten gehen in die Umstellungskosten Kosten für Adressänderung, Ausgleichszahlungen an die Mitarbeiter bei Standortwechsel[2] sowie Kosten der Anpassung an veränderte Leistungserstellungsprozesse ein. Die großen Schwankungen sind offensichtlich zum einen auf die unterschiedliche Berücksichtigung der genannten Kostenarten aber in Anbetracht der Branchen auch auf den unterschiedlichen Grad der Technisierung der Arbeitsplätze zurückzuführen. Im Durchschnitt ergibt sich ein Betrag von DM 4.200. Untersucht man die Verteilung der Wechselkosten, so zeigt sich für die Mittelwerte der jeweiligen Kostenarten die folgende Situation:[3]

Tabelle 3.2. Verteilung der Umzugskosten

Kostenart	Bedeutung in %
Direkte Umzugskosten (Planung/Ausführung)	29
Einrichtungskosten	32
Kosten des Arbeitsausfalls während des Umzugs	14
Kosten des Verlassens der alten Räume	8
Kommunikationskosten aufgrund neuer Anschrift	6
Kosten der Reorganisation der Arbeitsprozesse	7
Sonstige	4

Quelle: Pfnür, A., 1998b, S. 14.

Die Tabelle 3.2. zeigt, dass direkte Umzugs- und Einrichtungskosten nahezu zwei Drittel der Wechselkosten ausmachen. Fraglich ist allerdings, ob den Entscheidungsträgern im Immobilienbereich der Unternehmen, denen der oben angesprochene Fragebogen vorgelegt wurde, die Kosten der Reorganisation der Arbeitsprozesse vollständig bekannt waren. Welche Dimensionen die Kosten eines Umzugs einnehmen können, macht das Beispiel des Wechsels der Bundesregierung von Berlin nach Bonn deutlich, dessen Kosten im "Berlin/Bonn Gesetz" auf DM 20 Mrd. festgeschrieben worden sind.[4] Vor ähnlich großen Aufgaben steht gegenwärtig der Zusammenschluss der Pharma Konzerne Hoechst AG und Rhô-

[1] Vgl. Pfnür, A., 1998a, S. 14.

[2] Beispielsweise durch Übernahme der Umzugskosten (vgl. Dotzour, M. G., Levy, D. R., 1989).

[3] Die rechnerischen Mittelwerte der einzelnen Kategorien wurden entsprechend ihres Betrags leicht modifiziert, um zu einer Summe von 100 % zu gelangen.

[4] Vgl. BGBl , 1994, S. 918-921.

ne-Poulenc S. A., der in Straßburg einen neuen Firmensitz des neuen Unternehmens Aventis S. A. eröffnet. Auch die Annahme konstanter Umzugskosten $WK^I[U(t)]$ dürfte den realen Bedingungen entsprechen.

Schwankungen am Immobilienmarkt verursachen dann zusätzliche Kosten, wenn dem Unternehmen beim Verkauf durch eine Realisierung der Wertänderung Verluste entstehen oder die Bereitstellung einer Ersatzimmobilie nur zu höheren Nutzungskosten möglich ist. Unterliegt die Entscheidung beiden Einflüssen, ist davon auszugehen, dass die Wirkungen entgegengesetzt verlaufen. Steigende Preise am Immobilienmarkt führen einerseits zu steigendem Veräußerungsgewinn andererseits aber auch zu steigenden Mieten für die Ersatzimmobilie. Dass die Erfolge aus den Markttransaktionen sich gegenseitig aufheben erscheint allerdings unwahrscheinlich, da die betroffenen Segmente des Immobilienmarktes unterschiedliche Verläufe aufweisen können oder quantitative und qualitative Unterschiede von neuer und alter Immobilie wahrscheinlich sind. In der Abbildung 3.3 ist ein schwankender Verlauf der Funktion $WK^I[M(t)]$ in Abhängigkeit von der Preisentwicklung am Immobilienmarkt unterstellt worden, der nur im Zeitraum t_1 - t_2 zu einem positiven Saldo der Markttransaktionen führt.

Vorfälligkeitsentschädigungen fallen an, wenn im Falle der vorzeitigen Auflösung von Miet-, Service- oder Finanzierungsverträgen von Immobilien Schadenersatzforderungen der Vertragspartner geltend gemacht werden. Den betragsmäßig höchsten Anteil an Vorfälligkeitsentschädigungen weisen erfahrungsgemäß Entschädigungen für die vorzeitige Auflösung von Mietverträgen auf, da Serviceverträge in der Regel kurzfristig abgeschlossen werden und die Finanzierung von Immobilien der Großunternehmen nur selten so objektspezifisch erfolgt, dass Vorfälligkeitsentschädigungen fällig werden. Die Restriktionen durch Mietvertragsbindungen werden in empirischen Ergebnissen deutlich.[1] Zwei Drittel der befragten Unternehmen verfügten über eine Übersicht der Vertragsbindungsdauer von Miet- und Finanzierungsverträgen. Der Durchschnitt liegt

- für Büroflächen bei 5,4 Jahren,
- für Handelsflächen bei 8,4 Jahren,
- für Produktionsfläche bei 5,8 Jahren.

Betrachtet man Bankfilialen als Büroflächen, so wird dieses Ergebnis durch eine vom Verfasser 1997 durchgeführte Befragung aller Filialbanken am Standort Hamburg gestützt. Hier betrug die durchschnittliche Laufzeit der Mietverträge 8,9 Jahre. Eine vorzeitige Beendigung der Mietverträge sehen die meisten Mietverträge nicht vor, sodass das Unternehmen mit Mietzahlungen in voller Höhe bis zum Ende der Vertragslaufzeit rechnen muss. Mit dem Verlauf der Funktion $WK^I[V(t)]$ wird unterstellt, dass zum Zeitpunkt t_3 eine kostenfreie Vertragskündigung möglich ist.

In der Summe steigende Wechselkosten WK(t) führen dazu, dass kostenintensive Immobilien länger im Bestand gehalten werden, sodass die Mindestdauer der Unveränderlichkeit der Immobilienkosten verlängert wird und vice versa.

---

[1] Vgl. zu nachfolgenden Daten: Pfnür 1998a, S. 13 f.

3.3.4 Kostenwirkungen der Immobilie im Zeitablauf

Die langfristige Nutzung und die hohe Kapitalintensität von Immobilien sorgen für einen typischen Verlauf der von ihnen ausgehenden Kostenwirkungen. Dieser Verlauf wird im Folgenden entlang des Lebenszyklus gekennzeichnet, um seine Auswirkungen auf betriebswirtschaftliche Entscheidungen zu untersuchen. Um die Kostenwirkungen von Immobilien zu charakterisieren, sind neben der Art, der Höhe und dem zeitlichen Verlauf der Kostenentstehung auch die Mindestdauern der Unveränderlichkeit von Kosten (MdU)[1] von spezieller Bedeutung.

3.3.4.1 Kostenentstehung und Kostenbeeinflussbarkeit

Die Kostenbeeinflussbarkeit von Immobilien in der Planungsphase ist naturgemäß noch sehr hoch. In diesem frühen Stadium wird aber nicht nur die Anschaffungsausgabe festgelegt, sondern auch die in späteren Perioden entstehenden Kosten der Nutzung und des Abrisses stark determiniert. Die Möglichkeiten der Kostensteuerung sind bereits in der Phase der Bauausführung deutlich geschrumpft. Die Herstellungskosten passen sich hier allenfalls noch der Marktlage an. Die Baunutzungskosten liegen mit der Planung und Ausführung sehr weitgehend fest.[2]

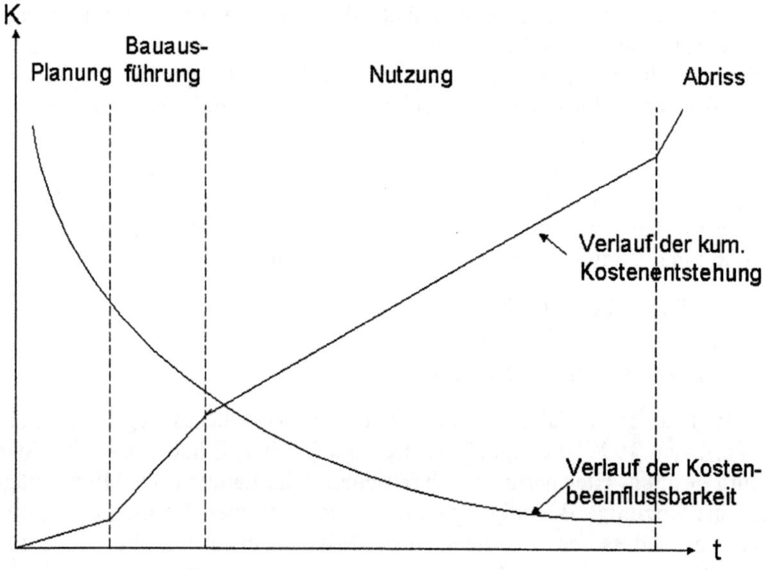

Abb. 3.5. Kostenentstehung und -beeinflussbarkeit. Quelle: In Anlehnung an Schub, A. u., Stark, K., 1985, S. 18.

[1] Vgl. Layer, M., 1970, S. 200 ff.
[2] Vgl. Schub, A. u., Stark, K., 1985, S. 16 ff.

Entgegengesetzt verläuft die Kurve der Kostenentstehung in der Planungsphase recht flach. Mit der Bauausführung und der Nutzung steigen die Kosten kontinuierlich an.[1]

Empirische Erfahrungen zeigen, dass der Großteil der Kostenentstehung in der Nutzungsphase liegt. Die Summe der über den Lebenszyklus anfallenden Baunutzungskosten von Bürogebäuden betragen beispielsweise zwischen 680 % und 960 % der Investitionsausgaben (siehe Abbildung 3.5.).[2]

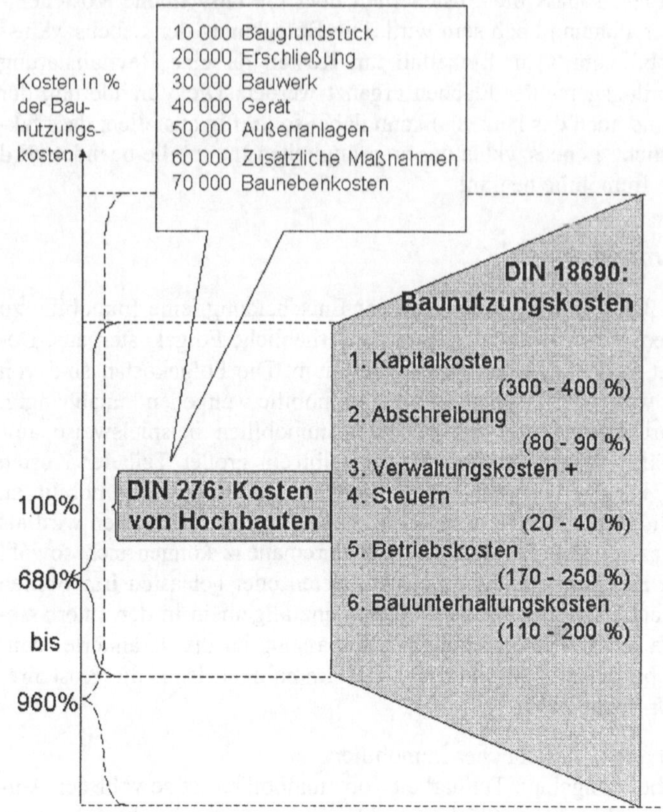

Abb. 3.6. Baunutzungskosten, beispielhafte Gewichte der Kostengruppen. Quelle: In Anlehnung an Sieverts, E., 1980, S. 107.

Die Entscheidung über die im Lebenszyklus einer Immobilie entstehenden Kosten werden sehr weitgehend bereits in der Planungsphase getroffen und sind in der Nutzungsphase kaum korrigierbar. Dabei besteht eine wechselseitige Abhängigkeit dergestalt, dass eine Minimierung der Investitionsausgaben zu höheren Baunutzungskosten führt und umgekehrt eine die Baunutzungskosten minimierende

[1] Vgl. Schub, A. u. Stark, K., 1985, S. 16 ff.; Kröger, H. u. Schulze, M., 1999, S. 70.
[2] Vgl. Kalusche, W., 1991, S. 29 ff.

Kostenplanung durch höhere Investitionsausgaben erkauft werden muss.[1] Die Verläufe von Kostenentstehung und Kostenbeeinflussbarkeit engen einerseits den Spielraum für das operative Kostenmanagement von Immobilien erheblich ein, andererseits verdeutlichen sie die Bedeutungen des strategischen Kostenmanagements in Form eines Life-Cycle-Costing und der Bereitstellungsentscheidung.

Bei gewöhnlichen Nutzungsdauern der Gewerbeimmobilien von 30 bis 50 Jahren können Kostenbeeinflussungsmöglichkeit und Kostenentstehung zeitlich sehr stark auseinanderfallen, sodass die Unsicherheit über die tatsächliche Kostenentstehung während der Planung hoch sein wird. Die Berechnung der Lebenszykluskosten einer Immobilie muss im Einzelfall um Kosten für eine Revitalisierung nicht mehr anforderungsgerechter Flächen ergänzt werden. Die Veränderung der Kostenstrukturen (und auch des Nutzens) kann dabei so kräftig ausfallen, dass faktisch der wirtschaftliche Lebenszyklus der ursprünglichen Immobilie beendet wird und der einer neuen Immobilie beginnt.

3.3.4.2 Kostenremanenz

Wie der Abschnitt 3.3.4.1 zeigt, gehen von der Entscheidung, eine Immobilie zu erwerben, neben den reinen Anschaffungskosten erhebliche Folgekosten aus. Deren Anfall erstreckt sich über einen langen Zeitraum: Die Folgekosten sind von endogenen Größen wie dem Nutzungsgrad der Immobilie weitgehend unabhängig. Nimmt die Inanspruchnahme der betrieblichen Immobilien beispielsweise aufgrund eines Beschäftigungsrückganges ab, verbleibt ein großer Teil der Kosten zumindest solange, bis das Unternehmen entscheidet, sich von der Immobilie zu trennen. Dieser unliebsame Nebeneffekt der Verursachung starrer Kosten wird als Kostenremanenz bezeichnet.[2] Formen von Kostenremanenz können sich sowohl bei Immobilien im Eigentum als auch bei gemieteten oder geleasten Immobilien einstellen. Die Ursache der Remanenzen liegen ganz allgemein in der unterlassenen, verspäteten, falschen oder unmöglichen Anpassung an die veränderte Inanspruchnahme.[3] Im besonderen Fall betrieblicher Immobilien kann die Kostenremanenz folgende Ursachen haben:

- Mangelnde Teilbarkeit betrieblicher Immobilien
  Bedingt durch die mangelnde Teilbarkeit von Immobilien ist sowohl der Aufbau als auch der Abbau von Flächen nicht immer im gewünschten Umfang möglich. Das Resultat sind Flächenüberhänge, die so lange Leerkosten[4] verursachen, bis die Immobilie voll ausgelastet beziehungsweise ganz geräumt ist, sodass sie einer Anschlussverwertung zugeführt werden kann.[5]

---

[1] Vgl. Amelung, V. E., 1996, S. 16.

[2] Vgl. Hasenack, W., 1925, S. 91 ff.; Zechner, A., 1951; Albustin, K. E., 1958; Malagoli, M., 1985.

[3] Vgl. Malagoli, M. 1985, S. 46.

[4] Vgl. Gutenberg, E., 1983, S. 348 ff.

[5] Passt sich ein Unternehmen sehr frühzeitig an einen abnehmenden Immobilienbedarf an, indem überdimensionierte Immobilien verkauft werden und der verbleibende Bedarf zum Beispiel durch vergleichsweise teure Business Center (vgl. KPMG Unternehmensbera-

- Soziologische und psychologische Ursachen
Im betrieblichen ebenso wie im privaten Umgang mit Immobilien setzen soziologische und psychologische Beweggründe das Kostenbewusstsein der Entscheider außer Kraft. Eine erschöpfende Diskussion der soziologischen und psychologischen Aspekte kann an dieser Stelle nicht geleistet werden. Eine plakative Verdeutlichung der Beweggründe hellt aber den Zusammenhang hinreichend auf. Die Mobilität der Berufstätigen wird in Deutschland zum Beispiel als vergleichsweise gering eingeschätzt. Ist ein Umzug nicht mit einer deutlichen Verbesserung der persönlichen Situation verbunden, wird er erfahrungsgemäß auf die Widerstände der Mitarbeiter stoßen. Ein Umzug in ein kleineres Büro oder an einen unattraktiveren Standort wird von den Mitarbeitern unter Umständen einer Gehaltskürzung gleichgesetzt.

- Mangelndes Kostenbewusstsein
Empirische Ergebnisse deuten darauf hin, dass das Kostenbewusstsein bei den Entscheidungsträgern im Immobilienbereich von Unternehmen nicht besonders stark ausgeprägt ist.[1] Die Ursachen hierfür liegen zum einen in der organisatorischen Eingliederung des Immobilienmanagements und zum anderen in mangelnden Kosteninformationen als Entscheidungsgrundlage.[2]

- Strategische Bedeutung von Immobilien
Bei Immobilien ist häufig eine bewusste Inkaufnahme von Kostenremanenzen feststellbar. Die Ursachen liegen dann in der strategischen Bedeutung immobiliarer Ressourcen begründet. Der Entscheidungsträger erhofft sich von den Immobilien zukünftige Wettbewerbsvorteile (leistungskompensierte Kostenremanenz[3]), die die kurzfristigen Mehrkosten kompensieren.

- Mangelnde zeitnahe Verwertungsmöglichkeiten
In vielen Fällen sind Immobilien gar nicht oder nur bedingt verwertbar. Unter dem Begriff Verwertung ist dabei der Verkauf, die Vermietung oder die Entwicklung einer Liegenschaft zu verstehen. Die Hindernisse können in mangelnder Nachfrage am Markt, in einzelvertraglichen oder gesetzlichen Restriktionen bestehen. Einzelvertraglich verursachen Kündigungsfristen in Kombination mit einem Untervermietungsverbot die Kostenremanenz. Die Kostenremanenz fällt noch stärker aus, wenn im Mietvertrag eine Betriebspflicht der Immobilie vereinbart worden ist. Baurechtlich können Nutzungsbeschränkungen die Verwertung eines Objekts verhindern. Beispielsweise ist bei zur Verwertung anstehenden Liegenschaften der ehemaligen Deutschen Bundespost ausschließlich die Nutzungsart "SO öffentliche Nutzung" vorgesehen. In Anbetracht der Haushaltslage der öffentlichen Hand ist eine kommerzielle Verwertung der Objekte damit weitgehend ausgeschlossen.

---

tung GmbH, 1998) gedeckt wird, spricht man von Kostenpräkurenz (vgl. Rumpf, H., 1966, S. 27 ff.).

[1] Vgl. Schulte, K.- W. u. Schäfers, W., 1998, S. 32 f.

[2] Vgl. hierzu die ausführlichen Ergebnisse im Teil C.

[3] Vgl. Strube, E., 1936, S. 535.

- Hohe Wechselkosten
  Bietet sich einem Unternehmen eine kostengünstigere Alternative der Bereitstellung betrieblicher Immobilien, ließe sich die Kostenremanenz prinzipiell sehr schnell verringern. Allerdings entstehen in diesem Fall Wechselkosten. Diese Kostenbarriere muss niedriger sein als die verursachte Kostenremanenz der bisherigen Immobilie. Die Wechselkosten selbst sind keine remanenten Kosten, sie stellen entscheidungstheoretisch vielmehr Opportunitätskosten dar, die die remanenten Kosten nicht übersteigen dürfen.

Die Bewertung remanenter Kosten hängt vom Planungshorizont ab. Die Verursacher kurzfristig unerwünschter Kostenremanenzen können langfristig kostensenkende Wirkungen haben. Beispielsweise ist es häufig sinnvoll bei friktionellem Leerstand von Immobilien diese nicht gleich zu verwerten, sondern Transaktionskosten der Verwertung und der späteren erneuten Bereitstellung zu sparen und die kurzfristige Kostenremanenz in Kauf zu nehmen. Kostenremanenz ist deshalb per se kein suboptimaler Zustand.

3.3.4.3 Sunk Costs

Unter Sunk Costs werden Kosten zusammengefasst, die nach der Kostenverursachung keine Entscheidungsrelevanz mehr besitzen.[1] Dies sind Kosten, die entweder bereits angefallen oder zumindest vordisponiert sind, sodass deren Höhe weder in der Gegenwart noch in der Zukunft beeinflusst werden können.[2] Sie sind nach der Entscheidung nicht mehr rückgängig zu machen und fallen unwiderruflich an.[3] Nachfolgend wird gezeigt, dass in Bezug auf Immobilien dies nicht die Investitionskosten sind, wie fälschlicher Weise häufig angenommen wird. Vielmehr weisen Immobilien typischer Weise zu jedem Zeitpunkt einen erheblichen Restwert auf, der die Sunk Costs verringert und verursachen in erheblichem Umfang unvermeidliche Folgekosten.

Die Erklärung der Phänomene Kostenremanenz und Sunk Costs haben unterschiedliche Ursprünge. Mit dem Phänomen der Kostenremanenz soll auf prinzipiell vermeidbare Folgekosten hingewiesen werden, deren Ursache in einer fehlenden oder mangelhaften Anpassung an veränderte Umweltbedingungen zu suchen ist. Die Kostenremanenz wird aufgedeckt, um geeignete Anpassungsformen zu finden. Der Wesenszug der Sunk Costs hingegen ist es, von späteren Entscheidungen, also auch von Anpassungsmöglichkeiten, unabhängig zu sein. Da das Konzept der Kostenremanenz die Unmöglichkeit der Anpassung einschließt, sind auch die Sunk Costs im weiteren Sinne Kostenremanenzen. Im ursprünglichen Sinne der Kostenremanenz unterliegt die Unmöglichkeit der Anpassung aber einer zeitlichen Befristung.

Betrachtet man den zeitlichen Verlauf der Kosten und Nutzen von Immobilien für das Unternehmen wird schnell klar, dass die Höhe der Sunk Costs einer Bereit-

[1] Vgl. z. B. Dopuch, N., Birnberg, J. G. u. Demski, J. S., 1982, S. 33 f.
[2] Vgl. Steger, J., 1999, S. 97.
[3] Vgl. Hoitsch, H. - J., 1997, S. 107.

stellungsentscheidung von der geplanten Nutzungsdauer abhängt. Die Kosten werden im Zeitablauf zunehmen, der Nutzen wird sich verringern, sodass die Produktivität der betrieblichen Immobilien im Zeitablauf insgesamt abnimmt. Bieten sich in der Zukunft geeignete Alternativen, muss das Unternehmen prüfen, ob die Vorteile eines Umzugs in die produktivere Immobilie die Kosten des Immobilienwechsels rechtfertigen. Dazu sind

1. die Opportunitätskosten des Festhaltens an der bisherigen Bereitstellungsalternative zu ermitteln,
2. die Wechselkosten zu ermitteln und
3. beide Kostenhöhen anschließend zu vergleichen.

Zu 1.) Die Opportunitätskosten des Festhaltens an einer Bereitstellungsalternative ergeben sich als Summe des laufenden Nutzenentgangs gegenüber der nutzenmaximalen Bereitstellungsalternative und der Kostendifferenz in der Nutzung. Der Nutzenentgang richtet sich streng nach den Konsequenzen der Entscheidung, an der Immobilie festzuhalten. Anders als in der Darstellung der Komponenten des Immobiliennutzens in der Abbildung 3.6. ist der Veräußerungsgewinn davon nicht berührt. Dieser entsteht erst mit der Entscheidung, die Immobilie zu wechseln und wird deshalb in der folgenden Darstellung der Wechselkosten berücksichtigt.

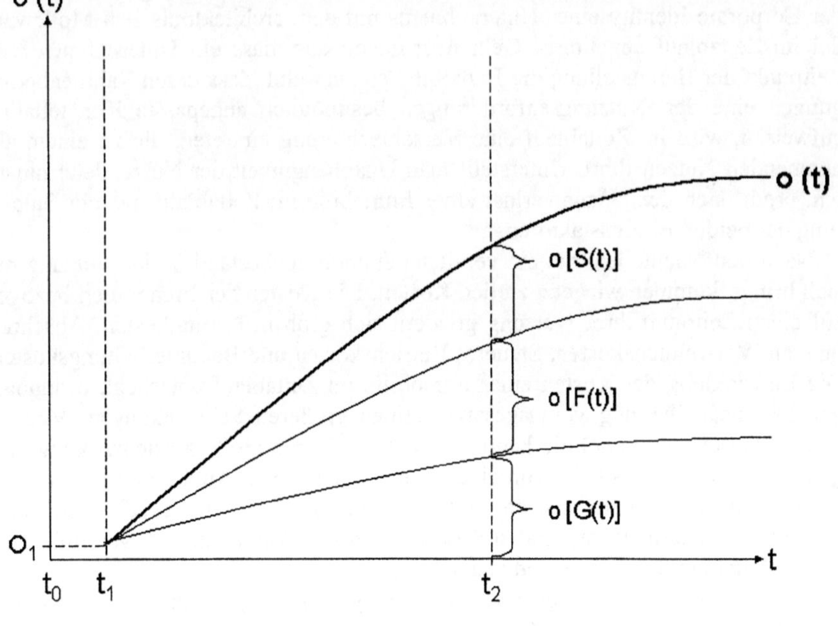

Abb. 3.7. Typische Entwicklung der Opportunitätskosten im Zeitablauf. Quelle: Eigene Darstellung.

Trifft ein Unternehmen zu einem Zeitpunkt t_0 die Entscheidung, eine Immobilie zu beziehen, so fallen in der Bereitstellungszeit (t_0 - t_1) keine Nutzenwirkungen an. Wird die Immobilie dann bezogen, entspricht sie häufig schon nicht mehr den aktuellen Anforderungen. Misst man die Leistungsfähigkeit des gegenwärtigen Immobilienbestands mit der jeweils besten am Markt verfügbaren Alternative, so ist der entgangene Nutzen im Zeitpunkt t_1 auf O_1 angewachsen. Im weiteren Verlauf hängt der Nutzen von den Veränderungen in den Nutzungsanforderungen sowie der Leistungsfähigkeit der Flächen ab (siehe hierzu Abschnitt 3.2.2). Veränderte Nutzungsanforderungen ergeben sich aufgrund eines Wandels in der Umwelt des Unternehmens, die ihren Niederschlag in der Geschäftstätigkeit des Unternehmens finden. In der Realität wird das Unternehmen bestrebt sein, soweit es die Flexibilität des Immobilienbestands erlaubt, Gegenmaßnahmen zu ergreifen, indem beispielsweise leerstehende Gebäudeteile untervermietet werden. Deshalb wird in Abbildung 3.6. angenommen, dass die Kurve o[G(t)] degressiv steigend verläuft.

Neben der indirekten Wirkung von Umweltänderungen auf die Geschäftstätigkeit sind die Immobilien auch direkt von der Dynamik in der Umwelt des Unternehmens betroffen. Der Nutzen einer Immobilie o[F(t)] unterliegt dem technischen Fortschritt, im Zeitablauf veränderten rechtlichen Rahmenbedingungen der Flächennutzung wie beispielsweise Flächennutzungs- und Bebauungsplänen sowie soziokulturellen und ökonomischen Veränderungen ihres Makrostandorts. Beispielsweise wird der Nutzen einer Immobilie mit modernem Design zur Stärkung der Corporate Identity eines Unternehmens mit dem architektonischen Modewandel im Zeitablauf abnehmen. Geht man davon aus, dass ein Unternehmen zum Zeitpunkt der Bereitstellung die Immobilie so auswählt, dass deren Rahmenbedingungen eine den Nutzungsanforderungen bestmöglich angepasste Konstellation aufweisen, wird im Zeitablauf eine Verschlechterung eintreten, die zu einem abnehmenden Nutzen führt. Unterstellt man Unabhängigkeit der Nutzendeterminanten, ergibt sich der Nutzenverlust einer Immobilie im Zeitablauf aus der Saldierung der beiden Einflussfaktoren.

Nach den Nachteilen, die ein veralteter Immobilienbestand in der Nutzung mit sich bringt, kommen wir jetzt zu den Kosten. Die Kosten der Immobilien bezogen auf einen Zeitraum ihrer Nutzung gliedern sich grob in Kapitalkosten, Abschreibungen, Verwaltungskosten, Steuern, Betriebskosten und Bauunterhaltungskosten. Die Entwicklung der Kosten einer Immobilie im Zeitablauf unterliegt, ordnungsgemäße Instandhaltung vorausgesetzt, keinen größeren Schwankungen. Von einem Wechsel der Immobilie kann dem entgegen eine große Kostenwirkung ausgehen. So ist beispielsweise von einem Umzug aus einem Altbau in einen Neubau mit erheblichen Ersparnissen der Betriebs- und Bauunterhaltungskosten zu rechnen. Das Einsparungspotenzial o[S(t)] wird in der Abbildung 3.6 vereinfachend als im Zeitablauf linear steigend angenommen.

Zu 2.) Wie der vorausgehende Abschnitt gezeigt hat, nimmt der Nutzen von Immobilien im Zeitablauf spürbar ab. Dem Anwachsen der Opportunitätskosten kann durch einen Immobilienwechsel zum richtigen Zeitpunkt begegnet werden. Von einem Immobilienwechsel werden dann die im Abschnitt 3.3.3 ausführlich dargestellten und in Abbildung 3.3. in ihrem zeitlichen Verlauf skizzierten Kostenarten ausgehen. Aus Gründen der Vereinfachung finden mögliche Vorfälligkeitsentschädigungen, die zu Sprüngen in der Funktion führen können, hier keine Berücksichtigung.

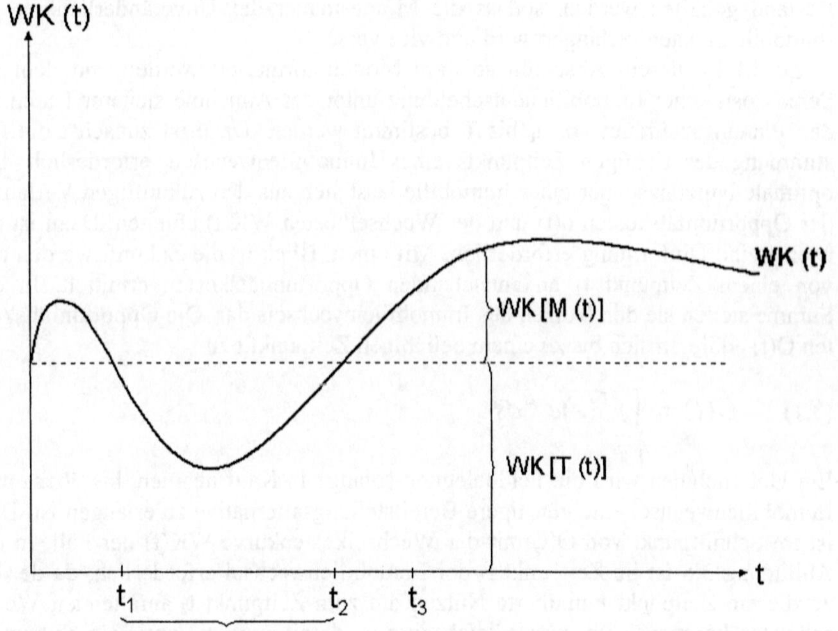

Abb. 3.8. Typische zeitliche Entwicklung der Wechselkosten. Quelle: Eigene Darstellung.

Einen Teil der Wechselkosten, die hier als technische Kosten des Immobilienwechsels WK [T(t)] bezeichnet werden, kann das Immobilienmanagement sehr gut abschätzen. Sie unterliegen im Zeitablauf außerdem nur geringen Schwankungen. Es handelt sich dabei um die Erwerbsnebenkosten sowie die Umzugskosten und die Umstellungskosten. Erwerbsnebenkosten fallen aus dem Kauf- und Verkauf von Grundstücken und Gebäuden an. Sie setzten sich gegebenenfalls zusammen aus Grunderwerbssteuer, Notargebühren, Grundbuchgebühren, Beraterhonoraren und Maklerprovisionen und belaufen sich bei einer durchschnittlichen Kauftransaktion auf 10 % des Objektwertes. Die Umzugs- und Umstellungskosten bestehen z. B. aus den Transportkosten, Kosten für Adressänderung, Ausgleichszahlungen an die Mitarbeiter bei Standortwechsel, Vorfälligkeitsentschädigungen für zu kündigende Miet-, Service und Finanzierungsverträge sowie Kosten der Anpassung an veränderte Leistungserstellungsprozesse. In der Abbildung 3.3 wird vereinfachend von einem konstanten Verlauf dieser Einflussfaktoren WK [T(t)] ausgegangen.

Neben den konstanten Wechselkosten verursacht der Immobilienwechsel im Zeitablauf schwankende und schwieriger prognostizierbare Gewinnbeiträge. Dabei handelt es sich um den Markterfolg aus dem Verkauf der alten Immobilie. Den Markterfolg erhält man durch Saldierung des Restwerts und des Verkaufserlöses. In der Abbildung 3.3 ist ein schwankender Verlauf der Preisentwicklung WK[M(t)] am Immobilienmarkt unterstellt worden, der nur im Zeitraum t_1 - t_2 zu einem positiven Saldo der Markttransaktionen führt. In der Summe steigende Wechselkosten WK(t) führen dazu, dass kostenintensive Immobilien länger im Bestand gehalten werden, sodass die Mindestdauer der Unveränderlichkeit der Immobilienkosten verlängert wird und vice versa.

Zu 3.) In diesem Abschnitt soll ein Modell formuliert werden, mit dem die Sunk Costs einer Immobilienentscheidung unter der Annahme sicherer Daten für den Planungszeitraum von t_0 bis T bestimmt werden. Dazu ist zunächst die Bestimmung des richtigen Zeitpunkts eines Immobilienwechsels erforderlich. Die optimale Nutzungsdauer einer Immobilie lässt sich aus den zukünftigen Verläufen der Opportunitätskosten o(t) und der Wechselkosten WK(t) ableiten. Dazu ist zunächst eine Umformung erforderlich. Mit einem Blick in die Zukunft werden alle von einem Zeitpunkt t_1 an entstehenden Opportunitätskosten ermittelt. In der Summe stellen sie den Nutzen des Immobilienwechsels dar. Die Opportunitätskosten O(t) addieren sich bis zu einem beliebigen Zeitpunkt t zu

$$O(t) = \int_{t_1}^{t} f^I(s)e^{-is}ds \,. \tag{3.1}$$

Ein Unternehmen wird die Fehlbelegung solange in Kauf nehmen, bis über einen Immobilienwechsel eine günstigere Bereitstellungsalternative zu erlangen ist. Dies ist im Schnittpunkt von O(t) mit der Wechselkostenkurve WK(t) der Fall. In der Abbildung 3.8 ist im Zeitpunkt t_2 der Immobilienwechsel erforderlich, da der bis zu diesem Zeitpunkt kumulierte Nutzen die zum Zeitpunkt t_2 anfallenden Wechselkosten kompensieren wird. Gleichzeitig ist damit auch die optimale Nutzungsdauer der Immobilie bestimmt. Die Summe der Opportunitätskosten ist dann an der Ordinate im Punkt O_{opt} abzulesen. Der Betrag O_{opt} ist als Kosten der Entscheidungsbindung oder auch als Sunk Costs zu interpretieren.

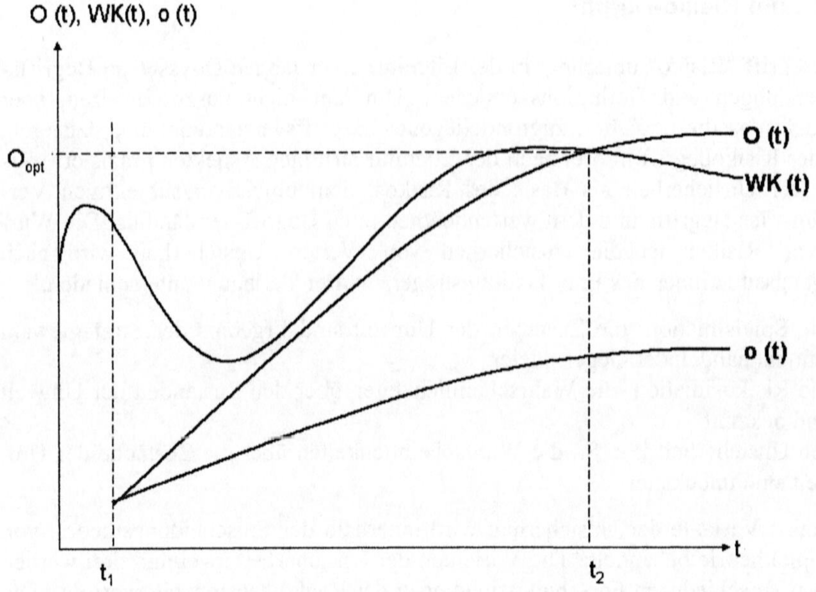

Abb. 3.9. Optimaler Wechselzeitpunkt der Immobilie. Quelle: Eigene Darstellung.

Durch den Wechsel in die optimale Immobilie wird eine neue Entscheidung getroffen, die erneut Sunk Costs verursacht. Aufgrund der Einzigartigkeit von Immobilien werden die Verläufe der Opportunitätskosten und der Wechselkosten dabei einen vom gerade betrachteten Fall abweichenden Verlauf nehmen.

Die bisherigen Ausführungen zu den Leistungs- und Kostenwirkungen von Immobilien haben neben der Statik der Überlegungen eine weitere Vereinfachung unterstellt: Sicherheit über die Datenkonstellation. Die reale Welt der Immobilienentscheidungen ist dementgegen durch ein erhebliches Maß an Risiko gekennzeichnet, das im Folgenden untersucht wird.

3.4 Risikoverursachung von Immobilien

Neben Nutzen- und Kostenwirkungen beeinflussen betriebliche Immobilien die Risikoposition des Unternehmens. Im ersten Teil dieses Abschnitts ist zu klären, welcher Risikobegriff dieser Arbeit zu Grunde liegt. Der zweite Abschnitt dient der Differenzierung der immobilienwirtschaftlichen Risiken entlang des Immobilienlebenszyklus. Im dritten Abschnitt wird der Aufbau des immobilienwirtschaftlichen Risikos im Zeitablauf untersucht.

3.4.1 Zum Risiko-Begriff

Der Begriff "Risiko" unterliegt in der Literatur einer langen Odyssee an Begriffsverwendungen und Definitionsversuchen. Um hier nicht auszuschweifen, aber trotzdem das dieser Arbeit zugrundeliegende Begriffsverständnis zu präzisieren, soll der Risikobegriff in drei nach der Literatur strittigen Aspekten präzisiert werden: Der Unsicherheit als Basis des Risikos, dem objektiven/subjektiven Verständnis des Begriffs und dem wertenden/neutralen Begriffsverständnis. Die Wurzel von Risiken ist die Unsicherheit von Werten. Unsicherheit wird nach Ausgangssituationen des Entscheidungsträgers in drei Varianten unterschieden:[1]

1. Die Spielsituation: die Zustände der Umwelt sind Ergebnis der Strategiewahl rational handelnder Gegenspieler.
2. Die Risikosituation: die Wahrscheinlichkeiten über den Zuständen der Umwelt sind bekannt.
3. Die Unsicherheit i. e. S.: die Wahrscheinlichkeiten über die Zustände der Umwelt sind unbekannt.

Die erste Variante der Unsicherheit wird innerhalb der Entscheidungstheorie von der Spieltheorie behandelt.[2] Die Varianten der Unsicherheit zwei und drei werden in zwei verschiedenen Forschungsrichtungen der Risikotheorie weiterverfolgt. Die Variante (2) setzt voraus, dass die Unsicherheit messbar ist. Diese Auffassung von Unsicherheit liegt statistischen Betrachtungen der Risikotheorie zugrunde, deshalb wird auch von statistischem Risiko gesprochen. Die Wahrscheinlichkeitsverteilung über das Risiko ist in diesem Fall bekannt.[3] STREITFERDT zeigt, dass dieser Unsicherheitsbegriff als Basis eines betriebswirtschaftlichen Risikobegriffs zu eng ausgelegt ist, da sich Entscheidungssituationen in Betrieben dadurch auszeichnen, dass die Wahrscheinlichkeitsverteilung über die Umweltzustände unbekannt ist und stellt somit neben der Variante (2) insbesondere die Bedeutung der Variante (3) für unternehmerische Entscheidungen heraus.[4] Dabei bleibt offen, ob der Entscheider zum Entscheidungszeitpunkt alle möglichen Umweltzustände überhaupt kennt.[5] Im Falle der Immobilienwirtschaft ist beispielsweise vor hundert Jahren nicht absehbar gewesen, mit welchem Produktionsverfahren in den Fabrikhallen heute produziert wird. Dies bildet PYHRR ET AL. zufolge die realen Verhältnisse in der Immobilienökonomie am ehesten ab: "In real-world decision making, the terms uncertainty and risk are used interchangeably. Both describe situations in which real estate analysts can assess the probabilities (objectively or subjectively) of future events."[6]

---

[1] Vgl. z. B. Sturm, G., 1970, S. 1; Laux, H., 1998, S. 22 f.

[2] Vgl. z. B. Rasmusen, E., 1995; Holler, M. u. Illing, G., 2000.

[3] Diese Auffassung von Unsicherheit geht auf KNIGHT zurück (vgl. Knight, F. H., 1957, S. 256).

[4] Vgl. Streitferdt, L., 1973, S. 8 f.

[5] Vgl. Lipshitz, R. u. Strauss, O., 1997, S. 149 ff.

[6] Pyhrr, S. A. et al., 1989, S. 248.

Die Unsicherheit an sich besitzt ökonomisch keine Bedeutung. Bedeutung erlangt sie erst, sobald die Erreichung der Ziele von Wirtschaftssubjekten tangiert wird. Wenn beispielsweise die in den vorausgegangenen Abschnitten beschriebenen Kosten oder Nutzen von immobiliaren Ressourcen in ihrer zukünftigen Entwicklung unsicher sind, ist davon auch die Zielerreichung des Unternehmens betroffen und folglich das Risiko von Relevanz. Die der Unsicherheit unterliegenden Einflussgrößen betrieblicher Zielerreichung sind betriebswirtschaftliche Werte. Unter Risiko wird hier deshalb die Unsicherheit betriebswirtschaftlicher Werte verstanden.[1]

Umgangssprachlich und in Teilen der Literatur wird der Begriff "Risiko" negativ gewertet. Genauer betrachtet sind Risiken aber untrennbar an Chancen gebunden, denn Datenkonstellationen können, so ist es der Unsicherheit immanent, nicht nur negativer sondern auch positiver als zum Planungszeitpunkt erwartet eintreffen. Ob der Begriff Risiko wertneutral oder negativ belegt ist, ist mit dieser Feststellung allerdings noch nicht geklärt. Es kommt auf die Messlatte an. Wertet man das Verpassen von Chancen auch als ein Risiko, ist ein Risiko tatsächlich etwas Negatives. Das Risiko wird folglich hier als vom Grundsatz her nicht erstrebenswert aufgefasst.

In der Literatur zum Risk Management wird der Risiko-Begriff sehr viel umfassender ausgefüllt.[2] Neben der Strukturierung der Unsicherheit einer risikobehafteten Datenkonstellation umfasst der Risikobegriff hier auch die Stärke der negativen Auswirkung. "Risk is the chancing of a negative outcome. To measure risk we must accordingly measure both of its defining components, the chance and the negativity."[3] Um im Folgenden eine konsistente Begriffsverwendung zu ermöglichen wird der zweite, bislang noch nicht thematisierte Aspekt als "Risikopotenzial" bezeichnet.

3.4.2 Differenzierung immobilienwirtschaftlicher Risiken

Ziel dieses Abschnittes ist es zu zeigen, bezüglich welcher Größen Unsicherheit beim Entscheidungsträger besteht. In der Literatur werden insbesondere die Risiken der Projektentwicklung[4] und des Immobilieninvestments thematisiert. Arbeiten, die sich mit der Risikowirkung aus der Sicht des Betriebsmittels im Leistungserstellungsprozess befassen, liegen nach Wissen des Verfassers nicht vor.[5] Geht man davon aus, dass ein Unternehmen die Immobilie selbst erstellt und nach Ablauf der betrieblichen Nutzung am Markt verwertet, sind die Risikoquellen der Projektentwicklung und des Immobilieninvestments mit der ersten beziehungs-

---

[1] Vgl. Streitferdt, L., 1973, S. 5 ff.

[2] Vgl. z. B. Rowe, W. D., 1977; Haller, M., 1986.

[3] Rescher, N., 1983, ohne Seitenangabe, zitiert bei: Wharton, F., 1992, S. 5.

[4] Vgl. Diederichs, C. J., 1994, S. 44 ff., Diederichs, C. J., 1996; S. 43 ff.; Byrne, P., 1996; Isenhöfer, B u. Väth, A., 1998, S. 175 ff.

[5] Es wird aber auf die Bedeutung der Immobilien für das Unternehmensrisiko hingewiesen (vgl. Manning, C. A., 1986, S. 13).

weise der letzten Phase im Lebenszyklus der Immobilie weitgehend identisch. Während der Phase der Nutzung kommen für das jeweilige Unternehmen spezifische Risiken hinzu, die in der Abbildung 3.9. systematisiert und im Folgenden erläutert werden. Der Übergang von der Nutzungsphase in die Vermarktungsphase findet dabei in dem Moment statt, in dem das Unternehmen die gesamte Immobilie oder einen Teil der Immobilie im Leistungserstellungsprozess nicht mehr benötigt und einen Vermarktungsprozess anstößt. Die Vermarktung kann entweder in einer Revitalisierung der Flächen für fremde Nutzung, in einem Verkauf oder in einer Vermietung beziehungsweise Untervermietung der Objekte bestehen.

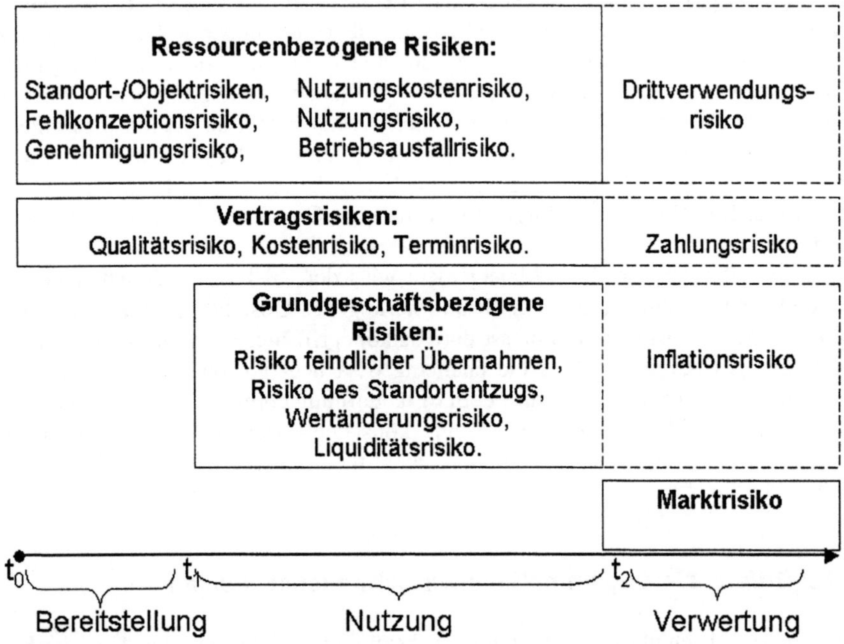

Abb. 3.10. Risiken betrieblicher Immobilien. Quelle: Eigene Darstellung.

3.4.2.1 Risiken in der Phase der Bereitstellung

Aufgrund der räumlichen und zeitlichen Fixierung von Immobilien werden in der Phase der Bereitstellung die Wurzeln für alle im Lebenszyklus entstehenden Risiken gelegt. Deshalb kommen den Risiken in dieser Phase besondere Bedeutung zu.[1] Im Einzelnen sind dies folgende Risiken:

1. Standort- und Objektrisiken

Das Standortrisiko ist das originäre Risiko jeder Immobilieninvestition. Passt eine Immobilie nicht zu den Standortbedingungen, so schlägt sich das negativ in ihrer

[1] Vgl. Diederichs, C. J., 1992, S. 56 f.

Nutzenstiftung nieder. Objektrisiken entstehen aus der Unsicherheit bezüglich der Qualität und Struktur von gemieteten oder gekauften Immobilien.[1] Standort- und Objektrisiken beziehen sich sowohl auf technische Mängel als auch auf die Nutzungsbedingungen. Technische Mängel treten bei Gebäudeobjekten in Form von Baumängeln und Bauschäden und bei Grundstücken in Form des Baugrundrisikos auf. Das Baugrundrisiko hat seine Ursache in der Bodenbeschaffenheit, die sich auf die Gründung und somit auf die Höhe der Baukosten auswirkt. Die zweite Komponente des Baugrundrisikos betrifft auch gekaufte Immobilien: Faktisch ist in Deutschland kaum ein Gewerbegrundstück ohne Bodenkontamination oder Bodendenkmäler zu erwerben, die zu erheblichen Mehrkosten der Immobilienbereitstellung führen können. Unsicherheiten über die Nutzungsbedingungen an einem Standort können bezüglich der Infrastruktur des Mikrostandorts oder den regionalen Strukturen des Makrostandorts bestehen. Die Unsicherheiten bezüglich Standort und Objekt sind durch entsprechende Informationsprozesse weitgehend reduzierbar aber wohl kaum vollständig auszuschließen. Die Informationsprozesse sind allerdings mit hohen Kosten verbunden.

2. Fehlkonzeptionsrisiko

In der Projektentwicklung wird das Risiko der Fehlkonzeption auch als Entwicklungsrisiko bezeichnet. Gemeint ist damit das Risiko einer nicht marktkonformen Projektkonzeption, die die Verwertung des Objekts erschwert. Im Entwicklerbereich ist dies das bedeutsamste Risiko und wird als nicht beeinflussbares Marktrisiko angesehen.[2] In Bezug auf betriebliche Immobilien verbirgt sich hinter dem Fehlkonzeptionsrisiko die Unsicherheit der konzeptionellen Nutzungsanforderungen zum Zeitpunkt des Bezugs der Immobilie. Die konzeptionelle Unsicherheit ist zu einem großen Teil auf eine nicht ausreichende Information über die Entwicklungen im Grundgeschäft zurückzuführen und in soweit reduzierbar.

3. Genehmigungsrisiko

Aufgrund des starken öffentlichen Interesses von Immobilien ist die Verfügungsgewalt des Besitzers eines Grundstücks in Deutschland rechtlich beschränkt. Dies betrifft sowohl die Baugenehmigung bei Neubauten als auch die Genehmigung eines veränderten gewerblichen Nutzungskonzepts im Falle bereits existierender Immobilien. Die Unsicherheit der Genehmigung betrifft neben dem "ob" auch das "wann" genehmigt wird. Bei Einsprüchen von Nachbarn oder Fachbehörden kann sich eine Genehmigung um Jahre verzögern. Insofern besteht mit dem Genehmigungsrisiko auch ein Zeitrisiko, das sich in Zwischenfinanzierungskosten niederschlägt. Aufgrund der Vielzahl an potentiellen Einsprüchen in Genehmigungsverfahren ist die Unsicherheit über die Erlangung von komplexen Genehmigungen mit zunehmender Komplexität des Bauprojekts praktisch nur mit großen Anstrengungen beziehungsweise gar nicht mehr reduzierbar.[3]

---

[1] Vgl. Schäfers, W., 1997, S. 194.

[2] Vgl. Diederichs, C. J., 1992, S. 56.

[3] Vgl. das Beispiel des Kraftwerks Mülheim - Kärlich im Abschnitt 2.1.3.

4. Qualitäts-, Kosten- und Terminrisiken
Die Qualitäts-, Kosten- und Terminrisiken ergeben sich aus der Unsicherheit über die erwartungsgemäße Leistung. In der Institutionenökonomie spricht man von Verhaltensunsicherheit bezüglich der Vertragspartner.[1] Im Falle des Neubaus sind dies die Planer, Bauunternehmen und Lieferanten, im Erwerbsfall der Verkäufer, im Leasingfall der Leasinggeber und im Mietfall der Vermieter. Die Verhaltensunsicherheit kann die Leistungsfähigkeit und den Leistungswillen des Vertragspartners betreffen. Ist ein Partner trotz aller Anstrengungen nicht in der Lage, die Leistung zu erbringen, spricht man von Qualitätsunsicherheit.[2] Die Unsicherheit über die Leistungsfähigkeit kann durch entsprechende Informationsprozesse, wie z. B. Einholen von Bonitätsauskünften, weitgehend reduziert werden. Schwieriger ist die Beseitigung der Unsicherheit über den Leistungswillen. Nutzt der Vertragspartner imperfekte Verträge im Nachhinein opportunistisch aus, spricht man von einer Holdup-Situation.[3] Der Auftraggeber dürfte ex post Gewissheit über das Verhalten seines Vertragspartners bekommen, ohne die Unsicherheit durch Informationsbeschaffung ex ante reduzieren zu können. Aufgrund der Langfristigkeit und Komplexität von Kauf-, Leasing und Bauverträgen sind praktisch in jedem Bereitstellungsvertrag Holdup-Situationen an der Tagesordnung. Ebenso chancenlos ist er bei Moral-Hazard-Situationen, in denen der Auftraggeber die Ursache des Risikos nicht eindeutig dem Verhalten seines Vertragspartners zuordnen kann.[4] In Moral-Hazard-Situationen könnte die Ursache auch in den Einflüssen exogener Faktoren liegen. So kann es beispielsweise im Baubereich unmöglich sein, im Falle von schlechtem Wetter eine Terminüberschreitung eindeutig dem mangelnden Leistungswillen des Bauunternehmers zuzuschreiben. Die Verhaltensunsicherheit in Moral-Hazard- und Holdup-Situationen ist durch Aktivitäten der Informationsbeschaffung nicht zu reduzieren. Vielmehr werden hier geeignete Vertrags- und Anreizdesigns zur Verringerung des Risikos gefordert,[5] auf deren Ausgestaltung im Teil C näher Eingegangen wird.

3.4.2.2 Risiken in der Nutzungsphase der Immobilie

Die Unsicherheit über die Nutzungsphase der Immobilie ist aufgrund der langen Nutzungsdauer besonders groß. Im Einzelnen sind während der Nutzung ressourcenbezogene Risiken, Vertragsrisiken und grundgeschäftsbezogene Risiken zu beachten.

Die ressourcenbezogenen Risiken lassen sich unterteilen in (Nummerierung läuft über alle in der Abbildung 3.9. systematisierten Risiken hinweg durch):

[1] Vgl. zu der im folgenden dargelegten Systematik der Verhaltensunsicherheit: Spremann, K., 1990, S. 564 ff.
[2] Vgl. Stigler, G. J., 1961.
[3] Vgl. z. B. Goldberg, V. P., 1976.
[4] Vgl. z. B. Stiglitz, J. E. u. Weiss, A., 1981; Milgrom, P. u. Roberts, J., 1992, S. 166 ff.
[5] Vgl. zu einer Übersicht: Milgrom, P. u. Roberts, J., 1992, S. 126 ff.

5. Betriebsausfallrisiko

Das Betriebsausfallrisiko ist aus der Anlagenwirtschaft allgemein bekannt. Die Modelle zeigen, dass der Entscheider durch das Einleiten von Informationsprozessen das Risiko von Ausfallzeiten und Folgeschäden verringern kann.[1] Im Vergleich zu Mobilien unterliegen Immobilien einer vergleichsweise geringen Ausfallwahrscheinlichkeit. Im Fall der/des Miete/Leasing liegt das Ausfallrisiko nur zu Teilen beim Mieter. Hier hat der Vermieter in Deutschland die Mietsache grundsätzlich gemäß § 536 BGB dem Mieter in einem dem vertragsgemäßen Gebrauch entsprechenden Zustand zu überlassen und sie während der Zeit in diesem Zustand zu erhalten. Ist der Betriebsausfall auf einen vom Vermieter zu vertretenden Mangel in der Mietsache zurückzuführen, so hat der Mieter gemäß dem in § 538 BGB formulierten gesetzlichen Leitbild Anspruch auf Schadenersatz. Diese Regelungen des BGB sind allerdings in gewerblichen Mietverhältnissen dispositiv, sodass das Betriebsausfallrisiko dann beim Mieter verbleibt, wenn einzelvertraglich rechtswirksam etwas anderes vereinbart ist.[2] Standardmietverträge sehen in Deutschland vor, dass der Vermieter für Schäden an "Dach und Fach" aufkommt. In amerikanischen und englischen Gewerbemietverhältnissen ist hingegen generell der Mieter zur Instandhaltung verpflichtet.

6. Risiko der Kosten für Immobiliennutzung und -wechsel

Die Ursachen der Unsicherheit über die Nutzungskosten liegen zu einem erheblichen Teil in der Bereitstellungsphase, da die Betriebskosten im Miet-/Leasingfall von den vertraglichen Modalitäten und im Fall des Eigenbaus von der Bauausführung abhängen. Die Unsicherheiten können grundsätzlich jede der in der DIN 18960 spezifizierte Kostenart der Immobiliennutzung betreffen (siehe Abschnitt 3.3.2). So können die Kapitalkosten im zeitlichen Verlauf beispielsweise durch Zinsanpassungen unerwarteten Schwankungen unterliegen, Sonderabschreibungen aufgrund unerwartetem technischen oder ökonomischen Verschleißes erforderlich sein, die Steuerbelastung von der ursprünglichen Planung abweichen oder die Verwaltungs-, Betriebs- und Bauunterhaltungskosten unsicher sein.

In Bezug auf die Wechselkosten unterliegen vergleichsweise wenig Kostenarten größerer Unsicherheit. Die Transaktionskosten, Umzugs- und Umstellungskosten und Vorfälligkeitsentschädigung sind im Zeitablauf nur geringen Schwankungen unterlegen und somit gut prognostizierbar. Lediglich die aus der Schwankung des Immobilienmarktes resultierenden Kosten unterliegen erheblichen Unsicherheiten.

7. Nutzungsrisiko

Unter dem Nutzungsrisiko wird das Risiko verstanden, dass die Immobilie im Zeitablauf den von ihr erwarteten Nutzen nicht erfüllt. Die Gründe hierfür liegen in der Unsicherheit über den zukünftigen quantitativen und qualitativen Flächenbedarf begründet. Die Dynamik des Flächenbedarfs wird deutlich, wenn man sich die oben diskutierten empirischen Ergebnisse eines veränderten Flächenbedarfs und deren Ursachen vor Augen führt. Die Tatsache, dass durchschnittlich 80 %

---

[1] Vgl. Männel, W., 1968, S. 47 ff.; Biedermann, H., 1990, S. 32.

[2] Vgl. zur Mängelhaftung des Vermieters Flehinghaus, W., 1996, S. 621 ff.

der Arbeitsplätze der befragten deutschen Großunternehmen in den letzten zehn Jahren von einem Umzug betroffen waren, macht die starke Veränderung des Flächenbedarfs in der Vergangenheit deutlich.[1] Nach Einschätzung der Befragten sind die wichtigsten Determinanten eines veränderten Flächenbedarfs Änderungen in der Flächenproduktivität, Unternehmensgröße, Produktpalette sowie Dynamik in Leistungserstellungsprozessen und Standortverlagerungen.[2] Betrachtet man die zukünftige Entwicklung dieser Determinanten, so wird von den Befragten in der Weiterentwicklung der Informations- und Kommunikationstechnologie ein wichtiger Grund für zukünftig weiterhin stark veränderte Bedarfe betrieblicher Immobilien gesehen.[3] Gleichzeitig sind die Befragten kaum in der Lage, den Bedarf betrieblicher Immobilien ihres Unternehmens für die nächsten zehn Jahre zu prognostizieren.[4] Die Unsicherheit hat zwei Ursachen: Zum einen verfügen die Immobilienbereiche aufgrund fehlender Kommunikation nicht über die notwendigen Informationen aus dem Kerngeschäft. Hier ließe sich prinzipiell durch ein geeignetes Design der Institutionalisierung des Immobilienmanagements Abhilfe schaffen. Zum anderen verhindert eine hohe Umweltdynamik die langfristige Planung in den Großunternehmen, sodass im Unternehmen keine Möglichkeit besteht, den Flächenbedarf adäquat zu planen.

Unter die grundgeschäftsbezogenen Risiken werden alle Risiken subsumiert, die in engem Zusammenhang mit dem Gesamtrisiko des Unternehmens stehen. In der amerikanischen Literatur werden diese Formen des Risikos nach der Art ihrer Entstehung in „Business Risk" und „Financial Risk" weiter unterschieden. Dabei bezieht sich das „Financial Risk" auf die Risiken, die sich aus der Finanzierung mit Fremdkapital ergeben. Financial Risk entsteht aus der Ungewissheit, ob eine Immobilie genügend Einnahmen erwirtschaftet, um den Schuldendienst zu leisten, und aus der Ungewissheit des Investors, genügend finanzielle Mittel am Kapitalmarkt einwerben zu können.[5] Diese finanzwirtschaftlichen Risiken haben bei typischen Immobilieninvestoren, die auf einen erheblichen Fremdkapitalanteil angewiesen sind, große Bedeutung. In den hier betrachteten Großunternehmen spielen sie allerdings keine wichtige Rolle und werden deshalb vernachlässigt. Die weit wichtigeren grundgeschäftsbezogenen Risiken lassen sich wie folgt unterteilen:[6]

8. Risiko feindlicher Übernahmen
Empirische Studien aus den USA zeigen, dass ein großer Bestand an eigenen Immobilien das Risiko feindlicher Übernahmen erhöht.[7] Dies kann zum einen als Indiz für den ineffizienten Umgang mit Immobilien gedeutet werden,[8] zum anderen

---

[1] Vgl. Pfnür, A., 1998a, S. 14.
[2] Vgl. Pfnür, A., 1998a, S. 9.
[3] Vgl. Pfnür, A., 1998a, S. 10.
[4] Vgl. Pfnür, A., 1998a, S. 8.
[5] Vgl. Graaskamp, J. A., 1977, S. 55; Pyhrr, S. A., et al., 1989, S. 250 ff.; Greer, G. E., 1997, S. 266 ff.
[6] Vgl. Manning, C. A., 1986, S. 13.
[7] Vgl. Ambrose, W. B., 1990.
[8] Vgl. Rodriguez, M. u. Sirmans, C. F., 1996, S. 14.

erleichtert ein großer Immobilienbestand wegen seiner Wertsicherheit die Fremdfinanzierung der feindlichen Übernahme.

9. Risiko des Standortentzugs
Sind betriebliche Immobilien gemietet oder geleast, besteht das Risiko, dass die Gegenseite die Verträge nicht erfüllt, kündigt oder nach Ablauf nicht weiter verlängert. Im Falle des Eigentums besteht Unsicherheit über den Fortbestand der gesetzlich zulässigen Flächennutzung. Insbesondere aus Umweltschutzgründen wird die Forderung laut, die industrielle Nutzungen von Grundstücken wegen der Gefahr irreversibler Folgeschäden einzuschränken.[1] Ist das Unternehmen auf die entsprechende Immobilie bedingt durch ihre Einzigartigkeit angewiesen oder ein Ersatz nicht finanzierbar, muss der Standort eingestellt werden. Bei Unternehmen mit nur einem Standort steht die Existenz des Unternehmens zur Disposition.

10. Wertänderungsrisiko
Hat ein Unternehmen einen Teil seines Vermögens in Immobilien investiert, so geht von der Unsicherheit bezüglich des Immobilienmarkts ein Wertänderungsrisiko aus. Ein Wertverlust kann zur Nachforderung von Sicherheiten der Fremdkapitalgeber führen und Sonderabschreibungen erforderlich machen, die im Extremfall zum Konkurs des Unternehmens führen. Umgekehrt können durch Wertsteigerungen entstandene stille Reserven im Immobilienbestand durch Verkauf der Immobilien realisiert werden und somit finanzielle Notsituationen des Unternehmens überbrücken.

11. Liquiditätsrisiko
Das im Eigentumsfall in Immobilien investierte Kapital ist, wie bereits deutlich wurde, langfristig gebunden. Herrscht gleichzeitig Unsicherheit über die Höhe des Kapitalbedarfs im Kerngeschäft und die hier zu erzielende Rentabilität, gehen von der mangelnden Fungibilität betrieblicher Immobilien Liquiditätsrisiken aus. Ist beispielsweise unsicher, ob das Kerngeschäft 8 % oder 25 % Rendite erwirtschaftet, birgt ein mögliches Immobilieninvestment, das vermutlich 10 % erwirtschaftet, das Risiko, den höheren Gewinn aus dem Kerngeschäft bedingt durch mangelnde Liquidität nicht realisieren zu können. Diese Form des Risikos wird auch als "comparative risk" oder "opportunity cost risk" bezeichnet.[2] Vom Liquiditätsrisiko sind besonders junge, in starkem Wachstum befindliche Unternehmen betroffen, deren Kapitaldecke regelmäßig dünn ist.[3]

Insgesamt sind die grundgeschäftsbezogenen Risiken des Unternehmens bedingt durch des mit ca. 10% der Bilanzsumme[4] recht kleinen Anteils immobiliarer Aktiva, der generell geringen Volatilität von Immobilien und der Streuung über eine größere Anzahl von Objekten für die meisten Großunternehmen von vergleichsweise geringer Bedeutung.

---

[1] Vgl. Kistenmacher, H., 1996, S. 15 ff.

[2] Vgl. Dubben, N. u. Sayce, S., 1991, S. 133.

[3] Vgl. Manning, C. A., 1986, S. 13; Hess, D., 1999.

[4] Der Anteil immobiliarer Aktiva belief sich bei westdeutschen Unternehmen 1996 auf 9,6 % der Bilanzsumme (vgl. Deutsche Bundesbank, 1999, S. 20).

12. Vertragsrisiken
Die Vertragsrisiken in der Nutzungsphase betreffen die Einhaltung der versprochenen Leistungen in Miet- und Leasingverträgen sowie den Fremdbezug von Dienstleistungen.[1] Die Verwaltung, der Betrieb und die Unterhaltung von Gewerbeimmobilien unterliegen in jüngerer Zeit einem Trend zum Outsourcing.[2] Wird die Leistung nicht selbst erbracht, so ist einerseits ein Teil der diesbezüglichen Kostenrisiken an den Vertragspartner abgewälzt worden, andererseits unterliegt der Entscheidungsträger den bereits im vorausgegangenen Abschnitt behandelten Verhaltensunsicherheiten bezüglich der Vertragspartner. Bei Miete ist hier allerdings der Sonderfall zu beachten, dass im Konkursfall des Vermieters demjenigen, der die Immobilie aus der Konkursmasse erwirbt, gem. § 57a ZVG ein Sonderkündigungsrecht zusteht, sofern rechtswirksam nichts anderes im Mietvertrag vereinbart wurde.

3.4.2.3 Risiken in der Vermarktungsphase

In der Vermarktungsphase hat die Immobilie als Ganzes oder ein separierbarer Teil der Liegenschaft ihre Bedeutung als betriebliche Ressource verloren. Der Charakter der Immobilie wandelt sich vom Betriebsmittel zur Kapitalanlage. Die Risikoarten der Kapitalanlage in Immobilien sind in der Literatur ausführlich untersucht worden.[3] Im Falle des Verbleibs der Immobilie im Bestand bestehen diejenigen Risiken aus der Nutzungsphase fort, die nicht aus der Nutzung der Immobilie, sondern aus dem Eigentum und dem Besitz resultieren. Dies sind alle grundgeschäftsbezogenen Risiken bis auf das Risiko des Standortentzugs, das Nutzungskosten- und gegebenenfalls das Betriebsausfallrisiko. Der Nutzen der Immobilie in Form von Mieteinnahmen und Veräußerungsgewinnen wird zwar in Form eines Preises grundsätzlich messbar, bleibt aber risikobehaftet. Auf die Unsicherheit des Nutzens wird im Folgenden deshalb näher eingegangen.

Im Vermietungs-/Verkaufsfall besteht Unsicherheit bezüglich der Mietzahlungen/des Verkaufserlöses. Die Unsicherheit kann begründet liegen in der Person des Mieters/Käufers, der seiner vertraglichen Zahlungsverpflichtung nicht nachkommen kann oder will.[4] In diesem Fall handelt es sich um ein Vertragsrisiko. Ferner besteht Unsicherheit über die Marktfähigkeit des Objekts. Diese Unsicherheit ist zurückzuführen auf das ressourcenbezogene Fehlkonzeptionsrisiko. Je spezifischer ein Objekt an die Bedürfnisse des ehemaligen Nutzers angepasst wurde, um so größer dürfte dieses auch als Drittverwendungsrisiko bezeichnete Risiko sein.[5] Schließlich unterliegt die Immobilie dem Risiko der Inflation. Empirische

---

[1] Vgl. zu den Risiken aus der Vertragsgestaltung in der Immobilienwirtschaft: Hamann, D., 1998.

[2] Vgl. Carter, M. G., 1995.

[3] Vgl. insbesondere MacLeary, A. R., Nanthakumaran, N., 1988, S. 70 ff.; Phyrr, S. et al., 1989, S. 247; Dubben, N. u. Sayce, S., 1991, S. 130 ff.; Wurztebach, C. H. u. Miles, M. E., 1994, S. 556 ff.; Greer, G. E., 1997, S. 266 ff. und die dort zitierte Literatur.

[4] Vgl. Flehinghaus, W., 1998, S. 467 ff.

[5] Vgl. Schäfers, W., 1998, S. 195.

Ergebnisse zeigen allerdings, dass die Kapitalanlage in Immobilien sich durch große Wertstabilität auszeichnet. "Real estate returns historically have been highly correlated with inflation (real estate has been a good inflation hedge)."[1] Größere Bedeutung erlangt das Inflationsrisiko aber dann, wenn die Immobilienkosten einseitig mit der Inflation steigen, die Einnahmen hingegen aufgrund mietvertraglicher Fristen nicht entsprechend erhöht werden können.[2]

13.Marktrisiko
Im Vergleich zu den bereits diskutierten Risiken kommt dem Markrisiko besonders große Bedeutung zu. Diese ist zurückzuführen auf die Unsicherheit bezüglich der Fungibilität und der Preisentwicklung einzelner Objekte auf den betreffenden Immobilienmärkten.[3] Die Prognose der Preisentwicklung von Immobilien ist im Bereich der marktorientierten Verfahren zur Immobilienbewertung in der Literatur ausgiebig diskutiert worden.[4] Die große Komplexität dieses Prognoseproblems ist bislang allerdings bestenfalls ansatzweise zu bewältigen. Dank der in den letzten Jahren vermehrten Einführung von Immobilienindizes[5] wird zumindest der ex post Verlauf der Entwicklung grober Marktsegmente transparenter. Insgesamt verhindern aber die spezifischen Eigenschaften von Immobilien und folglich auch der Märkte, auf denen sie gehandelt werden, eine zuverlässige ex ante Markteinschätzung.

3.4.3 Aufbau des Risikopotenzials der Immobilie im Zeitablauf

In diesem Abschnitt werden zunächst die Determinanten des Risikopotenzials der Immobilie im Zeitablauf dargelegt. Anschließend wird untersucht, wie sich das Risikopotenzial des betrieblichen Immobilienbestands im Zeitablauf entwickelt.

3.4.3.1 Determinanten des Risikopotenzials

Es werden drei Determinanten des Risikopotenzials unterschieden:

1. Unsicherheit,
2. Opportunitätskosten,
3. Zeit.

Zu 1.) Wie die Ausführungen zu Nutzen- und Kostenwirkungen der betrieblichen Immobilienwirtschaft gezeigt haben, gibt es viele Gründe, die dafür sprechen, dass ein hohes Maß an Unsicherheit über die zukünftigen Nutzen- und Kostenwirkungen von Immobilien innerhalb der Planungs- und Entscheidungsprozesse des Un-

[1] Miles, M., 1991, S. 11. Siehe auch die dort zitierte Literatur.

[2] Vgl. MacLeary, A. R., Nanthakumaran, N., 1988, S. 73; Hartzell, D. J., Shulman, D. G., Langetieg, T. C. u. Leibowitz, M. L., 1991, S. 72 ff.

[3] Vgl. Schlag, A., 1995, S. 118.

[4] Vgl. Fanning, S. F., Grissom, T. V. u. Pearson, T. D., 1994; DePasquale, D. u. Wheaton, W. C., 1996; Greer, G., 1997.

[5] Vgl. Thomas, M., 1997.

ternehmens besteht. Diese Unsicherheit macht Immobilien zu potentiellen Störobjekten, in denen ein Risiko für das Unternehmen begründet liegen kann.[1] Wenn Risiko hier als Unsicherheit von Werten verstanden wird, so muss von einem Risiko nicht zwangsläufig eine finanzielle Bedrohung beziehungsweise Chance ausgehen. Bislang wurde lediglich über die Eintrittswahrscheinlichkeit der Störereignisse gesprochen. Im Folgenden ist nun das Potenzial der finanzwirtschaftlichen Wirkung, das im Eintrittsfall das Unternehmen trifft, zu untersuchen. Um das Risikopotenzial einer Störgröße (R) zu determinieren, ist zunächst zu klären, welche Faktoren neben dem Ausmaß an Unsicherheit (U) dafür verantwortlich sind.

Zu 2.) Die erste Größe, die zwangsläufigen Einfluss auf das Ausmaß der Unsicherheit besitzt, ist der Einsatz des Entscheidungsträgers. Wer nichts einsetzt, hat auch nicht die Möglichkeit, durch das Eingehen von Risiken Gewinn zu erzielen oder Verlust zu erleiden. Die Höhe des Einsatzes wirkt dabei als Hebel des Risikos, der mit steigendem Einsatz stärker wird. Als ein Maß des Einsatzes könnte die Höhe des Kapitals dienen, über das mit einer Entscheidung disponiert wird. Dabei wird allerdings nicht berücksichtigt, dass es mögliche alternative Verwendungszwecke geben könnte, die zu einem Gewinn führen. Statt des disponierten Kapitals muss deshalb das sichere Ergebnis aus der Opportunität, die Opportunitätskosten, verwendet werden.

Zu 3.) Für die Berücksichtigung der Zeit als Determinante des Risikopotenzials gibt es drei Gründe:

1. Das Ergebnis der Opportunität ist, wie aus der Investitionsrechnung hinlänglich bekannt, von der Zeit abhängig. Bestimmt in der Investitionsrechnung der Planungshorizont die Länge des Zeitraums, ist es in dem hier diskutierten Fall die Länge der Entscheidungsbindung. Sind Entscheidungen schnell revidierbar, ist mit der Opportunität kein Verzinsungsvorsprung realisierbar, da der Entscheidungsträger bei Eintritt ungünstiger Datenkonstellationen der Alternative schnellstmöglich zur Opportunität wechselt.

2. Die Ausführungen zur Kostenentstehung im Zeitablauf machen deutlich, dass die Summe der Immobilienkosten im Zeitablauf zunimmt. Sunk Costs und Kostenremanenzen machen die Verkettung zukünftiger Kostenwirkungen mit der Bereitstellungsentscheidung deutlich. Mit dem Abfluss von Liquidität in die Immobilie nach der Bereitstellung steigen, wie oben deutlich wurde, auch die Opportunitätskosten an.

3. Ein weiterer wichtiger Grund, die Zeit zu berücksichtigen, liegt darin, dass die Unsicherheit im Entscheidungszeitpunkt von der Länge des zu prognostizierenden Zeitraums der Datenkonstellation abhängt. Die Wirkung ist nachfolgend für die oben gezeigten Risiken betrieblicher Immobilien zu untersuchen.

Die in der Bereitstellungsphase realisierten Standort-/Objektrisiken sowie das Genehmigungsrisiko sind wegen ihrer zeitlichen Nähe und diesbezüglichen Trägheit der Umwelt im Zeitablauf als konstant anzunehmen. Das Fehlkonzeptionsrisiko strahlt über den gesamten Lebenszyklus der Immobilie hinweg auf das Nutzungs-

[1] Vgl. Haller, M., 1986, S. 28.

risiko in der Betriebsphase bis hin zum Drittverwendungsrisiko in der Verwertungsphase aus. Hier ist davon auszugehen, dass im Zeitablauf immer mehr Störgrößen auftreten, die den Flächenbedarf des Unternehmens und die Marktfähigkeit der Immobilie zunehmend unsicherer gestalten. Ebenfalls im Verlauf wachsende Unsicherheit ist für das Nutzungskosten- und Betriebsausfallrisiko anzunehmen. Im Ergebnis ist mit im Zeitablauf kräftig zunehmenden ressourcenbezogenen Risiken zu rechnen. Die Vertragsrisiken dürften im Zeitablauf generell steigen. Dies ist auf die wachsende Unsicherheit bezüglich der Bonität der Vertragspartner und der zunehmenden Gefahr, in Holdup-Situationen zu geraten, zurückzuführen. Entgegengesetzt dürfte in lang anhaltenden Vertragsbeziehungen die Gefahr des opportunistischen Verhaltens des Vertragspartners im Zeitablauf nicht mehr zunehmen. Die Entwicklung der Umwelt des Unternehmens und somit auch des Grundgeschäfts des Unternehmens unterliegt einer im Zeitablauf wachsenden Unsicherheit, sodass auch die Auswirkungen des Immobilienbestands auf das Gesamtrisiko des Unternehmens schwieriger prognostizierbar wird. Das Marktrisiko steigt mit zunehmender Länge des Planungshorizonts zunächst an, bis die Amplituden der zyklischen Schwankungen des Immobilienmarkts in der Unsicherheit enthalten sind. Ist dies erreicht, zeigt das Marktrisiko eine Tendenz zur Konstanz. In der Addition aller Risiken steigt die Unsicherheit im Zeitablauf an. Über den genauen Verlauf sind pauschal keine Aussagen möglich.

3.4.3.2 Entwicklung des Risikopotenzials im Zeitablauf

Der vorausgegangene Abschnitt hat gezeigt, dass das Risikopotenzial von den drei Einflussgrößen Unsicherheit (U), Opportunitätskosten (O) und Zeit (t) bestimmt wird.

Die Unsicherheit und die Opportunitätskosten werden als voneinander unabhängig angenommen. Beide sind allerdings abhängig von der Zeit (t), sodass gilt:

$$(3.2) \quad R(t) = f\,[U(t), O(t)]$$

Wenn das Risiko eine Funktion der Zeit ist, so ist es in Abhängigkeit von der Bindungsdauer von Immobilienentscheidungen zu sehen. Wie der Verlauf der Beeinflussungsmöglichkeit im Zeitablauf deutlich gemacht hat, werden die Nutzen und Kosten betrieblicher Immobilien maßgeblich durch die Bereitstellungsentscheidung determiniert. Nachgelagerte Immobilienentscheidungen wie beispielsweise die Neuvergabe von Reinigungsdiensten haben vergleichsweise geringe Erfolgswirkungen. Im Weiteren wird sich die Untersuchung deshalb auf die Bereitstellungsentscheidung konzentrieren. Die Bindungsdauer der Bereitstellungsentscheidung wird determiniert vom Schnittpunkt der Wechselkosten und der Opportunitätskosten (siehe 3.3.4.3 dieses Kapitels). Unter der Annahme vollständiger Information liegt das Optimum der Sunk Costs O_{opt} im Schnittpunkt der Wechselkostenkurve mit der Fehlbelegungskurve (siehe Abbildung 3.11).

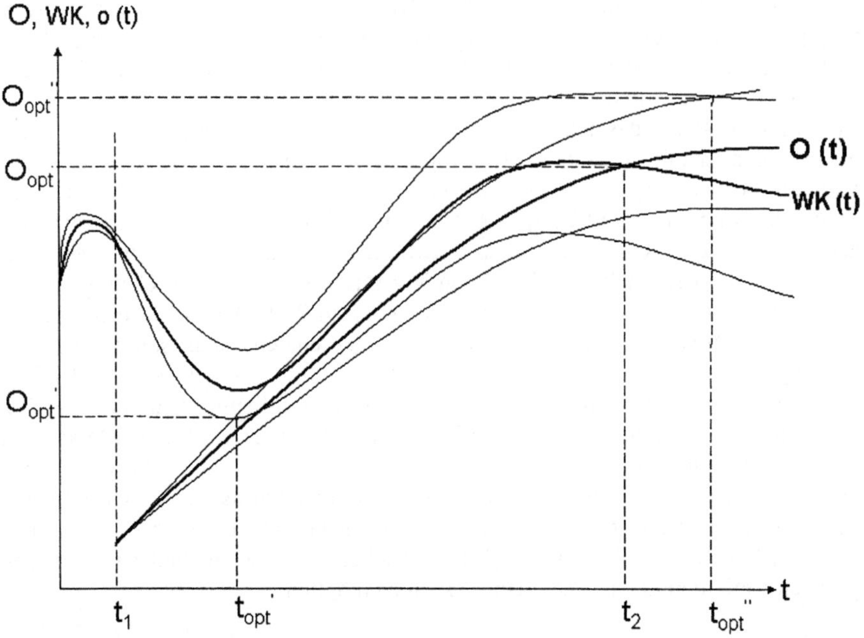

Abb. 3.11. Sunk Costs und Entscheidungsbindung unter Unsicherheit. Quelle: Eigene Darstellung.

Eine empirische Erhebung bei deutschen Großunternehmen hat aber gezeigt, dass der Entscheidungsträger über keine der Einflussgrößen wegen der Langfristigkeit des Planungshorizonts bei Immobilienentscheidungen und der Komplexität der Problemstellung tatsächlich Gewissheit hat.[1] Heben wir nun die Vereinfachung der vollständigen Information auf, so wird die Unsicherheit zum Zeitpunkt der Bereitstellungsentscheidung sowohl die Fehlbelegungskosten als auch die Wechselkosten betreffen. Im Einzelnen wirken die im vorausgegangenen Abschnitt aufgezeigten Risiken wie folgt:

1. Unsicherheit der Wechselkosten
Die Wechselkosten sind vor allem vom Marktrisiko und der Verhaltensunsicherheit bezüglich der Vorfälligkeitsentschädigungsberechtigten betroffen. Das Risiko der Schwankung von Transaktionskosten und Umzugs- und Umstellungskosten dürfte hingegen im Regelfall sehr begrenzt sein.

2. Unsicherheit der Opportunitätskosten
Die Opportunitätskosten quantifizieren die Differenz zwischen der bestmöglichen und der gewählten Bereitstellungsalternative. Somit wirken alle immobilienbezogenen Risiken direkt oder indirekt auch auf die Opportunitätskosten. Folglich sind die dargestellten Kurvenverläufe für die Entscheidungsträger gar nicht mehr oder

[1] Vgl. zum Kenntnisstand der Leistungs- und Kostenwirkungen von Immobilien: Pfnür, A., 1998a.

nur noch unscharf skizzierbar, sodass Unsicherheit besteht bezüglich der Höhe der mit einer Alternative verbundenen Opportunitätskosten, der Wechselkosten und des optimalen Wechselzeitpunkts. Die Unsicherheit führt zu einer großen Schwankungsbreite der akzeptablen Opportunitätskosten von O_{opt}' bis O_{opt}''. Ebenso schwankt auch der optimale Wechselzeitpunkt stark von t_{opt}' bis t_{opt}''.

Wenn nun im Zeitpunkt der Bereitstellungsentscheidung die Sunk Costs den Bereitstellungsalternativen zuzurechnen sind, verursacht die im Zeitablauf wachsende Unsicherheit der Nutzen- und Kostenwirkungen betrieblicher Immobilien ein großes Problem. In der Praxis dürften die in der Vergangenheit entstandenen Kosten als versunken betrachtet werden, sodass sie nicht mehr entscheidungsrelevant sind. Der Praktiker wird von Zeit zu Zeit eine Wirtschaftlichkeitskontrolle vornehmen. Dann stellt er die vorhersehbaren Fehlbelegungskosten den Umzugskosten gegenüber. Damit rückt der Umzugstermin in die Ferne, plant der Praktiker ganz kurzfristig, ist es der Schnittpunkt der Fehlbelegungskosten und der Immobilienwechselkosten.

3.5 Bewertung von Immobilien

Sichtet man die unter dem Stichwort „Immobilienbewertung" erschienene Literatur, bereitet es auf den ersten Blick große Schwierigkeiten, die weit auseinandergehenden Problemstellungen und Lösungsansätze nach Gemeinsamkeiten, Unterschieden und Bezügen zu ordnen. In diesem Abschnitt besteht zunächst das Problem, die Immobilienbewertung klar zu strukturieren. Nachfolgend wird die Immobilienbewertung nach

1. Wertbegriffen,
2. Bewertungsanlässen und -zwecken sowie
3. Bewertungsverfahren

unterschieden. Ein weiteres Ziel dieses Abschnittes ist es, dem Leser die aus Sicht der betrieblichen Immobilienökonomie relevanten Bewertungsvorgänge vorzustellen sowie die alternativen Verfahren auf ihre jeweilige Zweckmäßigkeit zu überprüfen.

3.5.1 Problem der Immobilienbewertung

Die Problematisierung der Bewertung von Gütern geht auf die Analyse der Diskrepanz zwischen Gebrauchswert und Tauschwert in der Arbeitswerttheorie zurück. Im Mittelalter wurde die Arbeitswerttheorie herangezogen, um zwischen gerechten und ungerechten Formen der Aneignung zu unterscheiden. Bereits hier aber spätestens seit MARX ist klar, dass die Problematik der Bewertung von Gütern als Teil der Arbeitswerttheorie ihrem Kern nach von philosophischer Bedeutung ist und somit weit über den Tellerrand der Ökonomie hinweg reicht.[1] Trotz der großen Bedeutung von philosophischen Fragen der Gerechtigkeit in der Bewertung sollen diese hier nicht weiter behandelt werden. Speziell für ökonomische Anwendungen sind Fragestellungen der Bewertung sehr ausführlich in der ökonomischen Werttheorie behandelt worden.[2] In der ökonomischen Werttheorie wird der Bewertungsvorgang als eine Messung beschrieben. RUBENS beschreibt „messen" wie folgt: „Messen ist Vergleichen unter der Voraussetzung des Gebrauchs von Maßeinheiten, die die Qualitäten (Dimensionen) der Messobjekte haben und für die Messenden darstellen. Messbare Qualitäten sind diejenigen, für die Vergleichbarkeit der sie besitzenden Gegenstände besteht... ."[3] Zu Beginn dieser Arbeit wurde die Immobilie als Wirtschaftsgut in ihren Wesenszügen gekennzeichnet. Die Tatbestände der „Immobilität, Heterogenität und begrenzten Marktfähigkeit" dokumentieren die Einzigartigkeit der Immobilie, die im krassen Widerspruch zu der Voraussetzung der Vergleichbarkeit der Werttheorie steht. Dieser Widerspruch ist nur aufzulösen, indem die Anforderungen an die Vergleichbarkeit soweit herabgesetzt werden, dass gängige Maßeinheiten zur Bewertung herangezogen werden können. Mit der Zurücknahme der Anforderungen nimmt die Genauigkeit des Bewertungsergebnisses ab. Für die Bewertung von Immobilien ergibt sich aus diesem Dilemma ein Balanceakt zwischen Genauigkeit des Ergebnisses auf der einen Seite und der Aussagefähigkeit auf der anderen Seite, welche im Anschluss näher zu untersuchen ist.

Zuvor bleibt aber noch zu klären, was unter dem Begriff Wert in dem hier verwendeten Zusammenhang genau zu verstehen ist. Die ökonomische Werttheorie hat in der Vergangenheit zunächst zwei Ausprägungen gefunden, die objektive und die subjektive Werttheorie, welche unterschiedliche Wertbegriffe propagieren. Die objektive Werttheorie fasst den Wert eines Gutes als dessen Eigenschaft auf. Als wertbestimmende Eigenschaft gilt gemeinhin der Marktpreis. Demzufolge ist in der objektiven Werttheorie der Wert eines Gutes mit dessen Preis gleichzusetzen. Allerdings stecken in Wert-Preis-Differenzen die Triebfedern für die Marktwirtschaft. Empirisch zeigt sich nämlich, dass zwei Personen bei gegebenem Marktpreis eines Gutes regelmäßig unterschiedliche Kaufentscheidungen treffen. Folglich kann der Wert eines Gutes nicht gleich seinem Preis sein. Als empirische Theorie ist die objektive Werttheorie somit falsch.[4] Die subjektive Werttheorie betrachtet den Wert als persönliche Vorlieben für bestimmte Objekte, sodass in Frage stehenden Objekten sehr wohl in zwei oder mehr Bewertungsvorgängen unterschiedliche Werte beigemessen werden. In der subjektiven Werttheorie ist der Wert Geschmackssache, die sich jedweder Rationalität entzieht. In Verfahren zur Vereinheitlichung der Lösung von Entscheidungsproblemen kann die subjektive Werttheorie folglich keinen Beitrag leisten.[5]

---

[1] Vgl. Schefold, B., 1997.

[2] Vgl. zu einer Übersicht: Engels, W. 1962, S. 6 ff.

[3] Ruben, P., 1997, S. 53.

[4] Vgl. Engels, W. 1962, S. 6 ff.

[5] Vgl. Engels, W. 1962, S. 8 ff.

Die Entwicklung der Wertbegriffe geht konform mit der historischen Entwicklung der Ökonomie. Die klassische Schule der Nationalökonomie prägte den objektiven Wertbegriff. Der objektive Wertbegriff wird aus dem Tauschwert einer Ware abgeleitet. Dabei gilt Arbeit als wahrer Tauschmaßstab aller Waren (Adam Smith). Später führen Ricardo und Marx den Wert des Kapitals auf die darin enthaltene Arbeit zurück. Basierend auf den Erkenntnissen der Grenznutzenschule geht die moderne Nutzentheorie nicht mehr von objektiven Tauschwerten, sondern von subjektiven Gebrauchswerten aus. Der Nutzen als Maß des Gebrauchswerts eines Wirtschaftsguts ist in der Grenznutzenschule

1. subjektiv, da er die individuelle Präferenzordnung eines Entscheidungsträgers wiedergibt.
2. relativ, da er sich aus dem Zusammenwirken mit anderen Ereignissen ergibt und bestenfalls durch eine Intervallskala gemessen werden kann.
3. nicht eindimensional monetär fassbar, da er alle Wertvorstellung von Individuen widerspiegeln muss, um individuelle Wertordnungen darstellen zu können.[1]

Sowohl die objektive als auch die subjektive Werttheorie haben den Fehler, dass der Wert eine Tatsache sein muss. Begreift man den Wert eines Objekts in ökonomischen Entscheidungen als Entscheidungsgrundlage, so ist der Wert per se keine Tatsache mehr. Er steht in Abhängigkeit von dem verfolgten Zweck des Entscheidungsträgers. ENGELS bezeichnet die zweckbezogene Werttheorie als gerundive Werttheorie.[2] In der gerundiven Werttheorie erfolgt eine Individualisierung des Bewertungsproblems. Damit wird der Tatsache Rechnung getragen, dass in Abhängigkeit vom Bewertungshintergrund jedes Individuum einem Wirtschaftsgut in einer konkreten Bewertungssituation einen individuellen Wert beimisst. Der Zweck oder die Zielfunktion des Entscheidungsträgers ist in der gerundiven Werttheorie eine exogene Bewertungsvorschrift, die akzeptiert wird. Bei der Einhaltung dieser Vorschrift wird das Ergebnis der Bewertung falsifizierbar, der Wert unter Einhaltung der Vorschrift ein intersubjektiv nachprüfbarer Maßstab der Vorziehenswürdigkeit. Voraussetzung der Intersubjektivität ist allerdings, dass der Informationsstand für eine Bewertung hinreichend und in jedem Bewertungsvorgang gleich ist. Die Informationen umfassen neben der Zielsetzung des Entscheidungsträgers vor allem die wertbeeinflussenden Faktoren.

Die in der Bewertungslehre herausgearbeiteten wertbeeinflussenden Faktoren eines Wirtschaftsguts sind seine Nützlichkeit, seine Knappheit, die Nachfrage nach diesem Gut und die Übertragbarkeit des Guts.[3] Während Informationen zur Übertragbarkeit von Immobilien relativ leicht zu beschaffen sind, sind insbesondere die Nützlichkeit von Immobilien, die in ihrem Gebrauchsnutzen zum Ausdruck kommt, sowie die Knappheit und die Nachfrage, welche sich an den Immobilienmärkten widerspiegeln, nur schwer abbildbar.

Aus den werttheoretischen Überlegungen lassen sich die Kernprobleme der Bewertung von Immobilien klar erkennen. Wie wir gesehen haben, erschweren die

[1] Vgl. Keunecke, K. P., 1994, S. 71 ff.
[2] Vgl. Engels, W., 1962, S. 11 ff.
[3] Vgl. Wurtzebach, C. H., Miles, M. E., 1995, S. 175 ff.

der gerundiven Werttheorie immanenten Voraussetzungen die Immobilienbewertung:

1. Die mangelnde Vergleichbarkeit von Immobilien,
2. die klare Formulierung und Einhaltung von Bewertungsvorschriften in Form von Zielen des Entscheidungsträgers und
3. die Informationsversorgung als Voraussetzung der Bewertung.

Nachfolgend soll mit Hilfe einer Systematik der Bewertungsanlässe untersucht werden, welche Bedeutung der Lösung dieser nicht unerheblichen Bewertungsprobleme bei Immobilien zukommt.

3.5.2 Bewertungsanlässe und zugehörige Wertbegriffe

3.5.2.1 Übersicht über die Bewertungsanlässe

Diesem Abschnitt kommt die Aufgabe zu, einen Überblick über die zahlreichen Anlässe der Bewertung von Immobilien aus Sicht eines Unternehmens zu geben und die zugehörigen Wertbegriffe zu klären. Die Systematik der Bewertungsanlässe in der Abbildung 3.12 folgt zunächst dem Lebenszyklus der Immobilie. Daneben wird eine weitere Systematisierung der Bewertungsanlässe nach dem Bewertungszweck vorgenommen. Der Bewertungszweck kann zunächst rechtliche Ursachen haben. Im Steuerrecht sind Bewertungen zur Ermittlung der Steuerbemessungsgrundlagen erforderlich. Im Bilanzrecht ist bei der Anschaffung sowie bei Neubewertungen eine Bewertung der Immobilien erforderlich. Die sicherungsbezogene Bewertung umfasst die versicherungstechnische Bewertung als Grundlage zur Kalkulation der Gebäudeversicherungen sowie im Falle der Fremdfinanzierung die Beleihungswertermittlung zur Bestimmung der Beleihungsgrenzen und der Fremdkapitalkosten, die sich an der Werthaltigkeit der finanzierten Immobilien orientieren. Die nächste Gruppe der Bewertungszwecke bezieht sich auf die interne Steuerung des Immobilienbestands des Unternehmens. Im Zuge der Bereitstellung und der Evaluierung des Immobilienbestands ist das gesamte Portfolio auf seine Kosten-, Nutzen- und Risikowirkungen zu untersuchen, um gegebenenfalls die Flächenallokation zu verbessern oder Marktaktivitäten einzuleiten. Erfolgt die Steuerung des Immobilienbestands über kostenorientierte Verrechnungspreise, bildet die Immobilienbewertung den Ausgangspunkt zur Berechnung der Kapitalkosten und der Abschreibungen, die maßgeblich die Höhe der Verrechnungssätze bestimmen.

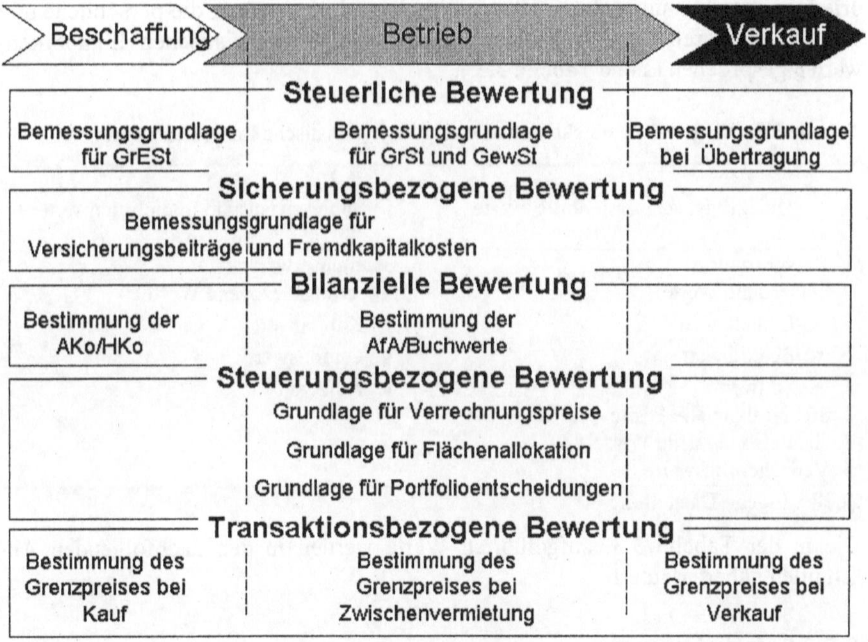

Abb. 3.12. Anlässe der Immobilienbewertung aus Sicht des Unternehmens. Quelle: Eigene Darstellung.

Die naheliegendste Gruppe an Bewertungszwecken bezieht sich auf die Vorbereitung von Markttransaktionen. Im Falle des Kaufs und Verkaufs muss sich der Entscheidungsträger Grenzpreise für die Verhandlungsprozesse setzen. Ebenso sind im Falle von Zwischenvermietungen bei zeitweiligen Leerständen Grenzpreise für die zu erzielenden Mieteinnahmen zu erzielen.

Bei so vielen unterschiedlichen Bewertungszwecken[1] verwundert es nicht, dass sich eine ganze Reihe an verschiedenen Begriffsauffassungen für den Immobilienwert gibt. Entsprechend des Bewertungszwecks unterscheidet sich das Begriffsverständnis erheblich.[2] Immer dann, wenn der Immobilienwert als Grundlage rechtlicher und vertraglicher Regelungen dient, sind die Bewertungsvorschriften so zu konstruieren, dass die Wertermittlung möglichst objektiv vonstatten geht. Wie die Einleitung gezeigt hat, ist die objektive Werttheorie an dieser Stelle unfruchtbar. Um dennoch zum Ausdruck zu bringen, dass die Wertbegriffe durch ein hohes Maß an Objektivität gekennzeichnet sind, werden diese Begriffsverständnisse als objektivistische Immobilienwerte bezeichnet. Da die subjektive Wertthe-

[1] Neben den vorgestellten Bewertungszwecken können Immobilienbewertungen auch im Erb- und Eherecht, bei Schadenersatz und bei der Vergabe von Grundstücken auf Basis von Erbbaurechten, im Konkurs- und Vergleichsverfahren und bei Zwangsversteigerungen notwendig werden. (Vgl. Berens, W. U. Hoffjan, A., 1995, S. 374).

[2] Vgl. zu einer Übersicht: Simon, J., Cors, K. u. Troll., M., 1993, A.1 ff.

orie hier ebenfalls unfruchtbar ist, wird bei Immobilienwerten, die persönliche und situative Faktoren explizit berücksichtigen, von subjektivistischen Immobilienwerten gesprochen (siehe Tabelle 3.3.).

Tabelle 3.3. Ausgewählte objektivistische und subjektivistische Immobilienwerte

Objektivistische Immobilienwerte	Subjektivistische Immobilienwerte
1. Verkehrswerte	6. Beleihungswert
2. Steuerliche Werte	7. Steuerungsbezogene Werte
• Einheitswert	• Kapitalwert
• Bedarfswert	• Optionswert
• Teilwert	• Nutzwert
3. Steuerbilanzielle Werte	
4. Handelsbilanzielle Werte	
5. Versicherungswerte	

Quelle: Eigene Darstellung.

Die in der Tabelle 3.3. aufgeführten Werte werden in den nachfolgenden Abschnitten näher erläutert.

3.5.2.2 Verkehrswert

Der Verkehrswert hat für das Immobilienmanagement aufgrund seiner hohen Verfügbarkeit und der objektivistischen Konstruktion die Funktion der Erstinformation für die meisten der nachstehend erläuterten Bewertungszwecke. Gleichzeitig ist das Bewertungsergebnis nicht unkritisch zu übernehmen, sondern in dem Bewertungszweck geeigneter Weise zu modifizieren. Der Verkehrswert repräsentiert den Preis einer Immobilie zum Zeitpunkt der Ermittlung. Er ist ursprünglich im § 142 Abs. 2 des mittlerweile außer Kraft getretenen Bundesbaugesetzes (BbauG) gesetzlich geregelt. Der Verkehrswert entspricht danach dem Betrag, der beim Verkauf eines Grundstücks im gewöhnlichen Geschäftsverkehrs nach den rechtlichen Gegebenheiten und den tatsächlichen Eigenschaften, seiner sonstigen Beschaffenheiten und Lage, ohne Rücksicht auf ungewöhnliche und persönliche Verhältnisse zu erzielen wäre. Der Verkehrswert ist nach seinem Wesen und den Ermittlungsverfahren in den §§ 192 – 199 BauGB gesetzlich geregelt. Auf die Einzelheiten wird im nächsten Abschnitt bei der Erläuterung der Wertermittlungsverfahren näher eingegangen. Die gesetzlichen Vorschriften zielen auf eine möglichst objektive Wertermittlung ab. Sie gelten für den Grundstücksverkehr mit der öffentlichen Hand und für die Berechnung von Entschädigungen. Insbesondere sind auch die Anforderungen an sachverständige Gutachter sowie die Installation von regionalen Gutachterausschüssen hier gesetzlich geregelt.[1] Insgesamt kommt der Verkehrswert, vor allem durch seine hohe praktische Akzeptanz, dem Ideal des objektiven

[1] Vgl. Rössler, R., Langner, J., Simon, J. u. Kleiber, W., 1990, S. 37 ff., Kleiber, W., Simon, J. u. Weyers, G., 1995a, S. 83.

Werts am ehesten von allen praktisch relevanten Wertbegriffen nahe. Aufgrund der hohen Qualität hat sich die Wertermittlung nach den Rechtsvorschriften inzwischen in Deutschland allgemein auch als Grundlage anderer objektivistischer aber auch subjektivistischer Bewertungszwecke durchgesetzt.

Die Wertdefinitionen sind zwar von Land zu Land teilweise unterschiedlich, aber eine generelle Ähnlichkeit bleibt in vielen Fällen gewahrt. Im angelsächsischen Immobilienschätzwesen wird von der berufsständischen Vereinigung Royal Institution of Chartered Surveyors (RICS) der Immobilienberufe die „Statements of Asset Valuation Practise and Guidance Notes" der „Open Market Value" (verkehrsübliche Wert) in ähnlicher Weise wie der Verkehrswert definiert: „Der verkehrsübliche Wert soll der beste Preis oder die beste Miete sein, der/die angemessener Weise gegen bar für den Grundbesitz zum Zeitpunkt der Wertermittlung zu zahlen sein wird, unter der Annahme, dass

1. einc Person zum Verkauf bereit oder zur Vermietung bereit ist,
2. vor dem Bewertungsstichtag ein angemessener Zeitraum, in dem über den Verkauf oder die Vermietung verhandelt werden konnte, unter Berücksichtigung der Art des Grundbesitzes und der Marktlage zur Verfügung stand,
3. sich die Wertverhältnisse während dieses Zeitraumes nicht ändern,
4. ein höherer Preis oder eine höhere Miete, die von einem Käufer oder Mieter mit einem besonderen Interesse an dem Grundstück gezahlt werden würde, unberücksichtigt bleibt.

Der Open Market Value existiert in zwei Varianten: für die gegenwärtige Nutzung der Immobilie (Existing Use Value) und unter Berücksichtigung von effektivitätssteigernden Nutzungsänderungen (Alternative Use Value). Ein weiterer Unterschied zum Verkehrswertkonzept besteht in der Bestimmung des besten Preises, welcher im Vergleich zum Verkehrswert, der von einem mittleren Preis ausgeht, regelmäßig deutlich höher ist.[1] Ferner wird beim Open Market Value explizit von einer Veräußerung in Bar ausgegangen. Im Verkehrswertkonzept wird zwar anerkannt, dass von den Zahlungsbedingungen preisändernde Wirkungen ausgehen, sie bleiben aber ohne Einfluss auf das Bewertungsergebnis. Schließlich wird im Verkehrswertkonzept die Lage an den Immobilienmärkten durch Zu- oder Abschläge berücksichtigt.[2] Im Ergebnis ist die Bewertung zum Verkehrswert als vergleichsweise vorsichtiger einzustufen als nach dem Open Market Value.[3]

3.5.2.3 Bewertung als steuerliche Bemessungsgrundlage

Die steuerliche Bewertung von Immobilien entscheidet über die Höhe von verschiedenen Steuerzahlungen, die die Unternehmen über den gesamten Lebenszyklus der Immobilie hinweg zu entrichten haben. Ursprüngliche Bemessungsgrundlage von immobilienbezogenen Besteuerungsvorgängen war der gemeine Wert,

[1] Vgl. Kleiber, W., Simon, J. u. Weyers, G., 1995a, S. 999.

[2] Die starke Beeinflussung der Immobilienwerte durch den Marktzyklus zeigen BORN/ PHYRR (vgl. Born, W. A. u. Phyrr, S. A., 1994).

[3] Vgl. Jenyon, B., 1995. Thomas, M., 1995, S. 266 f.

der mit dem Verkehrswert gleichzusetzen ist. Da sich die Verkehrswertermittlung als zu umfangreich und zu schwierig erwiesen hat, wurde für die steuerliche Bewertung von Immobilien eine Reihe von Vereinfachungen eingeführt, die nachfolgend erläutert werden.[1]

Im Falle des Erwerbs oder einer wesentlichen Änderung des Gesellschafterbestands einer Personengesellschaft dient das Bewertungsergebnis als Bemessungsgrundlage für die Grunderwerbssteuer (GrESt). Die Bemessungsgrundlage ist laut §§ 8 – 10 GrEStG der Wert der Gegenleistung, der in der Regel dem Kaufpreis entspricht. Wird keine Gegenleistung erbracht, kann diese nicht ermittelt werden oder ist sie bei Umwandlungsvorgängen nach dem Umwandlungsgesetz (UmwG) in einer Hand, ist der Bedarfswert der Immobilie maßgebend.

Der Bedarfswert ersetzt nach dem Beschluss des Bundesverfassungsgerichts zur Verfassungswidrigkeit der Ungleichbehandlung der Besteuerung von Grund- und Geldvermögen seit der Verabschiedung im Jahressteuergesetz 1997 den Einheitswert vor allem im Erbschafts- und Schenkungssteuerrecht aber auch bei Umwandlungsvorgängen. Er ist im Bewertungsgesetz (BewG) nach §§ 68 ff. BewG geregelt. Unbebaute Grundstücke werden zu ihren Bodenrichtwerten mit einem Abschlag von 20 % bewertet. Die Bewertung bebauter Grundstücke erfolgt in einem vereinfachten Ertragswertverfahren. Dabei wird bei Gewerbeobjekten die durchschnittliche übliche Jahreskaltmiete der letzten drei Jahren mit 12,5 multipliziert und mit einem Altersabschlag von 0,5 % pro Jahr jedoch maximal 25 % modifiziert. Der so ermittelte Wert darf nicht geringer sein, als der des Grund und Bodens.[2]

Im laufenden Betrieb der Immobilie zahlt der Eigentümer für die Immobilie Grundsteuern (GrSt). Die Bemessungsgrundlage der GrSt ist der Einheitswert.[3] Der Einheitswert orientiert sich am sogenannten "gemeinen Wert" (§ 9 BewG). Grob vereinfacht bemisst er sich nach dem Wert des Objekts zum Stichtag 01.01.1964, der erhöht um einen 40-Prozent-Zuschlag noch heute Anwendung findet. Bei bebauten Grundstücken erfolgt die Berechnung des Einheitswertes unter Zuhilfenahme des Ertragswertverfahrens, bei unbebauten Grundstücken dagegen nach dem gemeinen Wert. Dieser wird nach § 9 BewG durch den Preis bestimmt, der im gewöhnlichen Geschäftsverkehr nach der Beschaffenheit des Wirtschaftsgutes bei einer Veräußerung zu erzielen wäre.[4] Das Verfahren zur Bestimmung des Einheitswertes hat große Ähnlichkeit mit dem Verfahren zur Bestimmung des Verkehrswertes, jedoch ergeben sich zwischen den Werten aufgrund der unterschiedlichen Bewertungsstichtage erhebliche Differenzen. Der Einheitswert hat sich im Gegensatz zum Bedarfswert von den realen Verhältnissen erheblich entfernt.[5] Da mittlerweile auch der Bedarfswert als Bemessungsgrundlage von bestimmten Steuerarten eingeführt wurde, wird er seinem begrifflichen Ursprung als „einheitliche Bewertungsgrundlage für alle Steuerarten“ nicht mehr ge-

[1] Vgl. Keunecke, K. P., 1994, S. 63 ff.

[2] Vgl. Thomas, M., Leopoldsberger, G. u. Walbröhl, V., 1998, S. 390 f.

[3] Vgl. Benkert M., Haritz, D., Menner, S. und Schneider, J., 1996, S. 1090 ff.

[4] Vgl. zur dezidierten Darstellung: Simon, J., Cors, K. u. Troll., M., 1993, S. 763 ff.

[5] Vgl. Thomas, M., Leopoldsberger, G. u. Walbröhl, V., 1998, S. 390.

recht.[1] Um eine sprachliche Trennung der Wertbegriffe zu ermöglichen, spricht man bei der Bestimmung des Verkehrswertes von Wertermittlung, dem entgegen wird bei der Bestimmung des Einheitswerts und des Bedarfswerts von Bewertung gesprochen.[2]

Außerdem wirkt sich der Immobilienbestand mit seinem Einheitswert auf die Bemessungsgrundlage der Ertragskomponente der Gewerbesteuer (GewSt) aus. Gemäß § 9, Nr. 1 GewStG ist der ermittelte Gewinn um 1,2 % des Einheitswerts des zum Betriebsvermögen gehörenden Grundbesitzes, beziehungsweise bei ausschließlicher Verwaltung eigenen Grundbesitzes (Property-Companies), vollständig zu kürzen.

Der letzte steuerliche Bewertungsanlass im Lebenszyklus der Immobilie kann im Falle des Eigentumsübergangs gegeben sein. Von Interesse ist dabei der Fall der Übertragung von Immobilien im Zuge von Unternehmensumstrukturierungen nach § 1 des Umwandlungsgesetzes (UmwG). Dabei hat das Unternehmen in bestimmten Fällen das Wahlrecht zwischen der Fortführung des Buchwerts und dem Ansatz von Teil- oder Zwischenwerten.[3] Der Teilwert entspricht dabei dem Wert, der auf die Immobilie im Zusammenhang der Veräußerung des gesamten Unternehmens unter der Prämisse der Unternehmensfortführung durch einen fiktiven Käufer entfallen würde.[4] Der Zwischenwert liegt zwischen den Anschaffungs- oder Herstellungskosten und dem niedrigeren Teilwert.

3.5.2.4 Bewertung in der Steuerbilanz

Im laufenden Betrieb von Immobilien ist der Steuerbilanzwert von Immobilien maßgeblich für die Höhe der zu zahlenden Steuern. Die Rechtsgrundlage für die Ermittlung des Steuerbilanzwerts eines Geschäfts- oder Fabrikgrundstücks ergeben sich aus § 6 Abs. 1 und § 7 ff. des Einkommensteuergesetzes (EStG). Immobilien als Teil des Anlagevermögens sind mit den Anschaffungs- oder Herstellungskosten gegebenenfalls vermindert um die Absetzung für Abnutzung anzusetzen (§ 6 Abs. 1 Nr. 1 EStG). Die Anschaffungskosten sind alle erbrachten Aufwendungen, die im unmittelbaren Zusammenhang mit der Anschaffung des Grundstücks stehen.[5] Wird das Gebäude selbst erstellt, umfassen die Herstellungskosten alle Aufwendungen, die unmittelbar im Zusammenhang mit der Errichtung des Gebäudes anfallen. Dazu gehören auch die Aufwendungen für die Herrichtung des Grund und Bodens.[6] Die steuerlich zulässigen Absetzungen für Grundstücke sind gesetzlich über die Angabe von Wertminderungsfunktionen fest geregelt. Außerdem sind bei Gewerbeimmobilien teils zeitlich, sektoral und regional erhöh-

---

[1] Vgl. Keunecke, K. P., 1994, S. 63.

[2] Vgl. Kleiber, W., Simon, J. u.Weyers, G., 1995a, S. 49 ff.

[3] Vgl. Haarmann, W. u. Busch, B., 1998, S. 386 ff.

[4] Vgl. Coenenberg, A. G., 1997, S. 92 f.

[5] Vgl. zu einer detaillierten Abgrenzung: Glanegger, P., 1987, Teil 1; Näger, L., 1991, S. 193 ff.; Simon, J., Cors, K. u. Troll., M., 1993, S. 547 ff.

[6] Vgl. zu einer detaillierten Abgrenzung: Glanegger, P., 1987, Teil 2; Näger, L., 1991, S. 201 ff.; Simon, J., Cors, K. u. Troll., M., 1993, S. 582 ff.

te Absetzungen sowie Sonderabschreibungen möglich (§ 7 insb. Abs. 1, 3 – 5 EStG).[1] Ist jedoch der Teilwert niedriger als die fortgeführten Anschaffungskosten, so ist dieser maßgebend. Da die Steuerbilanz in erster Linie der Gewinnermittlung dient und nicht der Feststellung des tatsächlichen Vermögens, muss der ermittelte Wert der Immobilie nicht dem Verkehrswert entsprechen. In der Realität bergen Immobilien folglich erhebliche stille Reserven.

3.5.2.5 Bewertung in der Handelsbilanz

Im Rahmen der Bilanzierung von Immobilien ist beim Zugang der Wertansatz im Sachanlagevermögen für die Handelsbilanz festzulegen. In Deutschland erfolgt dies nach den Rechtsvorschriften des HGB. Der Wertansatz entspricht nach § 253 Abs. 1 Satz 1 HGB den Anschaffungs- oder Herstellungskosten inklusive eventuell anfallender Nebenkosten, um die Immobilie in einen betriebsbereiten Zustand zu versetzen.[2] Im laufenden Betrieb der Immobilie sind dann über die planmäßigen Abschreibungen hinaus aufwendige Neubewertungen erforderlich, wenn bei voraussichtlich dauernder Wertminderungen außerplanmäßige Abschreibungen vorgenommen werden. Der niedrigere Wertansatz entspricht dem steuerlichen Teilwert.[3] Abweichend von der Deutschen Gesetzeslage ist im Ausland in der Folgebewertung häufig eine Bilanzierung zu Zeitwerten an Stelle der fortgeführten Anschaffungs- oder Herstellungskosten zulässig. Im europäischen Ausland ist, getrieben von Art. 33 der 4. EG-Richtlinie, den Mitgliedsstaaten im Falle der Übernahme der Richtlinie die Bewertung zu Zeitwerten ausdrücklich gestattet. Eine Neubewertung ist gegenwärtig in England, den Niederlanden, Belgien, Dänemark und Griechenland möglich.[4] Ein Neubewertungsbedarf ergibt sich auch bei der Bilanzierung nach den International Accounting Standards (IAS), falls vom Ansatzwahlrecht des Tageswerts Gebrauch gemacht wird.[5] Die IAS lassen in diesem Fall eine Bewertung zum fortgeführten Neubewertungsbetrag (revalued amount) zu (IAS 16.30). Wird von diesem Wahlrecht Gebrauch gemacht, sind Neubewertungen in regelmäßigen Abständen vorzunehmen. Wird ein Gegenstand des Sachanlagevermögens neu bewertet, dann ist die gesamte Gruppe, beispielsweise alle Grundstücke und Gebäude, neu zu bewerten.[6] Der Wertansatz entspricht dem Verkehrswert.

3.5.2.6 Versicherungswert

Der Versicherungswert ist für das Immobilienmanagement von Interesse, da er über die Höhe der Versicherungsausgaben sowie der kalkulatorischen Risikokos-

---

[1] Vgl. zur steuerlichen Abschreibung von Immobilien: Simon, J., Cors, K. u. Troll., M., 1993, S. 596 ff.

[2] Vgl. Glanegger, P., 1987.

[3] Vgl. Elsner, R., 1998, S. 445 ff.

[4] Vgl. Hennrichs, J., 1999.

[5] Vgl. Hayn, S. u. Waldersee, G. Graf, 2000, S. 52 f.

[6] Vgl. Born, K., 1997, S. 94.

ten als Bestandteil der Nutzungskosten entscheidet. Da der Boden als unzerstörbar gilt, wird im Versicherungswert nur der Gebäudewert ermittelt.[1] Er findet Anwendung bei der Versicherung von Gebäuden und baulichen Anlagen gegen Feuer-, Sturm- und Leitungswasserschäden. Der Versicherungswert wird geregelt im Versicherungsvertragsgesetz (VVG). Im § 51 VVG wird der Versicherungswert an den Wert des versicherten Interesses gekoppelt. Damit muss der Versicherungswert nicht mit dem Verkehrswert zusammen fallen. Er kann erheblich darüber liegen, wenn beispielsweise von Neuwerten auszugehen ist, oder auch darunter, wenn beispielsweise nur eine Hypothek abgesichert werden soll. Ergänzend regelt § 88 VVG den Versicherungswert von Gebäuden generell wie folgt: Als Versicherungswert gilt bei Gebäuden der ortsübliche Bauwert unter Abzug eines dem Zustand des Gebäudes, insbesondere dem Alter und der Abnutzung entsprechenden Betrags. Der ortsübliche Bauwert berechnet sich wie in Versicherungen üblich nach dem Sachwertverfahren zum Zeitpunkt des Schadensfalls. Einzelvertraglich kann von dieser generellen Regelung als Zeitwert dergestalt abgewichen werden, dass sich das Versicherungsinteresse am Neubauwert oder am gemeinen Wert, der dem Verkehrswert entspricht, orientieren.[2]

3.5.2.7 Der Beleihungswert

Die Ermittlung des Beleihungswerts hat in der Vergangenheit die Immobilienbewertung am stärksten geprägt.[3] In Deutschland gibt es seit 200 Jahren ein gut ausgebautes Schätzwesen. Anlass der Einrichtung dieses Systems war die bankmäßig organisierte Vergabe von Realkrediten, die die Werthaltigkeit des beliehenen Grundstücks zur Absicherung des Kredits voraussetzt.[4]

Der Beleihungswert dient den Fremdkapitalgebern als Grundlage ihrer Konditionengestaltung. Aus Sicht der Kreditinstitute trägt der Beleihungswert erheblich zur Justierung der Höhe des maximalen Kreditvolumens und des damit eingegangenen Risikos bei. Er ist so konstruiert, dass er weitgehend subjektiv an den Interessen des Kreditinstituts ausgerichtet ist. Diese Auffassung wird dadurch verstärkt, dass viele Kreditinstitute eigene, qualitativ sehr unterschiedliche Grundsätze und Richtlinien zur Beleihungswertermittlung erlassen haben. Für Hypothekenbanken müssen die Grundsätze nach § 12 Hypothekenbankgesetz (HBG) durch das Bundesaufsichtsamt des Kreditwesens genehmigt werden.[5] Den Beleihungswert als im oben definierten Sinne als objektivistisch oder gar „objektiven Wert“[6] zu bezeichnen, erscheint deshalb ungerechtfertigt. Das Immobilienmanagement des Unternehmens wird insofern vom Ergebnis der Beleihungswertermittlung tangiert, als dass Finanzierungsstruktur und Fremdkapitalkosten davon

[1] Vgl. Thomas, M., 1995, S. 265.
[2] Vgl. Simon, J., Cors, K. u. Troll., M., 1993, S. 358 ff.
[3] Vgl. zu einer historischen Übersicht über die Wertermittlungsverfahren: Keunecke, K. P., 1994, S. 3 ff.; Kleiber, W., Simon, J. u. Weyers, G., 1995a, S. 79 ff.
[4] Vgl. Rüchardt, K., 1988, S. 164.
[5] Vgl. Kleiber, W., Simon, J. u. Weyers, G., 1995a, S. 1163 ff.
[6] Kleiber, W., Simon, J. u. Weyers, G., 1995a, S. 1158.

abhängen. Der Beleihungswert ist gesetzlich nicht ausdrücklich definiert und seine Ermittlung nicht einheitlich geregelt. Seine Wesenszüge lassen sich aber aus § 12 HGB, Satz 1 und 2 ableiten:

„(1) Der bei der Beleihung angenommene Wert des Grundstücks darf den durch sorgfältige Ermittlung festgestellten Verkaufswert nicht überschreiten. Bei der Feststellung dieses Wertes sind nur die dauerhaften Eigenschaften des Grundstücks und der Ertrag zu berücksichtigen, welchen das Grundstück bei ordnungsgemäßer Wirtschaft jedem Besitzer nachhaltig gewähren kann (AP: Ertragswert).

(2) Liegt eine Ermittlung des Verkehrswerts aufgrund der Vorschriften der §§ 192 bis 199 des Baugesetzbuchs vor, so soll dieser bei der Ermittlung des Beleihungswerts Berücksichtigung finden."

Auch wenn der Beleihungswert große Ähnlichkeiten mit dem objektivistischen Verkehrswert hat und in der Praxis häufig auch keine großen Unterschiede gemacht werden, so sind die beiden Werte in ihren Ursprüngen doch sehr verschieden.[1] Der Beleihungswert ist im Gegensatz zum Verkehrswert kein aktueller Wert, sondern ein dauerhafter Wert, der bei einer jederzeitigen Verwertung der Kreditsicherheit erzielbar ist.[2] Im Verkehrswert finden Entwicklungspotenziale eines Objekts sowie strukturelle Veränderungen auf den Märkten keine Berücksichtigung. Um vom Verkehrswert zum Beleihungswert zu gelangen, ist folglich eine weitergehende Immobilienanalyse erforderlich, die insbesondere im Zeitablauf der Kreditierung zu erwartende wertsteigernde und wertmindernde Faktoren in die Bewertung einbezieht.[3] Im Ergebnis darf der Beleihungswert den Verkehrswert i. S. von § 194 BauGB nicht überschreiten. Der Unterschied zwischen dem nach dem Ertragswertverfahren ermittelten Verkehrswert und dem Beleihungswert ist in der Regel gering, da Kreditinstitute aufgrund der Langfristigkeit der Beleihung von einer vorsichtigen Wertermittlung ausgehen müssen. Außerdem bildet in beiden Fällen der nachhaltig zu erzielende Ertrag die Basis der Ermittlung. Der Substanzwert wird nur dann Berücksichtigung finden, wenn dieser Wertansatz geringer und die Nachhaltigkeit der Erträge unsicher ist. Um vom Verkehrswert eines Objekts auf einen Beleihungswert zu schließen, wird ein Sicherheitsabschlag vom Verkehrswert vorgenommen, der bei Gewerbeimmobilien je nach objektbedingtem Risiko zwischen 15 und maximal 40 % liegt.[4] Ob und in welcher Höhe dieser Abschlag international erfolgt, wird in den einzelnen Ländern sehr unterschiedlich gehandhabt.[5]

3.5.2.8 Bewertung zur betriebswirtschaftlichen Steuerung

Bislang wurde auf die in der Literatur zur Wertermittlung von Immobilien stark diskutierten objektivistischen Immobilienwerte und den Beleihungswert eingegangen, die für das Immobilienmanagement zwar von großer Bedeutung sind, aber

---

[1] Vgl. Kleiber, W., Simon, J. u. Weyers, G., 1995a, S. 1158 ff.
[2] Vgl. Keunecke, K. P., 1994, S. 59.
[3] Vgl. Haas, E. u Weyers, G., 1989; Pohnert, F., 1992.
[4] Vgl. Kleiber, W., Simon, J. u. Weyers, G., 1995b, S. 367.
[5] Vgl. zur Situation in Großbritannien: Thomas, M., 1995, S. 267 f.

sich bei den Bewertungsvorschriften nicht an den Zielen des Unternehmens orientieren. Zur betriebswirtschaftlichen Steuerung des Immobilienbestands wäre die Eignung dieser Wertbegriffe deshalb rein zufällig. So wird die strategische Bedeutung von Immobilien in den bisherigen Wertbegriffen gar nicht erfasst und insbesondere die Nutzenwirkungen bei unterschiedlichen Nutzern abweichende Bewertungsergebnisse ergeben.

Zur betriebswirtschaftlichen Steuerung werden in großem Umfang finanzielle Rechnungen aber auch mehrdimensionale Verfahren eingesetzt, auf die wir später zurückkommen werden. Bei finanziellen Rechnungen sind zur Transformation der vielfältigen betriebswirtschaftlichen Wirkungen von Immobilien in monetäre Größen Bewertungsvorgänge erforderlich. Je nachdem in welchem Rechensystem wir uns befinden, sind die von Immobilien verursachten betriebswirtschaftlichen Wirkungen in Form von Einzahlungen und Auszahlungen, Erträgen und Aufwendungen oder Kosten- und Leistungen zu bewerten. Die Bewertung der von Immobilien verursachten Erträge und Aufwendungen ist Teil des externen Rechnungswesens, welche bei den bilanziellen Bewertungen für die Handelsbilanz sowie die Steuerbilanz oben bereits durchgeführt wurde. Die Bewertung der von Immobilien verursachten Kosten und Leistungen dient vor allem der kurzfristigen Steuerung des Immobilienbestands. Da die kurzfristige Steuerung, wie bereits schon mehrfach festgestellt wurde, bei Immobilien von untergeordneter Bedeutung ist und die Bewertung der Kosten und Leistungen von Immobilien keine spezifischen Besonderheiten aufweist, wird an dieser Stelle auf die einschlägige Literatur verwiesen.[1]

Die Bewertung von Immobilien verursachten Einzahlungen und Auszahlungen erfolgt im Rahmen der Finanzrechnung zur Steuerung der Liquidität sowie in der Investitionsrechnung zur langfristigen Steuerung des Immobilienbestands. Die Bewertungsvorgänge zur Ermittlung der Einzahlungen und Auszahlungen werden im Kapitel 8 bei der Erstellung des vollständigen Finanzplans ausführlich diskutiert. Dort wird gezeigt, dass Entscheidungen zur Bereitstellung, Nutzung, Unterhaltung und Veräußerung von Immobilien aufgrund der langen Bindungsdauer vielfach klassische Investitionsentscheidungen sind. Der Zweck jeder Investitionsrechnung ist eine Beurteilung von Alternativen. Jeder Beurteilung muss ein Bewertungskonzept zugrunde liegen, um die Leistungsfähigkeit der Alternativen zur Erreichung der Unternehmensziele zu messen. Wie die Ausführungen zeigen, liegen der finanziellen investitionsrechnerischen Bewertung drei unterschiedliche Wertkonzepte zugrunde.

1. Einnahmenüberschuss
   In der einfachsten Form der finanziellen Investitionsrechnung erfolgt eine statische Beurteilung der Alternative durch die Saldierung von Einzahlungen und Auszahlungen.

[1] Vgl. z. B. Ewert, R. u. Wagenhofer, A., 1997, S. 28 ff.

2. Kapitalwert
   Die Bewertung von Immobilien als Investitionsobjekt mit Hilfe der Verfahren der dynamischen Investitionsrechnung führt zu einem Kapitalwert.[1] Dabei wird unterstellt, dass dem Investor bei Durchführung des Projekts die Einnahmen aus einer alternativen Kapitalverwendung entgehen. Ferner sieht das Bewertungskonzept im klassischen Fall vor, dass ein dem Zahlungsstrom nach isolierbares Investitionsprojekt zu einem fest vorgegebenen Zeitpunkt durchgeführt werden muss.

3. Optionswert
   Die Bewertungsvorschrift im Optionswert berücksichtigt explizit die Möglichkeit, ein Investitionsprojekt zeitlich zu verschieben. Wie im Abschnitt über die Investitionsrechnung deutlich wird, birgt die durch die Option des Verschiebens gewonnene Flexibilität im Falle von Immobilienprojekten potentiell einen erheblichen Wert. Außerdem entspricht die Option der zeitlichen Verschiebung in sehr vielen Anwendungsfällen der Realität.

In der Problemstellung wurde auf das Problem der Messbarkeit und des Vergleichsmaßstabs von Bewertungsobjekten aufmerksam gemacht. Die Reduktion auf eine monetäre Vergleichsdimension wird den Bewertungszwecken der betriebswirtschaftlichen Steuerung von Immobilien dann nicht gerecht, wenn der Verlust an Genauigkeit in der Bewertung durch die Reduktion der Dimensionen die vorgegebenen Toleranzen überschreitet. Ein Bewertungskonzept, welches eine sanftere Reduktion der Bewertungsdimensionen vorsieht, ist der Nutzwert. Der Bewertungsvorschrift des Nutzwerts liegt das Ziel der Nutzenmaximierung des Entscheidungsträgers zugrunde. Sie sieht zunächst vor, die Teilnutzen der Alternativen in ihren originären Dimensionen zu bewerten und zu vergleichen. Erst im folgenden Schritt wird eine Aggregation der Teilnutzen zur Gesamtnutzwertermittlung vorgenommen. Der Nutzwert ist ein bewusst schwach konstruiertes Bewertungskriterium, welches Raum zur kritischen Diskussion der einzelnen Bewertungsschritte, zur Kommentierung und Korrektur der jeweiligen Teilergebnisse lässt.[2] Im Ergebnis soll der Genauigkeitsverlust der Bewertung so gering wie möglich gehalten werden, ohne dass die Möglichkeit der Beurteilung der Alternative verloren geht.

Wie dieser Abschnitt deutlich gemacht hat, gibt es eine Vielzahl an Bewertungszwecken von Immobilien, die unmittelbar mit entsprechenden Wertbegriffen und den zugehörigen Bewertungsvorschriften verbunden sind. Wie die Wertbegriffe im Zuge der Immobilienbewertung in ein Verfahren umgesetzt werden können, verdeutlichen die folgenden Abschnitte. Dazu werden im Anschluss die Bewertungsverfahren im einzelnen diskutiert, um anschließend in einem idealtypischen Bewertungsprozess dem entsprechenden Bewertungszweck zuzuordnen.

[1] Vgl. Lüdiger, M., 1992.

[2] Vgl. Blohm, H. u Lüder, K., 1995, S. 187.

3.5.3 Bewertungsverfahren

In diesem Kapitel wird ein Überblick über die Verfahren zur Bewertung von Immobilien gegeben. Die Verfahren zur Bewertung des Immobilienbestands lassen sich nach der Betrachtungsperspektive in Verfahren unterteilen, die basierend auf den Informationen der Vergangenheit einen ex post Bewertungsansatz verfolgen, und solche, die zukünftige Veränderungen der Immobiliennutzung und Immobilienmärkte explizit berücksichtigen. Die ex post Bewertung hat den Vorzug der größeren Objektivität der Eingangsdaten, wohingegen die ex ante Bewertung eine wirklichkeitsnähere Bewertung der Objekte ermöglicht.

Tabelle 3.4. Übersicht über die Bewertungsverfahren

	Bewertungsverfahren		
	Kaufpreisorientierte Bewertung	Bewertung der Substanz	Bewertung der Performance
Ex post	• Vergleichswertverfahren (WertV'88) • Historischer Kaufpreis	• Sachwertverfahren (WertV'88) • Herstellungskosten	• Ertragswertverfahren (WertV'88)
Ex ante	---	• Prognose des Wiederbeschaffungswerts	• Residualwertverfahren • VoFi-basierte Immobilienbewertung • Bewertung der Realoption • Nutzen-Kosten-Untersuchungen

Quelle: Eigene Darstellung.

Eine zweite Unterscheidung der Bewertungsverfahren zielt auf deren Ermittlungsgrundlage ab. Grundsätzlich bestehen hier drei Möglichkeiten.[1] Am einfachsten ist die Ermittlung über die Bestimmung von Preisen, die für das zu bewertende Objekt oder vergleichbare Objekte in der Vergangenheit bezahlt worden sind. Zweitens kann auf Basis vornehmlich technischer Daten wie der Quadratmeterzahl oder dem umbauten Raumvolumen die Substanz einer Immobilie bewertet werden. Dazu werden die Mengeneinheiten mit den der jeweiligen Substanz entsprechenden Wertansätzen multipliziert. Schließlich ist die Ermittlung von Objekten aufgrund ihrer Ertragskraft möglich. In diesem Fall wird mit Hilfe einer Investitionsrechnung die Summe der kapitalisierten Einnahmeüberschüsse ermittelt.

Im Folgenden werden die einzelnen Verfahren der Wertermittlung genauer vorgestellt. In den einzelnen Abschnitten werden zunächst die gesetzlich im Baugesetzbuch festgeschriebenen (§§ 192 – 199 BauGB) und in der WertV'88 präzi-

[1] Im angelsächsischen Bereich werden in einer feineren Untergliederung fünf Methoden unterschieden (Scarrett, D., 1996).

sierten Verfahren der Verkehrswertermittlung erläutert.[1] „Der Verkehrswert wird durch den Preis bestimmt, der in dem Zeitpunkt, auf den sich die Ermittlung bezieht, im gewöhnlichen Geschäftsverkehr nach den rechtlichen Gegebenheiten und tatsächlichen Eigenschaften, der sonstigen Beschaffenheiten und der Lage des Grundstücks oder des sonstigen Gegenstands der Wertermittlung ohne Rücksicht auf ungewöhnliche oder persönliche Verhältnisse zu erzielen wäre." (§194 BauGB) Die Definition verdeutlicht, dass Wert und Preis voneinander zu trennen sind. Der Preis richtet sich strikt nach Angebot und Nachfrage, wobei ebenso spekulative Momente wie etwa Kaufkraft oder Geldwert eine Rolle spielen wie die subjektiven, persönlichen Vorstellungen und Wünsche des Kaufinteressenten.[2] Grundsätzlich bestimmt sich der Verkehrswert des Objekts hingegen durch eher objektive Tatbestände, wie z. B. Lage der Immobilie, Bauausführung (Herstellungskosten) oder dem Alter des Objektes. Der Verkehrswert soll möglichst genau den Preis wiedergeben, der für ein Objekt bei Veräußerung am Tage der Bewertung am Markt erzielbar wäre, d. h. er liegt als festgesetzter Preis in der üblichen Spanne für vergleichbare Immobilien. Dabei dürfen ungewöhnliche oder persönliche Verhältnisse, wie Zeitdruck oder Zwang, die bei der tatsächlichen Preisbildung eine Rolle spielen, die Wertermittlung nicht beeinflussen. Dem Verkehrswert liegt deshalb die Vorstellung vom objektiven Wert zugrunde. Die Verfahren zur Ermittlung des Verkehrswerts ignorieren die Subjektivität von Annahmen und unterstellen somit Objektivität.[3] Die Wertermittlung erfolgt bezogen auf einen Stichtag und hat aufgrund der Dynamik am Immobilienmarkt auch nur zu diesem Zeitpunkt Gültigkeit.[4] Zur Ermittlung des Verkehrswerts von Gewerbeimmobilien verweist § 199 Abs. 1 BauGB auf die Wertermittlungsverordnung von 1988 (WertV`88) und die Wertermittlungsrichtlinie von 1991 (WertR`91), die weiterführende technische Anweisungen gibt.[5] Im ersten Teil der Richtlinie werden Anwendungsbereich, allgemeine Verfahrensgrundsätze und Begriffsbestimmungen geregelt, der zweite Teil regelt die Ableitung der erforderlichen Daten, wie Indexreihen, Umrechnungskoeffizienten etc. Hier ist der dritte Teil von besonderem Interesse. Er regelt in den §§ 13 – 25 drei verschiedene Bewertungsverfahren, die je nach Objekt bzw. Bewertungszweck zur Anwendung kommen. Die Verfahren sind:[6]

1. das Vergleichswertverfahren (§§ 13 – 14 WertV'88), bei dem der Wert eines Objekts durch Preisvergleich ähnlicher Objekte ermittelt wird.
2. das Ertragswertverfahren (§§ 15 – 20 WertV'88), bei dem der Wert über eine Renditeberechnung ermittelt wird.
3. das Sachwertverfahren (§§ 21 – 25 WertV'88), bei dem der Wert auf der Basis von Grundstücks- und Gebäudeherstellungskosten ermittelt wird.

---

[1] Vgl. zu näheren Ausführungen: Simon, J. u. Kleiber, W., 1996; Vogels, M., 1996.

[2] Vgl. Dieterich, H., 1994, S. 331.

[3] Vgl. Keunecke, K. P., 1994, S. 39 f.

[4] Vgl. Thomas, M. 1995, S. 264.

[5] Vgl. Platz, J., 1994, S. 74; Kleiber, W., Simon, J. u. Weyers, G., 1995b, S. 49 ff.

[6] Ergänzend sei auf die Waldwertermittlungsrichtlinie von 1991 hingewiesen, die hier jedoch keine Rolle spielt.

Die Grundsätze der Verkehrswertermittlung korrespondieren mit den Grundsätzen ordnungsgemäßer Buchführung[1] und sind somit für eine Verwendung im Rechnungswesen grundsätzlich geeignet. Gleichzeitig werden, der objektivistischen Grundkonstruktion folgend, unsichere Daten über die zukünftige Entwicklung des Grundstücks und seiner Umgebung ebenso wie die subjektiven Zielsetzungen, die Individuen einer Bewertung zugrunde legen, nicht berücksichtigt. Für alle subjektivistischen Bewertungsvorgänge im management-orientierten Rechnungswesen ist der Verkehrswert deshalb nur begrenzt aussagekräftig. Hier sind Verfahrensmodifikationen erforderlich, die nachfolgend im Anschluss an die gesetzlich geregelten Verfahren vorgestellt werden.

3.5.3.1 Kaufpreisorientierte Bewertungsverfahren

Grundsätzlich liegt den kaufpreisorientierten Verfahren die Vorstellung zugrunde, dass der Preis am Immobilienmarkt den Wert der Immobilie widerspiegelt. Dieses Charakteristikum kommt auch im anglo-amerikanischen Sprachgebrauch zum Ausdruck, in dem diese Methoden als „Comparatrive Method“[2] oder „Sales Comparison Approach“[3] bezeichnet werden. In den kaufpreisorientierten Bewertungsverfahren wird unterstellt, dass die Immobilienmärkte effizient funktionieren. Die kaufpreisorientierten Bewertungsverfahren beruhen auf Zahlungsvorgängen, die durch den Erwerb einer Immobilie ausgelöst werden. Die Zahlungsvorgänge können dabei (1.) unmittelbar und mittelbar vergleichbare Objekte oder (2.) den Kaufpreis des zu bewertenden Objekts in der Vergangenheit betreffen.

1. Vergleichswertverfahren nach WertV'88
Bei diesem Verfahren wird der Verkehrswert entweder durch Vergleich mit solchen Grundstücken, „...die hinsichtlich der ihren Wert beeinflussenden Merkmale (§§ 4 und 5) mit dem zu bewertenden Grundstück hinreichend übereinstimmen (Vergleichsgrundstücke)" (§ 13 Abs. 1 S. 1 WertV'88), oder durch Übernahme von geeigneten Bodenrichtwerten (§ 13 Abs. 2 WertV'88) ermittelt. Bodenrichtwerte, das sind durchschnittliche Lagewerte, werden von bestellten Gutachterausschüssen aus den Kaufpreissammlungen regelmäßig ermittelt und veröffentlicht.[4] Die erste Methode bedingt das Vorhandensein ausreichend ähnlicher Immobilien, die zeitnah veräußert worden sind und bei deren Verkauf keine persönlichen oder ungewöhnliche Verhältnisse eine Rolle gespielt haben. Sind Vergleichsobjekte gefunden, dient das arithmetische Mittel oder, bei unterschiedlichen Ähnlichkeiten der Vergleichsgrundstücke mit dem zu bewertenden Objekt, das gewogene arithmetische Mittel der Preise als Vergleichsmaßstab. Grundsätzlich können nur solche Vergleichspreise in das Verfahren Eingang finden, bei denen Grundstückszustand und allgemeine Wertverhältnisse auf dem Grundstücksmarkt mit dem Vergleichsobjekt übereinstimmen. Sollten diese nicht verfügbar sein, ist auch ein

[1] Vgl. Coenenberg, A., 1997, S. 34 ff.
[2] Vgl. Scarrett, D., 1991, S. 29 ff.
[3] Vgl. Wurtzebach, C. H., Miles, M. E., 1995, S. 194 ff.
[4] Siehe zur Regelung der Gutachterausschüsse §196 BauGB.

Vergleich mit Objekten zulässig, deren Zustandsmerkmale vom Zielobjekt abweichen oder die zu Zeiten anderer allgemeiner Wertverhältnisse veräußert wurden (§ 13 Abs. 1 S. 2 WertV'88). Man spricht dann von einem mittelbaren Vergleich. Über die Vergleichbarkeit von Objekten wird mit Hilfe einschlägiger statistischer Verfahren entschieden.[1] Im Fall des mittelbaren Vergleichs müssen die Abweichungen in Zustandsmerkmalen durch Zu- oder Abschläge (z. B. bei ungünstiger Verkehrslage oder Grundstücksgröße) und Abweichungen in den allgemeinen Wertverhältnissen durch Bodenpreisindexreihen korrigiert werden.[2]

Da an die Vergleichbarkeit sehr hohe Ansprüche gestellt werden und Bodenrichtwerte nur für den reinen Bodenwert unter Vernachlässigung von Bestandteilen und Zubehör ermittelt werden, kommt das Vergleichswertverfahren vor allem bei unbebauten Grundstücken zur Anwendung. Für diese Aufgabenstellung ist es allerdings das in der Regel eingesetzte Verfahren, da hier durch Spekulationen Bodenpreise und Ertragswert stark voneinander abweichen.[3] Außerdem findet das Vergleichswertverfahren bei der Ermittlung international gültiger Verkehrswerte Anwendung. In diesem Fall werden gleichartige Objekte in unterschiedlichen Ländern miteinander verglichen. Hierdurch ergibt sich bei sehr speziellen Objekten eine breitere Vergleichsbasis.[4] Im internationalen Vergleich hat das Vergleichswertverfahren damit eine geringere Bedeutung. Beispielsweise wird das Verfahren in Großbritannien und den USA häufiger eingesetzt, was auf die größere Transparenz der Immobilienmärkte[5] und die vergleichsweise geringe im Bewertungsprozess notwendige Fachkunde[6] zurückgeführt wird.

2. Historischer Kaufpreis

Der historische Kaufpreis ist gleichzusetzen mit den Anschaffungskosten des zu bewertenden Objekts. Zu den Anschaffungskosten zählen auch die Anschaffungsnebenkosten in Form von direkt zurechenbaren Courtagen, Beratungshonoraren, Steuern und Eintragungsgebühren. Vom historischen Kaufpreis sind Absetzungen vorzunehmen für planmäßige oder außerplanmäßige Abnutzungen. Wie dies erfolgen kann, wird im nächsten Abschnitt anhand des Sachwertverfahrens erläutert.

Grundsätzlich besticht die marktorientierte Vorgehensweise bei der Ermittlung objektivistischer Immobilienwerte. Allerdings unterstellt diese Form der Bewertung effiziente Immobilienmärkte. Die kaufpreisorientierte Bewertung beruht auf der Annahme, dass die gezahlten Kaufpreise die zugrundeliegenden fundamentalen Marktverhältnisse widerspiegeln. In der Realität zeichnen sich die Immobi-

---

[1] Siehe zum Einsatz statistischer Verfahren als Vertrauensmaß für die Vergleichsgesamtheit: Kleiber, W., Simon, J. u. Weyers, G., 1995b, S. 180 f.. Zur Anwendung statistischer Maße bei extrem kleinen Stichproben, wie bei der Bewertung von Immobilien üblich: Epley, D. R., 1997.

[2] Siehe zur Erläuterung des Verfahrens Kleiber, W., Simon, J. u. Weyers, G., 1995b, S. 196 ff.

[3] Siehe zu näheren Ausführungen: Kleiber, W., Simon, J. u. Weyers, G., 1995b, S. 175 ff.

[4] Vgl. Cors, K., 1992, S. 76 ff.

[5] Vgl. Rüchardt, K., 1991, S. 310.

[6] Vgl. Wurtzebach, C. H., Miles, M. E., 1995, S. 194 ff.

lienmärkte aber selten durch einen hohen Grad an Markteffizienz aus.[1] So weist beispielsweise CLAYTON darauf hin, dass die Marktineffizienzen, in dem von ihm empirisch untersuchten privaten Wohnungsmarkt in Kanada, gravierende Auswirkungen auf die Bewertung von Objekten dieses Marktsegments haben. „In a booming market it is likely that homes are overpriced, and hence lenders (AP: and buyers) should exercise extreme caution in viewing appraisals using comparables to value a subject property."[2]

3.5.3.2 Substanzorientierte Bewertungsverfahren

Den substanzorientierten Bewertungsverfahren liegt grundsätzlich die Vorstellung zugrunde, dass ein Entscheidungsträger zumindest hypothetisch vor der Wahl steht, entweder eine bestehende Immobilie zu erwerben oder diese selbst zu errichten. Da die Erstellung eines Gebäudes ein technischer Vorgang ist, sind die substanzorientierten Verfahren sehr eng an baubetriebliche Zusammenhänge geknüpft, die den Nutzen der Immobilie unberücksichtigt lassen und stattdessen die Bewertung auf die Kosten abstellen. Aufgrund dieser input-orientierten Herangehensweise wird im angelsächsischen Sprachgebrauch diese Gruppe von Bewertungsverfahren als „cost approach" bezeichnet.[3] Die Bewertungsverfahren, die auf die Substanz abzielen, sind das Sachwertverfahren (1.), die Bewertung anhand der Herstellungskosten (2.) und die Bewertung auf Basis der Wiederbeschaffungskosten(3.).

1. Sachwertverfahren nach WertV'88

Der Sachwert orientiert sich an den Kosten, die anfallen würden, wenn das Gebäude im vorliegenden Zustand herzustellen wäre (substanzorientierter Wert).[4] Beim Sachwertverfahren wird der Bodenwert, der Herstellungswert der baulichen Anlagen und der Wert der sonstigen Anlagen getrennt ermittelt und zum Sachwert zusammengefasst (§ 21 Abs. 1 WertV'88). Ebenso wie im Ertragswertverfahren wird der Bodenwert im Vergleichswertverfahren ermittelt (§ 21 Abs. 2 WertV'88). Zu den baulichen Anlagen gehören nach § 21 Abs. 3 WertV'88 die Gebäude, die baulichen Außenanlagen (z. B. Einfriedigungen) sowie besondere Betriebseinrichtungen. Die sonstigen Anlagen umfassen außergewöhnliche Anlagen wie parkähnliche Gärten oder besonders wertvolle Anpflanzungen. Die Ermittlung des Herstellungswerts der baulichen Anlagen wird in § 22 WertV'88 geregelt: "Zur Ermittlung des Herstellungswerts der Gebäude sind die gewöhnlichen Herstellungskosten je Raum- oder Flächeneinheit (Normalherstellungskosten) mit der Anzahl der entsprechenden Raum-, Flächen- oder sonstigen Bezugseinheiten der Gebäude zu vervielfachen..." (§ 22 Abs. 1 WertV'88). Unter Normalherstellungskosten sind hierbei die Kosten zu verstehen, die bei Gebäuden der jeweiligen Nutzung, Bauart und Ausstattung durchschnittlich anfallen. Diese Kosten enthalten

---

[1] Vgl. Born, W. A. u. Phyrr, S. A., 1994.

[2] Vgl. Gatzlaff, D. u. Smith, M., 1993; Ito, T. u. Hirono, K. N., 1993; Gatzlaff, D. H. u. Tirtiroglu, D., 1995; Barkham,R. u. Geltner, D., 1996; Clayton, J., 1998, S. 34.

[3] Vgl. z. B. Wurtzebach, C. H., Miles, M. E., 1995, S. 179 ff.

[4] Vgl. Berens, W. u. Hoffjan, A., 1995, S. 378.

neben den reinen Baukosten auch die Baunebenkosten (z. B. Architekten- oder Finanzierungskosten).[1] Die Festsetzung der Normalherstellungskosten vollzieht sich nach Erfahrungssätzen, gewöhnlichen Herstellungskosten der einzelnen Bauleistungen oder nach den tatsächlich entstandenen Herstellungskosten.[2] Bei Gutachtern verbreitet ist die Verwendung von gewöhnlichen Raummeterpreisen nach der Preisbasis von 1913/14 multipliziert mit dem aktuellen Baukostenindex.[3] Ebenso wie die Art der Kostenfestsetzung ist die Auswahl der Bezugseinheit dem Gutachter freigestellt. Er kann zwischen Rauminhalt, umbautem Raum, Flächeninhalt und diversen unterschiedlichen Normierungen für Nutz-, Wohn-, Geschoss- oder Grundflächen nach sachgerechten Erfordernissen wählen.[4] Die Kosten pro Einheit werden anschließend mit den jeweiligen Raum oder Flächengrößen multipliziert.

Zur Berücksichtigung der jeweiligen Gegebenheiten werden in den §§ 23 – 25 WertV'88 Anpassungen des Wertansatzes wegen Alters oder baulicher Mängel sowie sonstiger wertbeeinflussender Umstände, die vor allem in Altlasten oder einer unorthodoxen Bauweise begründet liegen können, festgelegt.[5] Besondere Bedeutung kommt in diesem Bewertungsschritt der altersbedingten Wertanpassung oder, um mit der Terminologie des Rechnungswesens zu sprechen, der ordentlichen Abschreibung zu. In der Praxis hat sich gezeigt, dass eine lineare Gebäudeabschreibung nicht den realen Alterungsprozessen von Gebäuden gerecht wird. Es hat sich die Wertminderung (W) nach Ross bewährt, die sich nach der folgenden progressiv verlaufenden Funktion in Abhängigkeit vom Gebäudealter (A) und der Lebensdauer (D) berechnen:

$$(3.3)\quad W = \left(1/2 \times \left(A^2/D^2 + A/D\right)\right) \times 100$$

Zu beachten ist aber, dass die empirische Ermittlung der Abschreibungssätze zu dem Ergebnis geführt hat, dass nach Ablauf der Gesamtnutzungsdauer ein Restwert in Höhe von ca. 30 – 40 % des Neubauwerts verbleibt. Diese Erkenntnisse sind in einer Reihe an empirisch ermittelten Wertminderungsfunktionen verarbeitet.[6] Erklärbar wird diese Diskrepanz durch die Bandbreite an Abschreibungsursachen, die weit über technische Aspekte hinausgehen. Die Gebäudeobsoleszenz kann neben dem technischen Verschleiß folgende Ursachen haben:[7]

- ästhetische Veraltung,
- funktionelle Veraltung durch einen Wandel der technischen Nutzungsanforderungen,
- rechtliche Veraltung durch einen Wandel in den Sicherheits- und Umweltvorschriften und

[1] Siehe zu näheren Ausführungen Kleiber, W., Simon, J. u. Weyers, G., 1995b, S. 289 ff.
[2] Vgl. Platz, J., 1994, S. 83.
[3] Vgl. Pohnert, F., 1992, S. 177 f.
[4] Vgl. Kleiber, W., Simon, J. u. Weyers, G. , 1995b, S. 284.
[5] Vgl. Kleiber, W., Simon, J. u. Weyers, G. , 1995b, S. 312.
[6] Vgl. Simon, J., Cors, K. u. Troll., M., 1993, S. 109.
[7] Vgl. Salway, F., 1986; Wurtzebach, C. u. Miles, M., 1995, S. 205 ff.

- soziale Veraltung durch einen Wandel in der Nachfrage der Arbeits- und Konsumgewohnheiten.

BAUM hat in einer empirischen Erhebung die praktisch relevanten Wertminderungsursachen auf vier wesentliche Qualitätsmerkmale von Gebäuden zurückgeführt. In einer Befragung mussten die Nutzer von 125 Gebäuden die Bedeutung der Qualitätsmerkmale auf einer Skala von 1 bis 5 einordnen, wobei 1 das höchste Gewicht verkörperte.

Tabelle 3.5. Nutzer-Ranking von Qualitätsmerkmalen

Qualitätsmerkmal	Beschreibung	Empirische Bedeutung	
		Summe der Bewertungen	Rang
Konfiguration	Flächenlayout, Geschosshöhen;	191,0	1
Innenausstattung	Ästhetische und technische Einrichtung	236,5	2
Äußeres Erscheinungsbild	Visuelle Wirkung des Gebäudes	289,5	3
Solidität des Gebäudes	Widerstandsfähigkeit gegen mechanischen Verschleiß	299,0	4

Quelle: Eigene Darstellung in Anlehnung an Baum, A. E., 1993, S. 546 ff.

Insgesamt stellt BAUM in seiner Untersuchung fest, dass der Zusammenhang zwischen Wertverlust und der oben beschriebenen Form von Gebäudequalität enger ist als der Zusammenhang zwischen Wertverlust und Gebäudealter. Folglich ist die Berechnung der Wertminderung auf der Basis des Qualitätsverlusts vorzunehmen und nicht anhand des Gebäudealters.[1] Fraglich ist allerdings, ob eine Bewertung des Wertverlusts auf Basis der Gebäudequalität praktisch einsetzbar ist. Da es im Bewertungsprozess für den einzelnen Gutachter sehr schwer sein wird, die Qualität eines Gebäudes objektiv zu bewerten, ist von der praktischen Anwendung der Bewertung des Qualitätsstandards von Gebäuden ein Verlust an Objektivität zu erwarten.

Das Sachwertverfahren wird immer dann angewendet, wenn der Preis des Objekts im gewöhnlichen Geschäftsverkehr durch die Herstellungskosten bestimmt wird. Dieses gilt vornehmlich für eigengenutzte Wohnimmobilien und Industriegrundstücke, bei denen Renditeüberlegungen eine untergeordnete Rolle spielen. Die Vorzüge des Sachwertverfahrens liegen vor allem in seiner grundsätzlichen technischen Transparenz begründet. Die Kritik an dem Verfahren richtet sich gegen die Ausgestaltungsspielräume der Gutachter, die sich sowohl auf die Ermittlung der Flächengrößen beziehen als auch auf die Festlegung der Normalherstellkosten pro Einheit. Vor allem die verbreitete Verwendung von Raummeterpreisen nach der Preisbasis von 1913/14 ist Gegenstand der Kritik. Für eine Verwendung

[1] Vgl. Baum, A. E., 1993, S. 564.

des Verfahrens im Rechnungswesen stehen aber auch zeitnahe Basisjahre zur Verfügung.[1]

2. Herstellungskosten

Die Bewertung auf der Basis von historischen Herstellungskosten entspricht im Grundsatz einem Spezialfall des Sachwertverfahrens, in dem die historischen Baukosten bekannt sind. Dies ist jedoch bei Immobilien regelmäßig bei einer großen Anzahl an Objekten nicht der Fall, weil der Herstellungszeitpunkt lange zurückliegt oder eine Revitalisierung der Objekte zu nachträglichem Herstellungsaufwand geführt hat, der in seiner Höhe nicht mehr nachvollziehbar ist. Die Höhe der Abschreibungen bei älteren Objekten richtet sich in der Praxis regelmäßig nach der steuerlichen Zulässigkeit. Die degressive oder lineare Abschreibung entspricht, wie wir oben gesehen haben, aber nicht der tatsächlichen Wertminderung. Deshalb ist sie für die Ziele des Rechnungswesens nicht geeignet. Hier ist auf die oben genannte Abschreibungsformel nach ROSS oder eine andere empirisch ermittelte Abschreibungsmethodik zurückzugreifen.

3. Wiederbeschaffungswert und fortgeführter Wiederbeschaffungswert

Der Bewertung zu Wiederbeschaffungswerten können zwei unterschiedliche Annahmen zugrunde liegen. Zum einen kann angenommen werden, dass die Wiederbeschaffung zum Bewertungstermin erfolgt, zum anderen kann bei der Bewertung von einer in der Zukunft liegenden Wiederbeschaffung nach Ablauf der Restnutzungsdauer ausgegangen werden.

Im angelsächsischen Bewertungswesen wird unter den synonym verwendeten Begriffen „Cost Approach" oder „Depreciated Replacement Cost Approach" eine Bewertungsmethode auf Basis zeitnaher Wiederbeschaffung vornehmlich zum Zwecke der bilanziellen Bewertung von Spezialimmobilien, für die sich aufgrund fehlender Vergleichsobjekte kein Vergleichswert ermitteln lässt, eingesetzt. Nach diesem Verfahren ermittelt sich der Wert der Immobilie aus dem im Vergleichswertverfahren ermittelten Bodenwert zuzüglich der Kosten, die für die Neuerrichtung eines vergleichbaren Grundstücks anfallen würden. Die Baukostenschätzung unterliegt im Ideal der Annahme, dass eine exakte Kopie des zu bewertenden Gebäudes erstellt wird. Ist dies nicht möglich, so werden die Baukosten eines funktionsgleichen Objekts zur Bewertung herangezogen. Die Neuerrichtungskosten werden um Abschläge für Alter, Bauzustand und Wertminderungen aufgrund von technischem Fortschritt gekürzt.[2] Im angelsächsischen Bewertungswesen wird im Gegensatz zur deutschen Verkehrswertermittlung nur im Ausnahmefall auf die Erstellungskosten als Bewertungsgrundlage zurückgegriffen. Die Abneigung wird mit dem Fehlen von Marktnähe des Bewertungsergebnisses begründet.[3] „A property's cost may have little or no relevance to its value today."[4] Diese Einschätzung

[1] Vgl. Pohnert, F., 1992, S. 177 f.; Platz, J., 1994, S. 83; Kleiber, W., Simon, J. u. Weyers, G., 1995b, S. 291.

[2] Vgl. Scarrett, D., 1991, S. 171 ff.; Thomas, M., Leopoldsberger, G. u. Walbröhl, V., 1998, S. 441 ff.

[3] Vgl. Scarrett, D., 1991, S. 171.

[4] Vgl. Wurtzebach, C. H., Miles, M. E., 1995, S. 179.

von WURTZEBACH/MILES verdeutlicht die im Vergleich zum deutschen System wesentlich stärkere Orientierung des anglo-amerikanischen Bewertungswesens am ökonomischen Nutzen von Immobilien.

Die Bewertung auf der Basis des zukünftigen Wiederbeschaffungswerts nach Ablauf der Restnutzungsdauer nimmt die Entwicklung auf dem Immobilienmarkt sowie die Entwicklung der Baupreise voraus. Die Prognose des Immobilienmarkts ist zwar beispielsweise anhand der Fortschreibung jüngst eingeführter Indizes wie dem DIMAX prinzipiell möglich,[1] aber aufgrund der Einzigartigkeit insbesondere von Gewerbeimmobilien als sehr problematisch einzustufen. Ein funktionierendes Marktmodell, welches die hinreichend genaue Prognose der Immobilienpreisentwicklung erlaubt, liegt nicht vor. Das Wirkungsgeflecht der marktbeeinflussenden Parameter ist zu komplex, als dass im Rechnungswesen einsetzbare, valide Prognosen abgegeben werden könnten. Im Falle der Selbsterstellung eines Bauwerks trifft diese Kritik für den Grundstücksanteil in gleichem Maße zu. Die Entwicklung der Baukosten kann für die Bundesrepublik Deutschland mit Hilfe des Baukostenindexes nachvollzogen werden. Die Veränderungsrate über die letzen 50 Jahre war, geprägt von Nachkriegsboom, Sättigungsphase und Wiedervereinigung, sehr uneinheitlich, sodass auch hier eine Prognose über die zukünftige Entwicklung sehr vage sein dürfte. Ein Ansatz von zukünftigen Wiederbeschaffungswerten ist aus den gezeigten Prognoseproblemen willkürlich und deshalb zumindest im Rahmen objektivistischer Bewertungsvorschriften ungeeignet.

Insgesamt zeichnen sich die substanzorientierten Verfahren aufgrund ihrer stark technischen Prägung durch eine sehr hohe Transparenz aus. Außerdem kommt die konstruktive Vorgehensweise mit vergleichsweise wenigen realitätsnahen Prämissen aus. Problematisch ist die Bewertung des gegenwärtigen und insbesondere im Falle des Wiederbeschaffungswerts zu prognostizierenden zukünftigen technischen Fortschritts, der die Herstellungskosten in der Regel verringert. Ebenso können veränderte rechtliche, sozio-kulturelle oder marktliche Rahmenbedingungen die Prämisse der Wiedererstellung zur reinen Fiktion werden lassen.

3.5.3.3 Performanceorientierte Bewertungsverfahren

Die performanceorientierten Bewertungsverfahren stellen den Gebrauch einer Immobilie als Wirtschaftsgut in den Vordergrund. Ermittelt wird also kein technischer, sondern ein ökonomischer Wert der Immobilie. Performanceorientierte Bewertungsverfahren sind von den Voraussetzungen der Marktgängigkeit und der Wiedererstellungsmöglichkeit losgelöst. Performanceorientierten Bewertungsvorschriften liegt aber die Prämisse zugrunde, dass sich der Wert aus dem Verhältnis von Nutzen und Kosten des Bewertungssubjekts ergibt. Daraus ergibt sich die bereits in der Problemstellung dieses Abschnitts diskutierte Problematik der Dimensionierung, Messung und des Vergleichs von Kosten und Nutzen. Bei der ökonomischen Bewertung sind im Gegensatz zu den marktorientierten oder dem substanzorientierten Bewertungsverfahren Opportunitätsnutzen und -kosten einer suboptimalen Verwendung der Immobile zu berücksichtigen. Entgehen einem Ei-

[1] Vgl. Thomas, M., 1997.

gentümer durch die Selbstnutzung der Immobilie Mieteinnahmen, so hat er diese als Opportunitätsnutzen bei der Bewertung zu berücksichtigen. Als Maßstab der Höhe der zu veranschlagenden Opportunitätskosten hat sich das Highest-and-Best-Use-Konzept durchgesetzt, nach dem zunächst nach der bestmöglichen Verwendung der Immobilie zu suchen ist, um anschließend die Differenz zum Status quo bei der Bewertung in Ansatz zu bringen.[1]

Die perfomanceorientierte Bewertung ist gesetzlich in der WertV'88 als Ertragswertverfahren (1.) geregelt. Dieses objektivistische, ex-post-orientierte Verfahren hat vornehmlich im angelsächsischen Raum unter der Bezeichnung Residualwertverfahren (2.) einen ex-ante-orientierten Verwandten bekommen. In den USA sind Ansätze der kapitalmarktorientierten Unternehmensbewertung (3.) auf die Immobilienbewertung übertragen worden. Den objektivistischen Wertermittlungsverfahren sind in der jüngeren Vergangenheit, vornehmlich zum Einsatz im steuerungsorientierten Rechnungswesen, mit der Bewertung auf Basis vollständiger Finanzpläne (4.) und der Ermittlung des Realoptionswerts (5.) zwei subjektivistische, ex-ante-orientierte Wertermittlungsverfahren gegenübergestellt worden. Schließlich kommen auch bei der Immobilienbewertung Nutzen-Kosten-Untersuchungen (6.) zum Einsatz, die sich durch eine differenziertere Bewertung auch intangibler Wirkungen von Immobilien auszeichnen.

Durchforstet man die immobilienwirtschaftliche Literatur nach Bewertungsverfahren, so trifft man neben den oben genannten Verfahren auch auf kapitalmarkttheoretische Bewertungsverfahren. Die kapitalmarkttheoretische Bewertung von Immobilien dient dem Zweck der Bewertung des gesamten Immobilienbestands vor dem Hintergrund der Eigentumsentscheidung.[2] Da die hier diskutierten Bewertungsverfahren primär zur Bewertung einzelner Immobilien eingesetzt werden, sei an dieser Stelle nur auf den Abschnitt 7.3.1 verwiesen.

1. Ertragswertverfahren nach WertV'88

Das Ertragswertverfahren hebt auf den ökonomischen Wert einer Immobilie ab, nicht auf den Wert der technischen Substanz. Bei der Anwendung des Ertragswertverfahrens wird der Wert des Bodens getrennt vom Wert der baulichen Anlagen bestimmt. Der Wert des Bodens wird mit Hilfe des Vergleichswertverfahrens ermittelt (§ 15 WertV'88). Der Ertragswert eines Grundstücks ist die Summe der Barwerte aller nachhaltig erzielbaren jährlichen Reinerträge eines Grundstücks zuzüglich des Barwerts des Bodenwerts. Die jährlichen Reinerträge ergeben sich aus der Differenz zwischen Rohertrag und Bewirtschaftungskosten (§ 16 WertV'88). Der Rohertrag umfasst alle erzielbaren Einnahmen aus dem Grundstück ohne Umlagen, womit bei Gewerbeimmobilien hauptsächlich die Nettomieteinnahmen zuzüglich eventueller kalkulatorischer Mieteinnahmen gemeint sind (§ 17 WertV'88). Für den Rohertrag sind grundsätzlich die ortsüblichen Vergleichsmieten als Grund- oder Netto-Kaltmiete ausschlaggebend.[3] Vom Rohertrag werden die Verwaltungskosten, die Betriebskosten, die Instandhaltungskosten, das

[1] Vgl. Steele, K. D., 1990; Brown, R. K. et al., 1992, S. 101 ff.; Wurtzebach, C. H., Miles, M. E., 1995, S. 184 f.

[2] Vgl. Miles, M., Pringle, J. u. Webb, B., 1989.

[3] Vgl. Simon, J., Cors, K. u. Troll., M., 1993, S. 122 ff.

Mietausfallwagnis und die Abschreibungen subtrahiert.[1] Ist der Reinertrag der baulichen Anlagen ermittelt, wird dieser bis zum Ende der Restnutzungsdauer mit dem gültigen Liegenschaftszins auf ewig kapitalisiert. "Der Liegenschaftszins ist der Zinssatz, mit dem der Verkehrswert von Liegenschaften im Durchschnitt marktüblich verzinst wird" (§11 WertV'88, Abs. 1). Der Liegenschaftszins hängt von der jeweiligen Wirtschaftssituation, der Lage am Kapitalmarkt, der örtlichen Grundstücksmarktlage, der Grundstücksart, der Restnutzungsdauer sowie sonstiger Kriterien ab. Er wird von regionalen Gutachterausschüssen festgelegt (§11 WertV'88, Abs. 2). Die Gutachterausschüsse sind Teil der Kommunalverwaltung. In Hamburg ist beispielsweise der Gutachterausschuss organisatorisch Teil der Baubehörde. Man geht davon aus, dass der Boden keinen Ertrag erwirtschaftet, sondern lediglich Kapitalbindungskosten verursacht. Da der Boden gewöhnlich keinen Wertverlust erleidet, wird seine Restnutzungsdauer als unbegrenzt angenommen. Um den Bodenertragswert zu ermitteln, wird der Bodenwert unter Anwendung des Liegenschaftszinssatzes deshalb auf ewig kapitalisiert. Um aus dem Ertragswert den Verkehrswert abzuleiten, ist es nach §7 Abs. 1 WertV'88 erforderlich, die Ergebnisse der Lage auf dem aktuellen Immobilienmarkt durch Zu- oder Abschläge anzupassen.[2]

Das Ertragswertverfahren wird in der Regel angewendet, wenn im gewöhnlichen Geschäftsverkehr die Verzinsung einer Investition preisbestimmend ist, d. h. es sich um bebaute Grundstücke handelt, die einen nachhaltigen Ertrag abwerfen oder dazu bestimmt sind, einen nachhaltigen Ertrag zu erzielen. Auch dann, wenn der Sachwert, wie bei vielen Fabrikgebäuden, große Differenzen zu den gezahlten Marktpreisen aufweist, wird in der Praxis der Grundstücksbewertung der Ertragswert ermittelt. Bei der Ermittlung von Gewerbeimmobilien wird deshalb allgemein das Ertragswertverfahren bevorzugt angewendet. Trotz der großen praktischen Relevanz des Ertragswertverfahrens bei der Wertermittlung von Gewerbeimmobilien gibt es doch eine Reihe an Schwachstellen des Verfahrens, die zur Manipulation des Ergebnisses ausgenutzt werden können. Wie Berechnungsbeispiele zeigen, führen geringe Schätzfehler beim Bodenwert, bei der Restnutzungsdauer und des Liegenschaftszinses zu gravierenden Auswirkungen auf das Ergebnis.[3] Ebenso ist die Nachhaltigkeit der Erträge fragwürdig. Hier kann es in einem Markt starker Fluktuation zu unkalkulierbaren Abweichungen nach unten wie auch nach oben kommen.[4] Künftig realisierbare Mietsteigerungen werden in dem Verfahren aufgrund des Vorsichtsprinzips der Deutschen Wertermittlungs-

---

[1] Die exakte Bestimmung des Reinertrags einer Liegenschaft nach der WertV'88 ist sehr speziell. Siehe zu näheren Ausführungen Kleiber, W., Simon, J. u. Weyers, G., 1995b, S. 202 ff.

[2] Für die praktische Anwendung sind Liegenschaftszins und Restnutzungsdauer in einem Vervielfältiger zusammengefasst und als Anlage zur WertV'88 tabelliert worden. In diesen Vervielfältigern ist eine stark progressive Wertminderung enthalten (vgl. Keunecke, K., 1994, S. 43).

[3] Vgl. Gerardy, T. u. Möckel, R., 1995, Abschnitt 4.3.8, S. 1 ff.

[4] Vgl. zu den Auswirkungen von Marktbewegungen auf die Immobilienbewertung: Bradley, D. M., 1990.

richtlinie nicht berücksichtigt. In Großbritannien sehen die Richtlinien unterschiedliche Modelle zur Berücksichtigung von Mietanpassungen nach oben wie nach unten vor.[1] Insgesamt ist das Verfahren nach WertV'88 charakterisierbar als eine Investitionsrechnung für einen sehr vorsichtigen und anonymen Investor. Bildet das Ertragswertverfahren die Grundlage für eine Marktaktivität beispielsweise beim Erwerb eines Baugrundstücks, besteht die Gefahr, dass Konkurrenten bei der Kalkulation ihrer Gebote aufgrund der Berücksichtigung ihrer individuell risikofreundlicheren Risikoeinstellung oder individueller Produktivitätspotenziale zu höheren Werten kommen und den Zuschlag erhalten. Der Einsatz des Ertragswertverfahrens nach WertV'88 zur Steuerung von Immobilienbeständen ist deshalb nicht zu empfehlen. Vielmehr sind die im Abschnitt 8 dargestellten Investitionsrechnungsverfahren auf das Bewertungsproblem anzuwenden. Welche Modifikationen dazu notwendig sind, ist den nachfolgenden Ausführungen zur Wertmittlung mittels VoFi und Realoptionen-Methode zu entnehmen.

2. Residualwertverfahren

Vor allem in der angelsächsischen Literatur trifft man auf das in Deutschland zur Immobilienwertermittlung weniger gebräuchliche Residualwertverfahren. Dieses Verfahren dient vor allem zur Bewertung von unbebautem Land oder von Immobilien, die einem Redevelopement unterzogen werden sollen.[2] Zunächst ist der Verkehrswert nach vollendeter Bebauung zu schätzen. Dies erfolgt entweder mit Hilfe des Vergleichswertverfahrens oder mit dem Ertragswertverfahren, welchem die Zahlungsströme eines fiktiven Neubaus zugrunde gelegt werden. Vom Verkehrswert werden die Bau-, Entwicklungs- und Vermarktungskosten sowie der angestrebte Entwicklungsgewinn abgezogen. Im Ergebnis dieser Rechnung verbleibt ein Residuum, welches die Tragfähigkeit des bewerteten Grundstücks verkörpert und im Fall von Kaufsverhandlungen den Grenzpreis des Investors darstellt.

Das Residualwertverfahren unterliegt harter Kritik, die sich vor allem aufgrund der Unsicherheit der zukunftsbezogenen Eingangsdaten und der daraus resultierenden großen Interpretationsspielräume für den Gutachter bezieht. Insbesondere die Ermittlung eines zukünftigen Verkehrswerts nach dem Ertragswertverfahren erscheint sehr fragwürdig, da eine Abweichung des Verkehrswerts um 10 % leicht zu einer 100 prozentigen Differenz des Residuums führen kann. Vergleichbar sensitiv zeigt sich die Prognose des Liegenschaftszinses.[3] In Deutschland wird dieses auch unter dem Begriff Restwertmethode bekannte Verfahren für die Ermittlung objektivistischer Werte aufgrund der Willkürlichkeit nur im Ausnahmefall eingesetzt.[4] Grundsätzlich handelt es sich auch bei diesem Verfahren um eine Investitionsrechnung, die allerdings Modifikationen hinsichtlich der Zielgröße unterliegt. Statt der Maximierung des Endvermögens wird hier ein Grenzwert für einen isolierten Teil der Anschaffungsausgabe angestrebt.

---

[1] Vgl. Scarrett, D., 1991, S. 53 ff.

[2] Vgl. Scarrett, D., 1991, S. 125 ff.

[3] Vgl. Kleiber, W., Simon, J. u. Weyers, G., 1995a, S. 993 ff.

[4] Vgl. Kleiber, W., Simon, J. u. Weyers, G., 1995a, S. 992.

3. Kapitalmarktorientierte Immobilienbewertung
Der Wert von Immobilien für das Unternehmen ergibt sich in toto noch nicht aus der isolierten Bewertung der Immobilie, sondern aus der Bewertung des Unternehmens als Ganzem. Dabei müssen die Wirkungen des Immobilienbestands auf die Kapitalkosten, die Verschuldung, das systematische Risiko sowie den Cashflow des Kerngeschäfts Berücksichtigung finden. Die Bewertung von finanzwirtschaftlichen Wirkungen sind in der kapitalmarkttheoretischen Unternehmensbewertung bereits ausführlich diskutiert worden. MILES/PRINGLE/WEBB stellen deshalb die Immobilienbewertung in den Kontext dieser Form der Unternehmensbewertung.[1] Dem Highest-and-Best-Use-Konzept folgend bewerten sie zunächst mittels risikoadjustierter DCF-Methode[2] den Marktwert der Immobilie und den Marktwert des Unternehmens ausschließlich der Immobilien. Daneben ermitteln sie den Marktwert des Unternehmens einschließlich der Immobilien. Hat das Unternehmen ohne Immobilie einen höheren Wert als mit Immobilie, spricht dies für eine suboptimale Nutzung in der analysierten Verwendungen.

Die kapitalmarktorientierte Immobilienbewertung ist ein interessanter Ansatz, welcher allerdings sehr hohe Anforderungen an die Informationseffizienz der Märkte stellt. Wie Abschnitt 7.3.1 zeigt, sind kapitalmarkttheoretische Überlegungen insbesondere deshalb nur begrenzt auf die Eigenarten von betrieblichen Immobilien übertragbar, weil die Marktteilnehmer regelmäßig einen sehr schlechten Informationsstand bezüglich des betrieblichen Immobilienbestands haben.

4. Immobilienbewertung auf Basis vollständiger Finanzpläne
Für die Bewertung von Immobilien durch Einsatz von Methoden aus der dynamischen Investitionsrechnung finden sich in der Literatur viele Beispiele. Oben wurden bereits das Ertragswert- und Residualwertverfahren als zwei besondere Vertreter dieser Klasse dargestellt. Unzählige vor allem im anglo-amerikanischen Raum zum Einsatz kommende Varianten der dynamischen Investitionsrechnung lassen sich unter Bezeichnungen wie „Investment Method“[3], die „Discounted-Cashflow-Methode“[4], die „Barwertmethode“[5] oder der „Income Capitalization Approach“[6] in der Literatur finden. Wie das Kapitel 8 zur Investitionsrechnung zeigt, basieren alle diese Methoden auf der investitionsrechnerischen Methode der vollständigen Finanzpläne. Es handelt sich in allen Fällen lediglich um unterschiedliche Vereinfachungen hinsichtlich der benötigten Eingangsdaten. Auf eine weitere Darstellung dieser Verfahren wird deshalb hier verzichtet.

---

[1] Vgl. Miles, M., Pringle, J. u. Webb, B., 1989.

[2] Das Bewertungsverfahren ist hier nicht maßgeblich. Wichtig ist allerdings, dass die Risikowirkungen Berücksichtigung finden.

[3] Vgl. Scarrett, D., 1991, S. 53 ff.

[4] Vgl. Kleiber, W., Simon, J. u. Weyers, G., 1995a, S. 1005 ff.

[5] Vgl. Lüdiger, M., 1992.

[6] Vgl. Wurtzebach, C. H., Miles, M. E., 1995, S. 217 ff.

Nachfolgend wird gezeigt wie mit Hilfe der vollständigen Finanzplanung die Ermittlung des Immobilienwerts erfolgen kann.[1] Die bereits angesprochenen Vereinfachungen kann der Entscheidungsträger je nach Verfügbarkeit der Eingangsdaten und dem Aufwand der Wertermittlungen dann beliebig vornehmen.

Der vollständige Finanzplan ist eine tabellarische Zinsstaffelrechnung, in der periodenweise die Zahlungsüberschüsse oder -defizite eines Investitionsobjekts berechnet werden.[2] In einem vollständigen Finanzplan zur Bewertung von Immobilen werden zunächst sämtliche der Investition zurechenbaren direkten Zahlungen periodengerecht erfasst. Dabei wird insbesondere den zukünftig realisierbaren Mietsteigerungen z. B. aufgrund von Umnutzungen, soweit diese absehbar sind, Rechnung getragen. Im nächsten Schritt wird die periodenbezogene Beeinflussung der Steuerlast und der Kapitalerträge/-aufwendungen des Investors differenziert ermittelt. Durch diese explizite Berücksichtigung der Finanzierungs- und Steuerzahlungen ermöglicht eine solche Wertermittlung die Einbeziehung der persönlichen Situation des Investors. Weil die VoFi-Methode ex ante ausgerichtet und individualisiert ist, spiegelt sich im Zeitvergleich der Werte der Ressourcenverbrauch oder auch der Ressourcenzugewinn realistischer wider als im Ertragswertverfahren der WertV'88. Auf die Darstellung und die Berechnungsmethodik der vollständigen Finanzpläne wird im Kapitel 8 ausführlich eingegangen, sodass auf eine detaillierte Darstellung an dieser Stelle verzichtet werden soll.

Wie bereits die Ausführungen zum Residualwert gezeigt haben, besteht ein wichtiger Anwendungszweck des Verfahrens vor allem in der Ermittlung von Grenzpreisen.[3] In diesem Fall ist das im Abschnitt 8.4 über die Investitionsrechnung bemühte und ausführlich beschriebene Beispiel 1 leicht zu modifizieren.

---

[1] Vgl. Berens, W. u. Hoffjan, A., 1995.
[2] Vgl. Grob, H. L., 1984.
[3] Vgl. Berens, W. u. Hoffjan, A., 1995, S. 387 ff.

Beispiel 1a:

Gesucht:
- Maximale Grundstückskosten (inkl. Nebenkosten): ?

Objektdaten:
- m^2 Fläche für Einzelhandel
- Baukosten (inkl. 5% Baunebenkosten und DM 300.000 für Projektbetreuung): TDM 8.789
- Mieteinnahmen: TDM 1.514 (ab dem 5. Jahr an Lebenshaltungsindex gekoppelt)
- Nicht umlagefähige Betriebs- und Verwaltungskosten: DM 3,-- pro Monat und m^2 (ab 1. Jahr an LHI gekoppelt)
- Afa: 1. – 8. Jahr: 5 %, ab 9. Jahr: 2,5 %
- Laufzeit: 10 Jahre
- Voraussichtlicher Liquidationserlös: 10fache der letzten Mieteinnahme

Finanzierungsdaten:
- EK: TDM 3.000, FK: TDM 13.4555
- Kosten für langfristige Darlehen i = 5 %, Tilgung: anfänglich 2 %
- Kalkulationszins: 7 %
- Verzinsung von Guthaben: langfristig 4 %, kurzfristig 2 %
- geplanter Gewinn als Endwert: TDM 5.000

Volkswirtschaftliche Rahmendaten:
- Steuersatz: 54 %
- Inflation:3 %

Nach Aufstellung des vollständigen Finanzplans ergibt sich das folgende Bild:

Tabelle 3.6. Vollständiger Finanzplan der Kaufvariante

Daten zur Immobilieninvestition:								
Inflation: 0,03			Faktor für Liquidationserlös: 10					
Zinserträge aus FA: 0,02			Steuersatz: 0,54		Baukosten: 8.789.000			
Zinserträge aus EK: 0,04			AfA (1 – 8): 0,05		Max. Grundstückskosten: 7.844.402,87			
Zinskosten Darlehen: 0,05			AfA (9 – 10): 0,025					
t	Mieteinzahlungen	Zinserträge aus FA h=0,02	Auszahlungen	Saldo	AfA	Steuereffekt	Zuführung Finanzanlage	Bestand Finanzanlage
0	0		3.000.000	3.000.000	0	0	0	0
1	1.514.000	0	-1.458.014	55.986	439.450	-59.830	115.816	115.816
2	1.514.000	2.316	-1.473.124	43.192	439.450	-59.377	102.568	218.384
3	1.514.000	4.368	-1.488.688	29.680	439.450	-58.943	88.623	307.007
4	1.514.000	6.140	-1.504.719	15.422	439.450	-58.526	73.947	380.954
5	1.559.420	7.619	-1.521.230	45.809	439.450	-33.594	79.403	460.357
6	1.606.203	9.207	-1.538.237	77.173	439.450	-7.709	84.882	545.239
7	1.654.389	10.905	-1.555.754	109.540	439.450	19.165	90.375	635.614
8	1.704.020	12.712	-1.573.796	142.936	439.450	47.065	95.871	731.485
9	1.755.141	14.630	-1.592.380	177.391	219.725	194.681	-17.290	714.195
10	1.807.795	14.284	-1.611.521	210.558	219.725	223.469	7.861.228	8.575.423
10	18.077.952		-10.203.813	7.874.138				
Summe:								8.575.423

Quelle: Eigene Darstellung.

Tabelle 3.6. (Fortsetzung)

Daten zur opportunen Finanzinvestition:						
Zeitpunkt	Zahlungen	Zinserträge aus EK (0,04)	Zinserträge aus FA (0,02)	Steuern (0,54)	Zuführung Finanzanlage	Bestand Finanzanlage
0	3.000.000					
1		120.000	0	64.800	55.200	55.200
2		120.000	1.104	65.396	55.708	110.908
3		120.000	2.218	65.998	56.220	167.128
4		120.000	3.343	66.605	56.738	223.866
5		120.000	4.477	67.218	57.260	281.125
6		120.000	5.623	67.836	57.786	338.912
7		120.000	6.778	68.460	58.318	397.230
8		120.000	7.945	69.090	58.855	456.084
9		120.000	9.122	69.726	59.396	515.480
10		120.000	10.310	70.367	59.942	575.423
10	3.000.000					3.000.000
Summe:						3.575.423
VoFi-Differenz = Bestand Immobilieninvestition - Bestand Finanzanlage = = 8.575.423 - 3.575.423 = 5.000.000						

Quelle: Eigene Darstellung.

In dem Beispielfall ist der maximale Kaufpreis des Grundstücks inklusive Nebenkosten gesucht, unter der Prämisse, dass der Entwicklungsgewinn nach zehn Jahren TDM 5.000 beträgt. Zur Lösung ist im ersten Schritt der Vollständige Finanzplan aufzustellen. Im zweiten Schritt ist der Grenzpreis für das Grundstück zu bestimmen, bei dem der Endwert genau TDM 5.000 entspricht. Durch eine rückwärtsgerichtete Rechnung mit Hilfe der Zielwertsuche des Tabellenkalkulationsprogramms ergibt sich für den Grenzpreis ein Wert von DM 7.844.402,87.

An seine Grenzen stößt das VoFi-Verfahren dann, wenn die Eingangsdaten unsicher sind. Im Falle statistisch messbarer Unsicherheit (Risikosituation) können mit Hilfe risikogewichteter Nutzenerwartungswerte die Eingangsdaten approximiert werden. Bei vollständiger Unsicherheit, die nachfolgend mit Ungewissheit bezeichnet wird, ist das Verfahren ungeeignet. Gerade hinsichtlich der Entwicklung der Immobilienmärkte dürfte häufig Ungewissheit herrschen, sodass der Einsatzbereich der VoFi-Methode begrenzt ist.

5. Realoptionswert

Die Kapitalwertrechnungen der dynamischen Investitionsrechnung sind zeitpunktbezogene Rechnungen. Besteht Ungewissheit hinsichtlich der Eingangsdaten kann ein Verschieben des Investitions- oder Desinvestitionszeitpunkts erheblichen Einfluss auf den Erfolg der Investition haben, weil die Möglichkeit besteht, in der Zwischenzeit hinsichtlich der ungewissen Informationen Gewissheit zu erlangen.

Die Berechnung des Kapitalwerts kann in diesem Fall nicht auf einen Zeitpunkt gerichtet geschehen. Vielmehr muss die Investitions- oder Desinvestitionsmöglichkeit als Realoption aufgefasst werden, deren Wert zu ermitteln ist. Kann ein Investor beispielsweise heute für einen Immobilienverkauf DM 1 Million erzielen, im nächsten Jahr allerdings DM 2 Millionen, so wäre es aus Steuerungssicht ungerechtfertigt, den Wert der Immobilie mit DM 1 Million anzusetzen. Vielmehr ist der Wert der Option, die Veräußerung zu verschieben, in der Bewertung zu berücksichtigen. Der Ansatz, die Möglichkeit des Abwartens in das Bewertungsinstrumentarium zu integrieren, führte zu Überlegungen, die Theorie der Finanzoptionen auf Realoptionen zu übertragen (siehe Abschnitt 8.6). Neben der Möglichkeit, den Verkauf einer Immobilie zu verschieben, hat es eine Reihe an weiteren Anwendungen des Realoptionen-Ansatzes gegeben, die für die Bewertung von Immobilien von Bedeutung sind. TITMAN und GRINBLATT/TITMAN haben gezeigt, wie der Wert von unbebautem Land unter Berücksichtigung der Optionen auf unterschiedliche Formen der Bebauung ermittelt werden kann.[1]

Für das Immobilienmanagement ergibt sich aus dem ermittelten Wert ein Grenzpreis. Ist der Grenzpreis nicht zu erzielen, wird je nach Ausgangssituation der Bewertungsaufgabe entweder das Grundstück vom Immobilienmanagement selbst entwickelt oder der Verkauf wird zeitlich solange verschoben, bis der ermittelte Grenzpreis am Markt durchzusetzen ist. Zu unterscheiden sind Realoptionen-Modelle, die wie im obigen Beispiel mit diskreten Zustandsräumen arbeiten, und solche, die einen Grenzübergang von endlich vielen Zuständen auf einen stetigen Zeitraum schaffen. Dieser Übergang führt von einer Entscheidung unter Risiko zu einer Entscheidung unter Ungewissheit – von der Unterstellung einer Binomialverteilung zu einer Normalverteilung – und stellt einen weiteren Schritt hin zu einer realitätsnahen Modellierung der Entscheidungssituation dar.[2] Die Entwicklung des unsicheren Parameters beispielsweise der Preisentwicklung am Immobilienmarkt wird mit Hilfe einer Brownschen Bewegung beschrieben. Der Entscheidungsträger muss lediglich die durchschnittliche prozentuale Veränderung des Immobilienmarktes und dessen Standardabweichung kennen. Eine Einschätzung der Marktentwicklung wird von ihm nicht verlangt. Im Ergebnis erhält er einen Grenzwert, bei dessen Erreichen er die Investition oder gegebenenfalls die Desinvestition durchführt. In einer anderen Anwendung haben SCHAEFER/PFNÜR ermittelt, welchen Wert die Option auf Ersatz einer betrieblich genutzten Immobilie besitzt.[3] Die Probleme bei der Ermittlung des Ersatzzeitpunktes eines eigengenutzten Objekts liegen in der Ungewissheit über den zukünftig zu erzielenden Liquidationserlös der alten Immobilie und der Ungewissheit über die zukünftige Veränderung des Flächenbedarfs. Möglicherweise wird das neue Verwaltungsgebäude aufgrund einer Reorganisation des Unternehmens zumindest an dem vorgesehenen Standort zum Zeitpunkt der Fertigstellung gar nicht mehr benötigt. Im Ergebnis wird ein Grenzwert für den Effizienznachteil eines gegenwärtig genutzten Gebäudes gegenüber einer besser geeigneten Immobilie ermittelt, bei dessen

[1] Vgl. Titman, S., 1985; Grinblatt, M. u. Titman, S., 1998, S. 418 ff.
[2] Vgl. Dixit, A. K. u. Pyndick, R. S., 1994.
[3] Schaefer, C. und Pfnür, A., 1999.

Überschreiten eine Ersatzbeschaffung in Verbindung mit der Verwertung des alten Objekts angestoßen wird. Die Beispiele machen deutlich, dass zumindest im steuerungsorientierten Rechnungswesen der Unternehmen die Effektivität der immobiliaren Ressourcen nur unter Berücksichtigung aller jeweiligen Handlungsoptionen bewertet werden kann.

6. Nutzen-Kosten-Untersuchungen

Aus Sicht des Unternehmens ist nicht zwingend das finanzwirtschaftliche Ergebnis von Immobilen allein wertbestimmend, vielmehr kann der Wert in intangiblen Effekten liegen, die zwar deutlich zu erfassen sind, deren monetäre Bewertung entweder aus Sicht des Entscheidungsträgers zu aufwendig ist oder die sich einer monetären Bewertung vollständig entziehen. In diesem Fall ist ein mehrdimensionales Verfahren zur Messung der Performance von Immobilien erforderlich. Die mehrdimensionalen Verfahren sind von ihrer Konstruktion her nur im Ausnahmefall in der Lage, ein absolutes Werturteil über die Vorteilhaftigkeit einer Variante zu erzeugen. Sie können lediglich vergleichende Urteile generieren. Um Aussagekraft zu erlangen, ist ein subjektives Mindestniveau beispielsweise aus der Erfahrung vorzugeben oder es sind mehrere Varianten im Vergleich zu betrachten. Im Fall des geplanten Ersatzes einer bestehenden Immobilie kann beispielsweise der Status quo als Vergleichsmaßstab herangezogen werden. Für die Bewertung von Immobilien bieten sich zwei Methoden aus der Gruppe der Nutzen-Kosten-Untersuchungen an:[1]

1. Die Nutzwertanalyse und
2. die Kostenwirksamkeitsanalyse.

Zu 1.) Die Nutzwertanalyse kommt zur Anwendung, wenn ein oder mehrere Bewertungskriterien nicht in Geldeinheiten zu bewerten sind, diese aber in anderen Dimensionen kardinal messbar sind und eine Transformation aller Dimensionen in Nutzenpunkte möglich ist. Bei ordinal oder nominal skalierten Kriterien geht die Genauigkeit verloren, die Nutzwertanalyse trägt dann aber noch zur Strukturierung des Bewertungsprozesses als Entscheidungsgrundlage bei.[2] Die Nutzwertanalyse vollzieht sich ganz allgemein in folgenden Schritten, die auch in der Anwendung bei der Immobilienbewertung Anwendung finden:[3]

- Zielkriterienbestimmung und Zielkriteriengewichtung
  Die Zielkriterien und deren Gewichtung ergeben sich bei der Immobilienbewertung aus der Analyse des Flächenbedarfs und der folgenden Planung des Flächenangebots aus den übergeordneten Unternehmenszielen, den Zielen der Unternehmensstrategie und ihren finanzwirtschaftlichen, technischen und marktorientierten Unterzielen. Der Kriterienkatalog ist dabei so anzulegen, dass die Ziele möglichst unabhängig voneinander sind, um eine Mehrfacherfassung

---

[1] Vgl. Diederichs, C. J., 1985, S. 92 ff.

[2] Vgl. zu Skalierungsverfahren in der Nutzwertanalyse: Blohm, H. u Lüder, K., 1995, S. 178 ff.

[3] Auf eine ausführliche Darstellung des facettenreichen Verfahrens wird an dieser Stelle verzichtet. Vgl. hierzu z. B. Dreyer, A., 1975; Blohm, H. u Lüder, K., 1995, S. 175 ff.

zu vermeiden. BLOHM/LÜDER empfehlen deshalb, auf den Einbezug monetärer Kriterien zu verzichten. Die Kriterien lassen sich hierarchisch ordnen, um die Vollständigkeit und eine übersichtliche Gewichtung zu gewährleisten. Die Ziele des bewertenden Subjekts unterscheiden sich je nach Betrachtungsperspektive erheblich. Typische Kriterien für die immobilienbezogene Nutzwertanalyse sind in der folgenden Tabelle nach dem Kriterium und der Perspektive der bewertenden Einheit geordnet:

Tabelle 3.7. Typische Kriterien der immobilienbezogenen Nutzwertanalyse

		Kategorie der Messung			
		Kapazität	Kosten	Zustand	Standort
Perspektive der bewertenden Einheit	Mitarbeiter	Größe des Arbeitsplatzes	Entfernungen zum und im Gebäude	Zufriedenheit mit der Arbeitsumgebung	Freizeitqualität des Standorts
	Facility Management	Auslastungsgrad der technischen Einrichtungen	Betriebskosten	Technischer Zustand des Gebäudes	Lokale Infrastruktur
	Corporate Real Estate Management	Profitabilität	Risiko	Kundenzufriedenheit	Bedingungen des Immobilienmarkts
	Geschäftseinheit	Anzahl an Arbeitsplätzen, Büros sowie deren Flexibilität	Nutzungskosten	Mitarbeiterzufriedenheit	Entfernung zu Partnern und Wettbewerbern
	Unternehmen	Return on assets der Geschäftseinheiten	Nutzungskosten	CI-Beitrag des Gebäudes	Soziale und ökonomische Beziehungen am Standort

Quelle: in Anlehnung an Duckworth, S. L., 1993, S. 501.

Die Kriterien können im Einzelfall sehr viel detaillierter ausgestaltet werden, als in der Tabelle geschehen. In der konkreten Anwendung wird die Bewertung hinsichtlich der Betrachtungsperspektive eingeschränkt und die jeweiligen Ziele gegeneinander abgewogen, um zu Nutzengewichten zu gelangen.

- Teilnutzenbestimmung und Nutzwertermittlung
  Im Zuge der Teilnutzenbestimmung wird zunächst die Zielerreichung durch die jeweilige Immobilie gemessen und in einem ersten Bewertungsschritt in einen dimensionslosen möglichst kardinal, mindestens aber ordinal, skalierten Nutzenwert transformiert. Zur Transformation sind funktionale Zusammenhänge der subjektiven Bewertung vorzuziehen. Allerdings dürfte es schwer fallen, beispielsweise die Imagewirkung einer Immobilie funktional in einen Teilnutzen zu überführen. Schließlich ist durch Aggregation der Teilnutzen der Nutzwert einer Variante zu ermitteln. Spätestens in diesem Schritt zeigt sich, dass ein Abweichen von der kardinalen Skalierung der Teilnutzen zu erheblichen

Komplikationen bei der Aggregation führen und die Genauigkeit der Ergebnisse erheblich beeinträchtigen kann.[1]

- Beurteilung der Vorteilhaftigkeit
  Die Beurteilung der Vorteilhaftigkeit einer Variante erfolgt im Vergleich mit dem Anspruchsniveau des Entscheidungsträgers oder mit konkurrierenden Varianten wie der bestehenden Lösung.

DIEDERICHS zeigt in einem Anwendungsbeispiel der Nutzwertanalyse zur Immobilienbewertung die Bedeutung einer abschließenden Sensitivitätsanalyse der Ergebnisse.[2] Diese erscheint in Anbetracht der weichen Bewertungsvorschriften und der Subjektivität des Verfahrens ohnehin angebracht.

Zu 2.) Die Kostenwirksamkeitsanalyse baut auf der Nutzwertanalyse auf. Allerdings werden hier neben den qualitativen auch quantitative Aspekte in die Bewertung einbezogen. So sind insbesondere die vergleichsweise unproblematisch quantifizierbaren Kosten von Immobilien sehr gut in einer Investitionsrechnung darstellbar. Der Kapitalwert aller für die Immobiliennutzung notwendigen Auszahlungen sowie isoliert darstellbaren Einzahlungen wird dem intangiblen Nutzwert N gegenübergestellt. Die Berechnung des Kapitalwerts erfolgt idealer Weise mit Hilfe des vollständigen Finanzplans als Endwertdifferenz C_n zwischen Investition und Alternative. Bei betrieblich genutzten Immobilien dürfte der Kapitalwert in der Regel negativ sein, sofern keine fiktiven Mieteinnahmen in der Rechnung berücksichtigt werden. Die Bewertung des Ergebnisses erfolgt durch einen Vergleich der zu bewertenden Varianten anhand der zwei Ergebnisse. Dominiert im paarweisen Vergleich eine Variante die Konkurrenz, so ist auch der Nutzwert unter Einbezug der Kostenwirksamkeit dieser Variante eindeutig höher als der der Konkurrenz. Gibt es keine dominante Variante so bestimmt der KWA folgend der Quotient aus Nutzwert und Endwert N / C_n das Bewertungsergebnis. Je größer der Quotient ist, desto vorteilhafter ist die Alternative.[3]

BLOHM/LÜDER gehen in der Bewertung noch einen Schritt über die Kostenwirksamkeitsanalyse hinaus und unterstellen, dass das Bewertungssubjekt klare Vorstellung über den Mindestnutzen einer Immobilie hat. Gilt $C_n >= 0$ und gleichzeitig $N >= N_{mind.}$ ($N_{mind.}$:= subjektives Nutzenanspruchsniveau), wie es beispielsweise im Fall der teilweisen Vermietung einer Immobilie der Fall sein kann, dann ist die Immobilie absolut vorteilhaft. Vice versa ist eine Immobilie für die gilt $C_n <= 0$ und gleichzeitig $N <= N_{mind}$ absolut unvorteilhaft. Gilt schließlich $C_n <= 0$ und gleichzeitig $N >= N_{mind}$, so ist das subjektive Urteil des Bewertungssubjekts entscheidend. Stellt der Nutzwert ein befriedigendes Äquivalent für die Ausgabenunterdeckung dar, so ist die Variante vorteilhaft.[4]

Die kombinierten Verfahren aus Nutzwertanalyse und Kapitalwertberechnung bieten einerseits den Vorteil, dass sowohl quantitative als auch qualitative Bewer-

[1] Vgl. Dreyer, A., 1975, S. 131 ff.
[2] Vgl. Diederichs, C. J., 1985, S. 102 ff.
[3] Vgl. Diederichs, C. J., 1985, S. 104 ff.
[4] Vgl. Blohm, H. u Lüder, K., 1995, S. 187 f.

tungskriterien in adäquater Weise bei der Bewertung von Immobilien Berücksichtigung finden. Andererseits ist die Gefahr der unbewussten Verletzung der Unabhängigkeit der Bewertungskriterien und die damit einhergehende Verzerrung des Bewertungsergebnisses erheblich. Lassen sich beispielsweise Leerstände in einer Immobilie am Markt nicht vermieten, so liegen Ausstrahlungseffekte in Form einer schlechteren Beurteilung des intangiblen Nutzens für das Unternehmen nahe.

Die Nutzen-Kosten-Untersuchungen stellen insgesamt eine individuell anpassungsfähige Bewertungsmethode mit den entsprechenden Risiken des Genauigkeitsverlusts dar. Ebenso wie die investitionsrechnerischen Verfahren ermöglichen sie eine weitgehende Individualisierung der Bewertung durch die Möglichkeiten zur Berücksichtigung individueller Opportunitäten des Immobilieneinsatzes.

3.5.3.4 Zwischenergebnis

Die vorgestellten Verfahren der Wertermittlung unterscheiden sich nicht nur methodisch und vom Bewertungsaufwand, sondern auch vom Ergebnis her ganz erheblich. So hat beispielsweise eine Untersuchung des DIW ergeben, dass der Sachwert des privaten Immobilienvermögens im früheren Bundesgebiet zum Stichjahr 1988 DM 5.200 Milliarden betrug. Der Ertragswertansatz erbrachte bei der selben Objektmasse einen Wert von DM 4.060 Milliarden und der im Vergleichswertverfahren ermittelte Verkehrswert einen Wert von DM 4.250 Milliarden. Die sehr erheblichen Unterschiede vor allem zwischen Sach- und Ertragswert machen deutlich, dass es sehr stark auf den Bewertungszweck ankommt. So werden im Bereich der Wohnimmobilien Mieten staatlich subventioniert oder sind Gefälligkeitspreise. Außerdem sind in diesem Bereich viele Objekte zu finden, die Liebhabercharakter aufweisen, der sich nicht in Mieten, wohl aber im Kaufpreis niederschlägt.[1] Wäre ebenfalls eine Bewertung zu fortgeschriebenen historischen Anschaffungskosten (Restbuchwerte) erfolgt, so wäre der Wert noch erheblich niedriger ausgefallen.

Das Hauptproblem der Immobilenbewertung liegt nicht in den Verfahren der Bewertung selbst begründet, sondern in der Unsicherheit der nötigen Eingangsdaten.[2] Die Größenordnung der Zahlen in der Immobilenbewertung bringt es mit sich, dass Faktoren wie dem Liegenschaftszins oder Raummeterpreisen, die vergleichsweise sehr klein sind, ein enormer Hebel zukommt. Geringe Änderungen dieser Parameter führen zu erheblichen Ergebnisveränderungen. In Verbindung mit der Vielzahl von wertrelevanten Größen, die auf Annahmen beruhen, ermöglichen alle Verfahren der Immobilienbewertung dem Bewertenden, in aller Regel zu wunschgemäßen Ergebnissen zu kommen. Es kommt deshalb letztendlich auf die Qualität des Gutachters an.[3] Angesichts der erheblichen Gestaltungsspielräume und der großen konzeptionellen Unterschiede der Bewertungsverfahren ist bei der Konstruktion eines immobilienbezogenen Rechnungswesens sehr genau zu unter-

---

[1] Vgl. DIW, 1996, S. 64.

[2] Vgl. Haas, E. u. Weyers, G., 1989, S. 467 ff.

[3] Vgl. Brunner, D., 1994; Keunecke, K. P., 1994, S. 39 f.

suchen, welches das jeweils zweckentsprechende Bewertungsverfahren ist und wer die Bewertung durchführt.

3.5.4 Prozess der Immobilienbewertung

Abschließend werden die Ergebnisse dieses Abschnitts in einen Bewertungsprozess übertragen, der allgemein für alle Bewertungsaufgaben des betrieblichen Immobilienmanagements anwendbar ist.[1]

1. Definition des Bewertungsproblems
   In einem ersten Bewertungsschritt ist der Bewertungszweck präzise zu definieren. Aus dem Bewertungsanlass heraus ist dazu die Perspektive des Bewertungssubjekts zu definieren. Dabei kann die Bewertung aus der Sicht des Unternehmens, der nutzenden Einheit, der Finanzabteilung, des Immobilienmanagements oder Außenstehender erfolgen. In Übereinstimmung mit dem Bewertungsanlass und der Bewertungsperspektive sind die Bewertungsziele festzulegen.

2. Erstellung von Bewertungsvorschriften
   Anhand der Bewertungszielen ist ein entsprechender Wertbegriff mit zugehörigen Bewertungsvorschriften auszuwählen. Die Ziele dienen in diesem Schritt als Maßstab für die Bewertung. Die Bewertungsziele erfordern Bewertungsvorschriften, die beispielsweise regeln, ob die Bewertung subjektivistisch oder objektivistisch erfolgt. Die meisten der dargestellten Werte und Wertermittlungsverfahren sind zeitpunktbezogene Werte. In Ausnahmefällen, wie beispielsweise dem Beleihungswert, ist die Gültigkeit der Wertermittlung über einen längeren Zeitraum sicherzustellen. Aufgrund der Dynamik der Wertänderungen ist präzise zu definieren, für welche Zeit der Immobilienwert Gültigkeit haben soll.

3. Zweckorientierte Gestaltung des Bewertungsverfahrens
   Sind die Rahmenbedingungen der Bewertung festgelegt, ist das entsprechende Bewertungsverfahren auszuwählen.

4. Durchführung der Bewertung
   Die Durchführung der Bewertung besteht in erster Linie aus der Informationsbeschaffung. Alle für das Bewertungsverfahren notwendigen Kosten-, Leistungs- und Risikowirkungen der Immobilie sind zunächst zu messen und anschließend in die dem Bewertungsverfahren entsprechende Dimension zu transformieren. Wie wir gesehen haben, hat der Gutachter bei der Immobilienbewertung in Abhängigkeit vom gewählten Verfahren teils erhebliche Spielräume, sodass das Bewertungsergebnis entsprechend von seiner Person abhängt. Bei kontroversen Interessenlagen ist es deshalb angeraten, unabhängige Gutachter oder sich gegenseitig kontrollierende Gutachtergruppen zu bestellen.

[1] Vgl. zu einem ähnlichen Vorgehen: Wurtzebach, C. H., Miles, M. E., 1995, S. 188 f.

5. Kommentierung und Diskussion der Ergebnisse
   Mit steigenden Bewertungsspielräumen ist es von großer Bedeutung, dass der Gutachter sein Ergebnis kommentiert, um spätere Missverständnisse auszuschließen und mit weiteren Experten sowie den Betroffenen diskutiert, um seine Bewertung gegebenenfalls korrigieren zu können. In vielen Fällen sind alternativ mehrere Verfahren anwendbar. Dann ist es von Bedeutung, dass der Gutachter seine Verfahrenswahl begründet. Ergeben mehrere Verfahren oder mehrere zeitlich naheliegende Bewertungsprozesse unterschiedliche Bewertungsergebnisse, sind auch diese vergleichend zu kommentieren.

Resümiert man diesen Abschnitt über die Immobilienbewertung aus Sicht der betrieblichen Immobilienökonomie, so muss in erster Linie festgehalten werden, dass hinsichtlich der Bewertungsanlässe, -ziele, -vorschriften, -verfahren und nicht zuletzt auch der Bewertungsergebnisse teils feine, aber gleichsam bedeutende Unterschiede gemacht werden müssen. Der Bewertungsaufwand ist ohne ein vielfach nicht ausreichend funktionierendes Immobilieninformationssystem erheblich. Deshalb liegt der von Praktikern bestätigte Verdacht nahe, dass in der Praxis aufgrund von Unwissen, Bequemlichkeit oder Sparsamkeit eine zweckentsprechende Bewertung zur Steuerung von Immobilien unterbleibt.

3.6 Zwischenergebnis

Das Kapitel 3 diente der Darstellung aller vom betrieblichen Immobilienbestand ausgehenden Kosten-, Nutzen- und Risikowirkungen auf den Erfolg des Unternehmens und liefert einige für den weiteren Verlauf der Arbeit sehr wichtige Ergebnisse, welche nachfolgend noch einmal kurz zusammengefasst werden.

Die Beeinflussung des Unternehmenserfolgs hängt zunächst von der in Anspruch genommenen Menge und Qualität betrieblicher Immobilien ab. Diesbezüglich lässt sich empirisch ein Wandel feststellen. Qualitativ hochwertige Immobilien, mit denen im Sinne des Ressourcenansatzes das Unternehmen nachhaltige Wettbewerbsvorteile erlangen kann, werden verstärkt gesucht, wohingegen eher durchschnittlich wertvolle Immobilien zur Beherbergung wenig spezifischer Tätigkeiten abgebaut werden. Insgesamt ist deshalb trotz der Volumenreduktion des Flächenbedarfs der Unternehmen von einer wachsenden Bedeutung der verbleibenden immobiliaren Ressourcen für den Leistungserstellungsprozess von Unternehmen auszugehen.

Der Nutzen von Immobilien für den Leistungserstellungsprozess eines Unternehmens kann entweder unmittelbar aus der Erzielung von Mieterträgen, in einem Veräußerungsgewinn oder mittelbar in einer Kostensenkung oder Leistungssteigerung im Kerngeschäft, in Image-Wirkungen oder in strategischen Vorteilen des Unternehmens begründet liegen. Der mittelbare Nutzen ist generell nur sehr schwer messbar. Dies ist insofern äußerst betrüblich, da die hier untersuchten betrieblichen Immobilien primär zu diesem Zweck und nur sekundär zur Erzielung von Mieterträgen oder Veräußerungsgewinnen angeschafft werden. Im Hinblick auf die kommenden Abschnitte der Bereitstellung und Bewirtschaftung von Immobilien sowie der Institutionalisierung des Immobilienbestands bereitet die mangelnde Mess- und Quantifizierbarkeit des Nutzens erhebliche Probleme.

In Bezug auf die Kosten kennzeichnen sich Entscheidungen über betriebliche Immobilien durch eine bemerkenswerte Starrheit in ihren Wirkungen auf die Kostensituation des Unternehmens. Mit der Bereitstellungsentscheidung gehen potenziell erhebliche Sunk Costs einher. In der Nutzungsphase ist bei Veränderungen des Bedarfs betrieblicher Immobilien mit erheblichen Kostenremanenzen zu rechnen, die ihren Ursprung zum einen in der weitgehend technisch begründeten frühzeitigen Festlegung der Baunutzungskosten in der Planungs- und Bauphase haben und zum anderen in der Art und Weise der betrieblichen Nutzung von Immobilien. Insbesondere Sunk Costs von Bereitstellungsalternativen haftet ihre Entscheidungsirrelevanz an. Mit Maßnahmen des Kostenmanagements in der Nutzungsphase wird ihnen folglich nicht beizukommen sein. Es gilt deshalb, den Bereitstellungsvarianten die Sunk Costs im Entscheidungszeitpunkt exakt zuzurechnen. Die bisherigen Ausführungen haben die Langfristigkeit und die im Zeitablauf großen Schwankungen der Kostenverursachung deutlich gemacht. Dabei sind die Kostenwirkungen rein statisch betrachtet worden. Diese Betrachtung wird den Kapitalisierungseffekten der eingesetzten Mittel nicht gerecht. Zu einer exakten Vorbereitung von Bereitstellungsentscheidungen ist deshalb die im Kapitel 8 vorgenommene dynamische Betrachtung mit Hilfe der Investitionsrechnung erforderlich.

Bedingt durch den Verlauf der Nutzen- und Kostenverursachung sowie insbesondere der Höhe der Wechselkosten von betrieblichen Immobilien ist der Entscheidungsträger grundsätzlich langfristig an seine Entscheidung gebunden. Gleichzeitig ist die Nutzenentstehung nur schwer messbar und unterliegt zudem einer erheblichen Unsicherheit. Die große Herausforderung des betrieblichen Immobilienmanagement ist die Handhabung der sich aus dieser Konstellation ergebenden Risiken. Wie die bisherigen Ausführungen deutlich gemacht haben, muss das Hauptinteresse dabei der im Zuge der Bereitstellung zu treffenden Entscheidungen liegen, da hier der betriebswirtschaftliche Erfolg der betrieblichen Immobilien weitgehend festgelegt wird.

B HANDLUNGSFELDER DER BETRIEBLICHEN IMMOBILIENÖKONOMIE

Im Teil A wurde insbesondere die Bedeutung betrieblicher Immobilien für das Unternehmen aufgezeigt und verschiedene Probleme herausgestellt, die den effektiven Umgang mit dieser Ressourcenklasse erschweren. Das Ziel des Teils B ist es, eine Systematik der Handlungsfelder sowie die speziellen Instrumente des betrieblichen Immobilienmanagements zu geben. Ein Überblick zeigt die bisher unternommenen Versuche, die betriebliche Immobilienökonomie zu einem Konzept zu erheben und eine Systematik der Handlungsfelder des betrieblichen Immobilienmanagements, bevor die einzelnen Entscheidungsprobleme der jeweiligen Handlungsfelder gegliedert nach Bewirtschaftung des vorliegenden Bestands und Optimierung in der Bereitstellung der Immobilien analysiert werden.

4 Überblick

Ziel des Kapitels 4 ist ein Überblick über die Handlungsfelder der betrieblichen Immobilienökonomie. Als Grundlage einer Systematik ist zunächst im ersten Abschnitt dieses Kapitels eine betriebswirtschaftliche Einordnung der betrieblichen Immobilienökonomie erforderlich. Im Anschluss wird im zweiten Teil eine eigene Systematik erstellt.

4.1 Alternative Ansätze in der Literatur

Die Auseinandersetzung mit der betrieblichen Immobilienökonomie hat auch vor der gegenwärtigen Diskussion um Facility Management und Corporate Real Estate Management bereits stattgefunden. Da Immobilien seit Bestehen der Betriebswirtschaftslehre mit dem Produktionsprozess untrennbar verbunden sind, überrascht dies nicht. Nachfolgend sind zunächst kurz die historischen Ursprünge der betrieblichen Immobilienökonomie aufzuzeigen, bevor im Anschluss die neueren Konzepte vorgestellt und verglichen werden.

4.1.1 Historische Ursprünge

Die betriebliche Immobilienökonomie in der hier diskutierten Form hat im Wesentlichen zwei historische Bezüge in der Betriebswirtschaftslehre. Hierbei handelt es sich zum einen um die betriebliche Standortlehre und zum anderen um die Anlagenwirtschaft. Der Bezug zur Standortlehre lässt sich unmittelbar aus der Standortbezogenheit als Kernproblem der Immobilienökonomie herleiten. Die Standortwahl hatte in der Vergangenheit als konstitutive Entscheidung des Unternehmens sehr große Bedeutung. Im Entscheidungsprozess der Standortwahl kommt dem Standortfaktor „Grund und Boden" regelmäßig sehr große Bedeutung zu.[1] Im Prozess der Standortwahl werden deshalb die maßgeblichen immobilienwirtschaftlichen Fragestellungen der Bereitstellung betrieblicher Immobilien berücksichtigt. In der Literatur zur Immobilienökonomie wird deshalb bezüglich der Bereitstellung betrieblicher Immobilien auf die Forschungsergebnisse der Standortlehre insbesondere der Standortfaktorentheorie zurückgegriffen.[2] Ein weiterer Zweig der Standortlehre, welcher die betriebliche Immobilienökonomie maßgeb-

---

[1] Siehe hierzu Abschnitt 2.1.3.

[2] Vgl. Phyrr, S. A. et al, 1989, S. 373 ff.; Brown, R. K. et al., 1992, S. 208.

lich beeinflusst, ist die innerbetriebliche Standortwahl, welche sich mit der räumlichen Planung von Anlagen an einem Standort befasst.[1]

Die Anlagenwirtschaft befasst sich mit denjenigen Betriebsmitteln, denen Potenzialfaktor-Charakter zukommt. Zu diesen gehören neben Mobilien auch die Immobilien. In Bezug auf seine Betriebsmittel muss ein Unternehmen deren Leistungsfähigkeit maximieren. GUTENBERG identifiziert folgende Bestimmungsgründe der Leistungsfähigkeit von Betriebsmitteln:[2]

- Generelle Einflussfaktoren der Leistungsfähigkeit von Betriebsmitteln,
- Grad der Modernität (Baujahr),
- Abnutzungsgrad (Verschleiß),
- Zustand an Betriebsfähigkeit (Instandhaltung, Inspektionen),
- Kriterien der technischen Eignung von Betriebsmitteln,
- quantitative Kapazität,
- qualitative Kapazität (Ausnutzung des qualitativen Leistungspotentials, Anpassung der Anlagen an den Arbeitsprozess),
- betriebstechnische Elastizität der Betriebsmittel, Betriebsmittelflexibilität.

Aus den Bestimmungsfaktoren der Leistung leiten sich die Sachziele der Anlagenwirtschaft ab. Diese sind:[3]

1. die Anlagenbereitstellung und -projektierung,
2. die Anlageninstandhaltung,
3. die Anlagenausmusterung und
4. die Anlagenverwaltung.

Die Anlagenwirtschaft zielte in der Vergangenheit vor allem auf Betriebsmittel ab, „...die neben einer zeitabhängigen Wertminderung (Zeitverschleiß) vor allem dem Gebrauchsverschleiß unterworfen sind, der durch den Abnutzungsgrad erfasst wird..."[4] Der Schwerpunkt der Anlagenwirtschaft lag auf der Instandhaltung, die auch als Anlagenerhaltung bezeichnet wird. MAENNEL fasst unter dem Oberbegriff Anlagenerhaltung „...all jene Maßnahmen zusammen, die der Erhaltung oder Wiederherstellung der Leistungsfähigkeit von Betriebsmitteln dienen."[5] Den übrigen Formalzielen wurden in der Anlagenwirtschaft vergleichsweise wenig Beachtung geschenkt.

Immobilien weisen gegenüber anderen Anlagen eine Reihe an Besonderheiten auf. Gemessen an den Marktwerten sind die Immobilien regelmäßig der größte Posten unter den Anlagen. Diese unterliegen im Zeitablauf allerdings keinem zwingenden Werteverzehr, sondern können durchaus Wertsteigerungen aufweisen. Zusätzlich weisen Immobilien einen sehr geringen Gebrauchsverschleiß auf, was sich in einem geringen Ausfallrisiko der Gebäude und einer vergleichsweise ho-

---

[1] Vgl. Koopmans, T. C. u. Beckmann, M., 1957; Schmidt, F., 1965, insb. S. 41 ff.; Mellerowicz, K., 1968, S. 226 ff.; Wäscher, G., 1982.

[2] Vgl. Gutenberg, E., 1983, S. 71 ff.

[3] Vgl. Biedermann, H., 1990, S. 6 ff.

[4] Biedermann, H., 1990, S. 3.

[5] Männel, W., 1968, S. 25.

hen Zuverlässigkeit niederschlägt. Der technische Gebäudeverschleiß steht nur in geringer Abhängigkeit von Art und Umfang der betrieblichen Produktion. Aufgrund dieser Besonderheiten hat die Instandhaltung als Schwerpunkt der Anlagenwirtschaft bezüglich der Grundstücke und Gebäude nicht die hohe Bedeutung, die sie bei Mobilien besitzt.

4.1.2 Neuere Entwicklungen

Die unzureichende Berücksichtigung der auf die Anlagenbereitstellung und Anlagenprojektierung, die Anlagenausmusterung und die Anlagenverwaltung gerichteten Ziele haben dazu geführt, dass mit zunehmender Beachtung der betrieblichen Immobilien neue Forschungsrichtungen außerhalb der Anlagenwirtschaft entstanden sind. Im Wesentlichen handelt es sich dabei um das Facility Management und das Corporate Real Estate Management, denen in diesem Kapitel die Aufmerksamkeit gilt. Die zwei Ansätze werden zunächst erläutert, bevor sie vergleichend kritisch gewürdigt werden und ein Ausblick in die Zukunft der Forschung des betrieblichen Immobilienmanagement gegeben wird.

4.1.2.1 Facility Management

SCHWARZE versteht unter dem Begriff Facilities „...die Gesamtheit aller zur Leistungserstellung benötigten Sachmittel..., die nicht körperlich in ein Produkt oder eine Dienstleistung eingehen, die aber für die Erfüllung des Unternehmenszwecks unverzichtbar sind. Zu den Facilities gehören also Grundstücke, Gebäude, Versorgungseinrichtungen und Installationen aller Art, Betriebsanlagen, Arbeitsmittel, aber auch Büromöbel, Büroausstattung, Büromaterial, Kommunikationseinrichtungen (Telefon usw.) und dgl. Damit umfasst der Facilities-Begriff alle Betriebs- und Arbeitsmittel."[1] Mit dieser aus der englischen Bedeutung des Begriffs „Facilities" abgeleiteten Abgrenzung des Objektbereichs ist jedoch keinesfalls eine einheitliche Verwendung des Begriffs gewährleistet. Vielmehr finden sich in der Literatur unter dem Titel Facility Management die unterschiedlichsten Abgrenzungen des Erfahrungsbereichs.[2] Insbesondere hinsichtlich der Berücksichtigung von EDV-Systemen scheiden sich die Ansätze. Einheit hingegen besteht, soweit es um die Grundstücke und Gebäude als Gegenstand des Facility Management geht.

Ursprünglich wurde der Ansatz des Facility Managements Mitte der 50er Jahre in den USA von den Gebrüdern SCHNELLE vom Quickborner Team als Mittel zur Verbesserung der betrieblichen Interaktion und damit der Produktivitätssteige-

[1] Schwarze, J., 1991, S. 209.

[2] Vgl. Schwarze, J., 1991, S. 209; Cotts, D. u. Lee, M., 1992; Verband öffentlicher Banken (Hrsg.), 1994; Braun, H. P., Oesterle, E. u. Haller, P., 1995; Frutig, D. u. Reiblich, D., 1995; o. V., Personalwirtschaft 1996; Kahlen, H., 1996; Hammann, P., Palupski, R. u. Trautmann, C., 1997.

rung entwickelt.[1] Neben der ursprünglichen Bedeutung aus der Arbeitsorganisation wurde der Ansatz aus der allgemeinen Debatte um die Senkung der Gemeinkosten heraus vermehr vor dem Hintergrund der Kostenoptimierung betrachtet.[2] Als solches haben die Konzepte des Facility Management ihre Ursprünge in den Aktivitäten der Stadtverwaltungen, des Militärs und der Colleges in Nordamerika.[3] 1979 wurde in Ann Arbour, Michigan, das erste Institut gegründet, welches sich mit dem Thema Facility Management näher auseinander setzte und ein Jahr später, 1980, der Verband National (später International) Facility Management Association (IFMA). Der Versuch, sämtliche in der Literatur zu findenden Definitionen des Facility Managements hier wiederzugeben und zu ordnen, soll dem Leser erspart bleiben. Daraus wäre schnell ersichtlich, dass der Begriff Facility Management als Schlagwort für vielerlei Interessen instrumentalisiert wird. Dennoch zeichnet sich mittlerweile nicht zuletzt aufgrund der Arbeit der nationalen und internationalen Verbände ein gefestigtes, wenn auch sehr breites Begriffsverständnis ab. Dabei bleiben leichte Unterschiede in der Betrachtungsperspektive und somit den Definitionshintergründen zwischen Nordamerika und Deutschland erhalten. Die in Amerika gebräuchliche Definition lautet: „Facility management is the practice of coordinating the physical workplace with the people and work of the organization; integrates the principles of business administration, architecture, and the behavioural and engineering sciences."[4] Typischer Weise tritt in Amerika damit der Nutzer in den Fordergrund des Facility Management Verständnisses. In Deutschland hingegen definiert die GEFMA Facility Management wie folgt: „Facility Management ist ein unternehmerischer Prozess, der durch die Integration von Planung, Kontrolle und Bewirtschaftung bei Gebäuden, Anlagen und Einrichtungen (facilities) und unter Berücksichtigung von Arbeitsplatz und Arbeitsumfeld eine verbesserte Nutzungsflexibilität, Arbeitsproduktivität und Kapitalrentabilität zum Ziel hat. „Facilities" werden als strategische Ressource in den unternehmerischen Gesamtprozess integriert."[5] In dieser Definition der deutschen Sektion der IFMA stehen die Facilities selbst im Mittelpunkt der Betrachtung und nicht der Mensch als Nutzer, wie es in der amerikanischen Definition der Fall war. SEIFERT führt diese Diskrepanzen auf unterschiedliche Eigentumsverhältnisse zurück. Während in Amerika ein großer Teil der betrieblichen Immobilien gemietet sind, ist in Deutschland der größte Teil der betrieblich genutzten Immobilien auch im Eigentum der Unternehmen. Aus der Einheit von Nutzer und Eigentümer leitet SEIFERT einen erheblicher Nachholbedarf in der ökonomischen Optimierung des Einsatzes betrieblicher Immobilien ab. Um den Stellenwert der Immobilie als Wirtschaftsgut zu stärken, wird in der Definition der GEFMA deshalb direkt auf die Immobilie Bezug genommen, was auch in der Zielsetzung des Facility Mana-

[1] Vgl. Neumann, G., 1994, S. 9 f.

[2] Vgl. Schwarze, J., 1991, S. 209 f.

[3] Vgl. Cotts, D. u. Lee, M., 1992, S. 3.

[4] Diese Definition geht zurück auf: United States Library of Congress 1988, zitiert bei: Cotts, D. u. Lee, M., 1992, S. 3.

[5] Diese Definition geht zurück auf die den Deutschen Verband für Facility Management e.V. (GEFMA), zitiert bei: Braun, H. P., Oesterle, E. u. Haller, P., 1995, S. 2.

gements seinen Niederschlag findet.[1] „Ziel von Facility Management ist es, bei Planung, Bau, Nutzung, Sanierung und Abriss von Gebäuden den Nutzen zu mehren und den Aufwand zu verringern."[2] Damit umfasst das Facility Management im Gegensatz zum Gebäudemanagement den gesamten Lebenszyklus der Immobilie inklusive der Erstellungsphase. In einer sehr umfassenden Übersicht gliedern COTTS/LEE die Aufgaben des Facility Managements in folgende Funktionen:[3]

- Organisation und Führung der Immobilienabteilung,
- Gebäudeplanung und Forecasting,
- Regelung der Mietverhältnisse (Mieter/Vermietersicht),
- Raumplanung, Raumbelegungsplanung,
- Technische/architektonische Planung und Design,
- Arbeitsplatzplanung und -gestaltung,
- Budgetierung, Rechnungswesen, Finanzplanung,
- Markttätigkeiten: Standortanalyse, Kauf/Verkauf, Anmietung/Vermietung,
- Bauprojektmanagement,
- Umbau, Renovierung, Arbeitsplatzeinrichtung,
- Gebäudebetrieb und -unterhaltung,
- Telekommunikationseinrichtungen, Netzwerkbetrieb,
- Sicherheit und Katastrophenschutz,
- Gebäudeservice (Postdienste, Transportdienste, Essensdienste etc.).

Das breite Spektrum der Aufgaben des Facility Managements berührt die Belange verschiedener Fachrichtungen. Es verwundert daher kaum, dass es in entsprechend vielen Disziplinen zum Gegenstand wissenschaftlicher Untersuchungen geworden ist. Es liegen z. B. Forschungsergebnisse aus der Wirtschaftsinformatik, der Architektur, dem Bauingenieurwesen und der Arbeitswissenschaft vor. Da der Ansatz des Facility Managements vergleichsweise jung ist, sind bislang nicht alle Aufgabengebiete gleichermaßen intensiv bearbeitet worden. Es kristallisieren sich die folgenden drei Themenschwerpunkte des Facility Managements heraus:

1. Konzentration auf Kernkompetenzen und Outsourcing des Facility Managements,
2. Gebäudeinformationssysteme,
3. Die lebenszyklusorientierte Architektur und technischen Planung.

Zu 1.) Im strategischen Management rücken Kernkompetenzen immer weiter in das Zentrum der Wettbewerbsüberlegungen der Unternehmen.[4] Die in ihren Grundzügen auf PRAHALAD/HAMEL zurückgehenden Überlegungen des Kernkompetenzansatzes konzentrieren sich im Wesentlichen auf technologische und produktionsbezogene unternehmensindividuelle Fähigkeiten, die den besitzenden Unternehmen einen nachhaltigen Wettbewerbsvorteil verschaffen. Diese sind sys-

[1] Vgl. Seifert, F., 1998, S. 26.
[2] GEFMA Richtlinie 100, 1996, S, 5.
[3] Vgl. Cotts, D. u. Lee, M., 1992, S. 4 ff.
[4] Vgl. Hamel, G. u. Prahalad, C., 1990.

tematisch auszubauen und zu akkumulieren. Wenn Fähigkeiten eines Unternehmens nicht zu den Kernkompetenzen eines Unternehmens gehören, sind diese aufzugeben und die Leistungen am Markt von Partnern fremd zu beziehen, in deren Kernkompetenzbereich die entsprechenden Aufgaben gehören. Dies reduziert die Komplexität des Unternehmens und setzt personelle, finanzielle und materielle Ressourcen frei, die im Kernbereich des Unternehmens eingesetzt werden können.[1] Ein großer Teil der Leistungen des Facility Managements wie z. B. die Gebäudereinigung trägt in der Regel nicht zur Schaffung von Kernkompetenzen bei. Deshalb hat sich ein breiter Markt für Facility-Management-Dienstleistungen gebildet, der die Möglichkeit des Fremdbezugs dieser Aufgaben gewährleistet.[2] Eine Reihe an Arbeiten befassen sich folglich mit den Rahmenbedingungen, Chancen und Risiken des Outsourcing von Facility-Management-Funktionen.[3] In diesen Arbeiten werden die Probleme der Selektion geeigneter Einzelleistungen, die Bündelung zu Dienstepaketen, die Auswahl geeigneter Anbieter und die Vertragsgestaltung behandelt.

Zu 2.) Der zweite Schwerpunkt des Facility Managements befasst sich mit der Computerunterstützung des Immobilienmanagements. Ziel des Computer Aided Facility Managements (CAFM) ist es, die EDV-Systeme entlang des Lebenszyklus von Immobilien zu vernetzen, sodass die einzelnen Prozesse des Immobilienmanagements vollständig unterstützt werden können. Die Aufgabe dieser Systeme ist es, alle Gebäudeinformationen zu einem einheitlichen, überschaubaren Bild zusammenzuführen, welches als Entscheidungsgrundlage für das Zusammenwirken der Entscheidungsträger im Unternehmen, sowie den beauftragten Architekten und Fachplanern dient.[4] Die Ausgangsdaten liefern die CAD-Systeme, mit deren Hilfe die Gebäude geplant wurden. In der Betriebsphase folgen Module für die Verwaltung der Gebäude, den technischen Betrieb sowie die Planung, Durchführung und Kontrolle von Dienstleistungen auf den Flächen.[5] Neben der prozessorientierten Sicht des Immobilienmanagements, wie sie beispielsweise im System SAP R/3-IS-RE mustergültig umgesetzt wird,[6] entstehen in jüngerer Zeit objektorientierte Module, deren Ziel das Computer Integrated Building (CIB) ist. In diesem System werden die EDV-Anwendungen der Gebäudeautomation wie Zugangskontrollen, Klimasteuerung, Elektro- und Sanitärsteuerung mit den Anwendungen der Kommunikationssysteme in den Medien Text und Daten, Ton und Bild in einem integrierten System zusammengeführt.[7]

Zu 3.) Die lebenszyklusorientierte Architektur und technische Planung betrifft sowohl die Kosten als auch den Nutzen von Gebäuden. In der Vergangenheit wur-

---

[1] Vgl. Hellinger, C., 1999, S. 41 ff.

[2] Vgl. Hinsche, S., 1994.

[3] Vgl. Riebel, V. , 1994; Schneider, H., 1996; o. V., Personalwirtschaft 1996; Schöck, T. A. H., 1997; Staudt, E., Kriegesmann, B. u. Thomzik, M., 1999.

[4] Vgl. Braun, H.P., 1994; Braun, H. P., Oesterle, E. u. Haller, P., 1995, S. 4.; Hammann, P., Palupski, R. u. Trautmann, C., 1997.

[5] Vgl. Schwarze, J., 1991; Frutig, D. u. Reiblich, D., 1995, S. 67 ff.

[6] Vgl. Abschnitt 5.3.2.

[7] Vgl. DEGW, 1985; Bullinger, H.- J., Fröschle, H. - P. u. Niemeier, J., 1990.

de häufig ein Defizit in der Effektivität der Gebäude aus Nutzersicht beklagt, was vor allem auf mangelndes ökonomisches Problembewusstsein bei den Architekten zurückgeführt wurde.[1] In diesem Kontext kommt dem Facility Management eine Bindegliedfunktion zu, die ökonomische Kriterien als Zieldimension in die Architektur und das Bauingenieurwesen sowohl hinsichtlich der Kostenverursachung als auch hinsichtlich der Nutzenentstehung einführt.

Es wurde bereits hinlänglich verdeutlicht, dass die Kostenverursachung irreversibel in der Planungsphase, hingegen die Kostenentstehung von Gebäuden erst zu einem späteren Zeitpunkt in der Nutzungsphase erfolgt.[2] Aus Sicht der Architektur und der Ingenieurwissenschaften ist es deshalb das Ziel des Facility Managements, eine lebenszyklusorientierte Gebäudeplanung zu betreiben. Für eine auf die lebensykluskostenorientierte Unterhaltung gerichtete Gebäudeplanung sind drei Komponenten zu berücksichtigen:[3]

1. eine technische Komponente (technische Ausführbarkeit bei der Erstellung),
2. eine infrastrukturelle Komponente (Schaffung der zur späteren Unterhaltung notwendigen Infrastruktur auf dem Grundstück und im Gebäude),
3. eine kaufmännische Komponente (Kosten der Unterhaltung).

Betrachtet man den Nutzen eines Gebäudes im Lebenszyklus, so wurde in der Vergangenheit beklagt, dass das Zielsystem des Planers nicht dem des Nutzers entspricht. Die Folge sind „Architektendenkmäler"[4], deren Kosten in keinem Verhältnis zum entstehenden Nutzen stehen. Die Berücksichtigung von betriebswirtschaftlichen Zielen der Nutzer in Form von Optimierung der Mieteinnahmen, Optimierung der Gebäudeflexibilität, Vermeidung von Nutzungseinbußen durch mangelhafte Arbeitsplatzgestaltung beispielsweise durch das „Sick Building Syndrom"[5] erhöht die Komplexität der Planungsaufgabe, zu dessen Bewältigung das Facility Management die notwendige Informationsgrundlage schafft.[6]

Abschließend bleibt festzuhalten, dass sich das Facility Management aus dem Zusammenwachsen der Aufgaben des Immobilienmanagements über verschiedene Ebenen hinweg entwickelt hat. Die Integrationsebenen sind:

- Integration der Wertschöpfungskette des Immobilienmanagements des Unternehmen und seinen Facility-Management-Dienstleistern,
- Integration über den Lebenszyklus von Gebäuden,
- Integration von Fachwissen aus den Disziplinen Architektur, Ingenieurwesen, Arbeitswissenschaften und Betriebswirtschaft,

---

[1] Vgl. Amelung, V. E., 1994, S. 74 ff.

[2] Vgl. Nävy, J., 1998, S. 66.

[3] Vgl. Mackewicz, D., 1995, S. 116 ff.; Staudt, E., Kriegesmann, B. u. Thomzik, M., 1999, S. 45.

[4] Schneider, H., 1994, S. 33.

[5] Hierbei handelt es sich um Krankheiten, die durch Anwesenheit in Gebäuden auftreten und die bei den betroffenen Personen erst bei längerem Aufenthalt außerhalb des Gebäudes wieder zurückgehen.

[6] Vgl. Nävy, J., 1998, S. 7; Staudt, E., Kriegesmann, B. u. Thomzik, M., 1999, S. 48.

- Integration der Datenbanken und DV-Anwendungssysteme als Voraussetzung der übrigen Dimensionen.

4.1.2.2 Corporate Real Estate Management

Parallel zum Facility Management hat sich in den USA unter dem Begriff „Corporate Real Estate Management" eine weitere Forschungsrichtung auf dem Gebiet des Immobilienmanagements herausgebildet.[1] Die Wurzeln dieser Forschungsrichtung lagen in der Erkenntnis, dass den betriebliche Immobilien in denjenigen Unternehmen, in denen die Immobilienwirtschaft nicht zum Kerngeschäft gehört, den sogenannten Non-Property-Companies nicht die entsprechende Bedeutung beigemessen wurde.[2]

Die Zielsetzung des Corporate Real Estate Managements leitet sich unmittelbar aus der Zielsetzung des Unternehmens ab. In Operationalisierungsversuchen orientieren sich die Autoren dabei am Shareholder Value, der durch die Entscheidungen des Immobilienmanagements zu maximieren ist.[3] Entsprechend umfasst der Objektbereich des Corporate Real Estate Managements alle Immobilien, die zur betrieblichen Leistungserstellung dienen, gleichgültig wie die Besitzverhältnisse gelagert sind.[4] Bezüglich der aus Kapitalanlageaspekten erworbenen Immobilien herrscht Uneinigkeit. BROWN ET AL. definieren Corporate Real Estate als „Real properties that house productive activities of a traditional (AP: non property) corporation."[5] Hingegen bestehen RODRIGUEZ/SIRMANS darauf, dass es keinen Unterschied gibt zwischen solchen Immobilien, die als Kapitalanlage erworben wurden, und solchen, die als Produktionsfaktor dienen.[6] In der Praxis wird eine Unterscheidung nicht immer leicht fallen, da im Lauf der Zeit ehemals betrieblich genutzte Immobilien nicht mehr im Leistungserstellungsprozess benötigt werden, wohl aber als Kapitalanlage weiter im Portefeuille verbleiben und Objekte, die ursprünglich als Kapitalanlage gedacht waren, unter bestimmten Voraussetzungen auch betrieblich sinnvoll genutzt werden können. Zudem werden sich Objekte finden, die teils betrieblich genutzt und teils vermietet werden. Die Abgrenzung des Objektbereichs hat dementsprechend vornehmlich akademischen Charakter. Gleichwohl steht sie in starker Abhängigkeit von den sehr unterschiedlichen Themenschwerpunkten, denen sich die Autoren stellen und die im Folgenden auf der Grundlage der Gliederung von BROWN ET AL. systematisiert werden.[7]

---

[1] Vgl. Brown, R. K., et al., 1992.

[2] Vgl. Zeckhauser, S. u. Siverman, R., 1983; Veale, P. R., 1989; Nourse, H. O., 1990; Cameron, I., 1993; Nourse, H. O., u. Roulac, S., 1993 ; Rodriguez, M. u. Sirmans, C. F., 1996 ; Schäfers, W., 1996 ; Mannig, C. u. Roulac, S., 1999.

[3] Vgl. Rutherford, R. C., 1990; von Jürgensonn, I., 1997; Hess, C., 1999.

[4] Vgl. Manning, C. u. Roulac, S., 1999, S. 268.

[5] Brown, R. K., et al. 1992, S. 5. Siehe auch Mannig, C. u. Roulac, S., 1999, S. 260 f.

[6] Vgl. Rodriguez, M. u. Sirmans, C. F., 1996. Liest man das Buch von BROWN ET AL. genauer, so wird deutlich, dass auch sie die eingangs vorgenommene Abgrenzung nicht immer exakt einhalten können.

[7] Vgl. Brown, R. K., et al., 1992.

- Berücksichtigung von Immobilienvermögen in der Unternehmensstrategie,
- Ableitung einer Immobilienstrategie,
- Organisation der Immobilienabteilung,
- Vermarktung von Immobilien,
- Ableitung von Flächenanforderungen,
- Ableitung von Standortstrategien,
- Entwicklung multifunktionaler Gebäude,
- Vorbereitung von Bereitstellungsentscheidungen,
- Akquisition von Immobilien,
- Gebäudemanagement,
- Planung und Kontrolle der Immobilienbudgets,
- Immobilienbewertung,
- Rechtliche Absicherung der Flächennutzung.

Innerhalb dieses breiten Betätigungsfelds haben sich die folgenden Forschungsschwerpunkte gebildet:

1. Kapitalmarkttheoretische Betrachtung des Immobilienvermögens,
2. Errichtung eines Immobilieninformationssystems,
3. Ausrichtung des Immobilienbestands an der Unternehmensstrategie,
4. Organisation des Immobilienmanagements.

Zu 1.) MANNIG/ROULAC stellen in ihrer 1999 gezogenen Bilanz der amerikanischen Forschung zum Corporate Real Estate fest, dass sich der Schwerpunkt der Arbeiten finanzwissenschaftlichen Problemstellungen widmet, weil ein Großteil der Autoren finanzwirtschaftlichen Fakultäten der Business Schools angehören.[1] Dieser Hintergrund legt nahe, die finanzwirtschaftlich dominierenden Themen auf immobilienrelevante Fragestellungen auszuweiten. Im Zuge kapitalmarkttheoretischer Betrachtungen entstanden vor allem Arbeiten, in deren Mittelpunkt die Steigerung der Wertschöpfung aus den vernachlässigten betrieblichen Immobilien stand.[2] Hauptziel dieser Arbeiten ist es, ein Managementsystem für den Immobilienbestand zu generieren, welches den Shareholder Value des Unternehmens maximiert.

Zu 2.) Ähnlich den Ergebnissen des Facility Managements wurde auch im Corporate Real Estate Management der mangelnde Informationsstand und somit das Fehlen einer Entscheidungsgrundlage beklagt.[3] Folglich besteht ein Teil der Bemühungen in der Erarbeitung eines Immobilieninformationssystems, welches über Kosten und Nutzen der betrieblichen Immobilien Auskunft gibt. Anders als im Facility Management werden hier allerdings die technischen Hintergründe vernachlässigt. Das Hauptaugenmerk gilt der Immobilenbewertung. Dabei ist der Maßstab

---

[1] Vgl. Mannig, C. Rodriguez, M. u. Roulac, S. E., 1997, S. 273.

[2] Vgl. z. B. Zeckhauser, S. u. Silverman, R., 1983; Neidich, D. u. Steinberg, T., 1984; Apgar, M., 1993; Apgar, M., 1995; von Jürgensonn, I., 1997; von Jürgensonn, I. u. Schäfers, W., 1998; Grünert,L., 1999a; Grünert, L., 1999b; Hens, M., 1999; Mannig, C. u. Roulac, S. E., 1999.

[3] Vgl. Veale, P. R., 1989, Rodriguez, M. u. Sirmans, C. F., 1996 ; Pfnür, A., 1998b.

der notwendigen Bewertungsvorgänge subjektiv auf den Shareholder Value des Unternehmens gerichtet.

Zu 3.) Da Immobilien als Produktionsfaktoren in die Leistungserstellung einbezogen werden, greift ein auf kurzfristige und finanzwirtschaftliche Ziele gerichtetes Immobilienmanagement zu kurz. Deshalb wird in einer Reihe von Arbeiten das strategische Element des Corporate Real Estate Managements besonders herausgestellt.[1] Zum einen wurde deutlich gemacht, dass unter entsprechenden Voraussetzungen Immobilien einen Einfluss auf die Unternehmensstrategie nehmen können, zum anderen wurde nach Wegen gesucht, wie aus der Unternehmensstrategie eine Strategie für das Immobilienmanagement des Unternehmens abgeleitet werden kann.[2]

Zu 4.) Der vierte Schwerpunkt der Arbeiten zum Corporate Real Estate Management liegt auf dessen Organisation. Es wurde der Frage nachgegangen, welche Aufgaben des betrieblichen Immobilienmanagements ausgegliedert werden sollen[3] und wie die verbleibenden Aufgaben in die Organisation des Unternehmens einzugliedern sind.[4]

Gemessen an der Zahl der Veröffentlichungen hat sich die Entwicklung des Corporate Real Estate Management in den letzten Jahren verlangsamt.[5] MANNING/ROULAC führen dies auf eine einseitige Betrachtung hauptsächlich finanzwirtschaftlicher Problemstellungen zurück, welche mittlerweile abgearbeitet sind.[6] Für den deutschen Leser stellt sich die bislang nicht beantwortete Frage, ob die in Amerika diskutierten Problemstellungen in Deutschland die gleiche Relevanz aufweisen. Aufgrund der kulturell, geografisch und rechtlich bedingten erheblichen Unterschiede in den Rahmenbedingungen des Corporate Real Estate Managements dürften die Probleme der Steuerungsfunktion des Shareholder Value für das betriebliche Immobilienmanagement in Deutschland geringere Bedeutung zukommen. Außerdem ist der Informationsstand und das Problembewusstsein für immobilienwirtschaftliche Fragestellungen in Deutschen Unternehmen im Vergleich zu nordamerikanischen Unternehmen vermutlich vergleichsweise gering ausgeprägt, sodass eine deutsche Fassung des Corporate Real Estate Management andere Schwerpunkte aufweisen muss als die in Nordamerika gewählten.

[1] Vgl. Nourse, H.O. u. Roulac, S., 1993; Seldin, M., Nourse, H. O. u. Heuer, K. L., 1992; Schäfers, W., 1997.

[2] Vgl. Nourse, H. O., 1992; Joroff, M., 1993 ; Schäfers, W., 1997; von Jürgensonn, I. 1997; Schäfers, W., 1998, Schäfers, W. 1999.

[3] Vgl. Kimbler, L. u. Rutherford, R. C., 1993; Manning, C., Rodriguez, M. u. Roulac, S., 1997.

[4] Vgl. Pfnür, A., 1998b; Carn, N. G., Black, R. T. u. Rabianski, J. S., 1999.

[5] Vgl. Jud, D. G., 1996; Manning, C. u. Roulac, S. E., 1999.

[6] Vgl. Manning, C. u. Roulac, S. E., 1999, S. 274 f.

4.1.2.3 Vergleich von Facility Management und Corporate Real Estate Management

Vergleicht man den Facility Management Ansatz mit dem Corporate Real Estate Management, so ist zunächst die große Schnittmenge der Aufgaben auffällig. Dennoch handelt es sich um zwei vom Grunde her sehr verschiedene Ansätze des Immobilienmanagements.

Tabelle 4.1. Vergleich von CREM und FM

Vergleichs-kriterium	Corporate Real Estate Management (CREM)	Facility Management (FM)
Oberziel	Effektives Ressourcenmanagement des Unternehmens ausgerichtet an dessen individuellen Zielen	Optimierung der Ressourcen ausgerichtet an der Immobilie sowie deren anonymen Nutzern
Disziplinäre Grundorientierung	Betriebswirtschaftlich: • Finanzwirtschaftlich • Strategisch	Technikorientiert: • Ingenieurwissenschaftlich • Architektonisch
Maßgeblicher Objektbereich	Betrieblich bedingtes Immobilienvermögen von Non-Property-Companies	Alle Gewerbeimmobilien, teilweise auch Wohnraum.
Beispiele für typischerweise bearbeitete Themen	• Anpassung der Immobilienstrategie an die Unternehmensstrategie • Planung des Flächenbedarfs • bilanzielle und finanzwirtschaftliche Wirkungen • Immobilienmarketing • Risikoanalyse • Projektentwicklung • Standortanalyse	• Gebäudebewirtschaftung • Organisation, Planung und Kontrolle der Gebäudedienste (Reinigung, Post, Pförtner etc.) • Energiemanagement • Instandhaltung von Gebäuden • Gebäudeinformationssystem • Kostenmanagement • Altlastensanierung

Quelle: Eigene Darstellung.

Während im Corporate Real Estate Management die Immobilie als Ressource verstanden wird, die in enger Wechselwirkung mit dem betrieblichen Geschehen gesehen wird, ist das Facility Management mehr auf den ökonomischen Erfolg der Immobilie als solches ausgerichtet. Folglich wird es im Unternehmen dann dem Corporate Real Estate Management vorgezogen, wenn die Immobilien für den Leistungserstellungsprozess von untergeordneter Bedeutung sind.

4.1.2.4 Ausblick

In der Forschung zur betrieblichen Immobilienwirtschaft sind gegenwärtig zwei breitere Forschungstrends erkennbar: die konsequente Entwicklung des Immobilienmanagements hin zu einer eigenen Geschäftseinheit mit strategischer Bedeutung innerhalb des Unternehmens und das Corporate Infrastructure Management.

tung innerhalb des Unternehmens und das Corporate Infrastructure Management. Die Entwicklungsstufen des Corporate Real Estate Management veranschaulichen JOROFF ET AL. (1993).

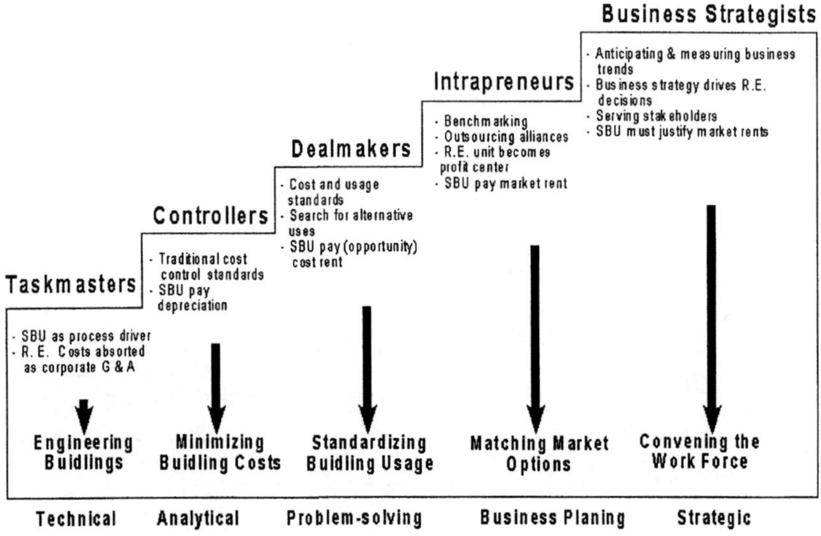

Abb. 4.1. Entwicklungsstufen im Corporate Real Estate Management. Quelle: Joroff, M. et al., 1993; Schäfers, W., 1997, S. 82.

In der niedrigsten Entwicklungsstufen des Corporate Real Estate Managements besitzt die Immobilienabteilung als „Taskmaster" vornehmlich technische Aufgaben der Gebäudeerstellung und Bewirtschaftung. Die Aufgaben beschränken sich auf eine rein reaktive Bedarfsdeckung der Nutzer. Das Immobilienmanagement beschränkt sich auf eine kostengünstige Bereitstellung der angeforderten Immobilien. Die Immobilienkosten gehen als Gemeinkosten in das Rechnungswesen des Unternehmens ein. In der zweiten Stufe kommen die kaufmännischen Aufgaben des Kostenmanagements der Immobilienobjekte hinzu. Die Nutzer werden mit Hilfe von Verrechnungspreisen auf Grundlage von pagatorischen Vollkosten zum wirtschaftlichen Umgang mit Immobilien angehalten. Mit Hilfe traditioneller kostenanalytischer Methoden werden Kostensenkungsmaßnahmen durchgeführt. Die Stufe der „Dealmakers" sieht vor, dass die Immobilienmanager die Aufgaben der Identifikation und der marktlichen Verwertung überschüssiger Immobilien übernehmen. Gleichzeitig werden mittels Benchmarking Marktvergleiche bezüglich Raumverbrauch und Flächenstandards durchgeführt und in die Entscheidungen einbezogen. Als Steuerungsinstrument dienen Vollkostenpreise unter Berücksichtigung kalkulatorischer Größen. Auf der Stufe der „Intrapreneurs" nehmen die kaufmännischen Aufgaben des Immobilienmanagements weiter zu. Die Immobilienmanager werden in die strategischen Entscheidungsprozesse des Gesamtunternehmens eingebunden, um die Ressourcenplanung im Immobilienbereich optimal daran auszurichten. Gleichzeitig werden die marktlichen Aufgaben auf die Fremdvergabe und das Angebot von Immobilienleistungen erweitert. Das Immobilienmanagement wird in geeigneten Bereichen dem externen Wettbewerb ausgesetzt. In der finalen Stufe dieses Modells ist es die Aufgabe des Immobilienmanagements, strategische Herausforderungen des Unternehmens zu erkennen und deren Auswirkungen auf die betriebliche Immobilien des Unternehmens abzuschätzen, um diese Ergebnisse bei der Formulierung der Unternehmensstrategie berücksichtigen zu können. Durch die aktive Gestaltung des Immobilienportfolios trägt das Immobilienmanagement unmittelbar zur Erhaltung der Wettbewerbsfähigkeit des Unternehmens bei. In diesem Prozess nehmen die kaufmännischen Aufgaben hinsichtlich der Bewirtschaftung des Immobilienbestands und der Einbindung von Immobilien in die Unternehmensplanung mit jeder Stufe zu.[1] Während die ersten Stufen der „Taskmasters" und „Controllers" noch weitgehend mit dem Facility Management in Einklang zu bringen sind, richtet sich das betriebliche Immobilienmanagement nach dem Phasen-Schema JOROFF's in seinen fortgeschritteneren Entwicklungsstufen immer stärker an den Funktionen des Corporate Real Estate Managements aus.

Unter dem Titel „Corporate Infrastructure Management" betreibt der Verband der Corporate Real Estate Manager International Research Developement Council (IDRC) ein Forschungsprojekt, welches den Objektbereich des Corporate Real Estate Manager auf die gesamte Infrastruktur des Unternehmens ausdehnt. Dieses Projekt wird getragen von der Vorstellung, dass in Zukunft Unternehmen unabhängig von ihrer physischen Hülle existieren. Erste Anzeichen für diesen Trend liefern beispielsweise Call Center und Direktbanken, deren telefonische Erreichbarkeit und deren Internetadresse von größerer Bedeutung sind als ihre physische Adresse.[2]

4.2 Systematik der Handlungsfelder

In den Ansätzen des Facility Managements und des Corporate Real Estate Managements wurden unterschiedliche Teile aller Aufgaben, die mit der Bereitstellung und Bewirtschaftung betrieblicher Immobilien in Verbindung stehen, zusammengefasst. In Bezug auf die hier diskutierte Problemstellung sind diese Abgrenzungen nur bedingt geeignet. Nachfolgend sollen sämtliche Handlungsfelder des betrieblichen Immobilienmanagements in einen Zusammenhang gestellt werden und die jeweils aus betriebswirtschaftlicher Sicht interessanten Problemstellungen herausgearbeitet werden.

---

[1] Vgl. Manning, C. A. u. Roulac, S. E., 1996, S. 386 ff.; Schäfers, W., 1996, S. 82 ff.

[2] Vgl. http://www.idrc.org v. 4.12.2000.

Die Handlungsfelder lassen sich entlang eines Lebenszyklus in fünf Bereiche unterteilen, welche die Bewirtschaftung des bestehenden Immobilienbestands sowie die Planung und Bereitstellung eines optimierten Immobilienbestands betreffen.

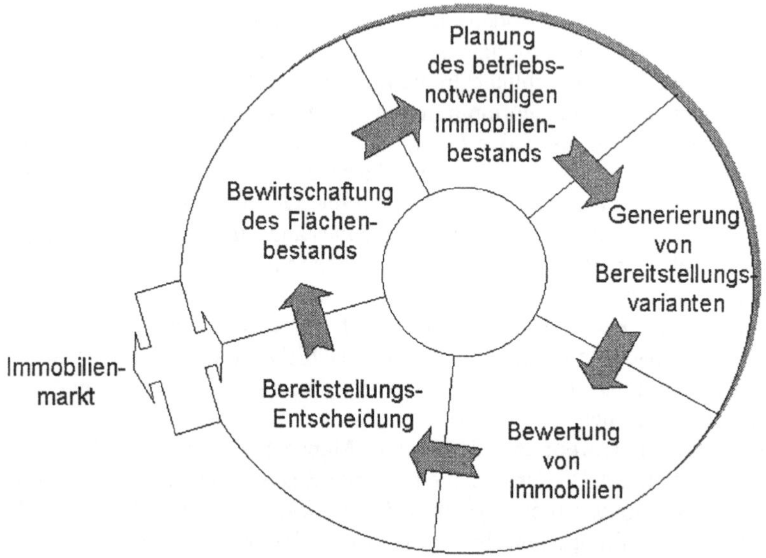

Abb. 4.2. Handlungsfelder des Immobilienmanagements Quelle: Eigene Darstellung.

Wie die Ausführungen zu den betriebswirtschaftlichen Wirkungen von Immobilien im ersten Teil dieser Arbeit verdeutlicht haben, kommt der Entscheidung über die Immobilienbereitstellung eine sehr große Bedeutung zu. Die vornehmlich im Facility Management diskutierten Fragestellungen der Bewirtschaftung des bereits angeschafften Immobilienbestands sind betriebswirtschaftlich allein aufgrund der in dieser Phase kaum noch zu beeinflussenden Kostenentstehung weit weniger bedeutsam. Gleichwohl sind die Informationen über die in der Nutzungsphase anfallenden Kosten und Nutzen der Immobilien in der Bereitstellungsentscheidung von großer Bedeutung.

Der Immobilienbestand des Unternehmens produziert ein umfangreiches Bündel an Aufgaben der Immobilienbewirtschaftung, welches im Kapitel 5 behandelt wird. Nach ihrer primären Zielorientierung lässt sich die Bewirtschaftung unterscheiden in Maßnahmen zur Erhöhung des laufenden Nutzens und solche zur Senkung der laufenden Kosten. Die grundlegenden Ausführungen zu den Wesenszügen des betrieblichen Immobilienmanagements im Teil A haben verdeutlicht, dass die Aufgaben sehr informationsintensiv sind, sodass umfangreiche Immobilienbe-

Um den hohen finanziellen Konsequenzen und der langfristigen Bindungsdauer von Entscheidungen über die Bereitstellung betrieblicher Immobilien gerecht zu werden, wird der Entscheidung über die Bereitstellung im Folgenden großer Raum gegeben. Die Entscheidung lässt sich in eine Reihe relativ geschlossener, aber dennoch in enger Wechselwirkung stehender Teilentscheidungen zerlegen, die in folgender Abbildung in einen Zusammenhang gestellt werden.

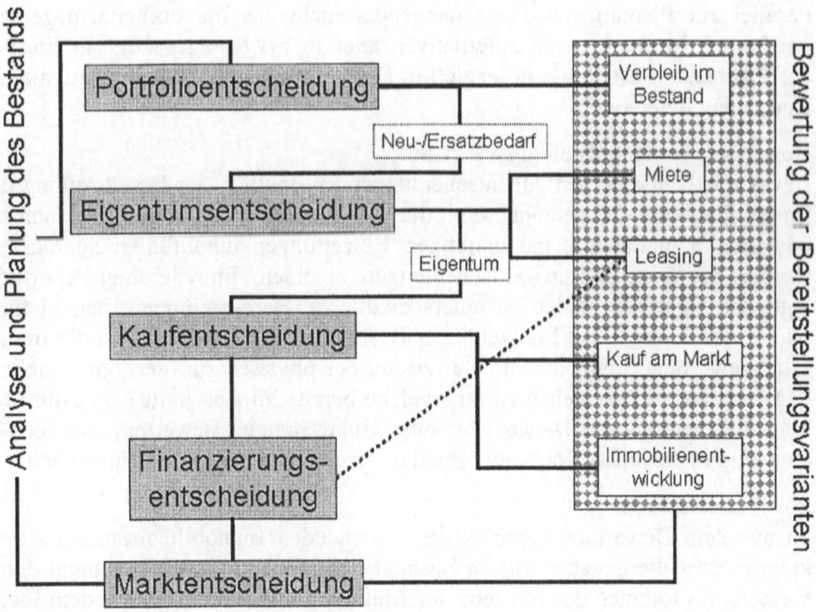

Abb. 4.3. Teilprobleme der Immobilienbereitstellung. Quelle: Eigene Darstellung.

In idealtypisch chronologischer Ordnung ist das erste Teilproblem der Immobilienbereitstellung die Analyse und Planung des zur Leistungserstellung notwendigen Immobilienbestands, welche Gegenstand des Kapitels 5 ist.

1. Analyse des Flächenbedarfs
   Um zu einer Prognose des zukünftigen Flächenbedarfs zu gelangen, ist zunächst der zukünftige Flächenbedarf des Unternehmens zu analysieren. Dieser ergibt sich aus den übergeordneten Unternehmenszielen, aus der Unternehmensstrategie und dem technisch zur Aufgabenerfüllung der einzelnen Organisationseinheiten notwendigen Flächenbedarf. Er wird insbesondere geprägt von dem Einfluss neuer Informations- und Kommunikationstechnologien.

2. Planung des Flächenbestands
   Im nächsten Schritt ist aus dem Bedarf heraus unter Beachtung marktlicher, rechtlicher, finanzieller, ökologischer und sozio-kultureller Restriktionen sowie persönlicher Motive und des finanzwirtschaftlich motivierten Kapitalanlagebe-

2. Planung des Flächenbestands
   Im nächsten Schritt ist aus dem Bedarf heraus unter Beachtung marktlicher, rechtlicher, finanzieller, ökologischer und sozio-kultureller Restriktionen sowie persönlicher Motive und des finanzwirtschaftlich motivierten Kapitalanlagebedarfs der zukünftige Flächenbestand zu planen. In einem Planungsprozess sind Art und Umfang des zukünftigen Flächenbestands festzulegen sowie die Zuordnungen von Nutzungen in einem Ideallayout der Flächen zu beschreiben. Parallel zur Planung des Flächenangebots sucht das Immobilienmanagement am Immobilienmarkt nach Alternativen aller in Erwägung gezogener Formen der Flächenbereitstellung. Potenziell in Frage kommende Objekte werden einer Bewertung unterzogen.

3. Bewertung der Bereitstellungsvarianten
   Bevor das Unternehmen zu Entscheidungen hinsichtlich der Bereitstellung des Immobilienbestands gelangt, sind die alternativen Bereitstellungsformen zu bewerten. Um dabei keine unnötigen Bewertungen durchführen zu müssen, werden die Bereitstellungsentscheidungen in einem Entscheidungsbaum zerlegt, der an seinen Enden zu unterschiedlichen Bereitstellungsvarianten führt (siehe Abbildung 4.3).[1] Maßgeblicher Bestandteil der Bewertung ist die Immobilienbewertung, unter der die Bewertung der physisch zur Verfügung stehenden Angebote zu verstehen ist und welche bereits im Abschnitt 3.5 ausführlich behandelt worden ist. Daneben ist eine grundsätzliche Bewertung der rechtlichen und finanziellen Konsequenzen der Bereitstellungsformen erforderlich.

4. Portfolioentscheidung
   Ist aus dem Bewertungsergebnis des bestehenden Immobilienbestands zu erkennen, dass die gegenwärtig im Bestand befindlichen Immobilien nicht durch kleinere, im Rahmen des Betriebs durchführbare Renovierungen mit dem Ideallayout in Einklang gebracht werden können, ist Ersatz- oder Neubedarf an Immobilien vorhanden. Die zur Auswahl stehenden Varianten der Immobilienbereitstellung werden im Kapitel 7 diskutiert. Anschließend werden im Kapitel 8 Überlegungen zur Entscheidungsfindung zwischen den Varianten angestellt.

5. Eigentumsentscheidung
   Im Falle von Ersatz- oder Neubedarf hat das Immobilienmanagement grundsätzlich die Wahl zwischen den verfügungsrechtlich unterschiedlichen Bereitstellungsformen Kauf, Miete oder Leasing neuer Immobilien. An dieser Stelle ist eine Unterscheidung der eigentumsrechtlich prinzipiell ähnlichen Verhältnisse von Miete und Leasing erforderlich, da sich in Deutschland in der Praxis erhebliche Unterschiede in den Rechten und Pflichten aus den beiden Bereitstellungsformen ergeben.

---

[1] Vgl. zu Systematiken der Bereitstellungsentscheidung in anderen Zusammenhängen: Weimer, A. M., 1966, S. 106 ff.; Apgar, M. IV, 1993, S. 129 ff.

6. Kaufentscheidung
   Hat sich das Unternehmen zum Kauf einer neuen Immobilie entschlossen, so bieten sich die Möglichkeiten des Kaufs einer bestehenden Immobilie am Markt sowie des Neubaus durch Entwicklung eines geeigneten Grundstücks.

7. Finanzierungsentscheidung
   Hat sich das Unternehmen entschieden, das Eigentum an der Immobilie zu erwerben, ist immer auch eine Finanzierungsentscheidung zu treffen. Mit der Wahl einer Leasingkonstruktion ist sowohl die Frage des Eigentums als auch der Finanzierung entschieden.

8. Marktentscheidung
   Stehen von einer Bereitstellungsform am Markt mehrere Varianten zur Verfügung, hat das Unternehmen eine Entscheidung darüber zu treffen, welche Immobilie in den Bestand des Unternehmens übernommen wird.

Die dargestellten Teilentscheidungen werden idealtypisch in einem Bereitstellungsprozess von oben nach unten durchlaufen. Die analytische Zerlegung in Teilprobleme schließt dabei aber nicht aus, dass die Lösung von nachgelagerten Entscheidungsproblemen die Lösung der vorausgehenden Probleme retrograd beeinflusst. Die Analyse und Planung des Immobilienbestands sowie die Marktbeobachtung ist ein ständig revolvierender Vorgang, der den Bereitstellungsprozess überlagert und gegebenenfalls zu einer prozessbegleitenden Revision führt.

5 Die Bewirtschaftung des Immobilienbestands

Die Phase der Bewirtschaftung des Immobilienbestands umfasst den Vollzug des Immobilienbetriebs des vorhandenen Immobilienbestands. Die Analyse der Wirkung betrieblicher Immobilien für den Unternehmenserfolg hat deutlich gemacht, dass sich sowohl Nutzen- als auch Kostenwirkungen nach der getroffenen Bereitstellungsentscheidung und erfolgter Zuordnung von Flächen zu Nutzungen nur noch geringfügig beeinflussen lassen. Folglich ist der Handlungsspielraum in der Nutzungsphase erheblich eingeschränkt. Nutzen- und Kostenwirkungen fallen erst in der Nutzungsphase an. Folglich sind die Erfahrungen im Gebäudebetrieb in der Bereitstellungsentscheidung zu berücksichtigen. In diesem Abschnitt wird deshalb neben den Problemfeldern der Bewirtschaftung des Immobilienbestands auch auf die Beeinflussung der später zu untersuchenden Bereitstellungsphase durch die Nutzung eingegangen. Nachfolgend wird zunächst auf das Nutzenmanagement und anschließend auf das Kostenmanagement eingegangen.

5.1 Nutzenmanagement: Immobilienmarketing

Unter Nutzenmanagement betrieblicher Immobilien werden alle Aktivitäten zur Erhöhung des Nutzens betrieblicher Immobilien vor dem Hintergrund der Zielsetzung des Unternehmens verstanden. Das Nutzenmanagement liegt in den frühen Phasen des Zyklus betrieblicher Immobilien in Form der adäquaten Flächenplanung und Flächenbereitstellung begründet. In der Nutzungsphase ergeben sich Hinweise auf eine Nutzenverbesserung aus der revolvierenden Evaluation des Immobilienbestands. Im Falle eines Nutzenverlusts im Zeitablauf, sind in der Nutzungsphase kaum gegensteuernde Maßnahmen möglich, ohne dass eine grundlegende Überarbeitung des Nutzungskonzepts oder eine Veränderung des Flächenbestands erfolgt. Auf die Erstellung eines Nutzungskonzepts wird im Kapitel 6 näher eingegangen. Eine Veränderung des Flächenbestands ist durch eine Revitalisierung der bestehenden Flächen, durch die Akquisition neuer Flächen sowie durch die Vermarktung überschüssiger Flächen zu erreichen. Revitalisierung sowie Neuakquisition von Flächen werden im Kapitel 7 ausführlich behandelt. Im Hinblick auf die Nutzung des vorhandenen Immobilienbestands besteht die Beeinflussungsmöglichkeit des Nutzens im Erhalt der Marktfähigkeit sowie in der Verbesserung des Marktwerts des betrieblichen Immobilienbestands zur Erhöhung des Vermarktungserfolgs im Falle einer Verwertung am Markt. Alle Maßnahmen, die auf die Erhöhung des Verwertungserfolgs gerichtet sind, werden im Rahmen des betrieblichen Immobilienmanagements als Immobilienmarketing bezeichnet.[1] Das Immobilienmarketing begründet seine Notwendigkeit in der Pflege des Immobilienbestands für eine spätere Verwertung und in der Vermeidung mittelfristiger Leerstände.

Im Vergleich zu anderen Produkten und Dienstleistungen ist das Marketing von betrieblichen Immobilien folgenden speziellen Rahmenbedingungen ausgesetzt:[2]

1. Immobilien werden in der Regel für die betriebliche Nutzung entwickelt. Der spätere Verkaufstermin sowie der Käufer/Mieter sind im Entwicklungsstadium nicht bekannt.
2. Die Standortgebundenheit der Immobilie sowie die nutzungs- und eigentumsrechtliche Situation beschränkt die Auswahl möglicher Käufer/Mieter.
3. Die Komplexität der Immobilie erfordert hohen Beratungsbedarf und im Falle einer Einigung umfangreiche kauf- bzw. mietvertragsrechtliche Regelungen.
4. Kauf/Miete von Immobilien sind langfristig angelegte kapitalintensive Vorgänge.

Aus der Rahmenbedingung (1.) leitet sich unmittelbar ab, dass die Strategie des Immobilienmarketing sich bei Non-Property-Companies weitgehend der des betrieblichen Immobilienmanagements unterordnet. Die bei Property-Comanies dem Marketing zuzurechnende „Hold versus Sell"-Entscheidung[3] bei nicht mehr oder nur suboptimal genutzten Immobilien ist Bestandteil der Evaluation des Immobilienportfolios im Zuge der Bereitstellung betrieblicher Immobilien. Die „Hold versus Sell"-Entscheidung bezieht die Möglichkeiten der Vermarktung von Immobilien mit ein. Das Immobilienmarketing liefert dafür konkrete Vorschläge sowie die Bewertung der Handlungsalternativen im Hinblick auf den Markterfolg. Im Falle gemieteter oder geleaster Immobilienbestände ist im Rahmen der vertraglichen Möglichkeiten ein Untermieter für den Leerstand zu suchen. Im Falle des Immobilieneigentums sind vom Immobilienmarketing eine Reihe weiterer Optionen zu prüfen.[4] Neben der Fragestellung des zukünftigen Werts der Immobilie für das Unternehmen, welche mittels einer Immobilienbewertung aus Sicht der Nutzer zu beantworten ist, geht in die Desinvestitionsentscheidung eine Analyse über die Erfolge der alternativen Vermarktungsstrategien aus der Sicht des Immobilienmarketings ein. Hierzu ist zunächst zu prüfen, ob die Immobilie am Markt einen Abnehmer findet. Wird dies verneint, weil beispielsweise Altlastenverdachtsmomente bestehen, ist zu überlegen, ob die Immobilie einem Redevelopment unterzogen wird oder ob die Möglichkeit einer Eigentumsaufgabe oder einer Schen-

[1] Vgl. zum Immobilienmarketing allgemein, insbesondere für die Zielgruppe der Property-Companies: Nielen, K., 1996; Falk, B., 1997; Nielen, K., 1998; Pachowsky, R., 2000.

[2] Vgl. Bobber, M. u. Brade, K., 1998, S. 583.

[3] Vgl. Neidich, D. u. Steinberg, T., 1984.

[4] Vgl. Jewett, C. L., 1977; Nourse, H. O. u. Kingery, D., 1987b; Nourse, H. u. Kingery, D., 1987c; Brown, R. K. et al., 1992, S. 107 ff.; Gowan, C. A., 1993; Yavas, A. u. Yang, S., 1995.

kung besteht.[1] Ist die Immobilie marktfähig, kann sie im unrenovierten oder renovierten Zustand entweder verkauft oder vermietet werden.

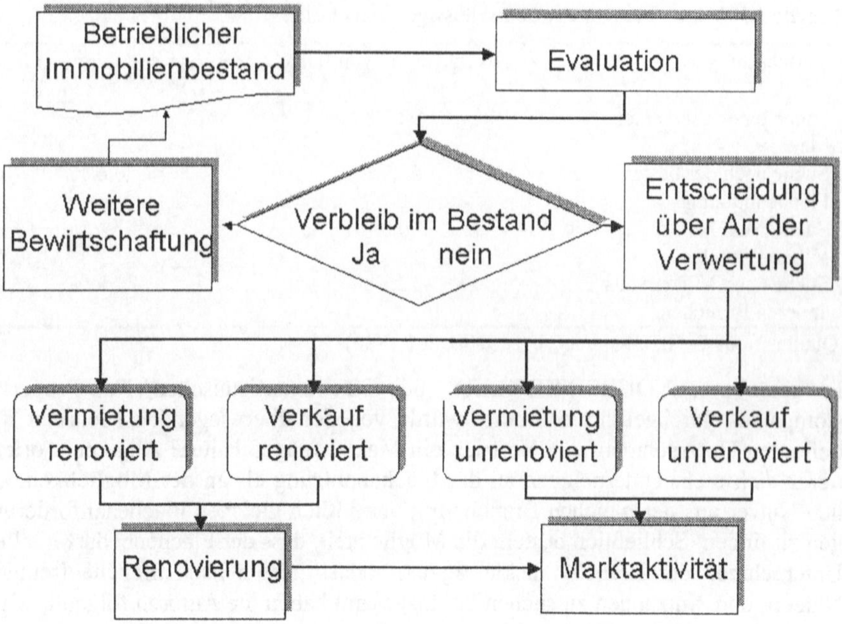

Abb. 5.1. Flussdiagramm der Vermarktung von Immobilieneigentum. Quelle: Eigene Darstellung.

Die in Abbildung 5.1. dargestellten Verwertungsoptionen sind weiter zu präzisieren und detaillieren, bevor eine endgültige Beurteilung durch das Immobilienmarketing abgegeben werden kann. So kann es je nach Marktlage sinnvoll sein, mehrere zu verwertende Immobilien zu bündeln[2] oder größere Objekte zu teilen und in mehreren Einheiten zu verwerten.[3] Im Falle der Renovierung ergeben sich zahlreiche Varianten hinsichtlich des Umfanges der durchzuführenden Maßnahmen. Diese erstrecken sich von einfachen Schönheitsreparaturen bis zum vollständigen Flächenrecycling. Die Entscheidung über die Art der Verwertung wird mit Hilfe der immobilienbezogenen Investitionsrechnung getroffen.[4] Die Zahlungsströme setzen sich zusammen aus den Kosten der Renovierung, den Transaktionskosten der Vermarktung sowie den Verwertungserfolgen in Form von Mieteinnahmen oder Verkaufserlösen. Der Erfolg der Desinvestition ist maßgeblich davon abhängig, ob

[1] Vgl. Nourse, H. O. u. Kingery, D., 1987b, S. 57 f.

[2] Vgl. Jewett, C. L., 1977, S. 8.

[3] Vgl. Brown, R. K. et al, 1992, S. 109 ff.

[4] Vgl. Kapitel 8 und zu stark vereinfachten Verfahren: Neidich, D. u. Steinberg, T., 1984; Gowan, C. A., 1993.

es dem Immobilienmarketing gelingt, einen entsprechenden Nutzer zu finden. Dazu können grundsätzlich vier sich nicht ausschließende Wege bestritten werden.

Tabelle 5.1. Vermarktungswege überschüssiger Immobilien

Vermarktungsweg	Verwendung von IDRC Mitgliedern	Verwendung von nicht IDRC Mitgliedern
Suche eines geeigneten Maklers	92,7 %	82,6 %
Suche nach der besten Flächennutzung	52,7 %	56,6 %
Suche nach Nutzern aus der selben Branche	40,0 %	47,4 %
Suche nach Nutzern aus anderen Branchen	12,7 %	21,4 %

Quelle: Nourse, H. u. Kingery, D., 1987c, S. 2 (820).

In einer von NOURSE/KINGERY bei 228 amerikanischen Non-Property-Companies durchgeführten Studie[1] wurde von der überwiegenden Mehrheit der befragten Unternehmen zum Vertrieb ein Makler eingeschaltet.[2] Allgemein orientieren sich mehr Unternehmen an der Flächennutzung als an der Möglichkeit, einen Nutzer aus der gleichen Branche mit vermutlich gleichen Flächenanforderungen zu finden. Schließlich besteht die Möglichkeit, dass der Flächenbedarf in allen Unternehmen der Branche rückläufig ist, sodass gezielt nach branchenfremden Nutzern und Nutzungen zu suchen ist. Insgesamt haben die Autoren folgende Verteilung der gewählten Vermarktungsalternativen festgestellt:

Tabelle 5.2. Erfolg unterschiedlicher Vermarktungsalternativen

Alternativen	Versuche (n)	Davon erfolgreich (n)
Verkauf oder Vermietung unrenoviert	8.498	7.285
Verkauf oder Vermietung renoviert	533	413
Schenkung	156	93

Quelle: Nourse, H. u. Kingery, D., 1987c, S. 2 (820).

Die Mehrzahl der Unternehmen hat die Immobilien unrenoviert verkauft. Ob dies auf die Qualität der Immobilie, die Marktsituation oder die Fachkenntnis der Akteure zurückzuführen ist, lässt die Studie offen. Ebenfalls für die Situation bei Gewerbeflächen insbesondere in Ostdeutschland symptomatisch dürfte die hohe Anzahl an fehlgeschlagenen Schenkungsversuchen sein. Bedingt durch die hohe Zahl an kontaminierten Grundstücken, ist der Wert der Grundstücke in saniertem Zustand geringer als der Sanierungsaufwand.

---

[1] Vgl. Nourse, H. u. Kingery, D., 1987c. sowie Nourse, H. u. Kingery, D., 1987b. Die Studie unterscheidet die Grundgesamtheit in zwei Gruppen, Mitglieder des International Development Research Council (IDRC) und Nicht-Mitglieder.

[2] Vgl. zum Berufsbild des Maklers: Bonus, H. u. Pauk, H., 1997.

Um den Verwertungsprozess flankierend zu unterstützen, kann die Palette des Marketing-Mix auf die spezielle Anwendung im Immobilienmarketing modifiziert werden.[1] Im Einzelnen können folgende Maßnahmen ergriffen werden:[2]

1. Produktpolitik
   Die Maßnahmen der Produktpolitik im Immobilienmarketing sind im Wesentlichen bereits behandelt worden. Der Produktpolitik zuzurechnen sind folgende Punkte:
   - Erstellung eines Marktangebots (Bündelung oder Zerteilung von Immobilien),
   - Art und Umfang der Renovierung vor der Verwertung,
   - Umfang der Instandhaltung und Modernisierung während der Nutzung,
   - Schaffung von Nutzungsflexibilität in der Phase der Immobilienbereitstellung und deren Erhalt in der Nutzungsphase.
2. Servicepolitik
   - Professionalisierung des Verkaufs- und Vermietungsmanagements,
   - Schaffung von Dienstleistungsangeboten im Bereich des Facility Managements sowie Umzugsmanagement für Nachnutzer.
3. Kommunikationspolitik[3]
   - Festlegung der Zielgruppen: Mieter, Käufer als direkte Zielgruppen, Multiplikatoren wie Politiker, Makler, Verbände, Journalisten, Nachbarn als indirekte Zielgruppe,
   - Immobilienbezogener Einsatz des Kommunikations-Mix, insbesondere Anzeigen, Eventmarketing (z. B. Richtfeste), Baustellen-, Point-of-Sale-Marketing. Erstellung von Exposés, Art und Umfang von Besichtigungsterminen. Die Nutzung von Internet und E-mail ist zur Kontaktanbahnung geeignet. Für den Abschluss ist sie eher ungeeignet, da intensiver Beratungsbedarf und komplexe Vertragsabwicklung persönlichen Kontakt erfordert.
4. Distributionspolitik
   - Auswahl des Vertriebswegs: Makler, Direktvertrieb, Auktion.
5. Kontrahierungspolitik
   - Preisdifferenzierung; insbesondere, wenn das Objekt bereits vor Renovierung erworben wird,
   - Festlegung der Zahlungsbedingungen von Miete und Kaufpreis,

[1] Vgl. Falk, B., 1991; Falk, B. (Hrsg.), 1992; Falk, B., 1997; Bobber, M. u. Brade, K., 1998.

[2] Vgl. zu dieser Systematik des Marketing-Mix: Bruhn, M., 1995, S. 28; vgl. zu den Anwendungen: Bobber, M. u. Brade, K., 1998.

[3] Vgl. Bobber, M. u. Brade, K., 1998, S. 598 ff.

- vertragliche Mietpreisgestaltung, insbesondere Mietanpassung, umsatz- oder erfolgsabhängige Miethöhe, Ausgestaltung der Nebenkostenabrechnung, Dauer des Mietvertrags, Verlängerungsoptionen,
- kostenlose Zugaben wie mietfreies Wohnen, verbesserte Ausstattung, kostenlose Übernahme von Serviceleistungen bei Umzug und Gebäudebetrieb.

Insgesamt sind die Möglichkeiten des Immobilienmarketing durch eine marktgerechte Modernisierung der Objekte vor der anschließenden Verwertung erheblich zu erhöhen. In diesem Fall bleibt mit Hilfe einer Investitionsrechnung zu prüfen, ob der erzielte Verwertungserlös den Modernisierungsaufwand rechtfertigt.

5.2 Kostenmanagement von betrieblichen Immobilien

„Unter Kostenmanagement wird hier die Gesamtheit aller Maßnahmen verstanden, die in einem Betrieb mit der Absicht ergriffen werden, die Kosten unter Berücksichtigung der gesamtbetrieblichen Zielsetzung vorteilhaft zu gestalten."[1] Im Vergleich zum Nutzenmanagement sind die Beeinflussungsmöglichkeiten der Kostenentstehung durch betriebliche Immobilien naturgemäß höher. Um das Kostensenkungspotenzial zu identifizieren, wird im Anschluss zunächst der Gegenstand des Kostenmanagements mit Hilfe einer immobilienbezogenen Kostenrechnung näher analysiert. Die Ausführungen knüpfen dabei an die Grundlagen der Kostenverursachung betrieblicher Immobilien im Abschnitt 3.3 an. Im zweiten Teil dieses Abschnitts werden mögliche Maßnahmen zur Kostensenkung diskutiert.

5.2.1 Grundzüge einer immobilienbezogenen Kostenrechnung

Um den Gegenstand des Kostenmanagements von betrieblichen Immobilien mit einer immobilienbezogenen Kostenrechnung auswerten zu können, sind zunächst die Kosteneinflussgrößen zu analysieren. Von den Kosteneinflussgrößen lässt sich auf die Arten der Kostenentstehung und deren Verursachung schließen. Betriebliche Immobilien beeinflussen die Kostenrechnung des Unternehmens in doppelter Hinsicht. Zum einen sind sie selbst Gegenstand einer objektbezogenen Rechnung und zum anderen sind sie Kosteneinflussgröße im Rahmen der betrieblichen Leistungserstellung. Im Folgenden ist zunächst zu untersuchen, wie eine immobilienbezogene Kostenrechnung gestaltet werden kann.

Die Kosteneinflussgrößen einer betrieblich genutzten Immobilie sind insbesondere in der Baubetriebslehre umfangreich analysiert worden.[2] Sie lassen sich gemäss der Abbildung 5.2 systematisieren.

---

[1] Streitferdt, L., 1993, Sp. 1216.

[2] Vgl. Pfarr, K., 1976; Pfarr, K., 1977; Kalusche, W., 1991; Amelung, V. E., 1994; Amelung, V. E., 1996.

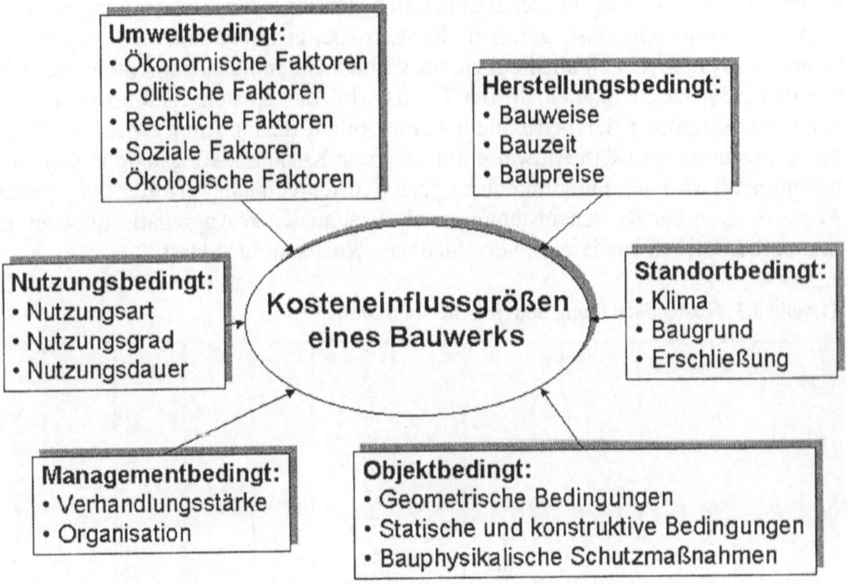

Abb. 5.2. Kosteneinflussgrößen eines Bauwerks. Quelle: In Anlehnung an: Pfarr, K., 1976, S. 108; Amelung, V. E., 1994, S. 45 u. Schäfers, W., 1997, S. 122.

Die Kosteneinflussgrößen sind im bisherigen Verlauf der Arbeit an den unterschiedlichsten Stellen des Kapitels zur Bereitstellung von Immobilien bereits ausführlich diskutiert worden. Aus der Zusammenstellung wird die Bandbreite der Einflussgrößen deutlich, die im Kostenmanagement über den Lebenszyklus von betrieblichen Immobilien hinweg sowie über verschiedene Ebenen von Entscheidungsträgern zu berücksichtigen sind. In einer Gewichtung der Faktoren sieht APGAR drei „L" als maßgebliche Kostentreiber: Leasing, Location und Layout.[1] Unter dem ersten L für Leasing subsummiert APGAR die mietvertraglich fixierte Kostenentstehung sowie die Kostenwirkung der Eigentums- und Besitzentscheidung. Unter dem zweiten L für Location werden alle Einflüsse auf die Kosten zusammengefasst, die von der Standortentscheidung ausgehen. Dazu gehören beispielsweise regionale Differenzen in der Höhe der Anschaffungskosten sowie der Betriebskosten und die standortbedingten Einflüsse auf die Kosten der Leistungserstellung.

Das dritte L für Layout umfasst die Einflüsse, welche vom Zuschnitt der Flächen auf die Kosten ausgehen. Beispielsweise ist die benötigte Gesamtfläche vom Grundriss der Fläche abhängig. Ebenso verursacht ein suboptimales Layout höhere Kosten in der betrieblichen Leistungserstellung. Die Gewichtung der Kosteneinflussgrößen erklärt die Ergebnisse der empirischen Kostenverursachung, nach

[1] Vgl. Apgar, M. IV, 1993, S. 129 ff.

denen 80 % der Kosten mit der Bereitstellungsentscheidung determiniert werden.[1] Trotz der vergleichsweise geringen Kostensteuerungsmöglichkeiten in der Nutzungsphase ergeben sich hinsichtlich der verbleibenden 20 % bemerkenswerte Rationalisierungsmöglichkeiten. In der Praxis wird das Kostensenkungspotenzial in der Bewirtschaftung der betrieblichen Immobilien unisono mit zwischen 10 und 20 % angenommen.[2] Um Hinweise auf konkrete Kostensenkungsmöglichkeiten zu bekommen, ist eine immobilienbezogene Kostenrechnung erforderlich, welche Auswertungen der Kostenentstehung nach verschiedenen Aggregationsebenen der Immobilienflächen sowie nach verschiedenen Kostenarten zulässt.

Tabelle 5.3. Kostenentstehung betrieblicher Immobilien

Aggregationsebene / Kostenarten	Arbeitsplatz	...	Gebäude/Mieteinheit (idealtypisch)	...	Standort	...	Unternehmen	Summe nach Kostenarten
1. Kapitalkosten 1.1 Fremdmittel 1.2 Eigenmittel			30 %					
2. Abschreibung			30 %					
3. Verwaltungskosten			7 %					
4. Steuern			6 %					
5. Betriebskosten 5.1 Gebäudereinigung 5.2 Abwasser und Wasser 5.3 Wärme und Kälte 5.4 Strom 5.5 Bedienung 5.6 Wartung und Inspektion 5.7 Verkehrs- und Grünflächen 5.8 Sonstiges			20 %					
6. Bauunterhaltungskosten			7 %					
Summe			100 %					

Quelle: Eigene Darstellung, Kostenhöhen in Anlehnung an Pfnür, A.(a), 1998, S. 12.

[1] Vgl. Abschnitt 3.3.4.

[2] Vgl. Eversmann, M., 1995; Eversmann, M., 1997; Kröger, H. u. Schulze, M., 1999, S. 70.

- Die Kosten der Nutzung von Immobilien lassen sich gemäß der DIN 18960 Baunutzungskosten von Hochbauten in verschiedene Kostenarten unterteilen (siehe Spalten der Tabelle 5.3).[1] Die Bestimmung der Kapitalkosten folgt dem bereits im Rahmen der Investitionsrechnung ausführlich erörterten Vorgehen. Die Höhe der Abschreibung in der Immobilienkostenrechnung entspricht dem verursachungsgerechten Werteverzehr des Gebäudes im Betrachtungszeitraum. Die Ermittlung der Abschreibung ist bereits ausführlich im Zusammenhang mit der Bewertung von Immobilien erläutert worden (Abschnitt 3.5). Wie dort deutlich gemacht wurde, können sich erhebliche Diskrepanzen in Form kalkulatorischer Abschreibungen zwischen der bilanziell als Aufwand zulässigen Abschreibung und dem tatsächlichen Werteverzehr ergeben. Verwaltungskosten entstehen für die Abwicklung der laufenden Immobiliennutzung durch das Immobilienmanagement. Zur Kostengruppe Steuern sind alle öffentlich-rechtlichen Abgaben des Grundstücks und des Gebäudes, insbesondere die Grundsteuer, zu zählen. Der vom Erfassungsaufwand her umfangreichste Posten sind die Betriebskosten. Der Begriff der Betriebskosten entstammt ursprünglich der II. Berechnungsverordnung (II. BV). Die Vorschriften entstammen dem BGB und sind ursprünglich zur Regulierung von Wohnungsmietverhältnissen aufgestellt worden. Sie sind für Gewerbeimmobilien nur bedingt anwendbar. Betriebskosten umfassen nach der II. BV alle diejenigen Kosten, die dem Eigentümer durch das Eigentum oder durch den bestimmungsgemäßen Gebrauch des Gebäudes oder der Wirtschaftseinheit, der Nebengebäude, Anlagen und Einrichtungen des Grundstücks laufend entstehen (II. BV). Dabei werden Betriebs- ausdrücklich von Instandhaltungskosten unterschieden. Im Falle der Miete können die Betriebskosten als Mietnebenkosten bezeichnet werden, die im Mietvertrag üblicherweise abschließend aufgezählt werden.[2] Die Einflussfaktoren auf die Betriebskosten sind im Wesentlichen technischer Natur.[3] KRÖGER/SCHULZE gehen davon aus, dass mehr als die Hälfte der Betriebskosten von der installierten Gebäudetechnik beeinflusst wird.[4] SCHUB/STARK beobachten, dass mit steigender Technisierung und Automatisierung bei Gebäudeinstallationen und Betriebseinrichtungen auch die Betriebskosten nach oben getrieben werden.[5] Der Kostentrend eines Gebäudes hingegen verläuft bei unveränderter technischer Ausstattung, von Preissteigerungen abgesehen, konstant. Bei einer weiteren Unterteilung der Betriebskosten lässt sich in der Regel feststellen, dass die ersten vier Untergruppen Gebäudereinigung, Abwasser und Wasser, Wärme und Kälte sowie Strom den wesentlichen Anteil ausmachen.[6] Aus der betriebswirtschaftlichen Perspektive ist das Management der Betriebskosten folglich nicht zu bewerkstelligen. Die Opti-

[1] Vgl. Schub, A. u. Stark, K., 1985, S. 58 ff.; Kalusche, W., 1991, S 28 ff.

[2] Vgl. Schmölcke, H., 1992, S. 611 ff.

[3] Vgl. Schub, A. u. Stark, K., 1985, S. 75 f.

[4] Vgl. Kröger, H. u. Schulze, M., 1999, S. 66.

[5] Vgl. Schub, A. u. Stark, K., 1985, S. 71.

[6] KALUSCHE berichtet von einer von KELEINEFENN durchgeführten Studie, die den Anteil bei Hochschulen mit 95 – 99 % beziffert (vgl. Kalusche, W., 1991, S. 30).

mierung der Betriebskosten ist vielmehr Aufgabe des technischen Gebäudemanagements.[1] Die Bauunterhaltungskosten umfassen nach DIN 18960 die Gesamtheit aller Maßnahmen zur Bewahrung und Wiederherstellung des Sollzustandes von Gebäuden und dazugehörigen Anlagen, jedoch ohne Reinigung und Pflege der Verkehrs- und Grünflächen und ohne Wartung und Inspektion der Gebäude. Die Erfassung der Bauunterhaltungskosten ist mit einigem Aufwand verbunden, da sie im zeitlichen Verlauf in Abhängigkeit von der technischen Nutzungsdauer der einzelnen Bauteile in sehr unterschiedlicher Höhe anfallen. Die Bauunterhaltungskosten stehen ferner in einer Substitutionsbeziehung mit der Position 5.6 „Wartung und Inspektion".[2] Diese Wechselwirkung gilt es im Rahmen der Instandhaltungspolitik entsprechend zu berücksichtigen.

Die Ebene, auf der die Kosten der Kostengruppen 1, 2, 4, 5 und 6 üblicherweise erfasst werden, ist die des Gebäudes beziehungsweise der Mieteinheit. Die Position 3 Verwaltungskosten fällt für eine größere Anzahl an Gebäuden, häufig für den gesamten Immobilienbestand, gemeinsam an und muss nach einem Schlüssel verursachungsgerecht auf die einzelnen Objekte verteilt werden. Das zu lösende Problem ist der Verteilung der Gemeinkosten auf Kostenstellen mittels Betriebsabrechnungsbogen vergleichbar.[3] Kostenverrechnungen sind ferner erforderlich, wenn mehrere Gebäude auf einem Grundstück stehen, sodass Steuerzahlungen und Teile der Betriebskosten für den gesamten Standort gemeinsam anfallen. Um Anhaltspunkte für Kostensenkungsmaßnahmen zu erhalten sowie als Grundlage für die Verhandlung über die Fremdvergabe von Leistungen, sind die Kosten über einzelne Kostenarten und Objekte der Aggregationsebenen zu summieren.

Für die allgemeine betriebliche Kostenrechnung ist die verursachungsgerechte Schlüsselung der Kosten auf einen Arbeitsplatz für viele Anwendungszwecke notwendig. Die Immobilienkosten pro Arbeitsplatz werden beispielsweise bei der Investitionsplanung und -kontrolle sowie bei der Produktkalkulation im Rahmen der Kostenträgerrechnung benötigt.[4] Ebenso ist die Schlüsselung bei einer an Abrechnungsfunktionen orientierten Kostenrechnung wie beispielsweise der Prozesskostenrechnung zur Verteilung der immobilienbezogenen Gemeinkosten erforderlich.[5]

In diesem Abschnitt ist bislang die Immobilie als das Erfahrungsobjekt der Kostenrechnung aufgefasst worden. KALUSCHE zeigt in seiner Dissertation, dass die Immobilie ihrerseits in erheblichem Umfang die Kosten der betrieblichen Leistungserstellung beeinflusst. Im Einzelnen identifiziert er folgende Einflüsse des Gebäudes auf die Kostenentstehung der Leistungserstellung:[6]

---

[1] Vgl. Schmoigl, R., 1998, S. 361 ff.

[2] Vgl. Schub, A. u. Stark, K., 1985, S. 90 ff.

[3] Vgl. Coenenberg, A. G., 1999, S. 74 ff.

[4] Vgl. zur Ermittlung der Kosten eines Arbeitsplatzes: Kommunale Gemeinschaftsstelle (KGSt), 1994.

[5] Vgl. Ewert, R. u. Wagenhofer, A., 2000, S. 294 ff.

[6] Vgl. Kalusche, W., 1991, S. 41 ff.

1. Verkehr und Entfernungen im Gebäude
- Entfernungen nach Bautyp,
- Entfernungen nach Treppen, Wänden und Stützen,
- erschließungsbedingte Entfernungen,
- Entfernungen im Innenraum.

2. Umgebungsfaktoren im Gebäude
- Wohlbefinden nach Geschossigkeit und Gebäudetiefe,
- Bauwerksmaße und Raumklima,
- Umgebungsfaktoren in Abhängigkeit vom Ausbau,
- Umgebungsfaktoren in Abhängigkeit von der Erschließung,
- Umgebungsfaktoren aus Grundrisstyp und Bereichszuordnung.

3. Notwendige Veränderungen und Veränderlichkeit des Gebäudes
- Veränderlichkeit und Bauweise, Bautyp,
- Rohbauveränderlichkeit,
- Ausbauveränderlichkeit,
- Erweiterungsfähigkeit und Teilbarkeit bei bestehender Erschließung,
- Innenraumvariabilität.

4. Schadenseinfluss durch Gebäude
- Gefahren bei Mehrgeschossigkeit,
- Unfälle auf Treppen und Rampen,
- Unfälle durch Aufzüge und Bodenbeläge,
- Unfälle auf Fluren,
- Brandausbreitung und Raumschnitt.

Entfernungen im Gebäude lassen sich messen und schlagen sich in Transportkosten sowie über eine Umrechnung der Wegstrecke in Arbeitszeit als Personalkosten nieder. Die Umgebungsfaktoren beeinflussen über die Motivation, Konzentrationsfähigkeit, Absentismusrate und die Fluktuation der Mitarbeiter die Personalkosten. Mangelnde Veränderlichkeit des Gebäudes kann sich in allen betrieblichen Kostenarten ausdrücken, vor allem in erhöhten Personalkosten, die notwendig sind, um die fehlende Gebäudeflexibilität bei veränderten Leistungserstellungsprozessen auszugleichen. Der Schadenseinfluss durch Gebäude schlägt sich in Versicherungskosten und der Höhe der kalkulatorischen Risikokosten nieder. KALUSCHE zeigt am Beispiel der Büroarbeit, dass die Gebäudeplanung über diese Zusammenhänge maßgeblichen Einfluss auf die Kostensituation des Unternehmens ausübt.[1] Deshalb werden Informationen zur Kostenverursachung im Leistungserstellungsprozess durch Gebäude beispielsweise bei der Investitionsplanung und -kontrolle sowie Produktkalkulation im Rahmen der Kostenträgerrechnung benötigt.

---

[1] Vgl. Kalusche, W., 1991, S. 119 ff.

5.2.2 Instrumente zur Kostensenkung

Die in diesem Abschnitt diskutierten Instrumente zur Kostensenkung beziehen sich auf die Immobilie als Objekt. Darüber hinaus ergeben sich vielfältige Ansätze zur Kostensteuerung aus dem Umgang mit Immobilien durch die Nutzer. Auf die Ausgestaltung von kostensenkenden Anreiz- und Sanktionsmechanismen wird im Teil C dieser Arbeit intensiver eingegangen.

5.2.2.1 Übersicht

Zur Senkung der Immobilienkosten lassen sich grundsätzlich eine ganze Reihe an Instrumenten des Kostenmanagements anwenden. Die aus Immobiliensicht wichtigsten Instrumente werden zunächst kurz skizziert und nachfolgend näher erläutert.

1. In der oben angestellten Bewertung der immobilienbezogenen Kosteneinflussgrößen wurde deutlich, dass eine Kostenoptimierung nur unter Einbezug des gesamten Lebenszyklus einer Immobilie möglich ist. Deshalb ist zu untersuchen, wie das Instrument der Lebenszykluskostenrechnung auf Immobilien anzuwenden ist.
2. Folgt man der Einteilung der Instrumente des Kostenmanagements nach Prozess-, Produkt- und Ressourcenorientierung,[1] so bieten sich die Instrumente zur ressourcenbezogenen Kostensenkung im Immobilienmanagement an. Ein Blick auf die Kostenbeeinflussbarkeit anhand der Kostenarten zeigt, dass in der Phase des Immobilienbetriebs insbesondere die Wartung und Inspektion (5.6) sowie die Bauunterhaltungskosten (6) einer betriebswirtschaftlichen Optimierung bedürfen. Die Zusammenfassung dieser Aufgaben wird üblicherweise im Instandhaltungscontrolling betrieben.
3. Ein weiteres Instrument, welches nicht nur im ressourcenbezogenen Kostenmanagement zum Einsatz kommt, dort aber verbreitete Anwendung findet, ist das Benchmarking. Das Benchmarking wird sowohl zur Identifikation von Leistungssteigerungs- als auch Kostensenkungspotenzialen eingesetzt und ist damit per se kein Instrument des Kostenmanagements. Im betrieblichen Immobilienmanagement hat es besondere Bedeutung im Kostenbereich erlangt, sodass es an dieser Stelle abgehandelt wird.
4. Ein weiterer Gegenstand der ressourcenbezogenen Instrumente des Kostenmanagements ist die Frage der optimalen Leistungstiefe, die unter dem Begriff Outsourcing diskutiert wird. Die Frage des Outsourcing von Immobilienmanagementleistungen ist in erster Linie ein Problem der Organisation immobilienwirtschaftlicher Aufgabenerfüllung, auf die im Teil C näher eingegangen wird.

Grundsätzlich ließe sich die Liste der Instrumente weiter verlängern. So wären beispielsweise die Instrumente des Target Costing und der Prozesskostenrechnung auf Immobilien anwendbar. Da sich bei Anwendungen des Target Costing und der Prozesskostenrechnung kaum immobilienbezogene Besonderheiten ergeben und

[1] Vgl. Franz, K. P. u. Kajüter, P., 1997, S. 19 ff.

das Target Costing eher in der Bauwirtschaft sowie die Prozesskostenrechnung eher bei Property-Companies als im betrieblichen Immobilienmanagement von Bedeutung ist, soll auf eine Darstellung an dieser Stelle verzichtet werden.[1]

5.2.2.2 Life-cycle-costing

Im Abschnitt 3.3.4 wurde die zeitliche Kostenentstehung von Immobilien sowie deren Beeinflussungsmöglichkeiten analysiert. Im Ergebnis hat sich gezeigt, dass ein Großteil der Kostenentstehung in der Nutzungsphase liegt, die Kosten aber nur noch zu einem vergleichsweise geringen Teil beeinflussbar sind. Diese zeitliche Verteilung von Kostenentstehung und Kostenbeeinflussungsmöglichkeiten erfordert eine über den gesamten Lebenszyklus der Immobilie hin andauernde Kostenplanung des Immobilieneigentümers, welche den Entscheidungen über die Bereitstellung der Immobilie in den frühen Phasen des Lebenszyklus die später anfallenden Kosten möglichst exakt zurechnet.[2] Die Anwendungsgebiete des Life-cycle-costing liegen

1. in der Generierung von Kosteninformationen aus der Erfahrung der Betriebsphase für die Phase der Bereitstellung sowie der verursachungsgerechten Zurechnung von Kosten im Sinne einer entscheidungsorientierten Kostenrechnung.[3]
2. in der Bereitstellung von Kosteninformationen zur Planung der Gebäudeinstandhaltung und Modernisierung.

Auf den zweiten Punkt wird im nächsten Teil ausführlicher eingegangen. Zunächst gilt die Aufmerksamkeit der Berücksichtigung der während der Immobiliennutzung entstehenden Kosten in der Bereitstellungsphase. In der folgenden Abbildung werden die wesentlichen Kostengruppen der Immobilie nach ihrer zeitlichen Entstehung im Überblick dargestellt.[4]

---

[1] Vgl. hierzu z. B.: Freidank, C.-C., 1997, S. 351 ff. sowie 369 ff. Ein Anwendungsbeispiel für die Prozesskostenrechnung im Immobilienbereich findet sich bei FALK (Falk, B. (Hrsg.), 1992, Kap. 18.2, S. 5 ff.).

[2] Vgl. zu den Grundgedanken des Life-cycle-costing: Reichmann, T. u. Fröhling, O., 1994; Rückle, D. u. Klein, A., 1994; Coenenberg, A. G., 1999, S. 42 f.

[3] Vgl. Schub, A. u. Stark, K., 1985.

[4] Vgl. zu einer allgemeinen, nicht auf Immobilien abgestellten Darstellung: Männel, W., 1999, S. 10.

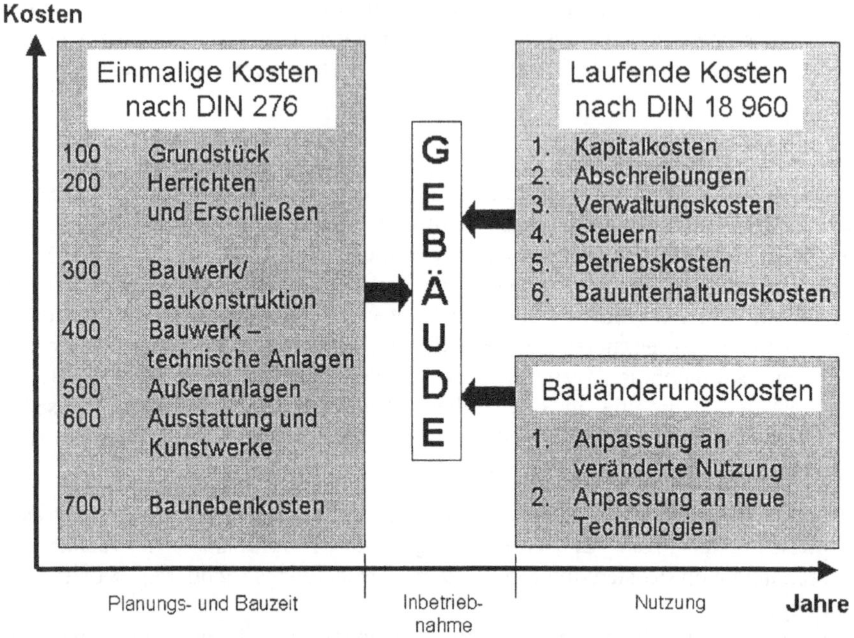

Abb. 5.3. Integrale Kostenpolitik. Quelle: In Anlehnung an: Amelung, V. E., 1996, S. 16.

Im Laufe der Zeit entstehen Kosten in drei von einander abhängigen Kostenkomponenten: den einmaligen Kosten der Planungs- und Bauzeit, den laufenden Kosten und den Bauänderungskosten in der Nutzungsphase der Immobilie.[1] Dabei umfassen Bauunterhaltungskosten als Teil der laufenden Kosten alle Kosten, die durch Abnutzung aufgrund von Gebrauch, Alterung und Witterung entstanden sind, also des Erhalts der technischen Lebensdauer dienen.[2] Dem entgegen werden unter Bauänderungskosten alle Kosten zusammengefasst, die den Gebrauchswert der Immobilie nachhaltig erhöhen oder nachhaltige Einsparungen von Ressourcen bewirken sowie Ausbau- und Umbaumaßnahmen. Bauänderungskosten dienen der Verlängerung der wirtschaftlichen Nutzungsdauer. Sie werden auch als Modernisierungskosten oder Nachinvestitionskosten bezeichnet. Die Höhe der Nachinvestitionskosten hängt einerseits ab von Art und Umfang der Nutzungsänderungen und der technologischen Neuerungen sowie andererseits der Berücksichtigung von Flexibilitätsüberlegungen bei der Gebäudeerstellung. Die Schaffung von Flexibilität verursacht eine Erhöhung der Planungs- und Baukosten. Ein vergleichbarer Trade-off ist zwischen den einmaligen und den laufenden Kosten, insbesondere den Positionen Bauunterhaltungs- und Betriebskosten, die nachfolgend als Folge-

[1] Auf eine Berücksichtigung der Abrisskosten am Ende des Lebenszyklus wurde verzichtet, da bereits in den Baukosten die Kosten für die Herrichtung des Grundstücks enthalten sind.

[2] Vgl. Schub, A. u. Stark, K., 1985, S. 58 ff.

kosten bezeichnet werden, zu beobachten. Um Hinweise für die Gebäudeplanung zu erhalten, sind die Möglichkeiten und Grenzen der Substitution von Erst- und Folgekosten genauer zu analysieren. Das prominenteste Beispiel für diesen Substitutionsprozess sind die in Folge der Ölkrise 1972/73 aufgrund der sprunghaften Zunahme der Energiekosten erlassenen Verordnung über Vollwärmeschutz und die Auswirkungen des Energiespargesetzes auf die Bauplanung.[1] Neben den Energiekosten lassen sich zahlreiche weitere Beispiele finden, wie die Kosten für Gebäudereinigung, Abwasser und Wasser, Bedienung, Wartung und Inspektion, Verkehrs- und Grünflächen sowie sonstige Kosten durch eine entsprechende Bauplanung verringert werden können. SCHUB/STARK weisen darauf hin, dass es prinzipiell unendlich viele technische Substitutionsmöglichkeiten gibt,[2] von denen die aus der Erfahrung aussichtsreichsten mit Hilfe der im Kapitel 8 gezeigten investitionsrechnerischer Verfahren auf ihre Vorteilhaftigkeit hin zu untersuchen sind.

Insgesamt ist das Kostensenkungspotenzial bei der Gebäudeerstellung verhältnismäßig gering. Verallgemeinernde Schätzungen gehen davon aus, dass ohne Berücksichtigung der Folgekosten und Nachinvestitionen erstellte „Billigbauten" nur maximal 10 – 20 % günstiger sind. Geht man davon aus, dass die Kosten in der Planungs- und Bauphase 10 – 20 % der Lebenszykluskosten betragen, liegt die Kostensteigerung insgesamt bei 2 – 3 %.[3] Diese Zahlen verdeutlichen, dass sich eine aufwendigere Gebäudeplanung und Bauausführung tendenziell lohnt. Eine endgültige Entscheidung über den Umfang der Gebäudeflexibilität und die Substitution von Erst- und Folgekosten bleibt einer investitionsrechnerischen Analyse im Einzelfall vorbehalten. Dazu sind lediglich die erwarteten Zahlungsänderungen in den Finanzplänen der jeweiligen Bereitstellungsalternativen vorzunehmen.[4]

5.2.2.3 Instandhaltungs- und Modernisierungscontrolling

Instandhaltung und Modernisierung sind Begriffe, die der Anlagenwirtschaft entspringen. Unter den Begriffen Anlagenerhaltung, Anlagenunterhaltung, Unterhaltungswirtschaft oder Unterhaltung werden alle Maßnahmen zusammengefasst, die der Erhaltung oder Wiederherstellung der Leistungsfähigkeit von Betriebsmitteln dienen. Gemäß der DIN 31051 werden unter dem Begriff Instandhaltung alle Maßnahme zur Wahrung und Wiederherstellung des Gebrauchs-, Funktions- und Soll-Zustands sowie zur Feststellung und Beurteilung des gegenwärtigen Gebrauchs-, Funktions- und Ist-Zustands einer Anlage oder eines Gebäudes subsumiert. In der Anlagenwirtschaft werden alle Maßnahmen von der Instandhaltung abgegrenzt, die der Erweiterung, Verbesserung oder Modernisierung von Anlagen dienen.[5] Diese Maßnahmen werden hier aus Gründen der Vereinfachung unter dem Begriff Modernisierung zusammengefasst. Die Unterscheidung von Instand-

[1] Vgl. Schub, A. u. Stark, K., 1985, S. 60.

[2] Vgl. Schub, A. u. Stark, K., 1985, S. 61 f.

[3] Vgl. Amelung, V. E., 1996, S. 31 f.

[4] Siehe hierzu Kapitel 8.

[5] Vgl. Männel, W., 1968, S. 25 f. sowie die dort zitierte Literatur.

haltung und Modernisierung wird in der Anlagenwirtschaft vornehmlich aufgrund der im vorausgegangen Abschnitt gezeigten unterschiedlichen Ursachen betrieben. Zusätzlich dürfte aber auch die abweichende steuerliche Behandlung der Instandhaltung, welche periodengerecht als Aufwand zu verbuchen ist, und Modernisierung, welche zu nachträglichem Herstellungsaufwand führt und somit aktivierungspflichtig ist, eine Rolle spielen.[1] MÄNNEL weist auf die allgemeine Problematik der Abgrenzung dieser beiden Maßnahmenbündel in der Realität hin und fasst beide Begriffe zusammen, solange die ursprüngliche Anlagenart im Zuge der Modernisierung noch erhalten bleibt.[2] Gleiche Erfahrungen wurden auch bei der Instandhaltung beziehungsweise Modernisierung des betrieblichen Immobilienbestands gemacht,[3] sodass beide Begriffe nachfolgend gemeinsam behandelt werden. Zudem ist aus Sicht des Unternehmens nicht der Erhalt der technischen Funktionsfähigkeit von Belang, sondern der Erhalt des vom Nutzer geforderten Leistungsfähigkeit, welcher sowohl der Instandhaltung als auch der Modernisierung bedürfen kann.[4] Die technische Funktionsfähigkeit von Gebäuden wird gefährdet durch materielle Abnutzung in Form von:[5]

1. Mechanischen Einwirkungen durch
   - Reibung (Verschleiß),
   - Schwingungen, Wechselbeanspruchungen (Ermüdung),
   - Ablagerungen (Verschmutzung).
2. Chemischen Einwirkung durch
   - Korrosion,
   - elektro-chemische Veränderung.
3. Thermischen Einwirkung durch
   - Strahlung.

Der wirtschaftliche Nutzen wird zusätzlich gefährdet durch immaterielle Abnutzung in Form von legaler Veralterung, ästhetischer und visueller Veralterung, sozialer Veralterung sowie funktionaler Veralterung.[6]

Das Ziel des Instandhaltungs- und Modernisierungscontrollings der betrieblichen Immobilien ist es, die wirtschaftliche Leistungsfähigkeit des vorhandenen Immobilienbestand kostenminimal zu erhalten. Das Ziel kann sich dabei sowohl auf die gegenwärtige und zukünftige betriebliche Nutzung wie auch die Wertsicherung im Falle einer zukünftigen Verwertung der Immobilie am Markt beziehen. Die Aufgabenfelder der Instandhaltung und Modernisierung umfassen die Erhaltung der Flächenverfügbarkeit, des Nutzungsgrads, der Zuverlässigkeit der betriebstechnischen Einrichtungen sowie der Nutzungsqualität.

[1] Vgl. zur steuerrechtlichen Abgrenzung z. B.: Federmann, R., 2000, S. 391 ff.

[2] Vgl. Männel, W., 1968, S. 28 f.

[3] Vgl. Homann, K., 1998a, S. 315 f.

[4] Vgl. Biedermann, H., 1990, S. 22.

[5] Vgl. Biedermann, H., 1990, S. 21.

[6] Vgl. Homann, K. 1998a, S., 314.

Hierzu sind regelmäßig vorbeugende Aufnahmen des Ist-Zustands in Form einer Inspektion erforderlich. An die Inspektion schließen sich gegebenenfalls Wartungsmaßnahmen, die der Bewahrung des technischen Soll-Zustands dienen, Instandsetzungsarbeiten zur Wiederherstellung des technischen Soll-Zustands sowie Modernisierungsmaßnahmen zum Erhalt der vom Nutzer geforderten Leistungsfähigkeit an.[1] Diese Maßnahmen verursachen Kosten, sodass sie nicht in beliebigem Umfang durchgeführt werden können. Aus betriebswirtschaftlicher Sicht stellen sich zwei Fragen:

1. In welchem Umfang sind Maßnahmen der Instandhaltung und Modernisierung erforderlich?
2. Zu welchem Zeitpunkt sind diese Maßnahmen durchzuführen?

Zu 1.) Die Instandhaltung und Modernisierung ist ein Optimierungsproblem, in dem die Kosten des Maßnahmeneinsatzes gegenüber dem Kostensenkungserfolg abgewogen werden müssen. Wird kein Instandhaltungs- und Modernisierungscontrolling betrieben, kann erst nach Eintritt eines erheblichen Nutzungsverlusts, im Extremfall erst nach Ausfall der Immobilie, instandgesetzt werden. In der Abbildung 5.4 und den folgenden Ausführungen werden die grundlegenden Sachverhalte für die Instandhaltung verdeutlicht. Sie haben aber auch für die Planung der Modernisierung Gültigkeit.

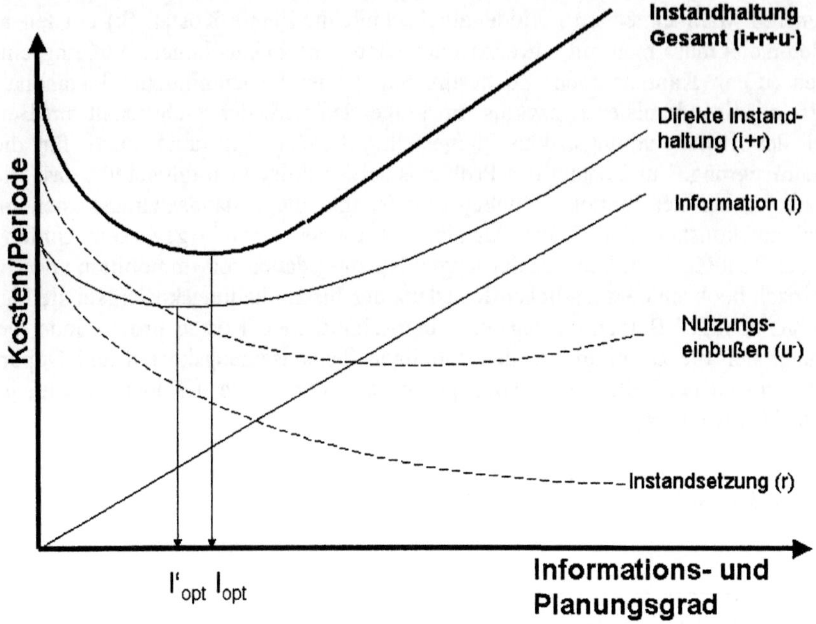

Abb. 5.4. Optimales Planungs- und Informationsniveau der Instandhaltung. Quelle: In Anlehnung an Biedermann, H., 1990, S. 34.

[1] Vgl. Biedermann, H., 1990, S. 20 f.

Eine Intensivierung der Instandhaltungs- und Modernisierungsbemühungen geht zunächst mit einer Erhöhung der Kosten für Information und Planung (i) sowie einem vorübergehenden Abfallen der Kosten für die Instandsetzung (r) einher. Durch die Instandhaltungsmaßnahmen sinken die Nutzungseinbußen (u^-). Zusätzlich werden die Folgeschäden unterlassener Instandhaltung vermieden. Angenommen, der zunehmende Information- und Planungsgrad ist durch abnehmende Grenzerträge gekennzeichnet, dann können die Instandsetzungskosten nur noch unterproportional gesenkt werden. Ab einem gewissen Ausmaß an Inspektions- und Instandsetzungsaktivitäten gefährden diese durch Ausfallzeiten die Immobiliennutzung, sodass die Kurve der Nutzungseinbußen wieder ansteigt. Fasst man die Kosten für Planung und Information sowie die Kosten der Instandsetzung zusammen, so erhält man die Kosten der Instandhaltung, die ihr Minimum beim Informations- und Planungsgrad I'_{opt} erreicht. Fügt man auch die durch den Nutzungsausfall bedingten Kosten hinzu, erhält man schließlich die Gesamtkosten der Instandhaltung, die ihr Minimum beim Informations- und Planungsgrad I_{opt} aufweisen.[1] Diese idealtypischen Verläufe der Kosten konnten in der Realität nicht immer bestätigt werden.[2] Abweichende Kurvenverläufe ändern allerdings nichts an der grundsätzlichen Vorgehensweise bei der Ermittlung des optimalen Planungs- und Informationsniveaus der Instandhaltung.

Zu 2.) Auf den ersten Blick erscheint es zweckmäßig, die Instandhaltungs- und Modernisierungsmaßnahmen in längeren Zyklen durchzuführen, weil aufgrund der selteneren Maßnahmen im Periodendurchschnitt niedrigere Kosten (k) entstehen. Andererseits muss man mit anwachsender Länge des Zyklus höhere Nutzungseinbußen (u^-) in Kauf nehmen. Zu bestimmen ist der kostenminimale Instandhaltungs- oder Modernisierungszyklus. Im Folgenden wird der Sachverhalt am Beispiel des Instandhaltungszyklus dargestellt. Gleiches gilt aber auch für die Modernisierung. Zur Lösung des Problems sei im Folgenden unterstellt, dass die Nutzungsdauer der Immobilie unbegrenzt ist und die Instandsetzungskosten im Zeitablauf konstant sind. Diese Annahme abstrahiert zwar in gewissem Umfang von der Realität. In Anbetracht der langen Nutzungsdauer von Immobilien und der empirisch beobachteten zeitlichen Konstanz der Instandhaltungskosten sei sie hier aber genehmigt.[3] Betrachtet man die durchschnittlichen Kosten pro Periode, errechnen sich die zu minimierenden anteiligen Instandsetzungskosten und Opportunitätskosten der Nutzung in Abhängigkeit von der Länge des Instandhaltungszyklus $k(t_I)$ wie folgt:[4]

$$(5.1)\quad k(t_I) = \frac{K_I}{t_I} = \frac{R}{t_I} + \frac{1}{t_I} * \int_0^{t_I} b(t)dt\,.$$

---

[1] Vgl. Biedermann, H., 1990, S. 34 f.

[2] Vgl. Biedermann, H., 1990, S. 35 ff.

[3] SCHUB/STARK stellen folgendes fest: „Die Kosten für Wartung und Inspektion sind ...abhängig vom Installationsgrad, aber auch von der Nutzung. Sie verlaufen jedoch langfristig gesehen sehr konstant“ (Schub, A. u. Stark, K., 1985, S. 74).

[4] Vgl. zu den folgenden Berechnungen Männel, W., 1968, S. 52 ff.

Differenziert man die Gleichung nach t_I und setzt die erste Ableitung gleich Null, so erhält man für die kostenoptimale Länge des Instandhaltungszyklus t^*_I folgende Bedingung:

$$(5.2)\quad b(t^*_I) = \frac{R}{t^*_I} + \frac{1}{t^*_I} * \int_0^{t^*_I} b(t)dt$$

$$(5.3)\quad b(t^*_I) = k(t^*_I).$$

Die Instandhaltung sollte also dann erfolgen, wenn die Grenzkosten der Verlängerung des Instandhaltungsintervalls in Form der Nutzungseinbußen pro Periode den durchschnittlichen Gesamtkosten pro Zeiteinheit gleich sind. Dieser Zusammenhang wird grafisch noch einmal in folgender Abbildung veranschaulicht.

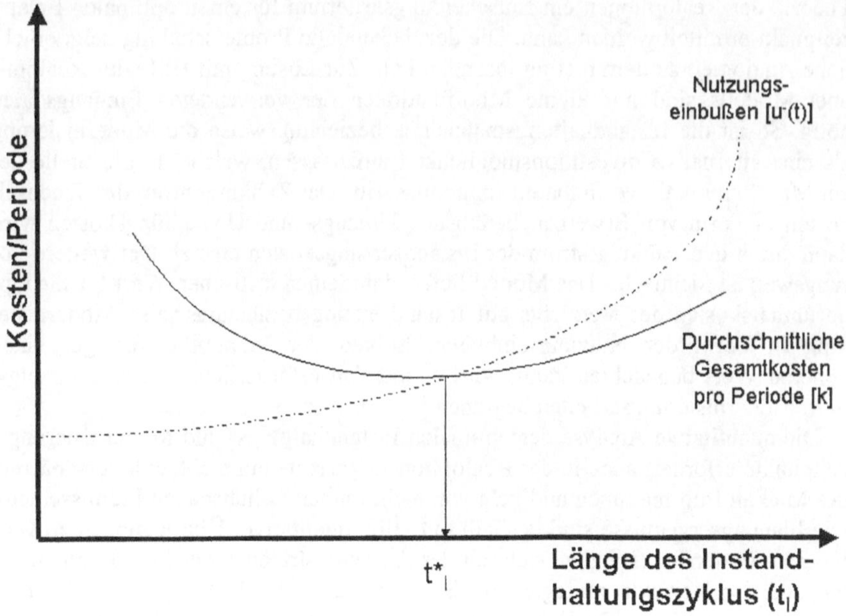

Abb. 5.5. Optimaler Instandhaltungszyklus. Quelle: In Anlehnung an: Männel, W., 1968, S. 54.

Umfangreichere Instandhaltungs- und Modernisierungsbemühungen, deren Zahlungswirkungen über mehrere Perioden andauern, bedürfen der Berücksichtigung von Kapitalisierungseffekten. Aus dem bislang statischen Modell wird ein Modell der dynamischen Investitionsrechnung. Da das hier behandelte Problem dem des optimalen Ersatzzeitpunktes von Anlagen entspricht, erfolgt auch die Lösung analog zum traditionellen Ersatzzeitpunkt-Modell bei unendlichen Investitionsketten.[1] Ohne auf die Lösung näher eingehen zu wollen, sei hier nur darauf hingewiesen, dass die Instandhaltung analog zum statischen Modell dann erfolgen sollte, wenn die bei einer marginalen Verlängerung des Instandhaltungsintervalls zusätzlich anfallenden Nutzungseinbußen (Grenzausgaben) den durchschnittlichen Gesamtausgaben pro Periode (Annuität) gleich sind.[2]

Auf die ausführliche investitionsrechnerische Lösung des Problems wurde an dieser Stelle deshalb verzichtet, weil bei den bislang behandelten Modellen stillschweigend unterstellt wurde, dass der Entscheidungsträger sichere Erwartungen hinsichtlich der Eingangsparameter hat. Dass diese Annahme unrealistisch ist, haben die bisherigen Ausführungen, insbesondere zu den Risikowirkungen betrieblicher Immobilien im Abschnitt 3.4, sehr deutlich klar gemacht. Die Berücksichtigung unsicherer Erwartungen über die Eingangsdaten, insbesondere über den Verlauf der Nutzeneinbußen, ist immer dann möglich, wenn Aussagen über die Wahrscheinlichkeitsverteilung der unsicheren Parameter gemacht werden können. Im Abschnitt 8.6 wird gezeigt, wie in diesem Fall mit Hilfe eines Modell aus der Theorie der Realoptionen ein Entscheidungskriterium für einen optimalen Ersatzzeitpunkt ermittelt werden kann. Die dort behandelte Problemstellung zeigt erhebliche Analogien zu dem hier zu lösenden Fall. Zur Lösung mit Hilfe des Realoptionen-Modells sind nur kleine Modifikationen der verwendeten Eingangsdaten nötig. So ist die Instandhaltungsmaßnahme beziehungsweise die Modernisierung als eine alternative Investitionsmöglichkeit aufzufassen, welche an die Stelle der am Markt alternativ verfügbaren Immobilie tritt. Der Zahlungsstrom der Wechselkosten in Form von Erwerbsnebenkosten, Umzugs- und Umstellungskosten wird dann durch den Zahlungsstrom der Instandsetzungskosten ersetzt. Der weitere Lösungsweg ist identisch.[3] Das Modell liefert dann einen kritischen Wert für die Opportunitätskosten des Verzichts auf Instandsetzung beziehungsweise Modernisierung in Form der Nutzungseinbußen. Sobald der Immobilienmanager einen höheren Wert beobachten kann, wird er mit den erforderlichen Instandsetzungs- bzw. Modernisierungsarbeiten beginnen.[4]

Die quantitative Analyse der optimalen Instandhaltungs- und Modernisierungszeitpunkte erfordert auch in der Realoptionen-Variante ein nicht zu unterschätzendes Maß an Informationen und geht von nicht immer realitätsnahen Prämissen aus. Die Planungsergebnisse sind deshalb mit Hilfe qualitativer Überlegungen zu verifizieren. In der Praxis haben sich mit der Präventivstrategie, der Inspektionsstrategie und der Korrektivstrategie drei Basisstrategien der Instandhaltung durchgesetzt, zwischen denen der Entscheidungsträger wählen kann.[5] Die Instandhaltungs-

[1] Vgl. zum optimalen Ersatzzeitpunkt z. B.: Adam, D., 1997, S. 180ff., insb. S. 203 ff.; Kruschwitz, L., 1998, S. 166 ff.

[2] Vgl. Männel, W., 1968, S. 60 f. sowie zur Lösungsbedingung des Ersatzproblems Kruschwitz, L., 1998, S. 170.

[3] Vgl. Abschnitt 8.6.5.

[4] Vgl. Williams, J. T., 1997.

[5] Vgl. Biedermann, H., 1990, S. 57 ff.; Homann, K., 1998a, S. 326 ff.

strategien sowie deren Vor- und Nachteile sind in der folgenden Tabelle vergleichend dargestellt.

Tabelle 5.4. Instandhaltungsstrategien im Vergleich

	Präventivstrategie	Inspektionsstrategie	Korrektivstrategie
Strategie	Instandsetzung vor Ausfall oder Schaden	Planung der Instandsetzung anhand von Inpektionsergebnissen	Instandsetzung bei Erreichen der Ausfallgrenze (im Schadensfall)
Vorteile	• Planung und Abstimmung der Maßnahmen möglich • Konkrete Kriterien für Outsourcing-Entscheidungen • Garantierte Flächenverfügbarkeit • Senkung der Ausfallkosten	• Geringerer Genauigkeitsgrad für Abnutzungsverhalten erforderlich • Optimale Ausnutzung der technisch möglichen Lebensdauer • Gute Planbarkeit der Maßnahmen • Hohes Maß an Flächenverfügbarkeit	• Optimale Ausnutzung der technischen Lebensdauer • Geringer Planungsaufwand • Scheinbare Kostenminimierung
Nachteile	• Hoher Planungsaufwand • Uneinheitliche Aussagen über Verschleißverhalten • Technische Lebensdauer wird u. U. nicht voll genutzt • Höhere Anzahl an Maßnahmen erhöht die Fehlerwahrscheinlichkeit	• Mögliche Kostennachteile durch zusätzliche Inspektionen	• Hohe Schadensfolgekosten möglich • Verkürzung der Lebensdauer betroffener Gebäudeelemente • Hoher zeitlicher Druck der Schadensbehebung • Mögliche Engpässe und höhere Preise der Ersatzbeschaffung • Ungleiche Auslastung der Instandhaltungskapazitäten • Eingeschränkte Outsourcing-möglichkeiten • Keine garantierte Flächenverfügbarkeit

Quelle: In Anlehnung an Homann, K., 1998a, S 327.

Die dargestellten Strategien beziehen sich auf einzelne Bauelemente.[1] So steht das Immobilienmanagement zusätzlich vor der Aufgabe, die Instandhaltungsstrategien für alle Bauelemente eines Gebäudes zu koordinieren. Durch eine Zusammenfassung von Instandhaltungen sind einerseits Synergieeffekte zu realisieren, andererseits ist damit in der Regel aber auch die Aufgabe des exakten Timings in der Instandhaltung verbunden, sodass einzelne Elemente zu früh oder zu spät instand gesetzt werden, was zu einer Steigerung der Instandhaltungskosten führen wird.[2]

Der Entwicklungsstand des Instandhaltungscontrollings im betrieblichen Immobilienmanagement wird allgemein als eher gering eingestuft. Der Grund dafür wird insbesondere in fehlenden Instandhaltungsinformationen und ungenauen Aussagen über das Abnutzungsverhalten von Gebäuden gesehen. In der Folge dominieren Havariestrategien.[3] Der Einbezug der Gebäudeinstandhaltungs- und Modernisierungsausgaben in die Budgetplanung des Unternehmens erfolgt nicht anhand von konkret anstehenden Maßnahmen, sondern von Erfahrungswerten. Dazu wird ein Prozentsatz des Einheitswerts, häufig 1,5 %, des Einheitswerts des Immobilienvermögens für Instandhaltung und Modernisierung angesetzt.[4] Durch Multiplikation mit dem Baukostenindex können Preissteigerungsraten zusätzlich berücksichtigt werden. Eine Verbesserung des Instandhaltungs- und Modernisierungscontrollings ist von der zukünftig zu erwartenden flächendeckenden Verbreitung von Immobilieninformationssystemen, welche auch Instandhaltungsmodule enthalten, zu erwarten.

5.2.2.4 Benchmarking

Unter Benchmarking wird eine in kontinuierlichen Zyklen verlaufende vergleichende Analyse von Produkten, Dienstleistungen, Prozessen und Methoden verstanden. Als Vergleichsmaßstab dienen dabei Unternehmen, die die zum Vergleich herangezogene Disziplin besonders gut beherrschen (best practise).[5] Im betrieblichen Immobilienmanagement kommen dabei nicht nur Mitbewerber in Betracht, sondern auch Unternehmen aus anderen Branchen, Regionen und Größenordnungen, sofern die erbrachten Immobilienmanagementleistungen ähnlicher Natur sind. Beispielsweise können sich im Bereich der Büroflächen potenziell Unternehmen aller Branchen, auf der ganzen Welt miteinander vergleichen. Um rechtliche, kulturelle und klimatische Unterschiede zu berücksichtigen, beschränken sich die Benchmarking-Zirkel im betrieblichen Immobilienmanagement auf einzelne Regionen.[6] Das Ziel des Benchmarking ist die Aufdeckung von Einsparungs- und Verbesserungspotenzial im Sinne einer Soll-Ist-Analyse.[7]

---

[1] Vgl. zu einer Übersicht über die Bauelemente: Falk, B. (Hrsg.), 1992, Kap. 18.3, S. 8 f.

[2] Vgl. Homann, K., 1998a, S. 326 f.

[3] Vgl. Homann, K., 1998a, S. 322.

[4] Vgl. Cotts, D. G. u. Lee, M., 1992, S. 202 ff.; Falk, B. (Hrsg.), 1992, Kap. 18.3.

[5] Vgl. Horváth, P., 1998, S. 400; Coenenberg, A. G., 1999, S. 477 ff.

[6] Vgl. zu praktischen Anwendungen die Aktivitäten der CREIS Corporate Real Estate Information Systems GmbH (http://www.creis.de).

[7] Vgl. Freidank, C. - C., 1997, S. 393.

Zur Durchführung des Benchmarking-Prozesses hat sich ein Phasenschema etabliert, welches in der Abbildung 5.6 in einer Übersicht dargestellt ist.

I. Vorbereitung
1. Definition des Informationsbedarfs
2. Festlegung von Leistungsbeurteilungsgrößen
3. Auswahl des Vergleichsunternehmens
4. Datenaustausch sowie Auswertung öffentlicher Zahlen
5. Abstimmung der Leistungsbeurteilungsgrößen, ggf. Umrechnung

II. Analyse
6. Eigene und fremde Daten analysieren
7. Identifikation der Leistungslücke
8. Ursachen der Leistungslücke

III. Umsetzung

Abb. 5.6. Phasenschema des Benchmarking-Prozesses. Quelle: Eigene Darstellung, in Anlehnung an: Horváth, P., 1998, S. 403.

In der Vorbereitungsphase ist zunächst zu klären, was anhand welcher Leistungsbeurteilungsgrößen und womit verglichen wird. Gegenstand von Benchmarks können prinzipiell sowohl Kosten- als auch Leistungsdaten sein. Im betrieblichen Immobilienmanagement werden die objektbezogenen Leistungsbeurteilungsgrößen vorrangig aus der Kostenperspektive betrachtet. Jede Leistungseinbuße immobiliarer Betriebsmittel wird dabei als (opportunitäts-)kostensteigernd aufgefasst. Beispielsweise betrachtet NOHA die Flächennutzungskosten und die Kapitalkosten als wichtigste Zielgrößen, auf die alle objektbezogenen Leistungsbeurteilungsgrößen ausgerichtet sind.[1] Neben den objektbezogenen Flächenkosten kann auch der Immobilienmanagementprozess Gegenstand von Benchmarking-Prozessen sein. In diesem Fall werden sowohl Kosten- als auch Leistungsdaten mit denen anderer Unternehmen verglichen.

Eine Reduktion auf Kosten- oder Leistungsaspekte setzt voraus, dass die erbrachte Leistung, welche der Kostenentstehung gegenüber steht, vergleichbar ist.[2] Die Auswahl von Vergleichsunternehmen sowie die Erlangung der notwendigen Daten stellt im betrieblichen Immobilienmanagement, anders als bei Kernge-

[1] Vgl. Noha, E. A., 1993, S. 514.
[2] Vgl. Horváth, P., 1998, S. 401 f.

schäftsaktivitäten,[1] keine große Schwierigkeit dar. Mit Ausnahme des Handels sieht kaum ein Unternehmen seine immobilienbezogenen Daten als hochgradig sensibel an, sodass die Bereitschaft zum Datenaustausch insbesondere innerhalb der Berufsverbände NACORE und IDRC als vergleichsweise hoch eingestuft werden kann. Zudem existiert ein breites Angebot an Dienstleistern, die in Datenbanken Benchmarking-Informationen pflegen und individuelle Auswertungen kommerziell anbieten. Darüber hinaus liefern in vielen dezentral organisierten Großunternehmen bereits unternehmensinterne Benchmarking-Prozesse wichtige Hinweise auf Optimierungspotenziale.[2]

Die größte Schwierigkeit bei der Durchführung von Benchmarking-Prozessen im betrieblichen Immobilienmanagement stellt die Auswahl und Abstimmung von Leistungsbeurteilungsgrößen dar. In der Literatur findet sich ein breiter Kanon an möglichen Kriterien.[3] Diese lassen sich nach verschiedenen Dimensionen unterscheiden.[4]

Tabelle 5.5. Systematik von Leistungsbeurteilungsgrößen und Beispiele

Bezug: / Beurteilungs-dimension:	Immobilienobjekte	Immobilienmanagement
Mengengrößen	• Nutzfläche/Gesamtfläche • Fläche/Mitarbeiterzahl gesamt	• Fläche/Mitarbeiter im Immobilienmanagement
Wertgrößen	• Kategorien der Baunutzungskosten nach DIN 18960 im Verhältnis zu Arbeitsplätzen, Gebäuden, Standorten, m^2, m^3 etc. • Immobilieninvestitionen je m^2, m^3 etc. • Gebäudekosten in % des Umsatzes	• Mietertrag pro Flächeneinheit • Eigenkapitalrendite • Rendite von Projektentwicklungen • Wertsteigerung der Immobilien
Zeitgrößen	• Länge des Modernisierungszyklus • Durchschnittliche Länge der Mietverträge	• Zeitdauer der Verwertung überschüssiger Immobilien.
Qualitative Größen	• Nutzungsflexibilität	• Drittverwendungsfähigkeit der Immobilien. • Zufriedenheit der Kunden • Zufriedenheit der Mitarbeiter

Quelle: Eigene Darstellung.

[1] Vgl. Horváth, P., 1998, S. 404.

[2] Vgl. zu einem Beispiel für unternehmensinternes Benchmarking: Ebering, T., 1998, S. 626 ff.

[3] Vgl. Duckworth, S. L., 1993a; Duckworth, S. L., 1993b; Lubieniecki, E. C., 1993; Schäfers, W., 1997, S. 118 f.; Lampe, P. u. Lechtenböhmer, A., 1998, S. 599.

[4] Vgl. Schäfers, W., 1997, S. 119; Horváth, P., 1998, S. 400.

Da von ihnen in der Regel ein erheblich größeres Einsparungspotenzial im betrieblichen Immobilienmanagement ausgeht, haben die Leistungsbeurteilungsgrößen, welche Ausdruck der Leistungsfähigkeit der Immobilienobjekte im Bestand des Unternehmens sind, in der Regel eine größere Bedeutung als die Faktoren zur Beurteilung des Immobilienmanagements. Hierin unterscheiden sich Non-Propterty-Companies von Property-Companies wie beispielsweise Immobilienfonds, bei denen die Beurteilung des Immobilienmanagements mindestens gleichbedeutend ist. Leistungsbeurteilungsgrößen bei Property-Companies beziehen sich in quantitativer Form vor allem auf die Mieteinnahmen und die Wertentwicklung der Immobilien, welche im betrieblichen Immobilienbestand per se ohne größeren Aussagewert ist.[1]

Ist ein geeignetes System von Leistungsbeurteilungsindikatoren gefunden, sind die Daten zu analysieren, um Leistungslücken zu identifizieren und Hinweise zur Behebung der Schwachstellen zu erhalten. Nach der Ergreifung von Maßnahmen zur Optimierung des Immobilienbestands und des Managements beginnt ein neuer Zyklus des Benchmarking-Prozesses.[2]

Die Anwendung des Benchmarking in der betrieblichen Immobilienwirtschaft ist von einiger Skepsis begleitet. Die Kritik setzt insbesondere an folgenden Punkten an:

1. Vergleichbarkeit der Daten,
2. Aussagewert der gewonnen Informationen,
3. Kosten-Nutzen-Relation.

Zu 1.) "Before it can be useful and successful the creators of the [benchmarking, d. Verf.] system had to overcome four significant obstacles: lack of uniformity in data; lack of a standard of comparability for reference purposes; lack of definition of critical indicators and lack of an objective method for selecting comparable institutions."[3] Die engen Grenzen der Benchmarking-Anwendung werden von der objektiv evidenten Einzigartigkeit der Immobilien gesteckt. Sollte die Nutzengenerierung der Immobilien von den Vergleichsunternehmen unterschiedlich beurteilt werden, ist ein Vergleich der Kostenstrukturen natürlich irreführend. In der Nutzenbeurteilung kommen unter anderem vielfältige qualitative Unternehmensziele der Unternehmenskultur wie die Mitarbeiterorientierung oder das Corporate Design sowie die Unternehmensgrundsätze zum Ausdruck, die eine direkte Vergleichbarkeit erschweren. So haben Unternehmen mit steigenden Präferenzen für aufwendige Architektur, 1a-Standorte sowie hochwertige Gebäudeausstattung naturgemäß wachsende Immobilienkosten. Eine Berücksichtigung der unterschiedlichen Nutzen in einem mittelbaren Vergleich wird durch die Problematik der Nutzenquantifizierung erschwert. Je spezifischer eine Immobilie zudem für den Leistungserstellungsprozess eines Unternehmens ist, um so höher sind die Opportunitätskosten der Veränderung dieses Objekts. In Benchmarking-Prozessen ermit-

---

[1] Vgl. hierzu: Maurer, R. u. Stephan, T. G., 1996.

[2] Vgl. Lampe, P. u. Lechtenböhmer, A., 1998, S. 598 ff.; Horváth, P., 1998, S. 400 ff.

[3] Joroff et al., Strategic Management of The Fifth Resource: Corporate Real Estate, 1993, o. O., S. 80 zitiert bei Schäfers, W., 1997, S. 120.

telte Kostennachteile müssen dann so lange in Kauf genommen werden, wie sie unterhalb der Opportunitätskosten liegen. Vergleicht das Unternehmen sich mit einem Partner, dessen Immobilienbestand unspezifisch ist und nach dem Kriterium der Kostenminimierung zusammengestellt wurde, so können Aussagen über die Kostendifferenz gewonnen werden, die bei der Festlegung von internen Verrechnungspreisen eine gewisse Bedeutung haben. Insgesamt erlaubt die Einzigartigkeit von Immobilien nur einen direkten Vergleich von Objekten, die lediglich einen geringen Ressourcencharakter aufweisen. Anderenfalls dürfte an der Vergleichbarkeit der Objekte aufgrund der individuellen Nutzensituation für die Unternehmen ein erheblicher Zweifel angebracht sein.

Zu 2.) Weitere Zweifel am Aussagewert der Flächen- und Kostendaten verschiedener Unternehmen sind technischer Natur. So gibt es bis heute in der Praxis erhebliche Unterschiede in der Definition von Flächen- und Raummaßen sowie deren Verwendung und in der Definition der Wertgrößen in Form von Kosten- und Renditemaßen.[1] Erfahrungen aus dem Immobilienbereich haben gezeigt, dass rein quantitative Vergleiche ohne ausgiebige Abstimmung der Erhebungsverfahren der Daten an mangelnden Normierungen scheitern.

Zu 3.) Bei umfangreichen Immobilienportfolios stellt die Erhebung der notwendigen Basisinformationen schließlich einen nicht zu unterschätzenden finanziellen und zeitlichen Aufwand dar, der durch die Qualität der gewonnen Ergebnisse gerechtfertigt werden muss.[2] Deutliche Kostenvorteile sind von der Einführung eines EDV-gestützten Immobilieninformationssystems zu erwarten, welches einen Großteil der geforderten Informationen online zur Weiterverarbeitung zur Verfügung stellen kann.

5.3 Immobilieninformationssystem

5.3.1 Grundlagen eines Immobilieninformationssystems

5.3.1.1 Einführung in Informationssysteme

Bevor auf die Einzelheiten eines Immobilieninformationssystems eingegangen werden kann, ist zunächst zu klären, was unter dem Begriff Immobilieninformationssystem zu verstehen ist. Ein Informationssystem wird ganz allgemein in der Wirtschaftsinformatik definiert als „...ein Mensch-Maschine-System (...), das Informationen für die Durchführungs-, Führungs-, Analyse- und Entscheidungsfunktionen im Unternehmen beinhaltet und das dabei dem Benutzer über die Ablaufsteuerung eine Datenbasis sowie Funktionen zur Verfügung stellt."[3] Die Zielsetzung eines solchen Systems, ist die Deckung des gesamten Informationsbedarfs der Organisation.[4] Als ein Immobilieninformationssystem soll hier der Teil

---

[1] Vgl. Pfnür, A., 1998a.

[2] Vgl. Lampe, P. u. Lechtenböhmer, A., 1998, S. 599.

[3] Vgl. Krcmar, H., 1990, S. 396.

[4] Vgl. Picot, A. u. Reichwald, R., 1991, S. 267.

eines Informationssystems verstanden werden, der den Informationsbedarf des betrieblichen Immobilienmanagements deckt. Wie aber bestimmt sich der Informationsbedarf? Um dieser Frage nachzugehen, bedarf zunächst der Begriff der Information einer Präzisierung. Längst nicht mehr unumstritten, aber immer noch weit verbreitet ist die Definition von WITTMAN, der unter Information zweckorientiertes Wissen versteht.[1] Informationen sind folglich nicht das gesamte Weltwissen, sondern nur der Teil daraus, der für die Entscheidungsträger eines Unternehmens von Wert ist, weil er sie zweckbezogen verwenden kann.[2] Die Summe aller Informationen, die die Entscheidungsträger zum Treffen der ihnen vorliegenden Entscheidungen oder die Durchführung von Aufgaben objektiv benötigen, ist ihr Informationsbedarf. Davon abzugrenzen sind Informationen, die sie benötigen würden, aber nicht nachfragen und Informationen, die sie als notwendig erachten, aber keinen Nutzen bringen. Der Informationsbedarf des betrieblichen Immobilienmanagements umfasst alle Informationen, die zur Bereitstellung und Bewirtschaftung des betrieblichen Immobilienbestands objektiv erforderlich sind.[3]

Die Bedienung komplexer Informationsbedarfe, wie sie im Bereich des betrieblichen Immobilienmanagements vorliegen, ist nur mit Hilfe der EDV-Technologie möglich. Bezogen auf die Planung eines Informationssystems gibt es zwei Extrema in der Vorgehensweise: Entweder man plant auf der Basis einer vorgegebenen Technologie, welche unter Umständen schon im Unternehmen im Einsatz ist, das bestmögliche Informationssystem oder man erstellt ein am Fachproblem orientiertes Konzept, dessen Realisierung den Einsatz einer technischen Ausstattung nach sich zieht. SCHEER wählt einen Mittelweg, der sich aber eher am zweiten Vorgehen orientiert. In einem Stufenprozess wird eine Verbindung vom betriebswirtschaftlichen Informationsproblem zur Informationstechnologie hergestellt. Dazu sind in aufeinanderfolgenden Schritten ein Fachkonzept, ein DV-Konzept und ein Konzept der Implementierung zu erstellen. Ohne Kenntnis des EDV-technisch Machbaren ist die Erstellung eines Fachkonzepts als Teil der Planung eines betrieblichen Immobilieninformationssystems nicht denkbar. Dennoch wird auf detaillierte technische Ausführungen im Rahmen dieser Arbeit verzichtet, weil der Zusammenhang recht lose ist, wie die vergleichsweise dünne Verbindung von Fach- und DV-Konzept in der Abbildung 5.7 symbolisiert.[4] Vielmehr werden Grundstrukturen des Fachkonzepts zur Lösung der Informationsprobleme des betrieblichen Immobilienmanagements entwickelt.

---

[1] Vgl. Wittmann, W., 1959, S. 14. Zur Problematik dieser Definition vgl. Pfnür, A., 1996, S. 96 ff. und die dort zitierte Literatur.

[2] Vgl. Wild, J., 1971, S. 317.

[3] Vgl. Schwarze, J., 1998, S. 90 ff.

[4] Vgl. Scheer, A. W., 1991, S. 38.

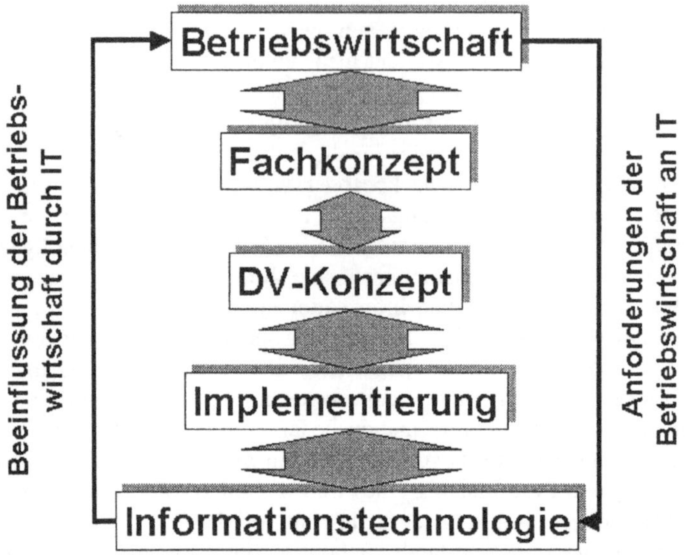

Abb. 5.7. Stufenprozess der Informationssystemplanung. Quelle: In Anlehnung an: Scheer, A. W., 1991, S. 39.

Im Einzelnen werden zunächst die Anforderungen an ein Immobilieninformationssystem abgeleitet, um daraus Rückschlüsse auf die Grundzüge eines funktionsgerechten Immobilieninformationssystems zu geben. Im dritten Teil dieses Abschnitts werden die Ausführungen anhand eines Beispiels am Modul SAP/R3 Real Estate verdeutlicht.

5.3.1.2 Anforderungen und Grundzüge eines Immobilieninformationssystems

Ein Immobilieninformationssystem hat zunächst die üblichen Anforderungen an jedes Informationssystem zu erfüllen (siehe Abbildung 5.8).

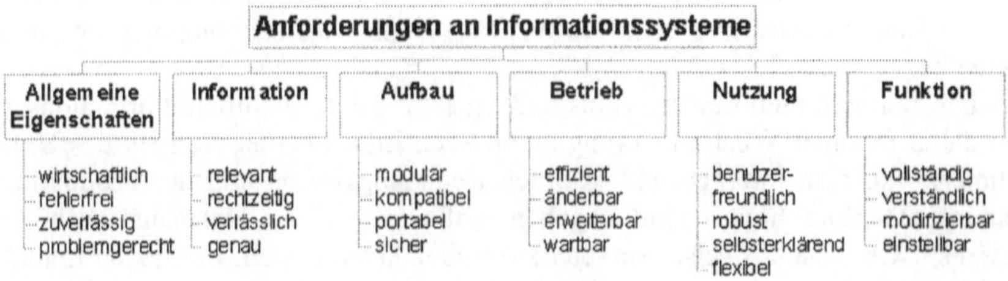

Abb. 5.8. Anforderungen an ein Informationssystem. Quelle: Eigene Darstellung

Darüber hinaus erfordert der Informationsbedarf des betrieblichen Immobilienmanagements eine Reihe an besonderen Leistungen in Bezug auf die

1. Datenerfassung und -integration,
2. Aufbau und Inhalt der Datenbasis und die
3. Informationsbereitstellung.

Zu 1.) Die aus den Informationsprozessen gewonnenen Informationen sind entweder alphanumerischer oder grafischer Art. Bei den alphanumerischen Informationen handelt es sich um nicht visualisierbare Eigenschaften von Objekten, sog. Attribute. Diese müssen in einer alphanumerischen Datenbank gespeichert werden. Graphische Informationen liegen z. B. in Form von Plänen (Struktur-, Konstruktions-, Versorgungs-, Entsorgungs-, Installations- und Leitungspläne), Zeichnungen oder Raumplanungen vor. Die EDV-technische Erfassung, Speicherung, graphische Darstellung und Bearbeitung erfolgt mit Hilfe von CAD-Systemen.[1] Aus dem Informationsbedarf des Immobilienmanagements folgt die Notwendigkeit zur Kombination dieser beiden Teile der Datenbank. Erst ihre Kombination, und nicht die Tatsache der einfachen Existenz graphischer und alphanumerischer Daten, generiert den Nutzen eines Immobilieninformationssystems.[2] Somit sollten Immobilieninformationssysteme eine bidirektionale Nutzung/Bearbeitung graphischer und alphanumerischer Daten ermöglichen. Zum einen sollten Grafiken bearbeitet werden können und gleichzeitig die in der Datenbank hinterlegten Attribute automatisch verändert werden. Zum anderen ist eine Bearbeitung der alphanumerischen Daten mit integrierter Aktualisierung der grafischen Elemente im CAD-System zu ermöglichen.

Die Daten sind über den gesamten Lebenszyklus der Immobilie hinweg zu erfassen. Erste Stammdaten fallen im Frühstadium der Planung der Immobilie an. Immobilieninformationssysteme müssen damit den Informationsanforderungen des Bauherren, des Nutzers, öffentlicher Stellen und der beauftragten Unterneh-

---

[1] Vgl. Frutig, D. u. Reiblich, D., 1995, S. 71; Braun, H. - P., Oesterle, E. u. Haller, P., 1995, S. 51 ff.

[2] Vgl. Homann, K., 1999, S.401 ff.

men bereits in der Konstruktionsphase erfüllen. Die Integration aller Informationen des Bauprozesses in einem Informationssystem wird als computerintegriertes Bauen bezeichnet.[1]

Über den gesamten Lebenszyklus hinweg steht das Immobilieninformationssystem dabei in enger Wechselwirkung zu anderen Informationssystemen des Unternehmens wie dem internen und externen Rechnungswesen und der Produktionsplanung. Darüber hinaus sind gegebenenfalls zusätzliche Datenaustausche mit Externen wie beispielsweise Anbietern von Gebäudediensten, mit denen immobilienbezogene Mengen- und Kostendaten getauscht werden, zu ermöglichen. Für einen effizienten Datenaustausch sind Schnittstellen zu schaffen. Gleichzeitig ist die Integrität der Daten über alle Systeme sicherzustellen.[2] Insgesamt ist die Ersterfassung wegen der erforderlichen Differenziertheit der Daten in der Regel sehr aufwendig. Deshalb beeinflusst sie die Wirtschaftlichkeit von Immobilieninformationssystemen in der Praxis stark.[3] Der Erfassungsaufwand der Gebäudedaten wird beispielsweise bei einer Übernahme der Daten aus Papier mit etwa DM 2 pro m^2 bei einer Vorortaufnahme mit DM 10 pro m^2 beziffert.[4]

Zu 2.) Die Datenbasis eines Immobilieninformationssystems muss detaillierte technische Angaben über die einzelnen Gebäude einschließlich deren Instandhaltung und Wartung enthalten. Bei größeren Gebäuden ist eine weitergehende Detaillierung der Angaben auf der Ebene von Räumen erforderlich.[5] Anders sind die Aufgaben der Gebäudeinstandhaltung, Raumplanung, Immobilienbewertungen sowie des betrieblichen Rechnungswesens nur ungenau zu erfüllen. Neben den technischen Angaben sind Informationen zur aktuellen und zukünftig geplanten Nutzung der Flächen sowie betriebswirtschaftliche und rechtliche Informationen zum Gebäude erforderlich. Agiert das Immobilienmanagement regelmäßig in Form von Miet-, Kauf- oder Dienstleistungsprozessen am Markt oder werden die Daten zur Berechnung kalkulatorischer Kosten benötigt, sind Marktinformationen erforderlich. Insgesamt ist der Datenbestand eines Immobilieninformationssystems als sehr umfangreich anzusehen. Aufgrund der fortschreitenden Profanisierung der Informationstechnologie sind von der wirtschaftlichen Datenspeicherung in modernen EDV-Systemen im Gegensatz zu früher keine größeren Probleme mehr zu erwarten.

Der Nutzen der Datenbasis eines Immobilieninformationssystems ist nicht nur von ihrem Umfang abhängig, sondern von der realitätsnahen Verknüpfung der enthaltenen Daten im Zuge des Datenbankmanagements. Die Modellierung der Datenbank sollte zu diesem Zweck relational erfolgen. Bei relationalen Datenmodellen werden die Einheiten innerhalb einer Datenbank in Beziehung gesetzt und es werden ihnen Attribute zugeordnet. In Abfragen können im Zuge der Informationsbereitstellung Objekte über die vergebenen Attribute im Rahmen der definierten Beziehungen beliebig selektiert und angesprochen werden. Mit zunehmender

[1] Vgl. Kahlen, H., 1996, S. 8 ff.

[2] Vgl. Frutig, D. u. Reiblich, D., 1995, S. 69 f.

[3] Vgl. Schwarze, J., 1998, S. 101.

[4] Vgl. Hoffmann, U., S. 13.

[5] Vgl. zu einer detaillierteren Darstellung: Schwarze, J., 1998, S. 102 ff.

Komplexität der beschriebenen Objekte findet die Leistungsfähigkeit von relationalen Datenbanken ihre Grenzen. So können hierarchische 1: n-Beziehungen schlecht ausgedrückt werden. Sie erfordern generell das Anlegen neuer Tabellen und steigern so die Komplexität des Systems. Ein Anwendungsobjekt wird in relationalen Datenbanken über mehrere Relationen verteilt, die immer wieder durch einen Verbund zusammengefügt werden müssen. Zudem enthalten grafische Systeme, wie sie im Immobilienmanagement häufig z. B. in Form von CAD-Systemen benötigt werden, oft Datentypen, die nicht auf den vordefinierten Datentypen der relationalen Datenbank abgebildet werden können. Diesbezüglich ist die objektorientierte Datenhaltung leistungsfähiger. Allerdings entfällt hier die Möglichkeit der umfangreichen Abfrage relationaler Datenbanken.[1] Eine Vereinigung der Vorteile von beiden Datenbanksystemen versprechen die gegenwärtig noch im Entwicklungsstadium befindlichen objektrationalen Datenbanken.[2]

Zu 3.) Um die Informationen bedarfsgerecht bereitzustellen, müssen Immobilieninformationssysteme die Aufgaben des Immobilienmanagements in einer geschäftsprozessorientierten Sichtweise abbilden können.[3] Dabei müssen sämtliche Anwendungen der Immobilienbereitstellung, -nutzung und -verwertung bei der Systementwicklung Berücksichtigung finden. Das Geschäftsprozessmodell des Immobilienmanagements, an dem das Immobilieninformationssystem ausgerichtet wird, kann dabei sowohl ein individuell für ein Unternehmen maßgeschneidertes oder ein Referenzmodell sein, welches durch sogenanntes Customizing an die individuelle Situation des Unternehmens angepasst wird.[4]

Die bedarfsgerechte Bereitstellung von Informationen umfasst neben der Versorgung des internen Immobilienmanagements auch die Kommunikation mit unternehmensexternen Dienstleistern sowie Marktpartnern. Beispielsweise werden Informationen über den Verbrauch von Heizungswärme, die im Immobilienmanagement zur verursachungsgerechten Schlüsselung der Kosten benötigt werden, häufig von externen Dienstleistern bereitgestellt, welche für die Ablesung der Verbrauchszähler zuständig sind. Technisch zu unterstützende Kommunikationsbeziehungen bestehen ferner in der Auftragsvergabe und Abwicklung von Fremdleistungen. Mit zunehmender Verbreitung von virtuellen Marktplätzen wird die Kommunikation über das Internet erfolgen. Ebenso werden Leerstände über das Internet zukünftig direkt vermarktet und bedarfsgerechte Immobilien, Finanzierungen und Dienstleistungen über virtuelle Marktplätze gesucht.

Nach den gezeigten Anforderungen an ein Immobilieninformationssystem lässt sich eine erste Skizze der Grundzüge eines Immobilieninformationssystems anfertigen.

---

[1] Vgl. zu den verschiedenen Datenbanksystemen: Stahlknecht, P. u. Hasenkamp, U., 1997, S. 196 ff. u. S. 355 ff.; Vossen, G., 1999.

[2] Stonebraker, M. u. Moore, D., 1999.

[3] Vgl. Scheer, A. W., 1997.

[4] Vgl. zu den Auswahlkriterien eines Immobilieninformationssystems: Schwarze, J., 1998, S. 109 f.

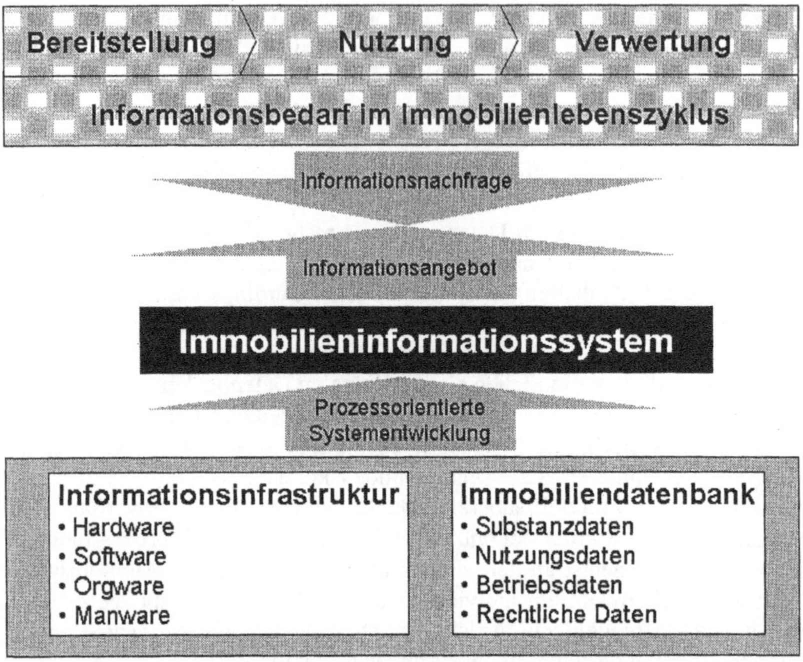

Abb. 5.9. Grundzüge eines Immobilieninformationssystems. Quelle: Eigene Darstellung.

Die bisherigen Ausführungen haben verdeutlicht, dass die Einführung eines Immobilieninformationssystems einen erheblichen Aufwand erfordert. Es ist daher näher zu untersuchen, ob dieser Aufwand gerechtfertigt ist.

5.3.1.3 Nutzen und Kosten von Immobilieninformationssystemen

Als Ergebnis von Kapitel 3 zu den betriebswirtschaftlichen Wirkungen von Immobilien hat sich gezeigt, dass nur ein geringer Teil der Nutzen, Kosten und Risikowirkungen von betrieblichen Immobilien in den Unternehmen bekannt ist. Auf dieser dürftigen Informationsgrundlage ist die Leistungsfähigkeit der oben diskutierten Instrumente der Flächenplanung, Immobilienbereitstellung und der Bewirtschaftung nicht voll ausgeschöpft oder sie sind gar nicht erst anwendbar. Insgesamt sind mit der Einführung eines Immobilieninformationssystems die in Abbildung 5.10 dargestellten Nutzenpotenziale verbunden.

Abb. 5.10. Nutzenpotenziale eines Immobilieninformationssystems. Quelle: In Anlehnung an: Frutig, D. u. Reiblich, D., 1995, S. 73 ff.

SCHÄFERS hat den Verbreitungsgrad von Immobilieninformationssystemen empirisch im Jahr 1995 untersucht.[1] Zu diesem Zeitpunkt hatten nur 19 % der befragten Non-Property-Companies ein Immobilieninformationssystem.[2] Der geringen Verbreitung wurde in der Befragung weiter nachgegangen.

Tabelle 5.6. Gründe gegen ein Immobilieninformationssystem

Argumente	Gesamt
Keine hinreichende Notwendigkeit	40,2 %
Nicht hinreichende finanzielle Ressourcen	21,5 %
Adäquates System z. Zt. am Markt nicht verfügbar	11,8 %
Fehlende Unterstützung in der Unternehmensleitung	6,9 %
Widerstände seitens der Leitung des Immobilienmanagements	0,9 %
Widerstände seitens der Mitarbeiter	6,9 %
sonstige	16,7 %
Mehrfachnennungen möglich, Anzahl der Nennungen: 102	

Quelle: Schäfers, W., 1996, S. 54.

[1] Schäfers, W., 1996, S. 50 ff.
[2] Vgl. Schäfers, W., 1996, S. 52.

Die in der Tabelle genannten Gründe gegen ein Immobilieninformationssystem zeigen recht eindeutig, dass die Nutzen-Kosten-Relation der verfügbaren Informationssysteme zu gering war. Verdeutlicht man sich die 1995 am Markt verfügbaren Systeme, so ist dies aus heutiger Sicht unmittelbar einsichtig. Seit 1995 ist allerdings eine umfangreiche Weiterentwicklung der Immobilieninformationssysteme insbesondere im Hinblick auf die Nutzung im betrieblichen Immobilienmanagement beobachtbar. Am Markt sind gegenwärtig die drei Systeme – SAP R/3 Real Estate (SAP R/3 RE), GES ERP und Wohndata – verbreitet. Das umfangreichste, am weitesten entwickelte und das vermutlich mittlerweile am weitesten verbreitete Immobilieninformationssystem ist das System SAP R/3 Real Estate, anhand dessen die Grundzüge eines Immobilieninformationssystems im Folgenden näher analysiert werden.

5.3.2 Grundzüge eines Immobilieninformationssystems am Beispiel SAP R/3 RE

Das Immobilieninformationssystem SAP Real Estate[1] ist integrierter Bestandteil des modularen betriebswirtschaftlichen Softwaresystems SAP R/3, dessen Funktionsumfang weit über immobilienwirtschaftliche Aufgabenstellung hinausgeht.[2] Bedingt durch die weite Verbreitung häufen sich auch die Anwendungen der Real-Estate-Komponente, deren Installation bei bereits bestehendem Programmsystem vergleichsweise wenig Aufwand erfordert.

Die Software SAP R/3 ist eine Standardsoftware, die individuell auf die Belange der Anwender angepasst werden kann. Bei der Implementation der R/3-Anwendung werden die Geschäftsvorfälle in einer prozessorientierten Sicht dargestellt.[3] Die eingegebenen Daten werden im System R/3 in Echtzeit aktualisiert, sodass sie für die Planung und Steuerung sofort bereitstehen. Dabei gewährleistet das System die Integrität aller eingegebenen Daten. Seit 1999 bietet das System R/3 unter der Bezeichnung mySAP.com eine weitgehende Internetfähigkeit, welche den Bezug der einzelnen Anwendungen über das Internet erlaubt. Durch mySAP.com kann jeder Mitarbeiter eines Unternehmens über das Internet auf SAP-Anwendungen und die unternehmensindividuellen Daten zugreifen. Außerdem können verschiedene Unternehmen über einen Marktplatz per Internet Handel treiben und interaktiv zusammenarbeiten.[4] SAP R/3 ist modular aufgebaut. Es müssen daher nicht alle Bereiche eines Unternehmens von Anfang an durch das System R/3 abgebildet werden. Benötigt wird zunächst ein Basissystem, zu dem weitere Anwendungsmodule hinzugefügt werden. Ein solches Anwendungsmodul ist das Immobilieninformationssystem RE. RE wurde ursprünglich unter der Be-

---

[1] Vgl. zu aktuellen Informationen die RE-Seite der Homepage der SAP AG: http://www.sap-ag.de/germany/solutions/real_est/.

[2] Vgl. die Homepage der SAP AG: http://www.sap-ag.de sowie Moehrlen, R. u. Kokot, F., 2000.

[3] Vgl. Donath, P., 1999.

[4] Vgl. SAP AG, 2000b, S. 1 ff.

zeichnung IS/RE als Branchenlösung (Industrie Solution) für die Immobilienwirtschaft entwickelt und wird schrittweise auf die Bedürfnisse von Non-Property-Companies angepasst. Gegenwärtig wird es als Branchenlösung und als eigenes Modul im Standard von SAP R/3 ausgeliefert (siehe Abbildung 5.11).

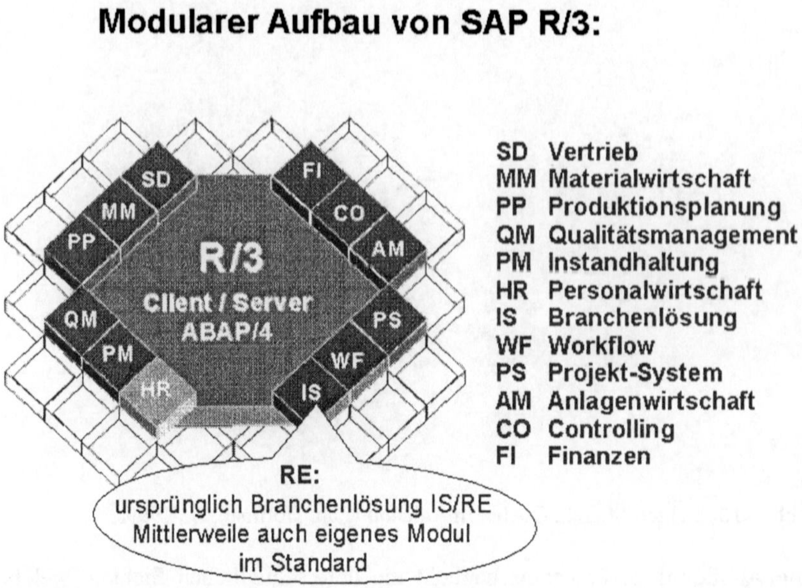

Abb. 5.11. RE als Teil des Systems SAP R/3. Quelle: In Anlehnung an: SAP AG, 2000c.

Der Funktionsumfang von RE ist abhängig von den zusätzlich installierten Modulen. Als Mindestvoraussetzung gilt die Installation von FI und CO, um die finanzwirtschaftlichen Transaktionen im Rechnungswesen abbilden zu können. Der Funktionsumfang lässt sich durch den Einbezug der Module Finanzen inklusive Treasury FI/TR, PS, Instandhaltung inklusive Servicemanagement (PM/SM), Projektsystem (PS) und Controlling (CO) auf den maximalen Umfang ausdehnen, der in Abbildung 5.12. im Überblick dargestellt wird.

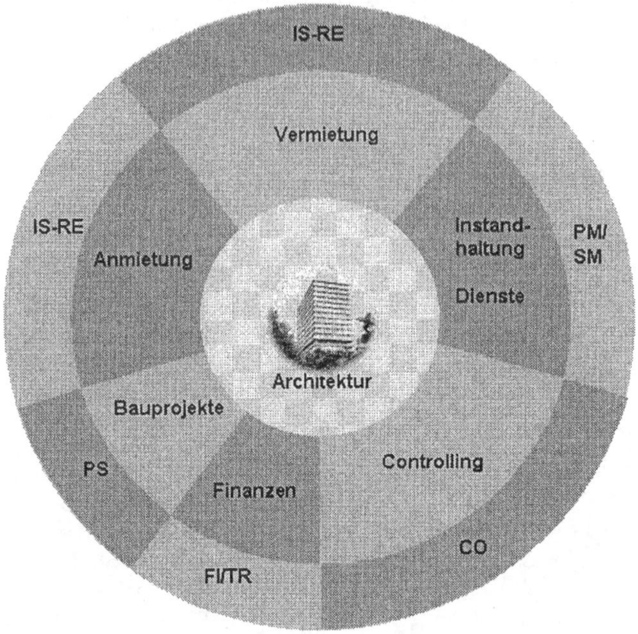

Abb. 5.12. Sichten-Modell. Quelle: In Anlehnung an: Hoffman, U., 1999.

Die Abbildung 5.12. veranschaulicht die unterschiedlichen Sichten, welche mit Hilfe des Systems R/3 auf die Immobilie dargestellt werden können. Die Sichten auf das Immobilienobjekt dienen dem Zweck der prozessorientierten Bearbeitung von komplexen Vorgängen der Immobilienbereitstellung, des Immobilienbetriebs und der Immobilienverwertung. Der Funktionsumfang der einzelnen Module wird von SAP üblicherweise in sogenannten Solution-Maps dargestellt. Die Solution-Map für das RE-Modul sieht wie folgt aus:

Tabelle 5.7. SAP Real Estate Map, Edition 2000

Unternehmensplanung	Strategisches Unternehmensmanagement	Kennzahlen	Entscheidungsunterstützung	Konzern-Investitionsplanung			
Projektentwicklung	Rechtliche Rahmenbedingungen	Grobe Finanz- & Zeitplanung	Ausschreibung, Vergabe, Abrechnung	Überstellung in die Bewirtschaftung			
Immobilienmarketing	Anzeigenkampagnen	Real Estate Market Place					
Kaufmännisches Management	Vertragsmanagement	Interessentenmanagement	Mieterbuchhaltung	Mietanpassung & Umsatzmiete	Nebenkostenabrechnung	Liegenschaften	Mandatsverwaltung
Technische & infrastrukturelle Bewirtschaftung	Flächenmanagement	Wartung & Inspektion	Modernisierung & Instandsetzung	Reparaturen	Beschaffungsstrategie für externe Dienste	Energiemanagement	Gebäudetechnik
Real Estate Controlling	Objekt-Controlling	Responsibility Accounting mit Profit Centern	Gemeinkostencontrolling	Strategisches Controlling			
Verwertung	Vorbereitungen	Revitalisierung & Umnutzung	Verkauf & Abriss				
System-Infrastruktur	Organisationsstrukturen	Stammdatenobjekte	Partner & Adressenverwaltung	Korrespondenz & Optisches Archiv	Grafische Schnittstellen	Berichtswesen	

Quelle: SAP AG, 2000d, S. 8 f.

Einzelne Funktionsbereiche wie das Immobilienmarketing sind je nach konkreter Situation für die typische Anwendung im betrieblichen Immobilienmanagement von vergleichsweise geringer Bedeutung. Ohne auf die einzelnen Funktionsbereiche näher eingehen zu wollen,[1] sei hier festgestellt, dass der Funktionsumfang nahezu die gesamte Breite der Aufgaben des betrieblichen Immobilienmanagements unterstützt. Die Stammdaten für Immobilienobjekte sind hierarchisch von Wirtschaftseinheiten über Grundstücke, Gebäude, Mieteinheiten bis zu Räumen sehr detailliert gegliedert.

Die Kosten der Einführung verteilen sich auf die drei Positionen Hardware, Software und Einführungsdienstleistungen, die bei einer durchschnittlichen Installation in etwa gleich hoch sind. Ursprünglich war das RE-Modul für Property-Companies mit fünfstelligem Wohnungsbestand vorgesehen. Durch die Ausdeh-

[1] Vgl. zu einer detaillierten Aufstellung: SAP AG, 2000d, S. 10 ff.

nung auf Non-Property-Companies und die Aufnahme in den Standard finden sich aber auch Unternehmen mit nur einigen hundert Immobilien in der Referenzliste von SAP. Dies ist aus Kostenaspekten dann sinnvoll, wenn im Unternehmen bereits andere Module von R/3 installiert sind, sodass der Einführungsaufwand vergleichsweise gering ist und die immobilienbezogenen Geschäftsprozesse einem bereits vorliegenden Referenzmodell entsprechen. Gegen eine Einführung des Systems RE wird in der Praxis regelmäßig eingewendet, dass die Komplexität des Systems unnötig hoch sei. Die Komplexität ist bedingt durch die typischen Eigenschaften von Standardsoftware. Im RE Fall ist das System zusätzlich auf die unterschiedlichen Anforderungen von Property- und Non-Property-Companies ausgerichtet. Insbesondere in der Gebäudebereitstellung, der kaufmännischen Verwaltung und im Immobilienmarketing verfügt das System über Funktionalitäten, die in dieser Form von den meisten Non-Property-Companies nicht benötigt werden. Schwach ausgeprägt sind hingegen Funktionen, die den Kern der betrieblichen Immobilienökonomie, die Flächenplanung, unterstützen. Ebenso fehlen Funktionen im Bereich der Immobilienbewertung für das interne Rechnungswesen. Praktische Erfahrungen deuten ferner darauf hin, dass an vielen Stellen die Lösung von Detailproblemen die Anpassung der betrieblichen Abläufe an das SAP System erfordert, weil umgekehrt die Anpassung des Systems an bisherige Lösungswege zu aufwendig ist. Auf der anderen Seite erlangen Unternehmen mit vergleichsweise geringem Entwicklungsstand des betrieblichen Immobilienmanagements mit der Einführung erhebliches fachspezifisches Know-how. Durch die Integration immobilienspezifischer Daten insbesondere in das Führungsinformationssystem und die untergeordneten Controllingsysteme werden die betriebswirtschaftlichen Wirkungen von Immobilien transparent. Eine abschließende Entscheidung über die Einführung des Real Estate Moduls von SAP in einer Non-Property-Company ist aufgrund der vergleichsweise geringen Bedeutung des Immobilieninformationssystems innerhalb des Informationssystems des Unternehmens einerseits und der faktischen Notwendigkeit zum Betrieb weiterer R/3-Module andererseits nicht möglich. Vielmehr ist das Für und Wider des gesamten R/3-Pakets abzuwägen.

6 Immobilienanalyse und -planung

Die Planung des betriebsnotwendigen Immobilienbestands umfasst alle Aktivitäten, die zu einer Idealvorstellung des zukünftigen Flächenbestands eines Unternehmens aus Sicht der unternehmensinternen Nutzung heraus erfolgen. Das Ziel der Planung sind idealtypische Vorgaben der Nutzer, die im Zuge des weiteren Bereitstellungsprozesses umzusetzen sind. Vor dem Hintergrund dieser Zielsetzung stellt sich zunächst die Frage, wie der Flächenbedarf über alle Organisationseinheiten und den gesamten Planungszeitraum zu prognostizieren ist. In einem zweiten Schritt ist zu untersuchen, wie in einem Planungsprozess die verschiedenen Bedarfe zeitlich und räumlich verdichtet werden können, um zu konkreten Vorgaben für die bereitzustellenden Immobilienobjekte zu gelangen.

6.1 Ermittlung des Flächenbedarfs

In diesem Abschnitt wird das Problem erörtert, wie der Flächenbedarf eines Unternehmens so ermittelt wird, dass eine zeitgerechte Bereitstellung der notwendigen Immobilien wirtschaftlich optimal erfolgen kann. Aufgrund der Starrheit von Bereitstellungsentscheidungen und der regelmäßig hohen Dynamik in der Veränderung des Flächenbedarfs kommt diesem Problem im Rahmen des betrieblichen Immobilienmanagements eine Schlüsselstellung zu. Zur Darstellung des Flächenbedarfs werden nachfolgend zwei Betrachtungsweisen gewählt. Zunächst wird im Abschnitt 6.1.1 gezeigt, welche Wurzeln der Flächenbedarf in einem Unternehmen haben kann. Anschließend wird unter 6.1.2 der Einfluss der Informations- und Kommunikationstechnologie als dominierende Determinante der Veränderung des betrieblichen Flächenbedarfs diskutiert.

6.1.1 Wurzeln des Flächenbedarfs im Unternehmen

Unter betrieblich bedingtem Flächenbedarf wird hier der Bedarf verstanden, der zur Erstellung der betrieblichen Leistung notwendig ist.

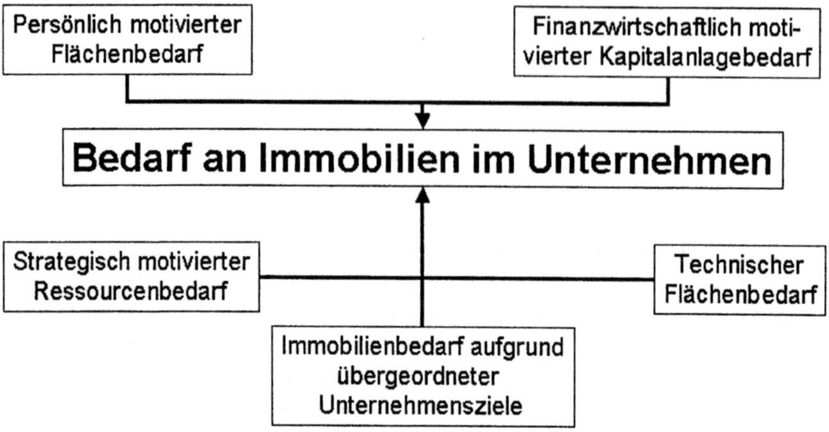

Abb. 6.1. Übersicht über die Determinanten des Flächenbedarfs. Quelle: Eigene Darstellung.

Neben dem betrieblich bedingten Flächenbedarf kann der Bedarf auch durch finanzwirtschaftliche Aspekte oder persönliche Gründe von Entscheidungsträgern motiviert sein (siehe Abbildung 6.1.). Auf die persönlichen Gründe von Handlungsträgern und deren wirtschaftliche Konsequenzen wird im Teil C näher eingegangen. Die Aspekte der Kapitalanlage von Immobilien sollen vor dem Hintergrund der diskutierten Problemstellung nicht näher behandelt werden. Die verbleibenden Determinanten werden in der recht spärlichen Literatur zu den Bestimmungsfaktoren des Flächenbedarfs nur aufgezählt und nicht weiter untergliedert. Zumeist beschränkt man sich auf die Planung der Arbeitsplätze. Führt man sich die Ergebnisse des Abschnitts 3.2 zu den Nutzenwirkungen von Immobilen noch einmal vor Augen, so ist unzweifelhaft, dass immobiliare Ressourcen aufgrund ihrer besonderen Eigenschaften Nutzenpotenziale in sich bergen, die über den physischen Arbeitsplatz hinausgehen. Zur Erschließung dieser Potenziale sind neben der technischen Perspektive der Raumgestaltung zusätzliche Sichtweisen erforderlich. Im Folgenden werden die relevanten Determinanten des Flächenbedarfs aus drei Perspektiven behandelt:

1. Flächenbedarf aufgrund übergeordneter Unternehmensziele,
2. Unternehmensstrategie und
3. technischer Flächenbedarf.

Der Flächenbedarf aufgrund übergeordneter Unternehmensziele ergibt sich aus dem normativen Management heraus.[1] Beim strategisch getriebenen Bedarf an immobiliaren Ressourcen handelt es sich um Immobilien, die nicht der konkreten Bedarfsdeckung dienen, sondern aus taktischen Motiven heraus bereitgestellt werden müssen. Der technische Flächenbedarf wird hier verstanden, als die Summe

[1] Vgl. zum normativen Management: Bleicher, K., 1991, S. 41 ff.

aller Immobilienflächen, die sich aus den technischen Anforderungen der Nutzer im Leistungserstellungsprozess des Unternehmens ergeben. Er gibt das Minimum an betriebsnotwendig bereitzustellenden Immobilien vor. Im Folgenden wenden wir uns den Determinanten dieser drei Perspektiven im Einzelnen zu.

6.1.1.1 Flächenbedarf aufgrund übergeordneter Unternehmensziele

Der Flächenbedarf übergeordneter Unternehmensziele leitet sich

1. aus dem Unternehmenszweck,
2. den Unternehmensgrundsätzen und
3. der Corporate Identity ab.[1]

Zu 1.) Grundsätzlich ergibt sich der Flächenbedarf eines Unternehmens aus dem Unternehmenszweck. Für ein Unternehmen, dessen Geschäftszweck die Vermietung von Immobilien ist, und welches oben als Property-Company definiert wurde, haben Immobilien naturgemäß eine größere Bedeutung als für Non-Property-Companies. Ebenso ist in einem Einzelhandelsunternehmen der Immobilienbestand von größerer Bedeutung als im Versandhandel oder bei einem Softwareentwicklungsunternehmen.

Zu 2.) Auf der Basis der Unternehmensgrundsätze wird aus den Entwicklungspotenzialen des Unternehmens sowie der Verpflichtung gegenüber den verschiedenen Anspruchsgruppen des Unternehmens eine Unternehmenspolitik geformt.[2] In Bezug auf den Bedarf an Immobilien ergeben sich aus den Unternehmensgrundsätzen bei entsprechender Ausformulierung folgende im Einzelfall sehr gravierende Konsequenzen:

- In Grundsätzen zu Eigentumsfragen haben viele Unternehmen grundsätzliche Regelungen zur Miete-Kauf-Problematik getroffen.
- Im Hinblick auf die Wahrnehmung der öffentlichen Verantwortung von Unternehmen beteiligen sich Unternehmen an städtebaulichen Entwicklungsprogrammen der Gebietskörperschaften und gestalten ihre Gebäude über das rechtlich geforderte Maß nach städtebaulichen Gesichtspunkten.[3]
- Eine starke Mitarbeiterorientierung der Unternehmen stellt hohe Anorderungen an den Unternehmensstandort und die architektonische Qualität sowie die Ausstattung der Gebäude.
- Eine starke Umweltschutzorientierung des Unternehmens stellt hohe Anforderungen an die Nutzung von Grundstücksflächen und die verwendeten Baumaterialien bei Gebäuden. Beispielsweise ist das Verlagshaus Gruner & Jahr nach dem Umzug in ein neues Hauptquartier von Umweltschutzorganisationen aufgrund der beim Bau verwendeten Tropenhölzer in der Öffentlichkeit stark kritisiert worden.

---

[1] Vgl. zu dieser Systematik übergeordneter Unternehmensziele: Meffert, H., 1994, S. 78 ff.
[2] Vgl. Bleicher, K., 1991, S. 79 ff.
[3] Vgl. Brown, R. K. et al., 1992, S. 616 ff.; Kirsch, D., 1997, S. 127 ff.

Zu 3.) Die Corporate Identity beschreibt den gegenwärtigen Zustand der Unternehmung, ihre Tradition, die Einstellungen der Führungskräfte und Mitarbeiter sowie die bisherige Unternehmenspolitik. Dabei kann die Corporate Identity ein Ziel, eine Methodik oder ein Ergebnis beschreiben.[1] Die Corporate Identity bezeichnet das Selbstbild des Unternehmens, welches durch eine Projektion vom Betrachter als Corporate Image wahrgenommen wird. Sie findet Ausdruck im Verhalten, der Kommunikation und dem Erscheinungsbild des Unternehmens.[2] Die designorientierte Dimension der Corporate Identity zielt auf die Prägung des Erscheinungsbildes ab.[3] Sie umfasst die Summe der visuellen Darstellungsformen und somit nicht zuletzt auch das visuelle Erscheinungsbild des Umfeldes, in dem die Unternehmensleistung erstellt und angeboten[4] und welches als Environment Design bezeichnet wird. Die Immobilien bieten neben der Gestaltung des Fuhrparks das wichtigste Medium für das Environment Design des Unternehmens.[5]

Die Prägung der Corporate Identity des Unternehmens durch Immobilien kann zum einen durch die Standortwahl und zum anderen durch die Architekturqualität und das Erscheinungsbild der Immobilie erfolgen. Es ist beobachtbar, dass sowohl hinsichtlich des Standorts als auch der Architektur der Tradition des Unternehmens eine besondere Bedeutung zukommt. Beispielsweise hat die Reederei Hapag Lloyd AG in Hamburg ihren traditionellen Firmensitz in einer sehr guten Lage der Hamburger Innenstadt als Bürogebäude bis heute im Besitz, obwohl er unter Kostengesichtspunkten ungeeignet ist. Die aus unterschiedlichen Immobilien als Teil der Corporate Identity zu erzielenden Image-Wirkungen hat PLATZ zusammengetragen.[6] Über die in der Tabelle 6.1. aufgeführten Imagewirkungen hinaus verschaffen besonders exponierte Gebäude dem Unternehmen im Zeitraum der Erstellung und darüber hinaus Aufmerksamkeit, die die Corporate Identity des Unternehmens maßgeblich beeinflussen können. Insbesondere Schlote, Gasometer, Sendemaste oder Hochhäuser sind seit der Zeit der Industrialisierung prägnantes Merkmal von Unternehmen als Teil der Landschaftsstruktur. Beispielsweise hat der vielbeachtete Neubau der Commerzbank-Zentrale in Frankfurt a. M. dem Unternehmen in der Öffentlichkeit große Aufmerksamkeit verschafft.

---

[1] Vgl. Schneider, F., 1991; Glöckler, T., 1995; Birkigt, K., Stadler, M. M. u. Funck, H. J., 1998; Bickmann, R., 1998.

[2] Vgl. Birkigt, K., Stadler, M. M. u. Funck, H. J., 1998, S. 18 ff.

[3] Vgl. Meffert, H., 1991, S. 818.

[4] Vgl. Bickmann, R., 1998, S. 246 ff.

[5] Vgl. Glöckler, T., 1995, S. 99 f.

[6] Vgl. Platz, J., 1994, S. 124.

Tabelle 6.1. Das Image einer Immobilie

Abstufungen	Erscheinungsbild von Immobilien bei Fassade, Eingangsbereich, Außenanlagen, Ausstattungsmaterialien.	Assoziation zum Eigentümer beispielsweise Versicherungsunternehmen, Warenhäuser.
1.	Verkommen, ungepflegt, schmutzig, billige Materialien	Leistungsschwach, Rückschlüsse auf fehlende Solvenz oder schlampige Verwaltung, nicht empfehlenswert
2.	Rein funktional, einfache Gestaltung, qualitativ minderwertige Materialien	Positiv: sparsam, bescheiden, nicht verschwenderisch negativ: knauserig, leistungsschwach, primitiv
3.	Solide, ansprechende Architektur, ausgesuchte Materialien und Möblierung, durchdachte Detailgestaltung, gepflegte Außenanlagen, Blumen	Solide, leistungsstark, vertrauenserweckend, seriös, gepflegt, einladend, empfehlenswert
4.	Aufwendige bis luxuriöse Materialien und Gestaltung, prachtvoll und exklusiv	Positiv: beeindruckend, geschmackvoll, leistungsstärker als Konkurrenz, Vertrauen erweckend negativ: verschwenderisch

Quelle: Platz, J., 1994, S. 124.

Besondere Bedeutung kommt der Immobilie als Imageträger im Handel zu. Die bewusste Nutzung von Gebäude-, Fassaden- und Schaufenstergestaltung bietet dem Handelsunternehmen gegenüber dem Kunden die Möglichkeit, noch vor dem Betreten der Einkaufsstätte auf sich und seine Leistung aufmerksam zu machen.[1] In den Forschungsarbeiten von SCHWANZER wurde der Zusammenhang zwischen der Fassadengestaltung, insbesondere mit Hilfe von Schaufenstern, und der Corporate Identity untersucht.[2] Von zentraler Bedeutung ist das Ergebnis, dass der Kunde aus der Art der Fassaden- und Schaufenstergestaltung auf die Branche des Geschäfts schließt.[3] Die folgende Tabelle 6.2 ordnet verschiedene optische Anmutungen verschiedenen Branchen zu.

[1] Vgl. Schmalen, H., 1985; Scheuch, F. 1987; Merkle, W., 1991, S. 172 ff.

[2] Vgl. Schwanzer, B., 1986, Schwanzer, B., 1988.

[3] Vgl. Schwanzer, B., 1988, S.52 ff.

Tabelle 6.2. Allgemeine Anmutungsleistung und Brancheneignung verschiedener Schaufensterarten

Bezeichnung	Beispiel	Definition	Anmutung	Brancheneignung
Gewölbe		Historische Form, relativ kleine Schaufenster, Rundungen, mittelalterlicher Charakter	Einladend, sympathisch, vertrauenswürdig, originell, nüchtern, aufwendig, fortschrittlich	Antiquitäten, Einrichtungshaus
Arkaden	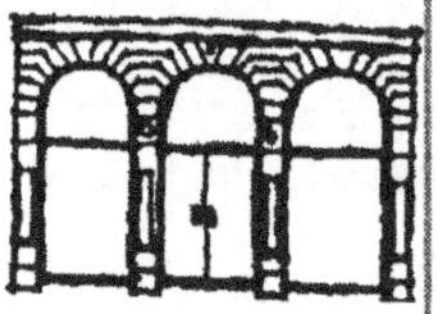	Historische Form, ausgeprägte Dominanz der Arkaden, Ambivalenz von aufrechten u. runden Elementen, klassischer Charakter	Abstoßend, billig, bedrückend, altmodisch	Friseur, Kürschner, Juwelier, Bank/Sparkasse
Portal		Größere Schaufenster, aufgesetzte Blenden, lot- u. waagerechte Elemente weitgehend gleichwertig	Altmodisch, einladend, kitschig, sympathisch, vertrauenswürdig	Antiquitäten, Buchhandlung, Parfümerie, Drogerie
Vorbau		Gebaute Fassade, neue Form des Portals, Betonung der aufrechten Elemente	Abstoßend, nüchtern, billig, bedrückend, altmodisch	Buchhandlung, Bank/Sparkasse
Nurglas	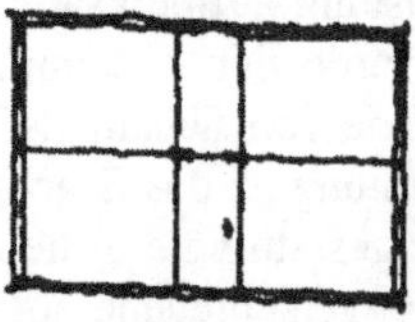	Fast ausschließlich Verwendung von Glas, besonders große Schaufenster, eckig, moderner Charakter	Kitschig, aufwendig, fortschrittlich, originell	Parfümerie, Drogerie, Kürschner, Juwelier

Quelle: Merkle, W., 1991, S. 177, nach inhaltlichen Vorgaben von Schwanzer, B., 1988.

Insbesondere mit der Zunahme des Internet-Shopping kommt der Immobilie die Aufgabe zu, den verbleibenden stationären Handel für den Kunden erlebbar und greifbar zu machen. Die Leistung des Handelsunternehmens bekommt damit über das bloße Zusammenstellen von Sortimenten hinaus eine neue Dimension. Es ist zu erwarten, dass die bisher beobachtete Vernachlässigung des Gestaltungspotenzials der Immobilie in Zukunft stärkere Bedeutung erhalten wird.

Aus der zu starken Orientierung der Immobilie an der Corporate Identity des Unternehmens ergeben sich nicht nur Vorteile, sondern auch Konflikte im Falle einer späteren Verwertung der Immobilie. Je stärker die Immobilie auf eine spezielle Identität eines Unternehmens zugeschnitten wurde, desto größer ist die Gefahr, dass die Gestaltung des Objekts für nachfolgende Nutzer unakzeptabel ist. Viele Unternehmen nutzen deshalb nur die äußere Gestaltung oder die Namensgebung des Gebäudes als Stilmittel der Corporate Identity, sodass es sich weiterhin zur Fremdvermietung eignet. Beispiele dafür sind das Sony Building am Potsdamer Platz in Berlin, der Pirelli Tower in Mailand oder das Chrysler Building in New York.[1]

6.1.1.2 Strategische Aspekte des Bedarfs immobiliarer Ressourcen

Aufgrund ihrer langfristigen Bindungsdauer und der hohen finanziellen Konsequenzen sind Immobilienentscheidungen sehr eng mit der strategischen Ausrichtung des Unternehmens verknüpft. Dabei kann sowohl aktiv auf einem besonderen Immobilienbestand des Unternehmens eine Strategie aufgebaut sein als auch der Immobilienbestand des Unternehmens passiv zur Durchsetzung einer Unternehmensstrategie eingesetzt werden.[2] Die aktive Bedeutung von Immobilien für Unternehmens- und Geschäftsfeldstrategien wird im Rahmen der strategischen Planung in der Unternehmensanalyse untersucht. In der Ressourcenanalyse wird der Immobilienbestand als Teil der physischen Ressourcen hinsichtlich seiner gegenwärtigen Nutzung und seines Potenzials analysiert und in der Konkurrentenanalyse im Lichte der Konkurrenz.[3] In der passiven Variante werden Immobilien im strategischen Programm zur Durchsetzung der gewählten Strategieoptionen eingesetzt.[4]

In einer Umfrage der Unternehmensberatung ARTHUR ANDERSEN unter Vorständen von 726 antwortenden Unternehmen in Nordamerika haben 79,3 % der Befragten die Frage „Do you view corporate real estate as an opportunity for improving and/or maintaining your company's competitive advantage?" mit „Very much/for the most part" beantwortet. 14, 3% antworteten mit „somewhat" und nur 6,4 % antworteten „Only slightly/ not al all".[5] Untersucht man die strategische Bedeutung immobiliarer Ressourcen genauer, stellt man fest, dass mit ihnen eine ganze Reihe sehr unterschiedlicher strategischer Ziele verfolgt werden können, über deren Bedeutung sich das Unternehmen im Einzelfall Klarheit verschaffen muss. Im einzelnen sind dies die in Abbildung 6.2. systematisierten und nachfolgend näher beschriebenen Aspekte.

[1] Vgl. zum Hochaus als Imageträger: Mayr-Kerber, G. M., 1998, S. 308 ff.

[2] Vgl. Brown, R. K. et al., 1992, S. 101 ff.; Arthur Anderson & Company S.C., 1993, S. 16; Joroff, M., Louargarnd, M., Lambert, S. u. Becker, F., 1993, S. 15 f.; Ouye, J. A., Darwish, A. u. Young, J. D., 1993, S. 13; Gibson, V., 1994.

[3] Vgl. Steinmann, H. u. Schreyögg, G., 1993, S. 172 ff.

[4] Vgl. Steinmann, H. u. Schreyögg, G., 1993, S. 212 ff.

[5] Arthur Anderson & Company S.C., 1993, S. 16.

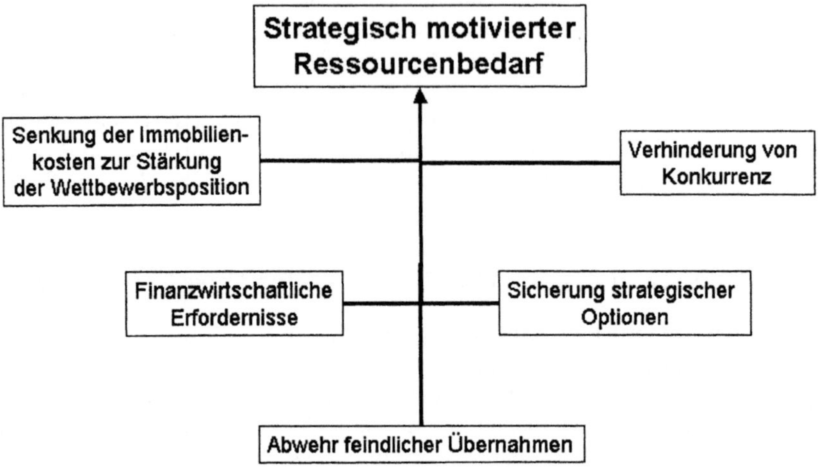

Abb. 6.2. Strategisch motivierter Bedarf an immobiliaren Ressourcen. Quelle: Eigene Darstellung.

1. Senkung der Immobilienkosten zur Stärkung der Wettbewerbsposition

Zunächst sind aus Sicht des Wettbewerbs die Kosten für die Bereitstellung immobiliarer Ressourcen selbstverständlich. In Relation zur Konkurrenz ungerechtfertigt hohe Kosten für die Bereitstellung betrieblicher Immobilien gefährden die Wettbewerbsposition des Unternehmens besonders dann, wenn es sich um immobilienintensive Leistungserstellungsprozesse handelt.[1] Die durch Immobilien verursachten Fixkosten beeinträchtigen die Spielräume in der Preispolitik und insbesondere auch die Anpassungsfähigkeit im Wettbewerb, da er die Fixkosten auf ein möglichst großes Produktionsvolumen verteilen muss.[2]

2. Finanzwirtschaftliche Erfordernisse

Sieht sich das Unternehmen aufgrund seiner finanzwirtschaftlichen Situation einem erhöhten Liquidationsbedarf gegenüber oder erfordert die Unternehmensstrategie in hohem Umfang Investitionen, deren Finanzierung bislang ungeklärt ist, kann der Verkauf von Immobilien oder das Sale-and-lease-back-Verfahren ein Mittel zur Finanzierung der Unternehmensstrategie sein.[3]

3. Einsatz von Immobilien zur Sicherung zukünftiger strategischer Handlungsoptionen

Unter der Voraussetzung, dass Immobilien für ein Unternehmen von hoher strategischer Bedeutung sind, kann sich der Verbleib von Immobilien im Unternehmensbestand auch dann rechtfertigen, wenn sie gegenwärtig im Unternehmen gar

[1] Vgl. Apgar, M. IV, 1995, S. 172 ff; Borsuk, M., 1996, S. 2.
[2] Vgl. Porter, M. E., 1992, S. 97 ff.
[3] Vgl. Neidich, D. u. Steinberg, T., 1984.

nicht oder nur suboptimal genutzt werden können. Hierbei handelt es sich um Flächen,

- deren rechtlich zulässige sowie betriebswirtschaftlich sinnvolle Flächennutzung für das Unternehmen zu einem späteren Zeitpunkt wieder von Bedeutung sein kann und für die in der vorliegenden Form kein qualitativ gleichwertiger Ersatz gefunden werden kann. Beispielsweise besitzt die Firma Henkel in Düsseldorf ein Gelände, welches nicht vollständig genutzt wird. Eine Verwertung der ungenutzten Flächenteile würde zu einem späteren Zeitpunkt auf Expansion gerichtete Strategieoptionen am Stammsitz des Unternehmens unmöglich machen.
- die als Reserveflächen für das Wachstum des Unternehmens eingeplant werden.

Die genannten Immobilien stellen im Falle einer flächenintensiven Produktion die Wachstumsfähigkeit des Unternehmens sicher. Außerdem erhöhen sie die Reaktionsschnelligkeit des Unternehmens, wenn es darum geht, schnell Kapazitäten in flächenintensiven Produktionsprozessen aufzubauen, da das Unternehmen nicht erst zeitraubende Flächenakquisitionen durchführen muss.[1] Ein Beispiel dafür sind Tankstellen in Wohngebieten an vergleichsweise wenig frequentierten Straßen, die in der Vergangenheit im Benzinverkauf unrentabel waren. Durch den Ausbau des Shop-Geschäfts bekamen diese Tankstellen für die Mineralölkonzerne als Einzelhandelsgeschäft eine neue Bedeutung.

4. Einsatz von Immobilien zur Verhinderung von Konkurrenz
Ebenso kann es sinnvoll sein, suboptimal genutzte Immobilien im Bestand zu halten, wenn deren Aufgabe den Wettbewerbern die Möglichkeit eröffnet, durch die Übernahme dieser Standorte ihre Position zu stärken und den Wettbewerbsdruck zu erhöhen.

5. Vermeidung feindlicher Übernahmen
Ein weiteres strategisches Ziel, welches mit dem Bestand an Immobilien eng verknüpft ist, besteht in der Erhaltung der betrieblichen Unabhängigkeit. Seit den 80er Jahren ist es weltweit zu einem Anstieg der feindlichen Übernahmen gekommen. In den USA hat es eine Reihe an Studien gegeben, die zeigen, dass der Bestand an Immobilien im Unternehmen maßgeblich die Verwundbarkeit gegenüber feindlichen Übernahmen beeinflusst.[2] AMBROSE konnte empirisch zeigen, dass mit dem Anstieg des Immobilienvermögens die Wahrscheinlichkeit, Kandidat einer feindlichen Übernahme zu werden, steigt. „The greater the real estate holdings, the greater the likelihood of a firm's becoming a takeover target."[3] Begründet wird dieses Ergebnis von AMBROSE selbst mit:

---

[1] Vgl. Porter, M. E., 1992, S. 97 ff.

[2] Vgl. Hite, G. L. u. Owers, J. E., 1983; Hite, G. L., Owers, J. E. u. Rogers, R. C., 1984; Jain, P. C., 1985; Owers, J. E. u. Rogers, R. C., 1986; Rutherford, R. C. u. Nourse, H. O., 1988; Bergman, A. M., Jinnett, R. J. u. Cudd, R. A. N., 1989; Jinnett, R. J., 1990; Ambrose, W. B., 1990; Ball, J. N., Rutherford, R. u. Shaw, R., 1993.

[3] Ambrose, W. B., 1990, S. 307.

- Informationsineffizienzen, da die Anteilseigner den Marktwert der Immobilien nicht vermittelt bekommen.[1] Erinnert sei an die regelmäßig hohen stillen Reserven im Immobilienvermögen. Der Aktienkurs repräsentiert in diesen Fällen aufgrund fehlender Möglichkeiten der realistischen Vermögensbewertung für Außenstehende nur selten den wahren Wert der Unternehmen. Unternehmen, die mit der Gewinnung von Bodenschätzen wie Öl, Gas oder Holz befasst sind, waren in den 80er Jahren ein Beispiel für Informationsineffizienzen als Ursache feindlicher Übernahmen.[2]
- Produktionsineffizienzen bei Immobilien, die aufgrund ihrer spezifischen Eigenschaften nicht ständig ihrer besten Verwendung im gesamtwirtschaftlichen Leistungserstellungsprozess zugeführt werden.[3] In diesem Fall zeichnen sich Unternehmen durch einen hohen Break-up Value aus, den der Käufer durch Zerschlagung und Verwertung der Unternehmensteile realisieren kann. Beispiele für Produktionsineffizienzen als Ursache feindlicher Übernahmen finden sich vor allem im Einzelhandelsbereich aber auch bei Brauereien.[4]

Weitere Gründe, die in der Untersuchung keine Beachtung gefunden haben, aber ebenfalls die Übernahmewahrscheinlichkeit bei großen Immobilienbeständen erhöhen können, liegen in

- steuerlichen Vorteilen auf der Seite des Käufers.[5]
- günstigen Finanzierungsbedingungen auf Seiten des Käufers. Die Immobilien lassen sich im Falle einer kreditfinanzierten Übernahme als Sicherheiten einbringen, um den Fremdfinanzierungsanteil zu erhöhen.

Je nach konkretem Gefährdungspotenzial ergeben sich Notwendigkeiten für die Eigentumsentscheidung und die Finanzierung von Immobilien zur Abwehr von feindlichen Übernahmen.

Die dargestellten strategischen Ziele und Notwendigkeiten für die Bereitstellung betrieblicher Immobilien stehen nicht immer im Einklang. Vielmehr sind Szenarien denkbar, in denen zwischen allen genannten Aspekten Konkurrenzbeziehungen entstehen. Der deutlichste Widerspruch besteht zwischen der aus wettbewerbsstrategischer Sicht positiv zu beurteilenden Haltung von nicht effizient genutzten Reserveflächen und der Abwehr von feindlichen Übernahmen, die eine Veräußerung dieser Flächen erfordert. Diese Konflikte und deren Lösungsmöglichkeiten werden in den Kapiteln 7 und 8 über die Immobilienbereitstellung näher zu untersuchen sein.

---

[1] Ambrose, W. B., 1990, S. 308.

[2] Vgl. Jinnett, R. J., 1990.

[3] Ambrose, W. B., 1990, S. 308.

[4] Vgl. Jinnett, R. J., 1990.

[5] Vgl. Rodriguez, M. u. Sirmans, C. F., 1996, S. 18.

6.1.1.3 Technischer Flächenbedarf

Auch der technische Flächenbedarf ergibt sich maßgeblich aus den übergeordneten Unternehmensgrundsätzen und strategischen Zielsetzungen. Anders als in den bereits diskutierten Einflussgrößen findet die Immobilie aus dem Blickwinkel des technischen Flächenbedarfs aber keine explizite Berücksichtigung in der Planung. Vielmehr wird aus den Ergebnissen der übergeordneten Planung ein Flächenbedarf abgeleitet, der kostenoptimal bereitzustellen ist.

Langfristig wird der Flächenbedarf des Unternehmens aus einer immobilienbezogenen Umweltanalyse des Unternehmens abgeleitet. Dabei wird besonderes Augenmerk auf Entwicklungen gelegt, die den zukünftigen Arbeitsplatz verändern werden. OUYE/DARWISH/YOUNG identifizierten für die USA folgende immobilienrelevante Trends:[1]

1. ökonomische Entwicklungen wie
   - Globalisierung,
   - Fokussierung der Unternehmen auf Wertschöpfung und Konsumenten,
   - verschärfter Zeitwettbewerb,
   - Restrukturierung der Unternehmen durch Wegfall von Managementebenen,
   - Post-Management Organisationsformen wie Netzwerkorganisation.
2. neue Technologien wie
   - Glasfaser-Kabel,
   - ISDN,
   - drahtlose Kommunikationsnetzwerke (PCN).
3. zunehmende Bedeutung und Fortschritte in der Ergonomie zur Verbesserung von Gesundheit und Komfort.
   - Verschärfung der Umweltschutzgesetzgebung.
   - Dezentralisierung der Standorte des Unternehmens.
   - Verringerung der Bürobeschäftigten.

Selbst wenn man den Einfluss langfristiger Trends mit Sicherheit vorhersagen kann, was natürlich unmöglich ist, so leitet sich daraus nur mittelbar der technische Flächenbedarf des Unternehmens ab. Für eine genaue Planung sind die zukünftigen Wirkungen der unmittelbaren Einflussgrößen auf den Flächenbedarf zu bestimmen. Dabei handelt es sich um die folgenden Determinanten:

---

[1] Vgl. Ouye, J. A., Darwish, A. u. Young, J. D., 1993, S. 11 ff.

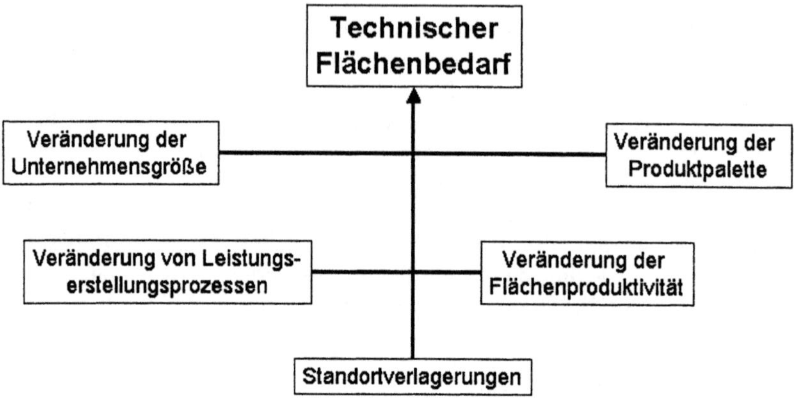

Abb. 6.3. Determinanten des technischen Immobilienbedarfs im Unternehmen. Quelle: Eigene Darstellung.

Der technische Flächenbedarf hängt zunächst von der Immobilie selbst, genauer von ihrer Flächenproduktivität ab. Die Flächenproduktivität beschreibt das Verhältnis des erzielten Outputs, der beispielsweise an der Zahl der Arbeitsplätze gemessen werden kann, zum Einsatz betrieblicher Immobilien beispielsweise gemessen in m^2. Abschnitt 3.2.2 hat gezeigt, dass die Flächenproduktivität üblicherweise im Zeitablauf durch permanente Reorganisationsprozesse im Unternehmen abnimmt. Im Rahmen einer Flächenevaluation sind deshalb Anpassungen der bestehenden räumlichen Strukturen an die veränderten Arbeitsprozesse erforderlich.[1] Die Flächenproduktivität wird durch die technischen Möglichkeiten der Gebäude bestimmt. KALUSCHE identifiziert die folgenden Determinanten für die Flächenproduktivität von Gebäuden:[2]

1. Grundsätzliche Eignung zur Durchführung des Betriebsgeschehens,
2. Verkehr und Entfernungen im Gebäude,
3. Betriebsgeschehen und Umgebungsfaktoren im Gebäude. Die Umgebungsfaktoren eines Gebäudes sind:
   - Lärm im Raum,
   - Raumklima,
   - Raumbeleuchtung und Freiraumbezug,
   - Raumgestaltung,
4. Veränderlichkeit des Gebäudes,

[1] Vgl. Duckworth, S. L., 1993, S. 497.
[2] Vgl. Kalusche, W., 1991, S. 41 ff.

5. Wagnisse und Schadenseinfluss durch Gebäude. Die möglichen Schadensarten sind:
   - Unfälle,
   - Brände,
   - sonstige Verluste.

KALUSCHE zeigt in seiner Dissertation, dass die Flächenproduktivität im Hinblick auf einen vorgegebenen Output sich entsprechend der Gebäudemerkmale erheblich unterscheidet. Die maßgeblichen Gebäudemerkmale in diesem Zusammenhang sind:[1]

1. Ursprüngliche Zweckbestimmung und tatsächliche Nutzung (z. B. Lagerhalle, die gegenwärtig als Büro genutzt wird),
2. Baukörper und Baukörperzuordnung (Anordnung des Gebäudes auf dem Baugrundstück, räumliche Orientierung des Baukörpers, Gebäudeform und Kompaktheit),
3. Baukonstruktion des Rohbaus,
4. Baukonstruktion des Ausbaus und technischer Ausbau,
5. räumliche Organisation der Erschließung,
6. räumliche Organisation des Innenraums (Grundrisstyp: Großraum-, Misch-, Zellentyp, Bereichszuordnung, Grundrissform).

Neben diesem immobilienimmanenten Einfluss wird der Bedarf maßgeblich durch solche strategischen Entscheidungen des Unternehmens determiniert, die sich in Änderungen der Unternehmensgröße, der Produktpalette, des Leistungserstellungsprozesses oder in Standortverlagerungen niederschlagen. In einer vom Verfasser 1998 durchgeführten empirischen Erhebung wurden Immobilienverantwortliche in deutschen Großunternehmen nach den Determinanten des Flächenbedarfs gefragt.[2] Zur näheren Analyse der Ursachen des Flächenbedarfs wurden den Befragten potentielle Gründe zur Beurteilung der Wirkungsrichtung und der Wirkungsstärke anhand einer Skala von 1 – 7 (7: sehr wichtig) vorgelegt.

Tabelle 6.3. Ursachen eines veränderten Flächenbedarfs

Ursachen:	Wirkungsrichtung +	Wirkungsrichtung -/-	Wirkungsrichtung k.A.	Wirkungsstärke ∅	Wirkungsstärke Std. dev.
Veränderung der Flächenausnutzung bzw. Flächenproduktivität	0%	69%	31%	4,50	1,94
Veränderung der Unternehmensgröße	50%	22%	28%	4,06	1,39
Veränderte Produktpalette	44%	28%	28%	3,65	1,75
Veränderungen der Leistungserstellungsprozesse	25%	56%	19%	3,25	1,48
Verlagerung von Standorten	17%	55%	28%	3,00	3,02

Quelle: Pfnür, A., 1998, S. 9.

[1] Vgl. Kalusche, W., 1991, S. 10 ff.

[2] Vgl. Pfnür, A., 1998a.

In der Tabelle 6.3. sind die Einschätzungen der Bedeutung möglicher Ursachen eines veränderten Flächenbedarfs nach abnehmender Wirkungsstärke geordnet wiedergegeben. Überraschend ist, dass der Veränderung der Flächenproduktivität mehr Bedeutung beigemessen wird als den Gründen, die sich aus Änderungen von Leistungsprogramm und Leistungsprozess ergeben. Unterstellt man, dass die Beeinflussung der Flächenproduktivität maßgeblich durch die Immobilienabteilung erfolgt, lässt sich folgern, dass die Immobilienabteilungen ihren eigenen Einfluss auf den Flächenverbrauch als vergleichsweise hoch einschätzen. Insbesondere mit einer Reorganisation der Leistungserstellungsprozesse und einer Verlagerung von Standorten scheint nicht zwangsläufig eine Optimierung der Flächenproduktivität einherzugehen.

Betrachtet man neben der Wirkungsstärke auch die Wirkungsrichtung, so zeigt sich, dass neben einer Erhöhung der Flächenproduktivität vor allem Veränderungen des Leistungserstellungsprozesses und die Verlagerung von Standorten zu Flächenreduzierungen führen. In diesen Ergebnissen spiegeln sich die verstärkten prozessorientierten Rationalisierungsbemühungen wieder, von denen offensichtlich auch der Immobilienverbrauch nicht unbeeinflusst ist. Für eine Ausdehnung des Flächenbedarfs werden naturgemäß vorrangig das Wachstum des Unternehmens und die Ausdehnung der Produktpalette verantwortlich gemacht. Neben den vorgegebenen Antwortmöglichkeiten wurden vereinzelt folgende weitere Gründe genannt, denen im Einzelfall jeweils hohe Bedeutung zukommt:

- Veränderung von Produktion hin zu Dienstleistungen,
- Aufgabe veralteter Flächen,
- Outsourcing von Teilprozessen,
- Wiedervereinigung.

Diese Nennungen sind prinzipiell der oben vorgenommenen Einteilung zuzuordnen. Sie verdeutlichen aber die typischen strategischen Vorgaben aus der Unternehmensstrategie für die Immobilienabteilung in deutschen Großunternehmen zum Befragungszeitpunkt 1998.

6.1.2 Der Einfluss neuer Informations- und Kommunikationstechnologien auf den Flächenbedarf

Einen weiteren Beitrag zur Klärung der Entwicklung des Flächenbedarfs leistet die Analyse des Anteils der Entwicklung der Informations- und Kommunikationstechnologie (IuK-Technologie) an der Entwicklung des Flächenbedarfs. Betrachtet man die Umweltdimensionen des Unternehmens im Kontext der Immobiliennutzung,[1] so unterliegt die technologische Umwelt gegenwärtig durch das Zusammenwachsen von Computerhardware und -software mit der Telekommunikation einer außergewöhnlich starken und gleichzeitig sehr dynamischen Änderung.[2] Die

[1] Vgl. Abschnitt 2.1.

[2] Vgl. Ouye, J. A., Darwish, A. u. Young, J. D., 1993; Young, J., 1995; Borsuk, M., 1996; McMahan, J., 1998.

Bedeutung der IuK-Technologie kommt nicht nur im Einsatz neuer Verfahren und Methoden im Rahmen des Managements, der Beschaffung, der Produktion, dem Vertrieb und dem Service zum Ausdruck, sondern ist auch die Grundlage für die zunehmenden Globalisierungstendenzen. Aufgrund der nachhaltigen Bedeutung für das betriebliche Immobilienmanagement und des gleichzeitig sehr komplexen Beziehungsgeflechts wird dem Zusammenhang von IuK-Technologie und dem Flächenbedarf nachfolgend ein eigenständiger Abschnitt gewidmet.

6.1.2.1 Systematik der IuK-Technologien aus Sicht des betrieblichen Immobilienmanagements

Analysiert man die Wirkungen der IuK-Technologie auf die Arbeit des Immobilienmanagements, so stellt man zunächst fest, dass der Einsatz von computergestützten Immobilieninformationssystemen die Arbeit in der Immobilienabteilung direkt verändert. Durch die Verarbeitung großer Mengen an Immobilienmarktdaten, Gebäudeinformationen sowie der Installation eines immobilienbezogenen Rechnungswesens ist eine effektivere und effizientere Bewirtschaftung betrieblicher Immobilien möglich.[1]

6.1.2.2 Automation und Dematerialisierung

Im Bereich der Informationstechnologie sorgt der technische Fortschritt für eine zunehmende Automation des gesamten Arbeitslebens. Die Automation ist die technische Grundlage der Verkürzung von Produktlebenszyklen. Ein weiterer als Dematerialisierung bezeichneter Effekt bewirkt, dass sowohl Produkte als auch die im Arbeitsprozess eingesetzten Roh-, Hilfs- und Betriebsstoffe mengenmäßig weniger und die Betriebsmittel kleiner werden. Im Zuge der Dematerialisierung wird der Umfang an Lagerflächen kleiner. Gleichzeitig werden die verbleibenden Flächen im Zuge der Automation mit moderner Technologie wie Hochregallagern ausgestattet, die zu einer Erhöhung der Flächeneffizienz und somit zu einem Abbau von Lagerflächen führen. Im Produktionsbereich ermöglicht die zunehmende Automation neue Fabrikkonzepte, die durch folgende Techniken gekennzeichnet sind:[2]

- Einführung von CNC (Computer Numerical Control) und DNC (Direct Numerical Control) Maschinen sowie Industrierobotern,
- Reorganisation der Fertigungseinheiten in flexiblen Fertigungszellen (FFZ), Fertigungsinseln und flexiblen Fertigungssystemen (FFS),
- Reorganisation des Produktionsprozesses durch PPS (Produktionsplanungs- und Steuerungssystem), CIM (Computer Integrated Manufactoring) und JiT (Just-in-Time) Technologien.

---

[1] Vgl. Ebert, L. P., 1986; Schwarze, J., 1991; Schwarze, J., 1998.

[2] Vgl. zu einer ausführlichen Darstellung der Komponenten neuer Fabrikkonzepte: Mielke, B. 1991, S. 5 ff.

Im Produktionsbereich nimmt durch die Dematerialisierung der Flächenbedarf ab. Gleichzeitig steigt durch die Automation die Nachfrage nach Nebenflächen. Für die automatische Be- und Entladung, für die technische Ver- und Entsorgung, aus Sicherheits- und Arbeitsschutzgründen sowie für Tertiärfunktionen (Planung, Arbeitsvorbereitung, Überwachung) werden zusätzliche Flächen benötigt. In der Summe ist von einer automationsbedingten Abnahme des Flächenbedarfs auszugehen.[1] In der Praxis beobachten FISCHER/OLLMANN allerdings, dass mit der Automatisierung gleichzeitig eine Vergrößerung der Kapazitäten einhergeht, sodass die technischen Einsparungen überkompensiert werden.[2]

Mit zunehmender Automation verändern sich auch die qualitativen Anforderungen an den Produktionsstandort und dessen Bebauung.[3] Von besonderer Bedeutung sind die erhöhten Anforderungen an den technischen Standard der Flächen wie beispielsweise Staubfreiheit, konstante Klimatisierung, Deckentragfähigkeit sowie die Verkabelung. Großflächige Automaten, die noch nicht der Miniaturisierung unterlegen sind, erfordern zusammenhängende Raumsysteme über möglichst wenig Ebenen zur Erleichterung der Inhouse-Logistik. Während früher die Umstellung oder der Umzug einer Fertigung die Besonderheit war, ist der Änderungsprozess gegenwärtig zu einem festen Bestandteil der Fertigung geworden. Im Zuge der erheblich verkürzten Produktzyklen und der damit verbundenen häufigen Änderung der Produktionsprozesse steigt die Anforderung an die Flexibilität der Betriebsstätten. Neue Fabriken werden beispielsweise bei Siemens in ihrer Lebensdauer auf maximal zwei bis drei Produktphasen ausgelegt. Die Fabrikgebäude verlieren somit langsam ihren Immobiliencharakter. Die häufige Umstellung der Fertigung verlangt nach einer veränderten Industriearchitektur, die sich durch breit angelegte Grundrisse auszeichnet. Schmalhüftige Geschossbauten aus der Vergangenheit lassen Umstellungen im Produktionsprozess nur bedingt zu.[4]

Von Automation und Dematerialisierung besonders stark betroffen sind Unternehmen aus der Mikroelektronik. Der technische Fortschritt in der Informationstechnologie ließ beispielsweise einen Großteil der Flächen für Produktionsanlagen bei IBM unbrauchbar werden. Durch die Miniaturisierung und die höhere Leistungsfähigkeit der verwendeten Maschinen wird in diesem Unternehmen nur noch ein Bruchteil der Flächen benötigt, die einstmals für den individuellen Bedarf konkreter Anlagen konzipiert wurden.[5] Mit zunehmender Bedeutung der Qualifikation der Beschäftigten bei automatisierter Fertigung wird die Rückverlagerung von Produktionsstätten aus Niedriglohnländern attraktiver. Entsprechend steigt der Bedarf an Industrieflächen in den Industrienationen an.[6]

---

[1] Vgl. Mielke, B., 1991, S. 15 f. und die dort zitierte Literatur.

[2] Vgl. Fischer, S. u. Ollmann, R., 1991.

[3] Vgl. Weber, R., 1991.

[4] Vgl. Knocke, D., 1986, S. 353 ff.; Weber, R., 1991, S. 40 ff.

[5] Vgl. Herzog, R., 1998, S. 679.

[6] Vgl. Mielke, B., 1991, S. 5.

Auf den Büro- und Serviceflächenbedarf wirkt die zunehmende Büroautomation.[1] Die gestiegene Leistungsfähigkeit von Rechnern und Netzwerken in Bezug auf die Faktoren Verarbeitungs- und Übertragungsgeschwindigkeit sowie das Fassungsvermögen der dazugehörigen Speichermedien und die Verbesserung der auf diesen Plattformen aufsetzenden Software verändert insbesondere den qualitativen Flächenbedarf erheblich.[2] Die Büroautomation besteht vor allem aus drei Entwicklungen:[3]

- Digitalisierung
  Text, Bild und Ton werden in digitale Signale umgewandelt. Dies erlaubt das Übertragen, Kopieren, Bearbeiten und Anzeigen großer Informationsmengen mit hoher Geschwindigkeit und ohne Qualitätseinbußen.
- Miniaturisierung
  Kleine Geräte mit verbessertem Preis-Leistungsverhältnis und starken Leistungssteigerungen ermöglichen Omnipräsenz tragbarer Computerleistung.
- Integration
  Neue Medien wachsen mit neuen Anwendungen und höchst unterschiedlichen Funktionen zu einem Gerät zusammen.

Ehemals umfangreiche Flächen für die Unterbringung von EDV-Technik zum Beispiel in Rechenzentren werden mit zunehmender Miniaturisierung dieser Anlagen überflüssig. Beispielsweise benötigte die Deutsche Telekom für die technischen Einrichtungen zur Vermittlung von Telefonverbindung bis 1970 ganze Gebäude, die heute obsolet geworden sind. Das Konzept des papierlosen Büros erübrigt Archive, Registraturen und Aktenschränke, sodass Neben- und Büroflächen freigesetzt werden. Der Einsatz von Informationstechnologie stellt bauliche Anforderungen an das Gebäude. Hochleistungsrechner müssen wegen ihrer Wärmeabgabe in speziell klimatisierten Räumen untergebracht werden und Bildschirmarbeitsplätze müssen den rechtlichen Anforderungen wie der Bildschirmarbeitsverordnung in Deutschland entsprechen. Die Einrichtung von Bildschirmarbeitsplätzen erfordert die Anbringung von Sonnen- und teilweise auch Blendschutzeinrichtungen. Durch die gegenwärtig verbreitete Einführung von Flachbildschirmen ist eine bessere Raumauslastung insbesondere bei kleinen Zellenbüros möglich, in denen jetzt zwei statt bisher aufgrund der einzuhaltenden Tischtiefen von mindestens 90 cm nur ein Mitarbeiter Platz finden. Weitere Wirkungen der Büroautomation insbesondere auf die Formen der Büroarbeit ergeben sich aus der unten diskutierten Entwicklung der Bürokommunikation.[4]

---

[1] Vgl. Eggers, B. u. Kuhnert, B., 1992, S. 68 ff.
[2] Vgl. Picot, A., Reichwald, R. u. Wigand, R. T., 1996, S. 137.
[3] Vgl. Knauer, V., 1990.
[4] Vgl. Schneider, R. u. Gentz, M., 1998, S. 792.

Für den Bedarf an Handelsflächen ergeben sich aus der Automation und Dematerialisierung vergleichsweise wenig Änderungen. Allerdings erfordern audiovisuelle Techniken der Produktpräsentation sowie der Einsatz von Scanner-Technologien verkabelte Handelsflächen.

6.1.2.3 Bürokommunikation

„The physical design of the working environment – the *things* of the office – is saturated by the once magnificent but now antiquated ideology of Frederick Taylor. Considering the enormous impact of Taylor on the 20th century, it is surprising how quickly the inventor of "*Work Study and Scientific Management*" has been forgotten."[1] In ihrem Abriss über die Veränderungen der Büroarbeitswelten zeigen DUFFY/TANIS, wie auf der Basis neuer Telekommunikationstechnologien entwickelte neue Management- und Organisationsstrukturen des Unternehmens die physischen Strukturen des Arbeitsplatzes aufbrechen. Im Unterschied zur oben diskutierten Automation von Büroarbeit steht dabei die Kommunikation sowie die Mensch-Maschine-Interaktion im Vordergrund der Überlegungen. Im Einzelnen ergeben sich aus den in der jüngeren Vergangenheit diskutierten Management- und Organisationskonzepten folgende Wirkungen auf die Büroarbeit und den Flächenbedarf:

[1] Duffy, F. u. Tanis, J., 1993, S. 1.

Tabelle 6.4. The Impact of New Organization Structures on the Workplace

	New ways of working	more interaction	more collaboration	more individual autonomy	New patterns of space use	more group spaces	more shared spaces	more intermittent space use
Michael Hammer:" Reengineering"		*	*			*	*	
Georg Stalk: "Time-Based Competition"							*	*
David Nadler: "New Organizational Architecture"		*	*			*		
Peter Senge: "The Learning Organization"		*	*	*			*	
Charles Handy: "Discontinuous Change"				*				*
Edward Lawler: "High-Performance Involvement"		*	*			*	*	
Pahalad & Hamel: "Core Competencies"		*	*			*	*	
Gerald Ross: "New Molecular Organization"			*			*	*	
Shoshana Zuboff: "Informating"		*	*	*		*	*	

Quelle: Duffy, F. u. Tanis, J., 1993, S. 2.

Obwohl in den aufgeführten Management- und Organisationskonzepten nur sehr wenig zu den Veränderungen der Büroarbeit ausgesagt wird, setzt die Umsetzung der Konzepte eine veränderte Arbeitsplatzgestaltung voraus. Die Arbeitsformen werden generell interaktiver, auf Zusammenarbeit ausgerichtet und gewähren dem Einzelnen mehr Autonomie auch im Hinblick auf die zeitliche und räumliche Erfüllung seiner Arbeit. Die Konsequenzen für die Büroflächengestaltung liegen in der zur Verfügung Stellung von mehr Gruppenarbeitsplätzen und Begegnungsstätten zur Stärkung der Kommunikation einerseits und der alternierenden Nutzung der Büroflächen zur besseren Auslastung der Flächen andererseits.[1] Die Vorgaben aus den Management- und Organisationskonzepten werden zum einen zu neuarti-

[1] Vgl. zu einer ausführlichen Ableitung dieser Ergebnisse: Duffy, F. u. Tanis, J., 1993, S. 3 ff. Siehe zu vergleichbaren Ergebnissen auch: Eggers, B. u. Kuhnert, B., 1992; Apgar, M. IV, 1998.

gen Büroarbeitskonzepten führen zum anderen zu einer verstärkten Nutzung verschiedener Gestaltungsformen dezentraler Organisation in Form der Telearbeit.[1]

Als neues Büroarbeitskonzept wurde das „Kombibüro" entwickelt. Das Kombibüro stellt eine Mischung aus Einzelbüros entlang der Fassade und einer Multifunktionszone im Gebäudeinneren zwischen den Büros dar. In der Multifunktionszone werden gemeinsam genutzte Einrichtungen wie Besprechungszonen, Technik, Archiv und Cafeteria untergebracht. Durch verglaste Wände zwischen den außenliegenden Büros und dem Mittelbereich wird dieser mit Tageslicht versorgt, und es wird ein visueller Kontakt zu den in den Einzelbüros arbeitenden Mitarbeitern ermöglicht.[2] Im Gegensatz zum Kombibüro verliert der Arbeitnehmer beim Konzept des „Desk-Sharing" seinen Arbeitsplatz. Hier werden Arbeitsplätze und Büroausstattung zwischen mehreren Nutzern geteilt. Typischer Weise ist das „Desk-Sharing" mit einem Hoteling-System kombiniert, welches dem Nutzer die Reservierung von Arbeitsplätzen über ein EDV-gestütztes Buchungssystem ermöglicht.[3] Das „Non-Territorial Office" ist die Weiterführung des Desk-Sharing. Hierbei gibt es nicht mehr den persönlichen Arbeitsplatz, der mit Kollegen geteilt wird, sondern nun teilt sich eine Gruppe von Nutzern eine bestimmte Anzahl von unterschiedlichen Arbeitsplätzen in Form von Zellenbüros, Projektarbeitsräumen, Konferenzräumen und informellen Treffpunkten ohne eine persönliche Zuordnung. Die Mitarbeiter wählen ebenso wie beim Desk-Sharing einen Arbeitsplatz, schließen ihr Notebook an das Netzwerk an und programmieren das Telefon mit Hilfe der Rufumleitung auf ihre persönliche Nummer.[4]

Die neuen Formen der Büroarbeit sind in allen Erscheinungsformen gekennzeichnet durch die vollständige Vernetzung der Arbeitsplätze und flexibler, kommunikations- und interaktionsfördernder Flächennutzung. Als Konsequenz der vollständigen Vernetzung von Arbeitsplätzen und der zunehmenden Variabilität der Arbeitsplatzanordnung in Bürogebäuden müssen diese über ein horizontales Erschließungssystem, beispielsweise einen Hohlraum- oder Doppelboden verfügen, in dem die Leitungen für Stromversorgung und Datentransfer untergebracht werden. Mittelfristig zeichnet sich allerdings ab, dass die Übertragung von Daten über Infrarot- oder Ultraschallsignale drahtlos erfolgen wird oder die Signale auf die vorhandenen Stromleitungen aufmoduliert werden, sodass Kabelschächte und Doppelböden dann nicht mehr benötigt werden.[5] Zur Verdeutlichung der flächenwirtschaftlichen Konsequenzen des Einsatzes neuartiger Bürokonzepte soll hier

[1] Vgl. Niles, J. H., Carlson, F. R. u. Gray, P., 1976; Bullinger, H. - J., Fröschle, H. - P., 1987, S. 4 ff.

[2] Vgl. Schneider, R. u. Gentz, M., 1997, S. 95 ff.

[3] Ein Beispiel dafür ist das System K-Toc der KPMG. Vgl. KPMG Unternehmensberatung, 1997. Vergleichbare Systeme sind bei Andersen Consulting unter der Bezeichnung „Global Workplace", dem Quickborner Team sowie Siemens Nixdorf im Einsatz.

[4] Vgl. Becker, F., 1993, S. 1 ff.

[5] Vgl. Schneider, R. u. Gentz, M., 1998, S. 785 f.

das Konzept "fraktales Büro" als Beispiel herangezogen werden.[1] Es handelt sich dabei um eine Form des Teambüros mit sechs Arbeitsplätzen, die mobil mit Rollboys und elektronischen Ablagesystemen eingerichtet werden. Mitarbeiter greifen bei Bedarf auf persönliche Notebooks zu. Die Raumausstattung lässt eine flexible Nutzung wahlweise als Stillarbeitsplätze oder als Besprechungsraum zu. Von den technischen Möglichkeiten des Tele-Conferencing können die Mitarbeiter direkt an den Arbeitsplätzen Gebrauch machen. Durch das Konzept werden die Flure um bis zu 50 % verkleinert. Angesichts eines Fluranteils von 20 % ergibt sich hieraus ein Einsparungspotenzial von 10 % an der Gesamtnutzfläche. Pro Mitarbeiter verringert sich die Fläche des Arbeitsplatzes von üblicherweise 30 – 35 m^2 auf ca. 21 m^2. Weitere, pauschal nur schwer quantifizierbare Einsparungspotenziale erbringt die erhebliche Reduzierung von Stauraum sowie der Wegfall von Konferenz- und Schulungsräumen.

Von Telearbeit spricht man dann, wenn der Ort der Leistungserbringung mit Hilfe von Kommunikationstechnologie aus dem Büro an einen anderen Ort verlegt wird. Die Telearbeit wird seit Beginn der 80er Jahre mit zunehmender Intensität diskutiert. Gegenwärtig arbeiten in Deutschland 6 % der Erwerbstätigen in dieser Arbeitsform.[2] Die Telearbeit existiert in mehreren Erscheinungsformen, die sehr unterschiedliche Konsequenzen für das Immobilienmanagement mit sich bringen. Bei der isolierten Teleheimarbeit, die auch als Home-Office-Telearbeit oder Home-based-Telework bezeichnet wird, erledigt der Arbeitnehmer seine berufliche Tätigkeit ausschließlich von zu Hause.[3] In diesem Fall ergibt sich für das Immobilienmanagement ein maximales Einsparungspotenzial, da auf die Einrichtung eines zentralen Büroarbeitsplatzes verzichtet werden kann. Von alternierender Telearbeit spricht man dann, wenn der Arbeitnehmer eine Kombination von Arbeit aus dem Büro und der Tätigkeit von zu Hause oder einem anderen Ort wählt.[4] Die Konsequenzen für das Immobilienmanagement fallen in diesem Fall geringer aus. Je nach rechtlicher Vereinbarung und organisatorischer Ausgestaltung sind Einsparungen durch Shared-Desk-Systeme denkbar.[5] Eine weitere Form der Telearbeit bilden Telearbeitszentren, bei denen der Arbeitnehmer nicht von zu Hause oder einem anderen privaten Ort aus arbeitet, sondern aus Satellitenbüros, Nachbarschaftsbüros oder Teleservice-Centern. Telearbeitszentren geben den Mitarbeitern die Möglichkeit, von einem wohnortnahen Standort, der kein Hauptstandort des Unternehmens ist, zu arbeiten. Als Satellitenbüro werden mit entsprechender Kommunikationstechnologie ausgestattete „Zweigstellen“ des Unternehmens bezeichnet, die in Wohnortnähe an der Peripherie oder verkehrsgünstigen Plätzen

---

[1] Es handelt sich hier um ein Konzept des Frauenhofer-Instituts für Arbeitswissenschaften und Organisation. Vgl. Bauer, W. u. Kern, P., 1996, S. 77 f.; Schneider, R. u. Gentz, M., 1997, S. 102.

[2] Vgl. Lenk, T., 1989; Grau, W., 1996; Empirica, 1999.

[3] Vgl. Picot, A., Reichwald, R. u. Wigand, R. T., 1996, S. 376; Kern, P. u. Zinser, S., 1997, S. 97.

[4] Vgl. Kern, P. u. Zinser, S., 1997, S. 100.

[5] Vgl. zu rechtlichen Rahmenbedingungen der Telearbeit: Harmening, S., 1993, S. 254 ff.; Godehardt, B., Worch, A. u. Förster, G., 1997, S. 133 ff.

liegen. Nachbarschaftsbüros gleichen prinzipiell Satellitenbüros. Allerdings arbeiten hier Mitarbeiter unterschiedlicher Unternehmen zusammen und teilen sich die Serviceeinrichtungen wie Sekretariat und Kantine.[1] Für das Immobilienmanagement ergibt sich aus der Einrichtung von Telearbeitszentren kein Einsparungspotenzial hinsichtlich des Flächenumfangs. Allerdings wird durch die periphere Lage eine Kostensenkung aufgrund der niedrigeren Immobilienkosten pro m^2 zu erzielen sein. Unter Teleservicecentern versteht man Bürogebäude, die durch professionelle Betreiber wie dem Unternehmen REGUS als Full-Service-Dienstleistung vom zeitlichen und räumlichen Umfang her sehr flexibel angeboten werden und über die vollen Funktionalitäten von Telearbeitszentren verfügen. In diesem Fall wird das Immobilienmanagement vollständig vom Anbieter der Büroflächen übernommen.[2]

6.1.2.4 Business-to-Business-Kommunikation

Unter Business-to-Business-Kommunikation wird hier der elektronische Datenaustausch zwischen Unternehmen verstanden. Dabei ist es gleichgültig ob es sich um Unternehmen aus vor- oder nachgelagerten oder der gleichen Wertschöpfungsstufe handelt. Die größten Einsparungspotenziale aus der Business-to-Business-Kommunikation im Lagerflächenbereich ergeben sich aus der Verringerung der Fertigungstiefe und der konsequenten Umsetzung des Just-in-Time-Konzepts.[3] Der elektronische Datenaustausch ermöglicht es, Vorprodukte direkt in die Produktion einzuliefern. Bei IBM wird sogar die Sicherheitsbevorratung von Vorprodukten auf die Lieferanten abgewälzt, sodass die Lagerhaltung von Vorprodukten vollständig entfällt.[4]

Durch verstärkten Einsatz der Business-to-Business-Kommunikation nehmen die Kosten der marktlichen Koordination ab. Die Ausgliederung nicht wertschöpfender Aktivitäten an Dritte gewinnt dadurch gegenüber der hierarchischen Koordination innerhalb des Unternehmens an Bedeutung. Die Grenzen des Unternehmens geraten auf diesem Weg ins Schwimmen.[5] Die Unternehmen konzentrieren sich zunehmend auf ihre Kernkompetenzen. Als logische Folge daraus werden die neu entstehenden Organisationseinheiten kleiner und flexibler. Im Extremfall entstehen temporäre, horizontale oder vertikale standortübergreifende Kooperationen von unterschiedlichen Unternehmen als virtuelle Unternehmen.[6] Aufgrund der weitgehenden Koordination über Märkte benötigen die entstehenden Unternehmen in geringerem Umfang zentrale Strukturen. Die Beschränkung auf die Kernkompetenz ermöglicht die intensivere Auslastung von Ressourcen, was sich vor allem im Produktions- und Büroflächenbereich durch den Rückgang des Flächenbedarfs widerspiegelt. Gleichzeitig erfordert die hohe Flexibilität virtueller

[1] Vgl. Kern, P. u. Zinser, S., 1997, S. 99.
[2] Vgl. KPMG Unternehmensberatung GmbH, 1998.
[3] Vgl. zum Just-in-Time Konzept: Mielke, B., 1991, S. 5.
[4] Vgl. Herzog, R., 1998, S. 679.
[5] Vgl. Milgrom, P. u. Roberts, J., 1992; Picot, A. u. Reichwald, R., 1994; Picot, A., Reichwald, R. u. Wigand, R. T., 1996.
[6] Vgl. David, W. u. Malone, 1992.

widerspiegelt. Gleichzeitig erfordert die hohe Flexibilität virtueller Unternehmen ebenfalls flexiblere Immobilien, was sich insbesondere in Bezug auf zügige Erweiterbarkeit und Verwertbarkeit sowie die schnelle Bereitstellung von neuen Standorten niederschlägt.

Zu vermuten wäre, dass durch den Einsatz von Kommunikationstechnologie im Business-to-Business-Bereich durch die Möglichkeiten multimedialer Online-Kommunikation die Bedeutung des Standorts abnimmt. Dies ist aber nur begrenzt der Fall. Vielmehr hat sich gezeigt, dass die modernen Organisationsformen den Bedarf an direkter Kommunikation steigern, was in der Aufwertung verkehrsgünstiger Standorte zum Ausdruck kommt.[1] Insgesamt verschieben sich mit zunehmender Spezialisierung der Unternehmen die Standortfaktoren weg von Faktoren, die kostengünstige Produktionsbedingungen ermöglichen oder die Historie des Unternehmens betonen, zu Gunsten der Qualität des Humankapitals als zukünftigem Engpass. Die Verschiebungen der Gewichte innerhalb der Standortfaktoren führt zu einer Verlagerung von Standorten im Leistungserstellungsbereich, was sich sowohl im Produktionsflächen- als auch im Büroflächenbedarf der Unternehmen niederschlägt.

In einer Untersuchung der Standortentscheidung von Information-Age Companies in den USA hat O'MARA festgestellt, dass insbesondere die weichen Standortfaktoren „ease of living“ und Arbeitsmarktbedingungen die Standortwahl bestimmen.[2] Unter „ease of living“ werden sowohl die an den Standorten herrschende Lebensqualität als auch niedrige Lebenshaltungskosten für die Mitarbeiter verstanden. Die Ergebnisse stehen im Kontrast zu Studien aus der Vergangenheit, die Standorte in strukturschwachen Regionen mit hoher Arbeitslosigkeit und vielen zukünftig zu erwartenden Entlassungen favorisiert haben.[3] Ebenfalls stehen die Ergebnisse im Widerspruch zu früheren Untersuchungen, in denen Kostensenkungen als Oberziel von Standortverlagerungen genannt werden.[4] Durch die technischen Möglichkeiten und mit zunehmender Globalisierung wird die Bandbreite möglicher Standorte größer. Bei der Auswahl spielt die Verfügbarkeit qualifizierter Arbeitskräfte und das Lohnniveau die größte Rolle.[5] Zu vergleichbaren Ergebnissen für die Perspektive von technischen Produktionsstätten, was die Bedeutung des Humankapitals angeht, kommt KNOCKE: “Aus heutiger Sicht werden wir nach wie vor auch die erschütterungs- und staubarmen Areale am Rande der großen Ballungszentren brauchen, mit schnellen Verbindungen zu den Kultur- und Freizeitzentren, auf die der qualifizierte Mitarbeiter nicht verzichten wird. Und der hochqualifizierte Mitarbeit der Zukunft wird nicht nur an die Wohn- und Freizeitqualität Forderungen stellen, sondern auch an die Qualität der Gebäude seiner Arbeitswelt.“[6]

[1] Vgl. Schneider, R. u. Gentz, M., 1998, S. 789.

[2] Vgl. O'Mara, M. A., 1999.

[3] Vgl. Alli, K., Ramirez, G. and Yung, K., 1991.

[4] Vgl. Gosh, C. M., Rodriguez, M. u. Sirmans, C. F., 1995.

[5] Vgl. O'Mara, M. A., 1999, S. 384 f.

[6] Knocke, D. 1986, S. 357.

Die technischen Möglichkeiten der Business-to-Business-Kommunikation haben im Bereich des E-Commerce auch gravierende Auswirkungen auf den Bedarf an Handelsflächen. Die Wirkungen stehen im engen Zusammenhang mit den Möglichkeiten der Business-to-Consumer-Kommunikation. Da die Auswirkungen im letztgenannten Segment größer sind, wird nicht an dieser Stelle sondern im nächsten Abschnitt zusammenhängend darauf eingegangen.

6.1.2.5 Business-to-Consumer-Kommunikation

Die Business-to-Consumer-Kommunikation beeinflusst den Flächenbedarf des Unternehmens durch das Entstehen neuer Vertriebskanäle und durch erweiterte Möglichkeiten eines individualisierten Kundenservice. Durch die flächendeckende Verbreitung des World-Wide-Webs und insbesondere des Internet hat in der jüngeren Vergangenheit eine Veränderung der Vertriebskanäle eingesetzt. Das Handelsvolumen von Waren und Dienstleistungen ist in den vergangenen Jahren im Gleichschritt mit der zunehmenden Verbreitung von Netzzugängen in den privaten Haushalten zwar angestiegen, doch trägt es noch nicht maßgeblich zum Umsatz der Unternehmen bei. So hat die CMG Deutschland GmbH in einer bei 250 europäischen Unternehmen durchgeführten empirischen Erhebung festgestellt, dass mehr als die Hälfte der in Deutschland befragten Unternehmen weniger als 2 % des Jahresumsatzes über das Internet abwickeln. Nach Angaben des Hauptverbandes des Deutschen Einzelhandels lag der Anteil im Jahr 2000 bei 0,5 % des Gesamtumsatzes.[1] Dies wird sich jedoch nach den Erwartungen der Befragten in naher Zukunft deutlich ändern (siehe Tabelle 6.5).

Tabelle 6.5. „CMG e.com index": 5-Jahres-Planung des Geschäfts mit E-Commerce

In dieser Zeit wollen die Firmen über 25 % vom Jahresumsatz mit E-Commerce erzielen	Europa	Deutschland
In den nächsten 12 Monaten	6 %	3 %
In den nächsten 2 Jahren	14 %	4 %
In den nächsten 5 Jahren	36 %	40 %
Jenseits der nächsten 5 Jahre	24 %	31 %
Niemals	10 %	14 %
Weiß nicht / keine Antwort	10 %	8 %

Quelle: CMG, 2000.

Die Zahlen zeigen, dass ca. die Hälfte aller Unternehmen in Deutschland in den nächsten fünf Jahren ein Viertel ihres Umsatzes über das Internet abzuwickeln gedenkt.

Substituieren produzierende Unternehmen ihren Vertrieb über Groß- und Einzelhandel durch den Direktvertrieb im Internet, so hat das starke Auswirkungen auf die Lagerflächen. Der Bedarf an Lagerflächen wird im Falle von Umsatzsteigerungen und des Wegfalls der Warenlagerung im Groß- und Einzelhandel stei-

[1] Vgl. Hauptverband des Deutschen Einzelhandels, 2000. http://www.einzelhandel.de/-stichwort/E-Commerce.htm.

gen. Bei Handelsunternehmen ermöglicht der Internetvertrieb vergleichbar dem Versandhandel per Katalog eine Zentralisation der Lagerhaltung, die in der Vorratshaltung Synergieeffekte ermöglicht, welche Lagerflächen senkende Wirkungen haben. Im Bereich der Produktion ist dann eine Flächenausdehnung zu erwarten, wenn die Umsätze durch den neuen Vertriebskanal steigen. Ähnlich wie bereits bei der Business-to-Business-Kommunikation wirkt sich auch die Business-to-Consumer-Kommunikation auf die Neubewertung von Standortfaktoren aus. Insbesondere die Bedeutung der Absatzmarktnähe von Produktionsstätten muss angesichts veränderter Vertriebssysteme überdacht werden.

Im Bereich der Büro- und Serviceflächen entsteht durch das Online-Shopping eine Verschiebung der Arbeitsplätze durch den Wegfall von konventionellen Vertriebswegen und einem Mehraufwand bei Annahme und Abwicklung der elektronischen Bestellungen. Die Business-to-Consumer Kommunikation ermöglicht wie auch die Business-to-Business-Kommunikation eine verbesserte Servicequalität der Unternehmen. Die Nutzung der neuen Kommunikationsmöglichkeiten erfordert den Auf- und Ausbau von Service-Centern. Die neu entstehenden Arbeitsplätze verlagern sich tendenziell von den Konzernzentralen in strukturschwache Standorte wie Bremen oder Schleswig Holstein, die ein günstiges Lohnniveau und eine hohe Verfügbarkeit an Arbeitskräften aufweisen. Dort entstehen Zweigstellen, in denen die Kommunikation mit den Konsumenten in Service-Centern sowie Call-Centern und die Abwicklung standortungebunden durchgeführt werden kann.

Die größten Wirkungen gehen vom Online-Shopping naturgemäß auf die Handelsflächen aus. „Location, location, location“ and progressively larger building size have dominated the post WW-II evolution of retailing. Indeed it has been a cannibals' banquet as newer, larger stores devoured smaller rivals and bypassing older distribution channels."[1] Sowohl das Kriterium der größeren Auswahl mit zunehmender Größe der Geschäfte als auch das Kriterium der Erreichbarkeit finden im Online-Shopping ihr Maximum, da der Kunde von zu Hause aus dem kompletten Sortiment auswählen kann. Dies gilt sowohl für Waren als auch für Dienstleistungen und trifft den Vertrieb an Endverbraucher ebenso wie den Großhandel. Mit zunehmender Veränderung des erlernten Einkaufsverhaltens hin zum Online-Shopping ist deshalb mit einem Flächenrückgang zumindest des großflächigen Einzelhandels, aber auch in ausgewählten Segmenten kleinerer Handelsflächen zu rechnen.

Zusammenfassend ist ceteris paribus durch den Fortschritt in der IuK-Technologie mit einem Rückgang des quantitativen Bedarfs an Immobilienflächen zu rechnen. Gleichzeitig werden allerdings die verbleibenden Flächen den veränderten Bedeutungen der Standortfaktoren angepasst und qualitativ aufgewertet werden. ROULAC zeigt anhand der Wertkette Porters als Analyseraster umfangreiche Möglichkeiten auf, wie Unternehmen mit Hilfe von Immobilien Wettbewerbsvorteile gegenüber ihren Mitbewerbern erzielen, die ohne diese Immobilien nicht denkbar sind. Die Bedeutung der mit Hilfe der Immobilien zu erzielenden Wettbewerbsvorteile wächst dabei mit der Zunahme der Wettbewerbsintensität. „The scale, appearance, layout, location and symbols of real estate would vary

[1] Vgl. Borsuk, M., 1996, S. 4.

markedly."[1] Ein Beispiel für diesen Effekt stellt die gegenwärtige Erstellung von neuen Hauptquartieren der Banken in Frankfurt da, die im wachsenden Wettbewerb in der Branche den Aktionären, Mitbewerbern und Kunden mit dem Bau der Hochhäuser ihre Präsenz eindrucksvoll demonstrieren wollen. Gleiches gilt im Bereich hochwertigen Modedesigns, wo aufwendige Factory Stores in Adresslage wie dem Hamburger Neuen Wall, dem Kurfürstendamm in Berlin oder der Königstraße in Düsseldorf mehr für das Image denn für Umsatz sorgen sollen. Für die Eingliederung des Immobilienmanagements in das Unternehmen ergibt sich aus der wachsenden Bedeutung der technischen Ausrüstung von Immobilenflächen eine Annäherung an den Bereich des Informationsmanagements. Vom IDRC werden diesbezüglich bereits erste Vorschläge für eine Integration beider Bereiche in ein Corporate Infrastructure Management unterbreitet.[2]

6.1.2.6 Empirische Ergebnisse

Die hohe Bedeutung der IuK-Technologie für die Entwicklung des Flächenbedarfs des Unternehmens verdeutlicht auch die oben angesprochene vom Verfasser 1997/98 durchgeführte empirische Erhebung.[3] Die Immobilienverantwortlichen in deutschen Großunternehmen wurden hier nach dem Einfluss neuer Technologien auf den Flächenbedarf ihres Unternehmens gefragt. Im Durchschnitt über alle Flächenarten wird der Anteil der IuK-Technologie als Mittel zur Flächenreduzierung auf einer Skala von 1 – 7, wobei 7 die höchste Bewertung war, mit 3,48 bewertet. Er differiert jedoch zwischen den einzelnen Flächenarten erheblich (siehe Abbildung 6.4.). Besonders hoch ist die Wirkung im Büro- und Lagerflächenbereich, aber auch im Produktions- und Handelsflächenbereich wird der IuK-Technologie ein Einfluss auf die Flächenentwicklung zugesprochen. Vergleicht man insbesondere die Bedeutung der IuK-Technologie für den Büroflächenbereich mit den Einschätzungen zur Bedeutung der übrigen Flächendeterminanten, so zeigt sich, dass lediglich der Steigerung der Flächenproduktivität, zu der die IuK-Technologie im übrigen ganz wesentlich beiträgt, eine maßgeblich größere Bedeutung für die Entwicklung des Flächenbedarfs zugesprochen wird.

[1] Vgl. Roulac, S. E., 1999, S. 395.
[2] Vgl. Abschnitt 4.1.2.4 sowie die dort zitierte Literatur.
[3] Vgl. Pfnür, A.. 1998a, S. 10.

Abb. 6.4. Auswirkungen der IuK-Technologie auf den Flächenbedarf. Quelle: Pfnür, A., 1998a, S. 10.

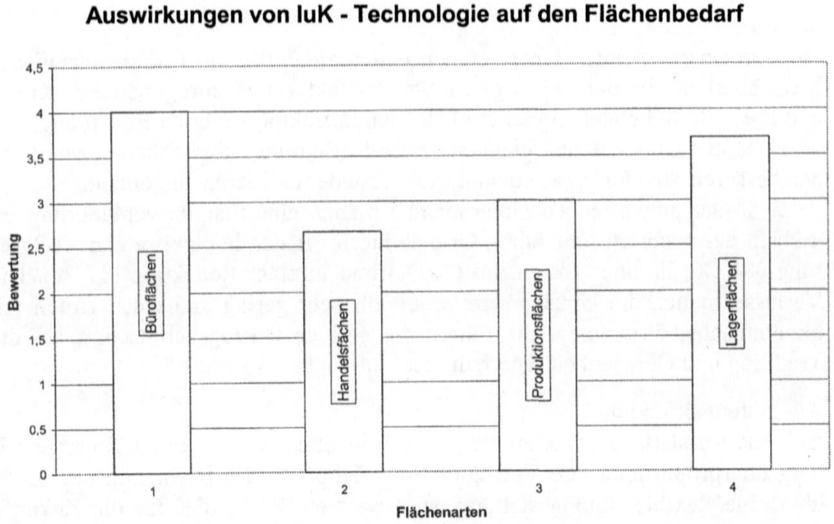

Nähere Einsichten in die Bedeutung der IuK-Technologie für den Bedarf an Büroflächen gewähren die Ergebnisse der 1995/96 von Herring Baker Harris Deutschland GmbH durchgeführte Befragung „Standort Deutschland - Büro 2000" der 500 führenden Unternehmen Deutschlands.[1] Die hier wichtigsten Ergebnisse sind:[2]

- Flächenquantität
  72 % der Unternehmen beabsichtigen ihren durchschnittlichen Büroflächenbedarf pro Mitarbeiter auf einen Wert zwischen <10m² und <12 m² zu reduzieren.[3]
- Büroraumformen
  Zum Zeitpunkt der Erhebung überwogen bei den verschiedenen Büroraumformen mit 69 % die reinen Zellenbüros. Zukünftig wird der Schwerpunkt der Büroraumformen sich jedoch deutlich zugunsten des Kombibüros verlagern. Das Großraumbüro verliert stark an Bedeutung.

---

[1] Vgl. Herring Baker Harris Deutschland GmbH (Hrsg.), 1996.

[2] Vgl. zu einer vertieften Darstellung der Ergebnisse: Herring Baker Harris Deutschland GmbH (Hrsg.), 1996, S. 3 ff.

[3] Eine genaue Erläuterung des Flächenmaßes wird in der Studie nicht gegeben. Aufgrund des geringen Werts muss dabei von Hauptnutzfläche ausgegangen werden.

- Nonterritorial Offices und Desk-Sharing-Systeme
  Durch den Einsatz von Nonterritorial Offices und Desk-Sharing-Systemen erwarten sich 73 % der antwortenden Unternehmen Einsparungsmöglichkeiten innerhalb ihrer Unternehmen.

- Standort
  75 % der antwortenden Unternehmen halten zukünftig die verkehrstechnische Erreichbarkeit für den wichtigsten Standortfaktor bei Bürogebäuden. Kultur und Freizeitmöglichkeiten verlieren als Standortfaktor weiter an Bedeutung.
  44 % der Unternehmen glauben, diese Einsparungsmöglichkeiten durch einen besseren Standort bzw. ein anderes Gebäude realisieren zu können.
  21 % der antwortenden Unternehmen planen eine Standortveränderung innerhalb der nächsten fünf Jahre. Gründe hierfür liegen in einer reinen Verlagerung (44 %), in einer Expansion (39 %) und in einer Reduktion (17 %). Die Verfasser halten die Umzugsbereitschaft für sehr gering und einen Bruch mit ökonomischen Prinzipien. Sie führen die geringe Umzugsbereitschaft auf die Tradition und Gewohnheit innerhalb der Unternehmen zurück.[1]

- Ausstattungskriterien
  Bei den Ausstattungskriterien steigt die Bedeutung von flexibler Raumgestaltung überproportional an. Verfügten zum Zeitpunkt der Befragung nur 55 % über eine flexible Raumgestaltung, so erwarteten 82 % dies für die Zukunft. Ebenfalls eine gesteigerte Bedeutung erfahren die Kriterien Doppelböden, komplette Verkabelung und Serviceleistungen.

Im Wesentlichen bestätigen die empirischen Befunde die theoretischen Überlegungen. Allerdings wird dem Einsparungspotenzial an Handelsflächen durch das Online-Shopping von den Immobilienmanagern der Großunternehmen nur wenig Bedeutung beigemessen. Dies könnte darauf zurückzuführen sein, dass die praktische Bedeutung dieses Vertriebskanals zum Zeitpunkt der Befragung in der Bundesrepublik Deutschland noch gering war. Im Vergleich dazu hat das Online-Shopping in den USA, woher ein Grossteil der oben zitierten Literatur stammt, eine erheblich größere Bedeutung.[2] Gleiches gilt für die Abweichungen bei der Einschätzung des Standortfaktors Kultur- und Freizeitmöglichkeiten.

---

[1] Vgl. Herring Baker Harris Deutschland GmbH (Hrsg.), 1996, S. 84 ff.

[2] Vgl. zur Entwicklung des Volumens im Online-Shopping in den USA: National Retail Federation, 2000, http://www.forrester.com/NRF/1,2873,0,00.html. Vgl. zur Entwicklung in der BRD: Hauptverband des Deutschen Einzelhandels, 2000, http://www.einzelhandel.de/stichwort/E-Commerce.htm.

6.2 Planung des Flächenbestands

6.2.1 Problemskizze

Es gibt viele Beispiele dafür, dass die Nachfrage nach Flächen, die durch die internen Nutzer an das Immobilienmanagement herangetragen wird, von dem aus Unternehmenssicht optimal bereitzustellenden Immobilien qualitativ und quantitativ abweicht. Beispielsweise wünschen sich einzelne Mitarbeiter großzügige Büros in zentraler Lage und können ihre Wünsche in der Regel aus der individuellen Perspektive heraus auch begründen. Die Aufgabe des Immobilienmanagements ist es, aus der Perspektive des Gesamtunternehmens einen effektiven Flächenbestand zu erstellen und auf verschiedene Nutzer zu verteilen.

Unter dem Flächenbestand wird hier die Gesamtheit aller Immobilien verstanden, welche vom Immobilienmanagement eines Unternehmens als betrieblicher Immobilienbestand bereitgehalten werden. Neben dem betrieblichen Immobilienbestand werden vom Immobilienmanagement des Großunternehmens regelmäßig Immobilien als Kapitalanlage oder aus persönlichen Gründen der Entscheidungsträger angeschafft. Diese sind nachfolgend nur dann Untersuchungsgegenstand, wenn sie in einer Doppel- oder Dreifachfunktion auch als Betriebsmittel betrieblich genutzt werden.

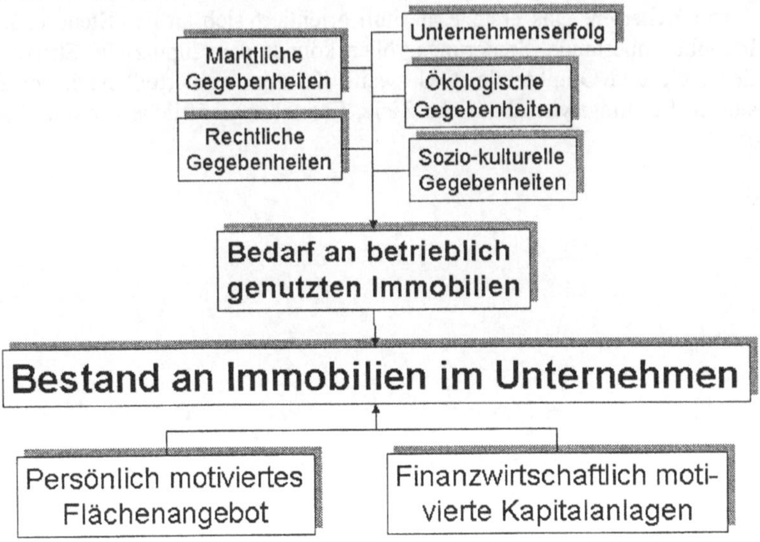

Abb. 6.5. Determinanten des Flächenbestands. Quelle: Eigene Darstellung.

Das Immobilienmanagement plant aus der Analyse des Flächenbedarfs heraus unter Berücksichtigung der Rahmenbedingungen im Unternehmen selbst und seiner Umwelt das Angebot an Immobilien, welches sie den Nutzern innerhalb des Unternehmens unterbreitet. In der immobilienwirtschaftlichen Literatur wird an vielen Orten die hohe Bedeutung der langfristigen Planung des Immobilienbestands aufgezeigt.[1] Im gleichen Atemzug müssen die Autoren allerdings die gegenwärtige Unlösbarkeit dieser Aufgabe eingestehen. „Similarly, it is becoming increasingly difficult to plan facilities strategically to support the business plan when the business plan is becoming so unpredictable."[2] In diesem Abschnitt ist zu prüfen, inwieweit eine dynamische Unternehmensentwicklung die systematische Flächenplanung erschwert.

Der Prozess der Flächenplanung innerhalb des Unternehmens weist starke Parallelen zur staatlichen Raumordnung und Flächennutzungsplanung auf.[3] In beiden Planungsprozessen konkurrieren unterschiedliche Nutzungsarten um die knappen Ressourcen. Zudem unterliegt sowohl die Raumordnung und Flächennutzungsplanung als auch die betriebliche Planung des Flächenbestands verschiedenen Planungsebenen, deren Teilpläne starke Wechselwirkungen haben, die durch gegenseitige Verkettung zu berücksichtigen sind. Letztendlich sind auch die Rahmenbedingung der Planung sehr ähnlich. Sie unterscheiden sich allerdings hinsichtlich der Ziele und der Möglichkeit des Ankaufs oder Verkaufs von Flächen aus dem Bestand.

Die einzelwirtschaftlichen Ziele der Flächenplanung unterteilt SCHÄFERS nach zwei Kriterien. Das erste Kriterium orientiert sich an der Steuerungsgröße des Immobilienbestands. Steuerungsgrößen können sein Inputziele, Strukturziele, Effizienzziele und Outputziele. Das zweite Kriterium unterteilt nach der Zieldimension in Leistungswirtschaftliche Ziele, finanzwirtschaftliche Ziele und soziale Ziele.[4]

[1] Vgl. Brown, R. K. et al., 1992, S. 164; Apgar, M. IV, 1993, S. 126; Duckworth, S. L., 1993; Joroff, M., Louargarnd, M., Lambert, S. u. Becker, F., 1993, S. 17; Ouye, J. A., Darwish, A. u. Young, J. D., 1993, S. 13; Linneman, P. 1998, S. 2 ff.

[2] Ouye, J. A., Darwish, A. u. Young, J. D., 1993, S. 13.

[3] Vgl. Abschnitt 2.1.1 und die dort zitierte Literatur.

[4] Vgl. Schäfers, W., 1998d, S. 220 ff.

Tabelle 6.6. Struktur eines Zielsystems für die Planung des Immobilienbestands

2. Zieldimension / 1. Zieldimension	Leistungswirtschaftliche Ziele	Finanzwirtschaftliche Ziele	Soziale Ziele
Inputziele	• Art und Gestaltung der Immobilienproblemlösung für interne Nutzer • Sicherung der dauerhaften Funktionserfüllung • Standortsicherung	• Ausnutzung steuerlicher Gestaltungsmöglichkeiten • Bilanzpolitische Ziele • Sicherung der Kapitalbereitstellung	• Interne Ziele • Sicherung attraktiver Arbeitsplatzbedingungen • Vermittlung einer Corporate Identity • Steigerung der Mitarbeiterzufriedenheit und Bindung • Externe Ziele • Vermittlung einer Corporate Identity • Steigerung der Kundenzufriedenheit und –bindung • Verminderung des Verbrauchs von Umweltmedien • Verwendung von umweltgerechten Baumaterialien • Erfüllung architektonischer und städtebaulicher Ansprüche
Strukturziele	• Gebäudestruktur und -flexibilität • Gebäudequalität • Standortstruktur • Struktur der Verfügungsrechte an Immobilien	• Kosten- und Kapitalstruktur • Finanzielle Flexibilität • Mischung und Streuung des Immobilienbestands	
Effizienzziele	• Flächenausnutzung • Flächenproduktivität • Management-produktivität	• Kostenwirtschaftlichkeit • Kapitalrentabilität • Gesamtperformance	
Outputziele	• Art und Gestaltung der Immobilien-Problemlösung für externe Nutzer • Auswahl der Nutzergruppe • Marktwahl	• Vermietungsumsatz • Veräußerungsumsatz • Werterhaltung, Wachstum	

Quelle: in Anlehnung an Schäfers, W., 1998d, S. 221.

Auch wenn die Auswahl der Ziele im Einzelnen stellenweise recht willkürlich erscheint und Vollständigkeit vermissen lässt, verdeutlicht der Umfang und die Heterogenität die hohe Komplexität des Zielsystems. SCHÄFERS Absicht war die Entwicklung eines Zielsystems für das Corporate Real Estate Management ganz allgemein. Bei näherer Betrachtung wird hier aber sehr schnell deutlich, dass die Erreichungsgrade der genannten Ziele nahezu ausnahmslos mit der Bereitstellungsentscheidung determiniert, in jedem Fall aber maßgeblich beeinflusst werden. Das Zielsystem des Immobilienmanagements in der anschließenden Nutzungsphase der Immobilie kann erheblich reduziert werden. Diese Zusammenhänge spiegeln die langfristige Bindungsdauer der Bereitstellungsentscheidung wider und verdeutlichen die immense Tragweite der Planung des Flächenbestands für den Erfolg des betrieblichen Immobilienmanagements.[1] Angesichts der großen Komplexität der diskutierten Problemstellung ist es erforderlich, diese in Teilprobleme zu zerlegen und näher zu analysieren. In der amerikanischen Literatur wird dazu eine Unterscheidung in die Aufgabenbereiche „Asset Management" und „Facility Planning" vorgenommen. Das Asset Management verfolgt hauptsächlich die finanzwirtschaftlichen Ziele, wohingegen der Bereich „Facility Planning" leistungswirtschaftliche Inputziele verfolgt.[2] Veranschaulicht man sich erneut anhand der Tabelle 6.6. das Zielsystem der Planung des Immobilienangebots, so werden viele Ziele wie die Gruppe der sozialen Ziele von dieser Unterteilung nicht erfasst. In diesem Abschnitt wird deshalb der Planungscharakteristik nach die Planung des betrieblichen Immobilienbestands in Anlehnung an die Systematik des vorausgegangenen Abschnitts in zwei Teile zerlegt:

1. Ausrichtung des Immobilienbestands an übergeordneten und strategischen Unternehmenszielen,
2. Bestimmung des technischen Flächenbedarfs des Unternehmens.

Während die Abstimmung des Immobilienbestands mit übergeordneten und strategischen Unternehmenszielen eine weitgehend zentrale Funktion ist, die weitgehend im Top-down-Prinzip gestaltet wird, erfolgt die Bestimmung des technischen Flächenbedarfs weitgehend im Bottom-up-Prinzip auf der Grundlage der Aggregation der Flächenanforderungen und Vorstellungen dezentraler Nutzer. Da die beiden Planungselemente eng miteinander verknüpft sind, wird in diesem Abschnitt nach der Präzisierung der Planungselemente eine Integration zur Angebotsplanung des Unternehmens erfolgen.

6.2.2 Ableitung des Immobilienangebots aus übergeordneten und strategischen Unternehmenszielen

Die Bedeutung der übergeordneten und strategischen Unternehmensziele für die Planung eines konkreten Angebots an Immobilien kann von Unternehmen zu Unternehmen sehr stark schwanken. Sucht man nach Methoden, um den wechselseitigen Einfluss in einem Unternehmen strukturiert zu ermitteln, so stößt man auf zwei unterschiedlich aufwendige Verfahren. Ein einfacheres, gröberes Verfahren ermöglicht die Ausrichtung des Immobilienangebots an der Unternehmensstrategie auf einem impliziten Weg. Ein zweites umfangreicheres und genaueres Verfahren ermittelt die strategischen Implikationen für das Immobilienangebot mit Hilfe einer Wertkettenanalyse.

---

[1] Ebenso: Brown, R. K. et al., 1992, S. 94.
[2] Vgl. Brown, R. K. et al., 1992, S. 5.

6.2.2.1 Implizite Ausrichtung des Immobilienangebots an der Unternehmensstrategie

NOURSE/ROULAC fordern eine konsequente Ausrichtung der Immobilienentscheidungen des Unternehmens an der Unternehmensstrategie.[1] Die Autoren untersuchen, ob den „strategic driving forces" der Unternehmensstrategie eine geeignetes Strategie zur Bereitstellung betrieblicher Immobilien gegenübergestellt werden kann. Dazu kreieren sie die folgenden acht alternativen Strategien, die in einem nächsten Schritt auf ihre Eignung zur Unterstützung der Unternehmensstrategie untersucht werden:[2]

1. Occupancy Cost Minimization
   - Explicit lowest-cost provider strategy
   - Signal to critical constituencies of cost-consciousness
2. Flexibility
   - Accommodate changing organizational space requirements
   - Manage variability/risk associated with dramatic escalation/compression space needs
   - Favor facilities that can readily be adapted to multiple uses by corporation and others
3. Promote Human Resource Objectives
   - Provide efficient environment to enhance productivity
   - Recognize that environments are important elements of job satisfaction and therefore compensation
   - Seek locations convenient to employees with the preferred amenities (transportation, shopping, reference, entertainment)
4. Promote Marketing Message
   - Symbolic statement of substance or some other value
   - Form of physical institutional advertising
   - Control environment of interaction with company's product/service offering
5. Promote Sales and Selling Process
   - High traffic location to attract customers
   - Attractive environment to support/enhance sales
6. Facilitate and Control Production, Operations, Service Delivery
   - Seek/design facilities that facilitate making company products/delivering company services
   - Favor locations and arrangement that are convenient to customers
   - Select locations and layouts that are convenient to suppliers

[1] Vgl. Nourse, H. O. u. Roulac, S. E., 1993, S. 1.

[2] Vgl. Nourse, H. O. u. Roulac, S. E., 1993, S. 5 ff.

7. Facilitate Managerial Process and Knowledge Work
   - Emphasize knowledge work setting over traditional industrial paradigm
   - Recognize changing character, tools used in, and location of work
8. Capture the Real Estate Value Creation of Business
   - Real estate impacts resulting from demand created by customers
   - Real estate impacts resulting from demand created by employees
   - Real estate impacts resulting from demand created by suppliers

Die verschiedenen Strategien verstehen sich nicht als ausschließlich. Vielmehr kann es in bestimmten Fällen sinnvoll sein, verschiedene Ausrichtungen der Strategie zur Bereitstellung betrieblicher Immobilien zu kombinieren. Um die Frage beantworten zu können, welche der immobilenbezogenen Strategieausrichtungen sich in die Unternehmensstrategie integrieren, ist zunächst die Beschreibung der Unternehmensstrategie erforderlich. NOURSE/ROULAC wählen zur Beschreibung und Systematik der Unternehmensstrategien die Aufstellung der „Strategic Driving Forces“ von TREGOE/ZIMMERMAN.[1] Danach unterscheidet man die Strategietypen der Unternehmen nach folgender Systematik:

1. Products Offered
   Unternehmen richten ihre Strategie an bereits bestehenden Produkten aus. Beim Eintritt in neue Märkte versuchen sie neue Kunden für bestehende oder gleichartige Produkte zu finden.
2. Market Needs
   Unternehmen richten ihre Strategie an bestimmten Kundengruppen aus. Beim Eintritt in neue Märkte werden vornehmlich spezielle Marktsegmente bedient.
3. Technology
   Unternehmen richten ihre Strategie an besonderen technologischen Entwicklungen aus. Beim Eintritt in neue Märkte werden neue Produkte unter Verwendung dieser Technologien angeboten.
4. Production Capability
   Unternehmen richten ihre Strategie an besonderen Fähigkeiten im Leistungserstellungsprozess aus. Diese können beispielsweise in besonders qualifizierten Mitarbeitern begründet liegen.
5. Method of Sale
   Unternehmen richten ihre Strategie an besonderen Fähigkeiten im Verkauf von Produkten aus. Ein Beispiel hierfür ist der Versandhandel.
6. Method of Distribution
   Unternehmen richten ihre Strategie an besonderen Vertriebswegen aus. Ein Beispiel hierfür sind Franchising-Anbieter.

[1] Vgl. Tregoe, B. B. u. Zimmerman, J. W., 1980.

7. Natural Resource
   Unternehmen richten ihre Strategie auf die Verfügungsgewalt über Rohstoffvorkommen oder Ländereien aus. Ein Beispiel dafür ist die Rohölgewinnung.
8. Size/Growth
   Unternehmen richten ihre Strategie auf das Unternehmenswachstum aus. Dabei spielen Produkte und Märkte nur eine untergeordnete Rolle.
9. Return/Profit
   Unternehmen richten ihre Strategie auf eine festgelegte Zielrendite aus. Produkte, die diese Zielrendite erreichen, werden produziert und Märkte, die diese Zielrendite versprechen, werden beliefert.

Um konkrete Handlungsempfehlungen ableiten zu können, werden die alternativen Immobilienbereitstellungsstrategien den strategischen Triebkräften der Unternehmensstrategie im nächsten Schritt gegenübergestellt.[1]

Tabelle 6.7. Linking Real Estate Strategy to Corporate Driving Forces

Driving Force / Real Estate Strategies	Products Offered	Market Needs	Technology	Production Capability	Method of Sale	Method of Distribution	Natural Resource	Size/Growth	Return/Profit
Occupancy Cost Minimization	P	T	S	T	P	S	T	T	P
Flexibility	T	P	P	NA	NA	NA	NA	S	S
Promote Human Resource Objectives	T	T	P	P	T	S	T	S	T
Promote Marketing Message	S	S	S	S	S	P	S	P	S
Promote Sales and Selling Process	S	P	S	S	P	P	S	P	S
Facilitate and Control Production, Operations, Service Delivery	P	S	S	P	S	P	P	S	S
Facilitate Managerial Process and Knowledge Work	S	S	P	S	T	T	S	S	S
Capture the Real Estate Value Creation of Business	NA	NA	NA	NA	NA	P	P	S	P

P= Primary; S=Secondary; T=Tertiary; NA=Not Applicable

Quelle: Nourse, H. O. u. Roulac, S. E., 1993, S. 11.

Die beispielhafte Gegenüberstellung zeigt, dass für jede der Immobilienstrategien eine oder mehrere vorrangige Anwendungen existieren. NOURSE/ROULAC empfehlen, die Beurteilung im konkreten Anwendungsfall vorzunehmen und ver-

[1] Vgl. Nourse, H. O. u. Roulac, S. E., 1993, S. 10 ff.

stehen ihre Priorisierung nicht als allgemeingültig. Ganz allgemein bleibt aber festzuhalten, dass keine der Strategien zur Bereitstellung von Immobilien bedingungslos dominiert.[1]

Unterzieht man das Verfahren einer kritischen Bewertung, bleibt festzuhalten, dass es über Selbstverständlichkeiten hinaus sehr wohl als grobes Analyseraster geeignet ist und erste Anhaltspunkte für die strategische Ausrichtung des Immobilienangebots eines Unternehmens bietet. Allerdings sind sowohl die strategischen Optionen des Immobilienmanagements in der Realität sehr viel differenzierter als von NOURSE/ROULAC vereinfachend angenommen. Ebenso ist die Abbildung der Dimension der Unternehmensstrategie durch die corporate driving forces eine grobe Verallgemeinerung von ursprünglich sehr spezifischen Gegebenheiten. Insbesondere bleiben die übergeordneten Unternehmensziele, die finanzwirtschaftliche Leistungsfähigkeit sowie die Unternehmensumwelt weitgehend unberücksichtigt. Es überrascht deshalb kaum, dass die Thesen über die Zusammenhänge von Triebkräften der Unternehmensstrategie und der Strategie des Immobilienmanagement sich in einer 1994 von NOURSE durchgeführten empirischen Erhebung nicht bestätigt haben.[2] Um die strategische Ausrichtung des Immobilienangebots zu planen, ist eine detailliertere Methodik erforderlich, wie sie im folgenden Abschnitt gezeigt wird.

6.2.2.2 Explizite Ableitung der bereitzustellenden Immobilien aus der Wertkettenanalyse des Unternehmens

Zur Ausrichtung des Flächenbedarfs an den übergeordneten und strategischen Komponenten des Flächenbedarfs bietet sich die Wertkette von Porter als methodische Grundlage an. In der Vorstellung PORTER's ist es das Ziel eines Unternehmens, Wettbewerbsvorteile gegenüber der Konkurrenz zu erlangen. Um die Quellen von Wettbewerbsvorteilen näher zu analysieren, zerlegt PORTER das Unternehmen anhand der Wertkette in seine strategisch relevanten Aktivitäten. Ein Unternehmen erlangt strategische Wettbewerbsvorteile, wenn es die einzelnen Aktivitäten im Vergleich zur Konkurrenz entweder besser oder kostengünstiger durchführt. PORTER unterscheidet fünf Basisaktivitäten und vier unterstützende Aktivitäten des Unternehmens.[3] Abbildung 6.6. verdeutlicht, wie die Qualität der Ausführung aller Aktivitäten durch den betrieblichen Immobilienbestand beeinflusst werden kann.[4]

---

[1] Vgl. Nourse, H. O. u. Roulac, S. E., 1993, S. 12 ff.

[2] Vgl. Nourse, H., 1994, S. 437.

[3] Vgl. Porter, M. E., 1996.

[4] Vgl. Roulac, S. E., 1999, S. 389.

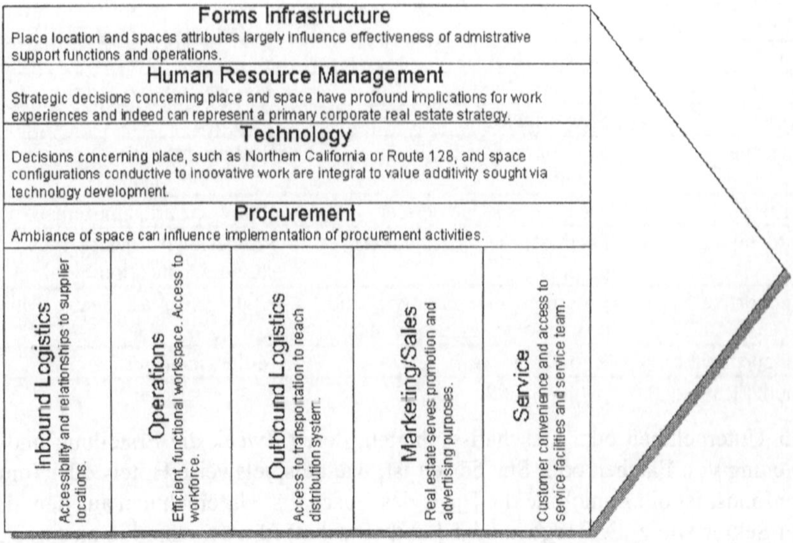

Abb. 6.6. Signifikanz von Immobilien in den Aktivitäten der Wertkette des Unternehmens. Quelle: Eigene Darstellung in Anlehnung an: Roulac, S. E., 1999, S. 391.

Der Grundidee PORTER's folgend werden einzelne Wertketten von Lieferanten, Produzenten und Abnehmern zu einem wertschöpfenden Ganzem verknüpft, sodass der Umfang, den die einzelnen Glieder innerhalb des Wertkettensystems einnehmen, unbestimmt ist. Durch die gedankliche Ausgliederung von Tätigkeiten entsteht eine Zersplitterung der ursprünglichen Wertkette des Unternehmens in ein System, welches aus den einzeln analysierbaren Wertketten der neu geschaffenen Funktionsbereiche besteht.[1] In Bezug auf betriebliche Immobilien kann entweder die Wertschöpfung durch den Funktionsbereich des Immobilienmanagements[2] oder der einzelnen Immobilie[3] in einer eigenen Wertkette dargestellt werden, um sie auf Wechselwirkungen mit der Wertkette des Unternehmens zu analysieren. Zur Verdeutlichung der Beziehung zwischen dem Immobilienangebot und der Unternehmensstrategie ist die Betrachtung der Immobilie aufgrund der detaillierteren Betrachtungsweise besser geeignet. Die Stärke der Verknüpfung der Wertkette der Immobilie mit der Wertkette des Unternehmens kann in Abhängigkeit der strategischen Bedeutung der Immobilien erheblich variieren. ROULAC unterscheidet die in folgender Tabelle dargestellten acht verschiedenen strategischen Rollen von Immobilien.

[1] Vgl. Meffert, H., 1989, S. 264.
[2] Vgl. Schäfers, W., 1997, S. 112 ff.
[3] Vgl. Roulac, S. E., 1999, S. 389 ff.

Tabelle 6.8. Strategic Role of Place and Space

Strategic Role of Place and Space	Function	Example
Basic	Provide, rent sell	Hotel, office owner, homebuilder
Resource	Extractive industry	Timber, mining, farming
Direct	Support use and experience	Funiture
Essence	Environment is the essence of experience	Restaurant
Critical	Means of service delivery	Retail, theatre, amusement park
Integral	Facilitates services delivery process	Professional services, medical services, education.
Supportive	Environment of creativity and proximity to resources/talent	High tech areas, theatre district
Independent	Knowledge work	Money manager

Quelle: Roulac, S. E., 1999, S. 392.

Für Unternehmen oder Geschäftseinheiten, deren Zweck die Erstellung und Vermietung von Flächen oder Standorten ist, wie beispielsweise Hotels oder Immobilienfonds, ist die Immobilie die Basis des Geschäfts. Unternehmen aus dem primären Sektor wie z. B. Bergbau oder Landwirtschaft können ohne die entsprechende Ressourcenausstattung nicht produzieren. In der dritten Form beeinflussen Immobilien direkt die Strategie des Unternehmens. Beispielsweise orientiert sich ein Möbelhersteller bei seiner Strategieentwicklung an den Bewegungen am Immobilienmarkt. Fokussieren Unternehmen ihre Strategie auf den Standort oder auf Grundstücke und Gebäude, sind Immobilien von essentieller Bedeutung. Ein Beispiel dafür sind Restaurants, bei denen die Lage wichtiger ist als Service- und Essensqualität. Immobilien sind dann kritische Faktoren bei der Strategieformulierung, wenn Standort oder Ausstattung den Umsatz maßgeblich beeinflusst wie bei Tankstellen oder in Teilen des Einzelhandels. Sind Immobilien bei der Leistungserstellung ein Faktor unter vielen, aber gleichzeitig von großer Wichtigkeit, haben sie für die Unternehmensstrategie integrale Bedeutung. Beispiele dafür sind Krankenhäuser oder Bildungsunternehmen. Schließlich können Immobilien spürbar fördernde Einflüsse auf die Quantität und Qualität der betrieblichen Leistungserstellung haben (supportive), wie beispielsweise in kreativen Unternehmen, oder sie sind beliebig und damit ohne strategische Bedeutung (independent).[1]

Die Klärung der Bedeutung der Immobilien für das Unternehmen ermöglicht Aufschlüsse in welchem Umfang die von den internen Nutzern an das Immobilienmanagement herangetragene Nachfrage nach Immobilien befriedigt wird. Je weiter unten wir uns in der Tabelle 6.8. befinden, umso kritischer wird das Immobilienmanagement mit den Nutzungsanforderungen umgehen und konkurrierende Ziele wie Kostenminimierung, Risikominimierung oder Liquidität in den Vordergrund stellen.

Wird Immobilien eine gewisse strategische Bedeutung zugesprochen, können die Wirkungen auf die einzelnen wertschöpfenden Aktivitäten näher analysiert

[1] Vgl. Roulac, S. E., 1999, S. 389 ff.

werden, um konkrete Anforderungen an die bereitzustellenden Immobilien abzuleiten. Beispiele für die Bedeutung von Immobilien zur Erlangung von Qualitäts- und Kostenvorteilen gibt die Tabelle 6.9.

Tabelle 6.9. Mögliche Bedeutung von Immobilien für Qualitäts- und Kostenvorteile

Wertschöpfende Aktivität	Mögliche Bedeutung von Immobilien für Qualitätsvorteile	Mögliche Bedeutung von Immobilien für Kostenvorteile
Eingangslogistik	• Zentraler Standort im Hinblick auf Lieferanten • Hochwertige Transportmittel auf dem Grundstück und in den Gebäuden	• Zugang zu preiswerten Transportwegen (z.B. Binnenschifffahrt)
Operationen	• Perfekte Klimatisierung der Räume • Variabilität der Gebäudenutzung • Funktionalität der Gebäudenutzung • Großzügige Raumgestaltung zur Motivation der Mitarbeiter	• Ausreichende Flächengröße für Massenproduktion • Sichere Produktionsstätten zur Vermeidung von unfallbedingten Produktionsunterbrechungen • Standorte mit niedrigem Lohnkostenniveau
Ausgangslogistik	• Zentraler Standort im Hinblick auf Abnehmer	• Zugang zu preiswerten Transportwegen
Marketing & Vertrieb	• Attraktive, großräumige Verkaufsflächen • Verkaufsflächen in sehr guten Lagen • Verbesserung des Unternehmensimage bei den Kunden durch beeindruckende Gebäude • Ausreichend Fläche zur Ermöglichung von Verpackung als Marketinginstrument	• Verfügbarkeit von Flächen für Outlet-Stores • Langfristige Mietverträge auf niedrigem Niveau ohne Indexierung • Handelsimmobilien in preiswerten Randlagen
Kundendienst	• Gute Erreichbarkeit des Kundendienstes	• Standorte des Kundendienstes in preiswerten Randlagen

Tabelle 6.9. (Fortsetzung)

Unternehmensinfrastruktur	• Hochwertige Gebäudetechnik zur Unterstützung von Information und Kommunikation der Mitarbeiter	• Einrichtungen für Video-Konferenzen zur Ersparnis von Reisekosten
Personalwirtschaft	• Steigerung der Attraktivität des Unternehmens für die Beschäftigten durch attraktive Standorte • Verbesserung des Unternehmensimage bei den Mitarbeitern durch beeindruckende Gebäude • Hochwertige und großzügige Schulungsräume	• Bereitstellung von Mitarbeiterwohnungen zur Reduktion der Löhne und Gehälter
Technologieentwicklung	• Hoch entwickelte Klimatechnik	• Räumliche Nähe zu Forschungseinrichtungen.
Beschaffung	• Ermöglichung von Just-in-Time-Konzepten durch entsprechende Infrastruktur. • Verbesserung des Unternehmensimage bei den Lieferanten durch beeindruckende Gebäude.	• Ausreichende Lagerfläche für große Beschaffungslose. • Niedriges Preisniveau am Standort.

Quelle: Eigene Darstellung.

Insgesamt zeigt sich, dass die Wertkettenanalyse ein geeignetes Analyseraster darstellt, um übergeordnete und strategische Ziele des Unternehmens bei der Planung des betrieblichen Immobilienbestands zu berücksichtigen.

6.2.3 Technische Flächenplanung (Facilities Planning)

Der Planung des technischen Flächenbedarfs eines Unternehmens ist in der Literatur bislang unter den Bezeichnungen „Space Planning",[1] „Facilities Planning"[2] oder „innerbetriebliche Standortplanung"[3] vornehmlich im Bereich der industriellen Produktion Beachtung geschenkt worden. Nachfolgend werden zunächst die Grundzüge der technischen Flächenplanung im Überblick dargestellt. Anschließend werden die einzelnen Teile des Planungsprozesses näher analysiert.

---

[1] Vgl. Cotts, D. G. u. Lee, M., 1992, S. 80 ff.

[2] Vgl. Binder, S., 1989; Brown, R. K. et al., 1992, S. 161 ff., hier insb. 177 ff.

[3] Vgl. Wäscher, G., 1982.

6.2.3.1 Planungsgegenstand und Planungsprozess

Um Vorgaben für die spätere Auswahl von Immobilien machen zu können, reicht es nicht aus, allein den Flächenbedarf der Nutzer zu ermitteln und entsprechend der oben gezeigten Restriktionen zu befriedigen. Vielmehr sind Abstimmungsprozesse der Planung des Immobilienangebots mit der aus der Organisationsplanung und der Produktionsplanung ableitbaren räumlichen Gestaltung der Arbeitsprozesse erforderlich. Ziel dieser innerbetrieblichen Flächenplanung ist die optimale räumliche Anordnung der Nutzer und deren Gerät auf dem zukünftigen Flächenbestand des Unternehmens. Die Tabelle 6.10 veranschaulicht die in diesem Zusammenhang zu lösenden Fragestellungen.

Tabelle 6.10. Fragestellungen der innerbetrieblichen Standortwahl

Geschäftsprozesse		Anordnung von:
Technische Prozesse	Logistik	• Lagern auf dem Betriebsgrundstück • Warenarten in Vorratslägern
	Produktion	• Fertigungshallen auf dem Betriebsgrundstück • Werkstätten in Fertigungshallen • Zwischenlägern in Fertigungshallen • Arbeitsplätzen auf Flächenelementen
	Vertrieb	• Verkaufsständen in Verkaufsräumen
Administrative Prozesse		• Büros auf Etagen eines Verwaltungsgebäudes • Arbeitsplätzen in Großraumbüros • Sachmittel am Arbeitsplatz

Quelle: Krüger, W., 1994, S. 226.

Die innerbetriebliche Flächenplanung wird in der Betriebswirtschaftslehre auch als innerbetriebliche Standortwahl oder synonym als innerbetriebliche Standortplanung bezeichnet.[1] Die in Tabelle 6.10 aufgezählten Planungsgegenstände geben bereits Hinweise darauf, dass die innerbetriebliche Standortplanung einer hierarchischen Gliederung unterliegt. Aus der allgemeinen Standortplanung des Unternehmens werden Standorte für einzelne Betriebsgrundstücke abgeleitet. Auf den Betriebsgrundstücken werden unter Einhaltung der rechtlich vorgegebenen Bebauungspläne in der nächsten Stufe die Werke sowie die einzelnen Gebäude und Lagerflächen angeordnet. Dieser Schritt wird im industriellen Management als Layoutplanung bezeichnet.[2] In der nächsten Detaillierungsstufe werden die Geschosse sowie deren grobe Verteilung im Flächenlayout geplant. Schließlich werden für die einzelnen Elementen des Flächenlayouts Maschinenaufstellungs- und Einrichtungspläne erstellt.[3]

Die Probleme der innerbetrieblichen Standortplanung wurden vor zwei Hintergründen erläutert. In den frühen Arbeiten wurde die deskriptive Analyse der

[1] Der Begriff geht zurück auf HUNDHAUSEN (vgl. Hundhausen, H., 1925).

[2] Vgl. Heinen, E., 1991, S. 445.

[3] Vgl. Krüger, W., 1994, S. 227.

Standortfaktoren behandelt,[1] später wurden vor allem Planungsprogramme und -modelle entwickelt.[2] Mit zunehmender Berücksichtigung qualitativer Aspekte, wie beispielsweise der Mitarbeiterzufriedenheit, wird die innerbetriebliche Standortplanung sowohl hinsichtlich der verfolgten Zielsetzungen als auch hinsichtlich der zu beachtenden Restriktionen ein sehr komplexes Planungsproblem.[3] Im ersten Schritt der innerbetrieblichen Standortplanung wird zunächst ein Ideallayout erstellt, welches anschließend mit dem Reallayout des vorhandenen Flächenbestandes abgeglichen wird.[4] Da generell für die Raumorganisation die Regel „Form follows Function" gilt, reagiert das Immobilienmanagement durch Anpassungsmaßnahmen des Flächenbestands an das auf Grundlage der Geschäftsprozesse ermittelte Ideallayout. Nachfolgend werden die Planungsschritte der innerbetrieblichen Standortplanung genauer dargestellt, um Rückschlüsse auf die Planung der Bereitstellung betrieblicher Immobilien ziehen zu können.

6.2.3.2 Zieldefinition

Bevor man an die Ableitung des Ideallayouts gehen kann, sind zunächst die Ziele, die mit der innerbetrieblichen Standortplanung verfolgt werden, sowie die einzuhaltenden Restriktionen zu klären. Die Ableitung von Zielen ist aufgrund der inhaltlichen Verschiedenheit von Standortproblemen problematisch. Grundsätzlich handelt es sich dabei um Leistungsziele, wirtschaftliche Ziele und soziale Ziele. Leistungsziele sind im Bereich von technischen Prozessen der geradlinige Materialfluss, die Minimierung der Transportleistung, die Minimierung der Durchlaufzeiten sowie die Flexibilität der Raumaufteilung.[5] Beschränkt man beispielsweise den Planungsbereich auf die räumliche Planung der industriellen Produktion, stehen folgende Ziele im Vordergrund:[6]

- Minimierung der Transportkosten,
- Minimierung der Durchlaufzeiten,
- Optimierung der logistischen Prozesse und
- der produktionswirtschaftlichen Flexibilität des Industriebetriebs.

Leistungsziele bei administrativen Prozessen sind die Optimierung der Kommunikationsbeziehung, die Leistungsqualität individueller Arbeit, die Störungsfreiheit des Arbeitsplatzes sowie die Flexibilität der Gebäudenutzung.[7] Leistungsziele bei Handelsprozessen sind die Optimierung der Kundenfrequenz und Kundenstruktur sowie die Qualität der Warenpräsentation. Die wirtschaftlichen Ziele sind nach verbreiteter Auffassung auf die Kostenminimierung zu beschränken, da der Flä-

---

[1] Vgl. Schmidt, F., 1965, insb. S. 41 ff.; Mellerowicz, K., 1968, S. 226 ff.

[2] Vgl. Koopmans, T. C. u. Beckmann, M., 1957; Wäscher, G., 1982.

[3] Vgl. Cotts, D. G. u. Lee, M., 1992, S. 80 f.

[4] Vgl. Krüger, W., 1994, S. 227.

[5] Vgl. Wäscher, G., 1982, S. 56 ff.

[6] Vgl. Heinen, E., 1991, S. 445.

[7] Vgl. Krüger, W., 1994, S. 238.

chenplanung keine erlöswirksamen Effekte zugesprochen werden.[1] Die Kostenminimierung kann über alle Prozesse hinweg entsprechend der situativen Gegebenheiten auf alle Kostenarten gerichtet sein. Hervorzuheben sind Transportkosten, Raumkosten, Lagerkosten, Kapitalkosten, Personalkosten und Wagniskosten.[2] Die These der Erlösunwirksamkeit von Immobilien muss spätestens bei der Betrachtung von Handelsimmobilien verworfen werden. Hier gilt die Flächenproduktivität z. B. in Form der Kennzahl Umsatz pro Flächeneinheit als zentrale Steuerungsgröße der Flächenplanung. Soziale Ziele betreffen über alle Prozessarten hinweg die Ergonomie und die Motivation der Mitarbeiter sowie das Verhältnis zur Nachbarschaft und den Behörden im Umfeld des Unternehmens.[3] Für BROWN ET AL. haben aus der Perspektive eines Unternehmens, welches eine breite Palette an Leistungserstellungsprozessen und unterstützenden Funktionen abdeckt, die folgenden Ziele in der Praxis die größte Bedeutung:[4]

- Wirtschaftlichkeit (Die Nutzungskosten der Immobilie müssen in einem angemessenen Verhältnis zu deren Bedeutung für das Unternehmen und/oder dem Wiederverkaufswert stehen.)
- Kostenminimierung,
- Energieeffizienz,
- positiver Einfluss auf Produktivität und Wohlbefinden der Mitarbeiter,
- Minimierung von Ausfall- und Unfallrisiken im Betrieb der Immobilie,
- Erfüllung von Umweltschutzauflagen,
- Minimierung von Nachbarschaftsproblemen.

6.2.3.3 Restriktionen

Die Restriktionen, die bei der innerbetrieblichen Standortwahl einzuhalten sind, ergeben sich zum einen aus den oben bereits ausführlich diskutierten Anforderungen der Nutzer und zum anderen aus den Gegebenheiten des Standorts selbst. Der Standort selbst beschränkt die Planung hinsichtlich des Standortumfelds, der Flächengrößen, der verfügbaren Gebäudequalität und der rechtlichen Nutzungsmöglichkeiten.[5] Um die Planungsaufgabe zu lösen, sind in einem nächsten Schritt die erforderlichen Informationen zu sammeln. Die Schlüsselelemente dieser Analyse sind:[6]

1. Vorhersage von Art und Umfang der zukünftigen Leistungserstellungs- und Verwertungsaktivitäten im Unternehmen und deren Bedeutung für den Unternehmenserfolg.

---

[1] Vgl. Schmidt, F., 1965, S. 31; Wäscher, G., 1982, S. 52; Krüger, W., 1994, S. 228.

[2] Vgl. Kalusche, W., 1991, S. 41 ff.; Falk, B., 1992, Kap. 3.3.3; Krüger, W., 1994, S. 228; Wäscher, G., 1982, S. 52 ff.

[3] Vgl. Krüger, W., 1994, S. 228 f.

[4] Vgl. Brown, R. K. et al., 1992, S. 166 f.

[5] Vgl. Wäscher, G., 1982, S. 85 ff.

[6] Vgl. Brown, R. K. et al., 1992, S. 178 f.

2. Vorhersage von Art und Umfang der zur Erfüllung von (1.) notwendigen unterstützenden Aktivitäten.

3. Analyse der wechselseitigen Beziehungen. Dazu sind die Beziehungen der einzelnen Anordnungsobjekte zu analysieren. Für die technischen Prozesse sind dies vor allem die Materialflüsse, bei administrativen Prozessen sind die Kommunikationsbeziehungen maßgeblich und bei Handelsprozessen die Umsatzwirkung unterschiedlicher Anordnungen. Zur Ermittlung der Materialflüsse werden Funktionsschemata eingesetzt, die den Produktionsprozess durch die einzelnen Produktionsstufen hinweg grafisch veranschaulichen. In die Funktionsschemata werden die prognostizierten Transportmengen eingetragen. Insbesondere bei administrativen Tätigkeiten sieht KRÜGER erhebliche Schwierigkeiten in der Ermittlung der Beziehungen. Im Falle von direkten face-to-face-Kommunikationsbeziehungen, die nicht durch technische Hilfsmittel gewährleistet werden können, behilft er sich mit der Vergabe von bilateralen Entfernungsprioritäten.[1]

4. Vorhersage der Anzahl der in den jeweiligen Aktivitäten beschäftigen Mitarbeiter und deren Qualifikation.

5. Schätzungen der Produktivität der einzelnen Arbeitsplätze zur Gewichtung von Budgets.

In einer detaillierteren technischen Analyse sowie in einer Befragung der bisherigen Beschäftigten und potentiellen neuen Kandidaten kann diese Analyse gegebenenfalls weiter verfeinert werden. In Bezug auf den einzelnen Arbeitsplatz betrifft dies:[2]

- dessen individuelle Arbeitsplatzausstattung im Hinblick auf Quantität, Qualität der Flächen und Einrichtung sowie die Notwendigkeit von Servicestellen wie Einzel- oder Gruppensekretariate.
- die technischen Charakteristika der Arbeitsplatzumgebung wie Temperatur, Lärmschutz, Sicherheitsvorkehrungen, Verkabelungen etc.
- Zugangsvoraussetzungen zum Arbeitsplatz wie Anzahl an Kundenkontakten, eigenständige Eingänge und Anlieferungsmöglichkeiten.
- individuelle Bedürfnisse der Mitarbeiter im Hinblick auf z. B. Arbeitssicherheit, Komfort, persönliche Ausstattungspräferenzen.
- In Bezug auf die einzelnen Organisationseinheiten sind näher zu analysieren:[3]
- Notwendigkeit der Art und des Umfangs von Servicestellen wie Rezeption, Poststelle, Cafeteria, Toiletten oder Waschräumen.
- Art und Umfang von Fluren sowie vertikalen Transportwegen und Notausgängen.
- Notwendige Freiflächen sowie sonstiger Platzbedarf (Betriebskindergarten etc.).

[1] Vgl. Krüger, W., 1994, S. 229.

[2] Vgl. Brown, R. K. et al., 1992, S. 179 f.

[3] Vgl. Brown, R. K. et al., 1992, S. 180.

Aufgrund der starken Dynamik sich wandelnder Flächenanforderungen ist der Prozess der Raumplanung mit der einfachen Addition der gegenwärtig absehbaren Flächenbedarfe nicht beendet. Vielmehr ist für unvorhergesehene Reparaturarbeiten sowie für interne Umzüge eine Reserve zu kalkulieren, die je nach Unternehmensgröße und Unternehmenswachstum verschieden ist. COTTS/LEE empfehlen 2 – 3 % des Flächenbestands bei größeren Unternehmen sowie 5 – 7 % bei kleineren Unternehmen als Planungsgrundlage.[1]

6.2.3.4 Bestimmung von Ideallayouts

Als Vorstufe von Ideallayouts werden allgemeingültige Raumstandards im Hinblick auf das Flächendesign und die Flächengrößen auf Arbeitsplatzebene definiert. Die Raumstandards reflektieren gesetzliche Anforderungen wie z. B. Behindertengerechtigkeit der Arbeitsplätze oder minimale Flächen- und Volumenmaße pro Arbeitsplatz. Berücksichtigung finden ferner Unternehmensrichtlinien im Hinblick auf das Corporate Design, technische Standards des Unternehmens sowie Budgetbeschränkungen. Insbesondere im Hinblick auf Büronutzung liegen in vielen Unternehmen eine recht exakte Standardisierung bezüglich Raumgröße, Achsmaße, Raumtiefe, Ausstattung und Design des einzelnen Arbeitsplatzes und teilweise auch ganzer Arbeitsgruppen vor. Auf der Basis dieser Standards sind durch Aggregation aller Arbeitsplätze eines Planungsbereichs erste vage Vorstellungen von Ideallayouts der bereitzustellenden Flächen entwickelbar.[2] Im Fall von Büroflächen liegen in den Unternehmen Standards in Form von Flächengrößen pro Büroarbeitsplatz vor. In einer verfeinerten Form werden die Standardflächengrößen mit Gewichtungsfaktoren für Hierarchiestufen sowie für die Art der Tätigkeit gewichtet.[3] Beträgt die Standard-Hauptnutzfläche[4] in einem Unternehmen beispielsweise 18 m² pro Arbeitsplatz, so bekommt ein Abteilungsleiter, der aufgrund seiner Funktion den Anspruch auf ein Drittel mehr Fläche hat und der aufgrund seiner häufigen externen Kontakte einen Zuschlag von einem weiteren Drittel bekommt, Anspruch auf 40 m² Bürofläche. Die Standardisierung der Flächen hilft nicht nur bei der Präzisierung der Anforderungen an Ideallayouts, sondern gewährleistet auch ein höheres Maß an Flexibilität der Flächen, da durch die Standardisierung eine Beschränkung auf wenige multifunktionell verwendbare Flächentypen ermöglicht wird.

Zur detaillierten Bestimmung des Ideallayouts wurde in der Vergangenheit insbesondere bei der Fabrikplanung mit mathematischen Modellen gearbeitet. In diesen Modellen wurde die Komplexität der oben dargestellten Ziele der innerbetrieblichen Standortplanung erheblich reduziert. Ebenso werden die Interdependenzen mit anderen Teilplänen des Unternehmens nicht mehr berücksichtigt. Der Planer kann deshalb das Planungsmodell nur als Entscheidungshilfe

---

[1] Vgl. Cotts, D. G. u. Lee, M., 1992, S. 83.

[2] Vgl. Brown, R. K. et al., 1992, S. 181 ff.

[3] Vgl. Cotts, D. G. u. Lee, M., 1992, S. 82.

[4] Vgl. zur Definition der Hauptnutzfläche: DIN 277 Teil 1 sowie im Zusammenhang: Falk, B., 1991, Abschn. 12.3, S. 3.

im weiteren Sinne verstehen und muss sich bei der Festlegung des endgültigen Reallayouts auf seinen persönlichen Sachverstand verlassen.[1] Auch die Lösung der recht komplexen Modelle machte in der Vergangenheit Schwierigkeiten. Da sich exakte Lösungsverfahren als wenig praxisnah herausgestellt haben, sind zur Lösung innerbetrieblicher Standortprobleme vor allem heuristische Verfahren entwickelt worden, deren Leistungsfähigkeit hinsichtlich des Modellumfangs begrenzt ist. Wird bei der Modellierung schließlich die unrealistische Prämisse sicherer Daten aufgehoben, rechtfertigt eine praktisch verwertbare Modellierung die Qualitätsverbesserung gegenüber herkömmlichen Verfahren nicht. „Aus all diesen Gründen erscheint auch die Ermittlung einer optimalen Layout-Alternative kaum als ein wünschenswertes Ziel des Planungsprozesses."[2] Deshalb kann an dieser Stelle auf Optimierungsmodelle zur Entwicklung eines Ideallayouts verzichtet werden.[3]

WÄSCHER empfiehlt statt der geschlossenen formalen Problemformulierung einen interaktiven Multikriteria-Ansatz.[4] Dieser unterscheidet sich zum einen im Planungsablauf von dem bislang dargestellten Verfahren als auch hinsichtlich der Bewältigung der einzelnen Teilaufgaben durch die Planungsträger. Der Planungsablauf beginnt mit der Formulierung von möglichen Layout-Alternativen, die auf der Grundlage von Erfahrungen, mathematischer Optimierung von Teilproblemen und der Setzung von Mindestanforderungen hinsichtlich der wichtigsten Ziele sowie der Restriktionen erarbeitet werden. In einem zweiten Schritt werden Entscheidungskriterien entwickelt und in eine kardinale Reihenfolge gebracht. Anschließend werden Skalen für die Entscheidungskriterien festgelegt und schließlich Funktionen für die Bewertung von Alternativen anhand der jeweiligen Kriterien. Dieser dem Wesen nach der Nutzwertanalyse[5] folgende Planungsprozess wird durch eine Reihe von Abstimmungsprozessen zwischen Planern und Entscheidungsträgern so weit verfeinert, bis am Ende ein für gut befundenes Layout entstanden ist, welches vom Immobilienmanagement zu realisieren ist.

Dieses vom Grundsatz her sehr geeignete Verfahren der Flächenplanung findet seine Grenzen immer dann, wenn der Planungsgegenstand einer hohen Dynamik unterliegt. Wächst beispielsweise eine Abteilung innerhalb eines Jahres um 30 % von 20 auf 26 Mitglieder an, so erhöhten sich die bilateralen Kommunikationsbeziehungen überproportional um 69 %. Das ursprüngliche auf Basis der Kommunikationsbeziehungen geplante Ideallayout ist damit hinfällig und muss überplant werden.[6]

Insgesamt wird deutlich, dass Ziele und Determinanten der innerbetrieblichen Standortplanung mehr Berührungspunkte mit der Planung der Geschäftsprozesse

[1] Vgl. Wäscher, G., 1982, S. 93 ff. sowie S. 233 ff.
[2] Wäscher, G., 1982, S. 235.
[3] Vgl. zu einem Überblick: Francis, R. L. u. White, I. A., 1974; Domschke, W., 1975; Wäscher, G., 1982, S. 8; Lüder, K, 1990.
[4] Vgl. Wäscher, G., 1982, S. 245 ff.
[5] Siehe zur Anwendung der Nutzwertanalyse bei der Standortplanung: Lüder, K., 1990.
[6] Vgl. Cotts, D. G. u. Lee, M., 1992, S. 83.

als mit dem Immobilienmanagement haben. Das Immobilienmanagement ist an den Abstimmungsprozessen an folgenden Stellen beteiligt:

- Formulierung von Layout-Alternativen aufgrund der bestehenden immobilienwirtschaftliche Erfahrungen zur Leistungsfähigkeit der Immobilienalternativen und deren marktlicher und rechtlicher Realisierbarkeit.
- Bereitstellung von immobilienspezifischen sozialen und leistungswirtschaftlichen Informationen sowie Kosten- und im Falle von Handelsimmobilien Erlösinformationen der Alternativen.
- Bewertung der einzelnen Alternativen.

Angesichts der maßgeblichen Beteiligung der Nutzer und der vergleichsweise geringen Beteiligung des Immobilienmanagements, welches sich weitgehend auf die unterstützende Funktion des Informationslieferanten beschränkt, stellt sich die Frage, wer der Träger der innerbetrieblichen Standortplanung sein sollte oder wie gegebenenfalls der Planungsprozess zu zerlegen ist. Grundsätzlich sind Aufteilungen nach Detaillierungsgraden der Planung oder nach fachlichen Kompetenzen denkbar. Da der Planungsprozess der Flächenplanung auch durch die übergeordneten und strategischen Komponenten beeinflusst wird, erfolgt die Beantwortung dieser Fragestellung im nächsten Abschnitt, in dem ein geschlossenes Planungsprogramm entwickelt wird.

6.2.4 Programm zur Planung des Flächenbestands

6.2.4.1 Planungsprozess

Als Unternehmen zu Beginn der industriellen Revolution ihre Fabriken planten, war die Planung des Flächenbestands vergleichsweise sehr einfach. Mit Hilfe der innerbetrieblichen Standortplanung wurde nach technischen Vorgaben mit dem Ziel der Minimierung von Transportwegen unter Beachtung von Budgetrestriktionen das Layout der Fabrik- und Lagerflächen geplant. Mit zunehmender Wettbewerbsintensität, steigender Komplexität der Leistungserstellungsprozesse, wachsender Regulierungsdichte und aufgrund des technischen Fortschritts steigt die Komplexität der betrieblichen Flächenplanung an. Die Abbildung 6.7 fasst die oben bereits detailliert diskutierten Bestandteile der Flächenplanung noch einmal zusammen und verdeutlicht die Zusammenhänge in Form eines Planungsprozesses.

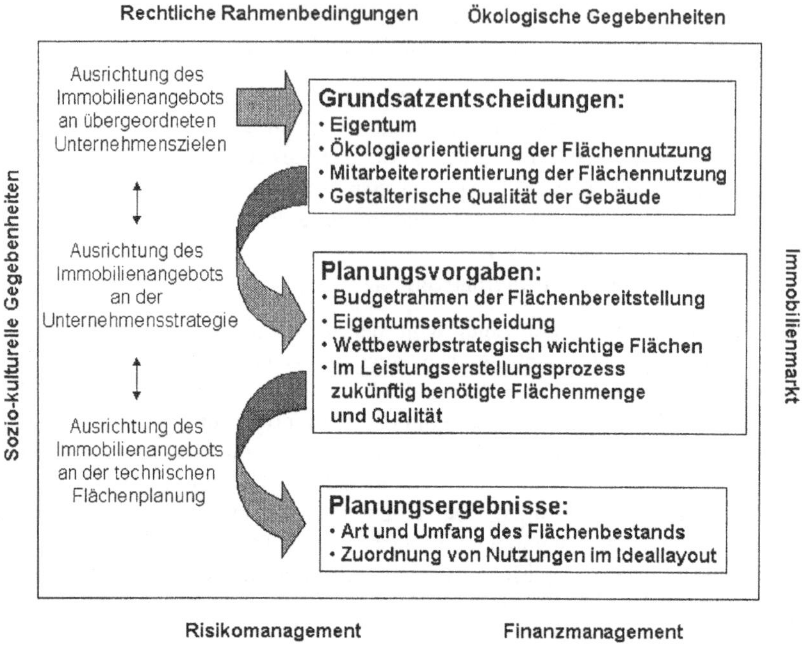

Abb. 6.7. Prozess der Flächenplanung. Quelle: Eigene Darstellung.

Die hierarchische Planung des Immobilienangebots wird auf allen Planungsebenen durch sozio-kulturelle, rechtliche, ökologische und immobilienmarktliche Gegebenheiten in der Unternehmensumwelt eingeschränkt. Im Unternehmen selbst sind die Vorgaben des Risikomanagements sowie des Finanzmanagements zu beachten. Zur Planung des Flächenbestands werden zunächst aus den übergeordneten Unternehmenszielen Grundsatzentscheidungen zur Bereitstellung abgeleitet. Diese Grundssatzentscheidungen betreffen zunächst die Frage, ob das Unternehmen grundsätzlich an allen betrieblich genutzten Immobilien auch das Eigentum erwerben möchte oder ob hier auch Miete oder Leasing in Betracht kommen. Ferner beinhalten die übergeordneten Unternehmensziele Vorgaben hinsichtlich der Interessenorientierung der Unternehmensführung. Eine starke Orientierung beispielsweise am Mitarbeiterinteresse oder am ökologisch ausgerichteten öffentlichen Interesse muss bei der Erstellung des Immobilienangebots durch eine adäquate Budgetgestaltung und technische Immobilienplanung entsprechende Berücksichtigung finden. Schließlich leiten sich aus dieser Zielebene gestalterische Vorgaben aus dem Corporate Design ab. Insgesamt betreffen die Grundsatzentscheidungen nur annähernde, ausschließlich qualitative Kategorien betreffende Rahmenbedingungen für die weitere Planung. In einem nächsten Schritt werden unter Berücksichtigung dieser Rahmenbedingungen aus der Unternehmensstrategie konkretere Vorgaben für die Immobilienplanung abgeleitet. Diese Vorgaben spiegeln vor allem die Bedeutung der Immobilien für das Unternehmen wieder. Konkret leitet sich aus der Unternehmensstrategie der Budgetrahmen für die Immobilien ab. Die

Unternehmensstrategie bestimmt die strategische Bedeutung der immobiliaren Ressourcen. Es können aufgrund der strategischen Bedeutung die Grundsatzentscheidungen zum Eigentum von Immobilien ergänzt, konkretisiert oder in Frage gestellt werden. Die Infragestellung von immobilienbezogenen Grundsatzentscheidungen durch strategische Überlegungen kann folgende Ursachen haben:

1. Muss ein Unternehmen eine feindliche Übernahme abwehren, so kann die Unabhängigkeit des Unternehmens möglicherweise nur durch einen Verkauf von Immobilien gewährleistet werden, obwohl dies einer ursprünglich getroffenen Grundsatzentscheidung zum Eigentum an allen betrieblich genutzten Immobilien widerspricht. In einem solchen Fall müssen aufgrund der strategischen Aspekte die übergeordneten Unternehmensziele einer Revision unterworfen werden.

2. Zeichnet sich ab, dass die Liquidität des Unternehmens nicht ausreicht, um die ökologischen, mitarbeiterorientierten Unternehmensziele zu erreichen, die Grundsatzentscheidungen zum Eigentum aufrecht zu erhalten oder die Vorgaben des Corporate Design durch aufwendige Immobiliengestaltung zu erfüllen, ist ebenfalls eine Revision erforderlich.

3. Schließlich ist eine Revision übergeordneter Unternehmensziele immer dann erforderlich, wenn diese den Spielraum für die Unterstützung von Unternehmensstrategien durch Immobilien in anderer existenzbedrohender Weise einengen.

Letztendlich leiten sich aus der Unternehmensstrategie konkretere Vorstellungen über zukünftig benötigte Flächenmengen und -qualitäten ab, die in der technischen Flächenplanung derart zu konkretisieren sind, dass sie durch geeignete Bereitstellungsformen realisiert werden können.

Im Rahmen der technischen Flächenplanung kann sich sehr wohl herausstellen, dass die strategischen Vorgaben an Flächenmengen oder -qualitäten oder die Zuordnung von Nutzer auf Teilflächen nicht zu erfüllen sind, weil sie zu inkonsistenten Anforderungen an Flächenlayouts führen oder technisch nicht zu erfüllen sind. In diesem Fall ist eine Revision der Unternehmensplanung erforderlich.

6.2.4.2 Organisation der Flächenplanung

Nachdem das grundsätzliche Vorgehen zur Planung des Immobilienangebots geklärt ist, stellt sich die Frage, wer die jeweiligen Stufen des Planungsprozesses verantwortet und durchführt. Wie wir gesehen haben, wachsen die Probleme der Flächenplanung naturgemäß mit der Fristigkeit des Planungshorizonts und der Dynamik der Umweltbedingungen. Wegen der geringen Veränderungen ist die Bedienung des Flächenbedarfs aufgrund übergeordneter Unternehmensziele weniger problematisch als vielmehr des strategisch bedingten Flächenbedarfs und noch stärker die Planung des technischen Flächenbedarfs, das Facility Planning. Aufgrund der organisatorischen Nähe zu den Trägern der strategischen Unternehmensplanung erfolgt die Immobilienplanung auf den obersten zwei Ebenen zentral. Wie dieser Abschnitt gezeigt hat, steht das Facility Planning einerseits in engem Zusammenhang mit den strategischen Planungsprozessen und andererseits mit den operativen Planungen der Nutzer im Tagesgeschäft. Aus funktionaler Sicht ist potentiell jeder Bereich und aus hierarchischer Sicht jede Stufe in den Prozess des Facilities Planning involviert.[1] In Zusammenhang mit der oben gestellten Frage nach der Planungshoheit der innerbetrieblichen Standortplanung ist somit auch darüber nachzudenken, wie zentrale und dezentrale Aspekte des Facilities Planning in ein Gesamtsystem zu integrieren sind. Je nach Bedeutungsgewicht der strategischen sowie der operativen Aspekte der Flächenplanung entspannt sich ein Kontinuum an Organisationsmodellen, welches am operativen Ende den einzelnen Abteilungen ihre Flächenplanung in einem definierten Rahmen weitgehend selbst überlässt und am anderen Ende durch eine zentrale Flächenplanung unter Berücksichtigung von Nutzerwünschen begrenzt ist (siehe Abbildung 6.8). In der Praxis wird von hybriden Modellen Gebrauch gemacht, die den Nutzern im Rahmen von zentralen Vorgaben der Flächenplanung mehr oder weniger Autonomie einräumen. Ein weiteres Kriterium bei der Organisation des Planungsprozesses ist die Abstimmung mit der im Teil D ausführlich diskutierten Organisation der Immobilienverantwortung. Um die Akzeptanz der Planungsergebnisse bei den Nutzern zu gewährleisten, ist eine Koordination zwischen Flächenplanung und der Entscheidungsgewalt über tatsächlicher Flächeninanspruchnahme durch die Nutzer sowie der Ergebnisverantwortung der Flächeninanspruchnahme erforderlich. Liegen Entscheidungsgewalt oder Ergebnisverantwortung bei den Nutzern, ist es wenig zweckmäßig, die Flächenplanung von oben weitgehend vorzugeben und vice versa.

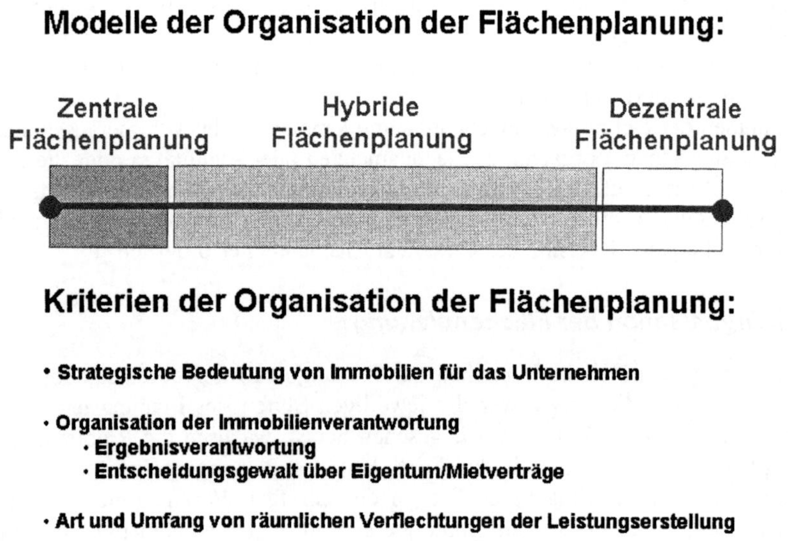

Abb. 6.8. Organisation der Flächenplanung. Quelle: Eigene Darstellung.

[1] Vgl. Brown, R. K. et al., 1992, S. 167.

Letztendlich wird der Zentralisierungsgrad der Planung von den räumlichen Verflechtungen der Leistungserstellung beeinflusst. Mit zunehmendem Koordinationsbedarf wachsen Bedeutung und Umfang der zentralen Planung.

7 Formen der Bereitstellung von Immobilien

Die Immobilienmärkte eröffnen eine Vielzahl an Möglichkeiten der Bereitstellung von betrieblichen Immobilien. Um eine Entscheidung über die anforderungsgerechte Bereitstellungsvariante treffen zu können, ist zunächst ein systematischer Überblick über die Formen der Bereitstellung von Immobilien erforderlich. Dazu gilt es in besonderem Maße, die rechtlichen Aspekte der Bereitstellung betrieblich genutzter Immobilien zu erfassen, um auf deren betriebswirtschaftliche Konsequenzen schließen zu können. Analysiert man die Entscheidung über die Bereitstellung betrieblich genutzter Immobilien genauer, so lässt sich diese in drei Teilentscheidungen zerlegen, die sich allerdings erheblich gegenseitig beeinflussen. Der Entscheidungsträger hat folgende drei Fragen zu beantworten, die Gegenstand dieses Kapitels sind:

1. Wird die Immobilie gekauft, gemietet oder geleast?
2. Ist die Immobilie bereits fertig gestellt, handelt es sich um einen Neubau oder ein in erheblichem Umfang zu modernisierendes Objekt, an dessen Ausgestaltung noch mitgewirkt werden kann?
3. Welchen Einfluss nimmt der Erwerb auf die Finanzwirtschaft des Unternehmens und welche Konsequenzen ergeben sich daraus für die Immobilienfinanzierung?

In diesem Kapitel werden diese drei Teilaspekte der Immobilienbereitstellung ausführlich analysiert, bevor im nächsten Kapitel das Entscheidungsproblem der Immobilienbereitstellung als Ganzes betrachtet wird.

7.1 Varianten hinsichtlich Eigentum und Besitz

Im allgemeinen Sprachgebrauch wird meist nicht zwischen Eigentum und Besitz unterschieden. Es handelt sich jedoch um unterschiedliche Rechtsinstitute: „Eigentum ist das dingliche Vollrecht an einer Sache. ... Besitz die tatsächliche Herrschaft hierüber.“[1] Die Eigentumsentscheidung beinhaltet die Wahl zwischen unterschiedlichen rechtlichen und einzelvertraglich festgelegten Konstellationen von Eigentum und Besitz. Entsprechend lassen sich nach dem Sachenrecht des Bürgerlichen Gesetzbuches zunächst Kauf (§§ 433 ff. BGB) und Miete (§§ 535 ff. BGB) voneinander unterscheiden. Unter Einbezug von Regelungen des Steuerrechts er-

[1] Debes, H. u. Lindner-Figura, J., 1996, S. 37.

weitert sich das Spektrum der Optionen in der Eigentumsentscheidung um Leasingkonstruktionen. Betrachtet man die Eigentumsentscheidung aus empirischer Sicht, so stellt man eine große Diskrepanz des Eigentums an Immobilien bei Unternehmen in Deutschland und den USA fest. Während nach Schätzungen von Experten in den USA nur 35 % der Immobilien im Besitz der Unternehmen sind, so beträgt der Anteil in Deutschland 50 %. Diese Diskrepanz wirft die Frage auf, auf welche Ursachen die unterschiedlichen Entscheidungen zurückzuführen sind. In diesem Abschnitt sind die einzelnen Varianten von Eigentum und Besitz zunächst näher zu charakterisieren, bevor die Unterschiede in einem Vergleich herausgearbeitet werden.

7.1.1 Kauf

Der rechtsmäßige Kauf eines Grundstücks verschafft dem Unternehmen das Eigentum daran mit allen zugehörigen Rechten und Pflichten. Im Sinne der hier behandelten Problemstellung wird allgemein angenommen, dass der Kauf der Immobilie primär dem Zweck der eigenen Nutzung als betriebliche Ressource dient. Das Unternehmen übt dann gleichzeitig Eigentums- und Besitzrechte über die Immobilie aus. Um beurteilen zu können, welche ökonomischen Konsequenzen mit der Bereitstellungsoption des Kaufs einer Immobilie im Falle der Eigennutzung verbunden sind, müssen zunächst die eingegangenen Rechte und Pflichten aus juristischer Perspektive betrachtet werden.

Rechtlich existieren zwei sich ergänzende Eigentumsbegriffe, der des Grundgesetzes und der des Handelsgesetzbuches. Seine Wurzel hat der Eigentumsbegriff des Grundgesetzes im Art. 14, der den Bestand von konkreten vermögenswerten Rechten in der Hand eines Individuums als ein Grundrecht sichert. Der Gesetzgeber hat den Auftrag, zwischen der Eigentumsgewährleistung gem. Art 14 Abs. 1 Satz 2 GG und der sozialen Verpflichtung des Eigentums gem. Art 14 Abs. 2 GG ein gerechtes Verhältnis zu schaffen. Als quasi letztes Mittel der sozialen Verpflichtung wird im Art. 14 Abs. 3 Satz 1 GG auch das Recht der Enteignung zum Wohle der Allgemeinheit festgeschrieben. Zur Sicherstellung der Eigentumswertgarantie gem. Art 14 Abs. 3 GG ist dem Enteigneten eine angemessene Entschädigung zu leisten.[1]

Der Eigentumsbegriff des bürgerlichen Rechts ist abzuleiten aus dem § 903 BGB. Der bürgerlich-rechtliche Eigentumsbegriff gewährt dem Eigentümer demzufolge ein umfassendes Herrschaftsrecht über eine Sache, das ihm einerseits erlaubt, in beliebiger Weise mit der Sache zu verfahren, und andererseits das Recht gibt, Dritte von jeder Einwirkung auf die Sache auszuschließen. Aufgrund der grundrechtlichen sozialen Verpflichtung unterliegt das Eigentum umfangreich geregelten Schranken, die in Bezug auf Grundstücke bürgerlich-rechtlich insbesondere im Nachbarrecht geregelt sind. Weitere maßgebliche Beschränkungen des Eigentums an Grundstücken ergeben sich aus der Delikts- und Gefährdungshaftung, dem Recht der Zwangsvollstreckung sowie Zwangsversteigerung und

---

[1] Vgl. Debes, H. u. Lindner-Figura, J., 1996, S. 40 ff.

Zwangsverwaltung, den öffentlich-rechtlichen Vorschriften[1] des Baurechts, Bauplanungs- und Raumordnungsrechts, des Natur-, Denkmal- und Umweltschutzrechts sowie des Verkehrsrechts.[2] Insbesondere durch die Regelung der zivil- und strafrechtlichen Verantwortung für die Beseitigung der auf einem Grundstück befindlichen Altlasten in Teilen des Umweltschutzrechts, wie dem Wasserhaushaltsgesetz, dem Umwelthaftungsgesetz und dem Bundesimmissionsschutzgesetz, geht der Käufer eines Grundstücks unter gegebenen Umständen erhebliche Verpflichtungen ein.[3] Wird ein bebautes Grundstück erworben, so hat der Käufer die gem. § 2 b Abs. 1 Ziffer 4 Urheberrechtsgesetz geschützten Urheberrechte des Architekten zu wahren. Spätere Änderungen, z. B. aufgrund veränderter Nutzungsbedingungen können, dann an der versagten Änderungsbefugnis des Architekten scheitern, wenn dieser Schadensersatz geltend macht oder per einstweiliger Verfügung eine Änderung untersagt.[4]

Durch den Eigentumswechsel geht der neue Eigentümer steuerrechtliche Verpflichtungen ein. Bei Abschluss des schuldrechtlichen Vertrags wird gem. § 1 Grunderwerbsteuergesetz (GrEStG) eine Grunderwerbsteuer (GrESt) fällig.[5] Die GrESt besteuert als indirekte Steuer den Umsatz von Grundstücken nach einem proportionalen Tarif. Die Bemessungsgrundlage ist laut §§ 8 – 10 GrEStG der Wert der Gegenleistung. Der Steuersatz beträgt gegenwärtig 3,5 %.[6] Hinzu kommen die Gebühren für die Arbeit des Notars und des Grundbuchamts. Kommt der Kaufvertrag durch Vermittlung eines Maklers zustande, hat dieser gem. §§ 652 ff. BGB Anspruch auf Zahlung einer Provision, die in der Regel vom Käufer zu leisten ist. Die Höhe ist frei verhandelbar. Sie liegt bei Gewerbeimmobilien in der Größenordnung von 5 %.[7] Durchschnittlich belaufen sich die Ausgaben für den Erwerbsvorgang auf 10 % des Kaufpreises.

Der Kauf von Immobilien hat erhebliche steuerliche Konsequenzen für das Unternehmen, die auf die Eigentumsentscheidung unter Kostengesichtspunkten maßgeblichen Einfluss nehmen können und deshalb hier näher zu erläutern sind. Neben der zu entrichtenden Grunderwerbsteuer setzt sich die Zahllast zusammen aus der Grundsteuer (GrSt), der Körperschaftssteuer (KöSt) sowie der Gewerbesteuer (GewSt). Die GrSt besteuert als Realsteuer (Objektsteuer) den Grundbesitz nach einem proportionalen Tarif. Steuergläubiger sind die Kommunen. Entsprechend unterscheiden sich die Hebesätze regional erheblich. Die Bemessungsgrundlage ist gem. § 13 GrStG der Einheitswert.

Im Folgenden wird davon ausgegangen, dass die Immobilie nicht dem Zweck der Einkommenserzielung durch Vermietung und Verpachtung nach § 21 EStG dient, sondern Einkünften aus Gewerbebetrieb (§15 EStG). Als solches vermin-

---

[1] Vgl. zu den öffentlich-rechtlichen Vorschriften: Usinger, W. (Hrsg.), 1996, insb. Teil VII.

[2] Vgl. Debes, H. u. Lindner-Figura, J., 1996, S. 38 ff.

[3] Vgl. Schlemminger, H., 1996, S. 582 ff.; Usinger, W., 1996, S. 327 ff.

[4] Vgl. Minuth, K., 1996, S. 464 f.; Flehinghaus, W., 1998, S. 475.

[5] Vgl. zur Bemessungsgrundlage: Benkert, M., Haritz, D., Menner, S. und Schneider, J., 1996, S. 1102 ff.

[6] Vgl. Benkert M., Haritz, D., Menner, S. und Schneider, J., 1996, S. 1090 ff.

[7] Vgl. zu Provisionsansprüchen, -vereinbarungen und deren Wirksamkeit: Hacker, S., 1996.

dern die durch sie verursachten Betriebsausgaben den Gewinn. Neben den bei jeder Immobiliennutzung anfallenden laufenden Betriebskosten haben zwei Ausgabenpositionen maßgebliche Bedeutung beim Wirtschaftlichkeitsvergleich der Bereitstellungsalternativen. Dies sind die Aufwendungen für das Fremdkapital und die Abschreibungen. Bei bebauten Grundstücken sind nur die Gebäude und die darin befindlichen beweglichen Wirtschaftsgüter abschreibungsfähig. Der Begriff des Gebäudes ist im ertragsteuerlichen Bewertungsrecht in R 42 Abs. 5 EStR geregelt. Demnach ist ein Gebäude ein Bauwerk, das Menschen oder Sachen durch räumliche Umschließung Schutz gegen äußere Einflüsse gewährt, den Aufenthalt von Menschen gestattet, mit dem Grund und Boden fest verbunden sowie darüber hinaus standfest und von einiger Beständigkeit ist. Alle Gegenstände, die in einem Nutzungs- und Funktionszusammenhang mit dem Gebäude stehen, sind nur gemeinsam mit dem Gebäude abzuschreiben.[1] Die Höhe der Abschreibungen richtet sich nach § 7 EStG. Für Gebäude im Betriebsvermögen,

- deren Bauantrag nach dem 31.03.1985 gestellt worden ist, beträgt die Absetzung für Abnutzung gem. §7 Abs. 4 EStG jährlich linear 3 %.
- die nach dem 31.12.1924 fertig gestellt worden sind, jährlich linear 2 %.
- die vor dem 01.01.1925 fertiggestellt worden sind, jährlich linear 2,5 %.

Ferner gelten für Gebäude, deren Bauantrag bis zum 01.01.1985 gestellt worden ist, Wahlrechte auf diverse degressive Abschreibungsverfahren. Eine Anwendung der degressiven AfA ist im Falle eines späteren Erwerbs nur in dem äußerst unwahrscheinlichen Fall möglich, wenn die Vorbesitzer die Immobilie bislang linear abgeschrieben haben. Neben der AfA sind gegebenenfalls Absetzungen wegen außergewöhnlicher technischer und wirtschaftlicher Abnutzung (§ 7 Abs. 1 Satz 5 und Abs. 4 Satz 3 EStG) möglich. Voraussetzung erhöhter Absetzungen ist, dass es zu einer zusätzlichen, zum Zeitpunkt der Festsetzung nicht voraussehbaren und zu einer nicht unbedeutenden Wertminderung gekommen ist. Steuerlich ist zudem eine Abschreibung auf den niedrigeren Teilwert dann zulässig, wenn dieser unter dem Buchwert liegt (§ 6 Abs. 1 Nr. 1 EStG). Schließlich können gem. § 7 a Abs. 4 EStG zusätzlich Sonderabschreibungen vorgenommen werden. Beispiele für Sonderabschreibungen sind Sonderabschreibungen nach dem Fördergebietsgesetz.[2]

Gemäß § 2 GewStG unterliegt jeder Gewerbebetrieb, der im Inland betrieben wird, der Gewerbeertragssteuer. [3]

---

[1] Vgl. Benkert M., Haritz, D., Menner, S. und Schneider, J., 1996. S. 1073.

[2] Vgl. Haarmann, W. u. Busch, B., 1998, S. 393 ff.

[3] Vgl. Gabele, E., Dannenberg, J. u. Kroll, M., 1995, S. 123 ff.

Gewinn aus Gewerbebetrieb (nach sonstigen Hinzurechnungen, Kürzungen und Freibetrag)
+ 50 % der Dauerschuldzinsen
- 1,2 % des Einheitswerts des Grundstücks (zzgl. 40 % gem. §121 a BewG)
* Steuermesszahl (i. d. R. 5 %)
= Steuermessbetrag nach dem Gewerbeertrag
* Hebesatz
= Gewerbesteuer

Ausgangswert für die Bemessungsgrundlage der Gewerbesteuer ist der Gewinn aus Gewerbebetrieb. Die Bemessungsgrundlage wird um 50 % der Dauerschuldzinsen erhöht und um 1,2 % des Einheitswerts des Grundstücks gekürzt (§ 9 Nr. 1 Satz 1 GeSwtG). Im Falle der ausschließlichen Verwaltung eigenen Vermögens kann nach § 9 Nr. 1 Satz 2 GewStG auch von der vollständigen Kürzung des durch Immobilien erzielten Gewerbeertrags Gebrauch gemacht werden (erweiterte Kürzung).

Die Darstellung der rechtlichen Situation macht deutlich, dass der Käufer mit dem Erwerb eines Grundstücks erhebliche Risiken eingeht. Die Vorbereitung eines Kaufvertrags durch den Käufer bedarf deshalb der umfassenden Aufklärung der Rechte an einem Grundstück und der eingegangenen Pflichten. Wie die Ausführungen gezeigt haben, ist der Kauf eines Grundstücks mit nicht unerheblichen innerbetrieblichen Prüfungen und externen Verwaltungsakten verbunden, welche sehr zeitintensiv sind. Die Bereitstellungsdauer im Fall des Kaufes dürfte selten unter einem halben Jahr, in der Regel erheblich länger sein.

7.1.2 Miete

Die rechtlichen Grundlagen für den Mietvertrag bilden das BGB sowie die allgemeinen Grenzen des Arglistverbots, der Sittenwidrigkeit sowie Treu und Glauben. Sofern es sich um einen Formularvertrag handelt, werden diese Vorschriften um die des Gesetzes über Allgemeine Geschäftsbedingungen ergänzt. Im Falle von Mietverträgen über Geschäfts- oder Gewerberaum herrscht im Gegensatz zu Wohnraummietverträgen weitgehende Vertragsfreiheit. Ist einzelvertraglich nichts anderes vereinbart, so sind die grundlegenden Vorschriften der §§ 535 – 580 BGB recht mieterfreundlich. Diese aus Sicht des Nutzers eigentlich willkommene Position wird in den in der Praxis geschlossenen Mietverträgen allerdings zu Gunsten des Vermieters in der Regel verändert.[1] Der Inhalt des eigentlichen Mietvertrags umfasst neben den Regelungen zu den Vertragsparteien und Terminen folgende aus Sicht des Mieters maßgebliche Punkte:[2]

- **Hauptpflicht des Vermieters: Gebrauchsüberlassung und Gebrauchsgewährung**
  Der Vermieter ist nach dem in § 536 BGB fixierten gesetzlichen Leitbild verpflichtet, dem Mieter die Mietsache zum vertraglich fixierten Termin in einem gebrauchsgemäßen Zustand zu überlassen und während der Mietzeit auch in diesem Zustand zu erhalten. Die Verantwortung für sämtliche Versorgungs- und Entsorgungsleitungen liegt damit ebenso vollständig beim Vermieter, wie von diesem auch erwartet wird, für einen Konkurrenzschutz im selben Haus sowie in seinem angrenzenden Eigentum zu sorgen. Auch obliegt ihm nach den bürgerlich-rechtlichen Vorstellungen die volle Verantwortung für die Abnutzung der Mietsache durch sachgemäßen Gebrauch. Hier setzen in der Regel vertragliche Einzelabreden an, die insbesondere Schönheitsreparaturen auf den Mieter abwälzt. Für eine vollständige Abwälzung der Instandhaltung, wie sie in anglo-amerikanischen Mietverträgen übliche Praxis ist, fehlt in Deutschland die rechtliche Grundlage.[3] Es zeichnen sich bezüglich Formularmietverträgen in der laufenden Rechtsprechung zwei Grundsätze ab:[4]

  1. Es gilt das Verursacherprinzip. Demnach können dem Mieter nur Reparaturen angelastet werden, die seinem Mietgebrauch anzulasten sind.
  2. Es gilt der Grundsatz der Überschaubarkeit des Risikos. Demnach können dem Mieter nur schuldhaft durch ihn, seine Besucher sowie von ihm Beauftragte am Mietobjekt oder an den Gemeinschaftsflächen verursachte Schäden angelastet werden.

     Alle Schäden, die nicht der Mieter zu vertreten hat, insbesondere Feuchtigkeit und Lärm, muss der Vermieter bei Abschluss von Formularverträgen auf eigene Rechnung beseitigen.

- **Hauptpflicht des Mieters: Zahlung von Mietzins und sofern vereinbart Nebenkosten sowie nutzungszweckbestimmter Gebrauch**
  Die Höhe des Mietzinses bemisst sich in der Regel als zeitraumbezogener Festbetrag. Bei Handelsflächen ist vielfach ein umsatzabhängiger Mietzins gebräuchlich, der zumindest einen Teil der zu zahlenden Miete variabel an die Umsätze des Mieters auf der gemieteten Fläche koppelt. Bei längerfristigen Mietverträgen sind Mietanpassungen in Form von Staffelmieten, Wertsicherungsklauseln, Leistungsvorbehaltsklauseln und Spannungsklauseln üblich.

---

[1] Vgl. Flehinghaus, W., 1998, S. 479 ff.

[2] Vgl. Weber, K. - H., 1992, S. 678 ff. Im Falle unterschiedlicher Rechtsgrundlagen bedarf es abweichender Bestandteile und Regelungen. Siehe z. B. zu Vertragsbestandteilen nach amerikanischem Recht: Brown, R. K et al., 1992, S. 285 ff.

[3] Vgl. zur Begründung und den Rechtsfolgen: Usinger, W., 1996, S. 355 f.

[4] Vgl. Flehinghaus, W., 1998, S. 486 f.

Wertsicherungsklauseln knüpfen die Miete an die Entwicklung des Lebenshaltungskostenindexes.

Die Übernahme der Nebenkosten durch den Mieter ist im bürgerlichrechtlichen Leitbild nicht vorgesehen. Sie wird in der Regel einzelvertraglich vereinbart. Dabei gilt der Enumerationsgrundsatz, nach dem der Mieter nur die im Vertrag genannten Nebenkosten übernehmen muss. Dem Mieter obliegt die Verpflichtung, die Immobilie nur dem im Mietvertrag vereinbarten Nutzungszweck entsprechend zu gebrauchen. Für den Mieter knüpft sich an diese Verpflichtung die Gewährleistungspflicht des Vermieters, die Immobilie in einem gebrauchsgemäßen Zustand zu erhalten.[1]

Zu den Hauptpflichten der Vertragsparteien können in Mietverträgen, je nach Interessenlage und Verhandlungsposition beider Parteien, Nebenpflichten vertraglich vereinbart werden.[2] Eine aus Sicht des Mieters vergleichsweise starke Nebenpflicht ist die Betriebspflicht der Immobilie, die auch dann besteht, wenn die wirtschaftliche Situation eigentlich die Stilllegung des Betriebs erfordert. Von erheblicher Bedeutung kann ferner der vertraglich fixierte Ausschluss des Konkurrenzschutzes für den Mieter sein.[3]

Das Mietvertragsverhältnis endet bei befristeten Verträgen nach Zeitablauf. Gegebenfalls ist dann entsprechend der Vertragsvereinbarung, zum Beispiel unter Ausübung der o. a. Vorzugsrechte, eine Verlängerung möglich. Unbefristete Verträge, die in der Praxis die Ausnahme darstellen, bedürfen der ordentlichen Kündigung, wobei die gesetzliche Kündigung sechs Monate zum Quartal beträgt. Schließlich können Mietverträge durch Aufhebungsvereinbarungen zwischen den Vertragsparteien beendet werden. Neben diesen ordentlichen Beendigungen des Mietverhältnisses gibt es nach bürgerlichem Recht abdingbare Sonderkündigungsrechte für den Mieter, wenn Untermietverhältnisse durch den Vermieter gem. § 549 BGB ohne wichtigen Grund in der Person des Untermieters verweigert werden oder sich Änderungen des Mietobjekts nach § 541 BGB ergeben. Andererseits entstehen für den Eigentümer Sonderkündigungsrechte gem. § 57 a Zwangsversteigerungsgesetz im Falle des Erwerbs aus der Konkursmasse im Zwangsversteigerungsverfahren oder gem. § 21 Abs. 4 Konkursordnung durch Erwerb vom Konkursverwalter.[4]

Losgelöst vom Mietvertrag sind in der Praxis eine Reihe von Nebenabreden üblich, die den Vertragsparteien zusätzliche Anreize zur Einwilligung in das Mietverhältnis geben sollen. Sie sind insbesondere in Zeiten von Angebotsüberhängen auf den Immobilienmärkten von Bedeutung und können die Wirtschaftlichkeit der Bereitstellungsvariante, zum Beispiel durch mietfreie Zeiten oder die Übernahme von Umzugs- und Umbaukosten durch den Vermieter, erheblich verbessern.[5] Wie beim Kaufvertrag können auch durch das Eingehen von Mietverträgen für den Käufer Nebenkosten entstehen. Diese fallen allerdings vergleichsweise gering aus.

---

[1] Vgl. Flehinghaus, W., 1998, S. 487.

[2] Vgl. Weber, K. - H., 1992, S. 690 ff.

[3] Vgl. Flehinghaus, W., 1998, S. 490 f.

[4] Vgl. Flehinghaus, W., 1996, S. 626 f.

[5] Vgl. Schäfers, W., 1997, S. 152 und die dort zitierte Literatur.

Sie beschränken sich in der Regel auf die Maklercourtage, sofern die Immobilie überhaupt durch einen Makler vermittelt worden ist und dessen Kosten nicht vom Vermieter getragen werden.

Die Bereitstellungsform der Miete birgt keine steuerlichen Besonderheiten. Die Zahlungen für Miete und Nebenkosten sind steuerlich in voller Höhe als Aufwand geltend zu machen. Aufgrund der weitgehenden Vertragsfreiheit hängt der Vorteil der Miete im Wesentlichen von der Vertragsgestaltung ab. Grundsätzlich spricht für Miete die schnelle Verfügbarkeit des Mietobjekts sowie die im Vergleich zum Leasing kurzfristigere und flexiblere Vertragsgestaltung. Chancen eines Mietverhältnisses ergeben sich ferner aus der Möglichkeit, Instandhaltungs- und Wartungsarbeiten sowie einzelne Positionen der laufenden Betriebskosten vertraglich auf den Vermieter abzuwälzen. Dementgegen steht das Risiko, den Besitz an der Immobilie aufgrund von unerwarteten Vertragskündigungen z. B. im Falle der Ausübung von Sonderkündigungsrechten aufgeben zu müssen oder im umgekehrten Fall eine eigentlich nicht mehr benötigte Immobilie aufgrund einer Betriebspflicht weiterhin zu belegen. Aus Kostensicht besteht bei entsprechend ungünstiger Vertragsgestaltung das Risiko der unkalkulierten Mietanhebung.

7.1.3 Leasing

Das Immobilienleasing hat sowohl rechtlich als auch in der ökonomischen Beurteilung Ähnlichkeiten mit Miete und auch mit Kauf. Um die Unterschiede zu verdeutlichen ist zunächst eine allgemeine Charakterisierung des Leasings notwendig.[1]

7.1.3.1 Allgemeine Charakterisierung und Grundstruktur

Der Leasingvertrag ist bis heute nicht gesetzlich definiert und geregelt. In Teilbereichen, insbesondere im Bilanz- und Steuerrecht, wird Leasing allerdings ausdrücklich erwähnt.[2] Unter Immobilienleasing wird die mittel- bis langfristige Vermietung von Grundstücken, Gebäuden und deren Zubehör durch Finanzierungsinstitute und andere Unternehmen verstanden, die das Vermietungsgeschäft gewerbsmäßig betreiben.[3] Dem amerikanischen Gebrauch folgend wird auch in der deutschen Literatur zwischen Operate-Leasing und Finanzierungs-Leasing unterschieden. Operate-Leasingverträge unterscheiden sich rechtlich nicht von Mietverträgen im Sinne des BGB. Im Operate-Leasing handelt es sich um die mittel-

[1] Vgl. zur Kennzeichnung des Leasings insbesondere: Krumbholz, S. u. Streitferdt, L., 1975; Tacke, H., R., 1981; Schwarz, S., 1985; Feinen, K., 1986; Fohlmeister, K. J., 1988; Feinen, K., 1991; Gabele, E. u. Kroll, M., 1991; Tacke, H. R., 1999; Will, A., Buhl, H.-U. u. Weinhardt, C., 1993; Borggreve, Carlo H., 1995; Gabele, E., Dannenberg, J. u. Kroll, M., 1995; Gondert, H. - G., Gach, B., Biagosch, P. u. Jacob, U., 1996; Büschgen, H. E. (Hrsg.), 1998.

[2] Vgl. Borggreve, C. H., 1995, S. 612 f.

[3] Vgl. Büschgen, H. E. (Hrsg.), 1998, S. 2 f.

fristige Vermietung von Leasingobjekten. Sie sind unter Einhaltung von Fristen jederzeit kündbar, enthalten keine fest vereinbarte Grundmietzeit und unterscheiden sich in der Beurteilung nicht von dem oben dargestellten Mietfall. Wenn im Folgenden von Leasing gesprochen wird, ist damit ausschließlich das Finanzierungs-Leasing von Immobilien gemeint.[1] Es handelt sich dabei um relativ langfristige Mietverträge mit einer Laufzeit von meist 60 bis 80 % der betriebsgewöhnlichen Nutzungsdauer, wie sie sich aus den AfA-Tabellen ergibt.[2] Der Leasingnehmer kann das Immobilienleasingobjekt für die Dauer der vereinbarten Mietzeit (Grundmietzeit) gegen Zahlung der Leasingrate nutzen. Nach Ablauf der Grundmietzeit gibt er das Leasingobjekt regelmäßig an den Leasinggeber zurück oder übt die vertraglich vereinbarten Optionsrechte in Form der Mietverlängerungsoption oder Kaufoption aus.

Grundsätzlich ordnet der Bundesgerichtshof das Immobilienleasing als Form der Miete mit einzelnen Elementen von Kauf und Darlehen ein, ohne dass den Einzelelementen eine vertragstypbildende Funktion zukommt.[3] Allerdings werden die Pflichten des Vermieters nach § 536 BGB in Leasingverträgen abweichend regelmäßig dem Leasingnehmer auferlegt. Dies gilt insbesondere für die Erhaltung des Gebrauchszustands. Zusätzlich wird in Leasingverträgen regelmäßig der Leasingnehmer zur Weiterzahlung der Leasingrate verpflichtet, wenn ein Mangel auftritt oder eine vertraglich zugesicherte Eigenschaft des Leasingobjekts später wegfällt. Der Leasinggeber tritt die Gewährleistungsansprüche gegen die Errichter der Immobilie an den Leasingnehmer ab. In der Konsequenz hat der Leasingnehmer eine eigentümerähnliche Verantwortung für die Nutzung des Objekts. Die Motivation für diese vertragliche Konstruktion liegt darin begründet, dass der Leasingnehmer Anreize erhält, die Anschlussoption auszuüben oder, sofern er davon keinen Gebrauch macht, das Objekt zumindest in einem guten Gebrauchszustand zurückzugeben, sodass das Risiko der Anschlussvermietung für den Leasinggeber durch einen schlechten Zustand des Objekts nicht unnötig vergrößert wird. Aus Sicht des Leasingnehmers ist dies akzeptabel, da er keine Aufschläge für die Instandhaltung an den Leasinggeber zu entrichten hat. Eine weitere Besonderheit von Leasingverträgen gegenüber Mietverträgen besteht darin, dass der Leasinggeber die Immobilie häufig erst nach Abschluss eines Vertrags entsprechend der Vorstellungen des Leasingnehmers errichtet.[4] Zusammenfassend lässt sich festhalten, dass beim Leasing, im Unterschied zur Miete, der finanz- und bilanztechnische Gestaltungsspielraum eine große funktionale Rolle spielt.[5]

Aus Sicht des Leasingnehmers erfüllt das Immobilienleasing sowohl eine Finanzierungsfunktion, da der Leasinggeber die entgültige Finanzierung der Immobilie sicherstellt, als auch eine Investitionsfunktion, da der Leasinggeber die Investitionsrisiken nur zu einem Teil an den Leasingnehmer abwälzt. In nahezu allen

---

[1] Vgl. zur Unterscheidung von Operate- und Finanzierungs-Leasing: Krumbholz, S. u. Streitferdt, L., 1975, S. 4 ff.

[2] Vgl. Bitz, M., 1997, S. 107.

[3] Vgl. Flehinghaus, W., 1996, S. 606.

[4] Vgl. Feinen, K., 1995, S. 16 ff.

[5] Vgl. Borggreve, C. H., 1995, S. 613.

Vertragskonstruktionen kommt dem Leasing zudem eine mehr oder minder ausgeprägte Dienstleistungsfunktion des Leasings zu. Im Falle des Full-Service-Leasing handelt sich dabei um die in nachfolgend aufgelisteten Teilfunktionen.[1]

1. Leistungen im Zusammenhang mit der Grundstücksbeschaffung
   - Abschluss von Grundstückskauf- und Erbbaurechtsverträgen sowie deren Durchführung gemeinsam mit dem Notar,
   - Überwachung der Notar- und Gerichtsakte,
   - Beschaffung von Genehmigungen und Beseitigung hinderlicher Miet- und Pachtverhältnisse,
   - Kontrolle und Zahlung von Gebühren,
   - etc.

2. Leistungen im Zusammenhang mit der Objekterstellung
   - Schaffung der baurechtlichen Voraussetzungen,
   - Vertragliche Übernahme öffentlich-rechtlicher Bauplanungsaufgaben,
   - komplette Bauplanung,
   - Planung, Durchführung und Kontrolle der Ausschreibungen,
   - Abschließen der Bauverträge,
   - Kalkulation der Bauleistungen,
   - Abnahme und Abrechnung der Bauleistungen,
   - Übergabe des schlüsselfertigen Objekts.

3. Leistungen während der Vertragslaufzeit
   - Regelung aller Versicherungsfragen,
   - Kaufmännische Verwaltung des Mietobjekts,
   - Regelung aller steuerlichen Fragen,
   - Verfolgung von Gewährleistungsansprüchen und Abwehr unberechtigter Ansprüche Dritter im Zusammenhang mit dem Bauvorhaben.

Bei entsprechender Ausgestaltung von zusätzlichen Dienstleistungsverträgen wird insbesondere die ursprünglich dem Leasingnehmer übertragene Verantwortung für die Unterhaltung des Leasingobjekts gegen Zahlung einer entsprechenden Vergütung letztendlich doch vom Leasinggeber übernommen.

Die Erfahrung hat gezeigt, dass die Vorteilhaftigkeit von Leasingverträgen im Wesentlichen aus der im Vergleich zum Kauf günstigeren Steuersituation besteht. Deshalb orientiert sich die Vertragsgestaltung ganz maßgeblich an den steuerrechtlichen Regelungen, die hauptsächlich in den Leasingerlassen von 1971 bis 1991 durch den Bundesfinanzhof (BFH) vorgegeben werden. Der Umfang und die Detaillierung der zu beachtenden Vorschriften erschwert eine komprimierte Darstellung erheblich, sodass darauf hier verzichtet werden soll.[2]

---

[1] Vgl. Hemmer, W. E., 1994; Gabele, E., Dannenberg, J. u. Kroll, M., 1995, S.65 ff.; Hansen, R., 1995; Büschgen, H. E. (Hrsg.), 1998, S. 49 f.

[2] Vgl. zu einer umfassenden Darstellung: Feinen, K., 1991, S. 503 f.; Sobotka, S., 1992; Zahn, H., 1992; Borggreve, C. H., 1995, S. 630 ff.; Gabele, E., Dannenberg, J. u. Kroll,

Zur Ausgestaltung der Grundstruktur eines Immobilienleasingverhältnisses wird grundsätzlich eine Objektgesellschaft als Leasinggeber gegründet, in die das Leasingobjekt eingebracht wird. Die Gründe hierfür liegen in Haftungsaspekten, Verwaltungsvereinfachungen, in bilanzpolitischen Zielen des Leasinggebers und in der steuerlichen Vorteilhaftigkeit. Das primäre Motiv zur Gründung von Objektgesellschaften ist die bei entsprechender Ausgestaltung zu erreichende Gewerbesteuerbefreiung (erweiterte Kürzung gem. § 9 Nr. 1 Satz 2 GewStG), sofern sich die Tätigkeit der Objektgesellschaft auf die Nutzung und Verwaltung von eigenem Grundbesitz beschränkt. Von großer Bedeutung für die zu erzielenden Refinanzierungskostenvorteile ist die Auswahl des Gesellschafterkreises. Hierzu gilt es Folgendes zu beachten:

1. Wirtschaftliche Vorteile entstehen durch die Aufnahme von Gesellschaftern, die sich vergleichsweise mit niedrigeren von der Objektgesellschaft zu zahlenden Kapitalerträgen zufrieden geben. Der Gesellschafter verzichtet dann auf Kapitalerträge, wenn er einen Ausgleich dafür z. B. in Form von Steuervorteilen in Anspruch nehmen kann.[1] Unter der Voraussetzung, dass die Objektgesellschaft selbst als Personengesellschaft nicht steuerfähig ist, wird der Periodenerfolg anteilig auf die Gesellschafter durchgereicht. Sie können die regelmäßig in der Gründungsphase entstehenden Anfangsverluste innerhalb der Grenzen der §§ 15a Abs. 1 Satz 1, 2b EStG zur Verschiebung der Steuerlast nutzen.[2] Die Steuerverschiebungseffekte können dann zusätzlich gesteigert werden, wenn in der Person des Gesellschafters oder des Objekts begründete Sonderabschreibungen vorgenommen werden können.[3] In diesem Fall wird die Leasingkonstruktion mit der eines geschlossenen Immobilienfonds gekoppelt.[4]

2. Durch die Beteiligung von zum Berechtigtenkreis zugehörigen Gesellschaftern können Investitionsfördermaßnahmen zum Beispiel in Form von Investitionszulagen nach den Investitionszulagengesetzen des Bundes oder aus Mitteln der EU in Anspruch genommen werden. In der Regel setzen diese Fördermaßnahmen voraus, dass der Leasingnehmer an der Objektgesellschaft beteiligt wird.[5]

3. Häufig wird der Leasingnehmer auch dann an der Objektgesellschaft beteiligt, wenn der Erhalt von Investitionszulagen keine Rolle spielt. Dies bietet neben den oben erwähnten Steuerverschiebungseffekten folgende weitere Vorteile:[6]

M., 1995, S. 36.; Gondert, H. - G., Gach, B., Biagosch, P. u. Jacob, U., 1996, Bitz, M., 1997, S. 110 ff.

[1] Vgl. Lewellen, W. G., Long, M. u. McConnell, J. J., 1976; Miller, M. u. Upton, C., 1976; Myers, S., Dill, D. u. Bautista, A., 1976; Alvayay, J. R., Rutherford, R. C. u. Smith, W.S., 1995;

[2] Vgl. Beck, H. - J., 2000, S. 392 ff.

[3] Vgl. Gabele, E., Dannenberg, J. u. Kroll, M., 1995, S. 72 ff.

[4] Vgl. Loipfinger, S., Nickl, L. u. Richter, U., 1994.

[5] Vgl. Gabele, E., Dannenberg, J. u. Kroll, M., 1995, S. 74 f.

[6] Vgl. Gabele, E., Dannenberg, J. u. Kroll, M., 1995, S. 73 ff.

- Eine vom Leasingnehmer gebildete Rücklage nach § 6 b EStG, die aufgrund der Aufdeckung von stillen Reserven im Zuge der Veräußerung von Gegenständen des Anlagevermögens gebildet wurde, kann auf die Objektgesellschaft übertragen werden.
- Der Leasingnehmer spart im Falle der Ausübung der Kaufoption sowie im Falle des Verkaufs von Grundstücken oder Objekten an den Leasinggeber zum Zwecke des Lease-back die sonst fällige Grunderwerbsteuer im Verhältnis seiner Anteile an der Gesellschaft.
- Im Falle der Ausübung der Kaufoption kann der Leasingnehmer die Abschreibungsdauer verkürzen, da der Kaufpreis auf die ursprüngliche Restnutzungsdauer verteilt wird. Wäre der Leasingnehmer nicht an der Objektgesellschaft beteiligt, so müsste er die Abschreibungen auf die volle Nutzungsdauer von üblicherweise 25 Jahren verteilen.

Im Falle der Beteiligung des Leasinggebers entfällt die Gewerbesteuerbefreiung der Leasinggesellschaft, da die verwaltende Tätigkeit dann im Zusammenhang mit der Ausübung des Gewerbes durch den Leasingnehmers gesehen wird.

Unter Abwägung der dargestellten Nutzen und der unterschiedlichen Kosten kann eine Entscheidung über den Gesellschafterkreis nur im Einzelfall getroffen werden. Dabei sind aktuelle Veränderungen in öffentlichen Förderprogrammen und der steuerlichen Situation häufig ausschlaggebend. Die im Zuge des Aufbaus Ost gewährten Sondergebietsabschreibungen haben zum Beispiel zu einer starken Zunahme von Immobilienleasingfonds geführt.[1]

7.1.3.2 Zahlungsströme des Leasings

Nachdem bereits eine Reihe an durch Leasingverträge verursachte Zahlungen angesprochen worden sind, ist hier eine vollständige Systematik aller Zahlungswirkungen für den Leasingnehmer zur abschließenden Beurteilung der Vorteilhaftigkeit eines Leasingangebots in einem vollständigen Finanzplan erforderlich.[2] Im Leasingvertrag sind folgende Zahlungen geregelt:

[1] Vgl. Feinen, K., 1992; Gondert, H. - G., Gach, B., Biagosch, P. u. Jacob, U., 1996, S. 651; Schulte, K. - W., Leopoldsberger, G. u. Schaubach, P., 1998, S. 484.

[2] Vgl. Krumbholz, S. u. Streitferdt, L., 1975, S. 18 ff.; Gabele, E., Dannenberg, J. u. Kroll, M., 1995, S. 92 ff. und 117 ff.

Tabelle 7.1. Zahlungen des Leasings

Zahlungsart	Zusammensetzung und Einflussfaktoren der Zahlungshöhe
Zahlung bei Vertragsbeginn	Bestandteile • Veräußerungserlös (Sale-and-lease-back) • Investitionszulage • Einlagen in die Objektgesellschaft Einflussfaktoren • Vertragliche Ausgestaltung
Leasingraten	Bestandteile • Zinsanteil, Tilgungsanteil, wenn vertraglich vereinbart: Schlusszahlung Einflussfaktoren • Vertragsart • Gesamtinvestitionskosten • Grundmietzeit • Refinanzierungszinssatz • Aufschlag für Verwaltungskosten, Gewinn und Risiko • kalkulierter Restwert
Mieterdarlehenszahlungen	Bestandteile und Einflussfaktoren • gem. vertraglicher Vereinbarung.
einmalige Sonderzahlungen	Bestandteile • Erstattung von Konzeptions- und Verwaltungsaufwand des Leasinggebers im Zuge der Bauplanung. Einflussfaktoren • Wird als prozentualer Anteil der Gesamtinvestitionskosten festgelegt • Erhöht sich unterproportional zu den Investitionskosten. • Neuerdings nicht mehr obligatorisch; Höhe unterliegt der Verhandlungsposition der Vertragsparteien.
Mietnebenkosten	Bestandteile • Wartungs-, Instandhaltungs-, Instandsetzungskosten • Versicherungsprämien • Vertragsimmanente Kosten wie Objektprüfungskosten, Finanzierungsnebenkosten (z. B. Schätzkosten), Beurkundungskosten, Kosten der Objektgesellschaft • Steuern (siehe unten) • Entgelt für Dienstleistungen der Leasinggesellschaft Einflussfaktoren • Objektgröße und -qualität • Umfang der Beauftragung von Dienstleistungen • Effizienz der Aufgabenerfüllung durch die Leasinggesellschaft

Tabelle 7.1. (Fortsetzung)

Zahlungsart	Zusammensetzung und Einflussfaktoren der Zahlungshöhe
Vormieten	Bestandteile • Erstattung von Zinszahlungen und Bereitstellungsprovisionen während der Bauphase • Entgelt für Baubetreuungsfunktion während der Bauphase Einflussfaktoren • Neuerdings nicht mehr obligatorisch, anderenfalls Bestandteil der Gesamtinvestitionskosten; Höhe unterliegt der Verhandlungsposition der Vertragsparteien
Zahlungen bei Vertragsende	Bestandteile • ggf. Kaufpreis beziehungsweise Erstattung des Mieterdarlehens • Rückzahlung der Einlagen in die Objektgesellschaft Einflussfaktoren • Vertragliche Ausgestaltung

Quelle: Eigene Darstellung.

Die Leasingrate erscheint auf den ersten Blick im Zeitablauf als konstant. Dies ist nicht so. Je nach Interessenlage des Leasingnehmers kann sie durch entsprechende Ausgestaltung der Tilgungshöhe degressiv, progressiv oder im Zeitablauf linear kalkuliert werden.[1] Ändern sich die Refinanzierungskonditionen des Leasinggebers, was angesichts der langen Laufzeit von Leasingverträgen regelmäßig der Fall ist, so werden die Änderungen in der Höhe der Zinszahlungen entsprechend der Konversionszeitpunkte an den Leasingnehmer weitergegeben. In der Praxis ist eine fristenkongruente Refinanzierung ohne Konversion die Regel. Erwartet die Leasinggesellschaft sinkende Zinsen, vereinbart sie in Abstimmung mit dem Leasingnehmer kürzere Refinanzierungslaufzeiten. Die Planungssicherheit des Leasingnehmers hinsichtlich seiner Immobilienkosten ist somit nur begrenzt gegeben.[2]

In der Vergangenheit haben regelmäßig Steuervorteile den Ausschlag zugunsten von Leasingkonstruktionen gegenüber dem Kreditkauf gegeben. Obwohl der Steuersituation aufgrund veränderter rechtlicher Grundlagen nicht mehr die zentrale Rolle zukommt, ist die Analyse der Steuerwirksamkeit im Einzelfall immer noch von Bedeutung.

Durch alle Formen der Immobilienbereitstellung wird der Gewinn als Bemessungsgrundlage von Körperschafts- und Gewerbeertragssteuer erheblich beeinflusst. Beim Leasing ergibt sich folgende Veränderung des zu versteuernden Periodengewinns:

[1] Vgl. Krumbholz, S. u. Streitferdt, L., 1975, S. 21.
[2] Vgl. Gabele, E., Dannenberg, J. u. Kroll, M., 1995, S. 83.

+	Veräußerungsgewinn (nur bei Sale-and-lease-back)
+	Gewinnzuweisung aus der Objektgesellschaft
-	Leasingraten
-	Auflösung RAP-Sonderzahlung und Vormieten
-	AfA nach Kaufoptionsausübung
-	Verlustzuweisung aus einer Objektgesellschaft
+/-	Sonstiger Ertrag/Aufwand
+ /-	Gewerbesteuerbelastung/-entlastung
=	Veränderung des Gewinns

Insbesondere zwischen Leasing und Kauf lassen sich keine eindeutigen Vorteile für eine der beiden Varianten erkennen. Anders ist dies bei der Gewerbesteuer. Entgegen der im Kauf nur 50-prozentigen Abzugsfähigkeit des Zinsanteils kann im Leasingfall der Zinsanteil der Leasingrate voll steuerlich geltend gemacht werden.

7.1.3.3 Beurteilung des Leasings

Die Beurteilung des Immobilienleasings aus Sicht des Leasingnehmers erfolgt in der Literatur regelmäßig nach dem selben Schema. Da das Leasing als ein Substitut des kreditfinanzierten Kaufs der Immobilie angesehen wird, beschränken sich die Autoren auf einen Vergleich dieser beiden Finanzierungsformen, wobei sie in der Regel eine Trennung nach quantitativen und qualitativen Kriterien vornehmen.[1] Spätestens bei der Diskussion der qualitativen Kriterien wird schnell deutlich, dass in vielen Fällen „Äpfel mit Birnen" verglichen werden, wenn unter den Vorteilen des Leasings die Dienstleistungsaspekte und die Marktkenntnisse der Leasinggesellschaften aufgezählt werden. Dass jedes Unternehmen in der Lage ist, sich diese Leistungen extern von anderen Dienstleistern einzukaufen, bleibt in dem Vergleich unberücksichtigt. Leasing wird in den Vergleichen als Bereitstellungsalternative angesehen, wohingegen der kreditfinanzierte Kauf als Finanzierungsform betrachtet wird. Ein expliziter Vergleich zwischen den vollständigen Alternativen der Bereitstellungsformen unterbleibt ebenso wie ein Vergleich der Alternativen Leasing und Miete. Aus Sicht der hier diskutierten Problemstellung

[1] Vgl. z. B. Krumbholz, S. u. Streitferdt, L., 1975; Feinen, K., 1991; Borggreve, C. H., 1995, S. 616 ff; Will, A., Buhl, H.-U. u. Weinhardt, C., 1993; Gabele, E., Dannenberg, J. u. Kroll, M., 1995, S. 113 ff.; Bitz, M., 1997; Tacke, H. R., 1999, S. 6 ff.

der Bereitstellungsformen aus Unternehmenssicht ist dies unbefriedigend. Der bei einigen Autoren sehr umfangreiche Vergleich macht die große Komplexität der Problemstellung deutlich.[1] Das einhellige Ergebnis der umfangreichen Vergleiche ist, dass allgemeingültige Aussagen über die Vorteilhaftigkeit nur sehr begrenzt möglich sind. Deshalb sollen nachfolgend nur die generellen Aspekte der Beurteilung des Leasings als Bereitstellungsform aufgeführt werden, welche am Ende dieses Kapitels in die Entwicklung eines Analyseraster für den Vergleich der Bereitstellungsformen und eine Wirtschaftlichkeitsrechnung einfließen.

Generell lässt sich Leasing in seinen Auswirkungen wie folgt beurteilen:[2]

- Gewinnwirkung der Finanzierung
  Durch Leasing lässt sich eine komplette Fremdfinanzierung der Immobilie erreichen. Ob dadurch Vorteile hinsichtlich der Gewinnsituation entstehen, lässt sich letztendlich nur mit Hilfe der vollständigen Finanzplanung beantworten (siehe Kapitel 8). Unter Vorbehalt können durch Leasing Vorteile gegenüber dem kreditfinanzierten Kauf entstehen, wenn
  - kostengünstigere andere Kredite ausgeschöpft sind oder für besondere Fälle reserviert bleiben sollen,
  - die freigesetzten finanziellen Mittel in ertragsstärkeren Projekten eingesetzt werden können,
  - eine hohe Steuerentlastung zu erwarten ist. Steuervorteile aus der Trennung von Steuersubjekt und Mieter ergeben sich aus unterschiedlich ansetzbaren Restnutzungsdauern, Abschreibungssätzen und Kalkulationszinssätzen. Aus diesen Unterschieden lassen sich bei entsprechender Konstruktion Kostenvorteile gegenüber dem Kauf der Immobilie erzielen.[3]

In der Regel wird dies bei ertragsstarken, expandierenden kleineren und mittleren Unternehmen der Fall sein.[4] Ferner zeigen MYERS/DILL/BAUTISTA, dass sich mit steigenden Kapitalkostensätzen des Unternehmens Kostenvorteile für das Leasing ergeben können.[5] Fraglich bleibt in diesem Fall, ob Miete die bessere Bereitstellungsform ist. Wenn die Bereitstellung in Form des Leasings erfolgen soll, dürfen die Geschäftspläne der Leasingnehmer sowie die Drittverwendungsfähigkeit des Leasingobjekts keine für den Leasinggeber unkalkulierbaren Risiken bergen.[6] Wie die Darstellung des Leasings gezeigt hat, hat der Leasinggeber bei Teilamortisationsverträgen ohne Mieterdarlehenszahlung erhebliche Risiken zu tragen, die er nur bei entsprechender Bonität von Leasingnehmer und Objekt übernehmen wird. Aus Sicht des Leasingnehmers bieten sich durch die Vereinbarung einer Kaufoption einseitige Chancen hinsichtlich der Wertentwicklung des

---

[1] Vgl. Krumbholz, S. u. Streitferdt, L., 1975; Gabele, E., Dannenberg, J. u. Kroll, M., 1995, S. 113 ff.

[2] Vgl. Gabele, E., Dannenberg, J. u. Kroll, M., 1995, S. S. 113 ff.

[3] Vgl. Lewellen, W. G., Long, M. u. McConnell, J. J., 1976; Myers, S. C. , Dill, D. A. u. Bautista, A. J., 1976; Alvayay, J. R., Rutherford, R. C. u. Smith, W. S., 1995.

[4] Vgl. Schulte, K. - W., Leopoldsberger, G. u. Schaubach, P., 1998, S. 485.

[5] Vgl. Myers, S. C. , Dill, D. A. u. Bautista, A. J., 1976.

[6] Vgl. Gabele, E., Dannenberg, J. u. Kroll, M., 1995, S. 151 ff.

Objekts. Im Falle gestiegener Preise am Immobilienmarkt wird er die Kaufoption ausüben. Mit dem Überschuss in Höhe der Differenz aus Marktpreis und Optionspreis kann er die Gesamtkosten der Immobilienbelegung senken.[1]

- Gewinnwirkung der Dienstleistung
  Im Falle des Leasing erwirbt das Unternehmen wertvolle Dienstleistungen der Leasinggesellschaft mit. Diese müssen zwar bezahlt werden, allerdings können in der Leistungserbringung durch den Leasinggeber aufgrund der besonderen Anreizstrukturen Effizienzvorteile gegenüber der Beauftragung eines Dritten liegen.[2] Begründet werden die Effizienzvorteile mit der Sachkunde sowie der Marktmacht der Leasinggesellschaft im Bau- und Gebäudemanagement. Die Dienstleistungsfunktion der Leasinggesellschaft sorgt für Transparenz und Sicherheit in den Zahlungsströmen. Dem Nutzer der Immobilie kann damit unternehmensintern die Ressourceninanspruchnahme verursachungsgerecht zugeordnet werden. Probleme bei der Festsetzung von Verrechnungspreisen für Immobilienflächen können deshalb versachlicht werden. Der Dienstleistungsaspekt des Leasings hat besondere Bedeutung bei Kommunen und mittelständischen Unternehmen, welche nicht über die notwendigen Erfahrungen und Kapazitäten im Immobilienmanagement verfügen.[3]

- Liquidität
  Als besonderer Vorteil hinsichtlich der Liquiditätsbelastung wird häufig der pay-as-you-earn-effect des Leasings dargestellt.[4] Damit wird unterstellt, das die für Leasingverpflichtungen abfließende Liquidität zeitnah durch die Nutzung des Objekts verdient wird. Bei einer entsprechenden Finanzierungs- oder Mietvertragsgestaltung ist dieser Effekt kein Spezifikum des Leasings. Eine genaue Beurteilung der Liquiditätswirkungen ermöglicht nur der vollständige Finanzplan.

- Verschuldungsgrad
  Immobilienleasing ist für den Leasingnehmer bilanzneutral. Allerdings müssen die Leasingverpflichtungen im Anhang des Jahresabschlusses ausgewiesen werden, sodass bei entsprechender Prüfung durch die Kreditgeber per se durch Leasing keine Ausdehnung des Verschuldungsrahmens zu erzielen ist. Vorteile können für das Leasing aus der unterschiedlichen Behandlung im Konkursfall entstehen. Während Kreditinstitute gem. § 48 KO nur ein Absonderungsrecht haben, besteht für Leasinggesellschaften gem. § 43 KO ein höher zu bewertendes Aussonderungsrecht.[5] Folglich kann der Verschuldungsrahmen bei Leasing größer sein. Letztendlich entscheidet vor allem die Marktsituation bei den Finanzierungsinstituten über den Umfang von Finanzierungsverpflichtungen, so-

[1] Vgl. Manning, C. A., 1991.

[2] Vgl. Smith, C. W. u. Wakeman, L. M., 1985, S. 902 ff.

[3] Vgl. Stinner, J., 1993, S. 187; Feinen, K., 1994a; Feinen, K., 1994b, S. 15 f; Weber, R., 1994; Feinen, K,, 1995, S. 114 ff.; Wörn, T., 1997, S. 175 ff.

[4] Vgl. Gabele, E., Dannenberg, J. u. Kroll, M., 1995, S. S. 154.

[5] Vgl. Schulte, K. - W., Leopoldsberger, G. u. Schaubach, P., 1998, S. 485.

dass in Zeiten harten Wettbewerbs unter den Leasinggesellschaften ceteris paribus eine stärkere Ausdehnung der Verschuldungsgrenze durchzusetzen ist.

- Publizität
  Durch das Eingehen von Leasingverpflichtungen können durch den Einfluss auf das Bilanzvolumen die Rechnungslegungspflichten nach § 11 Publizitätsgesetz oder §§ 325 ff. HGB verringert werden, sofern der Leasingnehmer dadurch in einer niedrigeren Größenklasse angesiedelt wird.[1]

- Bereitstellungsrisiken
  Mit der Leasingkonstruktion verfolgt der Leasingnehmer das Ziel der langfristigen Sicherung qualitativ und quantitativ angemessener immobiliarer Ressourcen. Diesbezüglich entstehen durch das Leasing erhebliche Risiken:[2]

  1. Bonitätsrisiko bezüglich des Leasinggebers
     Da der Leasinggeber rechtlicher Eigentümer der Immobilie ist, unterliegt der Leasingnehmer einem Bonitätsrisiko hinsichtlich seines Leasinggebers. Sollte eine Leasinggesellschaft in Konkurs gehen, hat der neue Eigentümer des Leasingobjekts gem. § 57a ZVG ein außerordentliches Kündigungsrecht, das die Nutzungsmöglichkeit des Leasingnehmers zunichte machen könnte.

  2. Eigentumsrisiko
     Wie oben dargestellt werden dem Leasingnehmer die typischen Eigentumsrisiken vertraglich angelastet. Für Objektschäden bis hin zum Untergang des Leasingobjekts trägt er die Verantwortung.

  3. Fehlinvestitionsrisiko
     Stellt der Leasingnehmer nach Abschluss des Leasingvertrags fest, dass das von ihm gewählte Objekt nach quantitativen sowie qualitativen Leistungsdaten nicht oder nicht mehr seinen Anforderungen entspricht, ist er trotzdem durch die langfristige Vertragsgestaltung an die Immobilie gebunden. Ein Standortwechsel oder der vorzeitige Ersatz der Immobilie wird dann erschwert.

Insgesamt sind die in früheren Veröffentlichungen postulierten positiven Einflüsse auf die Bilanzstruktur, insbesondere der Verschuldungsgrad, sowie das Argument der Schonung der Liquidität einer kritischen Einzelfallanalyse zu unterziehen. Gegenüber der Miet- und der Eigentumsvariante der Immobilienbereitstellung verschlechtert das Leasing durch die enge vertragliche Bindung die Flexibilität in der Nutzung. Für das Leasing sprechen organisatorische Überlegungen, die Leistung der Immobilienbereitstellung von einem Experten fremd zu beziehen. Schließlich lässt sich mit Hilfe der Leasingkonstruktion in den oben gezeigten Grenzen ein Teil des Investitionsrisikos abwälzen. Die unverändert hohe Bedeutung des Leasings in der Praxis lässt darauf schließen, dass in einer Reihe von Situationen Lea-

[1] Vgl. Borggreve, 1991, S. 619.

[2] Vgl. Gabele, E., Dannenberg, J. u. Kroll, M., 1995, S. S. 148 ff.

sing gegenüber den übrigen Bereitstellungsvarianten im Endergebnis Vorteile hat.[1] Neben dem praktisch seit der Anspannung der öffentlichen Haushaltssituationen seit den 80er Jahren sehr bedeutsamen Fall des kommunalen Leasings[2] lassen sich solche Situationen vor allem im Bereich des Sale-and-lease-back finden, die nachfolgend gesondert dargestellt werden.

7.1.4 Sale-and-lease-back

Aus Überlegungen die Vorteile von Miete und Kauf optimal nutzen zu können, ist vor allem in den USA, aber in jüngerer Vergangenheit auch in Deutschland das Sale-and-lease-back-Verfahren entwickelt und durchgeführt worden. Unter einer Sale-and-lease-back-Vereinbarung wird der Verkauf einer Immobilie bei gleichzeitigem Abschluss eines Leasingvertrags über dieselbe Immobilie verstanden. Der Verkäufer erhält den Verkaufspreis für die Immobilie und behält gleichzeitig das Nutzungsrecht für einen im Leasingvertrag vereinbarten Zeitraum. Im Anschluss hat er je nach vertraglicher Ausgestaltung die Option, den Mietvertrag zu verlängern oder die Immobilie erneut zu erwerben.[3] Das Sale-and-lease-back-Verfahren entspricht im Wesentlichen dem des oben diskutierten Financial-Leasings. Lediglich hinsichtlich des Leasingobjekts wird hier die spezielle Variante des Kaufs vom späteren Leasingnehmer anstatt der sonst üblichen wunschgemäßen Errichtung und dem freien Kauf am Immobilienmarkt gewählt.[4] Sale-and-lease-back-Verfahren werden unter der Prämisse des Erhalts des Nutzungspotentials der Immobilien mit folgenden Zielen durchgeführt:[5]

- Verbesserung der Liquidität des Unternehmens
  Der Leasingnehmer kann mit dem Veräußerungserlös der Immobilie Liquiditätsengpässe überbrücken.

- Reduktion der Kapitalbindung
  Gleichzeitig führt der Verkauf der Immobilien zu einer Reduktion der Kapitalbindung. Die erlösten finanziellen Mittel können in ertragsstärkere langfristige Investitionsprojekte investiert werden, ohne durch die sonst notwendige Kreditaufnahme Dauerschulden zu begründen. Bei Unternehmensübernahmen durch kapitalschwache Käufer insbesondere in der Form des Management-buy-outs

---

1 Vgl. zu Statistiken die Homepage des Bund Deutscher Leasing Gesellschaften: http://www.bdl-leasing-verband.de, v. 19.01.2001.

2 Vgl. Schwarz, S., 1985; Friedrich, P. (Hrsg.), 1987; Feinen, K., 1995; Kroll, M. (Hrsg.), 1995; Stumpf, E., 1995.

3 Vgl. Cohen, G., 1988; Slovin, M. B., Sushka, M. E. u. Polonchek, J. A., 1990, S. 291 ff.; Alvayay, J. R., Rutherford, R. C. u. Smith, W. S., 1995, S. 207 ff.

4 Vgl. Gondert, H. - G., Gach, B., Biagosch, P. u. Jacob, U., 1996, S. 650.

5 Vgl. Cohen, G., 1988; Alvayay, J. R., Rutherford, R. C. u. Smith, W. S., 1995; Büschgen, H. E. (Hrsg.), 1998, S. 455 f. Haarmann, W. u. Busch, B., 1998, S. 416; Tacke, H. R., 1999, S. 91 ff.

werden die freigesetzten Mittel zur Finanzierung des Unternehmenskaufs eingesetzt.

- Erhöhung des ausgewiesenen Eigenkapitals
  Die regelmäßig im Immobilienbestand bestehenden stillen Reserven werden durch einen Verkauf aufgedeckt. Verbleiben diese im Unternehmen entweder durch Einstellung in eine steuerfreie Reinvestitionsrücklage gem. § 6 b EStG oder durch eine steuerpflichtige freie Rücklage kommt es zu einer Erhöhung des ausgewiesenen Eigenkapitals. Der Verschuldungsgrad der Unternehmen nimmt ab und der Kapitalbeschaffungsspielraum wird erweitert. Dieser Effekt kann insbesondere im Falle drohender Überschuldung aber auch für Kreditinstitute von Bedeutung sein, da im Kreditwesen das maximale Geschäftsvolumen dieser Unternehmen gem. §§ 10, 10a KWG an ihr Eigenkapital geknüpft ist.

- Nutzung von Steuervorteilen
  In den USA haben empirische Untersuchungen gezeigt, dass das Eingehen von Sale-and-lease-back-Vereinbarungen in der Vergangenheit zu einer signifikanten Aktienkurssteigerung der Unternehmen an den Kapitalmärkten geführt hat.[1] SLOVIN/SHUSKA/POLONCHEK begründen dieses Ergebnis mit der Erwartung, das die durch die Vereinbarung beim Leasinggeber entstehenden Steuervorteile zumindest teilweise an den Leasingnehmer weitergegeben werden.[2] ALVAVAY/RUTHERFORD/SMITH zeigen, dass durch die amerikanische Steuerreform (Tax Reform Act) von 1986 diese Vorteile erheblich zurückgegangen sind.[3]

  In Deutschland sind gegenwärtig nur geringe steuerliche Vorteile aus dem Sale-and-lease-back-Verfahren zu erwarten. Sie beschränken sich auf das Ausnutzen von Verlustvorträgen. Drohen beim Leasingnehmer Verlustvorträge durch zeitlichen Ablauf zu verfallen, so kann er in gleicher Höhe im Immobilienbestand gebundene stille Reserven steuerfrei aufdecken und den Verlustvortrag somit noch nutzen.

- Verkürzung der Bilanz
  Werden die freigesetzten stillen Reserven ausgeschüttet, geht damit eine Verkürzung der Bilanz einher. Die Publizitätspflichten des Unternehmens können dadurch reduziert werden.

Betrachtet man die Ziele, so stellt sich die Frage, ob ein Unternehmen vom Sale-and-lease-back-Verfahren Gebrauch machen soll, nur unter speziellen Bedingungen. Das Unternehmen muss grundsätzlich mit der Nutzungsqualität und der Quantität seines Immobilienbestands zufrieden sein, da durch Sale-and-lease-back keine wesentlichen Verbesserungen zu erreichen sind. Ebenso können die Nutzungskosten im Wesentlichen nur durch einen professionelleren Betrieb der Immobilie durch die Leasinggesellschaft reduziert werden. Sale-and-lease-back ist

[1] Vgl. Slovin, M. B., Sushka, M. E. u. Polonchek, J. A., 1990; Rutherford, R. C., 1990.
[2] Vgl. Slovin, M. B., Sushka, M. E. u. Polonchek, J. A., 1990, S. 298.
[3] Vgl. Alvayay, J. R., Rutherford, R. C. u. Smith, W. S., 1995.

letztendlich nur zur Lösung finanzwirtschaftlicher Probleme des Immobilienbestands geeignet.[1]

Um zu einer kompletten Würdigung der Vor- und Nachteile des Sale-and-lease-back-Verfahrens zu kommen, ist neben den speziellen Aspekten dieser Bereitstellungsform auch die allgemeine Beurteilung der Vor- und Nachteile der Leasing-Konstruktion notwendig.

7.2 Varianten des Entwicklungsgrads

Der spätere Nutzer muss vor Vertragsabschluss sicherstellen, dass sein Vertragspartner fristgerecht, zum vereinbarten Preis die vereinbarte Quantität und Qualität der Leistung liefert. Bei einem bezugsfertigen Objekt fällt dies leichter, als wenn die Gebäude erst errichtet werden müssen oder noch nicht einmal eine Baugenehmigung vorliegt. Die Risiken hängen vom Entwicklungsgrad des Grundstücks ab. Grundsätzlich spielt es dabei keine Rolle, welche Variante hinsichtlich Eigentum und Besitz gewählt wird. Sowohl in Miete, Leasing als auch im Kauf können Verträge über die Nutzung von fertigen oder erst im Zuge einer Projektentwicklung oder eines Flächenrecyclings zu entwickelnden Objekten geschlossen werden. Naturgemäß ist die Bedeutung des Entwicklungsgrads beim Kauf der Immobilie aufgrund der Eigentumsrisiken am größten. Es ist allerdings zu beachten, dass die Qualitäts-, Baukosten- und Terminrisiken des Eigentümers unter bestimmten Bedingungen auch vom Mieter beziehungsweise dem Leasingnehmer getragen werden müssen. Dies ist der Fall, wenn der zukünftige Nutzer den Vertrag bereits vor Bezugsreife der betreffenden Immobilie schließt, wie es in vielen Mietverhältnissen und vor allem beim Leasing üblich ist, und zusätzlich mindestens eine der folgenden Bedingungen erfüllt ist:

1. Der Nutzungspreis orientiert sich an den tatsächlichen Herstellungskosten des Eigentümers. Bei Leasingverträgen geschieht dies regelmäßig. Bei Mietverträgen hängt die Durchsetzbarkeit von Kostensteigerungen im Mietpreis wesentlich von der Verhandlungsposition des Vermieters ab.

2. Es treten Leistungsstörungen hinsichtlich termingerechter Übergabe oder dem vertraglich vereinbarten Zustand der Immobilie ein, ohne dass der Nutzer eine vollständige Entschädigung der ihm entstandenen Kosten durchsetzen kann. Gründe hierfür können in der schwachen Bonität des Eigentümers, in der mangelnden Durchsetzungsmacht sowie in mangelnder Sachkenntnis des Nutzers in den Vertragsverhandlungen liegen.

Aus Sicht des Nutzers lassen sich Immobilien nach ihrem Entwicklungsstand grundsätzlich in drei Typen unterscheiden:

1. Bislang unbebaute oder nur unwesentlich bebaute Grundstücke, die einer Nutzung durch Projektentwicklung erst noch zugeführt werden müssen.

---

[1] Vgl. Kirchhof, F., 1999, S. 243 f.

2. Fertige Objekte, die den Anforderungen der geplanten Nutzung im Wesentlichen nicht entsprechen. In der Regel handelt es sich hier um veraltete Gebäude und zeitlich überholte Flächennutzungen, die eine Erneuerung erforderlich machen.

3. Fertige Objekte, die den Anforderungen der geplanten Nutzung im Wesentlichen entsprechen.

Projektentwicklung und Redevelopment von Immobilien werden häufig unter dem Begriff der Immobilienentwicklung zusammengefasst. Nachfolgend werden unter dem Gliederungspunkt Projektentwicklung die Grundlagen der Immobilienentwicklung und deren betriebswirtschaftliche Konsequenzen diskutiert. Anschließend werden die speziellen Aspekte der Revitalisierung und des Flächenrecycling gesondert behandelt.

7.2.1 Projektentwicklung

7.2.1.1 Grundlagen

Bevor anschließend auf die Funktionen der Projektentwicklung und deren Beurteilung im Rahmen der Bereitstellung von Immobilien aus Sicht des Unternehmens eingegangen werden kann, ist zunächst der bislang in der Literatur recht unscharf umrissene Begriff der Projektentwicklung für die hier angestellte Betrachtung zu präzisieren.[1] RETTER versteht unter Projektentwicklung „...die Summe aller Untersuchungen, unternehmerischen Entscheidungen, Planungen und andere bauvorbereitende Maßnahmen..., die erforderlich oder zweckmäßig sind, eines oder mehrere Grundstücke zu überbauen oder die Verwirklichung einer sonstigen Nutzung im wirtschaftlichen Bereich zu sichern."[2] Diese Definition verdeutlicht, dass die Projektentwicklung aus der Perspektive des Unternehmens eine Organisationsform zur koordinierten Durchführung aller Aufgaben der Gebäudeerstellung ist. Sie veranschaulicht darüber hinaus die Notwendigkeit zur Verknüpfung von ökonomischem und bautechnischem Sachverstand, ohne die konkreten Ziele der Projektentwicklung zu benennen. Die Ziele verdeutlicht die Definition von DIEDERICHS. Er definiert die Projektentwicklung von Immobilien wie folgt: „Durch Projektentwicklungen sind die Faktoren Standort, Projektidee und Kapital so miteinander zu kombinieren, dass einzelwirtschaftlich wettbewerbsfähige, arbeitsplatzschaffende und -sichernde sowie gesamtwirtschaftlich sozial- und umweltverträgliche Immobilienobjekte geschaffen und dauerhaft rentabel genutzt werden können."[3] Dieser Definition liegt die Betrachtungsperspektive eines unabhängigen Projektsteuerers zugrunde, der keinen speziellen Nutzer bedient. Aus ihr

[1] Vgl. zu Abgrenzungsversuchen: Diederichs, C. J., 1991; Graaskamp, J. A., 1992; Healey, P., 1992; Conzen, G., 1993, S. 10 ff.; Amelung, V. E., 1994, S. 21; Bone-Winkel, S., 1994, S. 40 ff.; Diederichs, C. J., 1996.

[2] Vgl. Retter, J. zitiert bei: Falk, B. (Hrsg.), 1992, Bd. I, Kap. 15.1, S. 1.

[3] Diederichs, 1994, S. 43; Isenhöfer, B. u. Väth, A., 1998b, S. 151 ff.

werden vor allem die zwei Zielebenen der Projektentwicklung im einzel- und gemeinwirtschaftlichen Bereich deutlich. Die Definition verdeutlicht die enge Beziehung, die ein Unternehmen durch die physische Gestaltung von Immobilien sowie mit der Art und dem Ausmaß ihrer Nutzung zu seiner Umgebung eingeht. In Abhängigkeit mit der Bedeutung, die Immobilien als Mittel der Corporate Identity zukommt, sind die gemeinwirtschaftlichen Ziele der Projektentwicklung im einzelwirtschaftlichen Zielsystem des Unternehmens zu berücksichtigen. Die Projektentwicklung liegt regelmäßig in der Hand einer Reihe von Beteiligten.[1] Typischerweise wird in der Literatur zur Projektentwicklung davon ausgegangen, dass

1. ein Standort vorhanden ist und sowohl Kapital als auch eine Projektidee von der Entwicklungsgesellschaft zu suchen ist,
2. eine Projektidee vorhanden ist, der Standort und das Kapital hingegen gesucht werden müssen,
3. das Kapital vorhanden ist, der Standort und die Idee gesucht werden müssen.[2]

Entgegen der sonst üblichen Entwicklung von Immobilien, die einen mehr oder weniger anonymen Markt bedient,[3] ist im Fall der Projektentwicklung zur Eigennutzung sowohl der Nutzer als auch die Nutzung nach Art und Umfang weitgehend bekannt. Der hier behandelte Fall entspricht im Grunde dem oben beschriebenen Typ 2. Während das Unternehmen zwingend die Rolle des Initiators einnimmt, ist über die Finanzierung sowie den Standort per se keine Aussage zu machen. Gleiches gilt für die Übernahme der vielfältigen Aufgaben der Planung und Ausführung des Projekts. Nachfolgend ist zunächst ein Spektrum über den Prozess der Projektentwicklung zu geben, bevor anschließend diskutiert wird, welche Institutionen mit der Durchführung der einzelnen Schritte befasst werden.

7.2.1.2 Prozess der Projektentwicklung

Der Prozess der Projektentwicklung wird üblicherweise je nach Aufgabenstellung in unterschiedlich abgegrenzte Phasen unterteilt.[4] In dem hier behandelten Fall sind folgende Phasen zu durchlaufen:

---

[1] Vgl. Healey, P., 1992, S. 220 ff.; Conzen, G., 1993; Amelung, V. E., 1994; Isenhöfer, B. u. Väth, A., 1998b, S. 153 ff.

[2] Vgl. Isenhöfer, B. u. Väth, A., 1998b, S. 163 ff.

[3] Vgl. zu einer Übersicht über Motive der Projektentwicklung: McNamara, 1983; Diederichs, C. J., 1992, S. 55 ff.; Diederichs, C. J., 1996, S. 32 f.

[4] Vgl. zu unterschiedlichen Aufteilungen des Projektentwicklungsprozesses in Phasen: Schütz, B., 1991, S. 36 f.; Falk, B. (Hrsg.), 1992, Bd. I, Kap. 15.1; Schnermann, J., 1992; Diederichs, C. J., 1992, S. 44 ff.; Wurtzebach, C. H., Miles, M. E., 1995; Byrne, P., 1996, S. 34 ff.; Diederichs, C. J., 1996, S. 29 ff.; Isenhöfer, B. u. Väth, A., 1998b, S. 162 ff.

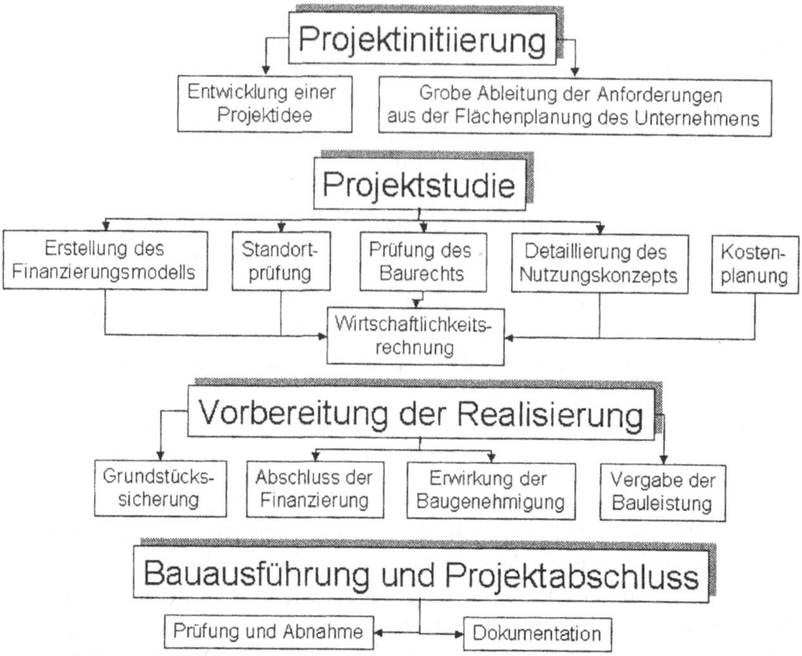

Abb. 7.1. Phasen der Projektentwicklung. Quelle: Eigene Darstellung.

1. Projektinitiierung

Allgemein kann die Projektinitiierung von unterschiedlich motivierten Akteuren ausgehen. Im Wesentlichen handelt es sich dabei um politische Gruppierungen, Stadtverwaltungen, Grundstückseigentümer, Banken, Bauunternehmer, Architekten, Makler, Gutachter und professionelle Entwicklungsgesellschaften (Developer).[1] Im hier behandelten Fall werden die Anstöße zur Projektentwicklung aus dem eigenen Unternehmen entweder von der Immobilienabteilung oder den Nutzern kommen, aber auch eine Motivation durch Externe aus dem Umfeld des Unternehmens ist denkbar. Die Motive einer intern motivierten Projektentwicklung liegen vor allem in der mangelnden Verfügbarkeit, der Objektqualität und niedrigeren Kosten gegenüber dem Erwerb einer fertigen Immobilie begründet. Externe Motivatoren zur Initiierung der Projektentwicklung stammen in der Regel aus Politik und Verwaltung.[2] Sie verfolgen vor allem städtebauliche Ziele, eine Stärkung der Wirtschaftsförderung und die Kapazitätsauslastung der Bauwirtschaft. In einer groben Skizze werden zunächst die groben Anforderungen des Unternehmens an die zu errichtende Immobilie und den Standort, sofern dieser nicht bereits ausgewählt ist, aus der Flächenplanung (siehe Kapitel 6) abgeleitet.

[1] Vgl. Schnermann, J., 1992, S. 301 f.; Amelung, V. E., 1996, S. 6 ff.
[2] Vgl. Kirsch, D., 1997.

2. Erarbeitung einer Projektstudie

Die Erarbeitung einer Projektstudie bildet das Herzstück der Projektentwicklung. Auf ihrer Grundlage wird eine Entscheidung über die Durchführung des Projekts herbeigeführt. Alle entscheidungsrelevanten Informationen sind entsprechend zusammenzustellen und aufzubereiten. Die Projektstudie gliedert sich in folgende Abschnitte:

a) Standortüberprüfung

In einer Standortanalyse werden die angebotenen Standorte auf ihre Eignung für die anvisierte Nutzung der Immobilie hin überprüft. Neben der Perspektive des Unternehmens, welche vor allem auf die gegenwärtige Nutzung abzielt,[1] erfolgt eine Analyse aus immobilienwirtschaftlicher Sicht, um im Falle von Umnutzungen die Weiterverwendungsfähigkeit des Objekts einschätzen zu können. Von allgemeiner immobilienwirtschaftlicher Bedeutung sind die Infrastruktur, Sozial- und Wirtschaftstruktur (z. B. Kaufkraftanalysen), Wohn-, Kultur- und Freizeitqualität.[2] Sofern das Grundstück noch nicht erworben worden ist, ist die Standortanalyse als Teil des Immobilienbewertung die Grundlage zur Ermittlung des Kaufpreises eines Grundstücks.

b) Prüfung des Baurechts

Zweck der baurechtlichen Prüfung ist eine Prognose, ob die erforderliche Baugenehmigung im Falle der Antragstellung erteilt wird. Dazu ist zunächst kurz darzustellen, wie eine Baugenehmigung zu erwirken ist.[3] Vom Grundsatz her erwächst jedem Grundstücksbesitzer gem. Art 14 GG das Recht auf Baufreiheit, allerdings gilt zum Schutze der Allgemeinheit eine Genehmigungspflicht. Die Genehmigung obliegt in der Bundesrepublik einer dreistufigen Bauaufsicht bei Ländern, Bezirken und Städten. Der Verfahrensablauf regelt sich nach den jeweiligen Landesbauordnungen. Der Bauherr reicht alle erforderlichen Bauvorlagen mit seiner Unterschrift und der des Entwurfverfassers, in der Regel des Architekten, bei der Gemeinde ein. Die Gemeinde legt den Bauantrag mit ihrer Stellungnahme der Bauaufsichtsbehörde zur Genehmigung vor. Die Baugenehmigung darf nur erteilt werden, wenn die Gemeinde dem Antrag zustimmt oder die Zustimmung rechtswidrig verweigert. Die Genehmigung regelt sich nach dem Flächennutzungsplan, dem Bebauungsplan und der Baunutzungsverordnung zum Zeitpunkt der Antragstellung. Bei größeren, ökologisch relevanten Bauvorhaben ist ferner nach § 3 Umweltverträglichkeitsprüfungsgesetz eine Umweltverträglichkeitsprüfung erforderlich.[4]

Zusätzlich hat die Bauaufsichtsbehörde alle betroffenen Behörden zu dem Antrag zu hören. Schließlich ist eine Beteiligung der Nachbarn erforderlich. Die

---

[1] Vgl. zur Standortanalyse aus Unternehmenssicht z. B.: Behrens, K. C., 1971; Lüder, K. u. Küpper, W., 1983.

[2] Vgl. zur Standortanalyse aus immobilienwirtschaftlicher Sicht: Brown, R. K. et al.., 1992, S. 171 ff.; Jaffe, A. J. u. Sirmans, C. F., 1995, S. 65 f.; Wurtzebach, C. H., Miles, M. E., 1995, S. 668 ff.; Muncke, G., 1996, S. 16 ff.; Isenhöfer, B. u. Väth, A., 1998a, S. 346 ff.

[3] Vgl. Schneider, H. - J., 1996, S. 850 ff.; Stich, R., 1996; S. 251 ff.

[4] Vgl. Falk, B.(Hrsg.), 1992, Bd. II, Kap. 4.3.

Baugenehmigung darf nur versagt werden, wenn sie öffentlich-rechtlichen Vorschriften widerspricht, die im bauaufsichtlichen Genehmigungsverfahren zu prüfen sind. Bei umfangreichen Bauvorhaben, wie im Rahmen der Projektentwicklung von Gewerbeimmobilien häufig zu finden, erfolgt das Baugenehmigungsverfahren nicht nur auf Grundlage regionaler Pläne, sondern aufgrund von überregionalen Wirkungen im Zuge eines erweiterten Raumordnungsverfahren nach dem Raumordnungsgesetz unter Beteiligung aller betroffenen Regionen.[1]

Das komplexe Beziehungsgeflecht im Zuge der Prüfung des Bauantrags macht eine über die reine Prüfung von Plänen und Verordnungen hinausgehende Sondierung politischer und verwaltungsbezogener Interessen sowie eine Abstimmung mit den Nachbarn erforderlich. Der ehemalige Geschäftsführer der ECE Projektmanagement GmbH JOHANNES SCHNEERMANN berichtet folgende Erfahrungen: „Hat die Prüfung eine Zulässigkeit des Projekts ergeben, so kann es dennoch vorkommen, dass die Baugenehmigung versagt wird, weil das Projekt politisch unerwünscht ist. Schon mancher Bauwillige hat erfahren müssen, dass plötzlich die Erschließung des Baugrundstücks nicht gesichert oder keine Umweltverträglichkeit gegeben ist. Reichen diese und weitere ähnliche Gründe nicht aus, so wird durch den Rat ein anderes, für das geplante Projekt nicht geeignetes Baurecht beschlossen, auch wenn dabei der Grundstückseigentümer zu entschädigen ist."[2] Erschwerend kommt hinzu, dass für größere Projekte kaum Grundstücke mit geeignetem Baurecht zu finden sind. Dieses muss erst in Zusammenarbeit mit der Politik und den Behörden geschaffen werden.

c) Nutzungskonzept
Im Nutzungskonzept sind klare Zielvorstellungen bezüglich der Verwendung der Immobilie zu formulieren, z. B. über:

- die Nutzungsarten,
- den Nutzungsarten zugewiesene Flächen,
- die Verkehrs- und allgemeinen Flächen,
- die Zugangs- und Anlieferungsbereiche,
- die Parkflächen und
- die Zueinanderordnung aller Funktionen.

Auf der Grundlage des Nutzungskonzepts ist zu entscheiden, ob die technisch realisierbaren Möglichkeiten des Projekts prinzipiell den Nutzungsanforderungen entsprechen. Ferner liefert das Nutzungskonzept die Basis zur Bestimmung des bautechnischen Mengengerüsts sowie Hinweise auf die Qualität der Bauausführung. Ohne die Festlegung der Baumengen und Bauqualitäten ist eine Kostenplanung im erforderlichen Detaillierungsgrad unmöglich.

d_1) Kostenplanung
Die Planung der Investitionsausgaben erfolgt anhand der DIN 276. Sie umfasst die Grundstücks- und Grundstücksnebenkosten, Bau- und Baunebenkosten sowie die

[1] Vgl. Falk, B.(Hrsg.), 1992, Bd. II, Kap. 1.20.9.
[2] Schnermann, J., 1992, S. 304.

Zwischenfinanzierungs- und Finanzierungskosten. Die laufenden Kosten werden anhand der DIN 18960 geplant.[1]

d_2) Ertragsplanung
Im Zuge der typischen Projektentwicklung erfolgt an dieser Stelle des Projektentwicklungsprozesses eine Planung der Mieterträge. Im Falle der Eigennutzung der Objekte ist die Ertragsplanung nur von untergeordneter Bedeutung, die zum Zweck der Wirtschaftlichkeitskontrolle im Sinne einer „highest-and-best-use-Analyse" der Immobilie aber dennoch sinnvoll sein kann. Im Falle der teilweisen Vermietung des zu planenden Objekts ist sie für den fremdgenutzten Teil in jedem Fall erforderlich.

e) Finanzierungsmodell des Bauherrn
Auf der Grundlage der Kosten- und Ertragsplanung werden die mit dem Objekt verbundenen Zahlungsströme in einen vollständigen Finanzplan eingestellt, um den Finanzierungsbedarf und die Finanzierungskosten zu ermitteln.

g) Wirtschaftlichkeitsrechnung
Zum Abschluss der Projektstudie werden die gewonnenen monetären Daten in einer Wirtschaftlichkeitsrechnung vorzugsweise mit Hilfe eines vollständigen Finanzplans verdichtet und Risikoanalysen angestellt, um die Vorteilhaftigkeit des Projekts beurteilen zu können (siehe hierzu Abschnitt 8.4).

Nach Abschluss der Projektstudie steht das Projekt zur Entscheidung an. Bis zu diesem Zeitpunkt sind nur Kosten der Entscheidungsvorbereitung angefallen und der Bauherr ist noch keine bindenden Verpflichtungen eingegangen. Auch wenn bereits zu vorhergehenden Zeitpunkten ein Abbruch des Projekts erfolgen konnte und auch später von dem Projekt noch Abstand genommen werden kann, so handelt es sich hier bei entsprechend guter Vorbereitung der Projektstudie um den Entscheidungszeitpunkt der endgültigen Realisierung des Projekts.[2]

3. Vorbereitung der Projektrealisierung
Die dritte Phase des Projektentwicklungsprozesses ist durch Verhandlungen und den Abschluss von Verträgen sowie das Erwirken von Genehmigungen stark juristisch geprägt. Um unnötige Verhandlungen zu vermeiden, beginnt die Vorbereitung der Projektrealisierung mit der Sicherung des Grundstücks.

a) Grundstückssicherung
Im Zuge der Grundstückssicherung ist es nicht ratsam, das Grundstück ohne Rücktrittsmöglichkeit zu erwerben, solange die zum Bau erforderlichen Voraussetzungen insbesondere

[1] Vgl. Abschnitt 3.3.2.
[2] Vgl. Wurtzebach, C. H., Miles, M. E., 1995, S. 653 ff.

- des Baurechts,
- der Grundstückserschließung und
- der Finanzierung

noch nicht endgültig geschaffen sind. Die Option, ein Grundstück zu erwerben, ist im Gesetz nicht einheitlich geregelt. Vielmehr gibt es eine ganze Reihe an vertraglichen Ausgestaltungsspielräumen, die die Vertragsparteien unterschiedlich stark binden.[1] Bestenfalls sichert sich der Käufer für den Zeitraum unklarer Verhältnisse ein vertraglich eingeräumtes unbedingtes Rücktrittsrecht. Gleiches ist durch ein verbindliches, notariell beurkundetes Verkaufsangebot des Verkäufers zu erreichen, welches erst bei Vorliegen der notwendigen Voraussetzungen angenommen wird. Zumindest sollte er sich jedoch durch eine entsprechende Vertragsklausel das Rücktrittsrecht für den Fall der Nichtgewährung des Baurechts und ggf. der vollständigen Erschließung des Grundstücks bis zu einem bestimmten Zeitpunkt sichern.[2] Im Falle der zu diesem Zeitpunkt noch bestehenden unkalkulierbaren Risiken empfiehlt SCHNERMAN, notfalls die Vorhaltekosten des Verkäufers zu erstatten.[3] Ein besonders bemerkenswertes Risiko besteht in der Verantwortung für mögliche Altlasten. Da die Altlastenproblematik im Fall des Flächenrecyclings auftritt, wird an entsprechender Stelle (Abschnitt 7.2.2) darauf genauer eingegangen.

b) Erwirkung der Baugenehmigung
Im nächsten Schritt ist die Baugenehmigung zu erwirken. Zur Beschleunigung der weiteren Verfahrensschritte sind formgerechte Bebaubarkeitszusagen der Gemeinden möglich. Unter bestimmten, von den Ländern geregelten Umständen, sind diese Zusagen jedoch widerrufbar und bei Veränderung der zum Zeitpunkt der Zusage herrschenden Bedingungen ist die Gemeinde nicht mehr an die Zusage gebunden, wenn die Änderungen eine ordnungsgemäße Genehmigung ausschließen. Höhere Sicherheit verschafft hingegen ein Bauvorbescheid, dessen Erlangung aber mit erheblichen Kosten verbunden ist.[4]

c) Vergabe der Bauleistung
Die Rechtsgrundlagen der Vergabe und Durchführung von Bauleistungen sind das BGB, die AGB sowie, sofern vertraglich vereinbart, zusätzlich die Verdingungsordnung für Bauleistungen VOB, die seit 1926 die Vergabe von Aufträgen durch die öffentliche Hand verbindlich regelt, nach der sich aber auch die meisten privaten Bauherren aufgrund der damit verbundenen Rechtssicherheit richten.[5]

1. Bekanntmachung
2. Auswahl geeigneter Bewerber und Aufforderung zur Abgabe von Angeboten
3. Versand der Vergabeunterlagen

---

[1] Vgl. zu einer Übersicht: Thiele-Mühlhan, I., 1996, S. 251 f.

[2] Vgl. Usinger, W., 1996, S. 323 ff.

[3] Vgl. Schnermann, J., 1992, S. 308.

[4] Vgl. Usinger, W., 1996, S. 324.

[5] Vgl. zur Vergabe öffentlicher Bauaufträge: Berndt, R. , 1988, S. 25 ff.; Putzier, E., 1996, S. 531 ff.; Hertwig, S., 2000.

4. Stellung einer ausreichenden Angebotsfrist
5. Feststellung und Bekanntgabe der Angebote
6. Prüfung der Angebote
7. Wertung
8. Zuschlag und Abwicklung

Die größte Schwierigkeit bei der Einholung, Prüfung und Wertung von Angeboten besteht angesichts des Umfangs an Einzelpositionen im Leistungsverzeichnis von Bauaufträgen in der Erzielung von vergleichbaren Angeboten aller Bieter.

Die mit der Vergabe der Bauleistungen verbundenen Rechte und Pflichten werden durch das Schließen eines Werkvertrags (§§ 631 – 650 BGB) in einer speziellen Form des Bauvertrags gesichert. In der Praxis haben sich spezielle rechtliche Ausgestaltungen von Bauverträgen durchgesetzt, die entweder in Haupt- und Subunternehmer-Beziehungen mehrstufige Vertragsverhältnisse ermöglichen, den Leistungserfolg in Form von Generalunternehmer oder Generalübernehmer zusammenfassen oder mehrere Unternehmer als Arbeitsgemeinschaft zusammen wirken lassen.[1] Der Bauherr hat die Wahl zwischen der Vergabe von Einzelgewerken und der Beauftragung von Generalunternehmer oder Generalübernehmer. Beim Generalunternehmer- und Generalübernehmervertrag schuldet der Auftragnehmer die Übergabe des schlüsselfertigen Gebäudes. Der Unterschied besteht darin, dass der Generalunternehmer ein Unternehmen des Bauhauptgewerbes ist, welches die geschuldete Leistung selbst erbringt. Der Generalübernehmer hingegen beauftragt quasi als Händler und Koordinator von Bauleistungen Subunternehmen mit der geschuldeten Leistungen. Die Vergütung erfolgt in der Regel pauschal, aber auch eine Kosten-plus-Regelung ist denkbar. Der Bauherr hat die Koordinations- und Planungsleistungen mit einem vergleichsweise hohen Zuschlag zu vergüten. Gegenüber der Einzelvergabe der Gewerke durch den Bauherren besitzen die Generalverträge den Vorteil, dass Kosten-, Zeit- und Gewährleistungsrisiken bei entsprechender Vertragsgestaltung auf den Vertragspartner übergehen. Der Bauherr hat nur ein Vertragsverhältnis zu einem Unternehmer, welcher die Gesamtgewährleistung übernimmt. In der Praxis hat sich jedoch gezeigt, dass eine funktionale Leistungsbeschreibung bei komplexen Bauaufgaben kaum möglich ist.[2] Generalverträge werden regelmäßig im Laufe der Planungs- und Bauzeit aufgrund von Änderungswünschen oder notwendigen Zusatzleistungen des Bauherren durch sogenannte Nachträge ergänzt. Da der Bauherr sich zu diesem Zeitpunkt in weitgehender Abhängigkeit vom Auftragnehmer befindet, sind die Preise für die Durchsetzung von Nachträgen entsprechend hoch. In Folge des gegenwärtig harten Wettbewerbs in Baugewerbe und Bauindustrie führt dies dazu, dass die Auftragnehmer für die ursprünglich geschuldete Leistung gegenwärtig nicht selten Preise in Höhe der Selbstkosten oder im Einzelfall auch darunter kalkulieren und erst durch die Hereinnahme von Nachträgen Gewinne erzielen. Für den Bauherren geht in Abhängigkeit vom Umfang der Nachträge Stück für Stück die ursprünglich gewonnene Planungssicherheit wieder verloren.

---

[1] Vgl. Minuth, K., 1996b, S. 481 ff.

[2] Vgl. Amelung, V. E., 1996, S. 81.

d) Abschluss der Mietverträge
Der Abschluss von Mietverträgen ist im Falle der Eigennutzung nur von Relevanz, sofern Teile des Gebäudes einer fremden Nutzung zugeführt werden sollen. Um das wirtschaftliche Risiko zu begrenzen, wird der Projektentwickler bemüht sein, einen möglichst großen Teil des Objekts bereits zu diesem Zeitpunkt zu vermieten. In der Praxis werden Bauvorhaben teilweise erst begonnen, wenn für einen gewissen Prozentsatz der zu errichtenden Flächen bereits Mietverträge oder zumindest Vorverträge geschlossen worden sind. Im falle der Eigennutzung führt der Abschluss von internen Mietverträgen oder Pro-Forma-Mietverträgen zwischen der Immobilienabteilung und den nutzenden Einheiten zu einem stärkeren Einbezug des Nutzers. Das Risiko einer nicht an den Nutzungsanforderungen ausgerichteten Fehlentwicklung kann dadurch begrenzt werden. Darüber hinaus verringert diese Maßnahme das spätere Konfliktpotenzial zwischen Immobilienabteilung und der nutzenden Einheit.

e) Abschluss der Finanzierung
Bevor die endgültige Baufreigabe erfolgen kann, sind als letzte Voraussetzung die Finanzierungsverträge zu schließen. Dieser Schritt kann in der Regel erst zu diesem Zeitpunkt erfolgen, da die Kapitalgeber ihre Finanzierungszusage an die Erfüllung der oben angesprochenen Vorleistungen knüpfen.

Sind die Vorbereitungen der Projektrealisierung abgeschlossen, erfolgt die Baufreigabe.

4. Bauausführung und Projektabschluss
Die Bauausführung wird nach Art, Umfang und Terminierung im Bauvertrag mit dem Bauunternehmer geregelt.[1] Dem Bauherren obliegt die Aushandlung des Vertrags, die Kontrolle der Vertragseinhaltung sowie die Durchsetzung seiner Ansprüche bei Mängeln. Im Rahmen des Bauvertrags vergibt der Bauherr eine Bauleistung im eigenen Namen und auf eigenes Risiko, die ein Bauunternehmer im Rahmen seines Betriebs ausführt.

Theoretisch handelt es sich bei Bauverträgen um das Musterbeispiel von OLIVER HART für einen unvollständigen Vertrag, der erst durch eine ex-post-Allokation von Einfluss (power) und Kontrolle der Vertragserfüllung das Risiko des opportunistischen Ausnutzens der Vertragsparteien birgt (hold-up-Situation).[2] Um für die Vertragsparteien das Risiko des Opportunismus zu begrenzen, sind nach deutschem Recht spezielle Regelungen des Bauvertrags zu vereinbaren, die nachfolgend näher zu skizzieren sind. Der Bauvertrag ist vom Wesen her ein Werkvertrag. Ergänzend sind speziell für Bauleistungen eine Reihe abweichender Bestimmungen in den VOB Teil B (VOB/B) geregelt. Die VOB/B werden vom Gesetzgeber wie allgemeine Geschäftsbedingungen behandelt. Sie bedürfen der ausdrücklichen Vereinbarung. Der Bauvertrag umfasst im Wesentlichen folgende Regelungen:[3]

---

[1] Vgl. Volhard, R., Weber, D. u. Usinger, W. (Hrsg.), 1998, S. 92 ff.

[2] Vgl. Hart, O., 1995, S. 2 ff.

[3] Vgl. Falk, B., 1992,(Hrsg.) Bd. II, Kap. 6. Minuth, K., 1996b, S. 487 ff.; Volhard, R., Weber, D. u. Usinger, W. (Hrsg.), 1998, S. 92 ff.

Tabelle 7.2. Wesentliche Regelungen des Bauvertrags nach BGB und VOB

Vertrags-bestandteile	BGB	VOB
Bauleistung		
Formulierung der Bauleistung	• Eindeutige und erschöpfende Formulierung der Bauleistung nach § 9 VOB/A, auch wenn VOB nicht vereinbart	• Eindeutige und erschöpfende Formulierung der Bauleistung nach § 9 VOB/A
Leistungsänderung	• Leistungsänderung nur aufgrund unvermeidlicher Planungsänderung nach dem Grundsatz von Treu und Glauben (§ 242 BGB)	• Einseitiges Anordnungsrecht zur Leistungsänderung durch den Auftraggeber gem. § 1 Nr. 3 und 4 VOB/B
Abnahme	• Verpflichtung des Auftragnehmers (§ 640 BGB) • Abnahmeverweigerungsrecht	• Verpflichtung des Auftragnehmers (§ 12 Nr. 1 VOB/B), folgende Abnahmeformen möglich: förmlich, konkludent, fiktiv • Abnahmeverweigerung nur bei erheblichen Mängeln
Vergütung		
Preisänderung	• nicht explizit geregelt	• Preiskorrektur bei maßgeblichen Mengen- und Preisänderungen oder Zusatzleistungen gegenüber ursprünglicher Leistungsvereinbarung
Fälligkeit	• Bei (Teil-) Abnahme (§ 641 Abs. 1 BGB)	• Abschlagszahlungen (§ 16 Nr. 1 VOB/B) sowie Schlusszahlung i.d.R. nach Abnahme (§ 16 Nr. 3 VOB/B)
Gefahrtragung/Gewährleistung		
Vom Auftragnehmer nicht zu verantwortende Zerstörung	• Auftragnehmer trägt grundsätzlich die Gefahr bis zur Abnahme (§ 644 Abs. 1 Satz 1 BGB)	• Auftraggeber trägt die Gefahr auch vor der Abnahme (§ 7 VOB/B)
Vom Auftragnehmer nicht zu verantwortende Behinderung	• s. o.	• Auftragnehmer muss Behinderung anzeigen und hindernde Umstände bestmöglich ausräumen, dann Fristverlängerung sowie Abrechnungsanspruch

Tabelle 7.2. (Fortsetzung)

Vertrags-bestandteile	BGB	VOB
Gewährleistung	• Pflicht des Auftragnehmers, auch ohne Verschulden, es sei denn, der Mangel geht auf den Auftragnehmer zurück (keine Genehmigung, unvollständige Pläne) • Prüfungs- und Hinweispflicht im Rahmen der Sorgfalts- und Obhutspflicht	• Siehe BGB • Ausdrückliche Prüfungs- und Hinweispflicht im Rahmen seiner Sachkunde (§ 4 Nr. 3 VOB/B)
Mängelrechte des Auftraggebers	• Mangelbeseitigung, Minderung und Wandlung, Schadensersatz (§§ 633 – 635 BGB)	• Mangelbeseitigungsanspruch grds. gem. BGB • Vor Abnahme nach fruchtlosem Fristablauf zusätzlich Kündigungsrecht und Anspruch auf Schadenersatz wegen Nichterfüllung (§§ 4 Nr. 7 Satz 1 u. 3, 8 Nr. 3 VOB/B) und Ersatzvornahme auf Kosten des Auftraggebers • Minderung nach § 13 Nr. 6 VOB/B sind nur möglich, wenn Mängelbeseitigung unmöglich, unzumutbar ist oder abgelehnt wird • Kein Wandlungsrecht • Einschränkung des Schadensersatzanspruchs auf Vorliegen wesentlicher Mängel

Quelle: Eigene Darstellung.

Die Tabelle zeigt die wesentlichen Unterschiede der rechtlichen Grundlagen des Bauvertrags nach BGB und VOB. Bei Bauprojekten liegen spezielle Bedingungen vor, in denen die VOB/B gegenüber den Regelungen des Werkvertrags im BGB zu einem gerechteren Ausgleich zwischen den Vertragsparteien führt. Im Ergebnis wird der Auftraggeber im Zeitraum der Bauerstellung im Falle des Nichtverschuldens durch den Auftragnehmer vergleichsweise höheren Kosten- und Terminrisiken ausgesetzt. Im Gegenzug hat er einen Anspruch auf flexiblere Erfüllung von Änderungswünschen. Nach Abschluss der Bauleistungen ist die Ausführung der einzelnen Gewerke umfassend zu dokumentieren, um später Reparaturen und Umbauten problemlos durchführen zu können.

Der Prozess der Projektentwicklung im engeren Sinne ist mit der Fertigstellung der Immobilie beendet. Die Projektentwicklung im weiteren Sinne umfasst „...den gesamten Lebenszyklus der Immobilie vom Projektanstoß bis hin zur Umwidmung oder dem Abriss am Ende der wirtschaftlich vertretbaren Nutzungsdauer."[1] Die späteren Phasen des Lebenszyklus beeinflussen die hier diskutierte Frage der Bereitstellung nur am Rande.

7.2.1.3 Organisation

Die vielschichtigen Aufgaben der Projektentwicklung setzen erhebliches Fachwissen und freie Kapazitäten voraus, die der Eigenbedarfsbauherr in der Regel nicht vorzuweisen hat. Gegebenfalls wird er im Rahmen der Organisation der Projektentwicklung viele Leistungen von Dritten erbringen lassen.[2] In diesem Fall bestehen Zielkonflikte der verschiedenen Akteure. Zum Zweck der Schematisierung der Zielkonflikte können die Akteure in vier Rollen unterteilt werden.

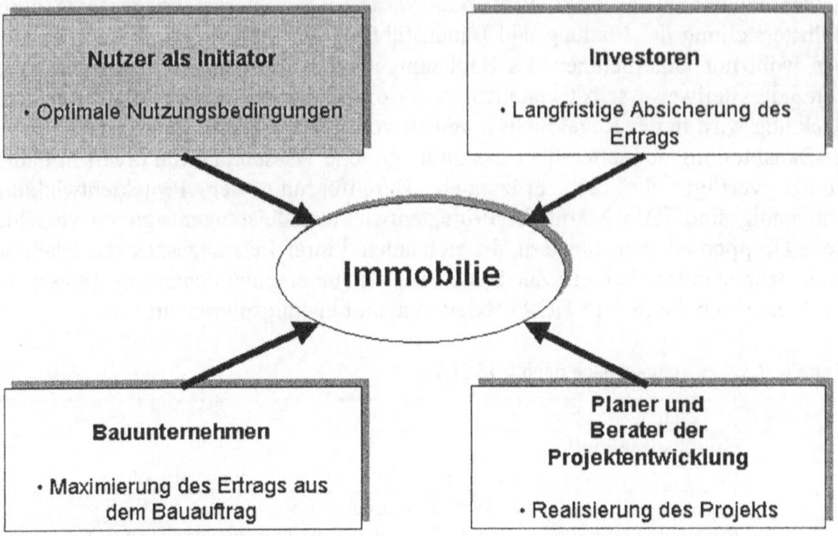

Abb. 7.2. Zielkonflikte der Projektentwicklung. Quelle: Eigene Darstellung.

Dem Nutzer kommt im hier betrachteten Fall mindestens die Rolle des Initiators der Projektentwicklung zu. Er muss die aus seiner Sicht effiziente Erstellung und Finanzierung der Projektentwicklung sicherstellen. Die Investoren haben das Interesse an der langfristigen Absicherung des Ertrags.[3] Dieser erhöht sich beispielsweise durch die Flexibilität der Gebäudenutzung. Die aus Investorensicht notwendige Flexibilität erhöht die Bau- und somit auch die Nutzungskosten. Dieses Beispiel verdeutlicht den potenziellen Zielkonflikt zwischen Nutzer und Investor. Ist der Konflikt nicht zu überwinden, findet sich aus anderen Gründen kein Inves-

[1] Diederichs, C. J., 1996, S. 30; ebenso: Diederichs, 1994, S. 44 ff.
[2] Vgl. Amelung, V. E., 1996, S. 64 ff.
[3] Auf die Finanzierungsproblematik wird im Abschnitt 7.3 näher eingegangen.

tor oder entscheidet sich das Unternehmen aus dem Aspekt der Kapitalanlage für die Immobilie, so übernimmt das Unternehmen neben der Nutzer- auch die Investorenrolle.

Die Planer und Berater in der Rolle des Planers der Projektentwicklung haben zum Zwecke ihrer eigenen Kapazitätsauslastung das Interesse an der Durchführung des Projekts. Dabei nehmen sie Kompromisse hinsichtlich der Nutzungsbedingungen billigend in Kauf. Der Honoraranspruch der beteiligten Architekten und Ingenieure ergibt sich aus der Honorarordnung für Architekten und Ingenieure (HOAI). Nach der HOAI orientiert sich das Honorar im Wesentlichen an der Höhe der Baukosten. Sie bietet folglich kaum Anreize für kostengünstige Bauplanungen,[1] was den Interessenkonflikt verstärkt. Die Erbringer der vielfältigen Gewerke in der Rolle der Bauunternehmen haben das Ziel ihren eigenen Ertrag zu maximieren, was sich in Bezug auf die Nutzung des Objekts per se kostensteigernd oder nutzenreduzierend auswirkt. Prinzipiell wären diese Interessengegensätze durch Selbsterstellung der Planung und Bauausführung zu überwinden. Allerdings können wohl nur Unternehmen des Bauhauptgewerbes die Bauleistungen ganz oder zumindest teilweise selbst erstellen. Auch die Rolle des Planers der Projektentwicklung wird in der Regel nicht komplett vom Nutzer übernommen, da die interne Bauabteilung nur selten über das umfangreiche Wissen und die diversen Fähigkeiten verfügt, die zur effizienten Durchführung der Projektentwicklung notwendig sind.[2] Am Markt für Projektentwicklungsleistungen agieren verschiedene Gruppen an Dienstleistern, die sich anhand ihrer Leistungsspektren erheblich voneinander unterscheiden. Zur Systematik der unterschiedlichen Leistungsspektren bieten sich die in § 15 HOAI fixierten neun Leistungsphasen an.[3]

Tabelle 7.3. Leistungsphasen nach § 15 HOAI

Nr.	Leistungsphase
1	Grundlagenermittlung Ermittlung der Voraussetzungen zur Lösung der Planungsaufgabe
2	Vorplanung (Projekt- und Planungsvorbereitung) Erarbeitung der wesentlichen Teile der Projektaufgabe mit dem Ziel einer skizzenhaften Darstellung der Lösungsmöglichkeiten
3	Entwurfsplanung (System- und Integrationsplanung) Durcharbeitung des Planungskonzepts bis hin zum vollständigen Entwurf und Kostenplanung gem. DIN 276 (Maßstab 1 : 200 bis 1 : 100)
4	Genehmigungsplanung Erarbeitung und Einreichung der zur öffentlich-rechtlichen Genehmigung erforderlichen Unterlagen
5	Ausführungsplanung Zeichnerische und verbale Detaildarstellung aller für die praktische Ausführung notwendigen Fachpläne (Maßstab 1 : 50 bis 1 : 1)

[1] Vgl. Minuth, K., 1996a, S. 454 ff.; Kyrein, R., 1997, S. 58.
[2] Vgl. Amelung, V. E., 1996, S. 63 ff.
[3] Vgl. Minuth, K., 1996a, S. 451 ff.

Nr.	Leistungsphase
6	Vorbereitung der Vergabe Ermittlung der Mengen aus den Ausführungsplänen. Erstellung des Leistungsverzeichnisses
7	Mitwirkung bei der Vergabe Erstellung von Vergabeunterlagen, Einholung, Prüfung und Wertung von Angeboten. Erstellung eines Kostenanschlags
8	Objektüberwachung Umfassende Terminierung und Überwachung der Bauausführung sowie Rechnungsprüfung
9	Objektbetreuung und Dokumentation Mängelbeseitigung und systematische Dokumentation des Baus

Quelle: Eigene Darstellung.

Zur Durchführung der Planungsaufgaben hat der Auftraggeber die Wahl zwischen verschiedenen Planungsträgern, die er anstelle der eigenen Planung seine Immobilienabteilung beauftragen kann. Es handelt sich dabei um folgende Gruppen:

- Freischaffende Architekten
  Der freischaffende Architekt ist historisch gesehen derjenige, der als „Treuhänder" des Bauherren die Koordination der Bauaufgaben über alle neun Leistungsphasen wahrnimmt.

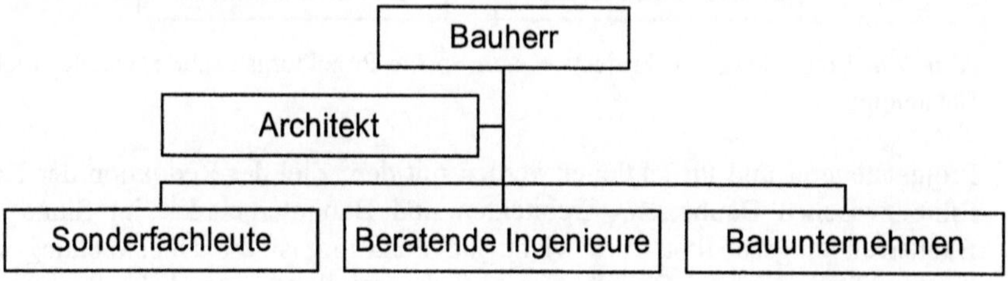

Abb. 7.3. Einbindung von Architekten in die Projektorganisation. Quelle: Eigene Darstellung.

Vorteilhaft bei der klassischen Einzelbeauftragung der Gewerke unter Federführung des Architekten ist das hohe Maß an Möglichkeiten der Einflussnahme des Bauherren auf Bauprozess und Beteiligte. Mit zunehmender Kostenorientierung von Bauprojekten, spezifisch am Nutzer orientierten Gebäudefunktionen, wachsendem Risikobewusstsein und gestalterischen Vorgaben des Nutzers steigt allerdings die Planungsaufgabe und auch das Konfliktpotenzial zwischen Architekt und Bauherren, sodass zunehmend weitere Planer hinzugezogen werden.

- Projektsteuerer und Projektleiter
  Mit wachsendem Projektumfang nehmen die erforderlichen Managementleistungen zu.[1] Dies betrifft vor allem die Leistungsphasen nach der HOAI, in de-

[1] Vgl. Kyrein, R., 1997, S. 78.

nen der Rahmen, der in der Projektentwicklung vorher auf dem Papier entwickelt worden ist, umgesetzt wird.[1] Aus Sicht der Projektentwicklung handelt es sich dabei zeitlich um die mittleren bis späteren Phasen, in denen das Projekt in die Realisierung eintritt, und inhaltlich maßgeblich um Aufgaben der technischen Programmstellung. Diese Managementaufgaben werden von Projektsteuerern und Projektleitern übernommen. Unter Projektsteuerung wird die „...neutrale, unabhängige Wahrnehmung delegierbarer Auftraggeberfunktionen in technischer, wirtschaftlicher und rechtlicher Hinsicht im Sinne des § 31 HOAI...“[2] verstanden. Der Projektsteuerer ist somit Berater des Bauherren und hat keine Entscheidungskompetenzen. Der Leistungsumfang der Projektleitung umfasst darüber hinaus auch nicht delegierbare Teile der Auftraggeberfunktion.[3]

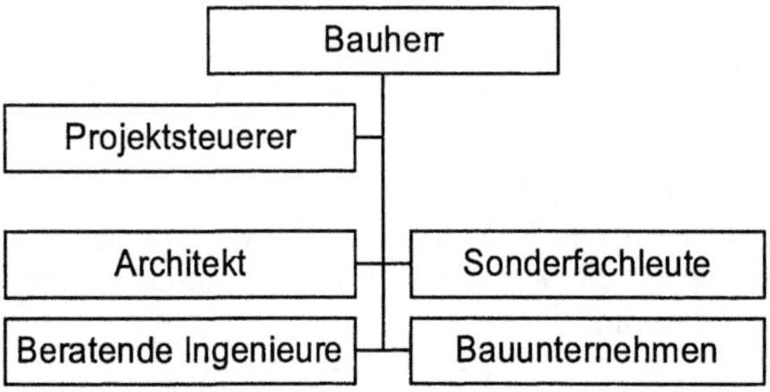

Abb. 7.4. Einbindung von Projektsteuerern in die Projektorganisation. Quelle: Eigene Darstellung.

Projektsteuerer und Projektleiter werden mit dem Ziel der Reduktion der Konflikte zwischen Bauherren, Architekten und Bauunternehmen im Sinne des Bauherren eingeschaltet. Ihre wichtigste Funktion ist die Überwachung von Kosten, Terminen und Qualität der Aufgabenerfüllung anhand der Programmstellung der Projektentwicklung. Im Gegensatz zur Objektorientierung des Architekten, arbeiten sie projektorientiert und verfolgen die Ziele des Bauherren. Mit der Beauftragung von Projektsteuerern und Projektleitern kann durch Einkauf der entsprechenden Kompetenzen das technische, wirtschaftliche und rechtliche Risiko der Bauherrenfunktion zwar verringert werden, es geht aber keinesfalls auf den Dienstleister über.[4]

- Generalplaner
  Im Falle der Beauftragung eines Generalplaners hat der Bauherr einen Vertrag mit einem Planungsunternehmen, welches gegebenenfalls Subunternehmer mit

[1] Vgl. Kyrein, R., 1997, S. 81.

[2] Diederichs, C. J., 1996, S. 34.

[3] Vgl. § 1 Abs. 1 und 2 der Berufsordnung für Projektsteuer des Deutschen Verbandes der Projektsteuerer e. V. zitiert bei: Amelung, V. E., 1996, S. 94.

[4] Vgl. Amelung, V. E., 1996, S. 95.

Teilplanungen beauftragt.[1] Das Aufgabenspektrum gleicht denen der Projektsteuerer und Projektleiter.[2]

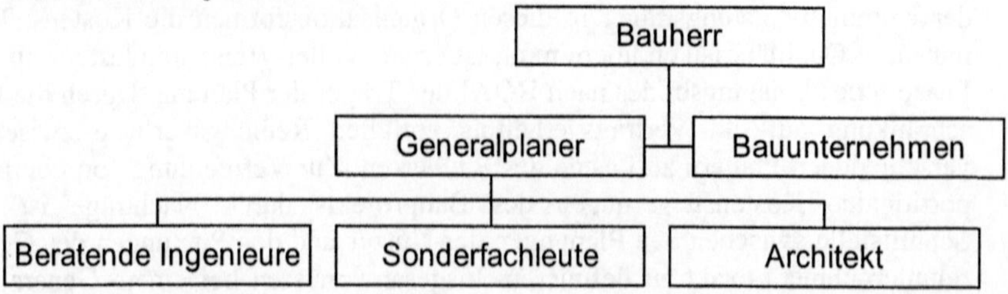

Abb. 7.5. Einbindung von Generalplanern in die Projektorganisation. Quelle: Eigene Darstellung.

Im Gegensatz zu Projektsteuerern und Projektleitern übernehmen Generalplaner die Gesamtverantwortung für alle Planungs- und Bauleitungsaufgaben. Der Bauherr hat in diesem Fall keine Möglichkeiten der Einflussnahme auf die Vertragspartner des Generalplaners, was bei Planungsänderungen erhebliche Komplikationen hervorrufen kann. In der Praxis übernimmt teilweise der Architekt die Rolle des Generalplaners, was die gezeigten Interessenkonflikte mit dem Bauherren mit sich bringt.

- Generalunternehmer, Generalübernehmer und Totalunternehmer
  Wie bereits erläutert übernehmen diese Vertragspartner die schlüsselfertige Erstellung der Bauleistung. Zu diesem Leistungsbündel gehört auch je nach Vertragsgestaltung ein mehr oder weniger großer Anteil an Planungsleistungen.

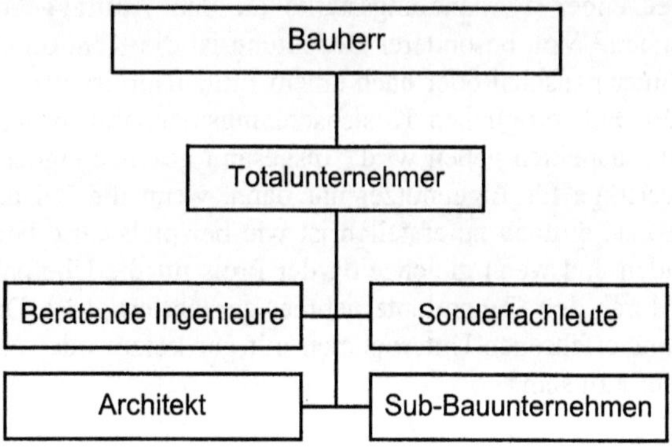

Abb. 7.6. Einbindung von Totalunternehmern in die Projektorganisation. Quelle: Eigene Darstellung.

Die Abbildung 7.6. zeigt, wie ein Totalunternehmer in die Projektorganisation eingebunden ist. Generalunternehmen und Generalübernehmer sind nur gegen-

[1] Vgl. Homann, K., 1998b, S. 270 f.
[2] Vgl. Amelung, V. E., 1996, S. 75 ff.

über den von ihnen beauftragten Subunternehmern weisungsbefugt. Alle drei gemeinsam werden im Folgenden als Kumulativleistungsträger bezeichnet. Da der Kumulativleistungsträger in diesen Organisationsformen die Kosten-, Termin- und Qualitätsrisiken übernimmt, ist er sinnvoller Weise mindestens ab der Phase 6 des Leistungsbildes nach HOAI der Träger der Planung. Durch die Beschränkung auf ein Vertragsverhältnis entfallen Reibungsverluste zwischen verschiedenen Planern zu Lasten des Bauherren. Zur Vermeidung von überproportionalen Kostensteigerungen des Bauprojekts durch Nachträge ist die Schnittstelle zwischen den Planungen der Nutzer und den Planungen des Generalunternehmers exakt zu definieren. Insgesamt müssen bei einem Generalunternehmervertrag erheblich mehr Vorarbeiten geleistet werden. Dennoch ist gerade bei komplexen Bauverträgen eine komplette Leistungsbeschreibung nur sehr schwer möglich, sodass die Gefahr von nachtragsbedingten Kostensteigerungen mit steigender Komplexität des Bauprojekts steigt. Neben Mehraufwendungen in der Planung entstehen auch größere Aufwendungen für die Kontrolle der Bauleistung, welche ansonsten vom Architekten übernommen wird. In besonders diffizilen Fällen kann die Beauftragung eines externen Kontrolleurs angeraten sein. Aufgrund der Solitärstellung von Kumulativleistungsträgern begibt sich der Auftraggeber in eine weitere starke Abhängigkeit. Fällt der Kumulativleistungsträger beispielsweise durch Konkurs aus, ist das gesamte Bauwerk gefährdet.[1] Hingegen sind Kumulativleistungsträger aufgrund ihrer Größe und Erfahrung gut in der Lage, die Mängelzuordnung durchzuführen und gegebenenfalls die Mängelbeseitigung gegenüber den beauftragten Subunternehmen durchzusetzen. Durch die Spezialisierung des Kumulativleistungsträgers können potenziell Kosten-, Termin- und Qualitätsvorteile entstehen, die bei entsprechender Verhandlungsstärke an den Auftraggeber weitergereicht werden können.[2] Von besonderer Bedeutung ist die Kontrolle, wenn der Generalunternehmer pauschal oder nach einem Einheitspreisvertrag bezahlt wird, da er in diesem Fall möglichen Kostensenkungsmaßnahmen den Vorzug gegenüber Qualitätsaspekten geben wird.[3] Insgesamt gesehen eignen sich Generalunternehmerverträge für Eigennutzer nur dann, wenn die Leistungsbeschreibung vergleichsweise einfach zu erstellen ist wie beispielsweise bei standardisierten Bürogebäuden und wenn gleichzeitig der Preis für die Übernahme der Bauherrenrisiken durch den Generalunternehmer gerechtfertigt ist. Dies dürfte vor allem bei bauunerfahrenen Unternehmen mit gar keiner oder einer kleinen Bauabteilung der Fall sein.

- Fachberater
  Für die Planung- und Durchführung von Bauaufträgen sind regelmäßig eine ganze Reihe an Fachberatern hinzuzuziehen. Eine vollständige Aufzählung ist kaum möglich. Die wichtigsten sind

[1] Vgl. Schweizer, W., 1990, S. 96 ff.
[2] Vgl. Homann, K., 1998b, S. 272 f.
[3] Vgl. Amelung, V. E., 1996, S. 81 ff.

- Makler, die im Zuge der Grundstücksakquisition behilflich sind und den Rahmen einer späteren Drittverwendungsfähigkeit des zu entwickelnden Objekts abschätzen;
- Politikberater, die bei der Erwirkung der Baugenehmigung Hilfestellung geben. Häufig handelt es sich dabei um ehemalige Verwaltungsmitarbeiter und Politiker aus den entsprechenden Ressorts;
- Rechtsberater, die an der Erwirkung der Baugenehmigung sowie an den Bauverträgen mitwirken;
- Spezialisten für Teilbereiche der Architektur- und Ingenieurleistungen wie beispielsweise Fassadenexperten oder Klimatisierungsexperten;
- Ökologieberater, die die Umweltverträglichkeit des Bauprojekts in der Erstellung und der späteren Nutzung des Objekts sicherstellen.

- Organisationsberater
  Die Leistungen nach HOAI sind sehr stark an der bautechnischen Ausführung des Projekts orientiert. Im Falle des Eigenbedarfbaus sind bereits vorher Planungsschritte notwendig. So sind vor allem im Zuge der Projektinitiierung die Projektziele und die konkreten Leistungsanforderungen aus der Perspektive der zukünftigen Nutzung präzise herauszuarbeiten und im Lauf des Projektentwicklungsprozesses in die verschiedenen Planungsphasen einzubringen und gegebenenfalls mit den späteren Nutzern rückzukoppeln. Nach Abschluss der Phase 9 ist in vielen Fällen eine weitere Nachbetreuung zur Organisation des Umzugs und zur Sicherung der Akzeptanz des neuen Gebäudes im Unternehmen und der Umwelt erforderlich. Diese Aufgaben außerhalb des Leistungsbilds der HOAI kommen originär der unternehmensinternen Immobilienabteilung zu. Allerdings hat sich auch auf diesem Feld ein Markt für Organisationsberater herausgebildet, die diese Dienstleistung anbieten.

Die Frage der effizienten Kombination aus Selbsterstellung und Fremdvergabe der einzelnen in der HOAI genannten Leistungsphasen sowie etwaiger aus Sicht des Projektinitiators notwendiger Zusatzleistungen ist in der Literatur umfassend erörtert worden.[1] Aus Sicht des Unternehmens ist die Organisation der Projektentwicklung primär aus der Nutzerrolle zu beurteilen, gegebenenfalls aber auch aus der Rolle des Investors, welche in den bisherigen Ausführungen vernachlässigt worden ist. SCHERMANN weist zur Sicherstellung der Investorenziele auf die Notwendigkeit einer Beteiligung externen Sachverstands über den gesamten Prozess der Projektentwicklung hin. „Unternehmen, welche die Entwicklung der von ihnen genutzten Immobilien selbst vornehmen, neigen dazu, nur ihre Belange zu sehen. Der externe Projektentwickler beachtet dagegen spätere Umnutzungsmöglichkeiten, insbesondere dann, wenn er zugleich langfristig die Interessen des Eigentümers der gewerblichen Immobilie wahrnimmt."[2] Allerdings ist die Sicherstellung der Drittverwendungsfähigkeit zur Sicherstellung der Ziele der Investorenrolle auch durch die Beteiligung von marktbezogenen Fachberatern in Form eines Immobilienmaklers zu erreichen. Zur Durchsetzung der Nutzerziele

[1] Vgl. Amelung, V. E., 1996, S. 54 ff.; Homann, K., 1998b.

[2] Schnermann, J., 1992, S. 300.

zeichnen sich in der Praxis im Wesentlichen zwei Modelle ab, die sich an der Frage scheiden, ob einem Kumulativleistungsträger der Vorzug zu geben ist oder nicht. Kriterien dafür sind die Kapazität und die fachliche Qualifikation der Immobilienabteilung sowie die Komplexität der Programmstellung des Bauprojekts. Bei wenig komplexen, stark standardisierbaren Projekten, bei denen zudem auf Erfahrungen aus der Vergangenheit zurückgegriffen werden kann, und bei geringer Kapazität/Qualifikation der Immobilienabteilung hat ein Kumulativleistungsträger Vorteile und vice versa.[1]

Ein Hauptmotiv des Nutzers für die Selbsterstellung eines Gebäudes ist die Errichtung von individuell an den Nutzerwünschen orientierten Objekten. Sollte die Individualisierung in einer komplexeren Programmstellung der Projektentwicklung zum Ausdruck kommen, schafft die Beauftragung eines Kumulativleistungsträgers Interessenkonflikte. Die durch das Vertragswerk entstandene hold-up-Situation[2] birgt für den Auftraggeber die Gefahr von unkalkulierbaren Kosten-, Qualitäts- und Terminrisiken. In diesem Fall empfiehlt AMELUNG folgende Lösung:

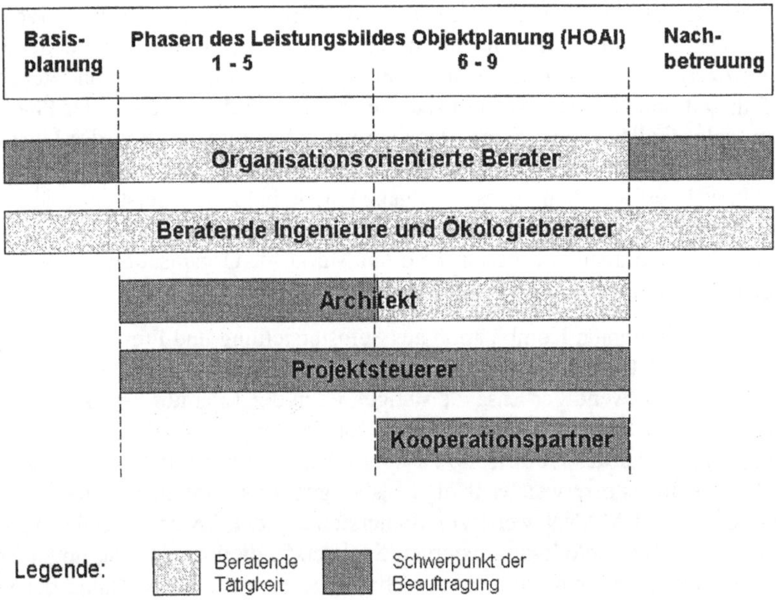

Abb. 7.7. Idealtypische Kombination von Planern bei der Projektentwicklung durch Eigenbedarfsbauherren. Quelle: Amelung, V. E., 1996, S. 130.

Der organisationsorientierte Berater sowie die beratenden Ingenieure und Ökologieberater sollen bei dieser Kombination von Planungsträgern insbesondere vor Eintritt in die Realisierung die effiziente Wahrnehmung der Nutzerinteressen si-

[1] Vgl. Amelung, V. E., 1996, S. 128 ff.
[2] Vgl. Grossman, S. J. u. Hart, O., 1986.

cherstellen. Der Architekt erarbeitet gemeinsam mit dem Projektsteuerer die von der Bauplanung geprägten Phasen 1 – 5 der HOAI. Dabei kommt dem Architekten die Aufgabe der objektorientierten Planung zu. Der Projektsteuerer hingegen überprüft und ergänzt die Planung aus der Programmstellung des Projektentwicklungsprozesses. In diesem Sinn leitet der Projektsteuerer auch in den Phasen 6 – 9 die Durchführung des Bauprojekts. Dabei empfiehlt AMELUNG durch das Eingehen von Kooperationen beispielsweise mit Bauabteilungen anderer Nichtbauunternehmen die gegenüber einem Kumulativleistungsträger fehlende Marktmacht auszugleichen.[1]

7.2.2 Besonderheiten des Redevelopments von Immobilien

7.2.2.1 Grundlagen

In Ballungsgebieten sind Gewerbegrundstücke ohne bestehende Bebauung eine Seltenheit. Verfügbar sind in der Regel aber Grundstücke, welche nicht mehr effizient eingesetzt werden können, da sie in ihren Nutzungsmöglichkeiten den gegenwärtigen und zukünftigen Nutzungsanforderungen nicht mehr gerecht werden. Es ist dabei gleichgültig, ob die Immobilien noch (suboptimal) genutzt werden oder ob sie leer stehen. Entscheidend für den Anstoß zu einer neuen Runde im Projektentwicklungsprozess ist die Tatsache, dass der Eigentümer durch eine Umwidmung der Immobilie sein Ergebnis verbessern kann.[2] Unter Umwidmung wird die Neunutzung von Immobilienflächen verstanden.[3] Gehen mit der Umwidmung in erheblichem Maß Investitionskosten einher, wird von Redevelopment gesprochen.[4] Nach dem Grad der zur Neunutzung erforderlichen Maßnahmen unterscheidet man das Redevelopment zwischen Flächenrecycling und der Revitalisierung von Immobilien. „Flächenrecycling ist die Neu- oder Wiedernutzung bereits erschlossener und in der Regel früher anderweitig genutzter Flächen. Das Ziel des Flächenrecycling ist es, eine wirtschaftlichere Nutzung der Flächen zu erreichen. Ein Unterbegriff des Flächenrecycling ist die Revitalisierung. Hierunter wird die Anpassung der Ausstattung und Qualität der Immobilie an geänderte Marktverhältnisse verstanden."[5] Bei der Revitalisierung wird im Gegensatz zum Flächenrecycling der ursprüngliche Nutzungszweck beibehalten. Typische Beispiele für die Revitalisierung von Flächen sind die Einrichtung von Shop-in-Shop-Konzepten in ehemaligen Warenhäusern wie dem Galeria-Konzept in den Häusern der Kaufhauskette Kaufhof. Revitalisierungen werden zunehmend auch bei Bürogebäuden vorgenommen, insbesondere um historische Gebäude oder zumindest deren Fassaden zu erhalten und gleichzeitig modernen Nutzungsanforderungen zu entsprechen. Die Revitalisierung geht nicht mit dem Ablauf der technischen Nutzungsdauer des Gebäudes einher, die Notwendigkeit ergibt sich vielmehr aus der

---

[1] Vgl. Amelung, V. E., 1996, S. 130 f.
[2] Vgl. Williams, J. T., 1997, S. 387.
[3] Vgl. Falk, B. (Hrsg.), 1992, Kap. 15.4, S. 1.
[4] Vgl. Williams, J. T., 1997, S. 387.
[5] Falk, B., (Hrsg.) 1992, Kap. I.15.8, S. 1.

wirtschaftlichen Veraltung des Objekts.[1] Von Flächenrecycling wird gesprochen, wenn die Reaktivierung von ehemaligen Industrie- oder Brachflächen eine wesentliche Veränderung des ehemaligen Nutzungszwecks nach sich zieht.

Beispiele für Flächen, die typischer Weise zum Recycling anstehen, finden sich

1. an abschmelzenden Industriestandorten insbesondere in Ostdeutschland und im Ruhrgebiet,
2. an ausgelaugten Standorten des Bergbaus,
3. in Hafenstädten (z. B. die Docklands von London und Sydney sowie zukünftig die Hamburger Speicherstadt),[2]
4. in ostdeutschen Innenstädten (z. B. Dresden).[3]

Da auch von der Flächenrevitalisierung eine mehr oder minder starke Veränderung des Nutzungszwecks ausgeht, sind die Grenzen zwischen Revitalisierung und Flächenrecycling fließend.[4] Grundsätzlich lässt sich durch Revitalisierung und Flächenrecycling eine langfristige wirtschaftlich effektivere Nutzung aufgegebener oder minder genutzter Flächen nur erreichen, wenn ein ganzheitliches Konzept zur Umstrukturierung der Flächen unter Berücksichtigung aller rechtlichen und standortspezifischen Gegebenheiten entwickelt wird. Die mit der Umwidmung verbundenen Ziele des Projektentwicklers treffen auf historisch gewachsene Architektur und Nutzungsstrukturen, auf deren Beibehaltung oder Weiterentwicklung sich Teile des öffentlichen Interesses richten. Das Flächenrecycling und die Revitalisierung schaffen ein Spannungsfeld zwischen städtebaulichen Notwendigkeiten zur Vorbeugung von Zersiedelung, regionalwirtschaftlichen Zielvorstellungen, ökologischen Zielen und einzelwirtschaftlichen Zielsetzungen der Projektentwickler sowie der Nutzer.[5] Der Aufbruch bestehender Strukturen bedingt im Vergleich zur Projektentwicklung einer Freifläche im Außenbereich eine erheblich stärkere Beteiligung der Öffentlichkeit. Typisch für die Rahmenbedingungen der Genehmigungsverfahren im Zuge der Flächenumnutzung sind folgende zwei beispielhafte Szenarien:

1. In der öffentlichen Wahrnehmung ist die Immobilie untrennbar an die ehemalige Nutzung gekoppelt. Werden, wie bei zur Revitalisierung anstehenden Industrieflächen regelmäßig zu beobachten, Werke stillgelegt und Arbeitnehmer entlassen, so vermutet die Öffentlichkeit in der Flächenumwidmung ein Spekulationsgeschäft als Ursache für die Betriebsstilllegung.[6]

---

[1] Vgl. Falk, B., 1992, S. 542 ff.

[2] Vgl. Priebs, A., 1998, sowie die Praxisberichte in Westdeutsche Immobilien Holding (Hrsg.), 1998.

[3] Vgl. DIW u. IfS (Hrsg.), 1995.

[4] Deshalb wird in Teilen der Literatur auch kein Unterschied gemacht: Spencer-Jones, J., 1998, S. 103.

[5] Vgl. Doetsch, P. u. Rüpke, A., 1998.

[6] So erlebt z. B. von ABB Grundbesitz GmbH bei der Revitalisierung des Objekts „Panckow Park“ in Berlin.

2. Der Grund und Boden für Neuansiedelungen in Ballungszentren wird zunehmend knapper. Flächenrevitalisierungen sind deshalb die Handlungsgrundlage der regionalen Wirtschaftsförderung. Über die Vorziehenswürdigkeit von alternativen Nutzungskonzepten für die knappen Flächen entsteht politischer Streit.[1]

In Abhängigkeit von der Stärke des öffentlichen Interesses wird die Schaffung von Bau- und Nutzungsrechten als das Hauptproblem der Umwidmung von Immobilienflächen angesehen. Ferner steht der Initiator aus juristischer und technischer Sicht vor der Problematik der Bewältigung von Altlasten auf dem Grundstück. Beide Spezialprobleme des Flächenrecyclings sind nachfolgend näher zu analysieren.

7.2.2.2 Rechtliche Besonderheiten des Flächenrecyclings gegenüber der Projektentwicklung

Rechtlich zeichnet sich das Flächenrecycling durch zwei Besonderheiten aus. Diese liegen begründet in den Rechtsgebieten des

1. Denkmalrechts und des
2. Bauplanungsrechts.

Zu 1.) Im Bereich des Denkmalrechts unterscheidet man zwischen Denkmalschutz und Denkmalpflege. „Unter Denkmalschutz versteht man alle Maßnahmen der öffentlichen Hand, die im Bereich der Eingriffsverwaltung als Verwaltungsakt im Sinne des § 35 VwVfG getroffen werden. ... Unter Denkmalpflege werden demgegenüber alle Handlungen und Tätigkeiten der öffentlichen Hand verstanden, die ausschließlich im Rahmen der schlicht hoheitlichen oder fiskalischen Verwaltung ergehen."[2] Die Denkmalpflege ist somit dem Denkmalschutz aus juristischer Sicht nachgeordnet. Im Folgenden soll auf diese Unterscheidung verzichtet werden und sowohl Denkmalpflege als auch Denkmalschutz unter dem Oberbegriff Denkmalschutz zusammengefasst werden. Zu den Denkmälern als Gestaltungsobjekte des Denkmalschutz können grundsätzlich alle Immobilien gehören, an deren Erhaltung und Nutzung ein öffentliches Interesse besteht. Das Bundesverwaltungsgericht hat ein öffentliches Interessen dann angenommen, wenn die Bedeutung für Wissenschaft, Kunst oder Heimatschutz erwiesen und ins Bewusstsein der Bevölkerung oder breiter Kreise von Sachverständigen übergegangen ist. Weitere Präzisierungen der Beurteilungsmaßstäbe von Denkmälern erfolgen auf der Grundlage der Denkmalschutzgesetze der Länder. Regelmäßig gehört neben einer Reihe weiterer Kategorien auch die „Entwicklung der Arbeits- und Produktionsverhältnisse" zu den Bedeutungskategorien der Schutzwürdigkeit.[3] Historische Produktionsstätten, und um diese geht es in der Mehrzahl der Fälle des Flächenrecyclings, sind somit per se denkmalschutzverdächtig.

---

[1] So erlebt z. B. bei der Revitalisierung des Rheinauhafens in Köln.

[2] Weber, A., 1998, S. 4.

[3] Vgl. Weber, A., 1998, S. 60 ff.

In der Praxis basiert die Entscheidung der Qualifizierung einer baulichen Anlage oder eines Bauensembles als Baudenkmal auf der fachlichen Sachkunde der zuständigen Denkmalschutzbehörde. In der Regel werden zur Schaffung von Rechtssicherheit die als schutzwürdig erachteten Objekte in einer Liste zusammengestellt.[1] Sofern die Denkmaleigenschaft eines Objekts behördlich festgestellt wurde, ist die Verfügungsmacht des Eigentümers dahingehend beschränkt, dass Veränderungen von Zustand und Nutzung des Denkmals durch die Denkmalschutzbehörde genehmigt werden müssen. Für das Flächenrecycling von großer Bedeutung ist die Tatsache, dass nicht nur das Objekt selbst dem Denkmalschutz unterliegt, sondern die Landesdenkmalschutzgesetze auch Objekte in der Umgebung einbeziehen. Maßnahmen in der erheblichen Umgebung eines Denkmals werden der vorbeugenden Kontrolle daraufhin unterzogen, dass das Erscheinungsbild des Denkmals nicht beeinträchtigt wird. Auch hier besteht eine Genehmigungspflicht bei allen Objekten, die das Erscheinungsbild des Denkmals beeinträchtigen.

Grundsätzlich sind die bestehenden Baudenkmäler in der Landesplanung sowie der Flächennutzungs- und Bebauungsplanung zu berücksichtigen. Im Rahmen des Flächenrecyclings werden die denkmalschutzrechtlichen Bedenken im Zuge des Baugenehmigungsverfahrens abgeprüft.[2] Angesichts des Umfangs an denkmalgeschützten Objekten, beispielsweise existieren in Hamburg 940 denkmalgeschützte bauliche Anlagen oder Bauensembles, hat der Denkmalschutz erhebliche Relevanz auf die Gestaltung sowie auf die Art und den Umfang der baulichen Nutzung von Recyclingobjekten.

Zu 2.) Bei der Umwidmung einer Immobilie steht der Initiator häufig vor dem Problem, dass der bestehende Bebauungsplan die geplante Bebauung und Nutzung nicht zulässt, da regelmäßig ein Industriegebiet (GI) oder ein Gewerbegebiet (GE) ausgewiesen wird. In anderen Fällen existiert mangels bisheriger Notwendigkeit gar nicht erst ein Bebauungsplan. Liegt das Objekt nicht im Geltungsbereich eines Bebauungsplans, sondern im unbeplanten Innenbereich kann eine Baugenehmigung nach § 34 BauGB vergleichsweise unproblematisch erwirkt werden, wenn es sich nach der Eigenart in die nähere (beplante) Umgebung einfügt. Gleiches gilt nach § 35 BauGB für den Außenbereich eines Bebauungsplans. Bei Gewerbeimmobilien und insbesondere dem Flächenrecycling greifen §§ 34, 35 BauGB aufgrund mangelnder Voraussetzungen nach Art und Umfang des Bauvorhabens nur in seltenen Ausnahmefällen.[3] Zur Schaffung des notwendigen Baurechts stehen ansonsten mehrere Instrumentarien zur Verfügung. Auf welches dieser im Folgenden näher betrachteten Instrumentarien zurückgegriffen wird, richtet sich im Einzelfall individuell nach der jeweiligen bauplanungsrechtlichen Ausgangssituation und nach Art und Maß der beabsichtigten Nutzung.

---

[1] Vgl. Weber, A., 1998, S. 21 ff.

[2] Vgl. Weber, A., 1998, S. 71 ff.

[3] Da es beim „sich einfügen" um die Harmonie mit der Umgebung geht, ist die Anwendung der Vorschrift von deren Vollzug abhängig. Vgl. Falk, B. (Hrsg.), 1992, Kap. III.1.4, S. 6 ff.; Schneider, H. - J., 1996, S. 883 ff.

1. Befreiung vom Bebauungsplan (B-Plan)
Die zuständigen Genehmigungsbehörden können einen Investor nach § 31 Abs. 2 BauGB von den Feststetzungen eines bestehenden B-Plans im Einzelfall befreien. Als Voraussetzung gelten drei mögliche Fallgruppen. Die Befreiung kann erfolgen, wenn Gründe des Allgemeinwohls vorliegen, die Abweichung städtebaulich vertretbar ist und die Grundzüge der Planung nicht berührt werden oder die Durchführung des Bebauungsplans zu einer offenbar nicht beabsichtigten Härte führen würde. Liegt eine dieser drei Fallgruppen vor, muss außerdem die Abweichung auch unter Würdigung der nachbarlichen Interessen mit den öffentlichen Interessen vereinbar sein.[1]
Die Befreiung vom bestehenden Bebauungsplan kann grundsätzlich nur erfolgen, wenn die Planung in ihren Grundzügen nicht betroffen ist.[2] Bei erheblichen Abweichungen wie z. B. Änderungen der Nutzungsart kann keine Befreiung von den Festsetzungen des Bebauungsplans erfolgen, da diese die Grundzüge der Bauleitplanung antasten. Insofern eignet sich der § 31 Abs. 2 BauGB in der Regel nicht als Instrument für Maßnahmen des Flächenrecyclings, wohl aber für geringfügige Änderungen im Zuge von Flächenrevitalisierungen.

2. Vorhaben- und Erschließungsplan
Eine andere Ausgangssituation liegt vor, wenn ein Flächennutzungsplan existiert, die Fläche aber nicht im Geltungsbereich eines qualifizierten Bebauungsplans liegt. In dieser Situation steht zur Schaffung der planungsrechtlichen Voraussetzungen für die Zulässigkeit von konkreten Baumaßnahmen ein eigenständiges planungsrechtliches Instrument, der Vorhaben- und Erschließungsplan (§ 7 BauGB-MaßnahmenG) zur Verfügung.[3] Er muss aus dem Flächennutzungsplan entwickelt werden (§ 7 Abs. 2 S. 2 BauGB-MaßnahmenG) und stellt keinen Bauleitplan dar.[4] Der Initiator (Vorhabenträger) entwickelt in Zusammenarbeit mit der Gemeinde einen konkreten, seiner Projektidee entsprechenden Planentwurf zur Durchführung der Vorhaben und Erschließungsmaßnahmen und legt diesen anschließend der Gemeinde vor. Wenn der vom Investor eingereichte Plan die städtebauliche Entwicklung sicherstellt, wird er von der Gemeinde als Satzung beschlossen und begründet ebenso wie ein qualifizierter Bebauungsplan die planungsrechtliche Zulässigkeit von Bauvorhaben. Als weitere Voraussetzung muss zwischen Vorhabenträger und Gemeinde gleichzeitig ein Durchführungsvertrag abgeschlossen werden, in dem sich der Vorhabenträger zur Durchführung innerhalb einer bestimmten Frist verpflichtet.[5] Mit dem Vorhaben- und Erschließungsplan hat der Gesetzgeber ein effizientes planungsrechtliches Instrument geschaffen, das dem Investor ermöglicht, innerhalb einer vergleichsweise kurzen Zeit Planungssicherheit über das Baurecht zu erwirken. Generelle Nutzungsumwandlungen sind allerdings dann

[1] Vgl. Amelung, V. E., 1996, S. 105.
[2] Vgl. Battis, U.; Krautzberger, M. u. Löhr, R. - P., 1994, S. 411.
[3] Vgl. Falk, B. (Hrsg.), 1992, Kap. II.1.8.
[4] Vgl. Battis, U.; Krautzberger, M. u. Löhr, R.- P., 1994, S. 1739 ff.
[5] Vgl. Dolde, K. - P. u. Menke, R., 1996, S. 2626; Stich, R., 1996, S. 282 ff.

nicht möglich, wenn sie eine Änderung des Flächennutzungsplans voraussetzen.

3. Parallelverfahren
Sobald beim Flächenrecycling eine generelle Nutzungsänderung, also die Änderung des Baugebiettyps nach der BauNVO (z. B. von Industriegebiet in ein Wohngebiet) angestrebt wird, bedarf es neben der Änderung des Bebauungsplans auch einer Änderung des Flächennutzungsplans. Gelingt es dem Initiator in diesem Fall, die Gemeinde von dem geplanten Objekt zu überzeugen, können die zuständigen Behörden in einem Änderungsverfahren nach § 8 Abs. 3 S. 1 BauGB den Flächennutzungsplan und den Bebauungsplan in einem sogenannten Parallelverfahren gleichzeitig ändern. Der Ablauf erfolgt grundsätzlich wie bei der separaten Änderung der beiden Pläne. Das Parallelverfahren soll lediglich für eine Beschleunigung der erforderlichen Schritte sorgen. Insbesondere aufgrund der vorgesehenen Beteiligung der Träger öffentlicher Belange sowie der Bürgerbeteiligung ist in der Praxis dennoch mit Mindestlaufzeiten von 18 – 24 Monaten zu rechnen.

Insgesamt bleibt festzuhalten, dass das Flächenrecycling aufgrund der beabsichtigten gravierenden Änderungen in der Flächennutzung umfangreicher planungsrechtlicher Vorarbeiten bedarf. Sobald sich durch die neue Nutzung die rechtliche Grundlage des Bebauungsplans verändert, ist eine Änderung des Bebauungsplans erforderlich. Wird darüber hinaus die Hauptnutzungsart geändert, so ist zusätzlich der Flächennutzungsplan zu ändern.

7.2.2.3 Bewältigung der Altlastenverantwortlichkeit

Neben den Fragen des Baurechts stellen die Altlasten eines der wesentlichen Probleme zur Umwidmung von Gewerbegrundstücken dar. Ehemals industriell genutzte Grundstücke sind von der Altlastenproblematik überproportional betroffen, da auf ihnen über lange Zeiträume Produktionsprozesse mit umweltgefährdenden Stoffen stattfanden, die potenziell zur Verunreinigung von Boden und Grundwasser geführt haben.

Mit den am 1. März 1999 in Kraft getretenen Vorschriften des Bundes-Bodenschutzgesetzes (BBodSchG) sowie der zugehörigen Bundes-Bodenschutz- und Altlastenverordnung (BBodSchVO) beabsichtigt der Gesetzgeber, die Voraussetzungen für einen wirksamen Bodenschutz und die Sanierung von Altlasten zu schaffen. Geregelt wird die Erfassung, Gefahrabschätzung, Sanierung und Überwachung von altlastenverdächtigen Flächen. Altlastenverdächtige Flächen nach § 2 Abs. 6 des Gesetzes sind „Altablagerungen und Altstandorte, bei denen der Verdacht schädlicher Bodenveränderungen oder sonstiger Gefahren für den einzelnen oder die Allgemeinheit besteht." In der Praxis werden alle ehemals industriell oder militärisch genutzten Konversionsflächen als per se altlastenverdächtig angesehen.[1]

[1] Vgl. Falk, B. (Hrsg.), 1992, Kap. II.4.2, S. 1 sowie Kap I.28.3, S. 1.

Tabelle 7.4. Bundesweite Übersicht zur Altlastenerfassung (Stand: 12/1998)

Bundesländer	Anzahl erfasster altlastverdächtiger Standorte		
	Altablagerungen	Altstandorte	Flächen gesamt
Baden-Württemberg	15.074	27.487	42.561
Bayern	9.725	3.194	12.919
Berlin	673	5.541	6.214
Brandenburg	5.585	8.580	14.165
Bremen	105	4.000	4.105
Hamburg	460	1.701	2.161
Hessen	6.502	60.372	66.874
Mecklenburg-Vorpommern	4.113	7.231	11.344
Niedersachsen	8.957	k.A.	8.957
Nordrhein-Westfalen	17.155	14.874	32.029
Rheinland-Pfalz	10.578	k.A.	10.578
Saarland	1.801	2.442	4.243
Sachsen	9.382	22.197	31.579
Sachsen-Anhalt	6.936	13.295	20.231
Schleswig-Holstein	3.076	14.497	17.573
Thüringen	6.192	12.368	18.560
Bundesrepublik gesamt	106.314	197.779	304.093

Quelle: Umweltbundesamt, http://www.umweltdaten.de/altlast/web1/deutsch/1_6.htm v. 21.09.2000.

Die Tabelle verdeutlicht die erhebliche Anzahl an Flächen, die bislang als altlastenverdächtig eingestuft werden. Fünf Jahre zuvor, mit Stand vom 31.12.1993, waren lediglich 140.000 Verdachtsflächen erfasst und man ging davon aus, dass die Zahl der Verdachtsflächen sich auf 240.000 erhöhen würde.[1] Die Erfassung befindet sich weiterhin in der Phase der Vervollständigung. Von den 1998 erfassten 304.093 waren erst 53.000 einer Bewertung hinsichtlich der Altlasten unterzogen worden. Über die Zahl der sanierten Flächen liegen auf Bundesebene keine genauen Angaben vor. Zahlen aus einzelnen Bundesländern zeigen, dass diese unter 5 % der Verdachtsflächen liegen dürfte.[2]

[1] Vgl. Falk, B. (Hrsg.), 1992, Kap. I.28.2, S. 1.

[2] Die Zahlen beziehen sich auf den Stand 4. Quartal 1998. Vgl. http://www.umweltdaten.de/altlast/web1/deutsch/ v. 21.09.2000.

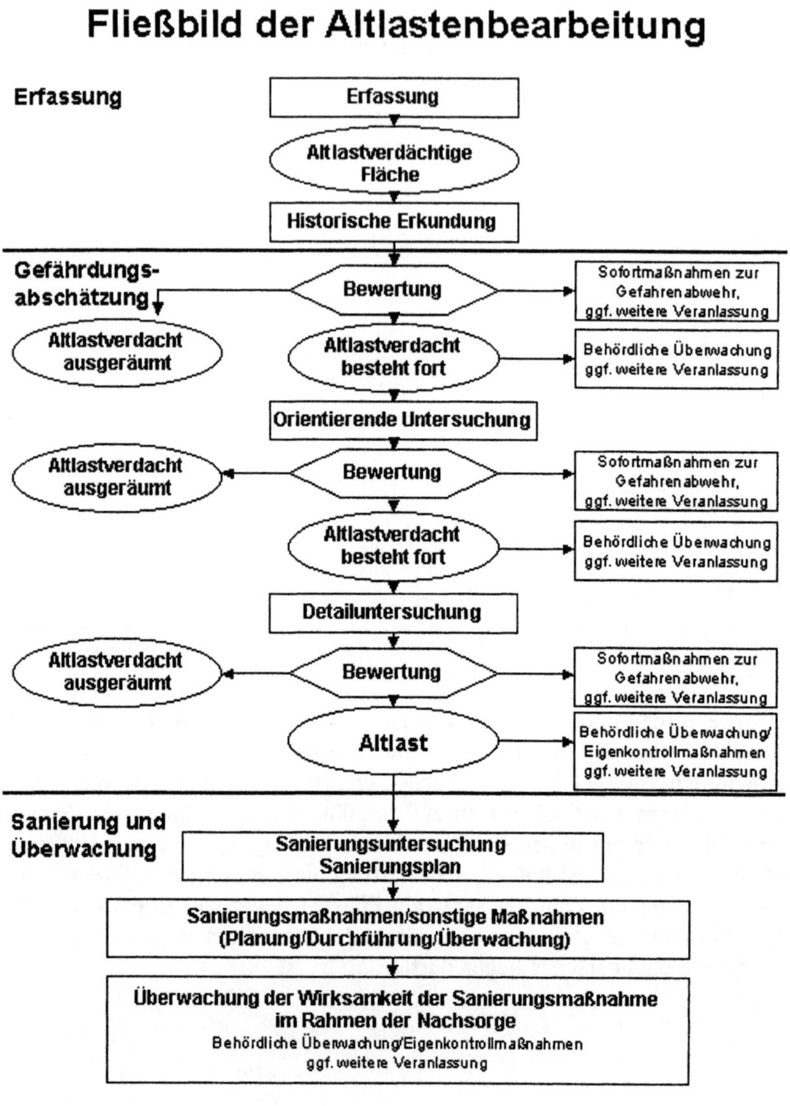

Abb. 7.8. Fließbild der Altlastenbearbeitung, Quelle: Umweltbundesamt, http://www.umweltdaten.de/altlast/web1/deutsch/1_1.htm v. 16.01.2001.

Besteht ein Altlastenverdacht, sind die in Abbildung 7.8 dargestellten Verfahrensschritte der Gefährdungsabschätzung und Sanierung vorgeschrieben.[1] Der Aufwand für Gefährdungsabschätzung und Sanierung ist erheblich. Nicht selten über-

[1] Vgl. zu der Durchführung der Maßnahmen: Hugo, A., Koch, M. u. Lindemann, H., 1999.

steigt er den Kaufpreis eines vergleichbaren, aber unbelasteten Grundstücks. Die Verantwortung für Gefahrabschätzung und Sanierung werden im § 4 BBodSchG dem Verursacher oder dessen Rechtsnachfolger, dem Eigentümer, dessen Vorgänger und dem Inhaber der tatsächlichen Gewalt über das Grundstücks angelastet. Die Haftung greift dabei im Fall von Konzernierungen explizit auf die Muttergesellschaft durch. Frühere Eigentümer sind nach § 4 Abs. 6 BBodSchG zur Sanierung verpflichtet, wenn sie ihr Eigentum nach dem 1.3.1999 übertragen haben und die Belastung kannten oder kennen mussten. Die gesetzlichen Einstandspflichten sind nicht durch einzelvertragliche Regelungen auf einen Dritten zu übertragen. Den zur Durchführung verpflichteten Personen werden im § 24 Abs. 1 BBodSchG sämtliche Kosten der Gefahrerforschung, Vorsorge, Sanierungsuntersuchung, -planung und Durchführung angelastet. Bei Inanspruchnahme eines Verpflichteten kann im Vollzug zwischen dem Verursacher, dem Eigentümer und gegebenenfalls dem Mieter als dem Inhaber der tatsächlichen Gewalt zunächst frei gewählt werden.[1] Die Parteien haben allerdings nach § 24 Abs. 2 Satz 1 BBodSchG einen gesetzlichen Ausgleichsanspruch, der sich nach dem jeweiligen Verursachungsbeitrag richtet. Der Gesetzgeber trägt damit der Tatsache Rechnung, dass durch schleppende Verunreinigung im Zeitablauf durchaus mehrere Personen Verursacher sein können.

Die 1999 in Kraft getretenen Regelungen konkretisieren die bis dahin vornehmlich auf Länderebene und daher sehr unübersichtliche Verantwortung für Altlasten. Für den Erwerber von Verdachtsgrundstücken ergeben sich aus den erheblich veränderten neuen Rechtsvorschriften unmittelbare Konsequenzen für die Kaufvertragsgestaltung.

Das Ziel des Käufers ist es, die mit Altlasten verbundenen Risiken zu vermeiden. Man kann neben den bereits angesprochenen Sanierungsrisiko und Gefahrerforschungsrisiko folgende Altlastenrisiken unterscheiden:[2]

1. Betriebsstillegungsrisiko
Wird auf einem Betriebsgelände aufwendig saniert, besteht die Gefahr, dass auch in von der Sanierungsmaßnahme nicht betroffenen Nebengebäuden die Arbeit still gelegt werden muss.

2. Baugrundrisiko
Auf Verlangen der Bauaufsichtsbehörde muss gegebenenfalls die Gründung des zu errichtenden Gebäudes so ausgelegt werden, dass Sanierungsmaßnahmen auch nach Fertigstellung jederzeit möglich sind. Für den Bauherren besteht dann die Gefahr von technisch bedingten Kostensteigerungen.

3. Bauzeitverlängerungsrisiko
Sind Bodenuntersuchungen oder Sanierungen angeordnet worden, steht die Baustelle regelmäßig längere Zeit still. Bauzeitverlängerungen sind die Folge.

---

[1] Vgl. Falk, B., 1992, Kap. II.4.2, S. 12.
[2] Schlemminger, H., 1996, S. 563 ff.; Usinger, W., 1996, S. 327 ff.

4. Baukostenerhöhungsrisiko
Bei Bauverträgen auf der Grundlagen von VOB/B trägt der Bauherr die Altlastenrisiken. Zusätzlich hat der Bauunternehmer im Fall von längeren Stillstandszeiten ein Sonderkündigungsrecht des Bauvertrags (§ 6 Nr. 7 VOB/B). Im Fall von Termindruck hat der Bauherr in dieser Situation eine sehr schlechte Verhandlungsposition, die zu einer Erhöhung der Baukosten führen kann. Zusätzlich hat er die Verantwortung für sämtliche Kosten der Bodensanierung, insbesondere die Kosten der Beseitigung und Deponierung kontaminierten Aushubs.

5. Risiko zivilrechtlicher Inanspruchnahme durch private Dritte[1]
Neben der bislang diskutierten öffentlich-rechtlichen Verantwortlichkeit entstehen dem Grundstückseigentümer im Falle von Altlasten auch Risiken zivilrechtlicher Inanspruchnahme durch private Dritte. Die Anspruchsgrundlagen bilden dabei in erster Linie der § 22 Wasserhaushaltsgesetz, sowie die §§ 823, 906 Abs. 2 und 1004 BGB, die dem Benutzer eines Grundstücks oder dem Grundstücksnachbarn das Recht auf Unterlassung, Beseitigung oder Schadenersatz zubilligen.

Die über die reinen Gefahrerforschungs- und Sanierungsrisiken hinausgehenden Risiken von Altlasten verstärken den Regelungsbedarf aus Sicht des Käufers. Neben der Frage nach der Abgrenzung des Altlastenbegriffs haben einzelvertragliche Regelungen der Übernahme der skizzierten Altlastenrisiken erhebliche Bedeutung.

Der Begriff Altlast ist rechtlich bislang nicht allgemeinverbindlich definiert. In der Folge liegen Grundstückskaufverträgen häufig unterschiedliche Interpretationen des Begriffs durch die Vertragsparteien zugrunde, welche insbesondere im Fall von zivilrechtlicher Inanspruchnahme erhebliche Konsequenzen haben können. Die Definitionen umfassen in enger Auslegung lediglich Ablagerungen, Altdeponien sowie stillgelegte kontaminierte Betriebsflächen, von denen eine Gefahr für die öffentliche Sicherheit ausgeht.[2] Im weitesten Sinne können unter Altlasten alle Boden- und/oder Grundswasserverunreinigungen subsummiert werden, an deren Beseitigung ein Interesse besteht. Mit dem Ziel der vertraglichen Präzisierung des Begriffs versteht SCHLEMMINGER unter Altlasten „Schadstoffanreicherungen in Boden und Grundwasser, soweit ein hinreichender Verdacht besteht, dass von ihnen Auswirkungen ausgehen, die die Sicherheit oder Ordnung wesentlich beeinträchtigen oder künftig beeinträchtigen werden."[3]

Das Risiko der Inanspruchnahme bei Altlasten Nach BBodSchG ist für beide Vertragsparteien einzelvertraglich nicht abdingbar. Allerdings kann die gesetzliche Ausgleichspflicht gem. § 24 Abs. 2 BBodSchG vertraglich im Vorwege geregelt werden. Dem Käufer bietet sich damit die Chance, die Altlastenrisiken durch entsprechende Vertragsbestandteile möglichst weitgehend auf den Verkäufer abzuwälzen. Folgende Bestandteile verbessern die Position des Käufers:

1. Eine exakte Beschreibung des Erwerbszwecks und eine darüber hinausgehende Zusicherung der Zwecktauglichkeit des Grundstücks begründet die Zusiche-

[1] Vgl. Schlemminger, H., 1996, S. 582 ff.
[2] Vgl. Krautzberger, M., 1990, S. 181.
[3] Vgl. Schlemminger, H., 1996, S. 562.

rung einer Eigenschaft. Im günstigsten Fall wird der Verkäufer die Zusicherung der Altlastenfreiheit durchsetzen können. Schränkt eine zum Zeitpunkt der Übergabe auf dem Grundstück befindliche Altlast oder auch nur ein Altlastenverdacht die Bebaubarkeit ein, so liegt nach §§ 459, 464 BGB ein Sachmangel vor, aus dem der Käufer einen Anspruch auf Minderung oder Wandelung (§ 462 BGB) und auf Schadenersatz (§463 BGB) geltend machen kann. Als Variante kann ausdrücklich vereinbart werden, dass dem Käufer ein Anspruch auf Nachbesserung (§476a BGB) z. B. in Form der Sanierung durch den Verkäufer erwächst.[1]

2. Zur Sicherung der Rechtsposition für den Fall des internen Ausgleichs zwischen den Vertragsparteien muss eine eindeutige Regelung für den Fall der Inanspruchnahme durch Privatpersonen oder die Behörden getroffen werden. Im Fall von bekannten Altlasten ist die Regelung nur von den Verhandlungspositionen der Vertragsparteien abhängig. Schwieriger wird die Regelung im wesentlich häufiger auftretenden Fall von vermuteten Altlasten. Aus Sicht des Verkäufers wäre eine Freistellungsklausel von jeglichen Inanspruchnahmen durch Dritte sowie Ersatz des entstandenen Schadens durch den Verkäufer optimal.[2] Muss beim Flächenrecycling von Industriebrachen mit umfangreichen Kontaminationen gerechnet werden, einigen sich Verkäufer und Käufer in der Praxis meistens auf einen teilweisen Gewährleistungsausschluss in Form der sogenannten Kaufpreislösung. Dabei wird der geschätzte Sanierungsaufwand als Kaufpreisabschlag festgesetzt. Im Gegenzug verpflichtet sich der Käufer, die notwendigen Sanierungsmaßnahmen bis zu diesem Höchstbetrag zu übernehmen. Alle darüber hinausgehenden Kosten muss der Verkäufer tragen. Jedwede Freistellung muss allerdings erst gegenüber dem Verkäufer durchgesetzt werden, sodass ein Bonitätsrisiko beim Käufer verbleibt.

3. Das Risiko der Inanspruchnahme auf Sanierung durch die zuständigen Behörden kann gem. § 13 Abs. 4 BBodSchG durch einen öffentlich-rechtlichen Sanierungsvertrag reduziert werden. Im Sanierungsvertrag einigen sich der Grundstückskäufer beziehungsweise der Grundstückseigentümer und Behörden über Art und Umfang der Altlastensanierung. Die Sanierungsziele bestimmen sich dabei nach §§ 5, 6 BBodSchV. Bei Altlasten, bei denen wegen der Verschiedenartigkeit der erforderlichen Maßnahmen ein abgestimmtes Vorgehen notwendig ist oder von denen aufgrund von Art, Ausbreitung oder Menge der Schadstoffe in besonderem Maß schädliche Bodenveränderungen oder sonstige Gefahren für den Einzelnen oder die Allgemeinheit ausgehen, soll die zuständige Behörde von den zur Sanierung Verpflichteten die notwendigen Untersuchungen (sog. Sanierungsuntersuchung) sowie die Vorlage eines Sanierungsplanes verlangen (§ 13 Abs. 1 BBodSchG). Mit dem Sanierungsplan kann der Entwurf eines Sanierungsvertrages über die Ausführung des Planes vorgelegt

[1] Vgl. Falk, B. (Hrsg.), 1992, Kap. II.4.2, S. 13 f.; Schlemminger, H., 1996, S. 584; Usinger, W., 1996, S. 327.

[2] Vgl. zu Formulierungen solcher Klauseln: Falk, B. (Hrsg.), 1992, Kap. II.4.2; Usinger, W., 1996, S. 330.

werden, der die Einbeziehung Dritter, beispielsweise des Verkäufers vorsehen kann (§ 13 Abs. 4 BBodSchG). Die Verhandlungen über den Sanierungsvertrag geben dem Käufer die Möglichkeit, kostengünstige oder zumindest zeitlich begrenzte und kalkulierbare Sanierungsvarianten zu vereinbaren.

Die erheblichen Risiken und die Höhe der Sanierungskosten, die aus dem Flächenrecycling und der Flächenrevitalisierung entstehen, führen dazu, dass sanierten oder unbelasteten Alternativflächen der Vorrang gegeben wird. Häufig werden die Flächenanforderungen des Unternehmens die Bereitstellung einer neuen Immobilie auf dem eigenen Betriebsgrundstück in unmittelbarer Nachbarschaft oder als Ersatz bestehender Gebäude vorschreiben. In diesem Fall muss das Unternehmen die Sanierungsrisiken selber tragen. Angesichts zunehmender Besorgnis über den Grad der Bodenversiegelung ist allerdings fraglich, ob geeignete und gleichzeitig unbelastete Flächen zukünftig noch zur Verfügung stehen werden, sodass sich den Bauherren keine Alternative zu verdachtsbelasteten Grundstücken bietet. [1]

7.2.3 Vergleichende Beurteilung der Entwicklungsgrade

Die bisherigen Ausführungen dieses Abschnitts haben die Bereitstellungsvarianten nach dem Entwicklungsgrad in zwei Ausprägungen, die Eigenentwicklung und das Redevelopment unterschieden. Stillschweigend wurde dabei als dritte Variante der Erwerb eines bestehenden Objekts unterstellt. Zu einer vergleichenden Beurteilung der Entwicklungsgrade werden die folgenden Kriterien herangezogen:

1. Beeinflussmöglichkeiten,
2. Herstellungskosten,
3. Bereitstellungszeit und
4. Risiken.

Zu 1.) Hinsichtlich der Beeinflussungsmöglichkeiten der zukünftig zu nutzenden Immobilie besteht zwischen den beiden Formen der Immobilienentwicklung, der Projektentwicklung und dem Redevelopment, grundsätzlich kein Unterschied. Die rechtlichen, soziokulturellen und technische Rahmenbedingungen schränken allerdings den Spielraum des Redevelopments gegenüber der Projektentwicklung in der Regel stärker ein. Als Initiator der Immobilienentwicklung sichert sich das Unternehmen Einflussmöglichkeiten auf die Gestalt der zu errichtenden Immobilie und auf den Erstellungsprozess. Mit der Projektinitiierung erhält das Unternehmen die Chance der Umsetzung spezieller nutzungsbedingter Vorgaben. Ferner ist sie die einzige Möglichkeit der Akquisition von Immobilien, die am Markt nicht verfügbar sind. In der Praxis ergibt sich die Vorteilhaftigkeit der Projektentwicklung in der Regel aus einer Kombination von mangelndem Angebot am Markt und der zwingenden Notwendigkeit zur Beeinflussung von Projektentwicklungsprozess und -objekt.

[1] Vgl. Doetsch, P. u. Rüpke, A., 1998, Abschn. 2.

- Immer dann, wenn die Immobilie einen Beitrag zur Stärkung der Corporate Identity leisten soll, ist die Eigenentwicklung in der Regel die Grundvoraussetzung. Der Bauprozess als solcher verschafft dem Unternehmen in der Öffentlichkeit die beabsichtigte Aufmerksamkeit. Je charakteristischer das Corporate Design des Unternehmens ausfällt, umso geringer wird die Wahrscheinlichkeit, auf ein geeignetes Immobilienangebot am Markt zu treffen. Von besonderer Bedeutung ist die Immobilienentwicklung insbesondere in der Form des Flächenrecyclings dann, wenn die Politik der Immobilienbereitstellung maßgeblicher Teil des regionalen Beziehungsmanagements des Unternehmens beispielsweise zu Politik, Verwaltung, Nachbarn sowie Umweltschutzorganisationen ist.

- Ebenso erfordern strategische Aspekte regelmäßig die Initiative zur Projektentwicklung, wenn die Unternehmensstrategie hochgradig spezifische Ressourcen bedingt.

- Schließlich ist eine Eigenentwicklung dann erforderlich, wenn der Flächenbedarf am Immobilienmarkt auch unabhängig von speziellen Nutzeranforderungen am Markt nicht verfügbar ist. Die Ursachen dafür könnten in einem zu geringen Marktvolumen oder in fehlendem Angebot liegen.

Insgesamt ermöglicht die Projektentwicklung aus Sicht des Nutzers eine höhere Objektqualität.

Zu 2.) Durch die Projektentwicklung hat der Initiator letzten Endes maßgeblichen Einfluss auf die Herstellungskosten.

- Durch die Eigenentwicklung werden Grunderwerbs-, sowie Notar- und Gerichtsgebühren eingespart, da diese nur noch auf das gegebenenfalls zu erwerbende Grundstück zu entrichten sind.

- Durch die Projektentwicklung koppelt sich das Unternehmen von den Schwankungen des Immobilienmarkts weitgehend ab.[1] Der Unabhängigkeit vom Immobilienmarkt steht allerdings die Abhängigkeit vom Markt für Bauleistungen gegenüber. Zwischen beiden Märkten besteht eine Interdependenz. Hohe Preise am Immobilienmarkt versprechen höhere Renditen von Neubauprojekten, sodass die Nachfrage nach Bauleistungen und die Baukosten steigen.[2]

- Durch die Projektentwicklung entfallen im Fall der Eigennutzung Vermarktungskosten für das Objekt. Insgesamt entfallen durch Ausschaltung von Maklern und Zwischenhändlern Handelsspannen und Provisionen.[3] Diesem Kostenvorteil stehen je nach Organisation der Immobilienentwicklung und Verhandlungsmacht des Initiators mögliche Kostennachteile bei der Entlohnung von Planern und Bauunternehmen gegenüber.

---

[1] Vgl. Schäfers, W., 1997, S. 154.

[2] Vgl. empirisch zu nachfrageinduzierter Baukostenbeeinflussung: Rußig, V., 1997, S. 6 ff. Vgl. zum Markt für Projektentwickler: Diederichs, C. J., 1994, S. 44.

[3] Vgl. Diederichs, C. J., 1994, S. 55 f.

Ob die Immobilienentwicklung aus Sicht des Nutzers als Initiator zu kostengünstigeren Herstellungskosten führt, hängt von den Marktverhältnissen ab. Insgesamt bleibt festzuhalten, dass Unternehmen mit reger Bautätigkeit aufgrund größerer Marktmacht gegenüber Planern und Bauunternehmen in Zeiten niedriger Baupreise eher Kostenvorteile durch die Projektentwicklung realisieren können.

Zu 3.) Die Immobilienentwicklung ist eine zeitaufwendige Tätigkeit. Von der Idee bis zur Fertigstellung vergehen bei der erstmaligen Entwicklung eines Grundstücks in der Regel drei bis fünf, nicht selten auch bis zu zehn Jahre.[1] In Abhängigkeit von der Komplexität der Altlastenproblematik und der Neuordnung des Baurechts kann sich die Bereitstellungszeit im Falle des Redevelopments noch weiter verlängern. Die Immobilienentwicklung ist deshalb zur Deckung akuten Bedarfs ungeeignet.

Zu 4.) Während der Zeit der Immobilienentwicklung trägt der Investor in Abhängigkeit von der gewählten Organisationsform erhebliche Risiken. Die Risiken der Immobilienentwicklung sind in der Literatur bereits umfassend behandelt worden.[2] Aus Sicht des durch Eigenbedarf motivierten Initiators handelt sich im einzelnen um folgende Risiken:

- Fehlkonzeptions- und Standortrisiken
  Jede Immobilienentwicklung birgt das Risiko einer nicht nachfragekonformen Objektgestaltung. Aus Sicht des Projektentwicklers werden dem Fehlkonzeptions- oder auch Entwicklungsrisiko sowie dem Standortrisiko die größte Bedeutung beigemessen.[3] Im Falle von eigeninitiierten Objekten ist das Risiko im Vergleich zur Entwicklung für den anonymen Markt vergleichsweise gering, da die Nutzungsanforderungen zum Planungszeitpunkt bekannt sind. Allerdings kann in Abhängigkeit von der Dynamik der Nutzungsanforderungen und der Standortbedingungen während der Bauphase ein erhebliches Restrisiko begründet liegen.

- Genehmigungsrisiko
  Das Genehmigungsrisiko umfasst die Genehmigungsfähigkeit der Projektidee und dessen Umsetzung. Es ist abhängig von der rechtlichen Ausgangssituation sowie vom Vollzug durch die Behörden, der durch weitgehende Entscheidungsspielräume gekennzeichnet ist. Folglich sind die „Möglichkeiten des Projektentwicklers zur Minimierung des Genehmigungsrisikos ... nicht immer mit rationalen Maßstäben messbar."[4] Im Extremfall stellt das Genehmigungsrisiko ein existentielles Projektrisiko dar. Bei sorgfältiger Einhaltung des Entwicklungsprozesses sind die Folgen in diesem Fall zu begrenzen. Unkalkulierbar verbleiben die aus der Versagung von Genehmigungen sowie zusätzlichen Auflagen resultierenden Terminverschiebungen im Entwicklungsprozess sowie Kostenerhöhungen und Qualitätseinbußen des Entwicklungsobjekts.

---

[1] Vgl. Falk, B. (Hrsg.), 1992, Bd. I, Kap. 15.1, S. 9.

[2] Vgl. Diederichs, C. J., 1994, S. 56 ff.; Diederichs, C. J., 1996, S. 43 ff.; Byrne, P., 1996; Isenhöfer, B. u. Väth, A., 1998b, S. 175 ff.

[3] Vgl. Diederichs, C. H., 1994, S. 56.

[4] Diederichs, C. H., 1996, S. 45.

- Verhaltensrisiken
  An der Projektentwicklung sind eine Reihe von Akteuren beteiligt, deren Verhältnis zueinander nicht abschließend durch vollständige Formulierung und Überwachung von Verträgen zu regeln ist. Das Unternehmen trägt daher das Risiko des opportunistischen Verhaltens der Vertragspartner. Das opportunistische Verhalten der Gegenseite entspringt zwei Ursachen: Entweder ist das Unternehmen nicht in der Lage, die vereinbarte Leistung zu kontrollieren oder die Gegenseite nutzt Lücken in einem unvollständigen Vertrag.[1] Die Kontrolle der Vertragserfüllung lässt sich in der Organisation der Projektentwicklung durch eine entsprechende Kombination von Planern und Beratern (s. o.) gewährleisten. Bauverträge sind in der Realität immer unvollständige Verträge, welche vielfältige Lücken für die Vertragsparteien lassen, sich ohne Rechtsbruch zu Lasten der Gegenpartei besser zu stellen. Bauverträge sind neoklassische, über einen längeren Zeitraum bezogene Verträge, in denen während der Laufzeit wechselseitige Vorteile für das Bauunternehmen und den Bauherren entstehen können. Die Parteien sind sich der Gefahr der Vergeltung im Fall des opportunistischen Verhaltens in solchen Hold-up-Situationen bewusst, sodass die Risiken begrenzt sind. Zusätzlich können Sicherheiten in Form von Bürgschaften oder Grundpfandrechten, das Angebot von über den konkreten Vertrag hinausgehenden Geschäftsbeziehungen oder die Androhung von Vergeltung das Risiko für den Bauherren verringern. Der Bauherr wird praktisch immer in der Lage sein, spätestens bei der Endabnahme Leistungsstörungen festzustellen, um vorausgehende Übervorteilungen beispielsweise durch überhöhte Preise für nachträgliche Leistungen des Bauunternehmens wieder auszugleichen. Reichen Marktmacht oder Fachkenntnis des Bauherren nicht aus, um das opportunistische Verhalten der Bauunternehmen zu unterbinden, muss er Terminüberschreitungen, Kostenerhöhungen oder Qualitätseinbussen hinnehmen.

- Bonitätsrisiken
  Im Falle von Leistungsstörungen durch die Bauunternehmen, Planer und Berater muss der Bauherr die ihm zugesprochenen Rechte auch durchsetzen können. Die Bonität der Vertragspartner ist abhängig von individuellen und branchenspezifischen Determinanten. Angesichts des lang anhaltenden und nicht absehbaren Tiefs in der Baukonjunktur befinden sich viele Bauunternehmen in wirtschaftlichen Schwierigkeiten (siehe z. B. die Phillip Holzmann AG), sodass die Ansprüche aufgrund mangelnder Bonität nicht mehr durchsetzbar sind.

- Technische Risiken
  Im Zuge der Bauausführung treten regelmäßig unvorhergesehene technische Probleme auf, die den Erfolg der Immobilienentwicklung gefährden. Gravierende Risiken liegen vor allem im Fall des Redevelopments im Boden begründet. Neben unerwarteten hydrogeologischen Verhältnissen muss der Bauherr Bodendenkmäler, Bergbauschäden und Altlasten befürchten. Zur Vermeidung von Kostensteigerungen und zeitlichen Verzögerungen sind vor Baubeginn

[1] Vgl. zu den Verhaltensrisiken: Abschnitt 3.4.2 sowie den Folgen unvollständiger Verträge insb. Ott, C. u. Schäfer, H. - B., 1989, S. 348.

Gutachten einzuholen. In der Realität ist insbesondere in eng besiedelten Gebieten auch durch sorgfältige Analyse kein vollständiges Bild von der Bodensituation zu erzielen, sodass ein Restrisiko bestehen bleibt.

Abschließend bleibt festzuhalten, dass die Entwicklung von Gewerbeimmobilien ein sehr umfangreiches Aufgabenbündel ist, welches nur durch die Zusammenarbeit von rechtlichen, technischen und ökonomischen Spezialisten effizient zu bearbeiten ist. Den Kostensenkungspotenzialen stehen erhebliche, nicht vollständig beherrschbare Risiken gegenüber. In der Praxis sind die Unternehmen als Initiator von Immobilienentwicklungen von vergleichsweise geringer Bedeutung.[1] Vermutlich beschränken sie sich auf Fälle, in denen keine Alternative besteht, um unnötige Risiken zu vermeiden.

7.3 Finanzierungsaspekte betrieblich genutzter Immobilien

Wie die Ausführungen zum Leasing verdeutlicht haben, ist die Frage der Eigentumsentscheidung von Immobilien unmittelbar mit der Frage der Finanzierung verbunden. Aufgrund der hohen Relevanz von Immobilien für den finanzwirtschaftlichen Erfolg des Unternehmens und der zunehmenden Bedeutung finanzwirtschaftlicher Steuerung des Unternehmens, besitzen Fragen der Finanzierung bei der Bereitstellungsentscheidung regelmäßig einen hohen Stellenwert. Nachfolgend sind zunächst die finanzwirtschaftlichen Rahmenbedingungen zu erläutern, um anschließend anhand der Finanzierungsinstrumente im Immobilienbereich zu zeigen, welche finanzwirtschaftlichen Wirkungen aus alternativen Formen der Immobilienfinanzierung ergeben.

7.3.1 Implikationen der Kapitalverwendung des Unternehmens für die Finanzierung von Immobilien

Für die Kapitalverwendung des Unternehmens kann die Investition in den eigenen Immobilienbestand unter Umständen eine sehr interessante Alternative sein. Für die Investition von Kapital in den eigenen Immobilienbestand kann es zwei Gründe geben, die ihren Ursprung in der übergeordneten Zielsetzung des Unternehmens haben. Durch die Kapitalanlage in eigengenutzten Immobilien kann

1. das Risikos durch Diversifikation des Anlagevermögens vermindert werden,
2. gezielt der Marktwert des Eigenkapitals erhöht werden.

Die aus der Verfolgung von übergeordneten, nicht der Immobilienwirtschaft entspringenden Zielen heraus getätigten Mittelzuflüsse sind aus Sicht der Immobi-

[1] Vgl. Diederichs, C. J., 1994, S. 51 f.

lienfinanzierung Rahmenbedingungen, die die Finanzierungsstruktur, insbesondere die Höhe des eingesetzten Eigenkapitals, stark beeinflussen können.

7.3.1.1 Diversifikation des Anlagevermögens durch Immobilien

Die ursprünglich für Wertpapiere konzipierte Portfolio-Selektionstheorie von MARKOWITZ und SHARPE besagt, dass eine Risikoreduktion durch Diversifikation oder Streuung der Kapitalanlagen entsteht.[1] Ein praktisch verwertbares Ergebnis der Portfolio-Theorie ist, dass Anlagen, die allein betrachtet nur suboptimale Kombinationen von Risiko und Ertrag darstellen, als Diversifizierer in einem Portfolio für den Investor einen so hohen Nutzen erbringen können, dass der Nachteil gegenüber in der Einzelbetrachtung höherwertigen Anlagen überkompensiert werden kann.

Grundsätzlich haben wesentliche Ergebnisse dieser Arbeiten auch für Realinvestitionen Gültigkeit, sodass nachfolgend näher darauf eingegangen wird. Wie bereits in der Eingrenzung der Problemstellung klar herausgestellt wurde, ist es nicht das Ziel dieser Arbeit, Immobilien als Form der Kapitalanlage zu untersuchen. Gleichwohl ist deutlich geworden, dass auch von den als Betriebsmittel genutzten Immobilien erhebliche Vermögenswirkungen ausgehen, sodass übergeordnete Ziele des Portfoliomanagements Beachtung finden müssen.[2] Hier stellt sich deshalb zunächst die Frage, welche Risikowirkungen vom immobiliaren Vermögen als Bestandteil des Unternehmensportefeuilles ausgehen.

Die empirischen Ergebnisse zur Risikowirkung von Immobilien auf aus verschiedenen Anlageklassen zusammengesetzten Portfolios zeigen bislang kein einheitliches Bild. Während ein Teil der Arbeiten zu dem Schluss kommt, dass Immobilien keine Möglichkeit darstellen, Risiken zu diversifizieren,[3] finden andere Autoren Indizien dafür, dass zwischen Immobilienkapitalanlagen und Aktien sowie festverzinslichen Wertpapieren eine negative Korrelation besteht, sodass eine Beimischung von Immobilien das Risiko des Portefeuilles absenken kann.[4] Die unterschiedlichen Ergebnisse sind auf die jeweiligen Untersuchungsdesigns hinsichtlich des Untersuchungsumfangs, der Abgrenzung der Immobilienobjekte, Marktportfolios, Zeiträume und Modellierungen zurückzuführen.

Verfolgt man das Ziel Risikoreduktion durch Portfolio-Selektion bewusst zu schaffen, so ist dazu ein Planungsinstrumentarium erforderlich. Sowohl die Port-

---

[1] Vgl. Sharpe, W. F., 1963; Markowitz, H. M., 1970; Uhlir, H. u. Steiner, P., 1986, S. 110 ff.

[2] Vgl. zum Management von Portfolios unter besonderer Berücksichtigung von Immobilien: Friedeman, H. C., 1970; Conroy, B., Miles, M. u. Wurtzebach, C., 1982; Brown, G. R., 1988; Flößer, K. P., 1989; Bruce, B. R. (ed.), 1991; Dubben, N. u. Sayce, S., 1991; Sirmans, C. F. u. Fisher, J. D., 1993; Froot, K. A., 1995; Grauer, R. R. u. Hakansson, N. H., 1995; Pagliari, J. L. (Hrsg.), 1995; Williams, J. E., 1995; Schuck, E. J. u. Brown, G. R., 1997;.

[3] Vgl. Froot, K. A., 1995.

[4] Vgl. Ibbotson, R.G. u. Siegel, L. B., 1984; Zerbst, R. H. u. Cambon, B. R., 1984; Webb, J. R., 1990.

folio-Selektionstheorie als auch deren Nachfolger wie das Capital Asset Pricing Model (CAPM)[1] oder die Arbitrage Pricing Theorie (APT)[2] sind ursprünglich für Wertpapiere entwickelt worden. Als solches sind das CAPM und das APT sowie deren Weiterentwicklungen so stark umstritten, dass an ihrer empirischen Validität erheblicher Zweifel besteht.[3] Eine bloße Übertragung auf andere Anwendungsgebiete wie den Immobilienbereich, ohne dass damit die Theorie wesentlich verändert würde,[4] erbringt keine weiteren Erkenntnisse. Zumal die weitreichenden Prämissen bezüglich der Markteffizienz im Immobilienfall kaum zu erfüllen sind, ja teilweise weit verfehlt werden, wie nachfolgende Ausführungen zeigen.[5]

Den Modellen der Portfolio Theorie liegen Annahmen zugrunde, die an einer Anwendbarkeit auf Realinvestitionen im Allgemeinen und Immobilieninvestitionen im Besonderen Zweifel aufkommen lassen. FLÖSSER zeigt zunächst, dass sich Immobilien grundsätzlich als Portfolio-Segment innerhalb der Portfolio-Theorie darstellen lassen.[6] Die Aussagekraft des entstandenen Modells wird allerdings durch eine Reihe an immobilienspezifischen Besonderheiten geschmälert:

1. Die Einzigartigkeit von Immobilienobjekten verhindert die beliebige Teilbarkeit von Immobilien, die notwendig wäre, um das Portfolio ständig veränderten Rahmenbedingungen anzupassen. Schließlich müssen die Immobilien für Transaktionen überhaupt zur Verfügung stehen. Dies ist bei betrieblich genutzten Immobilien nur in Ausnahmen der Fall.
2. Die Portfolio-Theorie geht von effizienten Märkten aus. Auf Immobilienmärkten bedeutet Informationseffizienz, dass die sich am Markt ergebenden Preise die mit der Immobilie verbundenen Eigenschaften und Risiken korrekt widerspiegeln. Mit anderen Worten: Fehler, die mit der Preisbildung bei Immobilienanlagen verbunden sind, sind zufällig. Immobilienmärkte sind aufgrund der mangelnden Teilbarkeit der Immobilien, hoher Transaktionskosten, der Illiquidität und der Langlebigkeit von Immobilien ineffizient.[7] Die schwierige Abgrenzung des Marktes, die vergleichsweise geringe Anzahl der Marktpartner und Markttransaktionen und die besonderen Umstände (Verkaufsdruck, Freundschaftspreise, Koppelungsgeschäfte, mangelnde Marktkenntnis einzelner Marktteilnehmer) beeinträchtigen die Informationseffizienz und damit die Form der Aussagefähigkeit von Immobilienrenditen.[8]

[1] Vgl. Sharpe, W. F., 1964.
[2] Vgl. Ross, S., 1976.
[3] Vgl. hierzu z. B.: Roll, R., 1978; Möller, H. P., 1988; Spremann, K., 1991, S. 475 ff.
[4] Vgl. zur Anwendung der APT im Immobilienfall: Chen, S.-J., Hsieh, C.-H. u. Jordan, B. D., 1997.
[5] Vgl. entgegengesetzt: Dubben, N. u. Sayce, S., 1991, S. 169.
[6] Vgl. Flößer, K. P., 1989, S. 304 ff.
[7] Vgl. Gatzlaff, D. u. Smith, M., 1993; Ito, T. u. Hirono, K. N., 1993; Gatzlaff, D. H. u. Tirtiroglu, D., 1995; Barkham,R. u. Geltner, D., 1996.
[8] Vgl. Gatzlaff, D. H. u. Tirtiroglu, D., 1995.

3. Ausreichende Marktdaten zur Einschätzung der Immobilienrenditen und deren Streuung liegen international nur in sehr wenigen Marktsegmenten, in Deutschland praktisch nicht vor.[1]
4. Ein methodisches Problem der Portfolio-Theorie entsteht dann, wenn über gleiche Koeffizienten, Varianzen und Kovarianzen Segmente miteinander verglichen werden, die miteinander nichts gemein haben. Vergleicht man auf diese Weise die Wertentwicklung von Aktien, festverzinslichen Wertpapieren oder anderen Vermögensbestandteilen mit der von Immobilien, so ist die Vermutung eines Zusammenhangs angesichts der Verschiedenartigkeit der Anlageformen nur noch schwer zu begründen.[2]
5. Ebenso unterstellt man bei Extrapolation von Immobilienrenditen aus der Vergangenheit, dass ein systematischer zeitlicher Zusammenhang zu der zukünftigen Verteilung von Renditen besteht. Betrachtet man die Situation am Immobilienmarkt, so sind hier systematische Verzerrungen beispielsweise durch eine veränderte Steuergesetzgebung oder eine neue Technologie häufig beobachtbar, deren Wirkungen in der Theorie unberücksichtigt bleiben.

Auch wenn der Immobilienmarkt preisineffizient ist, Marktdaten über Immobilienrenditen nicht im ausreichenden Umfang zur Verfügung stehen und die Diversifikation bei der Planung des betrieblich genutzten Immobilienbestands nur ein Ziel neben anderen ist, ist das grundlegende Konzept der Diversifikation oder Streuung des Immobilienbestands zur Risikoreduktion geeignet.[3] Beispielsweise könnte über die Form der Finanzierung und der Eigentumsgestaltung Einfluss darauf genommen werden, welche Objekte in den Unternehmensbestand eingegliedert werden und welche gemietet werden. Auch sind entsprechende Vorgaben für maximal einzugehende Risiken innerhalb spezieller Objektklassen zur Vermeidung sogenannter Klumpenrisiken denkbar. Allerdings müssen dann andere Kriterien der Diversifikation gefunden werden. Anstatt des Outputs können Diversifikationen anhand von Inputfaktoren der Investitionsrechnung vorgenommen werden. Denkbar wäre beispielsweise eine Diversifikation der Immobilienobjekte nach Regionen, Objektgröße, Mieterstruktur, Zustand des Objekts, Objektart oder Lage innerhalb der Region.

Trotz aller Kritik an der Übertragung der Portfolio-Theorie auf den Immobilienbereich bleibt letztendlich Folgendes festzuhalten: Sollten sich die Wertentwicklung des betrieblichen Immobilienbestand als mit dem sonstigen Portfolio des Unternehmens negativ korreliert erweisen, ist eine Immunisierung des Risikos möglich, welche den Vorteil hat, dass diese keine zusätzlichen Transaktionskosten verursacht.

---

[1] Vgl. Brown, G. R., 1988, S. 113; Kim, T., 1991; Wurtzebach, C. H., Miles, M. E., 1995, S. 600 ff.; Maurer, R. u. Sebastian, S., 1999.

[2] Vgl. Murphy, J. M., 1970, zitiert bei: Flößer, K. P., 1989, S. 316.

[3] Vgl. Wurtzebach, C. H., Miles, M. E., 1995, S. 605.

7.3.1.2 Maximierung des Marktwerts durch Immobilienmanagement

Das Oberziel des Unternehmens ist die Marktwertmaximierung des Eigenkapitals. Deshalb ist zu untersuchen, ob die Investition von Kapital in betrieblich genutzte Immobilien diesem Ziel entspricht. In der US-amerikanischen Literatur wird vornehmlich der finanzwirtschaftliche Effekt von Miete beziehungsweise Leasing aus Sicht der Eigentümer (Shareholder) betrachtet. Aus Sicht der Eigentümer wirken extern finanzierte Miet- oder Leasingobjekte dann wohlfahrtssteigernd, wenn entweder die diskontierten Einzahlungsüberschüsse nach Steuern höher oder der risikobereinigte Kalkulationszins niedriger ausfällt als im Fall der Finanzierung mit Eigenkapital. Die Fragestellung des Wohlfahrtseffekts durch den Kauf von Immobilien ist in der Vergangenheit recht ausgiebig untersucht worden. Nachfolgend werden die wichtigsten Ergebnisse kurz dargestellt.

1. Grundsätzlich wird in der Literatur zur Immobilieninvestition davon ausgegangen, dass Immobilien eine Kapitalanlageform unter vielen darstellen. LINNEMAN stellt daraufhin die These auf, dass Unternehmen mit hohem Kalkulationszins nicht in Immobilien investieren sollten und vice versa.[1] DENG/-GYOURKO haben den Zusammenhang zwischen der Rentabilität der Unternehmen mit dem Umfang ihres Immobilienbestands für 381 US-amerikanische Unternehmen untersucht. Die Ergebnisse zeigen, dass in der Stichprobe eine negative Korrelation zwischen den Variablen besteht. Das heißt, Unternehmen mit hoher Kapitalrentabilität haben vergleichsweise wenig Immobilien in ihrem Eigentum und umgekehrt.[2]
2. Zur Reaktion an den Aktienmärkten auf die Veränderung der Finanzierung des Immobilienbestands von Unternehmen gibt es eine ganze Reihe an empirischen Untersuchungen. ALLEN/RUTHERFORD/SPRINGER haben die Wirkung der Ankündigung des Leasings zusätzlicher Immobilien auf den Aktienkurs in 67 US-amerikanischen Fällen geprüft. Aus dem beobachteten signifikanten Anstieg der Kurse schließen die Autoren, dass „..there are non-trivial net benefits accruing to the shareholders of the corporation leasing real estate."[3] Die Autoren vermuten, dass die Vorteile in sinkenden Kapitalkosten oder in einer Erweiterung der finanziellen Spielräume der Unternehmen von den Aktionären erwartet werden.[4] Ferner bestätigen empirische Untersuchungen, die sich mit dem Verkauf von Immobilien befassen, dass ein Verkauf von Unternehmensimmobilien zu einer Aktienkurssteigerung führt, weil die Anleger von wachsender Kapitalrentabilität ausgehen.[5] Der Rentabilitätszuwachs kompensiert dabei in der Erwartung der Anleger mindestens die Zunahme des Unternehmensrisikos

[1] Vgl. Linneman, P., 1998, S. 2 ff.

[2] Vgl. Deng, Y. u. Gyourko, J., 1999.

[3] Allen, M. T., Rutherford, R. u. Springer, T., 1993, S. 575.

[4] Vgl. Allen, M. T., Rutherford, R. u. Springer, T., 1993, S. 571 ff.

[5] Vgl. Owers, J. E. u. Rogers, R. C., 1986; Glascock, J., Davidson, W. u. Sirmans, C.F., 1989; Elayan, F. u. Maris, B. E., 1991; Glascock, J., Davidson, W. u. Sirmans, C. F., 1991; Christensen, D. G. u. Levi, D. R., 1993.

durch den Verkauf der Immobilien.[1] Zu vergleichbaren Ergebnissen kommen auch SLOVIN/SUSHKA/POLONCHEK, die eine abnormale Steigerung des Börsenkurses nach Sale-and-Lease-back-Transaktionen feststellen konnten.[2]

3. Weitere Rückschlüsse auf den Wohlfahrtseffekt für Aktionäre durch immobiliare Kapitalanlagen lassen empirische Ergebnisse zur Entwicklung der Aktienkurse von Immobilienaktiengesellschaften und deren amerikanischer Form Real Estate Investment Trusts (REITs) zu. WANG/CHANG/GAU und BALOGH/-CORGEL fanden in zwei 1992 durchgeführten empirischen Analysen bei der Neueinführung von REITs im Vergleich zum inneren Wert der Gesellschaften Überbewertungen in den Börsenkursen.[3] Die Ursachen der Überbewertung werden in den Erwartungen der Anleger gesehen, dass die bislang betriebswirtschaftlich vernachlässigten Immobilienbestände in Zukunft wertsteigernd vermarktet werden. Das Ergebnis der „Überbewertung" der REITs ist somit auf einen vergleichsweise niedrigen Wertansatz der Immobilien bei der Ermittlung des inneren Werts zurückzuführen. SCHARPENACK/NACK/HAUB beobachten den gegenteiligen Effekt der Unterbewertung von US-amerikanischen REITs und den britischen Property-Companies. Bei einem Vergleich von Verkehrswerten der Objekte und dem Börsenwert der Gesellschaften stellen sie eine Unterbewertung der Immobilienunternehmen fest.[4] Im Gegensatz zur oben dargestellten Wertsteigerung durch den Verkauf von Unternehmensimmobilien können hier weder die suboptimale Nutzung des Immobilienbestands, fehlende Anreizsysteme noch die mangelnde Immobilienmanagementkompetenz die Ursache für die Unterbewertung sein. Vielmehr muss die Ursache in der Bewertung des Immobilienbestands durch den Kapitalmarkt einerseits und den Immobilienmarkt andererseits begründet liegen.[5]
4. Zusätzliche Hinweise auf den Wohlfahrtseffekt der Aktionäre aus der Veränderung des Immobilienbestands eines Unternehmens erbringen empirische Arbeiten, die sich mit den Ursachen der feindlichen Übernahme von Unternehmen befassen. AMBROSE hat gezeigt, dass mit zunehmendem Umfang des Immobilienbestands die Wahrscheinlichkeit, Opfer einer feindlichen Übernahme zu werden, ansteigt, da aus der Verwertung der Immobilien ein erheblicher Beitrag zur Finanzierung der Übernahme generiert werden kann.[6]

Fasst man die einzelnen Ergebnisse zur Bewertung von Immobilien durch den Kapitalmarkt zusammen, so lässt sich schlussfolgern, dass der Kapitalmarkt Investitionen in Immobilien nicht honoriert. Umgekehrt führt der Verkauf von Immobilien zu einem Anstieg des Börsenwerts des Unternehmens. Konsequenterweise werden am Börsenkurs als Indikator des Marktwerts orientierte Unternehmen ihr

[1] Vgl. Christensen, D. G. u. Levi, D. R., 1993.

[2] Vgl. Slovin, M. B., Sushka, M. E. u. Polonchek, J. A., 1990. Rutherford, R. C., 1990; Alvayay, J. R., Rutherford, R. C. u. Smith, W.S., 1995.

[3] Vgl. Wang, K., Chan, S. H. u. Gau, G. W., 1992; Balogh, C. u. Corgel, J., 1992.

[4] Vgl. Scharpenack, F., Nack, U. u. Haub, C., 1997, S. 672 ff.

[5] Vgl. Scharpenack, F., Nack, U. u. Haub, C., 1997, S. 673 f.

[6] Vgl. Ambrose, W. B., 1990.

Kapital nicht in Immobilien investieren und bei der Bereitstellung auf Formen der Miete oder der Fremdkapitalfinanzierung zurückgreifen.

Bislang ist noch nicht diskutiert worden, welche Gründe die Anleger dazu bewegen, den Immobilienbestand der Unternehmen so gering zu schätzen. Eine Hauptursache wird in den oben zitierten Arbeiten in der steuerliche Behandlung von Immobilien im Unternehmensbesitz gesehen, die dazu führt, dass durch einen Verkauf der Immobilien an steuerlich Begünstigte Wohlfahrtseffekte realisiert werden können. Eine weitere Ursache für die geringe Wertschätzung von Immobilien im Unternehmensbesitz liegt in der aus Anlegersicht sehr komplexen Bewertungsaufgabe begründet. Wie die Ausführungen im Kapitel 3 gezeigt haben, erfordert die Bewertung von Immobilien in erheblichem Umfang Informationen, über die der Anleger nicht verfügt. Am Buchwert kann sich der Anleger aufgrund der deutschen Vorschriften zur Rechnungslegung dann nicht mehr orientieren, wenn in erheblichem Umfang stille Reserven gebildet worden sind. Die Bewertung der in Immobilienbeständen gebundenen stillen Reserven durch Externe wird in der Literatur als sehr problematisch dargestellt.[1] Das liegt zum einen in mangelnden Informationen und zum anderen in der Willkürlichkeit von Wertansätzen begründet. Beispielsweise misstrauen die Anleger der Veröffentlichung von Verkehrswertgutachten durch Immobilienaktiengesellschaften, da diesen Gutachten keine realen Transaktionen zugrunde liegen. Verkauft das Unternehmen als Folge der Unterbewertung die Immobilie zu einem Marktpreis ist zunächst kein Schaden entstanden. Anders wird dies, wenn der Wert einer Immobilie aus der subjektiven Perspektive des Unternehmens über dem Verkehrswert liegt. Dies ist der Fall, wenn es sich um eine spezifische Ressource handelt, deren Einsatz für das Unternehmen im Leistungserstellungsprozess von strategischer Bedeutung ist. Aufgrund der Informationsineffizienz droht dann eine Fehlallokation der Ressourcen, die sich im Verkauf der Immobilien zeigt.

Die Frage, ob in Immobilien investiert wird, ist nicht auf Renditeüberlegungen reduziert, sondern mittels der Relation von Rendite und Ertrag im Vergleich zu anderen Formen der Kapitalanlage zu sehen. DENG/GYOURKO folgern aus ihren oben vorgestellten empirischen Ergebnissen, dass die von Immobilieninvestitionen ausgehenden niedrigen Risiken von den Anlegern nicht genügend berücksichtigt werden.[2] Bei der Bewertung von Kapitalanlagen wird das Risiko üblicherweise über einen Risikozuschlag im Diskontsatz berücksichtigt.[3] Es wird seit längerem gefordert, bei der Bewertung von immobiliaren Vermögenspositionen der Unternehmen den Risikoaufschlag den immobilienspezifischen Risiken anzupassen.[4] Die Erwartung der Vertreter dieser Position ist, dass der Diskontsatz immobiliaren Vermögens aufgrund der niedrigeren Risiken geringer ist als der anderer Unternehmensteile. Ceteris paribus nimmt der risikoadjustierte Wert von Immobilien

---

[1] Vgl. Scharpenack, F., Nack, U. u. Haub, C., 1997, S. 674.

[2] Vgl. Deng, Y. u. Gyourko, J., 1999, S. i.

[3] Vgl. zum Beispiel die Bewertung von Immobilien nach dem Shareholder-Value-Konzept: Grünert, L., 1999a; Grünert,L., 1999b, S. 89 ff.

[4] Vgl. Miles, M., 1988; S. 3 (101) f.; Schulte, K. - W., 1998; Grünert,L., 1999b, S. 95.

folglich zu.[1] Derzeit sind keine verlässlichen Methoden zur Bestimmung des immobilienspezifischen Risikozuschlags bekannt. Außerdem zeigen SIRMANS/-SIRMANS in einem Literaturüberblick über die historische Entwicklung von Risiken und Renditen von Immobilieninvestitionen das zumindest an der pauschalen Vermutung geringerer Risiken von Immobilieninvestitionen erhebliche Zweifel angebracht sind.[2]

Behelfen sich Anleger bei der Kalkulation des Unternehmenswerts mit dem unternehmensspezifischen Risikozuschlag z. B. dem mit Hilfe des CAPM bestimmten Beta, so wird jeder spezifische Einfluss von Immobilien auf den Beta-Wert des Unternehmens ignoriert. Unterstellt man einen risikosenkenden Charakter des Immobilienbestands, werden die Immobilien des Unternehmens somit unterbewertet.

Wenn auch bislang keine gesicherten Ergebnisse vorliegen, spricht vieles dafür, dass die Immobilien des Unternehmens durch die Anleger am Kapitalmarkt aufgrund mangelnder Informationen hinsichtlich Kosten-, Nutzen- und Risikowirkungen zu niedrig bewertet werden. Eine strikte Orientierung am finanzwirtschaftlichen Oberziel der Marktwertmaximierung des Eigenkapitals beispielsweise mit Hilfe des Shareholder-Value-Ansatzes birgt die Gefahr einer Fehlallokation durch den unnötigen Verkauf von Unternehmensimmobilien.[3]

7.3.2 Besonderheiten der Finanzierung betrieblich genutzter Immobilien

Die Finanzierung von Immobilien ist eine eigenständige Disziplin, der sowohl aus Sicht von Kapitalgebern als auch aus Sicht des Immobilieninvestors einige Aufmerksamkeit gewidmet worden ist. In der Erstellung von Immobilien für den anonymen Markt stehen die Investitionsdaten nur teilweise objektiv fest, unterliegen wesentliche Entscheidungsparameter wie Mieten und Renditeansprüche exogenen Einflüssen, bestehen erhebliche Durchführungsrisiken, ist das objektbezogene Research des Developers häufig zu schwach ausgeprägt und gefährdet die Kumulation einer Vielzahl von Risiken den Objekterfolg.[4] Aus Sicht der Kapitalgeber gilt die Aufmerksamkeit der Immobilienfinanzierung deshalb den vielfältigen Risiken, welche die Bedienung der Immobilienkredite bedrohen und der Refinanzierung von Immobiliarkrediten.[5] Beispielsweise machte der Konkurs des Immobilieninvestors SCHNEIDER die Notwendigkeit des Managements von Immobilienrisi-

[1] Vgl. Manning, C. A., 1990; Grünert,L., 1999b, S. 97.

[2] Vgl. Sirmans, G. S. u. Sirmans, C. F., 1987 und die dort zitierte Literatur.

[3] Vgl. zur Steuerung des Immobilienmanagements mit Hilfe des Shareholder Value Ansatzes: von Jürgensonn, I., 1997; Hanson, R. A., 1998; von Jürgensonn, I. u. Schäfers, W., 1998; Schulte, K. - W., 1998; Grünert,L., 1999a; Grünert,L. , 1999b; Hess, E. D., 1999; Manning, C., Rodriguez, M. u. Gosh, C., 1999.

[4] Vgl. Nahlik, W., 1994, S. 391.

[5] Vgl. Nahlik, W., 1994; Sartor, F. J., 1997; Lausberg, C. u. Weißenbacher, F., 1999; Lausberg, C. u. Weißenbacher, F., 2000.

ken bei deutschen Banken deutlich. Für die Immobilieninvestoren stehen die typischen Finanzierungsfragen nach der Finanzierungsstruktur, der Flexibilität der Rückzahlungsmodalitäten des Fremdkapitals und den Kapitalkosten im Vordergrund.[1] Für den Fall der Finanzierung der hier betrachteten selbst genutzten Gewerbeimmobilien durch Großunternehmen gelten abweichend von den eben beschriebenen immobilientypischen Finanzierungsproblemen folgende Rahmenbedingungen:

1. Nutzen Unternehmen die zu finanzierende Immobilie selbst, wird kein Einnahmenstrom in Form von Mieteinnahmen entstehen. Die Einnahmen entstehen dann aus dem in der Immobilie betriebenen Grundgeschäft.
2. Den Fremdkapitalgebern stehen potenziell neben der Immobilie das Vermögen und die zukünftige Ertragskraft des Unternehmens als zusätzliche Sicherheiten zur Verfügung.
3. In Abhängigkeit von der Finanzkraft und der Größe des Unternehmens ist ein Fremdfinanzierungsanteil nicht zwingend erforderlich. Die Kapitalstruktur der Immobilienfinanzierung kann gegebenenfalls zur Optimierung der finanzwirtschaftlichen Situation frei gewählt werden.[2]

Betrachtet man die drei Rahmenbedingungen als gegeben, was der realen Situation üblicherweise entsprechen dürfte, stellt die Finanzierung selbst genutzter Immobilien im Gegensatz zur Finanzierung im Zuge von Developments in der betrieblichen Planung keinen Engpass dar. Gleichzeitig haben die oben angesprochenen Probleme der Immobilienfinanzierung vergleichsweise geringe Relevanz. Die Immobilienfinanzierung ist in dem hier betrachteten Fall ein integraler Bestandteil der Unternehmensbudgetierung, der sich dessen Zielen und Grundsätzen unterwirft. So stellt MILES fest: „The corporate real estate decision has traditionally been viewed as a capital budgeting problem."[3] Und im selben Zusammenhang wenig später: "The corporation decides on a need for additional space. This is usually a part of a larger capital budgeting decision tied to operations."[4] Zu den grundlegenden Zusammenhänge der Unternehmensfinanzierung sei an dieser Stelle auf die entsprechende Fachliteratur verwiesen.[5] Allerdings sind insbesondere in der jüngeren Vergangenheit Instrumente zur Finanzierung von Immobilien entwickelt worden, die den Spielraum der Unternehmensfinanzierung potenziell erweitern. Dabei wurde neben der Entwicklung von Instrumenten der Fremdkapitalfinanzierung insbesondere der Einwerbung von Eigenkapital zur Finanzierung von Immobilien erhebliche Beachtung geschenkt.[6] Nachfolgend wer-

---

[1] Vgl. Miles, M., 1988; Boykin, J. H. u. Haney, R. L., 1993; Greer, G. E., 1997, S. 111 ff.

[2] Vgl. zur Kapitalstruktur von Immobilienfinanzierungen: Jaffe, A. J. u. Sirmans, C. F., 1995, S. 134 ff.

[3] Vgl. Miles, M., 1988; S. 2(100).

[4] Vgl. Miles, M., 1988; S. 2(100).

[5] Vgl. z. B. Weston, J. F. u. Copeland, T. E., 1992; Kaen, F. R., 1995; van Horne, J. C., 1998; Brealey, R. A. u. Myers, S. C., 2000.

[6] Vgl. Jaffe, A. J. u. Sirmans, C. F., 1995, S. 129 f.

den diese Instrumente kurz dargestellt, um das Spannungsfeld zwischen Unternehmensfinanzierung und Immobilienmanagement besser ausleuchten zu können.

7.3.3 Finanzierungsinstrumente

7.3.3.1 Übersicht über die Finanzierungsinstrumente

Es gibt einen bunten Strauß an Finanzierungsinstrumenten, die sich grundsätzlich zur Finanzierung von Immobilien eignen.[1] Von praktischer Bedeutung ist allerdings nur ein Teil von ihnen. REDMAN/TANNER haben 1991 in einer Umfrage bei 1.200 Mitgliedsunternehmen der internationalen Verbände der Corporate Real Estate Manager NACORE und IDRC nach dem Einsatz der verschiedenen Finanzierungsinstrumente gefragt. Da beide Verbände zum Zeitpunkt der Erhebung keine nennenswerte internationale Verbreitung gefunden hatten, ist davon auszugehen, dass es sich bei der Grundgesamtheit im Wesentlichen um US-amerikanische Unternehmen handelte.

Tabelle 7.5. Einsatz von Finanzierungsinstrumenten

Finanzierungsinstrument	Nutzung in Prozent
Hypothekarkredit, besichert durch Finanzierungsobjekt	40,8
Einbehaltene Gewinne	34,4
Cash-Flow des Grundgeschäfts	62,8
Hypothekarisch gesicherte Schuldverschreibung	6,9
Stammaktien	4,1
Vorzugsaktien	0,9
Ungesicherte Schuldverschreibung	2,3
Inkassofähige Papiere (Commercial Paper)	4,6
Langfristiges Leasing	35,8
Sale-and-Lease-back	24,8
Joint Venture	23,9
Sonstige	10,1
Einlagen von Pensionsfonds	
Kontokorrentkredit des Unternehmens	
Sonstige Kredite von Geschäftsbanken	
Industrieschuldverschreibungen	
Hypothekarkredit, besichert durch andere Immobilien	
Kurzfristiges Leasing	
Grundstücksleasing	
Grundstückstausch	

Quelle: Redman, A. L. u. Tanner, J. R., 1991, S. 220.

[1] Vgl zu einer Übersicht: Munsberg, F., 1997, S. 696 ff.

Gliedert man die Finanzierungsinstrumente der Immobilienfinanzierung nach der Kapitalstruktur, ergibt sich ein Kontinuum von vollständiger Eigenkapitalfinanzierung über hybride Finanzierungsformen bis hin zur vollständigen Fremdkapitalfinanzierung.

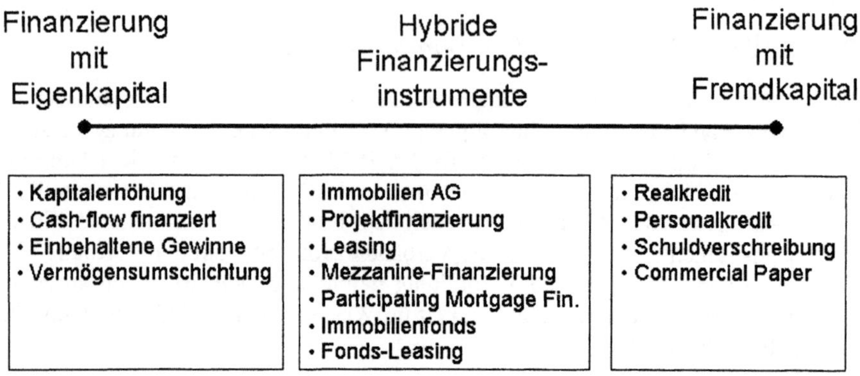

Abb. 7.9. Übersicht über immobilienbezogene Finanzierungsinstrumente. Quelle: Eigene Darstellung.

1. Finanzierung mit Eigenkapital

Wie die empirische Untersuchung von REDMAN/TANNER gezeigt hat, kommen insbesondere der Finanzierung aus dem Cashflow und aus einbehaltenen Gewinnen des Unternehmens große Bedeutung zu. Dies überrascht insofern nicht, als dass die klassische Finanzierung mittels eines Hypothekarkredits, die von einem Großteil der Unternehmen eingesetzt wird, einen Anteil an Eigenmitteln erfordert. Eine geringere Rolle spielt darüber hinaus die Finanzierung aus Vermögensumschichtungen in der Form des Immobilientausches. Aus den von REDMAN/-TANNER veröffentlichten Daten geht leider nicht der Anteil der einzelnen Finanzierungsformen am Finanzierungsvolumen hervor. Dennoch ziehen die Autoren den Schluss, dass Unternehmen einen großen Teil des Finanzierungsbedarfs von Immobilieninvestitionen aus der Innenfinanzierung generieren.[1] In der Außenfinanzierung wird nur von 5 % der Unternehmen die Erhöhung des Eigenkapitals zur Finanzierung genutzt.

2. Finanzierung mit Fremdkapital

Ebenso kommen hypothekarisch gesicherte Schuldverschreibungen (mortgage backed securities) mit 9,2 %, ungesicherte Schuldverschreibungen mit 2,3 % und Commercial Paper mit 4,6 % vergleichsweise selten zum Einsatz.[2] Insgesamt bleibt festzuhalten, dass die Securisation von Finanztiteln im Immobilienbereich in der von REDMAN/TANNER durchgeführten Analyse nur eine geringe Rolle

[1] Vgl. Redman, A. L. u. Tanner, J., 1991, S. 221.
[2] Vgl. zu den Finanzierungsformen z. B.: Jaffe, A. J. u. Sirmans, C. F., 1995, S. 145 ff.

gespielt hat. Zum gleichen Ergebnis kommen NÄGELE/MAASS/FLEHINGHAUS 1996 für die Bedeutung von Schuldverschreibungen, die von Nichtbanken zum Zwecke der Immobilienfinanzierung am deutschen Markt begeben werden.[1] Sie machen dafür die hohen Transaktionskosten, erforderliche Zusatzsicherheiten und das Fehlen eines Sekundärmarktes für diese Form von Schuldverschreibungen verantwortlich.[2] Dem ist hinzuzufügen, dass vor allem die lange Laufzeit von Immobilienfinanzierungen nicht mit den vergleichsweise kurzen Laufzeiten (20 bis 54 Monaten) der Securities in den USA, Großbritannien oder Frankreich im Einklang stehen, sodass eine fristenkongruente Finanzierung nicht zu erreichen ist.[3] Außerdem steht in Deutschland mit dem durch Realkreditinstitute emittierten Hypothekenpfandbrief ein volumenmäßig leistungsfähiges, kostengünstiges Finanzierungsinstrument zur Verfügung.[4] Die in der finanzwirtschaftlichen Literatur propagierte Optimierung der Finanzierungskosten durch eine marktgerechte Kombination von Forderungs- und Inhabertiteln wird deshalb auf der Ebene der Immobilienfinanzierungen nicht betrieben. Vielmehr überwiegen bei der Fremdkapitalfinanzierung die starren Finanzierungsformen des Hypothekarkredits und des Leasings. Die empirisch beobachteten Ergebnisse sprechen für die Eingangs diesen Abschnitts aufgestellte These, dass die Finanzierung betrieblich genutzter Immobilien sich in die Finanzierung des Unternehmens insgesamt integriert. Die Optimierung der Kapitalstruktur erfolgt dann auf der Ebene der Unternehmens- und nicht der Immobilienfinanzierung.

3. Hybride Finanzierungsinstrumente

Im Rahmen der Finanzierung von Immobilien durch Immobilien-Developer sind in der jüngeren Vergangenheit innovative Finanzierungsinstrumente entwickelt worden. Diese Instrumente zielen darauf ab, den chronischen Mangel an Eigenmitteln der Developer durch einen erweiterten Kreditgewährungsspielraum der Banken zu beseitigen. Bei der Mezzanine-Finanzierung erhalten die Banken als Gegenleistung für die Risikoübernahme einer erweiterten Kreditgewährung einen Anspruch aus dem Gewinn des Immobilienprojekts. Bei der Participating-Mortgage-Finanzierung verzichtet die Bank auf einen Teil des Zinses zugunsten einer Option auf eine Gewinnbeteiligung aus dem Developmentgeschäft. Aus Sicht der Finanzierung betrieblicher Immobilien stellen sie Sonderfälle der Projektfinanzierung dar. Mezzanine- und Participating-Mortgage-Finanzierung sind bislang in Deutschland wenig verbreitet.[5] Diese Finanzierungsinstrumente sind durch die vergleichsweise hohe Risikoprämie der Banken teuer. Neben den auf Eigenmittelreduktion abzielenden Finanzierungsinstrumenten gibt es eine Reihe weiterer hybrider Finanzierungsinstrumente, die

---

[1] Vgl. Nägele, P., Maaß, E. u Flehinghaus, W., 1996, S.806.

[2] Vgl. Schulte, K. - W. et al., 1998.

[3] Vgl. Tacke, H. R., 1999, S. 119.

[4] Vgl. Munsberg, F., 1997, S. 711 ff.

[5] Vgl. Follak, K. P., 1993, S. 100 f. ; Follak, K. P. u. Leopoldsberger, G., 1996, S. 228 ff. u. 237 ff.; Schulte, K. - W., et. al., 1998, S. 461 ff.

1. auf die Senkung der Finanzierungsrisiken durch eine effizientere Allokation von Risiken abzielen,
2. die Bilanz des Unternehmens nicht belasten oder
3. die Finanzierungskosten durch die Realisierung von Steuervorteilen auf der Seite der Kapitalgeber senken sollen.

Da diese Ziele auch für die Finanzierung des selbstgenutzten Immobilienbestands von Unternehmen Bedeutung haben, sollen diese nachfolgend näher vorgestellt werden. Es handelt sich dabei um die Projektfinanzierung und die Immobilienaktiengesellschaft sowie Innmobilienfonds, das Leasing und kombinierte Leasing-Fonds-Konstruktionen. Da sich auch aus der klassischen Kreditfinanzierung von Immobilien Implikationen für die Unternehmensfinanzierung ergeben, wird diese anschließend ebenfalls ausführlicher dargestellt.

7.3.3.2 Projektfinanzierung

Unter Projektfinanzierung verstehen BACKHAUS/UEKERMANN in Anlehnung an den US-amerikanischen Financial Accounting Standard Nr. 47 „...die Finanzierung einer sich selbst tragenden Wirtschaftseinheit, bei der sich die Kreditgeber vornehmlich auf den Cashflow und die Aktiva des Projektes als Sicherheit für die Rückzahlung des Fremdkapitals verlassen.“[1] Projektfinanzierungen kommen generell dann zum Einsatz, wenn ein grundsätzlich attraktives Projekt die Bereitschaft zum Einsatz von Kapital oder zum Eingehen finanzieller Risiken bei einem Projektinitiator übersteigt. Der Kerngedanke der Projektfinanzierung ist es in diesem Fall, Risiken und Chancen sowie Kosten und Nutzen eines Projekts auf mehrere Schultern zu verteilen.[2] Im Gegensatz zur Unternehmensfinanzierung stellt die Projektfinanzierung auf die wirtschaftliche Leistungsfähigkeit einer in sich geschlossenen, selbstständigen Wirtschaftseinheit (Projekt) ab.[3] Das Projekt muss sich aus seinem laufenden Zahlungsüberschuss heraus selbst finanzieren können. Diese Form der Kapitalgewährung wird auch als Cashflow-Finanzierung oder Cashflow-related-lending bezeichnet. Als wesentliches Kriterium einer Kreditentscheidung dient entsprechend die Cash Flow Debt Coverage Ratio (CDCR), die sich wie folgt berechnet:[4]

$$(7.1)\quad CDCR = \frac{Cash - Flow\ der\ Periode}{Tilgung + Zins\ der\ Periode}$$

Der hier verwendete zahlungsstromorientierte Cashflow-Begriff errechnet sich bei Gewerbeimmobilien aus den Mieterlösen abzüglich nicht umlagefähiger Betriebskosten, Instandhaltungskosten, nicht umlagefähiger Verwaltungskosten, dem Mietausfall und Steuern. Es handelt sich um den Projekt-Cashflow nach Steuern

---

[1] Backhaus, K. u. Uekermann, H., 1990, S. 106.
[2] Vgl. Reuter, A., 1999, S. 31.
[3] Vgl. Reuter, A. u . Wecker, C., 1999, S. 11 ff.
[4] Vgl. Backhaus, K. u. Uekermann, H., 1990, S. 106.

und vor Finanzierungskosten.[1] Grundsätzlich ist eine CDRC > 1 erforderlich, damit eine Finanzierung zustande kommen kann. Zusätzlich müssen die Zahlungsstromüberschüsse nach Berücksichtigung der Zahlungen für Ersatzinvestitionen den vereinbarten Kapitaldienst zu jedem Zeitpunkt der Kreditierung decken. Ein vorsichtiger Kapitalgeber wird zudem Risikoanalysen anstellen und entsprechend höhere CDCR Werte verlangen.

Zum Prinzip der Projektfinanzierung gehört es, das Projekt aus dem Haftungsbereich des Projektinitiators auszulagern. Dies wird durch die Gründung einer rechtlich selbstständigen Projektgesellschaft realisiert. Schuldner der Projektkredite ist die Projektgesellschaft und nicht der Projektinitiator. Der Projektfinanzierung wird in der Literatur die Eigenschaft der Bilanzneutralität für den Initiator (off balance sheet financing) zugesprochen.[2] Dieser potenzielle Vorteil ist jedoch regelmäßig dann zu relativieren, wenn der Projektinitiator die Bilanz der Projektgesellschaft in seiner Konzernbilanz konsolidieren muss. Eine Relativierung wäre auch erforderlich, wenn er gem. § 251 HGB Bürgschaften oder sonstige Haftungszusagen sowie nach § 285 Nr. 3 HGB langfristige Liefer- und Leistungsbeziehungen zur Projektgesellschaft unterhält, da diese als Haftungsverhältnis „unter dem Strich" in der Bilanz des Initiators aufgenommen werden müssen.[3]

Aufgrund der umfangreichen Risiken der zu finanzierenden Projekte allgemein und der Immobilienprojektentwicklung im Besonderen ist der Dreh- und Angelpunkt der Projektfinanzierung die Ausgestaltung der Risikoteilung zwischen den Projektbeteiligten.[4] Da die Ursache für die Gründung der Projektgesellschaft in der Regel die mangelnde Bereitschaft zur generellen Risikoübernahme durch einen der Projektbeteiligten ist, müssen die Risiken auf die Projektbeteiligten verteilt werden. Dem Sicherheitsbedürfnis der Fremdkapitalgeber folgend muss an Stelle der unternehmerischen Eigenhaftung des Projektinitiators ein Vertragsnetz entwickelt werden, welches die Risiken eindeutig auf die Beteiligten verteilt.[5] Die Verteilung der Risiken erfolgt nach folgenden Kriterien:

1. „Für wen ist das Risiko beherrschbar?
2. Für wen ist das Risiko am ehesten versicherbar?
3. Wer ist der Nutznießer etwaiger spiegelbildlicher Chancen?
4. Für wen ist das Risiko vor dem Hintergrund der Verteilung der Gesamtchancen des Projekts am ehesten absorbierbar?
5. Sind die Konditionen der Projektbeteiligung für den Betreffenden auch dann auskömmlich, wenn er das in Rede stehende Risiko zu tragen hat?"[6]

---

[1] Vgl. Schulte, K. - W. et. al., 1998, S. 465; Reuter, A. u . Wecker, C., 1999, S. 54 ff.
[2] Vgl. Schulte - Althoff, M., 1992, S. 36; Schulte, K. - W. et. al., 1998, S. 463.
[3] Vgl. Reuter, A., 1999, S. 33.
[4] Vgl. zur Darstellung der Risiken der Projektentwicklung den Abschnitt 7.2.3, Reuter, A. u. Wecker, C., 1999, S. 59 sowie zu den Risiken der Projektfinanzierung von Immobilien Schulte, K. - W. et. al., 1998, S. 467 ff.
[5] Vgl. Tytko, D., 1999, S. 55 ff.
[6] Reuter, A., 1999, S. 36.

Die Projektfinanzierung ist eine alt hergebrachte Finanzierungsform, welche aus historischer Sicht vor allem im Bergbau und bei Rohstoffgewinnungsvorhaben eingesetzt wurde.[1] Heute umfasst der Anwendungsbereich neben Schiffen, Verkehrsprojekten und Kraftwerken auch Immobilien wie beispielsweise den Frankfurter Messeturm.[2] Als Grenzwert, bei dem Kosten und Nutzen in ein ausgewogenes Verhältnis gelangen, wird ein Finanzierungsvolumen von DM 10 Mio. angenommen.[3] Damit sind die hier betrachteten Immobilienprojekte vom Volumen her für diese Finanzierungsform in der Regel geeignet, wobei die meisten realisierten Projektfinanzierungen weitaus größer sein dürften. Um zu untersuchen, wie die Risiken im hier in Rede stehenden Fall der Projektfinanzierung von Immobilien des Unternehmens verteilt werden können, sind zunächst mögliche Beteiligte an der Projektfinanzierung zu suchen. Im Folgenden wird davon ausgegangen, dass die Projektfinanzierung im Immobilienbereich nur bei Neubauvorhaben Anwendung findet. Potenzielle Kandidaten für die Finanzierung ergeben sich in diesem Fall aus dem Kreis der Akteure der Projektentwicklung.[4] Bei der Projektfinanzierung von Immobilien sind folgende Beteiligte denkbar:[5]

1. Projektträger
   Als Projektträger werden diejenigen Personen bezeichnet, die die unternehmerischen Entscheidungen des Projekts treffen. Das Unternehmen, aufgrund dessen Flächennachfrage die Immobilie errichtet wird, wird sich in der Regel als Projektträger mit einer Kapitalbeteiligung an der Projektgesellschaft beteiligen. Denkbar ist aber auch ein externer Projektträger wie beispielsweise eine Leasinggesellschaft. Der Projektträger ist deshalb in der Regel in einer weiteren Funktion an der Projektfinanzierung beteiligt.

2. Kreditinstitute
   Die Kreditinstitute bringen regelmäßig den größten Teil des Finanzierungsvolumens ein. Als Kreditinstitut können sich neben Geschäftsbanken auch Leasinggesellschaften als Kapitalgeber betätigen. Für Finanzierungsbeiträge über den erstrangigen Darlehensbereich hinaus werden Kreditinstitute generell Sicherheitsaufschläge in Form von zusätzlichen Zinsbestandteilen oder Profitbeteiligungen erwarten.[6] Allerdings sind Kreditinstitute aufgrund ihrer Risikotransformationsfunktion in der Lage, in besonderem Maße Risiken zu diversifizieren und zu handeln. Kreditinstitute können deshalb an dem bewuss-

---

[1] Vgl. Kamann, M. u. Wiegel, K. D., 1983.

[2] Vgl. zu einem Überblick über die Anwendungsfelder: Backhaus, K. u. Uekermann, H., 1990, S. 106 sowie die dort zitierte Literatur.

[3] Vgl. Schulte - Althoff, M., 1992, S. 46.

[4] Vgl. zu den Beteiligten der Projektentwicklung Abschnitt 7.2.

[5] Vgl. zu einer generellen Auflistung der Beteiligten an Projektfinanzierungen: Backhaus, K. u. Uekermann, H., 1990, S. 106 ff.; Reuter, A., 1999, S. 33 ff.; Tytko, D., 1999, S. 22 ff.

[6] Vgl. Follak, K. P., 1993, S. 102; Follak, K. P. u. Leopoldsberger, G., 1996, S. 241 ff.

ten Eingehen der in Immobilienprojektfinanzierungen begründeten Risiken ein geschäftspolitisches Interesse haben.[1]

3. Bauunternehmen, Planer und Berater
   In den Ausführungen zur Projektentwicklung ist deutlich geworden, dass alle an der Errichtung und Vermarktung des Projekts Beteiligten spezielle Risiken des Projekts wie beispielsweise das Fertigstellungsrisiko kontrollieren können. Durch eine Kapitalbeteiligung am Projekt in Form von Eigen- oder Fremdkapital entstehen Anreize zur Abwendung dieser Risiken.

4. Öffentliche Hand
   Die öffentliche Hand ist in vielfacher Hinsicht mit der Projektentwicklung verbunden. Neben der fiskalischen Funktion ist die öffentliche Hand mit der Genehmigung der Projekte beispielsweise durch Erteilung der Baugenehmigung befasst. Schließlich besteht die Möglichkeit, dass die öffentliche Hand im Sinne der Wirtschaftsförderung das Projekt durch Zuschüsse, Bürgschaften, Kredite zu Vorzugskonditionen oder Sachleistungen z. B. in Form von infrastruktureller Unterstützung fördert.[2] Der Einbezug öffentlicher Stellen in die Finanzierung und die Organisation der Projektgesellschaft verringert für die übrigen Akteure das Genehmigungsrisiko und in bedingtem Umfang auch das Standortentwicklungsrisiko.

5. Mieter oder Käufer der entwickelten Immobilie
   Als Mieter oder Käufer tritt der hier behandelten Problemstellung folgend das Unternehmen auf, welches seinen Flächenbedarf decken möchte. Die Leasingkonstruktion nimmt mit langfristigen Mietverträgen gefolgt von einer etwaigen Ankaufsoption eine Zwischenstellung ein. Der Nutzer beeinflusst in Abhängigkeit von seiner Stellung gegenüber der Projektgesellschaft das Abnahme- und das Nachverhandlungsrisiko. Tritt das Unternehmen als Mieter auf, begrenzen langfristige Mietverträge und Kapitalbeteiligungen die Risiken für die übrigen Gläubiger und Anteilseigner der Projektgesellschaft.

Wie die Funktionsweise der Projektentfinanzierung verdeutlicht, ist diese Finanzierungsform nicht für die Finanzierung jedes Immobilienprojekts geeignet. Ob die Voraussetzungen einer Projektfinanzierung grundsätzlich erfüllt sind, lässt sich anhand von zwei Aspekten prüfen:

1. Die organisatorische und bilanzielle Abtrennung des Projekts vom Unternehmen stellen Voraussetzungen dar, die weitergehende Wirkungen auf die Eigentumsentscheidung und die Institutionalisierung haben. Die Aufnahme weiterer Gesellschafter an der Projektgesellschaft beispielsweise in Form von Joint Ventures schränkt die Verfügungsrechte des Unternehmens über die Immobilie

[1] Vgl. Prautzsch, W. - A., 1995, S. 136 f.

[2] Vgl. Nägele, P., Maaß, E. u. Flehinghaus, W., 1996, S. 814 ff.

ein.[1] Das Unternehmen hat zu prüfen, ob diese Einschränkungen in der konkreten Situation akzeptabel sind.

2. Die Fremdkapitalgeber werden außerdem regelmäßig Zusatzsicherheiten verlangen.[2] Diese können in Form von Haftungsübernahmen für die der Objektgesellschaft gewährten Kredite oder in Form von Mietgarantien seitens des Projektträgers, in unserem Fall des nutzenden Unternehmens, bestehen. Die Durchsetzbarkeit von Art und Umfang der Zusatzsicherheiten gegenüber dem Projektträger hängt im Wesentlichen von der Wettbewerbssituation der Kreditinstitute ab. REUTER stellte dazu 1999 fest, „...dass die Konditionen des Fremdkapitals, zu denen auch die Übernahme von Risiken gehört, für die Projekterrichter in der Tendenz günstiger geworden sind."[3] Sollte das Unternehmen durch die Banken zur Übernahme zusätzlicher Risiken verpflichtet werden, wird in entsprechendem Umfang der ursprüngliche Zweck der Projektfinanzierung, der gerade in der Risikoabwälzung und der Bilanzneutralität besteht, verfehlt.

Insgesamt bietet die Projektfinanzierung durch die Verteilung der Risiken auf die Akteure der Projektentwicklung potenzielle Vorteile, die dazu führen können, dass aus alleiniger Sicht des Unternehmens zu risikoreiche Projektentwicklungen doch durchgeführt werden und dass die Finanzierungskosten insgesamt gesenkt werden, weil der Risikozuschlag auf das eingesetzte Kapital mit dem verbesserten Anreizsystem zur Kontrolle der Risiken abnimmt.

7.3.3.3 Immobilienaktiengesellschaften

Der Begriff Immobilienaktiengesellschaft wird in Deutschland nicht stringent verwendet. Deshalb ist nachfolgend zunächst das hier verwendete Begriffsverständnis zu klären. Teile der Literatur, die sich insbesondere mit der Kapitalanlage in Immobilien befassen, verstehen unter dem Begriff Immobilienaktiengesellschaft, wie auch die prominenteste Abgrenzung im Zuge des Deutschen Immobilien Aktienindexes (DIMAX) des Bankhauses Ellwanger & Geiger, alle Gesellschaften, deren Umsätze zu mindestens 75 % aus einem Immobiliengeschäft bestehen.[4] Zu Immobiliengeschäften zählen in dieser Abgrenzung unter anderem Vermietung und Verpachtung, Immobilienverwaltung, Immobilienhandel sowie die Projektentwicklung und Immobilienberatung.[5] In der Folge fallen Gesellschaften mit großem Immobilienvermögen ebenso unter diese Definition wie reine Service- und Beratungsgesellschaften. Diese Abgrenzung erscheint für die Sichtweise

[1] Vgl. zu der Spezialform der Bankenbeteiligung an der Projektgesellschaft: Follak, K. P., 1993, S. 5 ff.

[2] Vgl. Nägele, P., Maaß, E. u. Flehinghaus, W., 1996, S. 805.

[3] Reuter, A., 1999, S. 36.

[4] Vgl. z. B. Falk, B. (Hrsg.), 1991, Kap. 11.5.2, S. 1 ff; Schlag, A., 1995; Scharpenack, F., Nack, U. u. Haub, C., 1997, S. 660 ff.

[5] Vgl. die Homepage von Ellwanger und Geiger, http://www.privatbank.de/web/ix.nsf/-ID/~DIMAX v. 02.11.2000.

der Immobilienaktiengesellschaften als Finanzierungsinstrument nicht zweckdienlich. Nachfolgend wird unter einer Immobilienaktiengesellschaft eine börsennotierte Aktiengesellschaft verstanden, deren Geschäftsaktivitäten maßgeblich den Erwerb und die Verwaltung des eigenen Immobilienvermögens ist.[1] Auch wenn eine Immobilienaktiengesellschaft in Reinform, das heißt ausschließlich zum Zwecke der Finanzierung/Kapitalanlage gegründet, in Deutschland bislang nicht existiert,[2] ist das wesentliche Motiv der Gründung die Finanzierung und nicht die Erbringung von immobilienbezogenen Dienstleistungen. Maßgeblich für die Einordnung einer Immobilienaktiengesellschaft ist in dem hier verwendeten Begriffsverständnis die Absicht, durch die Gründung einer AG Zugang zum Kapitalmarkt zu erhalten, um auf diese Weise Finanzierungsbeiträge zu erhalten. Die Geschichte dieser Form von Aktiengesellschaften ist in Deutschland im Gegensatz zu der in anderen Ländern nicht besonders lang. Die historische Entwicklung insbesondere aber auch die steuerliche Begünstigung haben REITs in den USA oder Property-Companies in Großbritannien zu beliebten Finanzierungsinstrumenten werden lassen.[3] In den USA unterscheidet man nach dem Geschäftszweck der Gesellschaften zwischen Equity-REITs, die Immobilieneigentümer sind, und Mortgage-REITs, die Fremdkapital für Immobilien zur Verfügung stellen.[4] Zur Finanzierung von Unternehmensimmobilien im Sinne der hier erörterten Problemstellung eignen sich Equity-REITs sowie hybride Formen. Getrieben durch die Erfahrungen aus den USA, dass sich der Shareholder-Value durch die Ausgliederung der Immobilienbestände in Form von REITs steigern lässt, sind in der jüngeren Vergangenheit auch in Deutschland vermehrt Bestrebungen im Gange, die Immobilienabteilungen von Großunternehmen auszugliedern.[5] Neben den Wirkungen auf die Institutionalisierung des Immobilienmanagements stellen sich durch die Gründung und Börseneinführung von Immobilienaktiengesellschaften maßgebliche Finanzierungseffekte ein. Im Wesentlichen lassen sich vier Effekte voneinander unterscheiden:[6]

1. Der Verkauf von bereits vollständig oder teilweise abgeschriebenen Immobilien schafft bei entsprechender Ausgestaltung wie beim Sale-and-lease-back-Verfahren neues Abschreibungspotenzial, welches die Immobilienaktiengesellschaft realisieren kann. Gleiches gilt unter bestimmten Voraussetzungen bei der Vermögensübertragung.[7]
2. Beim Verkauf der Immobilien fließen dem Unternehmen finanzielle Mittel in Höhe des Buchwerts der Immobilien zu.

---

[1] Vgl. Maurer, R. u. Sebastian, S., 1999, S. 170.

[2] Vgl. Falk, B. (Hrsg.), 1991, Kap. 11.5.2, S. 1.

[3] Vgl. zur Geschichte dieser Gesellschaften: Jaffe, A. J. u. Sirmans, C. F., 1995, S. 107; Scharpenack, F., Nack, U. u. Haub, C., 1997, S. 663 ff.

[4] Vgl. zu REITs: Schnurr, W., 1994; Glascock, J. u. Hughes Jr., W. T., 1995: Friday, H. S., Sirmans, G. S. u. Conover, C. M., 1999, S. 73 ff.

[5] Vgl. Scharpenack, F., Nack, U. u. Haub, C., 1997, S. 681 ff.

[6] Vgl. Scharpenack, F., Nack, U. u. Haub, C., 1997, S. 683 f.

[7] Diese regelt sich nach dem Umwandlungsgesetz (vgl. Lutter, M. u. Bayer, W. (Hrsg.), 2000).

3. Der Verkauf von Immobilien durch das Unternehmen ermöglicht regelmäßig die Mobilisierung stiller Reserven.
4. Die erwartete Effizienzsteigerung des Immobilienmanagements gegenüber der bisherigen „Abteilungslösung" schlägt sich in einem höheren Wert der Immobilienaktiengesellschaft nieder, dessen Realisierung im Zuge der Börseneinführung zusätzliche finanzielle Mittel zuführt.[1]

Die Finanzierungseffekte aus den Punkten 1 und 4 fallen bei der Immobilienaktiengesellschaft an und kommen dem Unternehmen zunächst nicht zugute. Sie können aber durch einen entsprechend hohen Emissionserlös aus dem Verkauf von Anteilen oder über die Kapitalbeteiligung des Unternehmens von der Immobilienaktiengesellschaft an das Unternehmen weitergereicht werden.

Die erheblichen Transaktionskosten der Gründung einer Immobilienaktiengesellschaft verlangen ein großes Volumen des Immobilienbestands, welches in der Regel nicht durch den Neubau eines Einzelobjekts zu erzielen ist. Vielmehr müssten Unternehmen Großteile ihres Immobilienbestands in eine Immobilienaktiengesellschaft auslagern, die über den gegenwärtigen und zukünftigen Flächenbedarf des Unternehmens hinaus auch Dritte bedient. Gegenwärtig ist eine Platzierung des Immobilienbestands in Deutschland noch nicht erfolgt, gleichwohl sie von mehreren Unternehmen aus dem Finanzdienstleistungs- und Maschinenbaubereich vorbereitet wird. Als hinderlich erweist sich die mangelnde Marktfähigkeit der Immobilienbestände deutscher Großunternehmen. Selbst wenn durch entsprechende Restrukturierung des Immobilienportfolios eines Großunternehmens die Marktfähigkeit der Objekte erreicht wird, birgt die Abhängigkeit der Immobilienaktiengesellschaft vom abgebenden Unternehmen als Mieter des Bestands für den Aktionär der Immobiliengesellschaft ein unkalkulierbares Risiko. Denkbar sind Zusammenschlüsse mehrerer Großunternehmen, die den marktfähigen Bestand ihrer Immobilien in eine gemeinsam zu gründende kooperative Immobilienaktiengesellschaft übertragen, in der die Klumpenrisiken bezüglich der Mieterstruktur verringert werden.

Vergleichbar zur Situation der Projektfinanzierung hängt auch bei der Finanzierung durch die Gründung einer börsennotierten Immobilienaktiengesellschaft der Umfang des Risikos und die Verfügungsgewalt des Unternehmens von dessen Anteil an der Immobilienaktiengesellschaft ab. Mit dem Umfang der verkauften Anteile an der Immobilienaktiengesellschaft nimmt der Finanzierungsbeitrag für das Unternehmen zu. Gleichzeitig nimmt die Verfügungsgewalt über die Immobilien und die Risiken aus dem Immobilienbereich für das Unternehmen ab. Unterstellt man, dass die Unternehmen an einer möglichst weitgehenden Abwälzung der Risiken und einem möglichst hohen Finanzierungsbeitrag aus der Abgabe ihrer Immobilien interessiert sind, werden die Verfügungsrechte über die Immobilien zwangsläufig zurückgehen. Durch eine breite Streuung der platzierten Anteile sowie durch die Ausgabe von stimmrechtslosen Vorzugsaktien im Zuge der Emission kann der Einfluss der Aktionäre auf die Geschäftsführung im Vergleich zur Projektfinanzierung verringert werden, sodass die Verfügungsmöglichkeiten des

[1] Siehe Abschnitte 10.3 und 11.3.

Unternehmens in größerem Umfang erhalten bleiben.[1] Faktisch folgt dennoch, dass insbesondere in kooperative Immobilienaktiengesellschaften nur unspezifische Objekte, die für das Unternehmen keinen Ressourcencharakter haben, ausgegliedert werden können. Insgesamt ist die Gründung oder die Beteiligung an einer Immobilienaktiengesellschaft ein weit über den Finanzierungsgedanken hinausragender Schritt, der durch weitere Determinanten der Institutionalisierung des Immobilienmanagements entscheidend mitgeprägt wird.

7.3.3.4 Geschlossene Immobilienfonds

Unter einem Immobilienfonds soll nachfolgend ein Immobilienvermögen verstanden werden, welches zum Zweck der kollektiven Kapitalanlage in Immobilien begründet worden ist und durch eine dritte Person verwaltet wird. Im Gegensatz zur Direktanlage sind an einem Immobilienfonds somit stets mehrere Kapitalanleger beteiligt.[2] Der Investor genießt die Vorteile der Kapitalanlage in Immobilien ohne den damit verbundenen Verwaltungsaufwand. In Deutschland unterscheidet man zwischen offenen und geschlossenen Immobilienfonds. Die offenen Immobilienfonds funktionieren nach zwei Prinzipien: „open end" und „semi flexible". Das open-end-Prinzip besagt, dass die Fonds vom Volumen und von der Dauer her unbegrenzt sind. Das Semi-flexible-Prinzip beinhaltet in diesem Fall, dass das Fondsmanagement in der Auswahl der Kapitalanlagen nach Art und Umfang entsprechend der §§ 27 ff. Kapitalanlagegesellschaftengesetz (KAGG) beschränkt ist. Offene Immobilienfonds sind aufgrund ihres Volumens sowie der durch rechtliche Schranken und der Gegebenheiten des Kapitalanlagemarktes her geprägten Portfoliostruktur für die Finanzierung von Unternehmensimmobilien im hier diskutierten Sinne ungeeignet.[3]

Geschlossene Immobilienfonds unterscheiden sich von offenen Immobilienfonds vor allem durch die Begrenzung auf ein im voraus festgelegtes Investitionsvolumen, welches entweder auf ein einzelnes Objekt (One-Property-Fonds) oder mehrere Objekte (Multi-Property-Fonds) verwendet wird. Ist die Gesamtsumme der Investition erreicht, d. h. sind alle Anteile gezeichnet, wird der Fonds geschlossen und kein weiterer Investor aufgenommen. Eine konkrete rechtliche Regelung für geschlossene Immobilienfonds gibt es in Deutschland nicht. Die rechtliche Konstruktion richtet sich daher nach allgemeinen gesetzlichen Vorschriften und ergibt sich aus HGB und BGB.[4] Betrachtet man die wirtschaftliche Konstruk-

---

[1] In den USA ist die Eigentümerstruktur von REITs zur Vermeidung von Ungleichbehandlungen der Kleinaktionäre neuerdings reglementiert (vgl. Friday, H. S., Sirmans, G. S. u. Conover, C. M., 1999).

[2] Vgl. zur kollektiven Kapitalanlage in Immobilien: Abromeit-Kremser, B., 1986, S. 14 ff.; Klumpe, W. u. Nasthold, U. A., 1993; Bone - Winkel, S., 1994, S. 35 ff.

[3] Vgl. zum Management offener Immobilienfonds: Abromeit-Kremser, B., 1986; Laux, M. u. Ohl, K., 1988; Bone - Winkel, S., 1994.

[4] Vgl. Bölter, H. H., 1986, S. 15 ff.; Werner, H. S. u. Machunsky, J., 1993, S. 1 ff.; Loipfinger, S., Nickl, L. u. Richter, U., 1994; Tiemann, H. J., 1997; Pfnür, A., 2000, S. 43 ff.

tion, so lassen sich durch Marketinginteressen und durch Finanzierungsbedarf getriebene Fonds unterscheiden. Durch Marketinginteressen getriebene Fonds entstehen dann, wenn der Initiator des Fonds sich am Kapitalanlagemarkt orientiert und entsprechende Objekte für den Fonds auswählt. Der Großteil der deutschen geschlossenen Immobilienfonds gehört zu dieser Kategorie.[1] Daneben existieren aber auch eine Reihe an Fonds, die durch konkreten Finanzierungsbedarf getrieben werden. Letztere Kategorie ist somit vom Wesen her für die Finanzierung von Unternehmensimmobilien grundsätzlich geeignet. Nachfolgend ist zu untersuchen, ob und gegebenenfalls unter welchen Voraussetzungen diese Form der Finanzierung von Unternehmensimmobilien sinnvoll ist.

Die Konstruktion eines geschlossenen Immobilienfonds ist stark geprägt von dem Ziel, den Anlegern aufgrund ihrer individuellen steuerlichen Situation Steuervorteile zu verschaffen, die der Nutzer der Immobilie in dieser Form nicht realisieren kann.[2] Die Vorstellung ist, dass der Anleger sich aufgrund des steuerlichen Vorteils mit einer geringeren Verzinsung des von ihm eingesetzten Kapitals zufrieden gibt. Aus der Sicht des Initiators ergeben sich dann niedrigere Kapitalkosten für den Eigenkapitalanteil des Fonds. Steuerrechtliche Voraussetzung der Entstehung steuerlicher Vorteile ist die Gründung einer Objektgesellschaft in der Rechtsform einer Personengesellschaft. Die Anleger werden dann Gesellschafter einer Bruchteilsgemeinschaft gem. §§ 741 ff. BGB oder im weit überwiegenden Fall entweder Mitglied einer Gesellschaft bürgerlichen Rechts gem. §§ 705 ff. BGB beziehungsweise Kommanditist einer Kommanditgesellschaft gem. §§ 161 HGB ff. Neben der Wahl der Rechtsform gibt es eine ganze Reihe weiterer rechtlicher Voraussetzungen der Realisierung von Steuervorteilen durch den Anleger, die die Konstruktion und die Aktivitäten der Objektgesellschaft beeinflussen. Da eine steuerorientierte Gestaltung allerdings keinen Einfluss auf die Nützlichkeit des geschlossenen Immobilienfonds als Finanzierungsinstrument hat, soll an dieser Stelle auf eine weitere Diskussion verzichtet werden.[3] Der Initiator entscheidet zumeist ebenfalls nach dem Kriterium der steuerlichen Vorteilhaftigkeit auf der Anlegerebene über die Finanzierungsstruktur der Objektgesellschaft. Die realisierbaren Steuervorteile sind durch folgende zwei Ereignisse in der jüngeren Vergangenheit erheblich reduziert worden:

1. Die mit dem Immobilienobjekt verbundenen Sonderabschreibungen, welche der Hauptgrund für Verlustzuweisungen an die Anleger waren, sind in der Vergangenheit erheblich reduziert worden und betreffen ab dem 1.1.2001 nur noch sehr spezielle Sanierungsobjekte. Insbesondere der Wegfall der Sondergebietsabschreibungen hat hier zu einem starken Rückgang steuerorientierter Kapitalanlagen in Immobilien geführt.

2. Die auf die Einschränkung des modellhaften Steuersparens mittels sogenannter Verlustzuweisungsgesellschaften gerichtete Einführung des § 2b EStG im Jahr

[1] Vgl. zu einer Marktübersicht: Brandhuber, J. u. Schenk, J., 1993; Loipfinger, S., 2000, S. 15 ff.

[2] Vgl. Bölter, H. H., 1986, S. 49 ff.; Opitz, G., 1993.

[3] Vgl. hierzu Oho, W. u. Scheinberger, F. - J., 1996, S. 1149 ff.

1999 hat zu einer erheblichen Einschränkung des Steuersparpotenzials geschlossener Immobilienfonds geführt. Die sogenannte Nichtaufgriffsgrenze besagt, dass der Verlust des Anlegers 50 % des eingesetzten Eigenkapitals nicht überschreiten darf.

Bedingt durch diese Regelungen hat sich das Platzierungsvolumen der geschlossenen Immobilienfonds, die in Deutschland investiert sind, seit dem Jahr 1999 sehr deutlich reduziert und wird sich nach dem Wegfall von Übergangsregelungen vermutlich noch weiter reduzieren.[1] Der Initiator muss den abgeschmolzenen Steuervorteil durch eine höhere Rendite der am Kapitalmarkt angebotenen Fondsobjekte ausgleichen. Dieser Ausgleich wird insbesondere auch deshalb erforderlich, weil am Markt für Kapitalbeteiligungen geschlossene Immobilienfonds angeboten werden, die dem Anleger Steuervorteile durch Auslandsinvestitionen z. B. in den USA oder den Niederlanden verschaffen.[2] Aus Finanzierungssicht verteuert sich folglich das eingeworbene Kapital. Die schlechten Erfahrungen mit zahlreichen Insolvenzen in den neunziger Jahren haben dazu geführt, dass die Anleger eine höhere Risikoprämie für das zur Verfügung gestellte Kapital verlangen.[3] Zudem steigen die Anforderungen des Kapitalmarkts an die Marktfähigkeit der Objekte. Spezifische Objekte lassen sich aufgrund der Risiken bezüglich der Drittverwendung in einer solchen Marktsituation nicht platzieren.

Der Aufwand der Kapitalbeschaffung mittels eines geschlossenen Immobilienfonds ist vergleichsweise sehr hoch. Die Soft Costs für die Initiierung und Vermarktung betragen üblicherweise 8 bis 30 % des gezeichneten Kapitals.[4] Geht man davon aus, dass die Anleger die Soft Costs geschlossener Immobilienfonds kennen und in ihrer Anlageentscheidung berücksichtigen, so muss der Initiator die Kosten selber tragen. Geht man davon aus, dass das Unternehmen selbst den Immobilienfonds initiiert, so sind die Kapitalkosten aus dieser Finanzierungsform, lässt man kostensenkende Effekte durch Steuervorteile der Anleger beiseite, vergleichsweise hoch.

Mit der Aufnahme von Gesellschaftern werden die Verfügungsrechte über die Immobilie grundsätzlich ausgedünnt, weil den Anlegern die der Gesellschaftsform entsprechenden gesetzlichen und vertraglich vereinbarten Kontrollrechte (z. B. eines Kommanditisten) zustehen. Faktisch ist der Einfluss der Anleger auf die Geschäftsführung und damit auf die Verfügungsgewalt über die Immobilien allerdings gering. Da der Initiator in der Regel keine oder nur sehr geringe Anteile an einem geschlossenen Immobilienfonds hält, wird das Risiko der Immobilieninvestition in entsprechendem Umfang an die Anleger abgewälzt. Rechtlich tritt das Unternehmen als Mieter des Fondsobjekts auf, wobei die Möglichkeiten der Einflussnahme auf die Ausgestaltung der Mietverträge dann besonders stark sind, wenn dem Unternehmen gleichzeitig die Initiatorenrolle zukommt.

Zusammenfassend lässt sich festhalten, dass der geschlossene Immobilienfonds aufgrund der damit verbundenen Risikoabwälzung bei gleichzeitig weitreichender

[1] Vgl. Loipfinger, S., 2000, S. 4 ff.
[2] Vgl. Loipfinger, S., 2000, S. 5.
[3] Vgl. Heidenreich, K., 1995.
[4] Vgl. zu einer Aufstellung der Positionen: Bölter, H. H., 1986, S. 103 ff.

Verfügungsgewalt über die Immobilie ein sehr vorteilhaftes Finanzierungsinstrument ist. Fraglich ist allerdings, ob diese Vorteile die ohne Steuervorteile der Anleger hohen Finanzierungskosten aufwiegen.

7.3.3.5 Leasing und Leasing-Fonds

Das Leasing wurde aufgrund seiner Beeinflussung der Stellung des Unternehmens hinsichtlich des Eigentums und Besitzes von Immobilien bereits im Abschnitt 7.1.3 ausführlich erörtert. Dass das Leasing gleichzeitig ein Instrument zur Finanzierung von Immobilien ist, man spricht auch von einem Kreditsubstitut,[1] wurde an entsprechender Stelle bereits gezeigt und soll hier nicht wiederholt werden. Reduziert man die Beurteilung des Leasings auf die Höhe der Kapitalkosten aus Sicht des Unternehmens, so hängt die Vorteilhaftigkeit dieser Finanzierungsalternative von den Refinanzierungskosten der Leasingkonstruktion und der Bereitschaft zur Durchleitung der entsprechenden Konditionen (abzüglich einer Marge für Verwaltung und Gewinn) ab.[2] In der Leasingliteratur wird dazu argumentiert, dass die Leasinggesellschaften sehr gute Refinanzierungskonditionen erzielen können. Die Gründe dafür werden wie folgt angegeben:[3]

1. Leasinggesellschaften haben große Erfahrungen in der Errichtung und im Betrieb von Immobilien, sodass der Risikoaufschlag ihrer Kreditgeber gering ausfällt.
2. Leasinggesellschaften haben aufgrund des von ihnen projektierten Kapitalvolumens große Verhandlungsmacht.
3. Leasinggesellschaften haben aufgrund zahlreicher Verflechtungen mit Kreditinstituten organisatorische Vorteile bei der Kapitalbeschaffung, die sich kapitalkostensenkend auswirken.

Grundsätzlich dürften mit wachsender Unternehmensgröße die Volumenvorteile und die Risikovorteile der Leasinggesellschaften geringer werden. Ob tatsächlich eine Absenkung der Kapitalkosten zu erreichen ist, hängt vom Einzelfall ab.

Eine weitere Möglichkeit der Absenkung der Finanzierungskosten der Leasinggesellschaft ist die Refinanzierung über einen geschlossenen Immobilienfonds. Eine solche Konstruktion wird als Immobilien-Leasing-Fonds bezeichnet.[4] Der Grundgedanke des Leasings-Fonds ist neben der Refinanzierung in Form der Kreditfinanzierung ein Teil der Finanzierung über den freien Kapitalmarkt vorzunehmen. Die eigentlich dem Leasinggeber zustehenden Leistungen werden an die Gesellschafter des Leasing-Fonds weitergegeben.[5] Die Anleger stellen im Gegenzug ihr Kapital zu einem unter dem am Kapitalmarkt liegenden Zinssatz bereit, da sie wie im geschlossenen Immobilienfonds Steuervorteile aus der Beteiligung erzie-

---

[1] Vgl. Hartmann-Wendels, T., Pfingsten, A. u. Weber, M., 1998, S. 208.

[2] Vgl. zu den Refinanzierungsmöglichkeiten: Tacke, H. R., 1999, S. 101 ff.

[3] Vgl. Gabele, E., Dannenberg, J. u. Kroll, M., 1995, S. 135 ff.

[4] Vgl. Feinen, K., 1992.

[5] Vgl. Tacke, H. R., 1995; Wagner, K. - R., 1995. Tacke, H. R., 1999, S. 120 ff.

len.[1] Die günstigen Refinanzierungsbedingungen kommen dem Leasingnehmer, in dem hier behandelten Fall dem Unternehmen mit Flächenbedarf, über eine niedrigere Leasingrate zu Gute.[2] Die Durchleitung der Steuervorteile an den Anleger, die bereits bei der einfachen Konstruktion eines geschlossenen Immobilienfonds Schwierigkeiten bereitet, erfordert eine sehr sorgfältige Beachtung der aktuellen Rechtsprechung zur Steuerbegünstigung von fondsgebundenen Kapitalanlagen und dem Immobilienleasing.[3] Gegenwärtig sind die steuerlichen Vorteile aus der Leasing-Fonds-Konstruktion in Deutschland praktisch entfallen, sodass die Neuauflage solcher Fonds, die in den 90er Jahren sehr schnell Verbreitung gefunden haben,[4] zum Erliegen gekommen ist.[5] Selbst wenn in Zukunft die steuerlichen Rahmenbedingungen wieder günstiger werden, so ist der Immobilien-Leasing-Fonds aus Sicht der Kapitalanleger im Vergleich zu einem geschlossenen Immobilienfonds mit einem konzeptimmanenten Nachteil versehen.[6] In der Konstruktion des geschlossenen Immobilienfonds partizipiert der Kapitalanleger an Wertsteigerungen der Fondsobjekte. Charakteristisch für das Leasing ist aber, dass dem Leasingnehmer nach Ablauf der Grundmietzeit eine Option auf den Erwerb des Leasingobjekts oder eine Anschlussmiete eingeräumt wird. Andererseits trägt der Anleger das Risiko des Wertverlusts.[7] Da das Leasing eine vergleichsweise hohe Bonität des Leasingnehmers, ein über die gesamte Laufzeit fest vermietetes Leasingobjekt und eine hohe Qualität des Leasingobjekts voraussetzt, steht dem Anleger eine vergleichsweise sichere Kapitalanlage zur Verfügung. Die in der Vertragskonstruktion begründeten Anreize zur Senkung des Risikos für den Kapitalanleger führen zu einer Senkung der geforderten Risikoprämie und wirken somit kapitalkostensenkend.[8]

7.3.3.6 Klassische Kreditfinanzierung

Unter der klassischen Kreditfinanzierung von Immobilien soll hier eine Finanzierung verstanden werden, bei der das Eigenkapital vom Unternehmen selbst aufgebracht wird und das Fremdkapital zu wesentlichen Teilen von einem Kreditinstitut als Realkredit zur Verfügung gestellt wird. Weitere Finanzierungsbausteine dieser

---

[1] Grundsätzlich sind auch Konstruktionen denkbar, in denen die Anleger ihr Kapital zum marktüblichen Zins ohne die Erlangung von Steuervorteilen zur Verfügung stellen (vgl. Wörn, T., 1997, S. 104 ff.). Aufgrund der hohen Transaktionskosten der Kapitalbeschaffung über Fondskonstruktionen ist dieser Fall zur Senkung der Finanzierungskosten eher ungeeignet.

[2] Vgl. Feinen, K., 1995, S. 101 ff.

[3] Vgl. Wagner, K. - R., 1995.

[4] Vgl. Stephan, A. H., 1994, S. 1206; Bulwien, H., 1997, S. 55.

[5] Vgl. Loipfinger, S., 2000, S. 7 und S. 42 f.

[6] Vgl. Müller, K., 1995.

[7] Vgl. Tacke, H. R., 1999, S. 248.

[8] Vgl. Müller, K, 1995, S. 225 f.

Finanzierungsform sind Kredite von öffentlichen Institutionen sowie nachrangige hypothekarisch und nichthypothekarisch gesicherte Kredite von Geschäftsbanken.[1]

Zur Baufinanzierung ist in Deutschland auf der rechtlichen Grundlage des Hypothekenbankengesetzes (HypBankG) die Form der Realkreditinstitute entstanden. Im § 1 Satz HypBankG werden Hypothekenbanken definiert als „...privatrechtliche Kreditinstitute, deren Geschäftsbetrieb darauf gerichtet ist, inländische Grundstücke zu beleihen und aufgrund der erworbenen Hypotheken Schuldverschreibungen (Hypothekenpfandbriefe) auszugeben.“ Das Geschäft der Hypothekenbanken ist zur Sicherstellung der Funktionsfähigkeit des Realkreditwesens in den §§ 2 ff. HypBankG in erheblichem Umfang beschränkt. Insbesondere die §§ 11, 12 HypBankG schränken die Beleihungsgrenze der finanzierten Grundstücke auf 60 % des Beleihungswerts ein. Abweichend vom zeitpunktbezogenen Verkehrswert ist der Beleihungswert als dauerhafter Wert konstruiert. Bei der Feststellung dieses Wertes sind nur die dauernden Eigenschaften des Grundstücks und der Ertrag zu berücksichtigen, welchen das Grundstück bei ordnungsmäßiger Wirtschaft jedem Besitzer nachhaltig gewähren kann (§ 12 Abs. I Satz 2 HypBankG). Der Beleihungswert darf gem. § 12 Abs. I Satz 1 HypBankG keinesfalls über dem Verkaufswert des Grundstücks liegen. In der Praxis wird er wegen der geforderten Dauerhaftigkeit regelmäßig unter dem Verkehrswert liegen. Einerseits sichert diese restriktive Schranke des Kreditierungsvolumens dem Kreditnehmer aufgrund des geringen Risikos dieser Kredite regelmäßig die niedrigsten Kreditkonditionen, andererseits verbleibt eine erhebliche Finanzierungslücke, welche durch Eigenkapital oder zusätzliche Kredite auszufüllen ist. In Abhängigkeit von der Werthaltigkeit des Grundstücks sind Kreditinstitute bereit, den Beleihungsrahmen des Grundstücks über den Realkredit hinaus zu erweitern. In diesem Fall muss auf andere Refinanzierungsquellen als den Hypothekenpfandbrief zurückgegriffen werden, was die Konditionen dieser als nachrangig bezeichneten Hypothekarkredite verteuert. Die Grenze liegt bei maximal 80 % des Beleihungswerts eines Grundstücks.[2] Hat das Unternehmen weitergehenden Finanzierungsbedarf, so sind regelmäßig Zusatzsicherheiten zu stellen. Die Sphäre der Immobilienfinanzierung wird in diesem Fall verlassen.[3]

Wie bereits deutlich wurde, besteht die klassische Kreditfinanzierung aus einem oder mehreren Darlehen. In der Finanzierungsentscheidung stehen in der Regel mehrere Finanzierungsvarianten, die unterschiedliche Darlehen in Form von Finanzierungskomponenten kombinieren können, zur Auswahl. Betrachtet man die Struktur einer Finanzierungsvariante, so lässt sich diese durch folgende Angaben zu den einzelnen Finanzierungskomponenten abschließend beschreiben:[4]

---

[1] Vgl. zu einer Übersicht: Grill, H.W. u. Percynski, H., 1991; S. 294 ff.; Hartmann-Wendels, T., Pfingsten, A. u. Weber, M., 1998, S. 202 ff.

[2] Vgl. Follak, K. P. u. Leopoldsberger, G., 1996, S. 227.

[3] Ob und in welchem Umfang das Unternehmen von nicht hypothekarisch gesicherten Krediten Gebrauch macht oder die Immobilie aus eigenen Mitteln finanziert, ist Sache der Unternehmens- und nicht der Immobilienfinanzierung und soll hier folglich nicht weiter verfolgt werden.

[4] Vgl. Kruschwitz, L., 1995, S. 45 ff.

1. die Auszahlungshöhe,
2. die Auszahlungswährung,
3. die Zinsvereinbarung einschließlich der Zinsbindung sowie der Terminierung der Zinszahlung und -verrechnung,
4. den Modus der Tilgung einschließlich der Terminierung der Tilgungsverrechnung,
5. sonstige zu zahlende Gebühren und Provisionen (wie z. B. Bereitstellungsprovisionen, Gebühren für Bestellung von Grundschulden).

Die Darstellung der Finanzierung erfolgt in Form eines Finanzplans, in dem sämtliche von der Finanzierung ausgehenden Zahlungen periodenweise erfasst werden.[1] Das finanzielle Ziel der Finanzierungsgestaltung ist die Maximierung des Vermögens am Ende der Darlehenslaufzeit.[2] Das Ziel der Vermögensmaximierung kann prinzipiell auf zwei Ebenen angestrebt werden: Zunächst auf der Ebene des Investitionsprojekts. Hierbei werden die individuellen Rahmenbedingungen des Unternehmens in Form der Steuersituation und der Alternativen der Kapitalbeschaffung und -anlage nicht berücksichtigt. Da diese Parameter die optimale Finanzierungsstruktur beeinflussen, muss die Analyse auf der Ebene des Unternehmens erfolgen. Eine finanzielle Beurteilung der Finanzierungsalternativen wird im Kapitel 8 durchgeführt. Aufgrund der Unsicherheit des zugrunde liegenden Immobilienprojekts ist im Zuge der Auswahl einer Finanzierungsalternative neben der Beurteilung der Darlehensgestaltung nach finanziellen Kriterien eine Beurteilung nach den Risikowirkungen der Kreditverträge erforderlich. Die Risikoposition des Immobilienprojekts kann durch den Darlehensvertrag in dreierlei Hinsicht betroffen sein:

1. Auszahlungswährung
   Die zunehmende Globalisierung der Kapitalmärkte ermöglicht die Immobilienfinanzierung in Fremdwährung. Mit der Wahl einer Fremdwährung verfolgt der Investor das Ziel, die Zinskosten zu minimieren. Dazu wählt er eine Währung, in der die Zinssätze niedriger sind als in der Heimatwährung. Beispielsweise sind in Deutschland in den 90er Jahren Immobilienfinanzierungen in Schweizer Franken abgeschlossen worden. Da der Kredit in der Ausgabewährung zurückgezahlt werden muss, entsteht ein Währungsrisiko.

2. Zinsbindung
   Wird vertraglich keine Zinsbindung vereinbart, entsteht durch die Finanzierung ein Zinsänderungsrisiko. Dieses kann durch Festschreibungen über die gesamte Nutzungszeit hinweg vermieden werden. In diesem Zusammenhang wird von Immunisierung gesprochen.[3] Zinsbindungsdauern oberhalb des durch Banken problemlos zu refinanzierenden Bereichs sind aufgrund des Risikozuschlags vergleichsweise sehr teuer. Zinsanpassungen erfolgen zu den sogenannten Konversionszeitpunkten üblicherweise nach 5, 10 oder 15 Jahren. Wünscht eine

[1] Vgl. Gabele, E., Dannenberg, J. u. Kroll, M., 1995, S. 178 ff.
[2] Vgl. Schöpe, B., 2000, S. 83 ff. sowie die dort zitierte Literatur.
[3] Vgl. zum Zinsrisikomanagement z. B.: Steiner, M. u. Bruns, C., 1998.

der Parteien einen variablen Zinssatz für die gesamte Laufzeit oder zumindest einen Teil, kann das Zinsänderungsrisiko durch die Vereinbarung von Schranken in Form von Zinsuntergrenzen („floor“) und Zinsobergrenzen („cap“) auf einen Korridor begrenzt werden. Für die Bereitschaft zur Begrenzung muss die begünstigte Vertragspartei eine Prämie zahlen. Der Kreditnehmer zahlt mit sinkender Zinsobergrenze eine höhere Risikoprämie.[1]

3. Flexibilität der Rückzahlung
   Für die vorzeitige Rückzahlung eines Darlehens gibt es zwei Gründe. Ist die Nutzungsdauer einer Immobilie aus Sicht des Unternehmens zum Investitionstermin unsicher, geht mit einer Veräußerung der Immobilie in der klassischen Immobilienfinanzierung eine Kündigung der Finanzierung einher, damit der Käufer die Immobilie lastenfrei erwerben kann. Für diesen Fall muss vertraglich ein Kündigungsrecht vereinbart sein. Außerdem kann das Unternehmen oder der Kapitalmarkt bessere Finanzierungskonditionen bieten als vertraglich vereinbart.

   Üblicherweise wird in einem Kreditvertrag eine feste Rückzahlungsstruktur und damit auch eine bestimmte Kreditlaufzeit vereinbart. Die Tilgung kann sowohl annuitätisch, in frei vereinbarten Raten oder am Ende der Laufzeit (endfällig) erfolgen.[2] Bei Abweichungen von der vereinbarten Rückzahlungsstruktur trägt der Kreditnehmer die dem Kreditinstitut entstehenden Kosten. Wünscht ein Kreditnehmer beispielsweise die vorzeitige Ablösung des Kredits, kann die Bank zwar die Rückzahlung nicht verweigern, aber eine Vorfälligkeitsentschädigung verlangen.[3] Als Ausweg bietet sich die Vereinbarung von Kündigungs- oder Rückzahlungsoptionen an, nach denen der Kreditnehmer zu fest vereinbarten Zeiten den Kredit ganz oder teilweise tilgen kann. In Abhängigkeit von der Verhandlungsmacht des Kreditnehmers wird das Kreditinstitut der Einräumung diesbezüglicher Optionen nur gegen Zahlung einer Prämie zustimmen.

In welchem Umfang die Risiken durch den Kreditnehmer bewusst eingegangen werden, hängt von seiner Risikoeinstellung, seinen individuellen Erwartungen und seinen Höhenpräferenzen ab. Die Berücksichtigung der Risikowirkungen in dem Entscheidungsmodell zur Finanzierung erfolgt im Abschnitt 8.5.

7.3.4 Finanzwirtschaftliche Wirkung der Immobilienfinanzierung

Die Finanzierung von Immobilien steht in enger Wechselwirkung mit der Finanzwirtschaft des Unternehmens als Ganzes. Aus der übergeordneten Unternehmenssicht ergeben sich zunächst die in folgender Abbildung dargestellten Ziele. Die finanzwirtschaftlichen Ziele gelten für alle Unternehmensaktivitäten gleichermaßen, also auch für die Finanzierung von Immobilien. Die Beiträge, die das Immobi-

[1] Vgl. Nägele, P., Maaß, E. u. Flehinghaus, W., 1996, S. 800.

[2] Vgl. z. B. Nägele, P., Maaß, E. u. Flehinghaus, W., 1996, S. 798 ff.

[3] Vgl. Urteile des Bundesgerichtshofs v. 1.1.1997 - XI ZR 197/96 und XI ZR 267/96.

lienmanagement zur Erlangung finanzwirtschaftlicher Ziele leisten kann, sind immobilienspezifisch und können deshalb durch keine andere Investition erreicht werden. Es stellt sich folglich die Frage, welcher Teil der finanziellen Ressourcen eines Unternehmens in die selbst genutzten Immobilien fließen sollte und in welchem Umfang externes Kapital zum Einsatz kommt.

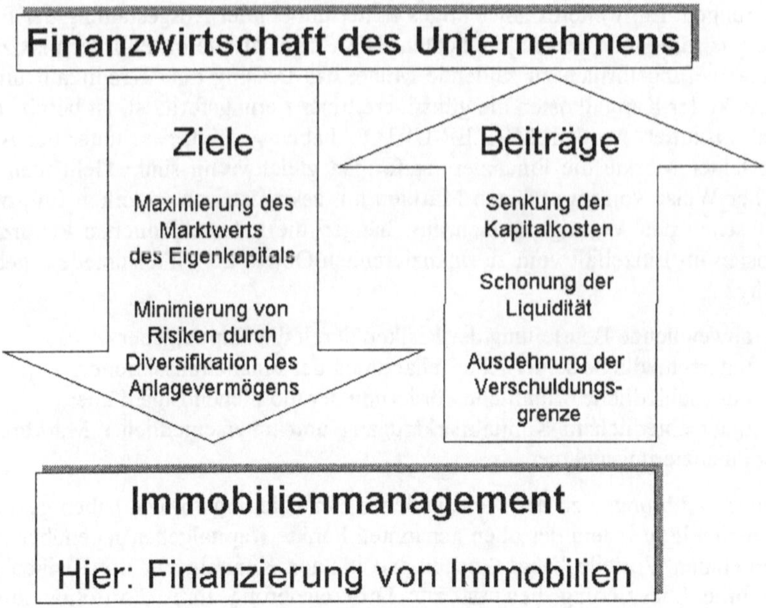

Abb. 7.10. Zusammenhang von Finanzwirtschaft und Immobilienmanagement. Quelle: Eigene Darstellung.

Die Darstellung der Finanzierungsinstrumente hat verdeutlicht, dass durch Immobilienfinanzierungen die Kapitalkosten, die Liquidität und die Verschuldungsgrenze des Unternehmens beeinflusst werden.

Immer dann, wenn Eigentumsanteile an den betrieblichen Immobilien durch die Aufnahme weiterer Gesellschafter aufgegeben werden, wird externes Eigenkapital zur Finanzierung von Betriebsmitteln herangezogen, welches dem Unternehmen zur Finanzierung anderer Investitionen nicht zur Verfügung stehen würde. Gleiches gilt für die Einwerbung von Garantien und Zuschüssen aus öffentlichen Bauförderprogrammen. Durch den Mittelzufluss erhöht sich die Verschuldungsgrenze des Unternehmens und die Liquidität in der Investitionsphase wird durch Projektfinanzierungen sowie Finanzierungen über Immobilienaktiengesellschaften sowie Immobilienfonds geschont. Für das Leasing gilt dieser Vorteil nur dann, wenn die Fremdkapitalgeber des Unternehmens die eingegangenen Leasingverpflichtungen bei ihrer Kreditentscheidung nicht berücksichtigen.

Bedient sich das Unternehmen der klassischen Kreditfinanzierung, so stellt sich im Vergleich zur Finanzierung nicht-immobiler Vorhaben der Effekt der Ausdehnung der Verschuldungsgrenze sowie ein Liquiditätseffekt ebenfalls ein, da Immobilien recht weitreichend, in der Regel bis zu 70 % des Verkehrswerts (80 % des Beleihungswerts), durch Kreditinstitute beliehen werden. Aus dieser Sicht spricht folglich einiges für die Verwendung von Eigenkapital in Immobilienfinanzierungen. Ein weiteres gewichtiges Kriterium bei der Ausgestaltung der Finanzierung ist die Höhe der Kapitalkosten. Die Frage, ob die im Fall der partizipativen Finanzierungsformen zu zahlende Miete, das Leasing oder Kreditkauf unter dem Aspekt der Kapitalkosten die günstigere Finanzierungsform ist, ist bereits ausführlich diskutiert worden. MILLER/UPTON haben gezeigt, dass unter der Annahme perfekter Märkte die Finanzierungsformen gleichwertig sind.[1] Geht man realistischer Weise von imperfekten Märkten mit asymmetrisch verteilten Informationen zwischen den Vertragsparteien aus, hängen die unterschiedlichen Finanzierungskosten im Einzelfall vom zu finanzierenden Objekt ab. Unterschiede ergeben sich durch

1. abweichende Beurteilung der Risiken durch die Kapitalgeber,
2. unterschiedliche steuerliche Behandlung der Finanztransaktionen,
3. unterschiedliche öffentliche Förderung der möglichen Eigentümer,
4. unterschiedlichem Kapitalmarktzugang und unterschiedlicher Marktmacht der Finanzierungsnehmer.

Die Ausführungen zu den verschiedenen Finanzierungsformen haben gezeigt, dass prinzipiell zu jedem der oben genannten Punkte Kapitalgeber gegenüber dem Unternehmen Vorteile haben können. So können Kapitalgeber die Risiken der Immobilienfinanzierung bewusst zur Differenzierung ihres Portfolios ausnutzen, steuerliche Vorteile beispielsweise durch beschleunigte Abschreibungen erhalten, öffentliche Fördermittel beziehen, die dem Unternehmen nicht zustehen oder wie Leasing- und Fondsgesellschaften oder Hypothekenbanken über einen verbesserten Marktzugang am Kapitalmarkt verfügen. Für das Unternehmen können sich durch die Einwerbung von externen finanziellen Mitteln zur Finanzierung von Immobilien kapitalkostensenkende Effekte ergeben. Welchen Teil des zur Verfügung stehenden Kapitalbudgets aus finanzwirtschaftlicher Sicht in die betrieblich genutzten Immobilien investiert werden sollte, ist letztlich eine Frage der opportunen Verwendungsmöglichkeiten des Kapitals.[2] Eine Entscheidungshilfe bieten die im Anschluss diskutierten Instrumente der Investitionsrechnung.

[1] Vgl. Miller, M. u. Upton, C., 1975.

[2] Vgl. Schall, L. D., 1987; Weingartner, H. M., 1987; Allen, M. T., Rutherford, R. u. Springer, T., 1993, S. 569.

8 Entscheidung zwischen Bereitstellungsvarianten

8.1 Problemstellung

In der Literatur findet man sehr viele Arbeiten, die sich mit dem Vergleich ausgewählter Bereitstellungsvarianten auseinandersetzen. Wie bereits oben im Abschnitt über die Bewertung des Leasings festgestellt wurde, beschränken sich die meisten Autoren auf einen Vergleich zwischen den Finanzierungsinstrumenten Leasing und dem kreditfinanzierten Kauf von Immobilien.[1] Da in der Regel vorausgesetzt wird, dass die Investitionsentscheidung bereits getroffen worden ist, erübrigt sich die Berücksichtigung der Mietvariante. Sofern nicht die übergeordneten Unternehmensziele die Bereitstellungsentscheidung determinieren, ist im Zuge der Bereitstellungsentscheidung von Immobilien noch keine Investitionsentscheidung getroffen worden. Vielmehr sind in einem umfassenderen Vergleich die grundlegenden Vor- und Nachteile der Varianten Kauf, Miete sowie Leasing als Form der Bereitstellung von immobiliaren Ressourcen des Unternehmens gegenüberzustellen. In einem weiteren Literaturstrang wird vor dem Hintergrund der Analyse von Sale-and-lease-back-Verfahren ein Vergleich zwischen Eigentum und Leasing angestellt.[2] Dort wird im Gegensatz zur hier behandelten Situation unterstellt, dass das Unternehmen bereits Eigentümer der Immobilien ist. Löst man sich von diesen Spezialfällen, tritt die Entscheidung hinsichtlich der Bereitstellung von betrieblich genutzten Immobilien ganz allgemein zu drei unterschiedlichen Anlässen auf.

1. Im Falle des Ergänzungsbedarfs ist eine Entscheidung zwischen alternativen Formen der Immobilienbereitstellung zu treffen.
2. Hat der Abgleich von Flächenplanung und Flächenbestand ergeben, dass Teile des Immobilienbestands entweder den Anforderungen nicht mehr entsprechen

---

[1] Vgl. z. B. Krumbholz, S. u. Streitferdt, L., 1975; Miller, M. u. Upton, C., 1976; Myers, S. C., Dill, D. A. u. Bautista, A. J., 1976; Smith, C. W. u. Wakeman, L. M., 1985; Manning, C. A., 1988; Manning, C. A., 1990; Manning, C. A., 1991; Feinen, K., 1991; Borggreve, C. H., 1995, S. 616 ff; Will, A., Buhl, H.-U. u. Weinhardt, C., 1993; Gabele, E., Dannenberg, J. u. Kroll, M., 1995, S. 113 ff.; Bitz, M., 1997, S. 113 ff.; Tacke, H. R., 1999, S. 6 ff.

[2] Vgl. Cohen, G., 1988; Slovin, M. B., Sushka, M. E. u. Polonchek, J. A., 1990; Allen, M. T., Rutherford, R. u. Springer, T., 1993; Alvayay, J. R., Rutherford, R. C. u. Smith, W.S., 1995.

oder am Markt einer ertragreicheren Verwendung zugeführt werden können, so stellt sich die Frage, ob und gegebenenfalls wann eine Ersatzinvestition durchzuführen ist.

3. Schließlich besteht die Möglichkeit, dass Teile des Flächenbestands gegenwärtig nicht mehr benötigt werden. In diesem Fall ist zu entscheiden, ob und gegebenenfalls wie eine Desinvestition vollzogen wird.

Alle drei Problemstellungen sind in allgemein formulierter Form aus der Entscheidungstheorie und der Investitionsrechnung her gut bekannt. Die Anwendung simultaner Investitions- und Finanzierungsmodelle wird aufgrund der Komplexität der Datensituation, der Langfristigkeit des Planungshorizonts und der Unsicherheit der Eingangsdaten von vorneherein als unrealistisch betrachtet und folglich von der weiteren Behandlung ausgeschlossen. Im Folgenden stellt sich die Frage, ob und gegebenenfalls wie man aufbauend auf diesen Erkenntnissen zur Lösung der konkreten Problemstellung im Fall betrieblich genutzter Immobilien zu Entscheidungen kommen kann.

Blickt man zurück auf die bisherigen Kapitel des Teil B dieser Arbeit, bestätigt sich die folgende Einschätzung von MANNING: „Real estate decisions often end up being some of the most complex a company can face".[1] Angesichts der Langfristigkeit von Immobilienentscheidungen, der großen Anzahl an Entscheidungsparametern und ihrer potentiell hohen Dynamik ist unmittelbar einsichtig, dass eindimensionale investitionsrechnerische Verfahren allein nicht ausreichen werden, um die Entscheidungssituation vollständig abzubilden. Nachfolgend sind deshalb die Grundformen der Immobilienbereitstellung zunächst anhand von qualitativen Kriterien zu beurteilen, bevor sie anschließend einer quantitativen Analyse unterzogen werden.

8.2 Qualitativer Vergleich

Wird das Problem der Bereitstellung von Immobilien in seiner ganzen Bandbreite betrachtet, sind zunächst die zur Wahl stehenden Alternativen zu identifizieren sowie gegebenenfalls im Leistungsumfang soweit zu vervollständigen, dass sie vergleichbar werden. Wie die Ausführungen zur Bedarfsanalyse deutlich gemacht haben, sind mit der Immobilienbereitstellung eine ganze Reihe von Zielen verbunden, deren Beziehung nicht immer komplementär sein muss. In diesem Abschnitt sind daher Kriterien zu entwickeln, anhand derer die Alternativen verglichen werden können. Eine Reihe von Kriterien sind nicht monetär messbar. Die Entscheidung zwischen den Alternativen erfolgt mit Hilfe eines multikriteriellen Entscheidungsverfahrens, welches auch qualitative Zielausprägungen abbilden kann. Mit der Nutzwertanalyse und der Kostenwirksamkeitsanalyse wurden zwei dieser Verfahren bereits im Rahmen der Immobilienbewertung angewendet.[2] Im Vergleich zu der Problemstellung der Immobilienbewertung verändern sich in der

[1] Manning, C. A., 1986, S. 12.

[2] Vgl. Abschnitt 3.5.3.3.

Anwendung des Vergleichs von Bereitstellungsalternativen die Kriterien zur Messung der Zielerreichung. Welche Kriterien hier Verwendung finden, wird nachfolgend im Abschnitt 8.2.1.2 gezeigt.

8.2.1 Schaffung vollständiger Alternativen

Die zu analytischen Zwecken vorgenommene Trennung der Bereitstellungsentscheidung in die Teilentscheidungen hinsichtlich Eigentum und Besitz, dem Entwicklungsgrad sowie der Finanzierungsform ist in den meisten Fällen realitätsfern und vernachlässigt die Wechselwirkungen. Ein Entscheidungsträger wird sich vielmehr verschiedenen Varianten als Kombination an Ausprägungen aus den drei Dimensionen gegenübersehen. Dabei werden eine ganze Reihe an kombinatorischen Möglichkeiten ohne Bedeutung sein.

Tabelle 8.1. Alternativen der Immobilienbereitstellung

Eigentum und Besitz:	Kauf			Miete			Leasing		
Finanzierungsform:	Eigenentwicklung	Redevelopment	Gebraucht	Eigenentwicklung	Redevelopment	Gebraucht	Eigenentwicklung	Redevelopment	Gebraucht
Kreditkauf	+	+	+	-	-	-	-	-	-
Projektfinanzierung	e	e	-	+	+	-	+	+	+
Leasingfinanzierung	f	f	f	-	-	-	+	+	+
Geschlossener Fonds	e	e	e	+	+	+	+	+	+
Immobilien AG	e	e	e	+	+	+	-	-	-
Legende: „f“ Finanzierungsleasing; „e“ eingeschränkt; „+“ vorhanden, „-“ nicht existent									

Quelle: Eigene Darstellung.

Beabsichtigt ein Unternehmen den Erwerb von Eigentum, so ist es in der Finanzierung grundsätzlich frei. Allerdings wird mit der Auslagerung des Eigentums in eine externe Gesellschaft wie bei der Projektfinanzierung, der Fondsfinanzierung oder der Immobilien AG das Eigentum im typischen Fall der Aufnahme weiterer Gesellschafter durch deren Eigentumsrechte eingeschränkt. Formen der Leasingfinanzierung von Eigentum fallen unter das Finanzierungsleasing, welches in dem hier behandelten Fall keine Relevanz hat. Im Fall der Miete einer Immobilie besteht die Möglichkeit, das Objekt von einer unter Beteiligung des Unternehmens gegründeten Immobiliengesellschaft zu mieten. Die Finanzierung vollzieht sich dann entweder über eine Projektfinanzierung, eine Fondsfinanzierung oder eine Immobilien AG. In jedem anderen Fall ist die Wahl der Finanzierung nicht die Aufgabe des Unternehmens. Im Fall des Leasing kann die Leasinggesellschaft in die Formen der Fonds- oder Projektfinanzierung in unterschiedlichen Rollen z. B. als Initiator oder als Kapitalgeber eingebunden werden. Grundsätzlich besteht in den Eigentums- und Finanzierungsformen die Wahl, ob eine Immobilie neu entwickelt wird, einem Redevelopment unterzogen wird oder ob eine Gebrauchtimmobilie bereitgestellt wird. Im Fall der Projektfinanzierung ist die Finanzierung einer Gebrauchtimmobilie im hier diskutierten Zusammenhang wenig sinnvoll, da das Motiv der Risikoteilung in der Bauphase bei fertigen Objekten nicht mehr besteht.

Ruft man sich die Diskussion um die Vor- und Nachteile des Leasings erneut ins Gedächtnis, werden, um im Zuge der Bereitstellungsentscheidung zu vollständigen Alternativen zu gelangen, zusätzlich Aussagen über die Organisation weiterer Immobiliendienstleistungen wie die des Gebäudemanagements erforderlich. Allerdings sind die Aufgaben des Gebäudemanagements prinzipiell in jeder Finanzierungsform an einen externen Dienstleister zu vergeben, der als Full-Service-Anbieter die gleichen Funktionen übernimmt wie die Leasinggesellschaft, sodass im Folgenden zusätzliche Dienstleistungen insbesondere in der Betriebsphase als nicht entscheidungsrelevant erachtet werden.

Bevor der Entscheidungsprozess fortgesetzt wird, ist zu prüfen, ob sich in der Menge der Bereitstellungsalternativen solche befinden, die von vornherein ausgeschlossen werden können,

1. weil sie den Anforderungen des Unternehmens nicht entsprechen. Im Zuge der Flächenplanung sind möglicherweise Grundsatzentscheidungen gefallen oder strategische Vorgaben gemacht worden, welche Formen des Eigentumserwerbs, der Finanzierung oder des Entwicklungsgrads von vornherein ausschließen. Soll beispielsweise jede Immobilie ein hochgradig spezifisches Corporate Design aufweisen, entfallen die Möglichkeiten der Anmietung sowie der Erwerb eines bestehenden Objekts.
2. weil sie am Markt nicht verfügbar sind.

Die verbleibenden Bereitstellungsalternativen sind entsprechend der nachfolgend aufgestellten Kriterien zu gewichten.

8.2.1.2 Entscheidungskriterien

Zur Bewertung der verschiedenen Bereitstellungsformen ist es zweckmäßig, zunächst eine Übersicht über die Kriterien zu geben, hinsichtlich derer sich Unterscheidungen treffen lassen. Zum Vergleich verschiedener Formen der Bereitstellung von Immobilien sind in der Literatur diverse Kriterien herangezogen worden, die der jeweils zugrunde liegenden konkreten Problemstellung entsprechen.[1] Beispielsweise waren in der Vergangenheit steuerliche Kriterien von großer Entscheidungsrelevanz für den Vergleich von Leasing und Kreditkauf einer Immobilie.

[1] Vgl. z. B. Krumbholz, S. u. Streitferdt, L., 1975; Ebert, L., 1987; Manning, C., 1988; Brueggeman, W. B., Fischer, J. D. u. Porter, D. M., 1990; Manning, C. A., 1991;; Feinen, K., 1991; Buhl, H.-U. u. Weinhardt, C., 1993; Borggreve, C. H., 1995, S. 616 ff; Will, A., Gabele, E., Dannenberg, J. u. Kroll, M., 1995, S. 113 ff.; Bitz, M., 1997; Tacke, H. R., 1999, S. 6 ff.

Die grundsätzlichen Unterschiede zwischen verschiedenen Bereitstellungsformen lassen sich mit Hilfe der neuen Institutionenökonomie anhand der Theorie der Verfügungsrechte, der Transaktionskosten-Theorie und der Agency-Theorie herausarbeiten.[1] Zu einer Beurteilung von Bereitstellungsalternativen aus der oben präzisierten Perspektive des betrieblichen Immobilienmanagements dienen die folgenden Entscheidungskriterien:

1. Verfügungsrechte,
2. Risikoposition,
3. Kosten.

8.2.1.3 Verfügungsrechte

Unter Verfügungsrechten subsummiert man das Recht der Nutzung, Veränderung von Form und Substanz, das Recht zur Aneignung von Gewinnen und Verlusten aus der Verwertung sowie das Veräußerungsrecht eines Wirtschaftsgutes. Die Theorie der Verfügungsrechte (property rights) geht davon aus, dass jeder Akteur versucht, seinen Nutzen durch die Erlangung von Verfügungsrechten an Wirtschaftsgütern zu maximieren.[2]

Die Verfügungsrechte über eine Immobilie sind von wesentlicher Bedeutung für den Nutzen, den ein Unternehmen aus der Flächennutzung gewinnen kann. Sie werden maßgeblich determiniert durch die Wahlentscheidung zwischen Kauf, Miete und Leasing einer Immobilie (siehe Tabelle 8.2). Allerdings haben die bisherigen Ausführungen verdeutlicht, dass auch die Wahl des Entwicklungsgrades und der Finanzierung die Verfügungsrechte maßgeblich beeinflussen können. Nachfolgend werden zunächst die mit der Eigentums- und Besitzentscheidung einhergehende Verteilung der Verfügungsrechte erläutert (1), um anschließend auf den Einfluss des Entwicklungsgrades (2) und der Finanzierung (3) einzugehen.

1. Einfluss der Entscheidungen über Eigentum und Besitz auf die Verfügungsrechte

Das Nutzungsrecht wird im Fall von Miete und Leasing nur zeitlich befristet auf den Nutzer übertragen. Während im Falle der Leasingverträge die Grundmietzeit sehr langfristig ist und der Nutzer sich das Nutzungsrecht durch Ausübung der Option darüber hinaus erhalten kann, ist im Mietvertrag in der Regel von mittelfristigen Vertragslaufzeiten auszugehen. Dies kann den strategischen Nutzen zur langfristigen Standortsicherung und zur Verhinderung von Konkurrenz in Abhängigkeit der vertraglich vereinbarten Mietdauer sowie Vorzugsrechte erheblich einschränken. Kurzfristig ermöglicht eine entsprechende Vertragsgestaltung hingegen flexible Reaktionen auf veränderte Nutzungsanforderungen. Die Mietvariante ermöglicht Standortbesetzung ohne Kapitaleinsatz. Im Handel werden durch Miete

[1] Vgl. zu einer Übersicht z. B.: Milgrom, P. u. Roberts, J., 1992; Picot, A., Reichwald, R. u. Wigand, R. T., 1996; Richter, R. u. Furubotn, E., 1996.

[2] Vgl. zu einer Übersicht: Hart, O., 1995, S. 29 ff.; Richter, R. u Furubotn, E.,, 1996, S. 79 ff.

beispielsweise mehrere Standorte parallel besetzt, um nach Ausschaltung der Konkurrenz unwirtschaftliche Objekte wieder abzustoßen.[1] Sinken die Preise am Immobilienmarkt, hat der Mieter die Option, seinen Mietvertrag auslaufen zu lassen oder seinen Vermieter abzufinden, um ein günstigeres Angebot am Markt wahrzunehmen. Unter Umständen reduziert der Vermieter in diesem Fall die Miete, um drohenden Leerstand zu vermeiden. Der Leasingnehmer hat in dieser Situation keinen Handlungsspielraum und muss seinen Vertrag erfüllen. Auf der anderen Seite hat der Leasingnehmer in der Regel das Recht, das Objekt nach Ablauf der Grundmietzeit zu erwerben und kann im Falle steigender Immobilienmarktpreise einen Gewinn in Höhe der Differenz aus Marktpreis und Optionspreis erzielen. Die Bereitstellungsformen unterscheiden sich hinsichtlich ihrer Verfügungsrechte im Ausmaß der Flexibilität bei Nutzungsänderungen somit erheblich.

Tabelle 8.2. Verfügungsrechte bei alternativen Bereitstellungsformen

Verfügungsrecht	Kauf	Miete	Leasing
Nutzung	• Nur durch rechtliche Regelungen beschränkt	• Auf vertraglich festgelegten Nutzungszweck beschränkt • vertragliche Betriebspflicht • zeitlich befristet	• Nur durch rechtliche Regelungen beschränkt • zeitlich befristet
Veräußerungsrecht	• Jederzeit, sofern ein Käufer gefunden wird.	• Nein	• Erst nach Ausübung der Kaufoption, sofern dann ein Käufer gefunden wird.
Aneignung von Gewinnen und Verlusten aus der Verwertung	• Uneingeschränkt	• Untervermietung einzelvertraglich i. d. R. abbedungen	• Untervermietung einzelvertraglich i. d. R. zulässig
Veränderung von Form und Substanz	• Nur durch rechtliche Regelungen beschränkt	• Erfordert Abstimmung mit dem Vermieter	• Erfordert Abstimmung mit dem Leasinggeber

Quelle: Eigene Darstellung.

Die verfügungsrechtliche Situation versetzt den Eigentümer und den Leasingnehmer in die Lage, von Wertsteigerungen des Objekts zu partizipieren. Im Falle von Bedarfsänderungen kann der Eigentümer durch Verkauf der Immobilie oder durch Vermietung reagieren. Der Mieter und der Leasingnehmer haben hier eine schlechtere Ausgangssituation. Untervermietungen oder vorzeitige Kündigungen des Vertrags sind nur in Abhängigkeit von der Marktlage und der Vertragskonstruktion möglich oder mit zusätzlichen Kosten verbunden.

[1] Vgl. Schäfers, W., 1997, S. 163.

Angesichts der langfristigen Nutzungsdauer von Immobilien kommt dem Recht der Veränderung von Form und Substanz im Immobilienbereich erhebliche Bedeutung zu. In der Betriebsphase ist die Risikoteilung in den rechtlichen Wesenszügen des Mietvertrags zu Ungunsten des Vermieters geregelt. Er trägt das gesamte Investitionsrisiko. Um sein Risiko zu begrenzen, wird er grundsätzlich nicht bereit sein, auf individuelle Nutzungswünsche des Mieters, welche die Markt- und die Ertragsfähigkeit des Objekts begrenzen, einzugehen. Insbesondere Standort, Gestaltung und Nutzungskonzept orientieren sich an der vom Investor zukünftig erwarteten Vorstellung anonymer Teilnehmer am Mietmarkt und nicht an den individuellen Zielen des Nutzers.[1] Da im Fall des Leasings der Leasinggeber üblicher Weise ein Verwertungsrisiko zu tragen hat, ist die Situation vergleichbar. Allerdings ist durch die langfristige Laufzeit eine weitergehende Berücksichtigung der Interessen des Leasingnehmers möglich. Die Grenze bildet die steuerrechtlich vorgeschriebene Drittverwendungsfähigkeit des Objekts zur Verhinderung von Spezialleasing.

2. Einfluss unterschiedlicher Entwicklungsgrade auf die Verfügungsrechte

Hinsichtlich der Beeinflussungsmöglichkeiten der zukünftig zu nutzenden Immobilie besteht zwischen den beiden Formen der Immobilienentwicklung, der Projektentwicklung und dem Redevelopment grundsätzlich kein Unterschied. Die rechtlichen, soziokulturellen und technischen Rahmenbedingungen schränken allerdings den Spielraum des Redevelopments gegenüber der Projektentwicklung in der Praxis in der Regel stärker ein. Als Initiator der Immobilienentwicklung sichert sich das Unternehmen Einflussmöglichkeiten auf die Gestalt der zu errichtenden Immobilie und auf den Erstellungsprozess. Dabei spielt es keine Rolle, ob das Unternehmen als späterer Eigentümer, Mieter oder Leasingnehmer den Projektanstoß gibt. Mit der Projektinitiierung erhält das Unternehmen die Chance der Umsetzung spezieller nutzungsbedingter Vorgaben. Ferner ist sie die einzige Möglichkeit der Akquisition von Immobilien, die am Markt nicht verfügbar sind. In der Praxis ergibt sich die Vorteilhaftigkeit der Projektentwicklung in der Regel aus einer Kombination von mangelndem Angebot am Markt und der zwingenden Notwendigkeit zur Beeinflussung von Projektentwicklungsprozess und -objekt.

- Immer dann, wenn die Immobilie einen Beitrag zur Stärkung der Corporate Identity leisten soll, ist die Eigenentwicklung in der Regel die Grundvoraussetzung. Der Bauprozess als solcher verschafft dem Unternehmen in der Öffentlichkeit die beabsichtigte Aufmerksamkeit. Je charakteristischer das Corporate Design des Unternehmens ausfällt, umso geringer wird die Wahrscheinlichkeit, auf ein geeignetes Immobilienangebot am Markt zu treffen. Von besonderer Bedeutung ist die Immobilienentwicklung insbesondere in der Form des Flächenrecyclings dann, wenn die Politik der Immobilienbereitstellung maßgeblicher Teil des regionalen Beziehungsmanagements des Unternehmens beispielsweise zu Politik, Verwaltung, Nachbarn sowie Umweltschutzorganisationen ist.

[1] Vgl. Manning, C., 1988, S. 11.

- Ebenso erfordern strategische Aspekte regelmäßig die Initiative zur Projektentwicklung, wenn die Unternehmensstrategie hochgradig spezifische Ressourcen bedingt.
- Schließlich ist eine Eigenentwicklung dann erforderlich, wenn der Flächenbedarf am Immobilienmarkt auch unabhängig von speziellen Nutzeranforderungen am Markt nicht verfügbar ist. Die Ursachen dafür könnten in einem zu geringen Marktvolumen oder in fehlendem Angebot liegen.

Somit schafft die Projektentwicklung erst die faktische Voraussetzung, aus dem mit dem Kauf einer Immobilie einhergehenden Recht zur Veränderung von Form und Substanz in Form der zweckentsprechenden Bebauung oder Redevelopment eines Grundstücks entsprechenden Nutzen zu ziehen. Ebenso kann die Immobilienentwicklung auch Voraussetzung für die Wahrnehmung des Veräußerungsrechts sein, wenn sich ohne weitere Entwicklung die Immobilie am Markt nicht verkaufen lässt.

Die Immobilienentwicklung ist eine zeitaufwendige Tätigkeit. Von der Idee bis zur Fertigstellung vergehen bei der erstmaligen Entwicklung eines Grundstücks in der Regel drei bis fünf, nicht selten auch bis zu zehn Jahre.[1] In Abhängigkeit von der Komplexität der Altlastenproblematik und der Neuordnung des Baurechts kann sich die Bereitstellungszeit im Falle des Redevelopments noch weiter verlängern. Die Immobilienentwicklung ist deshalb zur Deckung akuten Bedarfs ungeeignet, wenn mit dem Nutzungsrecht keine adäquate Nutzungsmöglichkeit einhergeht.

3. Einfluss unterschiedlicher Finanzierungsformen auf die Verfügungsrechte

Werden zur Finanzierung von Immobilien Mittel von außen eingeworben, so beeinflusst das möglicherweise dann die verfügungsrechtliche Situation, wenn Eigenkapitalgeber Anteile an der Immobilie und damit auch an deren Verfügungsrechten erwerben. Im Falle der partizipativen Finanzierungsformen der Projektentwicklung, der Fondsfinanzierung oder der Finanzierung über eine Immobilien AG entscheidet der Einfluss des Unternehmens auf die Immobiliengesellschaft über die Bewahrung der Verfügungsrechte. Da in der Regel das Interesse besteht, möglichst viel Kapital von außen einzuwerben, droht ein Konflikt zwischen Finanzierungs- und verfügungsrechtlichen Zielen. Zu lösen ist dieser Konflikt, indem der Einfluss der übrigen Kapitalgeber minimiert wird. Dies ist beim geschlossenen Immobilienfonds der Fall, in dem die Kapitalgeber nur sehr begrenzten Einfluss auf die Geschäftsführung haben. Ebenso ist durch eine breite Streuung der Anteile einer Immobilienaktiengesellschaft oder an der Projektgesellschaft der faktische Einfluss der Kapitalgeber zu verringern.

Ein Einfluss auf die Verfügungsrechte ist unter Umständen nicht nur den Eigenkapitalgebern, sondern auch den Fremdkapitalgebern zuzurechnen. Dies ist dann der Fall, wenn Fremdkapitalgeber mit der Verwertung ihrer Sicherheiten drohen, da sie die Bedienung ihres Kredites gefährdet sehen. Hat die Verwertung der Sicherheiten negative Folgen für das Unternehmen, wird das Unternehmen

[1] Vgl. Falk, B. (Hrsg.), 1992, Bd. I, Kap. 15.1, S. 9.

den Fremdkapitalgebern Einfluss auf die Verfügungsrechte einräumen, wenn dadurch die Vollstreckung verhindert werden kann. Steht beispielsweise der Konkurs eines Unternehmens durch die Kündigung von Krediten an, kann die Bank als Bedingung zur Aufrechterhaltung der Kreditbeziehung den Verkauf von Immobilien fordern. Andererseits kann die Bank den Verkauf einer als Sicherheit dienenden Immobilie verhindern, wenn sie dadurch den Kredit gefährdet sieht. Insgesamt verringern sich mit abnehmendem Eigenkapitaleinsatz die Verfügungsrechte des Unternehmens auch dann, wenn das Unternehmen durch Kauf das Eigentum an der Immobilie erworben hat.

8.2.1.4 Kosten

Die Kosten der Immobilienbereitstellung werden durch alle drei Teilentscheidungen maßgeblich beeinflusst. Die Kostenwirkungen umfassen zum einen die Transaktionskosten der Bereitstellungsentscheidung (1.) und zum anderen die Situation an den Märkten (2.).

1. Transaktionskosten

Die Erlangung und der Erhalt von Verfügungsrechten ist aus Sicht des begünstigten Akteurs keinesfalls umsonst. Sie verursacht für ihn Transaktionskosten.[1] Wie bei der Verteilung der Verfügungsrechte wird die Höhe der Transaktionskosten maßgeblich durch die Eigentums- und Besitzentscheidung festgelegt. Im Falle eines Kaufs entstehen dem Unternehmen allerdings weitere Transaktionskosten, die in Abhängigkeit von der Finanzierungsform und dem Entwicklungsgrad erheblich sein können.

Tabelle 8.3. Transaktionskosten der Eigentums- und Besitzentscheidung

Transaktionskosten	Kauf	Miete	Leasing
Anbahnungskosten	• Kosten für Objektsuche z. B. Maklergebühren und Vertragsverhandlung. • Kosten für Suche nach Kapitalgebern • Bei Entwicklung: Kosten für Suche nach Bauunternehmen sowie Planern und Beratern	• Kosten für Objektsuche z. B. Maklergebühren und Vertragsverhandlung	• Kosten der Erstellung, Einholung und Vergleich der Leasingangebote umfangreich
Abwicklungskosten	• Anschaffungsnebenkosten	• Evtl. für Vertragserstellung und Prüfung	• Anschaffungsnebenkosten

[1] Vgl. Windsperger, J., 1996.

Tabelle 8.3. (Fortsetzung)

Transaktionskosten	Kauf	Miete	Leasing
Kontrollkosten	• Kosten für Überwachung des vertragsgemäßen Zustands der Immobilie	• Kosten für laufende Überwachung des vertragsgemäßen Zustands und vereinbarungsgemäßen Gebrauchs der Mietsache • Kosten für laufende Bonitätsprüfung des Mieters	• Kosten für laufende Überwachung des vertragsgemäßen Zustands • Kosten für laufende Bonitätsprüfung des Leasingnehmers
Anpassungskosten	• Kosten bei Änderung der Finanzierung	• Im Falle von Mietverlängerungen oder Umnutzungen	• Kosten der Optionsentscheidung

Quelle: Eigene Darstellung.

Aus Sicht des Immobiliennutzers entstehen durch den Abschluss des Leasingvertrages, des Kaufvertrages und des Mietvertrages Transaktionskosten der Anbahnung, Durchführung, Kontrolle und der Anpassung des Vertragswerks. Darüber hinaus werden insbesondere der Leasinggeber, aber auch der Vermieter im Rahmen seiner Marktmacht die ihnen entstehenden Kosten im Zuge der Kalkulation der Leasingrate beziehungsweise Miete auf den Leasingnehmer abwälzen.[1] Vergleicht man den Kauf einer gebrauchten Immobilie mit der Miete, so dürften die Anbahnungs- und Abwicklungskosten pro Nutzungseinheit im Regelfall bei der Miete günstiger sein, weil das Vertragswerk und dessen Umsetzung entsprechend geringer ist. Bei den Kontroll- und Anpassungskosten hingegen ergeben sich in der Regel Vorteile für den Kaufvertrag, da der Mietvertrag ein zeitraumbezogener Vertrag ist, dessen Einhaltung über die gesamte Laufzeit zu kontrollieren und gegebenenfalls anzupassen ist. In der Vertragstheorie spricht man hier von einem neoklassischen Vertrag, während der Kaufvertrag als zeitpunktbezogener Vertrag als klassischer Vertrag bezeichnet wird.[2] Der tendenzielle Vorteil der Transaktionskosten für den Kaufvertrag schlägt um, wenn bedingt durch die Immobilienentwicklung Anbahnungs-, Abwicklungs- und Kontrollkosten des umfangreichen Vertragswerks mit den Planern, Beratern und Bauunternehmen hinzukommen. Gleiches gilt für den Fall vertraglich aufwendiger Finanzierungskonstruktionen wie der Projektfinanzierung, der Fondsfinanzierung oder der Finanzierung über eine Immobilien AG. Andererseits werden durch die Eigenentwicklung Abwicklungskosten in Form von Grunderwerbs- sowie Notar- und Gerichtsgebühren eingespart, da diese nur noch auf das gegebenenfalls zu erwerbende Grundstück zu entrichten sind. Durch die Projektentwicklung entfallen ferner Vermarktungskos-

[1] Vgl. Krahnen, J. P., 1990; Büschgen, 1996.

[2] Vgl. Milgrom, P. u. Roberts, J., 1992, S. 126 ff.

ten für das Objekt. Insgesamt entfallen durch Ausschaltung von Maklern und Zwischenhändlern Transaktionskosten in Form von Handelsspannen und Provisionen.[1]

Das Leasing zeichnet sich aufgrund der komplexen Verfügungsrechts- und Vertragskonstruktion durch konstant hohe Transaktionskosten aus. LEWELLEN/-LONG/MCCONNELL zeigen, dass bei einem Vergleich von Leasing und kreditfinanziertem Kauf eines bestehenden Objekts die durch das komplexe Vertragswerk zusätzlich entstehenden Transaktionskosten des Leasings dessen mögliche Kostenvorteile vollständig kompensieren.[2]

Neben den direkten Kosten der Transaktion bergen die Bereitstellungsformen unterschiedliche indirekte Transaktionskosten in Form von Opportunitätskosten für entgangene Nutzungszeiten. Vorausgesetzt, dass das Objekt bereits fertiggestellt ist, ist die Zeitspanne von der Anbahnung eines Leasingvertrags bis zum ersten Nutzungstag durch die Übertragung sehr komplexer verfügungsrechtlicher Beziehungen beim Leasing regelmäßig am höchsten. Bei der Miete erfolgt die Übertragung der Verfügungsrechte hingegen in der Regel mit Formularmietverträgen sehr viel zügiger.[3] Bei Projektentwicklungen und Redevelopments können die Opportunitätskosten in jedem Fall darüber hinaus erheblich anwachsen. Gleiches gilt für die partizipativen Finanzierungsformen, bei denen die Gründung der Immobiliengesellschaft und die Suche von Kapitalgebern erhebliche Zeit beanspruchen kann.

2. Marktsituation

Aufgrund der Unvollkommenheit der Märkte hängen die Kosten der Bereitstellung einer Immobilie von den konkreten Marktsituationen ab. Zu beachten ist zunächst das Preisniveau an den Kapitalmärkten, welches die Eigentumsentscheidung zwischen kapitalfreier Miete einerseits und den kapitalintensiven Formen Leasing oder Kauf andererseits in zwei Lager teilt. Die Kapitalkosten beeinflussen allerdings auch die Immobilienmärkte, sodass mit Arbitragereaktionen zu rechnen ist, die Kostenvorteile ausgleichen. Zu beachten sind folgende drei immobilienbezogene Märkte:

- Der Flächenmarkt
  Der Flächenmarkt bestimmt den Preis für Mietobjekte.

- Der Markt für Immobilienkapitalanlagen
  Der Markt für Immobilienkapitalanlagen bestimmt im Fall der positiven Kaufentscheidung den Preis für bereits fertig gestellte Objekte sowie im Fall der Projektentwicklung den Preis für das Grundstück beziehungsweise die veraltete Immobilie.

- Der Markt für Bauleistungen
  Der Markt für Bauleistungen bestimmt im Fall der positiven Entwicklungsentscheidung den Preis für die Immobilienentwicklung.

---

[1] Vgl. Diederichs, C. J., 1994, S. 55 f.

[2] Vgl. Lewellen, W. G., Long, M. u. McConnell, J. J., 1976.

[3] Vgl. Ebert, L., 1987; Manning, C., 1988.

Die drei Märkte verlaufen zeitlich in Zyklen, die von Sondereinflüssen überlagert werden.[1] Die Zyklen verlaufen dabei nicht synchron, sodass zeitpunktbezogene Kostenvorteile für einzelne Bereitstellungsformen entstehen können. Von besonderer Relevanz sind in der Vergangenheit Unterschiede zwischen den Entwicklungsgraden und zwischen Miet- und Kaufmärkten gewesen.

Im Vergleich von Immobilienentwicklung und Anschaffung eines fertigen Objekts hat der Initiator im Fall der Immobilienentwicklung maßgeblichen Einfluss auf die Herstellungskosten. Durch die Immobilienentwicklung koppelt sich das Unternehmen von den Schwankungen des Immobilienmarkts weitgehend ab.[2] Der Unabhängigkeit vom Immobilienmarkt steht allerdings die Abhängigkeit vom Markt für Bauleistungen gegenüber. Zwischen beiden Märkten besteht eine Interdependenz. Hohe Preise am Immobilienmarkt versprechen höhere Renditen von Neubauprojekten, sodass die Nachfrage nach Bauleistungen und die Baukosten steigen.[3] Ob die Immobilienentwicklung aus Sicht des Nutzers als Initiator im Vergleich zum Kauf eines fertigen Objekts zu niedrigeren Herstellungskosten führt, hängt von der konkreten Situation ab. Insgesamt bleibt festzuhalten, dass Unternehmen mit reger Bautätigkeit aufgrund größerer Marktmacht gegenüber Planern und Bauunternehmen in Zeiten niedriger Baupreise eher Kostenvorteile durch die Projektentwicklung realisieren können. Fraglich ist letztendlich, ob die Kostenvorteile durch die erhöhten Transaktionskosten aufgezehrt werden.

Untersuchungen, die sich mit dem Zusammenhang von Immobilienmärkten befassen, zeigen, dass auf den Flächenmarkt und den Kapitalanlagemarkt von Immobilien teils unterschiedliche Determinanten wirken und auf beiden Märkten vorhandene Einflussgrößen unterschiedliche Wirkungsstärke aufweisen.[4] Im Ergebnis verläuft die Marktentwicklung separat. Beispielsweise stellte LINNEMAN 1998 folgenden Marktzusammenhang fest: „In the near future, real rents for office space almost every U.S. market will exceed replacement cost rents."[5] Die Beobachtung von LINNEMAN verdeutlicht einerseits die Entscheidungsrelevanz der Marktsituation, andererseits deutet sie auch auf ein Problem bei der Ausrichtung der Bereitstellungsentscheidung an den Märkten hin. Die Einschätzung beider Märkte unterliegt der Unsicherheit. Dabei kann das Unternehmen sich in der Regel genauso wenig einen festen Mietpreis sichern, wie den Liquidationserlös im Falle von Kauf oder Leasings.

8.2.1.5 Risikoposition

Im Abschnitt 3.4.2 dieser Arbeit wurden die von betrieblichen Immobilien ausgehenden Risiken in ressourcenbezogene Risiken (1.), Vertragsrisiken (2.) sowie

---

[1] Vgl. Fisher, J. D., 1992; DiPasquale, D. u. Wheaton, W. C., 1992; Born, W. A. u. Phyrr, S. A., 1994; Gordon, J., Mosbaugh, P. u. Canter, T., 1996; Kaiser, R. W., 1997.

[2] Vgl. Schäfers, W., 1997, S. 154.

[3] Vgl. empirisch zu nachfrageinduzierter Baukostenbeeinflussung: Rußig, V., 1997, S. 6 ff. Vgl. zum Markt für Projektentwickler: Diederichs, C. J., 1994, S. 44.

[4] Vgl. Fisher, J. D., 1992; DiPasquale, D. u. Wheaton, W. C., 1992.

[5] Vgl. Linneman, P., 1998, S. 2.

grundgeschäftsbezogene Risiken und Marktrisiken (3.) eingeteilt. Aus der Darstellung der einzelnen Bereitstellungsformen ist an vielen Stellen deutlich geworden, dass diese die Bereitstellungsentscheidung die Risikoposition maßgeblich beeinflussen.

1. Ressourcenbezogene Risiken

Naturgemäß hängen die ressourcenbezogenen Risiken vom jeweiligen Entwicklungsgrad der Immobilie ab. Die Risiken der Immobilienentwicklung sind in der Literatur bereits umfassend behandelt worden.[1] Aus Sicht des durch Eigenbedarf motivierten Initiators handelt sich im Einzelnen um folgende Risiken:

a) Fehlkonzeptions- und Standortrisiken
Jede Immobilienentwicklung birgt das Risiko einer nicht nachfragekonformen Objektgestaltung. Aus Sicht des Projektentwicklers werden dem Fehlkonzeptions- oder auch Entwicklungsrisiko sowie dem Standortrisiko die größte Bedeutung beigemessen.[2] Im Falle von eigeninitiierten Objekten ist das Risiko im Vergleich zur Entwicklung für den anonymen Markt vergleichsweise gering, da die Nutzungsanforderungen zum Planungszeitpunkt bekannt sind. Allerdings kann in Abhängigkeit von der Dynamik der Nutzungsanforderungen und der Standortbedingungen während der Bauphase ein erhebliches Restrisiko begründet liegen.

b) Genehmigungsrisiko
Das Genehmigungsrisiko umfasst die Genehmigungsfähigkeit der Projektidee und dessen Umsetzung. Es ist abhängig von der rechtlichen Ausgangssituation sowie vom Vollzug durch die Behörden, der durch weitgehende Entscheidungsspielräume gekennzeichnet ist. Folglich sind die „Möglichkeiten des Projektentwicklers zur Minimierung der des Genehmigungsrisikos ... nicht immer mit rationalen Maßstäben messbar."[3] Im Extremfall stellt das Genehmigungsrisiko ein existentielles Projektrisiko dar. Bei sorgfältiger Einhaltung des Entwicklungsprozesses sind die Folgen in diesem Fall zu begrenzen. Unkalkulierbar verbleiben die aus der Versagung von Genehmigungen sowie zusätzlichen Auflagen resultierenden Terminverschiebungen im Entwicklungsprozess sowie Kostenerhöhungen und Qualitätseinbußen des Entwicklungsobjekts.

c) Bonitätsrisiken
Im Falle von Leistungsstörungen durch die Bauunternehmen, Planer und Berater muss der Bauherr die ihm zugesprochenen Rechte auch durchsetzen können. Die Bonität der Vertragspartner ist abhängig von individuellen und branchenspezifischen Determinanten. Angesichts des lang anhaltenden und nicht absehbaren Tiefs in der Baukonjunktur befinden sich viele Bauunternehmen in wirtschaftlichen Schwierigkeiten (siehe z. B. die Phillip Holzmann

[1] Vgl. Diederichs, C. J., 1994, S. 56 ff., Diederichs, C. J., 1996; S. 43 ff.; Byrne, P., 1996; Isenhöfer, B. u. Väth, A., 1998b, S. 175 ff.

[2] Vgl. Diederichs, C. H., 1994, S. 56.

[3] Diederichs, C. H., 1996, S. 45.

AG), sodass die Ansprüche aufgrund mangelnder Bonität nicht mehr durchsetzbar sind.

d) Technische Risiken
Im Zuge der Bauausführung treten regelmäßig unvorhergesehene technische Probleme auf, die den Erfolg der Immobilienentwicklung gefährden. Gravierende Risiken liegen vor allem im Fall des Redevelopments im Boden begründet. Neben unerwarteten hydrogeologischen Verhältnissen muss der Bauherr Bodendenkmäler, Bergbauschäden und Altlasten befürchten. Zur Vermeidung von Kostensteigerungen und zeitlichen Verzögerungen sind vor Baubeginn Gutachten einzuholen. In der Realität ist insbesondere in eng besiedelten Gebieten auch durch sorgfältige Analyse kein vollständiges Bild von der Bodensituation zu erzielen, sodass ein Restrisiko bestehen bleibt.

Aufgrund der Risiken der Projektentwicklung sind die Unternehmen als Initiator von Immobilienentwicklungen in der Praxis von vergleichsweise geringer Bedeutung.[1] Vermutlich beschränken sie sich auf Fälle, in denen keine Alternative besteht, um unnötige Risiken zu vermeiden.

Die Besitz- und Eigentumsentscheidung beeinflusst die entstehenden Nutzungs- und Nutzungskostenrisiken. Der Grad der Risikoentstehung ist dabei aber weniger von der Bereitstellungsform als vielmehr von der Marktfähigkeit sowie der Wertstabilität des gekauften Objekts und der vertraglichen Gestaltung im Miet- und Leasingfall abhängig. Sollte sich im Zeitablauf der Nutzen verringern oder die Nutzungskosten erhöhen, so sind marktfähige und wertstabile Immobilien jederzeit zu verkaufen, um so die Risiken zu vermeiden. Umgekehrt geht das Unternehmen mit dem Kauf von nicht marktfähigen Objekten, die einem Wertverlust unterliegen, wie es beispielsweise bei hochgradig spezifischen Immobilien der Fall sein dürfte, ein höheres Risiko ein. Allerdings werden diese Immobilien kaum am Markt als Mietobjekt zu finden sein. Die Leasinggesellschaft wird dann den zu erwartenden Wertverlust in die Leasingrate einkalkulieren. Eine vergleichbare risikosteigernde Wirkung im Kauffall geht von langfristigen Finanzierungsverträgen aus, die das Unternehmen nur unter Inkaufnahme der Zahlung einer Vorfälligkeitsentschädigung kündigen kann. Bei Mietobjekten erhöht sich das Risiko mit zunehmender Laufzeit der Mietverträge insbesondere dann, wenn keine Untervermietungsmöglichkeit besteht und keine Option auf vorzeitiger Vertragsbeendigung vereinbart worden ist. Im Leasingfall ist die Möglichkeit einer vorzeitigen Beendigung des Vertragsverhältnis aufgrund steuerlicher Gegebenheiten und der Refinanzierung der Leasinggesellschaft regelmäßig für den Leasingnehmer am teuersten.

Betrachtet man die Eigentumsentscheidung von Immobilien aus der rechtlichen Perspektive, entstehen aus den Eigentümerpflichten wie der Altlastenentsorgung Risiken, die für Unternehmen aufgrund der geringen Erfahrungen, der unklaren rechtlichen Situation und der im Schadensfall entstehenden hohen finanziellen Belastung nur schwer zu kalkulieren sind.[2]

---

[1] Vgl. Diederichs, C. J., 1994, S. 51 f.

[2] Vgl. Allen, M. T., Rutherford, R. u. Springer, T., 1993, S. 569.

2. Vertragsrisiken

Die Prinzipal-Agenten-Theorie behandelt arbeitsteilige Beziehungen zwischen zwei Vertragspartnern, in denen der Agent durch sein Handeln das Nutzenniveau des delegierenden Prinzipals bestimmt. Die P/A-Beziehung ist regelmäßig durch asymmetrisch verteilte Information zu ungunsten des Prinzipals gekennzeichnet. Die asymmetrisch verteilte Information birgt für den Prinzipal grundsätzlich drei riskante Situationen:[1]

- Hidden characteristics: Der Prinzipal kennt vor Vertragsabschluß (ex ante) weder Eigenschaften noch Leistung des Agenten (adverse selection).
- Hidden action: Der Prinzipal ist ex post nicht in der Lage, die Leistung des Agenten zu beobachten und zu kontrollieren (moral hazard).
- Hidden intention: Der Prinzipal hat Vorleistungen erbracht und gerät ex post und beobachtbar in Abhängigkeit (hold up).

Die Informationsvorsprünge wird der Agent nutzen, um seinen eigenen Nutzen zu maximieren. Die Theorie unterstellt zumindest in Teilen konkurrierende Zielsysteme von Prinzipal und Agent, sodass das Nutzenniveau, welches der Prinzipal durch den Besitz von Verfügungsrechten erlangt, beeinträchtigt wird.

In der Tabelle 8.4 werden die aus der asymmetrischen Informationsverteilung entstehenden Unterschiede der Bereitstellungsformen systematisiert. In den einzelnen Feldern wird dabei zunächst von Risiken gesprochen, da eine Nutzeneinbuße aus Sicht des Immobiliennutzers vorerst nur droht, keinesfalls aber zwingend ist. Außerdem ist eine Trennung in Bereitstellungs- und Betriebsphase sinnvoll, da sich die Risiken der Bereitstellungsvarianten diesbezüglich erheblich unterscheiden.

Ganz maßgeblich unterscheiden sich die Bereitstellungsformen hinsichtlich der Risiken in der Bereitstellungsphase. Die größten Risiken liegen in dieser Phase beim Bauherren. Folglich ist der Mieter bis auf das Terminrisiko des rechtzeitigen Bezugszeitpunkts in dieser Phase risikofrei. Gleiches gilt für den Kauf eines bestehenden Objekts oder eines schlüsselfertigen Neubaus.

[1] Vgl. Spreman, K., 1990.

Tabelle 8.4. Risiken asymmetrischer Informationsverteilung aus Sicht des Nutzers

Situation	Kauf	Miete	Leasing
Hidden characteristics (adverse selection)	• Gute Rechtsposition bei verborgenem Mangel am Kaufobjekt aber Bonitätsrisiko des Vertragspartners • Altlastenrisiko	• Gute Rechtsposition bei verborgenem Mangel an der Mietsache	• Gute Rechtsposition bei verborgenem Mangel am Leasingobjekt
Hidden action (moral hazard)	Beschaffungsphase • Vielfältige und gewichtige Risiken gegenüber Planern und Bauunternehmen bei Selbsterstellung Betriebsphase • Risiken von Leistungsstörungen der FM-Dienstleister bzw. des eigenen FM	Beschaffungsphase • Terminrisiko bei im Bau befindlichen Mietobjekten Betriebsphase • Vernachlässigung der Instandhaltung und sonstiger Pflichten des Vermieters • Risiko der ordentlichen Kündigung • Risiko der außerordentlichen Kündigung z. B. Konkurs des Vermieters	Beschaffungsphase • Terminrisiko bei im Bau befindlichen Leasingobjekten • Risiko der Fehlplanung und ineffizienten Bauausführung durch die Leasinggesellschaft Betriebsphase • Risiken von Leistungsstörungen der Leasinggesellschaft bzw. des FM-Dienstleister bzw. des eigenen FM
Hidden intention (hold up)	Erstellungsphase • Termin- und Kostenrisiko gegenüber Planern und Bauunternehmen bei Selbsterstellung insbesondere durch Nachträge Betriebsphase • Risiken von Leistungsstörungen der FM-Dienstleister bzw. des eigenen FM	Erstellungsphase • keine Betriebsphase • Risiko von Miet- und Nebenkostenerhöhung.	Erstellungsphase • Termin- und Kostenrisiko insbesondere durch Nachträge Betriebsphase • Risiken von Leistungsstörungen der Leasinggesellschaft, der FM-Dienstleister bzw. des eigenen FM

Quelle: Eigene Darstellung.

Wie die Ausführungen zum Prozess und zur Organisation der Projektentwicklung deutlich gemacht haben, sind an der Projektentwicklung eine Reihe an Akteuren beteiligt, deren Verhältnis zueinander nicht abschließend durch vollständige Formulierung und Überwachung von Verträgen zu regeln ist. Gleichzeitig haben die Akteure gegenseitig spezifische Investitionen in die Vertragsbeziehung getätigt. GROSSMAN/HART sprechen in diesem Fall von einer hold-up-Situation.[1] Das Unternehmen trägt daher das Risiko des opportunistischen Verhaltens der Vertragspartner. Das opportunistische Verhalten der Gegenseite entspringt zwei Ursachen: Entweder ist das Unternehmen nicht in der Lage, die vereinbarte Leistung zu kontrollieren oder die Gegenseite nutzt Lücken in einem unvollständigen Vertrag. Die Kontrolle der Vertragserfüllung lässt sich in der Organisation der Projektentwicklung durch eine entsprechende Kombination von Planern und Beratern (s. o.) gewährleisten. Bauverträge sind in der Realität immer unvollständige Verträge, welche vielfältige Lücken für die Vertragsparteien lassen, sich ohne Rechtsbruch zu Lasten der Gegenpartei besser zu stellen. Bauverträge sind neoklassische, über einen längeren Zeitraum bezogene Verträge, in denen während der Laufzeit wechselseitige Vorteile für das Bauunternehmen und den Bauherren entstehen können. Die Parteien sind sich der Gefahr der Vergeltung im Fall des opportunistischen Verhaltens in solchen Hold-up-Situationen bewusst, sodass die Risiken begrenzt sind. Zusätzlich können Sicherheiten in Form von Bürgschaften oder Grundpfandrechten, das Angebot von über den konkreten Vertrag hinausgehenden Geschäftsbeziehungen oder die Androhung von Vergeltung das Risiko für den Bauherren verringern.[2] Der Bauherr wird praktisch immer in der Lage sein, spätestens bei der Endabnahme Leistungsstörungen durch überhöhte Preise für nachträgliche Leistungen des Bauunternehmens wieder auszugleichen.

Reichen Marktmacht oder Fachkenntnis des Bauherren nicht aus, um opportunistisches Verhalten in der hold-up-Situation auszuschließen, so kann er die Form der Projektfinanzierung wählen um den jeweiligen Verursachern Anreize zu setzen, diese im Sinne der Projektentwicklung zu kontrollieren und opportunistisches Verhalten zu unterbinden. Die Risiken der Terminüberschreitungen, Kostenerhöhungen oder Qualitätseinbußen sind durch entsprechende Kombination der Ausgestaltung von Verträgen der Finanzierung und Immobilienentwicklung zu reduzieren.

Im Falle der Leasingkonstruktion übernimmt die Leasinggesellschaft die Projektsteuerung und die Bauherrenfunktion. Wenn, wie bei Teilamortisationsverträgen üblich, die Leasinggesellschaft nach Ablauf der Grundmietzeit ein Verwertungsrisiko trägt, ist davon auszugehen, dass sie ein Interesse an der effizienten Erstellung des Gebäudes hat. Außerdem finden hohe Baukosten ihren Niederschlag in entsprechend hohen Leasingraten, sodass die Wettbewerbsfähigkeit der Leasinggesellschaft in Gefahr gerät. Es ist deshalb per se davon auszugehen, dass

[1] Vgl. Grossman, S. J. u. Hart, O., 1986; Ott, C., u. Schäfer, H. - B., 1989, S. 348.; Hart, O., 1995.

[2] Vgl. zu einer Systematik der Sicherungsmaßnahmen: Spreman, K., 1990, S. 563.

die Leasinggesellschaften ihr technisches know-how und ihre Marktkenntnisse dazu nutzen, für den Nutzer effiziente Gebäude zu errichten.

Für den Leasingnehmer, den Käufer und den Bauherren verbleibt das Risiko versteckter Qualitätsmängel (hidden characteristics) sowie für den Leasingnehmer und den Bauherren der Benachteiligung bei der Bauerstellung z. B. durch die Verschleierung von Rabatten (hidden action und moral hazard).[1]

In der Betriebsphase hat der Mieter kaum vertraglich bedingte Risiken zu tragen. Es verbleibt lediglich das Risiko der Sonderkündigung beispielsweise wegen Konkurs des Vermieters. Der Käufer und der Leasingnehmer haben für die Instandhaltung der Immobilie zu sorgen. In der Regel wird bei der Instandhaltung auf das Leistungsspektrum von Facility-Management-Dienstleistern zurückgegriffen. Im Leasing-Fall bietet die Leasinggesellschaft die Instandhaltung als Dienstleistungspaket an. Als Eigentümer muss sich der Nutzer um die Koordination der Instandhaltung selber kümmern oder einen Full-Service-Vertrag schließen. Da die Leasinggesellschaft ein immanentes Interesse an der ordnungsgemäßen Instandhaltung der Immobilie hat, sinkt das Risiko von Leistungsstörungen gegenüber der Beauftragung eines Dritten durch den Nutzer. Letztendlich hat der Eigentümer, wenn er denn nicht alle Leistungen der Finanzierung, Bauplanung, -durchführung und -kontrolle sowie des Facility-Managements selbst erbringt, mehrere Vertragspartner. Im Leasingfall reduziert sich die Anzahl der Vertragspartner im Extremfall auf einen, nämlich die Leasinggesellschaft. Zudem sind die Vertragsparteien durch einen weitgehend unvollständigen Vertrag langfristig aneinander gebunden. Die Möglichkeiten opportunistischen Verhaltens der Vertragsparteien ist in dieser Konstellation durch entsprechende Ausgestaltung des Leasingvertrags stark einzugrenzen.[2]

3. Grundgeschäftsbezogene Risiken und Marktrisiken

Die grundgeschäftsbezogenen Risiken zielen darauf ab, dass durch die Immobilien das Risiko der Ausübung des Grundgeschäfts beeinflusst wird. Im Einzelnen werden das Liquiditätsrisiko, das Risiko des Standortentzugs und das Risiko feindlicher Übernahmen sowie das Wertänderungsrisiko darunter zusammengefasst. Das Marktrisiko beschreibt das Risiko, die Immobilie nicht termingerecht und ohne Wertverlust verkaufen zu können. Das Marktrisiko spiegelt damit die marktliche Komponente des Liquiditäts- und Wertverlustrisikos.

Das Liquiditätsrisiko hängt zum einen von der Höhe der Liquiditätsbelastung und zum anderen von der Möglichkeit und den Kosten der Liquidation der Liquiditätsbelastung ab. Hinsichtlich der Höhe sind zwischen den Bereitstellungsvarianten in Abhängigkeit der Finanzierungsgestaltung und der Gestaltung von Leasingraten keine generellen Aussagen möglich.[3] Kauf, Miete und Leasing unterscheiden sich hinsichtlich der Liquidationsmöglichkeit der Liquiditätsbindung. Während wie oben bereits gezeigt wurde im Kauffall die Marktsituation und die Finanzierungsform ein Abstoßen der Objekte oder eine Beleihung der Objekte

[1] Vgl. Büschgen, H. E., 1996, S. 58 ff.

[2] Vgl. Büschgen, H. E., 1996, S 66 ff.

[3] Vgl. Gabele, E. u. Kroll, M., 1991, S. 151 ff.

verhindern kann, können im Mietfall vertragliche Regelungen einer vorzeitigen Kündigung des Vertrags entgegenstehen. Im Leasingfall verursacht eine vorzeitige Kündigung des Vertrags erhebliche Kosten.

Das Risiko des Standortentzugs ist eng an die Ausgestaltung der Verfügungsrechte geknüpft. Im Gegensatz zur aktiven Kündigungsmöglichkeit durch das Unternehmen steht hier das Risiko der passiven Kündigung durch den Vertragspartner im Vordergrund. Je geringer die Vertragslaufzeiten im Mietfall vereinbart wurden, desto größer ist das Risiko des Standortentzugs, wohingegen im Leasing- und im Kauffall kein nennenswertes Risiko besteht, vorausgesetzt das Objekt wird termingerecht übergeben.

Empirische Untersuchungen zeigen, dass das Risiko feindlicher Übernahmen generell mit zunehmendem Eigentum an Immobilien steigt.[1] Gleichzeitig zeigen andere Untersuchungen, dass eine Ausgliederung des Immobilienbestands den Börsenkurs des Unternehmens erhöht.[2] Es ist deshalb davon auszugehen, dass durch partizipative Formen der Immobilienfinanzierung, welche mit einer Ausgliederung des Bestands in einer Immobiliengesellschaft verbunden sind, das Risiko einer feindlichen Übernahme sinkt. Die Bereitstellungsformen des Leasings sowie der Miete bergen diese Risiken nicht.

Das Wertänderungsrisiko schließlich, welches potentielle Nachteile durch die Verschlechterung des Verschuldungsgrads des Unternehmens im Falle von Wertverlusten beschreibt, entsteht nur im Falle des Eigentums von Immobilien. Folglich kann es durch partizipative Formen der Finanzierung, in denen Eigentumsanteile an Dritte abgegeben werden, verringert werden.

Abschließend ist noch darauf hinzuweisen, dass die Bereitstellungsentscheidung auch von der Risikoeinstellung und der Möglichkeit der Risikohandhabung eines Unternehmens abhängt. Sofern ein Unternehmen im Vergleich zu seinen Wettbewerbern geringere Möglichkeiten hat, die immobilienbezogenen Risiken zu handhaben, wächst die Wahrscheinlichkeit, dass es seine Immobilien mietet oder least.[3] Insgesamt wird von ALLEN/RUTHERFORD/SPRINGER festgestellt: „The decision to lease assets for use in the firm's investment program may be more consistent with the firm's overall risk management policy than purchasing the property and incurring ownership risks."[4]

8.2.1.6 Zwischenergebnis

Der qualitative Vergleich der Alternativen der Bereitstellung betrieblich genutzter Immobilien hat gezeigt, dass die Entscheidung nach allen hier angestellten Kriterien der Verfügungsrechte, der Kosten und der Risikoposition durch die Eigentums- und Besitzentscheidung zwischen Kauf, Miete und Leasing beeinflusst wird. Gleichzeitig relativieren sich die Vor- und Nachteile der einzelnen Alterna-

[1] Vgl. Ambrose, W. B., 1990.

[2] Vgl. Hite, G. L. u. Owers, J. E., 1983; Hite, G. L., Owers, J. E. u. Rogers, R. C., 1984; Rutherford, R. C. u. Nourse, H. O., 1988; Ball, J. N., Rutherford, R. u. Shaw, R., 1993.

[3] Vgl. Brueggeman, W. B., Fischer, J. D. u. Porter, D. M., 1990.

[4] Allen, M. T., Rutherford, R. u. Springer, T., 1993, S. 569.

tiven insbesondere hinsichtlich der verfügungsrechtlichen Situation und der Risikoposition, wenn man die Überlegungen der Finanzierung in die Überlegungen mit einbezieht. Die Varianten des Entwicklungsgrads beeinflussen insbesondere die durch die Eigentums- und Besitzentscheidung präjudizierte Kosten- und Risikoposition.

8.3 Grundlagen des quantitativen Vergleichs

8.3.1 Problemstellung und Einordnung

Entscheidungen im Immobilienmanagement sind vielfach klassische Investitionsentscheidungen. Zum Einsatz kommt die Investitionsrechnung prinzipiell bei den in Abbildung 8.1 systematisierten Problemstellungen des Immobilienmanagements.

Facetten der investitionsrechnerischen Problemstellungen bei Immobilienentscheidungen

Anlässe:
1. Erweiterungsinvestition
2. Ersatzinvestition
3. Desinvestition
4. Organisatorische Restrukturierung

Teilentscheidungen der Bereitstellung:
1. Eigentum und Miete
2. Entwicklungsgrad
3. Finanzierung

Konkrete Problemstellungen:
1. Grenzpreis (Bewertung)
2. Alternativenvergleich
3. Timing
4. Zieldefinition und Erfolgskontrolle im Immobilienmanagement

Abb. 8.1. Investitionsrechnerische Problemstellungen. Quelle: Eigene Darstellung.

Zu Beginn dieses Abschnitts wurden die Anlässe der Bereitstellungsentscheidungen in Erweiterungsinvestitionen, Ersatzinvestitionen und Desinvestitionen unterschieden. Innerhalb eines Unternehmens können aufgrund organisatorischer oder finanzwirtschaftlicher Motive Restrukturierungen des Immobilienmanagements in Form der Eigentumszuordnung der Objekte oder der Organisation der Immobilienverantwortung notwendig werden, die ebenfalls einer investitionsrechnerischen Analyse der Erfolgswirkungen bedürfen. Im Verlauf dieses Abschnitts wurde die Bereitstellungsentscheidung in Teilentscheidungen zerlegt. Die Entscheidungsparameter der Teilentscheidungen ergänzen sich zu einem Gesamtbild des Entscheidungsfeldes der Beurteilung von real verfügbaren Bereitstellungsvarianten. Die Gliederung der Bereitstellungsentscheidung wurde zudem nicht nur zu akademischen Zwecken getroffen. Je nach Problemstellung können die Teilentscheidungen isoliert zu treffen sein, sodass die im Folgenden zu erläuternden investitionsrechnerischen Verfahren sowohl die Teilentscheidungen als auch die aggregierte Entscheidung möglichst vollständig abbilden müssen.

Im Zuge der Anlässe von Immobilienbereitstellungsentscheidungen treten eine ganze Reihe an konkreten Problemstellungen auf, die mit Hilfe investitionsrechnerischer Verfahren gelöst werden können. Die Problemstellung der Bestimmung von Grenzpreisen tritt immer dann auf, wenn ein Unternehmen am Markt einen Mietpreis oder Kaufpreisangebot abgeben muss oder ein Angebot vorgelegt wird, über dessen Annahme entschieden werden muss. Die Bestimmung von Grenzpreisen zeigt starke Parallelen zur bereits diskutierten Bewertung von Immobilien mit Hilfe der performanceorientierten Bewertungsverfahren. Im Falle der Neuinvestition besteht die konkrete Problemstellung in der Bewertung der Vorteilhaftigkeit einer Bereitstellungsvariante sowie im Falle von Alternativen in deren Vergleich. Im Falle der Desinvestition sind häufig Entscheidungen zwischen alternativen Verwertungsmöglichkeiten wie Vermietung und Verkauf der Objekte zu treffen. Insbesondere in Fällen der Ersatzinvestition und der Desinvestition besteht das Problem zusätzlich in der Frage, wann die bestehende Immobilie ersetzt beziehungsweise am Markt verwertet werden soll. Schließlich werfen Anlässe der Restrukturierung im Immobilienmanagement Fragen nach einem geeigneten Managementsystem auf. Im Falle langfristiger Beurteilungszeiträume stellt sich das Problem, mit Hilfe investitionsrechnerischer Verfahren Zielvorgaben zu machen und Erfolgskontrollen der Leistung des Immobilienmanagements durchzuführen.

Bevor einzelne Entscheidungsprobleme der Bereitstellung behandelt werden, ist zunächst zu klären, ob und gegebenenfalls mit welchen Modifikationen die bekannten Verfahren der Investitionsrechnung auf den Erfahrungsgegenstand der immobiliaren Ressourcen angewendet werden können.

Wie wir eingangs dieser Arbeit gesehen haben, weisen Immobilien gegenüber den anderen Produktionsfaktoren des Unternehmens eine ganze Reihe an Besonderheiten auf. Der Hauptwesenszug der Immobilie aus Sicht der Investitionsrechnung ist, trotz der räumlichen Fixierung, die große ökonomische Flexibilität in der Nutzung des Grundstücks.[1] Da Grundstücke in ihrer Lebensdauer quasi unbeschränkt sind, gibt es im Laufe der Zeit unendlich viele Nutzungsmöglichkeiten. Selbst wenn der Investor die immobiliare Ressource brach liegen lässt, wird sich aufgrund ihrer Unzerstörbarkeit über die Lebensdauer des Unternehmens hinaus zu jedem Zeitpunkt ein Restwert ergeben. Für die Anwendung investitionsrechnerischer Verfahren ergeben sich daraus folgende gravierende Probleme:

[1] Vgl. Wurtzebach, C., 1995, S. 78

1. Wie lang ist der Planungshorizont?
2. Aufgrund der in der Regel langfristigen Planung und der hohen Flexibilität der immobiliaren Investitionsprojekte sind die bis weit in die Zukunft zu planenden Einnahmen und Ausgaben nur schwer vorhersehbar. Die Anforderungen aufwendiger investitionsrechnerischer Verfahren korrespondieren dann nicht mit dem Informationsstand des Entscheidungsträgers. Es stellen sich die Fragen nach der Validität der Ergebnisse und des Grenzwerts der Informationsbeschaffung zur Anwendung aufwendiger investitionsrechnersicher Verfahren.
3. Die häufig vom sonstigen Unternehmensgeschehen separate Finanzierung der Immobilieninvestition sowie die schwer kalkulierbare Risikoposition erschwert die Festlegung eines geeigneten Kalkulationszinssatzes zur Ermittlung der Kapitalkosten. Angesichts der hohen Kapitalintensität kommt dem „richtigen" Kalkulationszins aber eine große Bedeutung bei der Berechnung von Immobilieninvestitionen zu.

Eine Diskussion der Anwendbarkeit der Investitionsrechnung auf immobilienwirtschaftliche Fragestellungen, die sich nur auf die Verfahren unter Sicherheit beschränkt, greift aufgrund der unsicheren Erwartungen über die von der Investition verursachten Zahlungen zu kurz.

Die Berücksichtigung unsicherer Erwartungen in Entscheidungen ist mit Hilfe investitionsrechnerischer Verfahren prinzipiell möglich und wie der Abschnitt zu den Risikowirkungen von betrieblich genutzten Immobilien gezeigt hat, aufgrund des niedrigen Informationsstands bei Immobilieninvestitionen auch dringend erforderlich. Allerdings hat die Literatur gezeigt, dass die Validität von Investitionsrechnungen bei unsicheren Erwartungen ihre Grenzen hat. Verfügt der Entscheidungsträger nicht über vollständige Information, wird in der Investitionsrechnung in zwei Situationen unterschieden: Die Risikosituation (risk) und die Ungewissheit.[1] Angesichts der Ergebnisse der Abschnitte zu den ökonomischen Wirkungen von betrieblichen Immobilien im Allgemeinen und zur Flächenplanung des Unternehmens im Besonderen ist unzweifelhaft, dass bezüglich Teilen des Entscheidungsfeldes, insbesondere des Nutzens betrieblicher Immobilien, Ungewissheit herrscht. Besteht Ungewissheit, so beschränkten sich die Empfehlungen der Investitionstheorie bislang auf die Anwendung einfacher Entscheidungsregeln wie dem Minimax-Kriterium, Maximax-Kriterium, Hurwicz-Kriterium oder der Laplace-Regel.[2]

Betrachtet man reale Entscheidungssituationen im Immobilienmanagement, so ist die Unterscheidung in die Varianten der Unsicherheit nicht mehr trennscharf, denn ein Entscheidungsträger wird aus der Erfahrung und seinem subjektiven Gefühl heraus den alternativ für möglich gehaltenen Umweltzuständen immer Eintrittswahrscheinlichkeiten zuordnen können. Die Frage ist also vielmehr, in welchem Umfang der Entscheider bereits Erfahrungen gesammelt hat und welche Qualität seine Prognose aufweist. Ist die Prognosequalität der Wahrscheinlichkei-

[1] Vgl. Abschnitt 3.4.1 und die dort zitierte Literatur.
[2] Vgl. Adam, D., 1997, S. 352 f.

ten unzureichend, befinden sich die Entscheidungsträger in der Ungewissheitssituation. In der Risikosituation kennt der Entscheidungsträger sein Entscheidungsfeld und kann den Datensituationen befriedigend genaue, aber immer noch subjektive Eintrittswahrscheinlichkeiten zuordnen. Nachfolgend ist im fünften Teil dieses Abschnitts zu untersuchen, wie mit Hilfe des Instrumentariums der Investitionsrechnung in der Risikosituation Entscheidungen der Immobilienbereitstellung getroffen werden.

Die reale Entscheidungssituation der Bereitstellung von betrieblich genutzten Immobilien ist typischer Weise keine Entscheidung, die zu einem exakten kalendarischen Termin vollzogen werden muss. Vielmehr ist sie, wie beispielsweise die meisten Entscheidung über den Ersatz einer Immobilie oder die Desinvestition, zeitlich in Grenzen flexibel. Wenn sie allerdings vollzogen worden ist, kennzeichnet sie ein hoher Kapitaleinsatz mit langfristiger Kapitalbindungsdauer. Korrekturen an bestehenden Investitionsprojekten bzw. Revidierung der Investitionsentscheidung selbst stehen zumeist derartig hohe Kosten gegenüber, die eine Korrekturmaßnahme nicht rechtfertigen würden. Diese Charakteristika von Investitionen verlangen von dem Entscheidungsträger die Entwicklung eines Entscheidungskalküls, das insbesondere die Unsicherheit über die zukünftige Entwicklung der die Vorteilhaftigkeit der die Investition beeinflussenden Faktoren berücksichtigt. Die Methoden der klassischen Investitionsrechnung besitzen hinsichtlich dieses Aspekts erhebliche Mängel. So arbeiten die dynamischen Verfahren der Investitionsrechnung mit im Entscheidungszeitpunkt geschätzten Werten und geben dem Entscheidungsträger ausschließlich für den fest vorgegebenen Entscheidungszeitpunkt eine Investitionsempfehlung. Die Entscheidungsregel für den Investor lautet in diesem Fall „Investiere heute, falls die Investition vorteilhaft ist, oder nie". Die Tatsache, dass gerade ein Hinauszögern der Investition die zugrundeliegende Datensituation und damit das Entscheidungsverhalten grundsätzlich verändern könnte, wird in diesem Kalkül nicht berücksichtigt. Durch ein Hinauszögern der Investitionsentscheidung ist der Entscheidungsträger in der Lage, zukünftige Umweltentwicklungen weiter zu beobachten und zusätzliche Informationen zu sammeln. Dadurch könnte ein Investitionsprojekt, welches sich gegenwärtig in seinen Zahlungsströmen nur unzureichend abbilden lässt, sehr wohl zu einem späteren Zeitpunkt beurteilt werden. So könnte eine heute aufgrund der Unsicherheit verworfene Investition zu einem späteren Zeitpunkt als vorteilhaft bewertet werden. Der Ansatz, die Möglichkeit des „Abwartens" in das Bewertungsinstrumentarium zu integrieren, führte zu Überlegungen, die Theorie der Finanzoptionen auf Realoptionen zu übertragen. Diesen Überlegungen widmet sich der sechste Teil dieses Kapitels.

8.3.2 Die Eingangsdaten

Fragt man in der Praxis nach der wichtigsten Determinante des Erfolgs einer Immobilieninvestition, so wird der Standort als das überragende Beurteilungskriterium genannt.[1] Ganz allgemein lässt sich in der Praxis eine recht weitgehende Ablehnung umfangreicherer Verfahren der Investitionsrechnung feststellen. So zeigen eine ganze Reihe an empirischen Erhebungen, dass die Beurteilung von Immobilieninvestitionen mit Hilfe investitionsrechnerischen Verfahren zwar mit zunehmenden Möglichkeiten der elektronischen Datenverarbeitung zwar zugenommen hat, aber auch in der jüngeren Vergangenheit noch als schwach ausgeprägt bezeichnet werden kann.[2] Die Erklärungen liegen zum einen in der Tatsache, dass die Grundgesamtheiten der empirischen Analysen zu einem großen Teil aus Property-Companies bestehen, welche im Vergleich zu den hier untersuchten Non-Property-Companies wichtige Unterschiede aufweisen: Zum einen sind diese Unternehmen in der Regel erheblich kleiner und zum anderen ist in der Immobilienwirtschaft die Verwendung von analytischen Entscheidungsunterstützungs- und Steuerungssystemen im Vergleich wenig verbreitet. Ein Blick in die Praxis zeigt unzweifelhaft, dass die Entscheidungsträger sich bei der Entscheidungsfindung weit verbreitet auf ihr Gefühl verlassen und den Wert von Immobilieninformationssystemen und Entscheidungsunterstützungssystemen als gering einschätzen. Aufgrund der Größe der hier behandelten Non-Property-Companies und der im Vergleich zu den Property-Companies stärker ausgeprägten Zahlen- und Controlling-Kultur ist zu vermuten, dass bei Immobilienentscheidungen der großen Non-Property-Companies investitionsrechnerischen Verfahren eine vergleichsweise größere Bedeutung zukommen dürfte.[3] Schließlich konkurrieren Immobilienprojekte mit anderen Investitionsprojekten um die Verwendung der finanziellen Mittel und müssen von daher vergleichbar gemacht werden.

Die Basis der Objektivierung von Investitionsentscheidungen mit Hilfe der Investitionsrechnung ist die Zurechnung von Zahlungsströmen. Aufgabe der Generierung von Eingangsdaten der Investitionsrechnung ist es, die im Kapitel 3 systematisierten originären Kosten- und Nutzenwirkung von Immobilien in ihrer Zahlungswirksamkeit zu terminieren. Durch periodenweise Saldierung ergibt sich aus den originären Zahlungsströmen der Investition eine Reihe an abgeleiteten Zahlungen, die sich aus der Finanzierung, gegebenenfalls den Anschlussinvestitionen und der Besteuerung ergeben. Ergebnis der Zusammenfassung aller originären und derivativen Zahlungen der Investition ist ein vollständiger Finanzplan, welcher mit investitionsrechnerischen Verfahren ausgewertet werden kann. Im Einzelnen gehen folgende Größen in den Finanzplan einer Immobilieninvestition ein:[4]

1. Investitionsausgaben

Die Investitionsausgaben umfassen sämtliche Zahlungen, die durch den Zugang der Grundstücke und Gebäude, sowie dem Zubehör, das die zweckentsprechende

[1] Vgl. Pearson, T. D., 1991.

[2] Vgl. Wiley, R. J., 1976; Farragher, E. J., 1982; Webb, J. R., 1984; Webb, J. R. u. McIntosh, W., 1986; Louargand, M. A., 1992; Brzeski, W. J., Jaffe, A. J. u. Lundström, S., 1993; Wit, D. P. M. de, 1996.

[3] Eine empirische Erhebung des Verfassers hierzu befindet sich gegenwärtig in der Feldphase.

[4] Vgl. Scarrett, D., 1996, S. 53 ff..

Funktionsfähigkeit vollständig gewährleistet, verursacht werden. In Deutschland hat sich als Erfassungsmethodik die DIN 276 durchgesetzt, die eine verbindliche Systematisierung und Abgrenzung aller Baukosten vornimmt.[1] Der bauwirtschaftlich in diesem Zusammenhang übliche Begriff Kosten kann im Zusammenhang mit der zahlungsorientierten Investitionsrechnung in die Irre führen. Es wurde allerdings bereits weiter vorne in dieser Arbeit darauf hingewiesen, dass der Begriff hier im pagatorischen Sinne, also zahlungsorientiert, verwendet wird. Obwohl die Anschaffungsauszahlungen in Bezug zum Planungszeitpunkt vergleichsweise zeitnah entstehen, bereitet ihre ex-ante-Bestimmung im Fall des Eigenbaus erhebliche Schwierigkeiten. Insbesondere im öffentlichen Sektor liegen die tatsächlichen Baukosten teils erheblich über den geplanten Baukosten wie zum Beispiel bei der Errichtung der Regierungsgebäude in Berlin deutlich wurde.

2. Objektspezifische Auszahlungen für den Immobilienwechsel
Neben den Investitionsausgaben verursacht ein Umzug stets objektspezifische Wechselkosten, die bereits im Abschnitt 3.3.3 genauer analysiert wurden und im Falle des Vergleichs von Bereitstellungsalternativen sowie der Festlegung des Wechselzeitpunkts in Zahlungen transformiert Entscheidungsrelevanz besitzen.

3. Erwartete laufende Einzahlungen
Die Einzahlungen einer Immobilieninvestition leiten sich aus deren Nutzen für das Unternehmen ab.[2] Im Fall einer fremdgenutzten Immobilie handelt es sich überwiegend um Mietzahlungen. Handelt es sich um eine eigengenutzte Immobilie, muss der Entscheidungsträger zunächst eine Vorschrift festlegen, nach der die Nutzenentstehung durch die Immobilie in Zahlungen umgerechnet wird. Anhaltspunkte für eine Quantifizierung bieten Marktpreise, wie sie auch in der marktorientierten Festlegung von Verrechnungspreisen eine Rolle spielen. Nachdem der Entscheidungsträger die Bewertungsmethodik des Nutzens festgelegt hat, muss er die Entwicklung im Zeitablauf prognostizieren. Wie der Abschnitt über die Nutzenentstehung durch den Einsatz betrieblicher Immobilien gezeigt hat, unterliegt die verursachungsgerechte Zurechnung und Quantifizierung des Nutzens einer Immobilieninvestition im Fall der Eigennutzung einer erheblichen Unsicherheit.

4. Laufende nutzungsbedingte nicht umlagefähige Auszahlungen
Die nutzungsbedingten Auszahlungen pro Periode ergeben sich aus der im Abschnitt 3.3.2 schon diskutierten DIN 18960. Extrahiert man die Zahlungen aus den Baunutzungskosten, verbleiben Auszahlungen für Bauunterhaltung, die Verwaltung sowie die den Betrieb des Gebäudes, sofern diese Zahlungen nicht an Mieter weiterbelastet werden können. Die Bauunterhaltung beinhaltet neben jährlich anfallenden Zahlungen auch Zahlungen für größere Instandsetzung und Modernisierung, die in größeren Zeitabständen anfallen.[3]

---

[1] Vgl. Kalusche, W., 1991, S. 20 ff.

[2] Vgl. Abschnitt 3.2.

[3] Vgl. zu einer Übersicht des zeitlichen Anfalls der Instandhaltungsarbeiten: Falk, B. (Hrsg.), 1992, Kap. 18.3, S. 8 ff.

5. Finanzierungsstruktur und Kapitalkosten

Die Finanzierungsstruktur bestimmt die Höhe und die Zeitpunkte von Zins- und Tilgungszahlungen, die aus der Investition resultieren. Dabei sind Zinssätze und Tilgungsformen für das Fremdkapital sowie das Eigenkapital als auch die Konditionen für die Anlage der Periodenüberschüsse zu planen. Die Ausführungen zur Finanzierungsentscheidung als Teil der Bereitstellung von betrieblichen Immobilien haben deutlich gemacht, dass sich hinsichtlich des Fremdkapital eine große Konditionenvielfalt ergibt, die durch mehrere Kredite unterschiedlicher Fristigkeit und Tilgungsmodalitäten sowie den Einsatz öffentlicher Fördermittel bedingt ist.[1]

Der Erfolg eines Investitionsprojekts ist dann positiv, wenn der Erfolg eines risiko-, betrags- und fristenkongruenten Vergleichsprojekts übertroffen wird. Da solche Vergleichsprojekte kaum zu finden sein dürften, sind eine Reihe an vereinfachenden Annahmen hinsichtlich der Verzinsung des Kapitals vorzunehmen. In der Methodik der Investitionsrechnung wird ein Kalkulationszins gebildet, welcher gegebenenfalls unterschiedliche Kosten von Eigen- und Fremdkapital berücksichtigt, Abweichungen hinsichtlich Fristigkeit und Risiko durch entsprechende Korrekturen herausfiltert. Das Problem ist durch diese Vereinfachung allerdings keinesfalls gelöst, sondern nur auf die Bestimmung eines geeigneten Kalkulationszinses verschoben.[2]

Der Kalkulationszins hat die Aufgaben der Diskontierung von Zahlungsreihen sowie der Berücksichtigung unterschiedlicher Risiken in den Zahlungsreihen.[3] Die Diskontierung erfolgt zum Zinssatz der Kapitalkosten. Bei der Finanzierung betrieblich genutzter Immobilien wurde festgestellt, dass es sich hierbei einerseits um eine Funktion der Unternehmensfinanzierung als solche handelt, andererseits aber durch die Auswahl eines Investitionsobjekts Finanzierungsbeiträge geschaffen werden. Für die Bestimmung der Kapitalkosten ergibt sich daraus das Problem, dass einerseits für das Fremdkapital kreditvertraglich fixierte Kosten vorliegen. Andererseits aber mit Interdependenzen zu den Kosten des übrigen Fremdkapitals des Unternehmens zu rechnen ist, welche bei der Annahme der vertraglich fixierten Kosten vernachlässigt werden.[4] Zudem besteht die Finanzierung in der Regel zu einem Teil aus Eigenkapital, für welches ebenfalls ein Kapitalkostensatz festzulegen ist. Für das Eigenkapital wird weder eine vertragliche Verzinsung festgelegt, noch ist absehbar, welchen Ertrag es in der nächstbesten Verwendung erbringen würde.[5] Folglich sind vereinfachende Annahmen beispielsweise in Form einer geforderten Mindestverzinsung zu treffen.[6] Die Annahmen betreffen zum einen die Fristigkeit der Kapitalstruktur und zum anderen das Risiko der analysierten Zahlungsreihe.

---

[1] Vgl. zu einem Beispiel: Gabele, E., Dannenberg, J. u. Kroll, M., 1995, S. 178 ff.

[2] Vgl. zur Darstellung des Problems eines geeigneten Kalkulationszinses: Rolfes, B., 1992, S. 692 ff.

[3] Vgl. Herter, R., 1994, S. 42.

[4] Vgl. O'Brien, T. u. Nunnally, B., 1983; Manning, C. A. 1990.

[5] Vgl. Herter, R., 1994, S. 95.

[6] Vgl. zu einem Überblick: Rudolph, B., 1986a; Rudolph, B., 1986b; Rolfes, B., 1992, S. 692 ff.

An Finanzmärkten ist beobachtbar, dass die Verzinsung des Kapitals in Abhängigkeit steht von der Fristigkeit. Die Marktzinsmethode berücksichtigt diese laufzeitabhängige Zinsstruktur, indem sie nicht mit einem Kalkulationszins arbeitet, sondern die Zahlungsüberschüsse einer Investition mit ihrer Fristigkeit entsprechenden Kalkulationszinssätzen bewertet. Die Kalkulationszinssätze entsprechen in der Methode der zum Investitionszeitpunkt herrschenden Zinsstruktur.[1] Grundvoraussetzung der Marktzinsmethode ist der vollständige Kapitalmarkt. Bei der Analyse der Finanzierungsalternativen von betrieblich genutzten Immobilien wurde allerdings deutlich, dass die Finanzierung an ein konkretes Immobilieninvestitionsprojekt gebunden ist. Es bestehen somit Interdependenzen zwischen Finanzierungs- und Investitionsentscheidungen, welche im Widerspruch zu den Prämissen der Marktzinsmethode stehen. Zur Anwendung der Marktzinsmethode zur Bestimmung der Kapitalkosten fehlt damit im Immobilienbereich die Grundvoraussetzung.[2] Es ist zu vermuten, dass der Genauigkeitsgewinn durch die Berücksichtigung der Fristigkeit in der Finanzierungsstruktur durch die Unschärfe aufgrund der Differenzen zwischen Soll- und Habenzins bei Immobilieninvestitionen verloren gehen. Auf eine Anwendung wird deshalb an dieser Stelle verzichtet.[3] Zudem ist die gleichzeitige Berücksichtigung von Risikotransformationen aufgrund des erheblich ansteigenden Komplexitätsgrades, wie ROLFES selbst zugesteht, nicht mehr handhabbar.[4]

Wie aus der Betrachtung des Immobilienmanagements aus der finanzwirtschaftlichen Perspektive deutlich wird, hat aber der Einfluss der Immobilieninvestition auf die Risikoposition des Unternehmens erheblichen Einfluss, sodass an dieser Stelle eine entsprechende Korrektur als sehr bedeutsam erscheint. Die Berücksichtigung des Risikos kann auf zwei Arten erfolgen. Einerseits kann die Risikoadjustierung durch die Bildung von Sicherheitsäquivalenten für die risikobehaftete Zahlungsreihe erfolgen, welche mit dem risikolosen Zinssatz kapitalisiert wird.[5] Andererseits kann eine Korrektur des hier in Rede stehenden Kalkulationszinses erfolgen.

Verfahren der risikobezogenen Korrektur des Kalkulationszinses funktionieren über die Festlegung eines risikolosen Zinses, etwa des Zinses für Bundesanleihen, welcher mit Hilfe eines Risikozuschlags an die konkrete Situation angepasst wird.[6] Möglichkeiten zur Bestimmung der Höhe des Risikozuschlags sind im Zuge der Entwicklung der Kapitalmarkttheorie insbesondere des CAPM und der APT entwickelt worden. Hier wird das Investitionsrisiko in das systematische Risiko einer Einzelanlage und das unsystematische Risiko des Marktes allgemein aufgetrennt. Der sogenannte Beta-Faktor verkörpert als Kovarianz zwischen Einzelanlage und Gesamtmarkt ein „...Maß für die Sensitivität zwischen der erwarteten Rendite aus

[1] Vgl. Rolfes, B., 1992.

[2] Vgl. Rolfes, B., 1992, S. 698.

[3] Vgl. hierzu: Rohpeter, S. - E., 1998, S. 153.

[4] Vgl. Rolfes, B., 1992, S. 708 f.

[5] Vgl. Franke, G. u. Hax, H., 1994, S. 297 ff.

[6] Vgl. Greer, G. E., 1997, S. 280 ff.

einer Einzelanlage und der erwarteten Rendite eines Gesamtportefeuilles."[1] Das Beta ist somit ein Risikomaß, welches Informationen über den Beitrag eines Projekts zum Gesamtrisiko liefert.[2] Neben den oben angeklungenen erheblichen Zweifeln an der Validität des theoretischen Grundgerüsts dieses Teils der Kapitalmarkttheorie ist zu bedenken, dass die Bestimmung von Beta-Werten für Immobilieninvestitionen in Deutschland gegenwärtig aufgrund mangelnder Marktinformationen praktisch nicht möglich ist.[3]

Im Rahmen der Risikobewertung mittels des Shareholder-Value-Konzepts empfehlen COPELAND/KOLLER/MURRIN ein Schätzverfahren, welches nach Substituten an liquiden Wertpapiermärkten sucht, die in etwa die gleiche Risikosituation und Finanzierungsstruktur aufweisen, wie die in Rede stehende Investition.[4] So haben verschiedene Autoren gezeigt, dass sich auch für Immobilien als Anlageklasse insgesamt ein liquider Markt durch Substitute generieren lässt.[5] Die Liste von Näherungsverfahren zur Bestimmung der Wirkung einer Einzelanlage auf das Gesamtrisiko des Unternehmens ließe sich mit einiger Mühe schnell verlängern.[6] Darauf soll an dieser Stelle aufgrund der allgemeinen Zweifel an der Anwendbarkeit marktwertbezogener Überlegungen zur Messung des Risikobeitrags betrieblich genutzter Immobilien verzichtet werden (siehe Abschnitt 7.3.1).[7] Größeren Erfolg zur Bestimmung von Risikozuschlägen für Immobilieninvestitionen versprechen Verfahren, die sich statt am Output an der Unsicherheit der Inputfaktoren der Investitionsrechnung orientieren. Inputfaktoren, welche das systematische Risiko determinieren, sind beispielsweise leistungswirtschaftliche Risiken, Risiken der Marktentwicklung oder finanzielle Risiken. Die Teilrisiken werden auf ihren Erklärungsgehalt des systematischen Risikos hin untersucht, um einen Gewichtungsfaktor für die einzelnen Teilrisiken zu erlangen. Durch Prognose der Entwicklung von Teilrisiken sowie deren Aggregation zum systematischen Risiko wird eine Risikoeinschätzung des Investitionsprojekts möglich.[8] Eine Übertragung dieser Überlegungen auf Immobilien als Anlage steht bislang noch aus.

Im Gegensatz zu den bisherigen Anwendungsfeldern, in denen ganze Unternehmen oder Unternehmensteilbereiche untersucht worden sind, dürften die Risikowirkungen von Investitionen in einzelne betrieblich genutzte Immobilien vergleichsweise schwer gegenüber anderen betrieblichen Bereichen zu isolieren sein. VON JÜRGENSONN fordert stattdessen die Behandlung des betriebliches Immobilienmanagement als eigenes Geschäftsfeld, für welches ein eigenständiges Beta

---

[1] Spremann, K., 1991, S. 471.

[2] Vgl. Franke, G. u. Hax, H., 1994, S. 265 ff.

[3] Vgl. Thomas, M., 1997, S. 322 ff.

[4] Vgl. Copeland, T., Koller, T. u. Murrin, J., 1990, S. 262 ff.

[5] Vgl. Maurer, R. u. Stephan, T. G., 1996; Karolyi, G. A. u. Sanders, A. B., 1998; Maurer, R. u. Sebastian, S., 1999.

[6] Vgl. z. B. Fuller, R. J. u. Kerr, H. S., 1981, S. 998 ff.; Mirow, M., 1994, S. 54 f.; Herter, R., 1994, S. 102 ff.

[7] Zudem gelten die Ansätze zur Bestimmung des Risikozuschlags bei nicht börsennotierten Kapitalanlagen als nicht valide und wenig praktikabel (vgl. Bronner, T., 1995, S. 32).

[8] Zu einer Übersicht vgl. Herter, R., 1994, S. 106 ff.

als Risikokorrekturposition des Kalkulationszinses berechnet wird.[1] Betrachtet man die Arbeiten zur wertorientierten Steuerung von betrieblichen Immobilien, welche dem Shareholder-Value-Ansatz folgend auch die Risikoposition dieses Geschäftsfeldes bestimmen, so kommen diese über Vermutungen der Grundzusammenhänge der Risikowirkungen nicht hinaus.[2]

MANNING weist darauf hin, dass sich das Risiko von Immobilieninvestitionen periodenweise sehr stark unterscheidet. Im Gegensatz zu Investitionen in mobile Sachanlagen ist das Risiko von Immobilien in der Betriebsphase gering. Dafür ist die Unsicherheit über den zu erzielenden Restwert und folglich auch das Risiko erheblich. Er empfiehlt deshalb die Verwendung unterschiedlicher Diskontierungsraten für die jeweiligen Perioden.[3]

Insgesamt bleibt festzuhalten, dass aufgrund der prämisseninkonsistenten Eigenarten von betrieblichen Immobilieninvestitionen weder die laufzeitorientierte Zinsstruktur noch die Beeinflussung des Unternehmensrisikos durch diese Investitionen im Kalkulationszins exakt erfasst werden kann. Ob eine näherungsweise Berücksichtigung dieser Effekte zu einer Verbesserung der Ergebnisse führt, muss der Einzelfall zeigen.

6. Steuersituation des Unternehmens

Die Steuersituation des Unternehmens muss bei Immobilieninvestitionen immer dann berücksichtigt werden, wenn durch die Investition die Steuerzahlungen beeinflusst werden. Grundsätzlich hat der Erwerb von Immobilien Einfluss auf die Höhe und die Termine der zu zahlenden Steuern. Wie die Ausführungen zu den fondsorientierten Finanzierungsvarianten im Abschnitt 7.3.3 deutlich gemacht haben, sind aus Sicht von Kapitalanlegern Steuerstundungseffekte und Steuerminderungen die wichtigsten Gründe für eine Immobilieninvestition. Betrachtet man die betrieblich genutzten Immobilien des Unternehmens, haben die steuerlichen Aspekte keinen derartig überragenden Einfluss auf die Investitionsentscheidung. Dennoch gehen von verschiedenen Investitionsvarianten häufig unterschiedliche steuerliche Zahlungsreihen aus, die im Investitionskalkül entsprechende Berücksichtigung finden müssen. Im Einzelnen können Immobilieninvestitionen die Körperschaftssteuer (KSt), Gewerbesteuer (GewSt), Umsatzsteuer (USt), Grundsteuer (GrSt) und Grunderwerbssteuer (GrESt) betreffen.[4] Die aus den letzten beiden Steuerarten resultierenden Zahlungen sind problemlos zu ermitteln und werden den Erwerbsnebenkosten beziehungsweise den Betriebskosten zugerechnet. Die KSt besteuert das Einkommen von Kapitalgesellschaften. Die Bemessungsgrundlage ist der Periodengewinn. Durch Abschreibungen, Zinszahlungen und andere Aufwendungen verringert sich durch die Immobilieninvestition der Gewinn des Unternehmens und somit ceteris paribus die zu zahlende Körperschaftssteuer. Insbesondere in steuerlich zulässiger Höhe der regelmäßigen Abschreibungen und der Teilwertberichtigungen hat das Unternehmen regelmäßig Gestaltungsspiel-

[1] Vgl. von Jürgensonn, I., 1997, S. 264.

[2] Vgl. von Jürgensonn, I., 1997, S. 217 ff.; Grünert, L. 1999b, S. 45 ff.

[3] Vgl. Manning, C. A. 1990, S. 26.

[4] Vgl. zu einer Skizze immobilienrelevanter Steuerarten: Benkert, M., Haritz, D., Menner, S. u. Schneider, J., 1996, S. 1055 ff.

räume, deren steuerliche Wirkungen in der Investitionsrechnung periodengerecht erfasst werden müssen.

Die GewSt ist eine Ertragssteuer, deren Bemessungsgrundlagen der Gewerbeertrag ist. Gemäß § 8 GewStG sind dem gewerblichen Gewinn 50 % der Entgelte für Dauerschulden hinzuzurechnen. Eine weitgehend fremdfinanzierte Immobilie erhöht somit die Zahllast aus der GewSt. Andererseits kann gemäß § 9 GewStG der gewerbliche Gewinn um 1,2 % des gem. § 121 a BewG um 40 % erhöhten Einheitswertes des Grundbesitzes gekürzt werden. Bezüglich der USt hat das Unternehmen ein Optionsrecht. Übt das Unternehmen sein Optionsrecht aus, werden die USt-Zahlungen des Unternehmens in der Erstellungsphase durch den Vorsteuerabzug reduziert, sollte das Unternehmen aus der Immobilie später Mieteinnahmen erzielen, sind für die Mieteinnahmen Umsatzsteuern abzuführen.[1]

Gestaltet sich die Erfassung der gegenwärtigen Steuersituation des Unternehmens als vergleichsweise einfach, so haben doch die Diskussionen um die von der Regierung Schroeder verabschiedeten Reformen der Unternehmensbesteuerung gezeigt, dass Steuersysteme über den langen Planungshorizont von Immobilieninvestitionen umfangreichen Änderungen unterliegen können. Wie die nachfolgenden investitionsrechnerischen Anwendungen zeigen, geht von der Steuersituation regelmäßig eine recht erhebliche Wirkung auf das Ergebnis von Immobilieninvestitionen aus, sodass die Unsicherheit über die zukünftige Steuersituation ebenfalls von Bedeutung für die Investitionsentscheidung ist.

7. Planungshorizont

Aufgrund der wertspeichernden Charakteristik zumindest des Grundstücksanteils von Immobilien ist entgegen anderer Sachinvestitionen die Lebensdauer als unbegrenzt anzunehmen. Trotzdem muss im Zuge der Investitionsrechnung der Planungshorizont terminiert werden. Die Länge des Planungshorizonts ergibt sich aus der zeitlichen Absicht des Unternehmens, die Immobilie betrieblich zu nutzen. Ist eine Immobilie beispielsweise unmittelbar zur Beherbergung eines zeitlich befristeten Produktionsprozesses angeschafft, so kann die Befristung des Produktionsprozesses als Anhaltspunkt für die Länge der Immobilieninvestition dienen. Weitere Anhaltspunkte zur Bestimmung der Länge des Planungshorizonts können sich aus der erwarteten Immobilienmarktentwicklung, den steuerlichen Abschreibungsmöglichkeiten oder der technischen und wirtschaftlichen Lebensdauer von Gebäuden ergeben. Das Ende des Planungshorizonts wird angenommen, wenn durch umfangreiche Sanierungsmaßnahmen oder Abriss und Neuaufbau des Gebäudes von einem Redevelopment des Grundstücks ausgegangen werden kann. In diesem Fall beginnt mit dem Redevelopment eine Ersatzinvestition, deren Vorteilhaftigkeit getrennt berechnet wird.

8. Restwert

Mit Ablauf des Planungshorizonts ist der Restwert der Immobilie zu bestimmen. Die Wertermittlung zu einem regelmäßig weit in der Zukunft liegenden Zeitpunkt ist aufgrund der Besonderheiten immobiliarer Ressourcen, insbesondere der Un-

[1] Vgl. Haberstock, L. u. Breithecker, V., 1998, S. 94 ff.

vollkommenheit der Immobilienmärkte, sehr problematisch.[1] Die Probleme werden dabei weniger durch die Bewertung des Gebäudeanteils als vielmehr durch die Bewertung des Grundstücks verursacht. Die realen Verhältnisse der Immobilienmärkte sind aber durch Diskontinuitäten gekennzeichnet, über die keine vollständige Information vorliegt. In der Praxis bedienen sich die Akteure zur Prognose des Restwerts zweier multiplikativ verknüpfter Komponenten: der im letzten Jahr des Planungszeitraums erzielbaren jährlichen Miete und einem Vervielfältiger, welcher als Catch-all-Faktor Ausdruck aller nach Ablauf des Planungszeitraum eintretenden Erfolgs- und Risikowirkungen ist.

9. Inflation
Die Inflation kann dann das Ergebnis einer Investitionsrechnung beeinflussen, wenn nicht alle Preise, Löhne und Steuern der Investition und der Opportunität gleichermaßen von der Geldentwertung betroffen sind.[2] In der Literatur wird im Falle von Inflation vorgeschlagen, die nominale Zahlungsreihe mit Hilfe von Indices der Geldentwertung in eine reale Zahlungsreihe zu transformieren und diese mit einem realen Zinssatz zu diskontieren.[3] Im Falle der Immobilieninvestition können sehr unterschiedliche Inflationsraten auf die einzelnen Preise, Löhne und Steuern einwirken. Dies wird anhand eines Beispiels nachfolgend illustriert.

Im Zeitraum der letzten vier Jahre ist der Preisindex für Bauwerke, welcher für Herstellung, Instandhaltung und Modernisierung von Gebäuden anzuwenden ist, nahezu konstant geblieben.

Tabelle 8.5. Preisindizes für Bauwerke sowie für Instandhaltung

		Nichtwohngebäude		Sonstige Bauwerke		Instandhaltung	
		Bürogebäude	Gewerbl. Betriebsgebäude	Straßen	Ortskanäle	von Mehrfamiliengebäuden 1)	in einer Wohnung 2)
1996	I	100,2	100,4	99,0	99,0	100,8	100,8
	II	100,2	100,4	98,4	98,5	101,1	101,1
	III	100,0	100,3	98,1	98,2	101,3	101,6
	IV	99,8	100,1	97,7	97,7	101,4	101,5
1997	I	99,7	100,0	97,2	97,2	101,5	101,3
	II	99,6	99,8	96,7	96,7	101,6	101,8
	III	99,6	99,8	96,4	96,3	101,8	101,9
	IV	99,3	99,7	96,1	96,1	101,8	102,1
1998	I	99,1	99,4	95,6	95,4	101,9	102,0
	II	99,8	100,2	96,0	95,8	102,8	102,7
	III	99,8	100,2	95,8	95,7	102,8	102,8
	IV	99,6	99,9	95,4	95,3	102,7	102,5

[1] Vgl. zur Immobilienbewertung den Abschnitt 3.5.
[2] Vgl. Franke, G. u. Hax, H., 1994, S. 215.
[3] Vgl. Blohm, H. u Lüder, K., 1995, S. 136 ff.

Tabelle 8.5. (Fortsetzung)

		Nichtwohngebäude		Sonstige Bauwerke		Instandhaltung	
1999	I	99,3	99,5	95,3	95,2	102,6	102,2
	II	99,3	99,4	95,2	95,0	102,6	102,3
	III	99,4	99,6	95,5	95,2	102,8	102,6
	IV	99,6	99,8	96,0	95,3	102,8	102,4
2000	I	99,8	100,0	96,8	95,3	102,9	102,3
	II	100,1	100,2	97,4	95,3	103,2	102,8
	III	100,2	100,3	98,1	95,3	103,4	103,0
		1) ohne Schönheitsreparaturen 2) Schönheitsreparaturen					

Quelle: Statistisches Bundesamt, http://www.statistik-bund.de/indicators/d/bpr210ad.htm v. 19.01.2001.

Im gleichen Zeitraum sind die Büromieten in allen deutschen Großstädten gestiegen. Beispielsweise hat sich die Spitzenmiete in Frankfurt von DM 65 auf DM 83 erhöht.[1] Am Mietmarkt kann durch vertragliche Regelung der Mietpreisanstieg an die Lebenshaltungskosten oder einen anderen Preisindex angepasst werden. Geschieht dies nicht, ist bei Mietpreisen auch eine Inflationsunabhängigkeit möglich. So kann der Mietpreis einer Immobilieninvestition im Falle langfristiger vertraglicher Vereinbarungen in Form von Festmieten oder Staffelmieten mit fest vereinbarter Preissteigerungsrate gar nicht auf die Inflation reagieren. Gleiches gilt für die Fremdkapitalkosten im Falle langfristiger Verträge mit Zinsbindung. Die Beispiele machen deutlich, dass bei Immobilieninvestitionen die Inflation die Eingangsdaten unterschiedlich stark beeinflussen kann, sodass eine Verzerrung bei der Bewertung des Investitionserfolgs zu befürchten ist, sofern nicht mit nominalen Eingangsdaten gearbeitet wird.

Die Qualität der Ergebnisse aller Methoden der Investitionsrechnung hängt von der Vorhersagegenauigkeit der Eingangsdaten ab. Aufgrund der Langfristigkeit von Immobilieninvestitionen und der Komplexität der Bauprojekte sind die Nutzungsdauer sowie sämtliche Ein- und Auszahlungen in der Regel mit erheblichen Unsicherheiten behaftet. Es wird deutlich, dass die Annahme der vollständigen Information bei Immobilieninvestitionen nicht zu halten ist. Dennoch soll nachfolgend zunächst das Gerüst einer Investitionsrechnung für Immobilien unter der Annahme vollständiger Information vorgestellt werden, um die grundlegenden Zusammenhänge an einem einfachen Modell zeigen zu können. Anschließend ist zu überlegen, ob und gegebenenfalls wie die Unsicherheit der Eingangsdaten in der Rechnung berücksichtigt werden kann.

[1] Vgl. Jones Lang Lasalle (Hrsg.), 2000, S.

8.4 Immobilieninvestition unter der Annahme sicherer Eingangsdaten

Zur Beurteilung der Wirtschaftlichkeit von Immobilien sind aufgrund der langwierigen Nutzungsdauer dieser Produktionsmittel einfache Saldierungen von Kosten und Nutzen ohne Berücksichtigung von Kapitalisierungseffekten nur für grobe Schätzungen geeignet. Benötigt man hingegen genauere Informationen als Entscheidungsgrundlage sind die Verfahren der Investitionsrechnung heranzuziehen. Die Verfahren der Investitionsrechnung unterscheiden sich in finanzielle und nichtfinanzielle Investitionsrechnungsverfahren. Als finanzielle Maße der Wirtschaftlichkeit von Immobilieninvestitionen gibt es den Kapitalwert und die Rendite. Der Kapitalwert gibt den Wert der Handlungsmöglichkeit zu einem beliebig festlegbaren Zeitpunkt wie beispielsweise dem Endwert an. Die Rendite hingegen gibt Auskunft über das Verhältnis zwischen Einnahmenüberschüssen und eingesetztem Kapital in einem Zeitraum.[1] In diesem Abschnitt ist nachfolgend zunächst das Grundgerüst der finanziellen Investitionsrechnung mit Hilfe der vollständigen Finanzplanung zu erläutern, welche im Ergebnis zu einem Endwert des Investitionsprojekts als spezielle Form eines Kapitalwerts führt. Anschließend sind im zweiten Teil dieses Abschnitts weitere Kapitalwerte vorzustellen, bevor im dritten Teil auf Renditemaße eingegangen wird.

8.4.1 Vollständige Finanzplanung

8.4.1.1 Darstellung des vollständigen Finanzplans

Die vorangegangenen Ausführungen haben den großen Umfang an Eingangsdaten der Immobilieninvestitionsrechnung verdeutlicht. Die Aufgabe der vollständigen Finanzplanung (VoFi) ist zunächst die systematische Aufbereitung der Eingangsdaten in Tabellenform. Anschließend wird die VoFi aber auch zu einer mehr oder weniger eigenständigen Methode der dynamischen Investitionsrechnung ausgeweitet.[2] Die VoFi-Methode basiert grundsätzlich auf der Überlegung, dass sich ein Unternehmen in der Realität einem unvollkommenen Kapitalmarkt gegenüber sieht. In der Folge gibt es eine ganze Reihe an verschieden ausgestalteten Kapitalbeschaffungs- und Kapitalanlagemöglichkeiten, die als bekannt vorausgesetzt werden. Zur Bestimmung des optimalen Investitionsprogramms eines Unternehmens werden alle Investitions- und alle Kreditbeschaffungsmöglichkeiten als Funktionen in Abhängigkeit von der Höhe ihres Zinses dargestellt. Das Optimum befindet sich im Schnittpunkt der beiden Funktionen. Die simultane Planung von Investition und Finanzierung in einem Totalmodell erübrigt die sonst so problematische Bestimmung des Kalkulationszinses.[3]

---

[1] Vgl. Schneider, D., 1996, S. 74 ff.

[2] Die VoFi-Methode wurde von Heister entwickelt (vgl. Heister, M., 1962, S. 36 ff.).

[3] Vgl. zu näheren Ausführungen stellvertretend Hax, H., 1985, S. 62 ff.; Spremann, K., 1991, S. 415 ff.; Kruschwirtz, L., 1995, S. 183 ff.

Hat ein Unternehmen ein Investitionsprogramm bestehend aus mehreren Investitionsentscheidungen zu planen, so gibt es in der Regel Interdependenzen zwischen den Einzelentscheidungen. Diese Interdependenzen können nur durch simultane Planung im Rahmen eines Meta-Finanzplanes des Unternehmens vollständig berücksichtigt werden.[1] Basierend auf den Grundüberlegungen simultaner Finanz- und Investitionsplanung lässt sich die VoFi-Methode aber auch als Planungsverfahren einsetzen, mit dem isolierte Investitionsentscheidungen getroffen werden können.[2] Im Falle eines geschlossenen Immobilienfonds, der nur eine Immobilie im Bestand hat, wären Programm- und Einzelinvestitionsentscheidung sogar identisch. Grundannahme der VoFi-Methode ist in jedem Fall die Unabhängigkeit der Investitionsentscheidung von anderen Investitionsprojekten. Das Ziel eines Investors soll es im vorliegenden Fall sein, den Wert des Endvermögens durch die betrachtete Investition zu maximieren.[3] Die Zielgröße ist dann der Geldmittelbestand am Ende der Planungsperiode. Andere Zielgrößen sind mit der VoFi-Methode problemlos darstellbar.[4]

Unter einem Finanzplan versteht man die vollständige und periodengerechte Aufstellung aller Ein- und Auszahlungen. Zunächst werden für die Investition und die Opportunität jeweils getrennt vollständige Finanzpläne aufgestellt. Ein vollständiger Finanzplan kann zur besseren Übersichtlichkeit in mehrere Teile gegliedert werden: im ersten Teil werden die originären Zahlungen erfasst, im weiteren Teilen die derivativen Vorgänge. Originäre Zahlungsvorgänge werden durch das Investitionsobjekt direkt verursacht. Bei Immobilien sind dies im Wesentlichen die Anschaffungs- bzw. Herstellungsausgaben, Bruttomieteinnahmen oder interne Verrechnungssätze, Bewirtschaftungsausgaben und der Verkaufserlös. Derivative, d. h. abgeleitete Zahlungen sind dem entgegen Steuer- und Finanzierungszahlungen, die in Nebenrechnungen ermittelt und in getrennten Tableaus erfasst werden können. Da die VoFi-Methode davon ausgeht, dass für ein abgeschlossenes Investitionsprojekt das finanzielle Gleichgewicht erhalten bleibt, sind Überschüsse der betrachteten Investition anzulegen und Defizite durch Kreditaufnahme abzudecken. Damit entsteht ein umfangreiches Geflecht an derivativen, erfolgswirksamen Ein- und Ausgaben. Die periodenweise differenzierte Zurechenbarkeit der Zahlungen für den Kapitaldienst ermöglicht eine realitätsnahe Berücksichtigung der Konditionenvielfalt. Die derivativen Zahlungen sind bei Immobilieninvestitionen nicht nur aufgrund der häufig komplizierten Finanzierungsstruktur mit großem Fremdkapitalanteil, sondern auch aufgrund der Steuerwirkungen von besonderer Bedeutung.[5]

Aus Sicht des Unternehmens handelt es sich bei der Wirtschaftlichkeitsberechnung von Immobilien stets um einen Alternativenvergleich. In den meisten Fällen werden alternative Formen der Bereitstellung betrieblicher Immobilien miteinander verglichen. Soll hingegen über die Vorteilhaftigkeit einer einzelnen zur Verfü-

[1] Vgl. Adam, D., 1998, S. 50 ff.

[2] Vgl. Grob, H. L., 1984, S. 16 ff., Grob, H. L., 1989, S. 5 ff.

[3] Vgl. zu Zielsetzungen des Investors: Kruschwitz, L., 1995, S. 10 ff. u. S. 44 f.

[4] Vgl. Grob, H. L., 1989, S. 6 ff.

[5] Vgl. Berens, W. u. Hoffjan, A., 1995, S. 386 f.; Rohpeter, S.- E., 1998, S. 172 ff.

gung stehenden Investitionsmöglichkeit entschieden werden, so muss eine opportune Kapitalanlage als Vergleichsbasis konstruiert werden. In der vollständigen Finanzplanung werden demzufolge mindestens zwei getrennte Finanzpläne aufgestellt: gegebenenfalls einer zur Berechnung des Endwerts der Opportunität und je ein Finanzplan zur Berechnung der Endwerte der Investitionsvarianten. Als Endscheidungskriterium dient die Maximierung des Endwerts.

Anhand des nachfolgenden Grundschemas wird die Vorgehensweise in einer vereinfachten Form erläutert.[1] In die Zeile (1) werden die Ein- und Auszahlungen (Anfangsinvestition, Zinszahlungen, Rückzahlung) der alternativen Vermögensanlage erfasst. In den Zeilen (2 + 3) werden die Anschlussinvestitionen in kurzfristigere Finanzanlagen und der darauf entfallende Zinsertrag erfasst. Um die durch die Finanzanlage verursachten zusätzlichen Steuerzahlungen zu ermitteln, sieht die VoFi-Methode eine getrennte Rechnung vor. Die ursprüngliche Steuerbemessungsgrundlage des Investors wird dabei durch das Einkommen der Opportunität (1) und der daraus resultierenden Anschlussinvestitionen (2) verändert. Subtrahiert man von dem Saldo dieser Zahlungen die auf die Opportunität entfallenden Steuerzahlungen, kommt man zum Bestand der Finanzanlage (5), der in der letzten Periode t_n das Endvermögen der Opportunität ist.

Tabelle 8.6. VoFi für die Opportunität

		t_0	t_1	t_2	t_3	t_4	t_5	...	t_n
Zeitpunkt									
(1)	Zahlungsreihe der Opportunität								
(2) -	Zuführung zu kurzfristigeren Finanzanlagen								
(3) +	Zinsertrag der kurzfristigeren Finanzanlagen								
(4) -	Steuerzahlung								
(5)	Bestand der Finanzanlage in t Endvermögen in t_n								

Steuerberechnung für die Opportunität

Zeitpunkt		t_0	t_1	t_2	t_3	t_4	t_5	...	t_n
(1)	Einkommen aus der Opportunität								
(2) +	Zinsertrag auf die kurzfr. Finanzanlage								
(3) +	sonst. steuerpfl. Einkommen								
(4) =	Bemessungsgrundlage der Steuern								
(5)	ESt. auf (1) + (2) gem. Steuersituation								

Quelle: Eigene Darstellung.

[1] Vgl. Berens, W. u. Hoffjan, A., 1995, S. 385 ff.

Die Erstellung des VoFi für die Immobilieninvestition beginnt mit der Zusammenstellung (1 – 5) der zugehörigen Zahlungsreihe der originären Zahlungen (5), die hier stark vereinfacht dargestellt wird. Der zweite Teil des VoFi umfasst die derivativen Zahlungen. Zunächst werden die durch die Kreditfinanzierung verursachten Zahlungen zusammengestellt (7 – 9). Abweichend von der hier gewählten Darstellung kann eine weitere Unterteilung der Finanzierungszahlungen entsprechend der Fristigkeit in lang-, mittel- und kurzfristige Kredite notwendig sein. Den zweiten Block der derivativen Zahlungen umfassen die Steuerzahlungen (10), deren Höhe ebenso wie bei dem VoFi der Opportunität in einer Nebenrechnung berechnet wird. Immobilieninvestitionen beeinflussen die Steuerbemessungsgrundlage des Investors (9) durch Einkünfte aus Vermietung und Verpachtung (6) sowie den Zinsertrag (7) aus den Anschlussinvestitionen. Die Zeilen (11 + 12) dokumentieren die aktuelle Restschuld der Kredite und den Bestand an Finanzanlagen. Der Saldo dieser beiden Bestände (13) stimmt nach Veräußerung der Immobilie mit dem Vemögensendwert überein.

Tabelle 8.7. VOFI für die Immobilienanlage

Zeitpunkt		t_0	t_1	t_2	t_3	t_4	t_5	...	t_n
(1)	Preis der Immobilie								
(2)	Nettomieteinnahme								
(3) -	Instandhaltungs- und Verwaltungsausgaben								
(4) -	Mietausfall								
(5)	Zahlungsreihe								
(6) +	Eigenkapital								
(7) +	Aufnahme von Krediten								
(8) -	Tilgung								
(9) -	Sollzinsen								
(10) -	Steuerzahlungen für die Investition								
(11)	Bestand an Darlehen								
(12)	Bestand der Finanzanlage								
(13)	Bestandssaldo								

Steuerberechnung für die Immobilienanlage

Zeitpunkt		t_0	t_1	t_2	t_3	t_4	t_5	...	t_n
(1)	Nettokaltmiete								
(2) -	Abschreibungen								
(3) -	Instandhaltung								
(4) -	Zinsaufwand								
(5) -	Mietausfall								
(6) =	Einkünfte aus Vermietung + Verpachtung								
(7) +	Zinsertrag								
(8) +	sonstige steuerpflichtige Einkünfte								
(9) =	Bemessungsgrundlage der tariflichen Steuern								
(10)	ESt. auf (6) + (7) gem. Steuertarif								

Quelle: Eigene Darstellung.

Der soeben erstellte Finanzplan basiert zunächst auf nominalen Preisen und Zinsen. Eine Inflationsbereinigung zur Ausblendung von inflationsbedingten Verzerrung ist durch eine Umrechnung aller Preise und Zinssätze auf reale Größen ohne konzeptionelle Schwierigkeiten möglich.

8.4.1.2 Ein Beispiel

Um die Vorgehensweise der VoFi-Methode zu demonstrieren, wird sie auf ein bewusst einfach gehaltenes Zahlenbeispiel angewendet. Dabei ist die Investition in eine Gewerbeimmobilie einer opportunen Finanzinvestition gegenüberzustellen. Um die Übersichtlichkeit zu erhalten, wird dabei von der Möglichkeit der Eingabe periodisch schwankender Zinssätze kein Gebrauch gemacht. Mit Hilfe von Tabellenkalkulationsprogrammen ist aber mit entsprechendem Aufwand jede Situation problemlos darstellbar.

Beispiel 1

Objektdaten:

- 13.991 m² Fläche für Einzelhandel
- Grundstückskosten (inkl. Nebenkosten): 7.666 TDM (tausend DM)
- Baukosten (inkl. 5 % Baunebenkosten und 300 TDM für Projektbetreuung): 8.789 TDM
- Mieteinnahmen: 1.514 TDM (ab dem 5. Jahr an Lebenshaltungsindex gekoppelt)
- Nicht umlagefähige Betriebs- und Verwaltungskosten: 3,-- DM pro Monat und m² (ab 1. Jahr an LHI gekoppelt)
- Afa: 1. – 8. Jahr: 5 %, ab 9. Jahr: 2,5 %
- Laufzeit: 10 Jahre

Finanzierungsdaten:

- EK: 3.000 TDM, FK: 13.455 TDM
- Kosten für langfristige Darlehen i = 5 %, Tilgung: anfänglich 2 %
- Kosten für Betriebsmittelkredit i = 6 %
- Kalkulationszins: 7 %
- Verzinsung von Guthaben: langfristig 4 %, kurzfristig 2 %

Volkswirtschaftliche Rahmendaten:

- Steuersatz: 54 %
- Inflation: 3 %

Tabelle 8.8. VoFi der Immobilieninvestition aus dem Beispiel 1 (in TDM)

Inflation: 0,03	Faktor für Liquidationserlös: 10
Zinserträge aus FA: 0,02	Steuersatz: 0,54
Zinserträge aus EK: 0,04	AfA (1 – 8): 0,05
Zinskosten Darlehen: 0,05	AfA (9 – 10): 0,025

Zeit	Einzahlung	Zinsaus FA	Auszahlung Verwaltung	Auszahlung Zinsen	Auszahlung Tilgung	Restschuld	Auszahlung gesamt	Saldo	AfA	Steuereffekt	Zuführung Finanzanlage	Bestand Finanzanlage
0	0					13.455	-3.000	-3.000	0	0	0	0
1	1.514	0	504	673	269	13.186	-1.446	68	440	-55	124	124
2	1.514	3	519	659	283	12.903	-1.461	55	440	-55	110	234
3	1.514	5	534	645	297	12.607	-1.476	43	440	-54	97	331
4	1.514	7	550	630	312	12.295	-1.492	28	440	-54	82	413
5	1.559	8	567	615	327	11.968	-1.509	59	440	-29	88	500
6	1.606	10	584	598	343	11.625	-1.526	91	440	-3	94	594
7	1.654	12	601	581	361	11.264	-1.543	123	440	24	99	693
8	1.704	14	619	563	379	10.885	-1.561	157	440	52	105	798
9	1.755	16	638	544	398	10.488	-1.580	191	220	199	-8	790
10	1.808	16	657	524	417	10.070	-1.599	225	220	228	8.004	8.794
10	18.078				10.070		-10.070	8.008				
Summe:												8.794

Tabelle 8.9. VoFi der opportunen Finanzinvestition aus dem Beispiel 1 (in TDM)

Zeit-punkt	Zahlungen	Zinser-träge aus EK (0,04)	Zinserträge aus FA (0,02)	Steuern (0,54)	Zuführung Finanz-anlage	Bestand Fi-nanzanlage
0	3.000					
1		120	0	65	55	55
2		120	1	65	56	111
3		120	2	66	56	167
4		120	3	67	57	224
5		120	4	67	57	281
6		120	6	68	58	339
7		120	7	68	58	397
8		120	8	69	59	456
9		120	9	70	59	515
10	3.000	120	10	70	3.060	3.575

VoFi-Differenz = Bestand Immobilieninvestition - Bestand Finanzanlage =
= 8.794.000 - 3.575.423
= 5.218.577

Der Endwert aus dem vollständigen Finanzplan der Immobilieninvestition beträgt 8.794.000 DM. Subtrahiert man von dieser Größe den Endwert der Opportunität in Höhe von 3.575.423 DM, so schafft die Investitionsmöglichkeit einen Mehrwert von 5.218.577 DM. Für diejenigen kritischen Werte, für die der Mehrwert gleich Null wird, errechnen sich ceteris paribus folgende Ergebnisse:

Tabelle 8.10. Ergebnisse und kritische Werte bei Anwendung der VoFi-Methode

Ergebnisse:	
Endvermögen in t_n	8.794.000 DM
Mehrwert in t_n	5.218.577 DM
Kritische Werte (Ausgangsdaten):	
Baukosten (16.455.000)	20.647.926 DM
anfängliche Mieteinnahme (1.514.000)	1.210.267 DM
Zinskosten Darlehen (5 %)	13,61 %
anfängliche Verwaltungsausgaben (503.676)	1.397.313 DM
Liquidationserlös (10fache der letzten Miete)	7,11

Quelle: Eigene Darstellung.

Da die Eingangsdaten miteinander verknüpft sind, ist der Aussagegehalt dieser kritischen Werte nicht als hoch zu bewerten. So würde beispielsweise eine Erhöhung der Darlehenszinsen sicherlich mit einer Erhöhung der Zinssätze für Guthabenverzinsungen einhergehen. Solche Verknüpfungen sind methodisch ohne Probleme darstellbar, indem man Annahmen über den Verlauf der Zinsstruktur in den

VoFi aufnimmt. Ferner wäre mit einer kräftigen Erhöhung der Darlehenszinsen sicherlich auch eine Erhöhung der Inflation verbunden, die wiederum die Mieterträge über die vertraglich vorgeschriebene Preisindexierung beeinflusst.

8.4.1.3 Kritische Diskussion des VoFi

Das der VoFi-Methode zugrundeliegende Konzept der simultanen Investitions- und Finanzplanung ist vom Grundsatz her eine Totalperiodenbetrachtung. In der Anwendung wird sich dieser Grundsatz nicht verwirklichen lassen. Der eigentliche Vorteil der Methode, der Verzicht auf einen Kalkulationszins, relativiert sich dann dahingehend, dass für die Ergänzungsinvestitionen über den Planungshorizont hinaus bei einer vollständigen Abbildung der Investitionswirkungen doch ein Zins festgelegt werden muss, mit dem sich der Endwert bis unendlich verzinst. In dem hier betrachteten Zusammenhang geht es um die Frage der Wirtschaftlichkeit einer Investition. Kann für den Zeitpunkt des Planungsendes ein Urteil gefällt werden, so wird sich dies durch unterschiedliche Annahmen über zukünftige Ergänzungsinvestitionen zwar betragsmäßig, nicht aber unter dem Entscheidungsgesichtspunkt verändern. Würde man diesen Ergänzungsinvestitionen dennoch einen bedeutenden Einfluss auf die Investitionsentscheidung beimessen, dann wäre die Annahme der Unabhängigkeit der betrachteten Investition verletzt worden. Folglich müsste man den Planungshorizont über die Dauer der Ergänzungsinvestition hinaus ausdehnen. Vor dem Hintergrund der hier betrachteten Probleme ist deshalb eine Verzinsung über den Planungszeitpunkt hinaus irrelevant.

Ein anderer Aspekt knüpft ebenfalls an den Kalkulationszins an. Soll wie im Beispiel die Vorteilhaftigkeit einer Investitionsmöglichkeit bestimmt werden, so ist der Finanzplan einer Opportunität zwingend erforderlich. Zur Bestimmung des Endwerts der Opportunität wird ein Zinssatz für das eingesetzte Eigenkapital verwendet, der dieselbe Funktion übernimmt wie ein Kalkulationszins. Gleiches gilt für die Verzinsung der Einzahlungsüberschüsse der Investition. In beiden Fällen ermöglicht die VoFi-Methode den Einsatz vertraglich fixierter Zinsen aus realen Investitionsmöglichkeiten, sodass im sicheren Fall, in dem der Entscheidungsträger die Zinssätze dieser und aller anderen Kapitalanlagen über den Planungshorizont hinweg genau kennt, keine kalkulatorischen, sondern nur reale Zinssätze Verwendung finden.

Die VoFi-Methode ermöglicht eine realitätsnahe Erfassung der Konditionenvielfalt und führt damit zu exakten Ergebnissen. Jedoch muss die Genauigkeit der Ergebnisse mit erheblichen Durchführungsaufwand bezahlt werden. Es stellt sich deshalb die Frage, ob die Unsicherheit der erforderlichen Parameter eine exakte Berechnung nicht hinfällig werden lässt.

8.4.2 Entscheidungshilfen in der Form von Kapitalwerten

Die Investitionsrechnung bietet eine Reihe an Möglichkeiten, das Entscheidungskalkül zu vereinfachen. Durch zusätzliche Annahmen wird der Umfang der erforderlichen Eingangsdaten verringert und das Kalkül vereinfacht. Diesen Vereinfachungen wird in der Literatur häufig auch der Status eigenständiger Verfahren oder Methoden zugesprochen. Streng genommen sind sie jedoch nur Vereinfachungen der dynamischen Investitionsrechnung mit Hilfe des vollständigen Finanzplanes. Nachfolgend wird untersucht, welche Auswirkungen diese Vereinfachungen auf die Immobilieninvestitionsrechnung besitzen, um zu Aussagen über deren Zulässigkeit zu kommen.

Auf die Diskussion der statischen Methoden der Investitionsrechnung wird an dieser Stelle verzichtet, weil die Höhe des Investitionsvolumens und die Langfristigkeit von Immobilieninvestitionen zu hohen Kapitalisierungseffekten führen, die in den statischen Methoden nicht berücksichtigt werden können.[1] Die übrigen dynamischen Verfahren lassen sich anhand der Kriterien Betrachtungszeitpunkt, Kapitalmarktverhältnisse und Ziel des Investors unterscheiden.[2]

Tabelle 8.11. Verfahren der Investitionsrechnung

	Betrachtungszeitpunkt	Kapitalmarktverhältnisse	Ziel des Investors
Kapitalwertmethode	Barwert	vollkommen	Vermögensstreben
Annuitätenmethode	Barwert	vollkommen	Einkommensstreben
Vermögensendwertmethode	Endwert	unvollkommen	Vermögensstreben
VoFi-Methode	Endwert	unvollkommen	Vermögensstreben

Quelle: Eigene Darstellung.

Die gröbsten Vereinfachungen erlaubt die Kapitalwertmethode.[3] Zur praktischen Anwendung der Kapitalwertmethode werden die bekannten Finanzierungskonditionen berücksichtigt. Diese Modifizierung der Kapitalwertmethode verletzt die Prämisse des konkurrenzgleichgewichtigen Kapitalmarktes. Insbesondere durch öffentliche Förderung, aber auch aufgrund der Werthaltigkeit der Besicherung ergeben sich im Immobilienbereich starke Abhängigkeiten der Finanzierung von der konkreten Investitionsalternative, sodass diese Prämisse an der Realität vorbei geht. Angewendet auf obiges Beispiel 1 werden die Zinsen für das langfristige Fremdkapital entsprechend des abgeschlossenen Finanzierungsvertrages in der Modifikation mit 5 % angenommen, obwohl der Kalkulationszins 7 % beträgt. Es ergeben sich folgende Ergebnisse:

[1] Vgl. zu immobilienbezogenen Anwendungen: Schütz, B., 1991, insb. S. 82 ff.; Ropeter, S. - E. u. Vaaßen, N., 1998; Ropeter, S. E., 1998, S. 88 ff.; Schulte, K. - W., Allendorf, G. J. u. Ropeter, S. - E., 1998.

[2] Vgl. Blohm, H. u. Lüder, K., 1995, S. 54 ff.; Kruschwitz, L., 1995, S. 29 ff.

[3] Vgl. Blohm, H. u. Lüder, K., 1995, S. 58 ff.

Tabelle 8.12. Ergebnisse bei Anwendung der Kapitalwertmethoden

Ergebnisse:		klassische Kapitalwertmethode	modifizierte Kapitalwertmethode
Kapitalwert in t_0		2.544.498	3.487.638
Kapitalwert in t_n		5.005.413	6.860.712
Kritische Werte:			
Determinanten	Eingangsdaten		
Baukosten	DM 16.455.000	18.999.498	20.205.535
Mieteinnahme	DM 1.514.000	1.315.390	1.241.773
Darlehenskosten	5 %	---------	12,53 %
Kalkulationszins	7 %	10,85 %	26,62 %
Verwaltungsausgab.	DM 503.676	1.080.137	1.293.807
Liquidationserlös	Faktor 10	8,07	7,35

Quelle: Eigene Darstellung.

Sollen die Unterschiede zwischen Soll- und Habenzins in der Kapitalwertrechnung expliziter erfasst werden, so bedient man sich der Vermögensendwertmethode. Mit Hilfe der Vermögensendwertmethode wird der Wert einer Investitionsmöglichkeit am Ende der Planungsperiode bestimmt.[1] Im Gegensatz zur Kapitalwertmethode werden Ein- und Auszahlungen jedoch nicht saldiert, sondern auf zwei unterschiedlichen Konten erfasst. Es werden ein positives Vermögenskonto V_t^+ gebildet, auf dem die Einzahlungen erfasst werden, und ein negatives Vermögenskonto V_t^-, um die Auszahlungen zu erfassen. Zur weiteren Vorgehensweise bietet die Vermögensendwertmethode zwei Varianten. Entweder werden die Konten am jeweiligen Periodenende verrechnet und der Saldo entsprechend des Vorzeichens mit dem Soll- oder Habenzins aufgezinst (Kontenausgleichsgebot) oder eine zwischenzeitliche Verrechnung der Konten wird nicht zugelassen. Dann errechnet sich der Vermögensendwert aus der Differenz der mit den nach Soll und Haben differenzierten Zinssätzen aufgezinsten Vermögenskonten (Kontenausgleichsverbot).[2] Angewendet auf unser Beispiel ergeben sich für die Methoden folgende Ergebnisse:

[1] Vgl. zu näheren Ausführungen: Blohm, H. u. Lüder, K., 1995, S. 82 ff.

[2] In Anlehnung an Blohm, H. u. Lüder, K., 1995, S. 86.

Tabelle 8.13. Ergebnisse und kritische Werte bei Anwendung der Endwertmethoden

Ergebnisse:		Kontenausgleichsgebot	Kontenausgleichsverbot
Kapitalwert in t_n		5.027.811	4.976.272
Kritische Werte:			
Determinanten	Eingangsdaten		
Baukosten	16.455.000	20.512.890	19.875.884
Mieteinnahme	1.514.000	1.220.627	1.288.831
Sollzinsen	5 %	10,85 %	14,73 %
Verwaltungsausgab.	503.676	1.378.675	927.519
Liquidationserlös	Faktor 10	7,22	7,25

Quelle: Eigene Darstellung.

Die kritischen Werte für die Zinskosten sind realistischer Weise nur unter einer zusätzlichen Annahme über den Zusammenhang von Soll- und Habenzinsen möglich. In der Rechnung wurde deshalb davon ausgegangen, dass die Zinssätze um jeweils 3 % differieren. Sollten folglich wie im Fall des Kontenausgleichsgebots die Sollzinsen auf 11,08 % steigen, so bedeutet dies einen gleichzeitigen Anstieg der Habenzinsen auf 8,08 %. In unserem Beispiel zeigen sich zwar nur geringe Unterschiede für die Kapitalwerte auf Basis unserer Eingangsdaten. Errechnet man allerdings kritische Werte für die Eingangsdaten, bei denen der Endwert der Investition gleich 0 ist, ergeben sich für einzelne Werte erhebliche Unterschiede. Insbesondere die kritischen Werte für die oben bereits angesprochenen Darlehenskosten sowie die Verwaltungsausgaben unterscheiden sich erheblich.

Wie bereits deutlich wurde, haben die Vereinfachungen in der Darstellung der Entscheidungssituation Auswirkungen auf das Entscheidungsergebnis. Zur Verdeutlichung sind die Ergebnisse in der Tabelle 8.14 noch einmal zusammengefasst.

Tabelle 8.14. Ergebnisse und kritische Werte im Vergleich

Ergebnisse:		VoFi-Methode	Kapitalwertmethode	Endwert, Kontenausgleichsgebot	Endwert, Kontenausgleichsverbot
Kapitalwert in t_n		8.794.000 bzw. 5.218.577	6.860.712	5.027.811	4.976.272
Kritische Werte:					
Determinanten	Eingangsdaten				
Baukosten	16.455.000	20.647.926	20.205.535	20.512.890	19.875.884
Mieteinnahme	1.514.000	1.210.267	1.241.773	1.220.627	1.288.831
Zinskosten	5 %	13,61 %	12,53 %	10,85 %	14,73 %
Verwaltungsausgaben	503.676	1.397.313	1.293.807	1.378.675	927.519
Liquidationserlös	Faktor 10	7,11	7,35	7,22	7,25

Quelle: Eigene Darstellung.

Die vorgenommenen Vereinfachungen betreffen allesamt die Kapitalisierung der Zahlungsreihe. Die Ergebnisse machen deutlich, dass eine Abkehr von der realitätsnahen Erfassung der Kapitalisierungseffekte im Entscheidungskalkül zu erheblichen Unterschieden in den Endwerten und erst recht in den kritischen Werten einzelner Parameter führt. Hinsichtlich des Endwerts zeigt zunächst die VoFi-Methode im Vergleich das positivste Bild der betrachteten Investition, wenn man die Opportunität vernachlässigt. Bezieht man die Opportunitätskosten mit in die Betrachtung ein, wie es implizit bei den übrigen Verfahren auch der Fall ist, so liegt das Ergebnis im Mittelfeld. Hinsichtlich der kritischen Werte vermittelt die VoFi-Methode die günstigste Beurteilung der Investition. Lediglich im Hinblick auf die Zinskosten für das Darlehen ergibt die Endwertmethode bei Kontenausgleichsgebot unkritischere Ergebnisse. Das für die betrachtete Investitionsalternative kritischste Gesamtergebnis erbringt die Berechnung des Endwerts bei Kontenausgleichsverbot. Allerdings zeigen sich auch hier je nach betrachtetem Parameter Abweichungen. So ist der kritische Wert für den Liquidationserlös bei der Kapitalwertmethode höher und der kritische Wert für die Zinskosten bei Kontenausgleichsgebot erheblich geringer. Für den Entscheidungsträger ergibt sich aus der Ergebnisübersicht ein verwirrendes Bild, da sich im Hinblick auf die kritischen Werte für die Eingangsdaten kein Verfahren als herausragend kritisch oder unkritisch herausstellt. Je nachdem, in welchen Zeiträumen die einzelnen Entscheidungsparameter die Zahlungsreihe beeinflussen und mit welchem Zinssatz die Zahlungen kapitalisiert werden, ergeben sich unterschiedliche Ergebnisse. Geht man im Fall vollständiger Information davon aus, dass in der VoFi-Methode die Entscheidungssituation vollständig abgebildet wird, würden die übrigen Verfahren dann zu Fehlentscheidungen führen, wenn die kritischen Werte für die Eingangsdaten nicht erreicht werden, obwohl sie in der VoFi-Methode übertroffen werden. Mit Ausnahme der Zinskosten besteht diese Gefahr in jedem der oben dargestellten Fälle. Bei den Zinskosten hingegen besteht umgekehrt die Gefahr, dass bei Anwendung der Endwertmethode unter Kontenausgleichsverbot, die Investition verworfen wird, obwohl sie eigentlich vorteilhaft wäre.

8.4.3 Rentabilitätsmaße

Bei der Berechnung der Rentabilitätskennzahlen von Immobilieninvestitionen wird das Verhältnis von eingesetztem Kapital zu den erwirtschafteten Auszahlungen bestimmt. Dieses Verhältnis lässt sich sehr anschaulich in Zinssätzen ausdrücken. Grundsätzlich lassen sich bei der Berechnung der Rentabilität oder, was dasselbe ist, der Rendite das eingesetzte Eigen- oder Gesamtkapital als Maßstab heranziehen. Rentabilitätsmaße haben besondere Bedeutung bei der Lenkung von Kapital in den Budgetierungsprozessen des Unternehmens. Da in Budgetierungsprozessen auch über den Umfang des Immobilieneigentums eines Unternehmens entschieden wird, sind sie an dieser Stelle von hoher Relevanz und werden nachfolgend auf die Berechnung von Immobilieninvestitionen angewendet.

Zur Berechnung der Rentabilität gibt es im wesentlichen die im Folgenden kurz dargestellten drei Gruppen an Methoden:

1. Interne-Zinssatz-Methode,
2. Sollzinssatzmethoden,
3. VoFi-Eigenkapitalrentabilität.

Zu 1.) Auf die grundsätzliche Darstellung und Diskussion der Methodik des internen Zinsfußes und deren erhebliche Prämissen und Berechnungsprobleme wird an dieser Stelle nicht näher eingegangen. Hier wird auf die einschlägige Literatur verwiesen.[1] Als sehr restriktiv erweist sich die implizite Annahme, dass ein Vergleich von Investitionsprojekten vollständig vergleichbare Alternativen voraussetzt. Anderenfalls unterstellt die Methode, dass die notwendigen Ergänzungsinvestitionen zum internen Zinsfuß getätigt werden können. Gerade bei Immobilieninvestitionen, deren Vorteilhaftigkeit in besonderem Maße von exogenen Faktoren wie steuerlichen und baurechtlichen Fragen abhängen, ist fraglich, ob zum Zeitpunkt der Ergänzungsinvestitionen ähnlich erfolgversprechende Anlagemöglichkeiten in Aussicht stehen und mit der dann vorhandenen Liquidität auch durchgeführt werden können.

Zu 2.) Als Pendants zur Vermögensendwertmethode sind eine Reihe von Verzinsungsmaßen entwickelt worden, die unter dem Begriff Sollzinssatzmethoden subsumiert werden. Bei gegebenem Habenzins wird der Sollzins ermittelt, bei dem der Vermögensendwert gleich null ist. In der Realität sind hier die Verhältnisse anders. Die Haben- und Sollzinsen, die die Unternehmen in der Zukunft realisieren können sind beide vom allgemeinen Zinsniveau am Geld- oder Kapitalmarkt abhängig. Die Marktstellung des Unternehmens entscheidet über die Höhe in der Diskrepanz der Zinssätze. Verändert sich der Sollzinssatz, so verändert sich ebenfalls der Habenzinssatz um denselben Betrag. Ökonomisch gesehen entspricht der Sollzinssatz dem kritischen Zinssatz der notwendigen Differenzinvestition.

Je nachdem, ob als Prämisse Kontenausgleichsgebot oder -verbot angenommen wird, ergeben sich für die Sollzinssatzmethode leicht unterschiedliche Lösungswege.[2] TEICHROEW/ROBICHEK/MONTALBANO unterstellen Kontenausgleichsgebot.[3] HENKE unterstellt in seiner Vermögensrentabilitätsmethode Kontenausgleichsverbot.[4] Die Lösungen ergeben sich jeweils durch Null setzen der Gleichungen in Analogie zum Lösungsweg bei der interne-Zinssatz-Methode. In einer dritten Variante zinst BALDWIN Anschaffungsausgabe und Liquidationserlös mit einem Habenzins auf den Beginn des Planungszeitraums ab, wohingegen die laufenden Einnahmenüberschüsse bis zu dessen Ende aufgezinst werden.[5] Dieses Vorgehen entspricht dem Kontenausgleichsverbot bei gleichzeitig partiellem Saldierungsverbot.

Alle drei Varianten der Sollzinssatzmethode beruhen auf den gleichen Prämissen, auf denen auch die Vermögensendwertmethode beruht. Die Sollzinssatzmethode ist der interne-Zinssatz-Methode dahingehend überlegen, dass die implizite

[1] Vgl. Hax, H., 1985, S. 15 ff.; Franke, G. u. Hax, H., 1994, S. 172 ff.; Blohm, H. u. Lüder, K., 1995, S. 90 ff.; Kruschwitz, L., 1995, S. 90 ff.

[2] Vgl. Blohm, H. u. Lüder, K., 1995, S. 115 ff.

[3] Vgl. Teichroew, D., Robichek, A. A. u. Montalbano, M., 1965/66, S. 151 ff.

[4] Vgl. Henke, M., 1973, S. 177 ff.

[5] Vgl. Baldwin, R. H., 1959, S. 98 ff.

Unterstellung über die Verzinsung der Ergänzungsinvestitionen aufgegeben wird. Die Wahl zwischen den drei Varianten hängt von der Realitätsnähe der Prämissen über den Kontenausgleich und die periodenweise Saldierung von Zahlungen ab. Im Hinblick auf Immobilien erscheinen sämtliche Pauschalannahmen über Kontenausgleiche und Saldierungen abwegig, da über die Laufzeit verteilte, durchaus auch unregelmäßige Tilgungszahlungen üblich sind. Diese Tilgungszahlungen passen in keines der aufgezeigten Schemata zur Behandlung des Kontenausgleichs. Wenn man die Struktur von Immobilieninvestitionen realitätsnah abbilden will, so weist das Verfahren von BALDWIN, was die Behandlung der Anschaffungsausgabe und des Liquidationserlöses angeht, Parallelen auf. Die laufenden Zahlungen werden aber eher einem Kontenausgleichsgebot unterliegen, da anzunehmen ist, dass die laufenden Einnahmen und Ausgaben in der Praxis über ein laufendes Konto verrechnet werden. Annähernde Realitätsnähe stellt die "Financial Management Rate of Return" (FMRR) her, die genau dies erlaubt. Zusätzlich wird in der FMRR angenommen, dass Einnahmenüberschüsse der Investitionsalternative auf Dauer entzogen werden, um sie zur Finanzierung eines Anschlussprojekts einzusetzen.[1]

Zu 3.) Eine Methode, die ohne die oben diskutierten Annahmen auskommt, ist die Berechnung der Verzinsung auf der Basis vollständiger Finanzpläne. Ebenso, wie bei den vorgestellten Verzinsungsmethoden, wird der Zinssatz berechnet, bei dem der Vermögensendwert gleich null ist.[2] Die VoFi-Rentabilität ist aus dem VoFi leicht zu ermitteln. Wie bereits oben beschrieben, ist die VoFi-Methode ein sehr informationsintensives Verfahren. Die Vorhersagegenauigkeit der VoFi-Rentabilität hängt deshalb von der Verfügbarkeit und der Qualität der im VoFi verarbeiteten Informationen ab.

Allgemein wird der Aussagewert der Rentabilitätsmaße in der Literatur auf das Heftigste bestritten. Beispielsweise betitelt KRUSCHWITZ seinen Abschnitt über die interne-Zinssatz-Methode im Untertitel mit „Ein Kapitel, das Sie eigentlich nicht lesen sollten"[3]. Dennoch erfreuen sich Rentabilitätsmaße in der Praxis allgemein und im Immobilienmanagement im Besonderen großer Beliebtheit. Insbesondere die Abgabe von Prognosen über den Erfolg von geschlossenen Immobilienfonds, aber auch die Festlegung von Budgets für das betriebliche Immobilienmanagement erfolgt auf der Basis von Rentabilitätskennzahlen. Deshalb finden die Verfahren hier trotz aller methodischen Vorbehalte gegen die interne-Zinssatz-Methode und die Sollzinssatzmethode Berücksichtigung. Die Realitätsnähe der Prämissen speziell im Immobilienbereich ist bereits oben kommentiert worden. Abschließend werden die praktischen Auswirkungen anhand des oben dargestellte Beispiels 1 noch einmal verdeutlicht.

[1] Vgl. Pyhrr, S. et al., 1989, S. 223 f.
[2] Vgl. Grob, H. L., 1989, S. 73 ff.
[3] Kruschwitz, L., 1998, S. 87.

Tabelle 8.15. Ergebnisse für die Rentabilitätsmaße angewendet auf das Beispiel 1

	VoFi-Rentabilität	Interne-Zinssatz-Methode	Sollzinssatz-methode bei Kontenaus-gleichsgebot	Vermögensren-tabilität
Verzinsung in %	11,35	12,24	10,85	14,73
	VoFi-Methode	Kapitalwert-methode	Konten-ausgleichsgebot	Konten-ausgleichsverbot
Kapitalwert in t_n in DM	8.794.000 bzw. 5.218.577	6.860.712	5.027.811	4.976.272

Quelle: Eigene Darstellung.

Nimmt man die VoFi-Rentabilität in Höhe von 11,35 % als wirklichkeitsnahe Wachstumsrate des eingesetzten Kapitals, so ergeben sich durch die zusätzlichen Annahmen der übrigen Methoden erhebliche Abweichungen, die nicht mit der Abweichung der Kapitalwerte korrespondieren und je nach Lage der Ausgangsdaten auch keinen eindeutigen Gesetzmäßigkeiten unterliegen. Während die interne Zinssatzmethode und die Vermögensrentabilitätsmethode die Investition im Vergleich zur VoFi-Rentabilität schönen, ergibt sich bei Anwendung der Sollzinssatzmethode bei Kontenausgleichsgebot ein zu negatives Bild. Abschließend sei noch einmal darauf hingewiesen, dass alle übrigen Rentabilitätsmaße Spezialfälle der VoFi-Rentabilität darstellen, die durch entsprechende zusätzlich Annahmen zu konstruieren sind.

8.5 Berücksichtigung des Risikos in immobiliaren Investitionsentscheidungen

8.5.1 Verfahrensüberblick

Die Berücksichtigung des Risikos hat in der Literatur zur Investitionsrechnung große Beachtung gefunden. Grundsätzlich lassen sich Problemstellungen unterscheiden, die sich mit Einzelinvestitionen oder die sich mit Investitionsprogrammentscheidungen befassen. Da Immobilienentscheidungen nur in Ausnahmefällen Investitionsprogrammentscheidungen sind, sind sie an dieser Stelle nicht von Relevanz. In einer weiteren Unterscheidung lässt sich das Risiko auf die Input- oder auf die Outputdaten beziehen. Bezieht man das Risiko auf die Outputdaten, betrachtet man die Wahrscheinlichkeitsverteilung des Ergebnisses, beispielsweise des Kapitalwerts oder des Return on Investment. Beispiele für outputorientierte Risikobetrachtungen sind die Portfolio-Selection und die marktorientierte Bewertung von riskanten Investitionen, die ihren Niederschlag in risiko-adjustierten Kapitalkosten findet. Da es in dieser Betrachtung um die Relation und die Interdependenzen des eingegangenen Risikos im Vergleich zum Risiko anderer Kapitalanlagen geht, handelt es sich bei der Betrachtung des Outputs regelmäßig auch um eine Programmentscheidung, auf die an dieser Stelle nicht näher eingegangen werden soll.[1] Anschließend wird die Wirkung des Risikos in den Input-Größen wie der Marktentwicklung oder der Baukosten auf das Ergebnis betrachtet. Die Leistungsfähigkeit der entsprechenden investitionsrechnerischen Verfahren ist in der Literatur hinreichend erläutert worden, so dass hier von einer weiteren Diskussion abgesehen wird.[2] Nachfolgend wird zunächst ein kurzer Verfahrensüberblick gegeben, bevor auf Anwendungen im Immobilienbereich eingegangen wird.

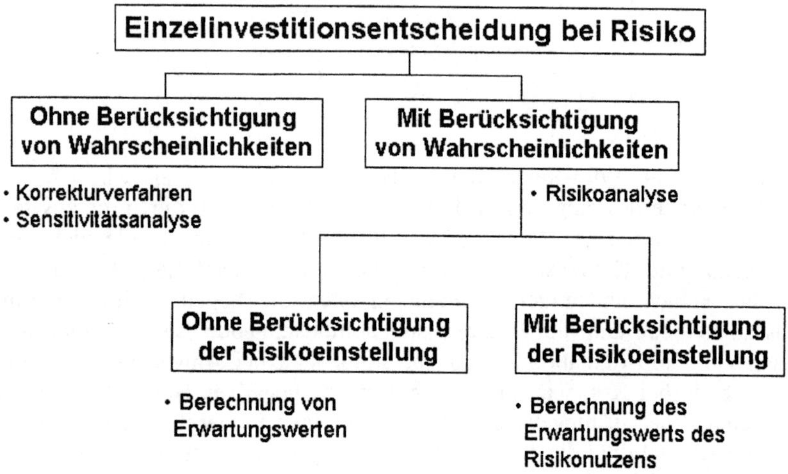

Abb. 8.2. Berücksichtigung des Risikos in der Einzelinvestitionsentscheidung. Quelle: Eigene Darstellung.

Die einfachste Möglichkeit zur Berücksichtigung des Risikos in Einzelinvestitionsentscheidungen bieten Verfahren, in denen die Stabilität der Lösung des Entscheidungsproblems unter Annahme von Sicherheit im Falle der Abweichungen von Eingangsdaten geprüft wird. Korrekturverfahren berücksichtigen die Unsicherheit durch pauschale Risikozuschläge oder -abschläge bei den Eingangsdaten.[3] Bei Sensitivitätsanalysen werden die Eingangsdaten gezielt variiert um herauszufinden, welche Auswirkung diese Variation auf den Output und somit auf die Ent-

[1] Vgl. zu den kapitalmarkttheoretischen Überlegungen: Abschnitt 7.3.1 dieser Arbeit. Die Berücksichtigung des Risikos im Zinssatz ist bereits im Zusammenhang der Eingangsdaten der Investitionsrechnung behandelt worden.

[2] Vgl. zu einem Überblick: Kruschwitz, L., 1998, S. 232 ff.; Blohm, H. u. Lüder, K., 1991, S. 231 ff. u. S. 305 ff.; Adam, D., 1998, S. 316 ff.; Schneider, D., 1996, S. 427 ff.; Spremann, K., 1991, S. 443 ff.

[3] Vgl. Adam, D., 1997, S. 335 f.; Blohm, H. u. Lüder, K., 1991, S. 232 ff.

scheidung hat.[1] Hierzu werden entweder kritische Werte für die Variation einzelner oder mehrerer Eingangsdaten berechnet oder es wird die Auswirkung vorgegebener Abweichungen eines oder mehrerer Werte von der Ausgangssituation in Form von Simulationen errechnet.

Berücksichtigt der Entscheidungsträger die Eintrittswahrscheinlichkeiten bestimmter Datensituationen, so gewichtet er den Zielbeitrag aller für möglich gehaltener Datensituationen mit ihren Eintrittswahrscheinlichkeiten beispielsweise durch die Berechnung des Erwartungswerts. Der Erwartungswert kann auf Basis aller denkbaren Kombinationen der Inputwerte durch eine Vollenumeration oder mittels des Hillier-Verfahrens mathematisch-analytisch ermittelt werden.[2] Da dieses sehr aufwendig werden kann, begnügt man sich auch mit repräsentativen Stichproben, die beispielsweise mittels Monte-Carlo-Methode oder Latin-Hypercube-Methode aus den Inputwerten generiert werden. Als Entscheidungskriterium dient die Maximierung des Erwartungswerts. Dabei unterstellt der Entscheidungsträger, dass es bei einer Reihe von gleichen Entscheidungen zu einem Ausgleich von überdurchschnittlich guten und überdurchschnittlich schlechten Ergebnissen kommt. Bei Einzelentscheidungen, die in dieser Form nur einmal zu treffen sind, wird es diesen Ausgleich jedoch nicht geben. Vielmehr stellt sich als Ergebnis ein beliebiger Wert aus der Dichtefunktion des Erfolgs ein. Die Anwendung der Methoden der Wahrscheinlichkeitstheorie auf einmalige Entscheidungen wird deshalb auch für ungeeignet erachtet.[3] Fraglich ist hier, ob Immobilieninvestitionen einmalige Entscheidungen sind. Für denjenigen Teil der Immobilieninvestitionsentscheidungen, in dem es um hoch spezielle Immobilien beispielsweise aus dem Bereich industrieller Produktionsstätten und Lagerhallen oder sehr innovativer Nutzungskonzepte geht, ist dies zu bejahen. Über weitgehend standardisierte Objekte beispielsweise aus dem Bereich der Büro- oder Einzelhandelsimmobilien hingegen wird von den Immobilienabteilungen der Großunternehmen laufend entschieden, so dass die Anwendung statistischer Verfahren zu rechtfertigen ist.

„Unter dem Begriff Risikoanalyse ... werden diejenigen Verfahren zusammengefasst, deren Zweck die Gewinnung einer Wahrscheinlichkeitsverteilung für das Investitions-Entscheidungskriterium (z. B. Kapitalwert) ist."[4] Dazu werden am Ende eines mehrstufigen simulativen Vorgehens kumulierte Wahrscheinlichkeiten für den Eintritt bestimmter Erfolge ermittelt.[5] Die ermittelten Risikoprofile einzelner Investitionsalternativen ermöglichen in der grafischen Aufbereitung einen anschaulichen Vergleich der unterschiedlichen Risikopositionen. Beispielsweise lassen sich Wahrscheinlichkeiten für vorgegebene Mindesterfolge oder Maximalverluste ablesen.

Bislang wurde unterstellt, dass sich der Entscheidungsträger risikoneutral verhält. Neben dem Erwartungswert des Zielbeitrags eines Investitionsobjekts beein-

---

[1] Vgl. Blohm, H. u. Lüder, K., 1991, S. 234 ff.

[2] Vgl. Hillier, F., 1963.

[3] Vgl. Wittmann, W., 1959.

[4] Blohm, H. u. Lüder, K., 1991, S. 240.

[5] Vgl. Hertz, D., 1964; Blohm, H. u. Lüder, K., 1991, S. 240 ff.; Kruschwitz, L., 1998, S. 263 ff.

flusst aber auch die Risikoeinstellung des Entscheidungsträgers seine Investitionsentscheidung. Das Risiko des Entscheidungsträgers lässt sich durch die klassischen Prinzipien oder durch das Bernoulli-Prinzip in der Investitionsentscheidung berücksichtigen.[1] Im Bernoulli-Prinzip wird der Erwartungswert des Risikonutzens eines Entscheidungsträgers, welcher als Funktion des Erfolgs definiert ist, als Entscheidungskriterium herangezogen.[2] Die klassischen Prinzipien, deren bekanntestes das (μ,σ)-Prinzip ist, vereinfachen die aus dem Bernoulli-Prinzip abgeleiteten Entscheidungen. Dies hat den Vorzug einer erheblich vereinfachten Durchführung, birgt aber das Risiko von Informationsverlusten durch die hohe Verdichtung der zu verarbeitenden Informationen, die dann zu Fehlentscheidungen führen können.

Betrachtet man die Risikoeinstellung des Entscheidungsträgers im Falle der Bereitstellung betrieblicher Immobilien, so dürfte sich dieser grundsätzlich risikoscheu verhalten. Hängt die Investitionsentscheidung von der Risikoeinstellung des Entscheidungsträgers ab, stellt sich das Problem der Abbildung seiner Risikoeinstellung in Form einer Risikonutzenfunktion. Da im Immobilienmanagement die Entscheidungsträger über große Investitionsvolumina disponieren, die nicht dem Kerngeschäft des Unternehmens zugeführt werden, ist davon auszugehen, dass in der Regel risikoscheues Verhalten vorherrscht.

8.5.2 Anwendungen im Immobilienbereich

8.5.2.1 Übersicht

Anwendungen im speziellen Bereich des Immobilienmanagements finden sich bei den in der nachfolgenden Tabelle genannten Autoren.

Tabelle 8.16. Berücksichtigung des Risikos in Immobilieninvestitionen

Methode	Anwendung auf Immobilieninvestitionen	Ausgewählte Literatur
Sensitivitätsanalyse	• Berechnung kritischer Werte, Alternativenrechnungen, Szenarioanalyse	Phyrr et. al., 1989, S. 255 ff.; Greer, G. E., 1997, S. 289 ff.; Ropeter, S.-E. 1998, S. 211 ff.
	• Alternativenrechnungen und Tornado-Diagramme für Immobilieninvestments auf Basis vollständiger Finanzpläne	Schulte, K. - W. , Allendorf, G. J. u. Ropeter, S. - E., 1998, S. 557 ff.
	• Simulation der Wirtschaftlichkeitsrechnung von Immobiliendevelopments	Byrne, P., 1996, S. 117 ff.

[1] Vgl. Adam, D., 1997, S. 237 ff.; Laux, H., 1998, S. 154 ff.
[2] Vgl. Bernoulli, D., 1738; Laux, H., 1998, S. 162 ff.

Methode	Anwendung auf Immobilieninvestitionen	Ausgewählte Literatur
Risikoanalyse	• Berechnung von Erwartungswerten bei Immobilieninvestitionen • Umfangreiche Risikoanalyse mittels @-RISK-Software bei Immobiliendevelopments • Erstellung von Risikoprofilen auf Basis vollständiger Finanzpläne	Morely, 1988, S. 82 ff. Byrne, P., 1996, S. 60 ff. Ropeter, S.-E., 1998, S. 228 ff.; Schulte, K.-W. u. Ropeter, S.-E., 1998, S. 155 ff.
Berücksichtigung der Risikoeinstellung des Entscheidungsträgers	• Bewertung von Immobilienkapitalanlagen unter Berücksichtigung der Risikoeinstellung des Entscheidungsträgers mittels Abfrage von Mindestanforderungen an das Risikoprofil	Greer, G. E., 1997, S. 295 ff.
Portfolio Auswahl	• Senkung des Risikos durch Streuung der Kapitalanlagen in verschiedene Segmenten des Immobilienmarkes	Friedeman, H. C., 1970; Conroy, B., Miles, M. u. Wurtzebach, C., 1982; Brown, G. R., 1988; Flößer, K. P., 1989; Phyrr et. al., 1989, S. 625 ff.; MacGregor, B. D., 1990; Webb, J. R., 1990; Dubben, N. u. Sayce, S., 1991; Flechter, S., 1993; Sirmans, C. F. u. Fisher, J. D., 1993; Grauer, R. R. u. Hakansson, N. H., 1995; Pagliari, J. L. (Hrsg.), 1995; Wurtzebach, C. H., Miles, M. E., 1995, S. 585 ff.; Greer, G. E., 1997, S. 319 ff.
Marktorientierte Bewertung von Immobilien	• Berücksichtigung des Risikos im Kalkulationszins von Immobilienkapitalanlagen	Morely, S. J. E., 1988; Greer, G. E., 1997, S. 280 ff.

Quelle: Eigene Darstellung.

In der Mehrzahl der oben gezeigten Anwendungen wird die Immobilie als Kapitalanlage und nicht als betriebliche Ressource aufgefasst. Damit dient sie direkt dem Ziel der Gewinnerwirtschaftung. Dabei werden die Ziele der Immobiliennutzer, denen die Immobilie in ihrem Leistungserstellungsprozess dient, nicht weiter berücksichtigt. In den Modellen der Portfolio Auswahl wird beispielsweise eine weitgehende Teilbarkeit betrieblicher Immobilien vorausgesetzt. Außerdem ist die Standortwahl hier ein Ergebnis der Differenzierungsüberlegungen und nicht des unternehmensspezifischen Flächenbedarfs. Zudem ist fraglich, ob der Entscheidungsträger den benötigten Dateninput bezüglich der Immobilienmärkte überhaupt liefern kann. Größere Nähe zum hier bearbeiteten Problemfeld weisen die Anwendungen aus dem Bereich der Immobiliendevelopments auf, in denen die Unsicherheit der Zahlungswirkungen einer Immobilie über ihren Lebenszyklus hinweg untersucht wird, ohne dabei auf einen konkreten Nutzer Bezug zu nehmen. Sofern es die Auszahlungen betrifft, ist der Nutzer nahezu unerheblich, sodass die Anwendungen gut auf die im betrieblichen Immobilienmanagement typischerweise im Auszahlungsbereich vorzufindenden Risikosituationen adaptiert werden können.

8.5.2.2 Anwendungsbeispiel Sensitivitätsanalyse

In den nächsten Abschnitten wird anhand des Beispiels 1 (siehe Abschnitt 8.4.1.2) gezeigt, wie die immobilienwirtschaftlichen Risiken in der Investitionsrechnung mittels der Methode der vollständigen Finanzplanung berücksichtigt werden können. Die Sensitivitätsanalyse ist ein vergleichsweise einfaches Verfahren der Investitionsrechnung unter Unsicherheit. Mit Hilfe der Sensitivitätsanalyse wird die Bedeutsamkeit der Unsicherheit Einzelner oder einer Gruppe von Eingangsdaten für das Ergebnis der Investitionsrechnung ermittelt. Sollte sich herausstellen, dass die Variation der Eingangsdaten zu gravierenden Ergebnisverschiebungen führt, ist in weitergehenden Verfahren das Risiko zu analysieren und gegebenenfalls das Entscheidungskriterium um Risikoaspekte zu modifizieren.[1]

In einem ersten Schritt der Sensitivitätsanalyse werden die Werte für einzelne mit Unsicherheit behafteten Parameter gezielt innerhalb der für möglich erachteten Grenzen variiert.[2] Bezogen auf unser Beispiel 1 (siehe 8.4.1.2) wird exemplarisch der Vervielfältiger der letzten jährlichen Mieteinnahme vor der Veräußerung von seinem Ausgangswert 10 in den Grenzen von 5 bis 15 ganzzahlig variiert. Die Auswirkungen auf den Endwert des VoFi lässt sich grafisch entsprechend folgender Abbildung veranschaulichen.

[1] Vgl. Kruschwitz, L., 1998, S. 257 ff.

[2] Vgl. Ropeter, S.-E., 1998, S. 218 ff.; Schulte, K.-W., Allendorf, G.J. u. Ropeter, S.-E., 1998, S. 566 ff.

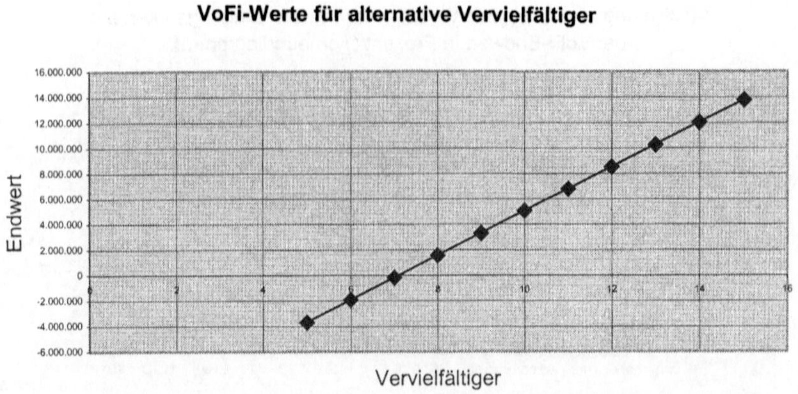

Abb. 8.3. VoFi-Werte für alternative Vervielfältiger. Quelle: Eigene Darstellung.

Es zeigt sich, dass die Höhe des erzielbaren Liquidationserlöses erheblichen Einfluss auf das Ergebnis der Investitionsrechnung hat. Eine durchaus realistische Veränderung des ursprünglich angenommenen Vervielfältigers von 10 um plus oder minus 20 Prozent führt zu einer Veränderung des Endwerts um jeweils 69,28 %. In absoluten Zahlen schwankt der Endwert zwischen DM 1.602.987 bei einem Vervielfältiger von 8 und DM 8.834.168 bei einem Vervielfältiger von 12.

Um Hinweise auf besonders sensitive Parameter zu erhalten sind

1. eine vergleichende Darstellung der Sensitivität sowie
2. die Berechnung kritischer Werte

hilfreich.

Zu 1.) Zum Vergleich der Sensitivitäten des Endwerts auf die Variation der unterschiedlichen Eingangsparameter eignet sich insbesondere das Tornado-Diagramm.[1] In Bezug auf unser Beispiel sind die anfänglichen Mieteinnahmen, die Baukosten, der Vervielfältiger zur Bestimmung des Liquidationserlöses, die gesetzlich zulässige Abschreibung, die Inflation und der persönliche Steuersatz des Investors grundsätzlich unsicherheitsbehaftet. Es wird dabei vereinfachend angenommen, dass eine Änderung der Inflation sich unmittelbar und in gleicher Höhe in den Soll- und Haben-Zinssätzen sowie dem Preisindex für die Mieten und die Verwaltungszahlungen niederschlägt. Eine Variation der genannten Parameter um plus und minus 20 % führt zu den in folgender Abbildung dargestellten prozentualen Veränderungen des VoFi-Endwerts.

[1] Vgl. zur Anwendung von Tornado-Diagrammen in der Investitionsrechnung bei Wohnungsimmobilien: Schulte, K.-W., Allendorf, G. J. u. Ropeter, S.-E., 1998, S. 567 ff.

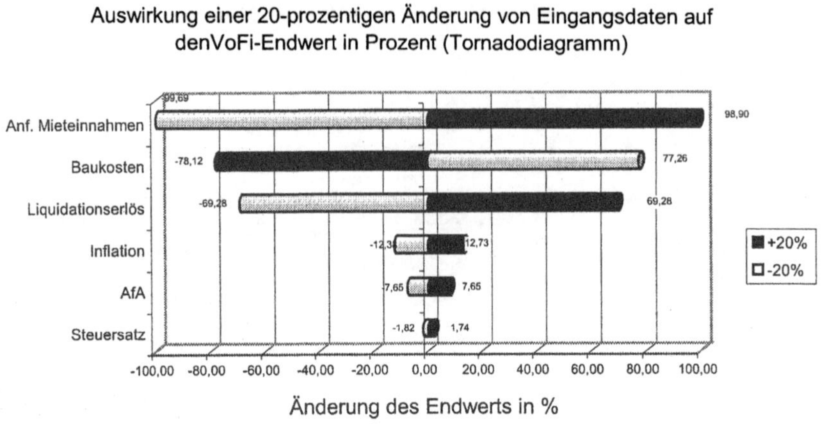

Abb. 8.4. Tornado-Diagramm. Quelle: Eigene Darstellung.

Besonders sensitiv sind demzufolge Änderungen der Mieteinnahmen, der Baukosten und des oben bereits näher dargestellten Faktors für den Liquidationserlös als Ausdruck der Immobilienmarktentwicklung. Hingegen beeinflusst die Änderung der Abschreibungssätze, der Inflation oder des Steuersatzes des Investors das Investitionsergebnis vergleichsweise gering. Bemerkenswert ist die Wirkung einer Änderung in der Inflationsrate. Eine Steigerung um 20 Prozent von 3 % auf 3,6 % führt zu einer Zunahme des Endwerts um 12,73 % wohingegen eine Abnahme auf 2,4 % zu einer Senkung des Endwerts um 12,38 % führt. Unter der Annahme einer gleichstarken Inflationsabhängigkeit von Ein- und Auszahlungen sowie der Kapitalverzinsung heben sich die Effekte in unserem Beispiel nicht gegenseitig auf. Vielmehr führt der für die ersten fünf Jahren nicht indexierte Mietvertrag, die Starrheit in den Abschreibungen mit den entsprechenden steuerlichen Wirkungen und die nominale Änderung des Liquidationserlöses in unserem Beispiel zu den asymmetrischen inflationsbedingten Endwertänderungen.

Zu 2.) Für diejenigen kritischen Werte, für die der VoFi-Endwert als Differenz zwischen dem Endwert der Investition und der Opportunität den Wert Null annimmt, errechnen sich folgende Ergebnisse:[1]

[1] Die Berechnung wurden mit Hilfe der Solver-Funktion des Programms Microsoft Excel 2000 durchgeführt. Auf die Berechnung von kritischen Werten für die Inflation und den Steuersatz wurde aus Gründen der mangelnden praktischen Relevanz verzichtet.

Tabelle 8.17. Kritische Werte bei Anwendung der VoFi-Methode

Parameter (Ausgangsdaten)	Kritische Werte	Differenz in % zum Ausgangsdatum
Baukosten (16.455.000 DM)	20.647.926 DM	26
anfängliche Mieteinnahme (1.514.000 DM)	1.210.267 DM	-20
Zinskosten Darlehen in % (5)	13,61 % (11,65 %)	172 (133)
anfängliche Verwaltungsausg. (503.676 DM)	1.397.313 DM	177
Liquidationserlös (10-fache der letzten Miete)	7,11	-29

Quelle: Eigene Darstellung.

Bevor die Investition in unserem Beispiel als unvorteilhaft verworfen wird, sind in allen Fällen erhebliche Verschlechterungen der Ausgangsdaten, von 20,06 % bis 172,20 % möglich. Bezüglich der Zinssätze wurde bereits oben darauf hingewiesen, dass hier in der Regel Verflechtungen zwischen Soll-, Haben-Zinssätzen, verschiedenen Fristigkeiten sowie der Inflation bestehen. Der kritische Wert für den Preis des Darlehens liegt ohne Berücksichtigung dieser Verflechtungen bei 13,61 %. Geht man von einer festen Differenz in der Zinsstruktur von einem Prozent zwischen langfristigen Darlehenskosten und der risikoadäquaten Verzinsung des eingesetzten Eigenkapitals sowie zwei Prozent zwischen den Zinserträgen aus der Finanzanlage und den Zinserträgen aus Eigenkapital aus, so sinkt der kritische Wert auf 11,65 %. Er liegt damit aber immer noch um 133 % über dem erwarteten Zinssatz von 5 %.

Insgesamt bleibt festzuhalten, dass in dem betrachteten Beispiel die Ergebnisse, die die Sensitivitätsanalyse mit Hilfe des Tornado-Diagramms erbracht hat, mit den Ergebnissen der Berechnung kritischer Werte korrespondieren. In beiden Fällen sind die anfänglichen Mieteinnahmen, die Baukosten und der Liquidationserlös die sensitivsten Eingangsdaten, die insbesondere aufgrund der Ergebnisse des Tornado-Diagramms einer näheren Analyse hinsichtlich der Risiken bedürfen.

Zu einer umfassenden Sensitivitätsanalyse sind über die bislang untersuchten monokausalen Zusammenhänge hinaus auch die Wechselwirkungen zwischen den verschiedenen unsicherheitsbehafteten Parametern zu analysieren. Da eine simultane Berechnung von kritischen Werten für x Parameter zu einem x-dimensionalen Lösungsraum führt, sind Betrachtungen von mehr als zwei Parametern nicht sinnvoll.[1] Simultane Variationen der Werte für mehrere Parameter lassen sich mit Hilfe von Szenario-Analysen durchführen. Hier werden die Ergebnisse alternativ für möglich erachteter Kombinationen von Ausprägungen für die unsicherheitsbehafteten Parameter miteinander in parallel durchgeführten Rechnungen verglichen. Dabei bleibt es dem Entscheidungsträger überlassen, wie viele Alternativen er generiert und wie er zu den Wertekombinationen kommt. In der Praxis des Immobilienmanagements werden vielfach drei Varianten erstellt: die intuitiv „wahrscheinlichste" Datenkonstellation, die Konstellation aller günstigst für möglich

[1] Vgl. z. B. zur simultanen Betrachtung von zwei Parametern: Ropeter, S.-E., 1998, S. 214 ff.

gehaltenen Werte und die Konstellation der ungünstigsten, aber möglichen Werte.[1] Der Entscheidungsträger gewinnt auf diese Weise zusätzliche Informationen über die maximal realisierbaren Gewinne beziehungsweise Verluste. Solange er den einzelnen Szenarien aber keine Eintrittswahrscheinlichkeiten zuordnet, ist der Aussagewert dieser zusätzlichen Erkenntnisse eher als gering einzustufen.

8.5.2.3 Anwendungsbeispiel Risikoanalyse

Der Begriff des Risikos verstanden als Unsicherheit betriebswirtschaftlicher Werte bedarf zunächst einer Operrationalisierung, bevor man sich der Risikoanalyse[2] zuwenden kann. Das Risiko wird im Folgenden gemessen als die Streuung um den wahrscheinlichsten Wert.[3]

Zur Risikoanalyse liegen nach der Art der Modellberechnung analytische und simulative Verfahren vor.[4] In den analytischen Verfahren wird die Lösung des Problems direkt aus den exogenen Größen berechnet.[5] Wie bei so vielen analytischen Verfahren ist es auch bei der analytischen Risikoanalyse bislang noch nicht gelungen, dass Spannungsfeld zwischen Realitätsnähe und Komplexität aufzulösen, so dass sie in der Praxis gegenwärtig allgemein[6] und bei Immobilieninvestitionsrechnungen insbesondere[7] kaum von Bedeutung ist. Im Folgenden steht deshalb die simulative Risikoanalyse im Vordergrund der Betrachtung, die in folgenden Schritten vollzogen wird:[8]

1. Auswahl der unsicheren Inputgrößen,
2. Schätzung subjektiver Wahrscheinlichkeiten für die unsicheren Inputgrößen und Berücksichtigung von Interdependenzen zwischen den Inputgrößen,
3. Berechnung der Verteilung des Endwerts,
4. Analyse und Interpretation der Ergebnisverteilung.

Diese vier Schritte werden nachfolgend anhand eines sehr einfachen, aber anschaulichen Beispiels dargestellt. Auf der Basis des einfachen Beispiels wird anschließend auf die im Immobilienbereich wichtigen Erweiterungen eingegangen.[9]

Zu 1.) Wie die Sensitivitätsanalyse gezeigt hat, üben in unserem Beispiel die anfänglichen Mieteinnahmen, die Baukosten und der Liquidationserlös besonde-

---

[1] Siehe zu einem Beispiel für diese Vorgehensweise: Ropeter, S.-E., 1998, S. 225 ff.

[2] Der Begriff der Risikoanalyse geht auf HERTZ zurück: Hertz, D. B., 1964.

[3] Vgl. Greer, G. E., 1997, S. 295.

[4] Vgl. zu einer Übersicht: Hildenbrand, K., 1983, S. 18 ff.; Franke, G. u. Hax, H., 1994, S. 254 ff.

[5] Vgl. z. B. Hillier, F. S., 1963; Wagle, B., 1967; Streitferdt, L., 1973, S. 129 ff.

[6] Vgl. Kruschwitz, L., 1998, S. 263.

[7] Vgl. Ropeter, S. - E., 1998, S. 237.

[8] Vgl. Blohm, H. u. Lüder, K., 1991, 247 ff.

[9] In der Realität sind regelmäßig mehr als zwei Variablen unsicher. Das nachfolgend beschriebene Vorgehen kann mit Hilfe von speziellen Softwarepaketen wie @-RISK auch bei komplexeren Problemstellungen ohne große Mühe angewendet werden (vgl. Byrne, P., 1996, Kapitel 6).

ren Einfluss auf den Endwert aus, so dass sie in einer umfassenden Risikoanalyse näher zu untersuchen sind. Nachfolgend wird die exemplarische Analyse von einer diskret verteilten Größe, dem Liquidationserlös, sowie einer stetig verteilt angenommenen Größe, der anfänglichen Mieteinnahme, als ausreichend erachtet.

(Zu 2) Zunächst werden die subjektiven Wahrscheinlichkeiten für den als diskret verteilt angenommenen Liquidationserlös geschätzt. Der Liquidationserlös ist davon abhängig, ob in unmittelbarer Nähe ein Konkurrenzobjekt errichtet wird und wie sich die wirtschaftliche Entwicklung des Standorts vollzieht. Der Entscheidungsträger hat für die sechs in Tabelle 8.18 dargestellten Varianten in einem ersten Schritt zu prognostizieren, welchen Vervielfältiger er in der jeweiligen Situation erzielt und welcher Endwert sich daraus errechnet. In einem nächsten Schritt muss er der jeweiligen Situation Eintrittswahrscheinlichkeiten p_{ij} zuweisen. Angenommen, die wirtschaftliche Situation erweise sich nach Auffassung des Entscheidungsträgers mit einer Wahrscheinlichkeit von 0,20 als gut, mit einer Wahrscheinlichkeit von 0,60 als mittelmäßig und mit einer Wahrscheinlichkeit von 0,20 als schlecht. Außerdem würde er annehmen, dass in Abhängigkeit von der wirtschaftlichen Entwicklung bei einer guten wirtschaftlichen Entwicklung mit einer Wahrscheinlichkeit von 0,80 ein Konkurrenzobjekt errichtet werden würde, bei einer mittelmäßigen Entwicklung mit einer Wahrscheinlichkeit von 0,50 und bei einer schlechten Entwicklung mit einer Wahrscheinlichkeit von 0,20, dann ergeben sich die in der Tabelle 8.18 dargestellten bedingten Wahrscheinlichkeiten p_{ij} für die Inputgröße.

Tabelle 8.18. Berechnung des Erwartungswerts

	Wirtschaftliche Entwicklung des Umfeldes			
Konkurrenzobjekt wurde errichtet	gut	mittelmäßig	schlecht	$E(p_i)$ p_i
nein	15 14.257.554 p_{11}=0,04	11 7.026.373 p_{12}=0,30	7 -204.808 p_{13}=0,16	5.290.889,43 p_{1j}=0,50
ja	13 10.641.963 p_{21}=0,16	9 3.410.782 p_{22}=0,30	5 - 3.820.398 p_{23}=0,04	5.146.266 p_{2j}=0,50
$E(p_j)$ p_i	11.365.081 p_{i1}=0,20	5.218.578 p_{i2}=0,60	-927.926 p_{i3}=0,20	5.218.578 p_{ij}=1,00

Quelle: Eigene Darstellung.

Alternativ könnten beim Vorliegen von Interdependenzen zwischen zwei Variablen statt mit bedingten Wahrscheinlichkeiten auch mit Korrelationskoeffizienten gearbeitet werden.[1] Für die Inputgröße Vervielfältiger ergibt sich folgende Wahrscheinlichkeitsdichtefunktion und Wahrscheinlichkeitsfunktion:

[1] Vgl. Blohm, H. u. Lüder, K., 1991, S. 250.

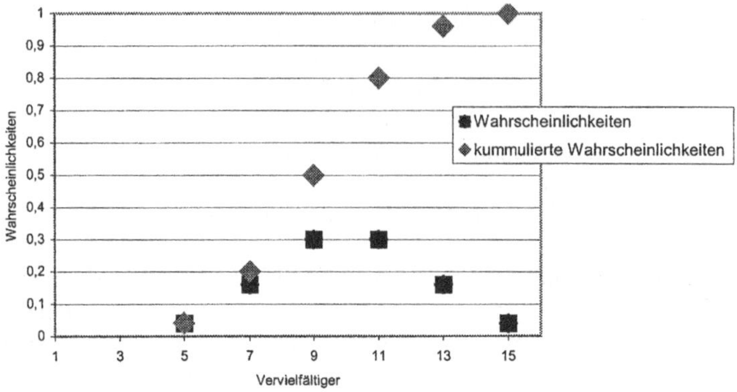

Abb. 8.5. Wahrscheinlichkeitsdichtefunktion und Wahrscheinlichkeitsfunktion des Vervielfältigers. Quelle: Eigene Darstellung.

Die Wahrscheinlichkeitsverteilung der Inputgrößen kann, wie bei der diskret angenommenen Inputgröße oben geschehen, sowohl ohne a-priori-Festlegung ermittelt oder durch Annahme eines bestimmten Verteilungstyps von vornherein festgelegt werden. Als Verteilungstypen haben sich die Normalverteilung und die Beta-Verteilung als besonders plausibel erwiesen.[1] Im folgenden Beispiel wird angenommen, dass die anfängliche Mieteinnahme normal verteilt ist. Zur Definition einer Normalverteilung muss der Entscheidungsträger den Erwartungswert sowie die Standardabweichung angeben können. In unserem Beispiel wird angenommen, dass der bereits im sicheren Fall verwendete Wert von DM 1.514.000 der Erwartungswert ist und die Standardabweichung DM 100.000 beträgt.

Zur Simulation sind für beide Variablen aus der Grundgesamtheit Stichproben zu entnehmen. Zur Generierung von Stichproben werden die Monte-Carlo-Methode sowie die Latin-Hypercube-Methode verwendet. In der Literatur wird ausführlich demonstriert, wie mit Hilfe der Monte-Carlo-Simulation[2] oder der Latin-Hypercube-Methode[3] eine Stichprobe für die immobilienbezogenen Variablen zur Risikoanalyse für eine Immobilieninvestition gezogen wird. Hier wird nachfolgend mit der weniger aufwendigen Monte-Carlo-Methode gearbeitet. Mit Hilfe des Programms Microsoft Excel wurden Wertepaare für die beiden Variablen aus den beiden Grundgesamtheiten gezogen, bis sich eine stabile, der Grundgesamtheit entsprechende Verteilung der Stichprobe ergab. Die Frage der Größe der Stichprobe lässt sich mittels der Bestimmung von Konfidenzintervallen beantworten.[4] Bei 1.000 Datensätzen liegt bei einer Konfidenzwahrscheinlichkeit von 0,95

[1] Vgl. Blohm, H. u. Lüder, K., 1991, S. 249.

[2] Vgl. Byrne, P. u. Cadman, P., 1984; Morely, S. J. E., 1988, S. 90 ff.

[3] Vgl. Ropeter, S.-E., 1998, S. 237 ff. + S. 317 ff.

[4] Streng genommen gilt dies nur für bestimmte Verteilungstypen wie beispielsweise die Normalverteilung. Bei genügend großer Stichprobe sind die Verfahren zur Bestimmung

die Genauigkeitsschranke für den Mittelwert bei unbekannter Varianz der Verteilung der Grundgesamtheit bei DM 571.375,06 und ist angesichts der hohen Varianz der Ergebnisverteilung zufriedenstellend.[1] Bei der Ziehung wurde die Unabhängigkeit der beiden Variablen voneinander unterstellt.

(3) Durch Einsetzen der 1.000 Wertepaare der Stichprobe in den vollständigen Finanzplan ergeben sich 1.000 Ergebnisse. Beispielsweise ergibt die Stichprobe Nummer 5 (Vervielfältiger = 7 / anfängliche Mieteinnahme = DM 1.397.501,69) einen Endwert von DM – 8.857.292,70. Erste Aufschlüsse über das Risiko einer Investition bringt die Betrachtung von Erwartungswert und Standardabweichung. Der Erwartungswert (μ) der Ergebnisse beträgt DM – 2.582.098 bei einer Standardabweichung (σ) von DM 4.609.302. Eine ceteribus paribus geringere Standardabweichung geht einher mit geringerem Risiko und vice versa. In der vergleichsweise hohen Standardabweichung spiegelt sich die große Unsicherheit in den Eingangsdaten des Beispiels wieder. Weitere Einsichten in die hier näher zu analysierende Struktur des Risikos erlaubt die Darstellung der Ergebnisse in Abhängigkeit ihrer Eintrittswahrscheinlichkeit.

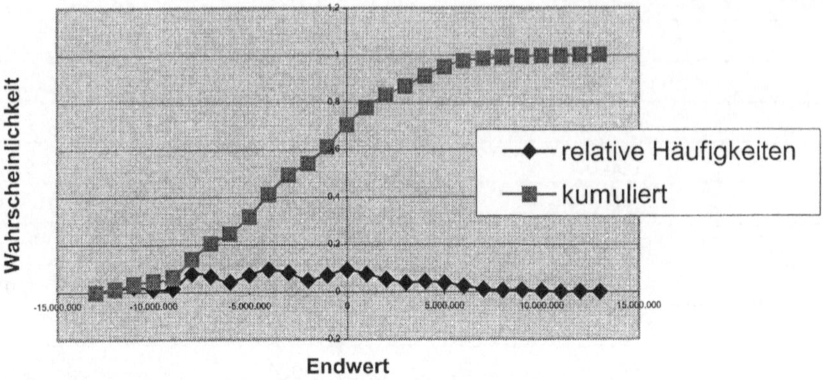

Abb. 8.6. Wahrscheinlichkeitsverteilung des Endwerts. Quelle: Eigene Darstellung.

Bildet man willkürlich Klassen einer Breite von DM 1.000 ergeben sich für den Endwert folgende Wahrscheinlichkeitsdichtefunktion und Wahrscheinlichkeitsfunktion:

der Konfidenzintervalle für die Normalverteilung aufgrund des zentralen Grenzwertsatzes allerdings gute Näherungsmethoden bei beliebigen Verteilungen (vgl. Kreyszig, E., 1982, S. 200 ff.).

[1] Vgl. zur Ermittlung der Genauigkeit: Kreyszig, E., 1982, S. 191 ff. Die Genauigkeitsschranke für die Varianz liegt bei DM 175,26. Zur exakten Erfassung der Genauigkeit werden die Berechnungen auch für die Percentile Werte durchgeführt. Die Stichprobenanzahl wird solange erhöht, bis eine Vergrößerung der Stichprobe um 100 keines der Ergebnisse um mehr als 1,5 % verändert.

Tabelle 8.19. Wahrscheinlichkeitsverteilung des Endwerts

Untergrenze der Klasse des Endwerts	Wahrscheinlichkeit	Kumulierte Wahrscheinlichkeit
-13.000.000	0	0
-12.000.000	0,012	0,012
-11.000.000	0,022	0,034
-10.000.000	0,012	0,046
-9.000.000	0,015	0,061
-8.000.000	0,077	0,138
-7.000.000	0,066	0,204
-6.000.000	0,042	0,246
-5.000.000	0,072	0,318
-4.000.000	0,093	0,411
-3.000.000	0,081	0,492
-2.000.000	0,049	0,541
-1.000.000	0,07	0,611
0	0,092	0,703
1.000.000	0,074	0,777
2.000.000	0,053	0,83
3.000.000	0,039	0,869
4.000.000	0,043	0,912
5.000.000	0,038	0,95
6.000.000	0,024	0,974
7.000.000	0,011	0,985
8.000.000	0,005	0,99
9.000.000	0,006	0,996
10.000.000	0,003	0,999
11.000.000	0	0,999
12.000.000	0,001	1
13.000.000	0	1

Quelle: Eigene Darstellung.

Die Linie um die Punkte approximiert aus Gründen der Veranschaulichung den möglichen Verlauf der Funktionen in den nicht definierten Bereichen zwischen den diskreten Werten.

Zu 4.) In unserem Beispiel wurde angenommen, dass der Vervielfältiger und die anfängliche Mieteinnahme die einzigen unsicherheitsbehafteten Parameter sind. Deshalb kann nun durch Subtraktion der Verteilungsfunktion von 1 das in Abbildung 8.7 gezeichnete idealtypische Risikoprofil des Endwerts abgeleitet werden.

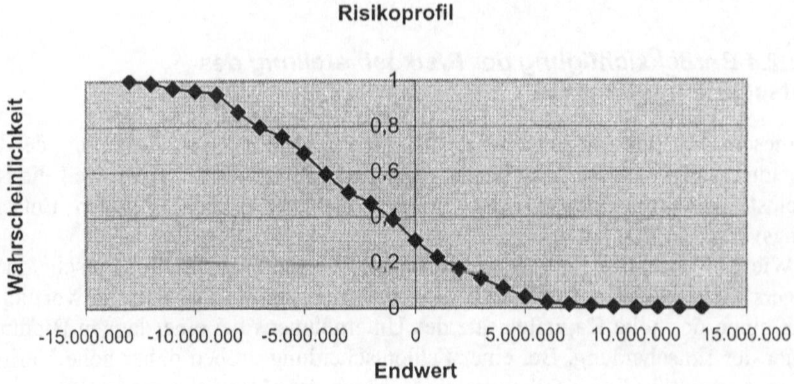

Abb. 8.7. Idealtypisches Risikoprofil. Quelle: Eigene Darstellung.

Das Risikoprofil ist sehr gut interpretierbar. Es zeigt beispielsweise, dass mit einer Wahrscheinlichkeit von etwa 30 % ein positiver Endwert erreicht wird. Ein Gewinn von über DM 5 Millionen tritt nur mit einer Wahrscheinlichkeit von 5 % ein, hingegen ein Verlust in gleicher Höhe mit einer Wahrscheinlichkeit von 68,2 %.

Hat der Entscheidungsträger eine Wahlentscheidung zu treffen, so sind zwei Fälle denkbar. Verläuft das Risikoprofil einer Variante an keiner Stelle unterhalb der Risikoprofile der konkurrierenden Varianten, so ist diese zumindest hinsichtlich der Wahrscheinlichkeiten dominierend. Gibt es hingegen einen Schnittpunkt der Risikoprofilfunktionen von mindestens zwei Varianten, so ist eine Entscheidung nur unter Berücksichtigung des Risikoverhaltens des Entscheidungsträgers möglich.[1] Hier besitzt die Risikoanalyse den Vorzug, dass die Ergebnisse sich ohne weiteres als Dateninput mit den klassischen Entscheidungsprinzipien oder dem Bernoulli-Prinzip weiter verarbeiten lassen. Der Einfluss der Risikoeinstellung des Entscheidungsträgers auf die Investitionsentscheidung ist im nachfolgenden Kapitel näher zu untersuchen.

Die Durchführung der Risikoanalyse ist aufwendig, vermittelt dem Entscheidungsträger aber einen vertieften Einblick in die Risikowirkungen seiner Entscheidung. Die sehr anschaulichen Ergebnisse können zu einem falschen Sicherheitsgefühl beim Entscheidungsträger führen, wenn es an den Grundvoraussetzungen der Risikoanalyse fehlt. Kennt der Entscheidungsträger nicht für alle unsicherheitsbehafteten Parameter die Wahrscheinlichkeitsverteilung oder sind die Wahrscheinlichkeiten nur grobe Schätzungen, liefert die Risikoanalyse, so an-

[1] Vgl. Kruschwitz, L., 1998, S. 271.

schaulich sie auch ist, ungenaue Ergebnisse über die Risikowirkungen der Investitionsentscheidung, die zu Fehlentscheidungen führen können. Dieser, im Vergleich zum sicheren Fall zwar schon erheblich reduzierte Informationsbedarf, ist bei Immobilieninvestitionen aufgrund der Ungewissheit wesentlicher Eingangsdaten nur schwer zu erfüllen. Folglich birgt die Risikoanalyse bei Immobilieninvestitionen ein erhebliches Potenzial an Fehlinformationen.

8.5.2.4 Berücksichtigung der Risikoeinstellung des Entscheidungsträgers

In diesem Abschnitt ist zunächst zu diskutieren, welche Risikoeinstellung der Entscheidungsträger im Immobilienmanagement im Normalfall vertritt, weil die Risikoeinstellung Auswirkungen auf die anschließend zu behandelnden Entscheidungsverfahren hat.

Wie der Abschnitt 3.4 gezeigt hat, ist die Risikoeinstellung des Entscheidungsträgers im Hinblick auf Immobilieninvestitionen gering. Dafür verantwortlich ist zum einen der hohe Kapitaleinsatz des Unternehmens bei einer langen Bindungsdauer der Entscheidung. Bei einer Fehlentscheidung drohen daher hohe Verluste, deren Ausmaß im Einzelfall sogar die Existenz des Unternehmens in Frage stellen kann. Durch den Misserfolg eines Investitionsprojekts droht aufgrund der Tragweite der Immobilieninvestitionsentscheidung dem Entscheidungsträger eine Verschlechterung seiner Position. Gleichzeitig gehören Immobilien in den meisten Unternehmen nicht zum Kerngeschäft, sondern werden als notwendiger Produktionsfaktor verstanden. Für die Entscheidungsträger ist aufgrund der mangelnden Erfahrung mit vergleichbaren Entscheidungssituationen das eingegangene Risiko kaum kalkulierbar. Folgt aus der Zweckbestimmung der Immobilie, dass eine ökonomische Optimierung des Immobilienbestands hinter die im Kerngeschäft verfolgten Ziele zurücktritt, so ist der typische Immobilienentscheidungsträger risikoavers.

Die Berücksichtigung der Risikoeinstellung des Entscheidungsträgers in der Investitionsentscheidung kann entweder mit Hilfe des Bernoulli-Prinzips oder mit Hilfe der klassischen Entscheidungsprinzipien erfolgen.[1] Die theoretische Basis für die Erfassung der subjektiven Präferenzen des Entscheidungsträgers bietet das Bernoulli-Prinzip. Nach diesem Prinzip hat der Entscheidungsträger zunächst eine Nutzenfunktion U zu bestimmen, die den Ergebnissen E_{as} reelle Nutzenwerte $U(E_{as})$ zuordnet. Anschließend wird diejenige Alternative gewählt, die den höchsten Nutzenerwartungswert aufweist. Die Zielfunktion lautet:[2]

$$(8.1) \quad \sum_{s=1}^{S} w(S_s) \bullet U(E_{as}) \rightarrow Max!$$

Damit verdichtet sich die Entscheidung auf die Betrachtung nur eines Parameters, dem Nutzenerwartungswert des Ergebnisses einer Investitionsalternative. Das

---

[1] Vgl. Laux, H., 1998, S. 143 ff.

[2] Vgl. Laux, H., 1998, S. 163.

Bernoulli-Prinzip unterliegt einer strengen Axiomatik, ohne dabei die Gestalt der Nutzenfunktion einzuengen. Es liefert aber ein konkretes Vorgehen zur Bestimmung einer Nutzenfunktion.[1] Ohne Festlegung einer Nutzenfunktion ist das Bernoulli-Prinzip keine Entscheidungsregel. Zu dieser wird es erst in Verbindung mit einer konkreten Nutzenfunktion. Wie BITZ gezeigt hat, kann eine Risikonutzenfunktion neben Risikopräferenzen auch Höhenpräferenzen erfassen, ohne damit gegen das Bernoulli-Prinzip zu verstoßen.[2] Wenn nachfolgend die Nutzenfunktion des Entscheidungsträgers durch Befragung ermittelt wird, so können ohne ausgefeilte Erhebungstechniken Risikopräferenzen nicht von Höhenpräferenzen unterschieden werden. Um den Fall nicht unnötig zu komplizieren, wird nachfolgend unterstellt, dass der Entscheidungsträger keine Höhenpräferenzen hat.

Für den hier zur Diskussion stehenden Anwendungsfall reduziert sich das Problem auf die Generierung einer entsprechenden Risikonutzenfunktion des Entscheidungsträgers, die einerseits den realen Verhältnissen entspricht und andererseits der Axiomatik des Bernoulli-Prinzips gerecht wird. Wenn eine Nutzenfunktion bestimmt ist, kann die Ergebnismatrix, die in dem oben gewählten Beispiel die Wahrscheinlichkeitsverteilung alternativer Endwerte enthält, durch Einsetzen der Werte in die Nutzenfunktion in eine Entscheidungsmatrix mit den jeweiligen Nutzenerwartungswerten der Alternativen transformiert werden. Die Ermittlung und das Aussehen von Nutzenfunktionen des Bernoulli-Prinzips ist in der Literatur ausgiebig diskutiert worden.[3] Zur Ermittlung der Risikonutzenfunktion bedient man sich der Bernoulli-Befragung, in der ein Entscheidungsträger hypothetische Wahlakte auszuführen hat, aus deren Ergebnissen auf seine Risikonutzenfunktion geschlossen werden kann. Dem Entscheidungsträger werden dazu zwei Alternativen gestellt: einerseits ein sicheres Einkommen aus seiner Investition von beispielsweise DM 1.000.000 oder andererseits die Teilnahme an einer Lotterie, in der er mit der Wahrscheinlichkeit p das schlechteste und mit der Wahrscheinlichkeit 1-p das beste denkbare Ergebnis der Investition erzielt. Durch Variation der Wahrscheinlichkeit p wird die kritische Wahrscheinlichkeit p* ermittelt, bei der er zwischen der Lotterie und dem festen Betrag indifferent ist. In unserem oben durchgeführten Beispiel ist das schlechteste denkbare Ergebnis beispielsweise DM 14.000.000 und das beste Ergebnis DM 12.000.000. Angenommen die kritische Wahrscheinlichkeit sei p* = 0,7, so kann dieser Wert im einfachsten Fall direkt als Nutzenwert des äquivalenten sicheren Ergebnisses, welches auch als Sicherheitsäquivalent bezeichnet wird, von DM 1.000.000 angenommen werden. Ein solches Vorgehen wird für alternative Endwerte wiederholt durchgeführt. Anschließend kann durch Approximation die Risikonutzenfunktion des Entscheidungsträgers bestimmt werden.[4] Für die Anwendung bei Immobilieninvestitionen dürfte dieses Vorgehen kaum geeignet sein, da es den Entscheidungsträger intellektuell schnell überfordert. Ein bildhafteres und leichter verständliches Vorgehen wählt GREER,

---

[1] Vgl. zur Darstellung der Funktionsweise des Prinzips und dessen Axiomatik z. B.: Schneeweiß, H., 1967, S. 61 ff.; Bitz, M., 1981, S. 153 ff.; Laux, H., 1998, S. 162 ff.

[2] Vgl. Bitz, M., 1998.

[3] Vgl. zu einer Übersicht: Schneeweiß, H., 1967, S. 64 ff.

[4] Vgl. zum Vorgehen z. B.: Bitz, M., 1981, S. 158 ff.

der die Entscheidungsträger nach der minimal geforderten Eintrittswahrscheinlichkeit von alternativen Investitionsergebnissen befragt.[1] Auf das oben gezeigte Beispiel bezogen, würde dem Risikoprofil der Investition die Risikoneigung des Investors gegenübergestellt.

Tabelle 8.20. Risikoeinstellung des Investors

Untergrenze der Klasse des Endwerts	Risikoprofil Werte (Kumulierte Wahrscheinlichkeit)	Minimal geforderte Eintrittswahrscheinlichkeit
...	...	
-1.000.000	0,389	0,37
0	0,297	0,27
1.000.000	0,223	0,2
2.000.000	0,17	0,15
3.000.000	0,131	0,09
4.000.000	0,088	0,05
5.000.000	0,05	0,01
6.000.000	0,026	0
7.000.000	0,015	0
8.000.000	0,01	0
...	...	...

Quelle: Eigene Darstellung.

Die Daten zeigen, dass es sich um einen risikoaversen Entscheidungsträger handelt. Im nächsten Schritt ist die Nutzenfunktion aus den Einzelwerten heraus zu approximieren. Dann werden die aus der Simulation berechneten Endwerte in die Nutzenfunktion eingesetzt und deren Erwartungswert gebildet.

GREER verwendet nach der Ermittlung der Risikoeinstellung des Investors ein anderes Entscheidungskriterium als den Bernoulli-Nutzen. Demzufolge verwirft ein Investor die Investition dann, wenn nur in einem Punkt die geforderte Eintrittswahrscheinlichkeit für einen Mindestgewinn nicht erreicht wird. Dadurch werden die zur Verfügung stehenden Informationen über Risikoverhalten und Risikostruktur stark verkürzt. Stellt der Investor fest, dass seine geforderte Eintrittswahrscheinlichkeit beispielsweise von einem Prozent für den Wert von DM 5.000.000 nicht erreicht wird, so ist es ihm egal, ob das nahezu gleich gute Ergebnis von DM 4.999.999 mit Sicherheit erreicht wird. Von solchen mit mehr oder weniger Informationsverlusten verbundenen vereinfachenden Entscheidungskriterien gibt es eine ganze Reihe.[2] Da sie aber nur unter speziellen, zusätzlichen An-

[1] Vgl. Greer, G. E., 1997, S. 309 ff.

[2] Vgl. Schneeweiß, H., 1967, S. 46 ff. und die dort zitierte Literatur.

nahmen der Rationalität der Axiome des Bernoulli-Prinzips entsprechen, sollen sie hier nicht abschließend behandelt werden.

Ein weiteres vereinfachendes Entscheidungsprinzip ist das (μ, σ)-Prinzip. Da die Anwendbarkeit dieses Verfahrens unter vielfach akzeptablen zusätzlichen Restriktionen mit einer erheblichen Reduktion des Aufwands verbunden ist, wird nachfolgend die Eignung dieses Prinzip im vorliegenden Anwendungsfall untersucht. Das (μ, σ)-Prinzip ist ein Entscheidungsprinzip, welches sich nur auf die beiden Parameter Mittelwert, welcher meist als Erwartungswert (μ) interpretiert wird, und die Streuung, welche meist als Standardabweichung (σ) interpretiert wird, stützt.[1] Dem Prinzip zufolge ist damit die Entscheidungssituation durch diese zwei Risikomaße vollständig beschrieben. Der Präferenzwert $\Phi(a_i)$ einer Zielgröße ist definiert als $\Phi(a_i) = \Phi(\mu_i, \sigma_i)$. Wie beim Bernoulli-Prinzip ist auch beim (μ, σ)-Prinzip die Entscheidung vom Aussehen der Präferenzfunktion abhängig. Nach dem Dominanzprinzip wird der Entscheidungsträger ceteris paribus Wahrscheinlichkeitsverteilungen mit steigendem μ bevorzugen. Ist der Entscheidungsträger, wie oben angenommen wurde, risikoscheu, so wird er ceteris paribus von zwei Wahrscheinlichkeitsverteilungen diejenige mit geringerer Standardabweichung σ vorziehen. Trägt man die Werte in einem (μ, σ)-Koordinatensystem ein, so lassen sie sich durch Abtragen der Indifferenzkurven in eine Reihenfolge bringen. Die Alternative, deren Wert die am weitesten rechts gelegene Indifferenzkurve erreicht, maximiert den Nutzen.[2]

Zur Anwendung des (μ,σ)-Prinzips als Entscheidungskriterium in einem konkreten Fall ist zunächst zu prüfen, ob die vorherrschenden Voraussetzungen der Rationalität des Bernoulli-Prinzips genügen. Die Frage, unter welchen Voraussetzungen das (μ,σ)-Prinzip im Sinne der Bernoulli-Axiome als rational angenommen werden kann, ist in der Literatur abschließend beantwortet worden.[3] Macht man hinsichtlich der Gültigkeit des (μ,σ)-Prinzips zunächst keine Einschränkungen, wird das Ergebnis eine Präferenzfunktion der Gestalt $\psi(\mu,\sigma)= a\mu+b(\sigma^2+\mu^2)$ sein, deren Nutzenfunktion in jedem Fall quadratisch ist.[4] Die Annahme von quadratischen Nutzenfunktionen ist allerdings nicht vollständig mit der Realität des Immobilienmanagements vereinbar. Bei quadratischen Nutzenfunktionen der Form $U(Z) = b*Z - c*Z^2$ steigt der Nutzen U (Z) zunächst mit wachsendem Wert der Zielgröße (Z) an, bis bei b/2c ein Maximum erreicht ist, ab dem der Nutzen dann abnimmt. Es ist kaum vorstellbar, dass der Nutzen einer Immobilieninvestition für das Immobilienmanagement mit zunehmendem Endwert abnimmt. Eine Ausnahme bildet aber die Situation in der ein Entscheidungsträger in nachfolgenden Perioden an dem Erfolg der laufenden Investments gemessen wird. In diesem Fall würde er den zukünftigen Maßstab bei wachsendem gegenwärtigen Erfolg in die Höhe treiben und sich damit längerfristig schaden. In dieser Situation nimmt für ihn der Nutzen aus einem wachsenden Endwert solange zu, bis er das gegen-

[1] Vgl. Schneeweiß, H., 1967, S. 52 ff.
[2] Vgl. Bitz, M., 1981, S. 98 ff.; Laux, H., 1998, S. 154 f.
[3] Vgl. Schneeweiß, H., 1967, Teil II.
[4] Vgl. Schneeweiß, H., 1967, S. 96.

wärtig von ihm erwartete Erfolgsniveau erreicht hat.[1] Im Regelfall ist die Nutzenfunktion aber nur so formulierbar, dass sich der in Frage kommende Wertebereich von Z im aufsteigenden Ast befindet. Außerdem muss der Risikoaversionskoeffizient a(Z) = -U''(Z)/U'(Z) als Maß der Risikoneigung des Entscheidungsträgers positiv sein, um der oben geforderten Risikoaversion des Entscheidungsträgers Rechnung zu tragen.[2] Verläuft die Nutzenfunktion des Entscheidungsträgers, wie in unserem Beispiel angenommen, nicht quadratisch, so ist zu prüfen, ob andere Nutzenfunktionen in Spezialfällen den Bernoulli-Axiomen genügen.

Verengt man den Gültigkeitsbereich des (μ, σ)-Prinzips auf bestimmte Klassen von Wahrscheinlichkeitsverteilungen der Grundgesamtheit wie beispielsweise die Klasse der Normalverteilungen, so können auch andere Nutzenfunktionen zu rationalen Ergebnissen führen.[3] Wird von einer normalverteilten Zielgröße ausgegangen, so geht das (μ,σ)-Prinzip immer dann mit dem Bernoulli-Prinzip konform, wenn die Nutzenfunktion konkav verläuft.[4] Eine konkave Nutzenfunktion spiegelt die Risikoaversion beim Entscheidungsträger wider, welche für die Entscheidungsträger des Immobilienmanagements im Normalfall kennzeichnend ist. Diese Voraussetzung wäre damit erfüllt. Es bleibt im Einzelfall zu prüfen, ob der VoFi-Endwert normalverteilt ist oder zumindest die Normalverteilung hinreichend genau approximiert.

Betrachtet man die Verteilung des VoFi-Endwerts in dem o. a. Beispiel, so ist bereits aus ihrem grafischem Verlauf unmittelbar einsichtig, dass sich diese Verteilung nicht vollständig durch die Parameter des (μ, σ)-Prinzips beschreiben lassen und folglich auch keine Normalverteilung sein kann. Allerdings wurde bereits oben bei der Durchführung der Konfidenz-Tests darauf hingewiesen, dass sich mit zunehmendem Stichprobenumfang eine Annäherung an die Normalverteilung einstellt, sodass diese bei entsprechend großer Stichprobe durchaus als Approximation verwendet werden kann. Diese Vermutung wird deshalb mit einem Chi-Quadrat-Test überprüft. Dazu werden aus einer Normalverteilung mit den für die in unserem Beispiel berechneten Parameter der Häufigkeitsverteilung der Endwerte μ = -2.582.098 und σ = 4.609.302 die Häufigkeiten der in Tabelle 8.20. gebildeten Ergebnisklassen ermittelt. Anschließend wird mit Hilfe der Gleichung

$$(8.2) \quad \chi_0^2 = \sum_{j=1}^{K} \frac{(b_i - e_j)^2}{e_j}$$

die Abweichung der Häufigkeiten der Stichprobenergebnisse von den Häufigkeiten der entsprechenden Normalverteilung berechnet.[5] Bei einer Signifikanzzahl

[1] Auf dieses Agency-Problem wird im Abschnitt C ausführlich eingegangen.

[2] Vgl. zum ARROW-PRATT-Risikokoeffizienten: Pratt, , J. W., 1964, S. 135 f.

[3] Vgl. Schneeweiß, H., 1967, S. 118 ff.

[4] Vgl. Rudolph, B., 1979, S. 13 ff.

[5] Vgl. Kreyzig, E., 1982, S. 229 ff. Das Vorgehen erfordert dabei eine Verdichtung der oberen und unteren Klassen zu einer Mindest- und einer Höchstklasse, um die beim Chi-Quadrat-Test geforderten fünf Werte pro Intervall mindestens zu erhalten.

von $\alpha = 0{,}01$ und 19 Freiheitsgraden[1] ergibt sich $P(\chi^2 \leq c) = 1 - 0{,}99 = 0{,}01$ mit ($\chi_0^2 = 105{,}87 > 37{,}57$). Die Hypothese wird verworfen. Das bedeutet, in unserem Beispiel werden durch die getätigten Vereinfachungen die Ergebnisse unter Annahme einer exponentiell verlaufenden Nutzenfunktion zu stark verzerrt.

Die Überlegungen zur Berücksichtigung des Risikos in immobiliaren Investitionsentscheidungen haben gezeigt, dass verwertbare Ergebnisse nur durch einen erheblichen Aufwand für Informationsbeschaffung und -verarbeitung zu erzielen sind.[2] Während die Erstellung von Sensitivitätsanalysen recht unproblematisch ist, haben die wahrscheinlichkeitstheoretischen Risikoanalysen und insbesondere die Berücksichtigung der Risikoeinstellung des Entscheidungsträgers im Immobilienbereich die folgenden eng abgesteckten Grenzen:

1. Das Entscheidungsfeld ist offen. Der technische Fortschritt, eine dynamische Unternehmensentwicklung, die makroökonomische Entwicklung sowie die Unsicherheit über die Entwicklung der Standortqualität verhindern, dass alle Alternativen sowie die Gesamtheit aller relevanten Parameter in Investitionsentscheidungen Berücksichtigung finden.
2. Selbst wenn das Entscheidungsfeld in einem konkreten Fall hinreichend genau abzugrenzen ist, so muss die Wahrscheinlichkeitsfunktion der einzelnen Parameter befriedigend genau prognostizierbar sein. Hinsichtlich aller immobilienmarktbezogenen Parameter stehen diesem Vorhaben erhebliche Marktineffizienzen gegenüber. Abschnitt 3.2 hat darüber hinaus gezeigt, dass auch der Nutzen von selbstgenutzten Immobilien nur unter großen Schwierigkeiten zu prognostizieren ist.

Im Ergebnis sind die oben dargestellte wahrscheinlichkeitstheoretischen Risikoanalysen von den Analysten im Immobilienbereich nur sehr zögerlich übernommen worden und finden gegenwärtig aufgrund der unzureichenden Informationssysteme kaum Anwendung.[3]

8.6 Berücksichtigung der Unsicherheit mit Hilfe der Theorie der Realoptionen

8.6.1 Problemstellung

Mit der Bedeutsamkeit einer Unternehmensentscheidung nimmt in der Regel erfahrungsgemäß die Langfristigkeit der Entscheidungsbindung und die Komplexität der zu berücksichtigenden Daten zu.[4] Damit sind Immobilieninvestitionsent-

[1] Bei 22 Klassen, zwei abgeschätzten Parametern verbleiben n-1 = 19 Freiheitsgrade.

[2] So könnte man mit größerem Aufwand versuchen, die in Tabelle 8.20 zum Ausdruck gebrachte Risikoneigung des Entscheidungsträgers durch eine quadratische Nutzenfunktion zu approximieren.

[3] Vgl. Greer, G. E., S. 295.

[4] Vgl. Amran, M. u. Kulatilaka, N., 1999, S. 3.

scheidungen regelmäßig durch ein hohes Maß an Unsicherheit gekennzeichnet. Mit der Theorie der Realoptionen steht seit kürzerer Zeit ein Instrument zur Verfügung, wie die Entscheidungssituation bei Investitionsprojekten trotz ungewisser Daten weiter strukturiert werden kann.

Aus Sicht der Theorie der Realoptionen hält das Unternehmen mit der Möglichkeit der Investition eine Option. Die inhaltliche Ausgestaltung der Option kann verschiedene Formen annehmen.[1] Einen Überblick über die im Immobilienbereich wichtigen Ausgestaltungsformen der zu bewertenden Option gibt die folgende Tabelle 8.21.

Tabelle 8.21. Überblick nach der zu bewertenden Option

Zu bewertende Option	Beispiele für Anwendungen im Immobilienbereich
Starten/Hinauszögern der Investition (z. B. Titman, S., 1985; McDonald, R. u. Siegel, D., 1986; Majd, S. u. Pindyck, R.S., 1987; Pindyck, R., 1988, Paddock, J., Siegel, D. und Smith, J., 1988; Kemna, A. G. Z., 1993; Grinblatt, M. u. Titman, S., 1998)	• Ein Investor besitzt unbebautes Land. Soll er es jetzt mit der Projektentwicklung beginnen oder lieber warten, bis der Immobilienmarkt günstigere Bedingungen liefert? Welchen Wert besitzt die Option, die Bebauung hinauszuzögern? • Welchen Wert besitzt die Kaufoption in einem Leasingvertrag?
Wachstumsoption (z. B Brealey, R. A. u. Myers, S. C., 2000)	• Ein Handelsunternehmen befindet sich im ständigen Wachstum. Sollen bereits Immobilien in potentiellen neuen Lagen erworben werden, um den Marktzutritt zu sichern und zu beschleunigen, auch wenn gegenwärtig noch keine Erträge zu erwarten sind? Welchen Wert besitzen Kaufoptionen?
Frühzeitiger Abbruch eines Projekts (z. B. Myers, S. u. Majd, S., 1990; Grenadier, S. R., 1995 ; Schaefer, C. u. Pfnür, A., 2000; Schaefer, C. u. Pfnür, A., 2001)	• In der Wirtschaftlichkeitsanalyse eines Immobilienprojekts wird eine feste Nutzungsdauer unterstellt. In der Realität hingegen entwickeln sich die Begleitumstände der Investition häufig anders als geplant. Welchen Wert besitzt die Möglichkeit, ein Immobilienprojekt vorzeitig zu verkaufen beziehungsweise einen Mietvertrag vorzeitig zu kündigen? • Finanzierungsbedingungen verändern sich im Zeitablauf. Welchen Wert besitzt die Möglichkeit, einen langfristigen Kreditvertrag vorzeitig zu kündigen?

[1] Vgl. zu einer allgemeinen Übersicht: Trigeorgis, L., 1997; Amran, M. u. Kulatilaka, N., 1999; Crasselt, N.u. Tomaszewski, C., 1999.

Zu bewertende Option	Beispiele für Anwendungen im Immobilienbereich
Zeitweilige Stilllegung/Verringerung der Produktion (z. B. McDonald R. und Siegel D., 1985 Bollen, N.P.B., 1999)	• Eine Immobilie wird gegenwärtig von einem Unternehmen nur noch in Teilen genutzt. Spätere neue Nutzungsmöglichkeiten sind nicht auszuschließen. Soll die Immobilie jetzt verkauft werden? Welchen Wert haben zusätzliche Installation (Eingänge, Treppenhäuser, Stromversorgung etc.) zur Schaffung der Möglichkeit der teilweisen Vermietung?
Ersatz der Produktionsmittel (z. B. Williams, J. T., 1997; Dangl, T. u. Wirl, F., 1998)	• Ein Unternehmen belegt eine nicht optimal genutzte Immobilie. Welchen Wert hat die Möglichkeit umzuziehen?

Quelle: Eigene Darstellung.

Die praktische Anwendung von Realoptionen im Immobilienbereich wird weltweit durch den Verband der Corporate Real Estate Manager International Development Research Council (IDRC) stark forciert. In einer empirischen Erhebung unter seinen Mitgliedern hat der Verband eindeutige Indizien für die große empirische Relevanz des Themas gefunden und zahlreiche praktische Anwendungen der in Tabelle 8.21 dargestellten Optionsbewertungen festgestellt.[1]

Nachfolgend wird gezeigt, auf welche Grundüberlegungen sich die Theorie der Realoptionen stützt und in welchem Umfang sie Entscheidungsunterstützung leisten kann. Dazu wird zunächst die Theorie in ihren Grundzügen schrittweise entwickelt, um anschließend die Anwendungsmöglichkeiten im Immobilienmanagement zu zeigen und mit Hilfe von zwei Beispielen zu verdeutlichen.

8.6.2 Grundzüge der Theorie der Realoptionen

8.6.2.1 Von Finanzoptionen zu Realoptionen

Investitionen sind in der Regel durch einen hohen Kapitaleinsatz mit langfristigen Kapitalbindungsdauern sowie einen hohen Grad an Unsicherheit über die zukünftig aus der Investition zu erwartenden Rückflüsse gekennzeichnet. Korrekturen an bestehenden Investitionsprojekten bzw. Revidierung der Investitionsentscheidung selbst stehen zumeist hohe Kosten gegenüber, die eine Korrekturmaßnahme nicht rechtfertigen würden. Diese Charakteristika von Investitionen verlangen von dem Entscheidungsträger die Entwicklung eines Entscheidungskalküls, das insbesondere die Unsicherheit über die zukünftige Entwicklung der die Vorteilhaftigkeit der Investition beeinflussenden Faktoren berücksichtigt. Die Methoden der klassischen Investitionsrechnung besitzen hinsichtlich dieses Aspekts erhebliche Mängel. So arbeiten die oben dargestellten dynamischen Verfahren der Investitionsrechnung mit im Entscheidungszeitpunkt geschätzten Werten und geben dem Entscheidungsträger ausschließlich für den fest vorgegebenen Entscheidungszeitpunkt eine Investitionsempfehlung. Die Entscheidungsregel für den Investor lautet in diesem Fall: „Investiere heute, falls die Investition vorteilhaft ist, oder nie". Die

[1] Vgl. Ghosh, C. u. Sirmans, C. F., 1999.

Tatsache, dass gerade ein Hinauszögern der Investition die zugrundeliegende Datensituation und damit das Entscheidungsverhalten grundsätzlich verändern könnte, wird in diesem Kalkül nicht berücksichtigt. Durch ein Hinauszögern der Investitionsentscheidung ist der Entscheidungsträger in der Lage, zukünftige Umweltentwicklungen weiter zu beobachten und zusätzliche Informationen zu sammeln. Dadurch könnte ein Investitionsprojekt, welches sich gegenwärtig mit Hilfe der statistischen Verfahren der Risikoanalyse aufgrund mangelnder Informationsgrundlage in seinen Zahlungsströmen nur unzureichend abbilden lässt, sehr wohl zu einem späteren Zeitpunkt beurteilt werden. So könnte eine heute verworfenes Investition zu einem späteren Zeitpunkt als vorteilhaft bewertet werden. Der Ansatz, die Möglichkeit des "Abwartens" in das Bewertungsinstrumentarium zu integrieren, führte zu Überlegungen, die Theorie der Finanzoptionen auf Realoptionen zu übertragen.[1]

Eine europäische Kauf- bzw. Verkaufsoption auf eine festgelegte Zahl von Aktien räumt dessen Inhaber das Recht ein, zu einem späteren Zeitpunkt diese Aktien zu einem festgelegten Kurs, dem Basiskurs, von einem Stillhalter zu kaufen bzw. an den Stillhalter zu verkaufen. Im Vergleich zur europäischen Option hätte der Inhaber bei einer amerikanischen Option jederzeit während der Optionslaufzeit das Recht, die Option auszuüben. Analoge Überlegungen lassen sich nun auf Realoptionen übertragen. Ein Unternehmen hält, beispielsweise mit der Möglichkeit zu investieren, die Option, heute oder zu einem späteren Zeitpunkt Auszahlungen für ein Investitionsprojekt von bestimmten Wert zu tätigen. In diesem Fall ist nicht der Aktienkursverlauf die unsichere Determinante, sondern die Wertentwicklung des Investitionsprojektes.

8.6.2.2 Der diskrete Fall von Realoptionen

Im Folgenden soll anhand einer diskreten Betrachtung, d. h. ausgehend von endlich vielen Zeitpunkten und Zuständen, geschildert werden, wie die Bewertung einer Option auf Aktien auf den Fall der Realoptionen übertragen werden kann. In einem ersten Schritt kann eine Investitionsmöglichkeit analog zu einer Kaufoption auf dem Aktienmarkt interpretiert werden: Eine Investitionsmöglichkeit gibt dem Unternehmen das Recht, aber nicht die Verpflichtung, Investitionsausgaben zu tätigen, um ein Investitionsprojekt zu erhalten, dessen zukünftigen Rückflüsse unsicher/ungewiss sind. Dabei sind die Investitionsausgaben als Ausübungspreis der Option, das Investitionsprojekt als Aktienanteil und der ungewisse Verlauf der zukünftigen Rückflüsse als ungewisse Aktienkursentwicklung zu interpretieren.[2]

Zur Veranschaulichung betrachten wir folgendes stark vereinfachte Beispiel.[3] Ein Investor ist im Besitz eines Grundstücks, welches sich von den planungsrechtlichen Gegebenheiten sowohl recht vorsichtig mit sechs Einheiten oder vor dem Hintergrund einer optimistischen Erwartungshaltung an den Immobilienmarkt mit neun Einheiten bebauen lässt. Der Investor steht nun vor dem Problem zu ent-

[1] Vgl. zu einer Übersicht: Gintschel, A., 1999.

[2] Vgl. Dixit, A. K. u. Pyndick, R. S., 1994, S. 30.

[3] Vgl. Titman, S., 1985; Grinblatt, M. u. Titman, S., 1998, S. 418 ff.

scheiden, in welchem Umfang er das Grundstück zu welchem Zeitpunkt bebauen soll. In der konkreten Situation stellen sich ihm grundsätzlich zwei Entscheidungszeitpunkte: entweder heute oder in einem Jahr. Zur Entscheidungsfindung analysiert er zunächst seine Entscheidungssituation genauer. Die Baukosten pro Einheit betragen bei der Errichtung von sechs Einheiten 80.000 und bei der Errichtung von neun Einheiten 90.000. Die Baukosten sind dabei im nächsten Jahr unverändert. Der gegenwärtige Marktpreis einer Einheit beträgt 100.000. Für den Marktpreis im nächsten Jahr erwartet er entweder im optimistischen Fall (o) einen Preisanstieg auf 120.000 oder im pessimistischen Fall (p) einen Preisverfall auf 90.000. Das Objekt lässt sich gegenwärtig für 8.000 pro Einheit vermieten. Als Alternative zu einer Investition in das Immobiliendevelopment bietet sich ihm eine sichere Kapitalanlage, die einen Zinssatz von 12 % erwirtschaftet.

Ausgehend von dieser Problemanalyse kann er sein Entscheidungsproblem durch Bewertung der zur Wahl stehenden Varianten in Anlehnung an die Bewertung von Aktienoptionen lösen.[1] Gemäß des Farkas-Lemma ergibt sich der Preis eines Portefeuilles p_f auf einem vollkommenen, arbitragefreien Markt aus der Summe der Einzahlungsüberschüsse des Portefeuilles über alle Zustände s (s=1,..., S) gewichtet mit ihren nichtnegativen Preisen π_s°, sodass gilt:[2]

$$(8.3) \quad p_f = \sum_{s=1}^{S} e_{fs} \pi_s^{\circ}$$

Der Preis des zu bebauenden Grundstücks kann unter den Prämissen des vollkommenen Kapitalmarkts und der Arbitragefreiheit als Summe ihrer Einzahlungsüberschüsse aufgefasst werden. Die Voraussetzung der Arbitragefreiheit ermöglicht es, bei der Bewertung der Immobilie ohne Kenntnis der Risikoeinstellung auszukommen. Diese einfachen Zusammenhänge führen zu folgendem Lösungsweg des oben beschriebenen Problems:

Gegenwärtig würde der Bau von neun Einheiten einen Gewinn von 9 x (100.000-90.000) = 90.000 und der Bau von sechs Einheiten 6 x (100.000-80.000) = 120.000 versprechen. Somit würde er sich gegenwärtig für die kleinere Variante mit sechs Einheiten entscheiden. Würde der Investor allerdings ein Jahr warten, so würde er sich mit folgender Situation konfrontiert sehen. Sofern die Marktbedingungen günstig sind, würde er seinen Gewinn durch Wahl der großen Variante maximieren. Er erzielt 9 x (120.000-90.000) = 270.000. Bei einer ungünstigen Marktentwicklung würde er sich mit der kleineren Variante besser stellen, die ihm einen Gewinn von 6 x (90.000 – 80.000) = 60.000 beschert. Den Wert der Option, eine Einheit zum Zeitpunkt 1 zu erwerben, verdeutlicht der folgende Zustandsbaum, in dem der heutige Wert der Option von 100.000 dem Basispreis entspricht und die Zuflüsse in den Zuständen o und p sich aus der Summe der Mieteinnahme und dem Wertzuwachs ergeben.

---

[1] Vgl. Franke, G. u. Hax, H., 1994, S. 366 ff.

[2] Vgl. Franke, G. u. Hax, H., 1994, S. 363.

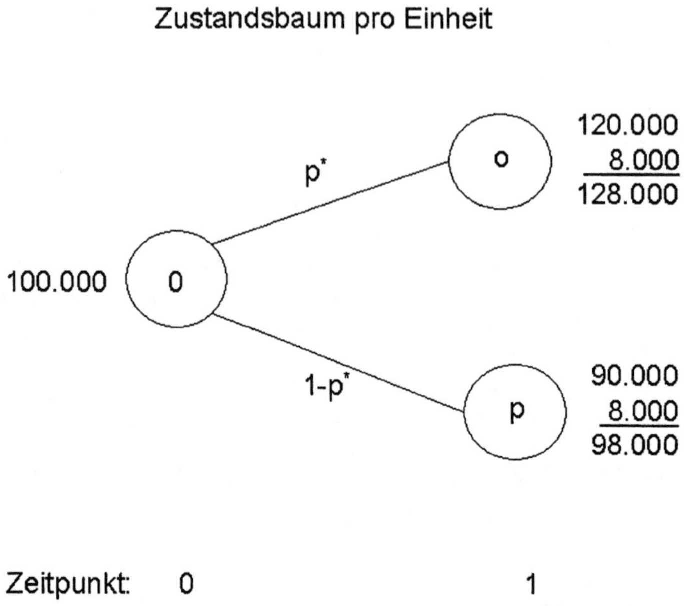

Abb. 8.8. Zustandsbaum pro Einheit. Quelle: Eigene Darstellung.

Um den Erwartungswert des Barwerts dieser beiden Einzahlungen zu berechnen, müssen zunächst diejenigen Eintrittswahrscheinlichkeiten der Alternativen (p^*, 1-p^*) bestimmt werden, bei denen ein Investor zwischen einem heute sicheren Betrag und der zukünftig einzugehenden Risikosituation indifferent ist. Die Indifferenzwahrscheinlichkeiten (p^*, 1-p^*) müssen folgender Bedingung genügen:

$$100.000 = \frac{p*(120.000 + 8.000) + (1-p)*(90.000 + 8.000)}{1.12}$$

Durch auflösen nach p erhält man das Ergebnis $p^* = 7/15$. Auf der Grundlage der Indifferenzwahrscheinlichkeiten lässt sich problemlos der Erwartungswert des Barwerts für den Fall berechnen, dass gegenwärtig nicht gebaut wird, sondern erst in einem Jahr. Der Barwert (C_0) ist

$$C_0 = \frac{\frac{7}{15}*270.000 + \frac{8}{15}*60.000}{1,12} = 141.071.$$

Da der Barwert der Option „Entwicklung des Projekts im nächsten Jahr" größer ist als der Gewinn aus der sofortigen Entwicklung von sechs Einheiten (120.000) wartet der Investor ab. Damit hält er die Option am Leben.

Das unbebaute Grundstück wird in unserem Beispiel als eine Option auf den Kauf eines bebauten Grundstücks betrachtet. Der Ausübungspreis der Option entspricht hier den Kosten für die Entwicklung des Grundstücks. Je größer die Unsicherheit über den Entwicklungserfolg ist, um so größer ist der Wert der Option und damit um so unrentabler die Bebauung des Grundstücks. Ebenso wie bei Aktien unterstellt eine solche Bewertung von Realoptionen Voraussetzungen über die Funktionsfähigkeit des Immobilienmarkts. Sie funktioniert nur dann, wenn der Investor durch Termingeschäfte in der Lage ist, sich die erwartete Risiko-Rendite-Relation sofort zu sichern. Zur Verdeutlichung dient ein einfaches Beispiel. Angenommen das soeben mit 141.071 bewertete unbebaute Grundstück würde für 120.000 zum Kauf angeboten. Der Investor würde das Land erwerben und gleichzeitig sieben Einheiten zum gegenwärtigen Preis verkaufen. Dies setzt voraus, dass entweder ein Terminmarkt für diese Immobilienklasse existiert, der Leerverkäufe ermöglicht oder er müsste eine entsprechende Anzahl an Immobilien aus seinem bisherigen Bestand heraus verkaufen. Den Verkaufserlös investiert er in den Grundstückskauf und in die risikofreie Anlage, die ihm als Zero-Bond ausgestattet 12 % Verzinsung garantiert. Die Aufteilung des Portefeuilles des Investors ist damit so konstruiert, dass sich die Summen für die Auszahlungen für die Eindeckung der auf Termin verkauften Einheiten und die Einzahlungen aus dem Verkauf des unentwickelten Landes sich in beiden Fällen ausgleichen. Berücksichtigt man ferner die Mieten und die Rückzahlung des Zero-Bonds, ergeben sich in einem Jahr keine Liquiditätseffekte. Der Investor realisiert aber zum gegenwärtigen Zeitpunkt einen Überschuss von 21.071, der der Differenz des Preises und des Optionswertes des Grundstücks entspricht.

Tabelle 8.22. Arbitragegeschäft im Falle falscher Marktpreise

Investitionen	Zahlungen in t_0	Zahlungen in t_1 bei günstiger Marktentwicklung	Zahlungen in t_1 bei ungünstiger Marktentwicklung
Leerverkauf von 7 Einheiten	700.000	-840.000 Miete -56.000	-630.000 Miete -56.000
Kauf des Grundstücks	-120.000	270.000	60.000
Kauf eines risikolosen Zero-Bonds	$-\frac{626.000}{1{,}12} = 558.929$	626.000	626.000
	21.071	0	0

Quelle: Grinblatt, M. u. Titman, S., 1998, S. 421.

Der unrealistischen Annahme von nur zwei möglichen Zuständen am Ende des Jahres kann im diskreten Fall Rechnung getragen werden, indem der betrachtete Zeitraum in mehrere Zeitintervalle unterteilt wird und jedem Zustand am Ende eines jeden Intervalls wieder zwei mögliche Zustände folgen können. Für die Modellierung bedeutet dies ein Übergang vom Bernoulli- zum Binomial-Modell.[1] Allerdings verlangt auch das Binomial-Modell vom Entscheidungsträger, mögliche zukünftige Zustände mit subjektiven Wahrscheinlichkeiten zu belegen, und setzt damit implizit die Existenz einer Wahrscheinlichkeitsverteilung über die mögliche

[1] Vgl. Sharpe, F. und Gordon, G. J., 1989, Kapitel 14.

zukünftige Entwicklung voraus. Um die Subjektivität aus dem Entscheidungskalkül zu eliminieren und zu einer präferenzfreien Bewertung der zukünftigen Entwicklung zu gelangen, muss ein Grenzübergang von endlich vielen Zuständen auf einem in diskrete Zeitintervalle unterteilten Zeitraum zu unendlich vielen Zuständen auf einen stetigen Zeitraum geschaffen werden. Der Übergang von der Unterstellung einer Binomialverteilung hin zu einer Normalverteilung stellt einen weiteren Schritt zu einer realitätsnahen Modellierung der Entscheidungssituation dar.[1]

8.6.3 Der kontinuierliche Fall

8.6.3.1 Grundüberlegungen

Mit dem Übergang von der diskreten hin zu einer stetigen Betrachtung soll im Folgenden eine realitätsnähere Modellierung der Entscheidungssituation vorgenommen werden.[2] MC DONALD/SIEGEL und DIXIT/PINDYCK zählten zu den ersten Autoren, die das Problem der Modellierung von Unsicherheit in dem hier verstandenen Sinne in Investitionsmodellen mit Hilfe der Theorie der stochastischen Prozesse zu lösen versuchten.[3] Die Verwendung eines kontinuierlichen Zufallsprozesses wird damit begründet, dass Größen, die den Schwankungsbereich zukünftiger Marktpreise bestimmen, am Markt nicht beobachtbar sind und im Sinne der Aufrechterhaltung einer präferenzfreien Bewertung nicht aus individuellen Erwartungen abgeleitet werden dürfen.

Im Modellansatz von DIXIT/PINDYCK hält das Unternehmen analog zum diskreten Bewertungsansatz mit der Möglichkeit zu investieren eine Option. Dabei kann die inhaltliche Ausgestaltung der Option verschiedene Formen annehmen.[4] Führt das Unternehmen die Investition durch, so übt es die Option aus. Damit vergibt es die Möglichkeit auf den Erwerb zusätzlicher Informationen und kann auf eventuelle zukünftige Zustandsveränderungen nicht mehr reagieren. Der entgangene Optionswert entspricht damit den der Durchführung der Investition gegenüberstehenden Opportunitätskosten. Ausgehend von bekannten und fixen Investitionsausgaben I wird für die Entwicklung des Wertes V des Investitionsprojektes eine Brown'sche Bewegung unterstellt.[5] Ähnlich wie in der Optionspreistheorie lässt sich diese Annahme mit den nicht vollständig am Markt vom Entscheidungsträger beobachtbaren Einflussfaktoren und der daraus resultierenden Notwendigkeit der Abstraktion auf eine präferenzfreie Bewertungsebene begründen. Aufgrund dieser unsicheren Determinante im Entscheidungskalkül besteht die optimale Investitionsregel für das Unternehmen darin, die Investition dann auszuführen, wenn der Wert V mindestens so hoch ist wie ein vorgegebener über den Investitionsausgaben I liegender kritischer Wert V^*.

[1] Zu diesem Grenzübergang vgl.: Cox, J., Ross, S. A. u. Rubinstein, M., 1979.

[2] Vgl. Spremann, K., 1991, S. 577.

[3] Vgl. McDonald, R. u. Siegel, D., 1984; Dixit, A. K. u. Pyndick, R. S., 1994.

[4] Vgl. Trigeorgis, L., 1997, S. 2 ff.; Bollen, N. P. B., 1999, S. 670; Ginschel, A., 1999, S. 71 ff.

[5] Vgl. Dixit, A. K. u. Pyndick, R. S., 1994, S. 136.

Hieraus resultiert für das Unternehmen zunächst die Aufgabe, den kritischen Wert V^* festzulegen. Der Zeitpunkt, zu dem der kritische Wert angenommen wird, stellt zugleich den optimalen Investitionszeitpunkt dar. Für das Unternehmen ergibt sich aus theoretischer Sicht ein optimales Stoppzeiten-Problem bei stetiger Zeit.[1] Analoge Überlegungen lassen sich für den Fall über den Zeitverlauf unsicherer Investitionsausgaben I bei einem bekannten und fixen Wert V des Investitionsprojekts übertragen. Gesucht wird in diesem Fall das kritische Investitionsniveau I^*, das eine Obergrenze für die vom Unternehmen zu leistenden Investitionsausgaben vorgibt.

8.6.3.2 Modelle

Eine gleichzeitige Unterstellung ungewisser Investitionsausgaben und ungewisser Investitionsprojektwerte würde den Komplexitätsgrad der Entscheidungsmodelle enorm anwachsen lassen und auf dem nachfolgend beschrittenen Weg zu keinen Ergebnissen führen. Daher wird im Folgenden eine Modellseparation anhand der unsicheren Parameter vorgenommen.

Tabelle 8.23. Modellübersicht

		Wert des Investitionsprojektes V	
		hinreichend genau prognostizierbar	ungewiss
Investitionsausgaben I	hinreichend genau prognostizierbar	sicherer Fall	Modell II
	ungewiss	Modell I	--

Quelle: Eigene Darstellung.

Im ersten Modell wird eine ungewisse Entwicklung der Investitionsausgaben bei einem sicheren Wert des Investitionsprojektes unterstellt. Dies könnte beispielsweise dann der Fall sein, wenn die Entwicklung des Kaufpreises eines Grundstücks oder einer bereits entwickelten Immobilie nicht zu prognostizieren ist, sehr wohl aber der aus dem Objekt erwachsende Nutzen in Form von ersparter Miete, ersparten Betriebsausgaben oder verbesserter Leistungsfähigkeit der neuen Flächen. Im zweiten Modell wird vice versa eine ungewisse Entwicklung des Wertes des Investitionsprojektes bei bekannten Investitionsausgaben unterstellt. Dieser Zustand tritt immer dann ein, wenn die Baukosten oder der Kaufpreis zum Entscheidungszeitpunkt vertraglich fixiert werden können oder sehr genau zu prognostizieren sind. Hingegen sind die Rückflüsse maßgeblich bedingt durch unvorhersehbare Schwankungen an den Immobilienmärkten ungewiss. Prinzipiell können sowohl die laufenden Mieteinnahmen als auch der Liquidationserlös ungewiss sein. In der Praxis dürfte ein Investor regelmäßig für die Mieteinnahmen nicht zuletzt aufgrund langfristiger Verträge mit den Mietern zumindest Erwar-

[1] Vgl. Dixit, A. K. u. Pyndick, R. S., 1994, S. 135 ff.

tungswerte angeben können, was für den Liquidationserlös hingegen nicht so leicht möglich ist.

Modell I (Investitionsausgaben ungewiss):
Gesucht wird das maximale Niveau der Investitionsausgaben der Immobilieninvestition, bis zu dem das Unternehmen bereit ist, die Investitionsmöglichkeit wahrzunehmen. Das Unternehmen hält die Option "Durchführung der Investition", deren Ausübung Investitionsausgaben verursacht. Die Höhe der Investitionsausgaben hängen von Marktbewegungen ab, die an den jeweiligen Immobilienmärkten nicht beobachtbar geschweige denn auf systematische Einflussfaktoren zurückzuführen sind. Damit ist die Höhe der Investitionsausgaben ebenso ungewiss wie ein Aktienkursverlauf. BLACK/SCHOLES haben am Beispiel des Aktienmarkts gezeigt, dass sich diese Unsicherheit mit einer Brown'schen Bewegung beschreiben lässt. Analoge Überlegungen lassen sich nun für die Investitionsausgaben vollziehen und führen zu der folgenden Beschreibung der Investitionsausgaben durch eine Brown'sche Bewegung:

(8.4) $$dI = \alpha_I I\,dt + \sigma_I I\,dz,\ I(0) = I_0.$$

Die durchschnittliche erwartete prozentuale Veränderung der Investitionsausgaben pro ZE wird durch α_I beschrieben, dz stellt das Inkrement eines Wiener-Prozesses dar und beschreibt die stochastische Entwicklung der Investitionsausgaben, I_0 ist das bekannte aktuelle Investitionsniveau, σ_I ist der relative Anteil des Wiener-Prozesses am Differential dI und $\sigma_I^2 I^2$ der Zuwachs der Varianz pro ZE. Ausgehend von I_0 sind die zukünftigen Werte von I(t) lognormal verteilt mit einer über den Zeitverlauf linear ansteigenden Varianz, d. h. obgleich das Unternehmen im Zeitverlauf Informationen, z. B. durch Beobachtung der Investitionsausgaben, erhält, sind ihr die zukünftigen Investitionsausgaben unbekannt.[1] Dem Unternehmen stellt sich nun die Frage, zu welchem Investitionsniveau I^* die Investition optimal durchgeführt wird. Ihre Zielsetzung besteht damit in der Maximierung des Optionswertes und mündet in einem Optimierungsproblem in Form eines Stoppproblems. Der Wert der Option lässt sich wie folgt formulieren:

(8.5) $$C(I) = \max\{V - I,\ e^{-rdt} E(C(I) + dC(I))\},\ r = \text{Zinssatz}.$$

Ist $I < I^*$, so erfolgt eine sofortige Durchführung der Investition, d. h. die Option wird ausgeübt und der Optionswert beträgt V - I.

Ist $I > I^*$, so wartet das Unternehmen ab und beobachtet weiter die Entwicklung der Investitionsausgaben. Die Option wird damit zumindest für den Zeitraum dt weiter gehalten und der Wert der Option ergibt sich aus dem abgezinsten erwarteten Wert der Option am Ende des Zeitraums: $C(I) = e^{-rdt} E(C(I) + dC(I))$. Da dC(I) ein stochastisches Differential ist, das mit Anwendung von Itos Lemma bestimmt

[1] Vgl. zur Interpretation: Dixit, A. K. u. Pyndick, R. S., 1994, S. 136 f. sowie Dangl, T. u. Wirl, F., 2000, S. 261.

wird durch $dC = \frac{dC}{dI} dI + \frac{1}{2} \frac{d^2C}{dI^2} (dI)^2$, und $E(dz) = 0$ sowie $E(dz^2) = dt$ gilt,[1] ergibt sich durch Reihenentwicklung

$$(8.6) \qquad r\,C(I) = \frac{1}{dt} E(dC) = \frac{1}{2} \sigma_I^2 I^2 \frac{d^2C}{dI^2} + \alpha_I I \frac{dC}{dI},$$

d. h. so lange die Option gehalten wird, muss die erwartete Wertentwicklung pro ZE, $\frac{1}{dt} E(dC)$, immer gleich dem geforderten Zinsertrag rC sein. Subtraktion von rC auf beiden Seiten der Gleichung führt zur Bellmann'schen Optimalitätsgleichung.[2]

Da die vorliegende homogene Differentialgleichung zweiten Grades linear in C und den zugehörigen Ableitungen ist, kann ihre allgemeine Lösung wie folgt als Linearkombination von zwei unabhängigen Lösungen dargestellt werden:[3]

$$(8.7) \qquad C(I) = A_1 I^{\beta_1} + A_2 I^{\beta_2}$$

mit $\beta_{1,2} = \frac{1}{2} - \frac{\alpha_I}{\sigma_I^2} \pm \sqrt{\left[\frac{1}{2} - \frac{\alpha_I}{\sigma_I^2}\right]^2 + \frac{2r}{\sigma_I^2}}$, $\beta_1 > 1$, $\beta_2 < 0$ für $\alpha_I < r$.

Zur Bestimmung der unbekannten Werte A_1 und A_2 sowie des gesuchten Niveaus der Anschaffungsausgabe I^* muss C(I) den folgenden Randbedingungen genügen:

(1) $C(I^*) = V - I^*$
(2) $C'(I^*) = -1$
(3) $\lim_{I \to \infty} C(I) = 0$

Die Randbedingung (1) besagt, dass man durch die Ausübung der Option den Nettoertrag $V - I^*$ erhält. Durch die Randbedingung (2) wird ein stetiger und differenzierbarer Übergang in I^* vom Durchführungsbereich in den Wartebereich sichergestellt. Die Randbedingung (3) spiegelt die Tatsache wider, dass bei hohen Investitionsausgaben die Durchführung der Investition unrentabel ist und die Option daher nicht ausgeübt wird. Da die Randbedingung (3) nur erfüllt werden kann, wenn gleichzeitig A_1 den Wert 0 annimmt (da $\beta_1 > 1$ ist, würde der erste Term der Lösung unendlich groß werden), muss im Folgenden die Gleichung $C(I) = A_2 I^{\beta_2}$ gelöst werden. Einsetzen der Gleichung in (1) und (2) liefert

$$(8.8) \qquad C(I^*) = V - I^* = A_2 I^{\beta_2} \text{ und}$$

[1] Vgl. Dixit, A. K. u. Pyndick, R. S., 1994, 1994, S. 140 f.
[2] Vgl. Dangl, T. u. Wirl, F., 2000, S. 265.
[3] Vgl. Dixit, A. K. u. Pyndick, R. S., 1994, S. 143.

$$C'(I^*) = -1 = \beta_2 A_2 I^{*\beta_2 - 1} \Rightarrow A_2 = -\frac{1}{\beta_2 I^{*\beta_2 - 1}}$$

$$\Rightarrow \quad V - I^* = -\frac{1}{\beta_2} I^* \Leftrightarrow V = I^* \left(1 - \frac{1}{\beta_2}\right)$$

$$\Leftrightarrow I^* = V \frac{\beta_2}{\beta_2 - 1} < V \qquad (I^* < V \text{ gilt, da aus } \beta_2 < 0 \text{ folgt: } 0 < \frac{\beta_2}{\beta_2 - 1} < 1).$$

Das hier ermittelte I^* ist damit das Investitionsniveau, bei dem das Unternehmen indifferent zwischen den Alternativen „Durchführen" und „Warten" ist, und stellt genau den kritischen Wert dar, bei dem eine sofortige Durchführung der Investition optimal ist. Bewegen sich die Investitionsausgaben oberhalb von I^*, so ist die Alternative „Warten" die optimale Entscheidung für das Unternehmen - auch für den Fall, dass der Wert des Investitionsprojektes V höher ist als die Investitionsausgaben I.

Die gefundene Lösung lässt die folgenden Interpretationen zu:

1. Mit zunehmendem σ_I, d. h. einer zunehmenden Unsicherheit über die Investitionsausgaben, nähert sich β_2 seiner oberen Schranke 0 und $\frac{\beta_2}{\beta_2 - 1}$ geht ebenfalls gegen 0, sodass I^* den Wert 0 annimmt. Dies bedeutet, dass bei einer zunehmenden Unsicherheit das Investitionsniveau mit 0 einen nie zu erreichenden Wert annimmt und daher keine Durchführung des Investitionsprojektes erfolgen wird.
2. Bei abnehmenden σ_I, d. h. einer immer weiteren Annäherung an die Sicherheitssituation, in der die Investitionsausgaben dem Unternehmen stets bekannt sind, nimmt β_2 ab und geht gegen $-\infty$, sodass $\frac{\beta_2}{\beta_2 - 1}$ im Grenzwert den Wert 1 annimmt und sich für I^* der Wert V ergibt. Dieses Ergebnis steht im Einklang mit den bekannten Entscheidungskriterien bei Investitionsentscheidungen unter Sicherheit.

Modellerweiterung

Im Folgenden soll die realitätsferne Annahme über den im Zeitverlauf konstanten Wert des Investitionsprojektes aufgehoben werden. Insbesondere in dem hier betrachteten Fall der Immobilien ist davon auszugehen, dass der Wert des Investitionsprojekts im Zeitablauf ansteigen wird. Umfassende Beobachtungen von Immobilienmärkten zeigen, dass langfristig mit Immobilien im Durchschnitt eine Wertsteigerung von 3 % zu erzielen ist. Zur Aufrechterhaltung des Entscheidungskalküls wird nachfolgend weiter unterstellt, dass im Entscheidungsmodell V konstant ist - die evolutorische Entwicklung des Wertes des Investitionsprojektes wird implizit über eine Neuformulierung der ungewissen zukünftigen Investitionsausgaben berücksichtigt, indem die ungewissen Investitionsausgaben aus Modell I (I_1) mit einer den evolutorischen Verlauf des Wertes des Investitionsprojektes modellierenden gegenläufigen Brown'schen Bewegung (I_2) korrelieren: $I(I_1,I_2) = I_1 I_2$ mit $dI_1 = \alpha_1 I_1 dt + \sigma_1 I_1 dz_1$, $dI_2 = \alpha_2 I_2 dt + \sigma_2 I_2 dz_2$ und $E(dz_1 dz_2) = \rho$

Unter Berücksichtigung von $\frac{\partial^2 I}{\partial {I_1}^2} = \frac{\partial^2 I}{\partial I_2} = 0$ und $\frac{\partial^2 I}{\partial I_1 \partial I_2} = 1$ ergibt sich mit Hilfe von Ito's-Lemma die folgende Brown'sche Bewegung für die modifizierten Investitionsausgaben:

(8.9)
$$dI = (\alpha_1 + \alpha_2 + \rho\sigma_1\sigma_2)Idt + \sigma_1 Idz_1 + \sigma_2 Idz_2$$

Der evolutorische Verlauf ist einfach darstellbar, wenn man Linearität über die Wertentwicklung des Investitionsprojektes unterstellt. Diese Annahme kann in der hergeleiteten Brown'schen Bewegung durch σ_2 gleich null und α_2 gleich der durchschnittlichen Steigung der Wert des Investitionsprojektes berücksichtigt werden. Für die Brown'sche Bewegung ergibt sich damit die vereinfachte Form

(8.10)
$$dI = (\alpha_1 + \alpha_2)Idt + \sigma_1 Idz_1$$

Dieser Prozess besitzt damit eine erwartete prozentuale Veränderung pro ZE in Höhe von $(\alpha_1 + \alpha_2)$ und einen relativen Anteil σ_1 des Wiener-Prozesses am Differential dI, d. h. die Unsicherheit über dessen zukünftigen Verlauf wird ausschließlich durch die Investitionsausgaben - nicht durch den Wert des Investitionsprojektes - bedingt.

Modell II (Wert des Investitionsprojektes ungewiss):
Nun wird angenommen, dass der zukünftige Wert des Investitionsprojektes aufgrund der Marktentwicklung ungewiss ist. Aufgrund der Unsicherheit über die Marktentwicklung wird auch hier eine Brown'sche Bewegung zur Modellierung des Wertes des Investitionsprojektes herangezogen:

(8.11)
$$dV = \alpha_V V dt + \sigma_V V dz, \quad V(0) = V_0$$

α_V beschreibt die erwartete prozentuale Veränderung des Wertes des Investitionsprojektes je ZE (dt). Im zweiten Summanden ist dz das Inkrement eines Wiener-Prozesses, das die stochastische Entwicklung des Wertes des Investitionsprojektes beschreibt, und σ_V der relative Anteil des Wiener-Prozesses am Differential dV. Der Zuwachs der Varianz pro ZE beträgt ${\sigma_V}^2 V^2$. Ausgehend von dem bekannten aktuellen Wert des Investitionsprojektes V_0 sind die zukünftigen Wert von V(t) lognormal verteilt mit einer Varianz, die linear mit der Zeit ansteigt, d. h. obgleich das Unternehmen im Zeitablauf Informationen erhält - es kann den Wert des Investitionsprojektes beobachten - sind ihr die zukünftigen Werte immer unbekannt. Im Gegensatz zum ersten Modell werden nun bekannte Investitionsausgaben unterstellt. Durch das „Vertauschen" der unsicherheitsbehafteten Einflussfaktoren müssen leichte Veränderungen am Optimierungsmodell vorgenommen werden, die Lösung verläuft analog. Das Unternehmen muss sich nun die Frage stellen, ab welchem Wert des Investitionsprojektes V^* die Durchführung der Investition sinnvoll ist. Hierzu muss das obige Modell in der Form modifiziert werden, dass C(I) durch C(V) ersetzt wird sowie der Durchführungsbereich und Wartebereich ihre Positionen ändern, sodass erst ein ausreichend hoher Wert des Investitionsprojektes die sofortige Durchführung der Investition rechtfertigt. Für die Randbedingungen ergeben sich

(1) $C(V^*) = V^* - I$

(2) $C'(V^*) = 1$

(3) $C(0) = 0$

Damit bleibt die erste Randbedingung bestehen und die zweite Randbedingung sichert analog einen stetigen und differenzierbaren Übergang von dem Warte- in den Durchführungsbereich. Die dritte Randbedingung besagt, dass der Optionswert des Wertes des Investitionsprojektes verschwindet, sobald er einmal den Wert 0 angenommen hat. Diese absorbierende Eigenschaft des Punktes 0 resultiert aus dem für den Wert des Investitionsprojektes unterstellten stochastischen Prozess und impliziert, dass der Optionswert einer Durchführung von keinem Wert ist, wenn der Wert des Investitionsprojektes auf 0 abfällt. Die Sicherstellung der dritten Randbedingung führt in diesem Fall dazu, dass in der zu lösenden stochastischen Differentialgleichung A_2 immer gleich 0 sein muss. Ansonsten würde der Optionswert bei einem gegen 0 gehenden Wert des Investitionsprojektes unendlich groß werden. Analoge Berechnungen führen zu

(8.12) $V^* = \frac{\beta_1}{\beta_1 - 1} I > I$ ($V^* > I$ gilt, da aus $\beta_1 > 1$ folgt: $\frac{\beta_1}{\beta_1 - 1} > 1$).

Dieses Ergebnis lässt analoge Interpretationen wie im vorigen Modell zu:

1. Mit zunehmendem σ_V, d. h. einer zunehmenden Unsicherheit über den Wert des Investitionsprojektes, nimmt β_1 ab und $\frac{\beta_1}{\beta_1 - 1}$ steigt an. D. h. je unsicherer der zukünftige Wert des Investitionsprojektes ist, um so höher muss das Investitionsprojektniveau über den Investitionsausgaben liegen, damit das Unternehmen überhaupt bereit ist, die Investition durchzuführen. Im Grenzfall wird das Investitionsprojektniveau unendlich groß und die Investition wird aufgrund der unermesslichen Unsicherheit nicht durchgeführt, d. h. die Option wird nicht getätigt.

2. Bei abnehmenden σ_V, d. h. einer immer weiteren Annäherung an die Sicherheitssituation, in der das Unternehmen den Wert des Investitionsprojektes mit Sicherheit kennt, konvergiert β_1 für $\alpha \leq 0$ gegen unendlich und V^* demzufolge gegen I. Für $\alpha > 0$ konvergiert V^* gegen $\frac{r}{r-\alpha}$ I ($\alpha < r$), d. h. ein durchschnittlich erwarteter zunehmender Wert des Investitionsprojektes rechtfertigt grundsätzlich nicht die Durchführung der Investition und damit den um

den Faktor $\frac{r}{r-\alpha}$ vergrößerten kritischen Wert. Auch diese beiden Ergebnisse stehen im Einklang mit den bekannten Entscheidungskriterien bei Investitionsentscheidungen unter Sicherheit.

8.6.4 Anwendung: Timing einer Bereitstellungsentscheidung

Zur Verdeutlichung ihrer Leistungsfähigkeit werden die beiden Modelle zunächst auf das im Bereich der Investitionsrechnung bereits mehrfach verwendete Beispiel 1 (siehe 8.4.1.2) angewendet. Dabei wird auf der Grundlage der vollständigen Finanzplanung für das Beispielprojekt gezeigt, wie sich das Entscheidungskalkül bei Unsicherheit durch die explizite Berücksichtigung der Möglichkeit, das Investitionsprojekt zu verschieben, verändert. Mit Hilfe des Modells I wird einer ungewissen Entwicklung der Anschaffungsausgaben Rechnung getragen (8.6.4.1), das Modell II erlaubt die Berücksichtigung einer ungewissen Wertentwicklungen der Immobilie (8.6.4.2).

8.6.4.1 Ungewisse Entwicklung der Anschaffungsausgaben

Die Berücksichtigung der ungewissen Entwicklung der Anschaffungsausgaben erfolgt mit Hilfe des Modells I. Der Endwert unseres Beispielprojekts wurde mit der Methode der vollständigen Finanzplanung bereits berechnet (siehe 8.4.1.2). Er beträgt im sicheren Fall, den wir hier unterstellen, DM 5.218.577. Zur Berechnung des kritischen Werts I^* wird der Barwert des Investitionsprojekts und nicht der Endwert benötigt. Der nachfolgend ermittelte kritische Wert ist folglich ebenfalls auf das eingesetzte Eigenkapital bezogen. Das Beispiel bezieht sich außerdem auf das eingesetzte Eigenkapital, welches der Investor einzusetzen bereit ist und nicht auf das Gesamtkapital. Hinsichtlich der Finanzierung ist das Objekt vollkommen losgelöst von der übrigen Finanzwirtschaft des Unternehmens zu betrachten. Es wird weiter angenommen, dass sich an der Höhe des eingesetzten Fremdkapitals nichts ändert.

Durch Abzinsung des Endwerts mit den für die Opportunität im Finanzplan unterstellten Zinssätzen ergibt sich ein Barwert von DM 4.378.709. Durch einsetzen in die Gleichung erhält man

$$I^* = 4.378.709 * \frac{\beta_2}{\beta_2 - 1}.$$

Zur Berechnung des Werts β_2 muss der Entscheidungsträger die Wachstumsrate der Investitionsausgaben α_I und deren Standardabweichung σ_I sowie den Kalkulationszins angeben. Durch Erfahrungen sowie die Befragung von Fachleuten wie Immobilienmaklern sind Schätzungen dieser Daten ohne großen Aufwand beispielsweise auf der Grundlage von Erwartungswerten möglich. Angenommen der Investor ermittelt für α_I = - 0,03 und für σ_I = 0,1 so ergibt sich durch Einsetzen für β_2 = - 0,772. Daraus errechnet sich bei einer kalkulatorischen Momentanverzinsung für sichere Anlagen von R = 0,03 ein kritisches Niveau für das einzusetzende Eigenkapital von I^* = 1.907.656,87. Der Investor wird so lange warten und den Immobilienmarkt beobachten, bis er eine den definierten Ansprüchen genügende Immobilie findet, welche er unter Einsatz dieses oder eines geringeren Eigenkapitals erwerben kann. Dabei unterwirft sich der Investor der restriktiven Prämisse, dass der Wert der zukünftig zu erwerbenden Immobilie dem des gegenwärtig betrachteten Investitionsprojekts entsprechen muss. Im sicheren Fall ist das kritische Niveau der Investitionsausgaben gleich dem Barwert des Investitionsprojekts in Höhe von DM 4.378.709. Die in der Standardabweichung von $\sigma_I = 0{,}1$ zum Ausdruck kommende recht erhebliche Streuung der Preisentwicklung führt zu einem Absinken des kritischen Werts um DM 2.471.052,13. Dieser Betrag ist der Preis, den der Investor für die Unvollkommenheit der Information zu zahlen hat. Bislang wurde nur der Fall eines im Zeitablauf unveränderten Werts der Investition untersucht. Diese Annahme wird in der Realität kaum Bestätigung finden. Vielmehr ist mit im Zeitablauf veränderten Werten der Immobilie zu rechnen. Wie die Modellerweiterung gezeigt hat, lässt sich eine linear verlaufende Wertentwicklung vergleichsweise einfach in die Überlegungen einbeziehen. Dazu werden einfach die Entwicklungen der Investitionsausgaben α_1 und die Entwicklung der Wertentwicklung α_2 saldiert und das Ergebnis für α_I in der weiteren Berechnung verwendet. Eine Steigerung der Investitionsausgaben von – 0,03 bei gleichzeitig erwarteter Wertsteigerung des Investitionsprojekts von 0,02 addiert sich zu einem Wert für α_I von - 0,01. In der nachfolgenden Tabelle wird die Berechnung für alternative Kombinationen von α_I und σ_I wiederholt.

Tabelle 8.24. Sensitivität der Investitionsausgaben

α_I / σ_I	-0,01	-0,03	-0,05	-0,07	-0,09
0,01	3.267.928,98	2.185.717,68	1.640.376,48	1.312.675,36	1.094.069,55
0,05	2.989.554,35	2.104.907,30	1.602.522,73	1.290.734,63	1.079.748,60
0,1	2.532.929,18	1.907.656,87	1.499.489,64	1.228.257,01	1.037.989,67
0,5	696.364,63	636.829,85	585.649,77	541.392,80	502.879,03

Quelle: Eigene Darstellung.

Es zeigt sich, dass mit zunehmender Streuung der kritische Wert für die Investitionsausgaben abnimmt und sich der Preis der unvollkommenen Information erhöht. Anders ausgedrückt nimmt der Wert der Option, die Investition zu verschieben, zu. Ebenso sinkt der kritische Wert für die Informationsausgaben mit einer zunehmenden Preissteigerungsrate an den Immobilienmärkten und erhöht gleichzeitig den Wert der Option, die Investition zu einem späteren Zeitpunkt durchzuführen. Erklärbar ist dies dadurch, dass der Investor mit zunehmender Heterogenität der Preisentwicklung an den Immobilienmärkten zunehmend verunsichert wird. Diese Verunsicherung drückt sich in einer abnehmenden Investitionsbereitschaft aus, sodass das Finden eines geeigneten Investitionsprojekts zu den niedrigeren

Preisen immer unwahrscheinlicher wird, und schlägt sich schließlich in einer Entscheidungsträgheit nieder.

8.6.4.2 Ungewisse Entwicklung des Investitionswerts

Im Gegensatz zu dem oben betrachteten Fall sind jetzt nicht die Investitionsausgaben, sondern die Wertentwicklung des Investitionsprojekts ungewiss. Die Ursache dafür liegt in einer nicht planbaren Entwicklung der Immobilienmärkte begründet, die sich zum Beispiel über den Liquidationserlös oder die Höhe der laufenden Mieterträge in der Wertentwicklung des Immobilienprojekts niederschlägt. Der Investor steht vor der Frage, ob der unbekannte zukünftig zu erzielende Investitionswert die Investitionsausgaben in bekannter Höhe rechtfertigt. In Analogie zur oben durchgeführten Rechnung hat der Investor zunächst Angaben über die periodenbezogene Wertentwicklung des Immobilienprojekts α_V, also dessen Rendite, sowie deren Streuung σ_V und den Kalkulationszins r zu machen. Der Investor ermittelt durch Expertenbefragung und durch Trendextrapolation die Werte α_V = 0,02 sowie σ_V = 0,04 und r = 0,03. Durch Einsetzen erhält man für V^* den kritischen Wert von DM 9.353.326,46. Das heißt der Barwert des Projekts muss um DM 6.353.326,46 höher ausfallen als der kritische Wert bei sicheren Daten von DM 3.000.000, um die Option auszuüben und die Investition durchzuführen. Der Investor beobachtet folglich den Markt, in der Hoffnung, mit der Immobilie zukünftig einen entsprechenden Wert erzielen zu können.

Da der Wert einer Investition jedoch nur in seltenen Fällen eine beobachtbare Größe ist, ist es sinnvoll, sich auf die einfacher beobachtbaren, in ihrer Ausprägung ungewissen Determinanten der Wertentwicklung zu beschränken. Dies sind in der Regel entweder die anfängliche jährliche Mieteinnahme oder der Vervielfältiger des Liquidationserlöses. Angenommen, alle wertbestimmenden Faktoren bis auf die jährliche Mieteinnahme sind bekannt, so kann aus dem vollständigen Finanzplan der kritische Wert für die jährliche Mieteinnahme ermittelt werden. Um der Endwertbetrachtung des VoFi gerecht zu werden, ist der Barwert unter Anwendung der Kalkulationszinssätze zunächst in einen Endwert umzurechnen. Der entsprechende Endwert beträgt DM 11.147.365. Im nächsten Schritt ist durch Rückwärtsrechnung die Höhe der jährlichen Mieteinnahme zu ermitteln, bei dem der Endwert genau diesen Wert annimmt. Durch Einsetzen in die Solver-Funktion des Tabellenkalkulationsprogramms ergibt sich als kritischer Wert eine anfängliche Mieteinnahme von DM 1.816.830 gegenüber der gegenwärtig zu erzielenden Miete von DM 1.514.000. Aufschlussreich ist ein Vergleich mit den kritischen Werten für die Investition unter Sicherheit, die die Berechnung mittels vollständiger Finanzplanung erbracht hat. Wie in Abschnitt 8.4.1.2 gezeigt wurde, beträgt der Endwert der Immobilieninvestition gerade bei einer anfänglichen Mieteinnahmen von DM 1.207.836 gleich null. Aus der Möglichkeit, die Investition zu verschieben, folgt eine Erhöhung des kritischen Werts für die anfängliche Mietmen, aber eines unbekannten Liquidationserlöses beträgt der kritische Wert für den Vervielfältiger das 13,28-fache der letzten Mieteinnahme. Sollten beide Faktoren, die Mieteinnahmen und der Liquidationserlös ungewiss sein, so lassen sich mit Hilfe der Simulation sämtliche Wertpaare ermitteln und in einer Kurve darstellen, die zum kritischen Endwert der Immobilieninvestition führen.

8.6.5 Anwendung: Evaluation des betrieblichen Immobilienbestands

Bei der Analyse der Bedeutung betrieblicher Immobilien für den Unternehmenserfolg im Abschnitt 3.3 wurden die hohen Kosten des Immobilienwechsels für die Starrheit der Bereitstellungsentscheidung verantwortlich gemacht. In Abhängigkeit von der Dynamik in den Änderungen des Nutzens betrieblicher Immobilien geht das Unternehmen mit der Bereitstellungsentscheidung über betriebliche Immobilien unter Umständen erhebliche Risiken ein, welche in ihrer ökonomischen Wirkung im Abschnitt 3.4 untersucht worden sind. Die Ausführungen haben gezeigt, dass in der Risikosituation die richtige Termininierung eines Immobilienwechsels aus einer Immobilie im Unternehmensbestand in eine am Markt vorhandene Alternative den Unternehmenserfolg maßgeblich beeinflussen kann. Aufbauend auf diesen Überlegungen ist nachfolgend zu untersuchen, wie mit Hilfe der Theorie der Realoptionen eine Entscheidungshilfe für den optimalen Wechseltermin gegeben werden kann.[1]

8.6.5.1 Entscheidungssituation

Das Unternehmen verfügt gegenwärtig über ein veraltetes Bürogebäude in City-Lage. Dem Entscheidungsträger im Immobilienbereich ist klar, dass sich der Flächenbedarf seines Unternehmens zukünftig durch Rationalisierung und Standortverlagerung rasant nach unten verändern wird. Gleichzeitig bietet der Markt kostengünstigere Bereitstellungsalternativen, sodass ein Immobilienwechsel in Erwägung zu ziehen wäre, obwohl die ursprüngliche Restnutzungsdauer mit zehn Jahren vorgesehen ist. Im sicheren Fall steht der Entscheidungsträger vor der bereits aus Abschnitt 3.3.4.3 bekannten Situation. In folgender Abbildung werden abweichend zur Reduktion der Komplexität in den Berechnungen die Wechselkosten als konstant dargestellt. Weiter sei unterstellt, dass Sprünge in der Wechselkostenkurve unterbleiben. Wenn hier und im Folgenden von Kosten gesprochen wird, so dient dies dem Erhalt der Konsistenz zu den vorausgehenden Abschnitten. Im Kontext der Investitionsrechnung fallen darunter nur negative Veränderungen der Zahlungsreihe im Sinne des pagatorischen Kostenbegriffs.

p. a. Basis und mit einem Kalkulationszins für langfristige Kapitalanlagen von 4 % und im kurzfristigen Bereich von 2 %.

[1] Vgl. Schaefer, C. u. Pfnür, A., 2000; Schaefer, C. u. Pfnür, A., 2001.

ten. Im Kontext der Investitionsrechnung fallen darunter nur negative Veränderungen der Zahlungsreihe im Sinne des pagatorischen Kostenbegriffs.

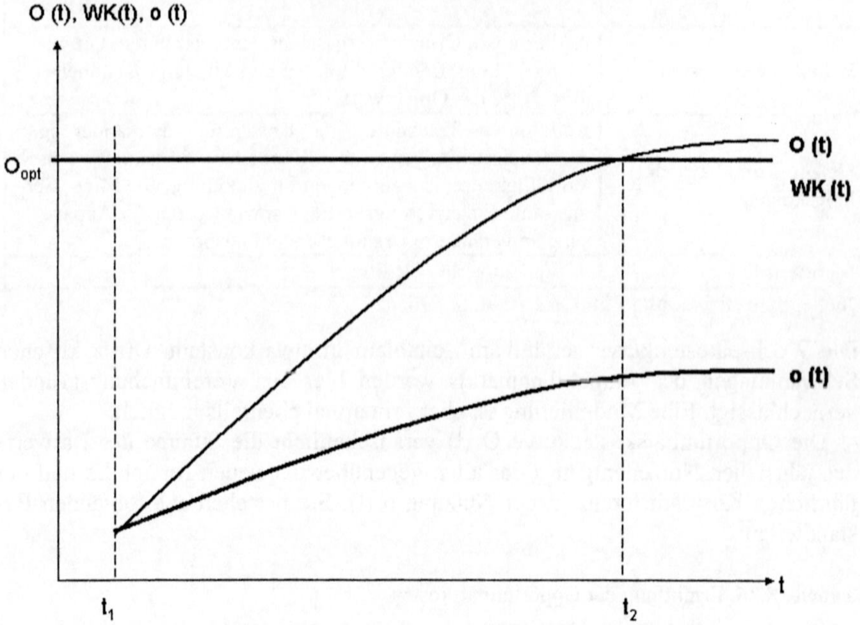

Abb. 8.9. Schnittpunkt von Opportunitätskosten und Wechselkosten. Quelle: Eigene Darstellung.

Die Wechselkostenkurve WK (t) zeigt die mit einem Immobilienwechsel einhergehenden Kosten auf. Da es sich hier um ein Modell aus der Investitionsrechnung handelt, ist hier von pagatorischen Kosten auszugehen. Es handelt sich dabei um folgende Positionen:[1]

[1] Siehe zu einer umfangreicheren Darstellung: Abschnitt 3.3.4.3 dieser Arbeit.

Tabelle 8.25. Ermittlung der Wechselkosten

Bestandteile der Wechselkosten (WK (t))	Ermittlung:
Erwerbsnebenkosten	Addition von Grunderwerbssteuer, Notargebühren, Grundbuchgebühren, Beraterhonoraren und Maklerprovisionen (i. d. R. 10 % des Objektwerts)
Umzugs- und Umstellungskosten	Addition von Transportkosten, Kosten für Adressänderung, Ausgleichszahlungen an die Mitarbeiter bei Standortwechsel, Vorfälligkeitsentschädigungen für zu kündigende Miet-, Service- und Finanzierungsverträge sowie Kosten der Anpassung an veränderte Leistungserstellungsprozesse
Markterfolg	Verkaufserlös - Restwert

Quelle: Schaefer, C. und Pfnür, A., 2000, S. 546.

Die Wechselkostenkurve verläuft im Zeitablauf in etwa konstant. Die zyklischen Schwankungen des Immobilienmarkts werden hier aus Vereinfachungsgründen vernachlässigt. Eine Modellierung ist aber prinzipiell ebenfalls möglich.

Die Opportunitätskostenkurve O (t) veranschaulicht die Summe der Barwerte des jährlichen Nutzenentgangs der alten gegenüber der neuen Immobilie und der jährlichen Kostendifferenz in der Nutzung o (t). Sie bestehen aus folgenden Bestandteilen:

Tabelle 8.26. Ermittlung der Opportunitätskosten

Bestandteile der Opportunitätskosten (O (t))	Ermittlung:
Differenz in den Betriebskosten	1. Ermittlung der jährlichen Differenzen von Kapitalkosten, Abschreibungen, Verwaltungsausgaben, Steuern, Betriebskosten und Bauunterhaltungskosten 2. Addition der Barwerte
Differenz in den Fehlbelegungskosten	1. Ermittlung der jährlichen Fehlbelegungskosten aufgrund veränderter Nutzungsanforderungen, z. B. durch neue Produkte, Produktionsprozesse, Absatzwege, Standorte und Unternehmensgrößen 2. Addition der Barwerte

Quelle: Schaefer, C. und Pfnür, A., 2000, S. 546.

Die Opportunitätskosten werden im Zeitablauf kumuliert. Das Unternehmen wird bestrebt sein, soweit es die Flexibilität des Immobilienbestands erlaubt, Gegenmaßnahmen zu ergreifen, um ein Anwachsen der Fehlbelegungskosten zu verhindern. In diesem Fall wird die Kurve degressiv steigend verlaufen. Im sicheren Fall wechselt der Entscheidungsträger im Schnittpunkt der Kurven die Immobilie. Im wirklichen Leben ist die Situation allerdings erheblich problematischer, da der Entscheidungsträger den Verlauf der Opportunitätskostenkurve in der Zukunft kaum prognostizieren kann. Der Grund dafür liegt vor allem in der tatsächlichen Unsicherheit für das Unternehmen sowie in der organisatorischen Aufhängung des Immobilienmanagements. Der Entscheidungsträger im Immobilienmanagement ist in unserem Beispiel organisatorisch sehr weit von den Nutzern entfernt. Aufgrund der starken Dynamik in der Wettbewerbsumwelt des Unternehmens sowie mangelnder Kommunikation mit den Flächennutzern ist er nicht in der Lage, den zukünftigen Flächenbedarf seriös zu prognostizieren. Er kann allerdings die gegenwärtig absehbaren Fehlbelegungskosten ermitteln. Eine genaue Analyse kann beispielsweise folgendes Ergebnis erbringen: Bedingt durch einen Abbau der Arbeitsplätze geht der zukünftig benötigte Flächenbedarf zurück. Die frei werdenden Flächen können aufgrund der baulichen Gegebenheiten nicht untervermietet werden, sodass im Gebäude mit Leerstand zu rechnen ist. Außerdem verhindert das alte Gebäude den Einsatz eines kostensenkenden Workflow-Managements. Letztendlich bleibt die zeitliche Entwicklung der Opportunitätskosten allerdings ungewiss.

8.6.5.2 Modellierung und Lösung

Mit Hilfe der Variante II des Realoptionen-Modells ist der Wert des Immobilienwechsels zu prognostizieren. Zunächst sind die einzelnen Modellparameter im Zusammenhang der hier bearbeiteten Problemstellung zu interpretieren. Der Parameter α_O entspricht der prozentualen Veränderung der Opportunitätskosten pro Jahr, dem das gegenwärtige Gebäude unterliegt. Annäherungsweise Aufschlüsse erhalten die Unternehmen durch die prozentuale Umzugsrate an Arbeitsplätzen pro Jahr. Im Beispielunternehmen wechseln durchschnittlich 8 % aller Arbeitnehmer jährlich ihren räumlichen Arbeitsplatz innerhalb des Unternehmens. Da unser Unternehmen einer recht sprunghaften Entwicklung unterliegt, wird für die Standardabweichung der Umzugsrate $\sigma_O = 0{,}5$ angenommen. Für den Kalkulationszins nehmen wir $r = 0{,}1$ an.

Tabelle 8.27. Daten des Beispiels

Eingangsdaten	
Wechselkosten	DM 10.000.000,00
Barwert der Betriebskosteneinsparungen [(t_1 bis t_{10}) = 10]	DM 2.800.000,00
Barwert der heute absehbaren ersparten Fehlbelegungskosten	DM 11.000.000,00

Ergebnisse	
Kritisches Fehlbelegungskostenniveau bei sicheren Daten	DM 7.200.000,00
Kritisches Fehlbelegungskostenniveau bei Unsicherheit (α_O =- 0,08; σ_O =0,50)	DM 14.167.124,52
Wert der Wechseloption bei Unsicherheit	DM 6.967.124,52

Quelle: Schaefer, C. und Pfnür, A., 2000, S. 546.

Da der Barwert der Betriebskosteneinsparung in unserem Beispiel eine Konstante ist, können wir ihn bei der Berechnung des Opportunitätskostenniveaus direkt von den Wechselkosten abziehen, um zu einer Aussage über unsere Entscheidungsgröße in Form der Fehlbelegungskosten zu kommen. Durch Einsetzen der Werte in die Optimalitätsbedingung des Modells II ermitteln wir das kritische Niveau der

Fehlbelegungskosten. Zum gegenwärtigen Termin würde im sicheren Fall ein Wechsel stattfinden, weil die Wechselkosten abzüglich der Betriebskosteneinsparungen mit DM 7,2 Millionen geringer ausfallen als die mit einem Wechsel einsparbaren Fehlbelegungskosten von DM 11 Millionen. Im unsicheren Fall findet zum gegenwärtigen Zeitpunkt kein Wechsel statt, da das kritische Fehlbelegungskostenniveau von DM 14.167.124,52 noch nicht erreicht ist. Der Entscheidungsträger beobachtet die Verschlechterung der Produktivität der Immobilie durch die Veränderung der Geschäftsentwicklung so lange, bis die Opportunitätskosten das kritische Niveau übersteigen.

Um die Wirkungen unterschiedlicher Verläufe der Geschäftsentwicklung sowie unterschiedlicher Unsicherheitsgrade zu analysieren, nehmen wir für die Umzugsrate alternativ Werte von 4 %, 8 % und 12 % an. Die Varianz beträgt alternativ 10 %, 20 % und 50%. Daraus ergeben sich die folgenden kritischen Opportunitätskostenniveaus O^*:

Tabelle 8.28. Ergebnisübersicht

α_O / σ_O	-0,04	-0,08	-0,12
0,2	9.455.227,62	8.683.281,57	8.282.167,81
0,5	16.531.556,52	14.167.124,52	12.709.639,08
0,7	23.357.564,67	19.524.965,37	17.114.049,93

Quelle: Schaefer, C. und Pfnür, A., 2000, S. 546.

Die Ergebnisse zeigen, dass eine abnehmende Varianz der Fehlbelegungskosten zu einem Absinken des kritischen Fehlbelegungskostenniveaus führt. Fällt die Varianz in unserem Ausgangsbeispiel von 0,5 auf 0,2, fällt das kritische Fehlbelegungskostenniveau um DM 5.483.842,95 ab. Mit zunehmender Sicherheit sinkt das kritische Fehlbelegungskostenniveau folglich kräftig ab. Der Immobilienwechsel wird in diesem Fall immer wahrscheinlicher. Eine Veränderung der durchschnittlichen Wechselrate (α_O) von 8 % auf 12 % führt in unserem Beispiel zu einem Abnehmen des kritischen Fehlbelegungskostenniveaus um DM 1.457.486,44. Aufgrund der erwarteten größeren Änderungen im Flächenbedarf wäre das Unternehmen früher zu einem Wechsel bereit. Die geringere Sensitivität auf die Variation von α_W zeigt einen vergleichsweise geringen Einfluss einer falschen Einschätzung der Dynamik des Flächenbedarfs. Hingegen führt eine große Unsicherheit zu einem hohen kritischen Niveau der Fehlbelegungskosten und verzögert die Ausübung der Wechseloption.

Das Beispiel zeigt, wie mit Hilfe der Variante II des Realoptionen-Modells aus der Tabelle 8.23. das Problem der Umzugsterminierung bei unsicherem Flächenbedarf zu lösen ist. In vielen Situationen ist der Flächenbedarf im Immobilienmanagement grundsätzlich recht gut zu prognostizieren. Allerdings ist der Markterfolg aufgrund unsicherer Immobilienmarktentwicklungen unklar (siehe z. B. das eingangs dargestellte Beispiel 1). In diesem Fall ist die Variante I des Realoptionen-Modells analog anzuwenden.

8.6.5.3 Interpretation der Ergebnisse

Die Ergebnisse machen deutlich, dass die Unsicherheit einen Preis hat, den der Entscheidungsträger bei seiner Entscheidung berücksichtigen muss. Dieser Preis ist als der Informationswert zu interpretieren. In der Investitionstheorie wird diese Differenz auch als Optionswert bezeichnet. In unserem Ausgangsbeispiel beträgt der Optionswert DM 6.967.124,52. Die klassische Investitionsrechnung vernachlässigt die durch die Möglichkeit der Entscheidungsverzögerung verursachten Opportunitätskosten. Ihre Grenze haben die Modelle dann, wenn sowohl über die Wechselkosten als auch über die Fehlbelegungskosten Unsicherheit herrscht. Ist der Entscheidungsträger in der Lage, einen der beiden Verläufe festzulegen, gibt ihm das jeweilige Modell ein Entscheidungskriterium in Form eines kritischen Werts. Das Erreichen dieser Grenze signalisiert, dass die ursprüngliche Immobilieninvestition unvorteilhaft geworden ist, weil sich eine wirtschaftlichere Investitionsmöglichkeit bietet. Die ständige Überwachung der unsicherheitsbehafteten Parameter, in unserem Beispiel die Fehlbelegungskosten, ermöglicht einerseits eine den Investitionsprozess begleitende Kontrolle von Investitionen. Andererseits liefert der kritische Wert ein Kriterium für die Entscheidung zur Neuinvestition. Durch die Verkettung von Investitionsprojekten wird eine den Lebenszyklus begleitende Steuerung der Investition im Sinne des Investitionscontrollings unterstützt.

8.6.6 Diskussion der Prämissen

Im Laufe der Analyse sind teils implizit eine ganze Reihe an gravierenden Prämissen gemacht worden, über die der Leser leicht den Überblick verliert. Da aber Zweifel an der Gültigkeit der Prämissen im Bereich des Immobilienmanagements angebracht sind, werden diese abschließend noch einmal zusammengestellt und überprüft.[1]

1. Arbitragefreiheit

Die gesamte Optionspreistheorie basiert auf dem Prinzip der Arbitragefreiheit.[2] Diese wird, wie bereits oben im diskreten Fall ausführlich gezeigt wurde, durch die Bildung eines äquivalenten Portfolios aus Option und dem Basistitel, hier der Immobilie, erreicht, welches den Zahlungsstrom des Derivats synthetisch erzeugt. Gelingt dies, ist die Replikationsbedingung erfüllt. Der resultierende Wert der Option ist präferenzfrei. „Ob diese Bedingung erfüllt ist, ist eine empirische Frage.“[3]

Hier kann sich dann ein Problem bei Realoptionen ergeben, wenn der Basistitel nicht an Märkten gehandelt wird oder die zur Abbildung des äquivalenten Portfolios erforderliche Stückelung nicht darstellbar ist. Die Situation verschärft sich im hier näher betrachteten kontinuierlichen Fall noch. Im Bewertungsmodell wird zu in jedem Betrachtungszeitpunkt das Portefeuille zum Erhalt der Arbitragefreiheit

[1] Vgl. Pfnür, A. u. Schaefer, C., 2001.

[2] Vgl. Franke, G. u. Hax, H., 1994, S. 361 ff.

[3] Ginschel, A., 1999, S. 78. Vgl. auch die dort zitierte Literatur.

adjustiert. Dazu muss streng genommen ständiger Handel mit beliebigen Stückelungen des Basistitels auch auf Termin möglich sein. Misslingt die Nachbildung eines äquivalenten Portfolios, bricht die gesamte Bewertungsmethodik in sich zusammen. Die Voraussetzung der Arbitragefreiheit ist so restriktiv, dass sie in der Praxis von keinem Markt erfüllt wird. Im Vergleich zu Aktien ist der Handel in Immobilien allerdings weitaus illiquider und damit weiter von der Erfüllung der Prämisse entfernt. Je fungibler eine Immobilie allerdings ist, um so besser gelingt die Annäherung. Bei Büroflächen oder auch im Wohnungsbereich setzen sich gegenwärtig für einzelne Teilmärkte Standards durch, sodass die höhere Fungibilität der Flächen zukünftig die jederzeitige Handelbarkeit grundsätzlich gewährleisten kann. Eine weitergehende Lösung besteht darin, sich am Wertpapiermarkt ein rege gehandeltes Papier zu suchen, welches perfekt mit der Immobilie korreliert. Als Substitute für Liegenschaften bieten sich beispielsweise Immobilienaktiengesellschaften oder Indexzertifikate auf Immobilienindices an.[1]

2. Das Investitionsobjekt ist ein proprietäres Gut
GINSCHEL weist darauf hin, dass das Entscheidungskriterium des Optionswerts nur dann sinnvoll eingesetzt werden kann, wenn die Investition nicht von der Konkurrenz durchgeführt werden kann. Anderenfalls wären aus Sicht des Wettbewerbs dann Anreize gegeben, möglichst früh zu investieren, wenn die erzielbaren Renten durch die positive Investitionsentscheidung der Mitbewerber verschwinden.[2] In Abhängigkeit von der Ubiquität der einzelnen Immobilie dürfte diese Bedingung bei der Mehrzahl der Immobilieninvestitionen recht weitreichend erfüllt sein. Zumindest kann der Investor durch vertragliche Vereinbarungen wie beispielsweise Kauf des Grundstücks oder Sicherung eines Vorkaufsrechts die Mitbewerber von der Investition ausschließen.

3. Kenntnis der Parameter α , σ und r
Der Entscheidungsträger muss hinreichend genaue Aussagen über die Parameter der Brown'schen Bewegung α und σ sowie des Kalkulationszinses r treffen können. Die Ermittlung eines risikolosen Kalkulationszinses r für die Momentanverzinsung bereitet sicherlich dem Entscheidungsträger keine Schwierigkeiten, andererseits führen bereits geringe Abweichungen von der tatsächlich eintretenden Verzinsung aufgrund der großen Hebelwirkung zu erheblichen Ergebnisverfälschungen. Im Übrigen war es gerade das Ziel der Investitionsrechnung mittels vollständiger Finanzplanung auf die Verwendung kalkulatorischer Zinssätze zu verzichten, welches hier wieder aufgegeben wird.

Während der Parameter α in der finanzwirtschaftlichen Optionspreistheorie ökonomisch sinnvoll als Momentanrendite zu interpretieren ist, fällt eine adäquate Interpretation in den oben dargestellten Anwendungen des Realoptionen-Ansatzes schon schwerer. Die Art der Modellierung des Entscheidungsproblems setzt eine große Anzahl sehr kleiner Zeiträume, über die der stochastische Wiener-Prozess gebildet wird, voraus, für die auch eine Ermittlung der Preisschwankungen sowie deren Streuung an den Immobilienmärkten möglich sein muss. Bei anderen An-

[1] Vgl. Gintschel, A. 1999, S. 60 ff.
[2] Vgl. Ginschel, A., 1999, S. 78.

wendungen im Bereich der Realinvestitionen wird dieser sehr kleine Zeitraum durchaus auch schon auf ein Jahr ausgedehnt.[1] Bezüglich der verfügbaren Marktdaten wäre dieses Vorgehen auch für Immobilieninvestitionen sinnvoll. Fraglich ist dann allerdings, ob die vergleichsweise sehr lange Laufzeit des Wiener-Prozesses nicht im Widerspruch zu den Planungshorizonten in der Investitionsrechnung steht.

4. Begrenzung der Unsicherheit auf Investitionsausgaben oder Investitionswert
Wie oben bereits ausführlich dargelegt wurde, kann nur einer der Parameter, entweder die Investitionsausgaben oder der Wert der Immobilieninvestition, als ungewiss angenommen werden. Bei Immobilieninvestitionen hängen in vielen Fällen aber beide Parameter von ungewissen Marktentwicklungen ab. Die Investitionsausgaben sind im Falle des Erwerbs des Grundstücks oder einer fertiggestellten Immobilie über die Zeit hinweg ebenso unsicher wie die zu erzielende Rendite, welche über die Mieteinnahme und den Liquidationserlös ebenfalls eng mit den nicht vorhersehbaren Marktbewegungen verknüpft ist.

5. Linearität der Wertefunktionen
Die Wertefunktionen der Eingangsparameter müssen im dargestellten Fall linear verlaufen, um mit dem dargestellten Lösungsansatz von DIXIT/PYNDICK zu einer Lösung zu gelangen. Nichtlineare Kostenfunktionen, die beispielsweise durch Instandsetzung von Gebäuden oder durch kündigungsterminbezogenen Wegfall von Vorfälligkeitsentschädigung verursacht werden können, können in dem Modell nicht berücksichtigt werden. Ein Ausweg kann hier eine Approximation der jeweiligen Zahlungsströme an die reale Situation bieten.[2]

6. Berücksichtigung von Anschlussoptionen
Mit der Anwendung der Realoptionen-Theorie wird unterstellt, dass der Entscheidungsträger im Zeitablauf die Unsicherheit über das Entscheidungsfeld tatsächlich abschließend erfassen kann. In der Realität resultiert aus dem Erwerb einer Option ein ganzes Bündel an Anschlussoptionen, welche kontinuierlich neue Unsicherheit über den bisherigen Planungshorizont hinaus verursachen. Beispielsweise eröffnet die Option auf den Bau einer Lagerhalle zu einem späteren Zeitpunkt die Möglichkeit auf das Eingehen einer Vermietungsoption der Halle. Die Realoptionen-Theorie lässt die Bewertung von verketteten Optionen grundsätzlich zu.[3] Es ist allerdings fraglich, inwieweit die Menge aller möglichen Anschlussoptionen in den Bewertungsprozess in der Realität einbezogen werden können. Die Anwendung der Realoptionen-Theorie setzt voraus, dass die Anschlussoptionen vollständig vom Entscheidungsträger bewertet werden können oder deren Wirkung für die Investitionsentscheidung belanglos ist. Anderenfalls würde die Anwendung der Realoptionen-Theorie dem willkürlichen Abschneiden eines negativen Astes der Wahrscheinlichkeitsverteilung gleichkommen. Im Anwendungsfeld der Bereitstellungsentscheidung betrieblicher Immobilien werden die Handlungsalternativen

---

[1] Vgl. Dixit, A. K. u. Pyndick, R. S., 1994, S. 261.
[2] Vgl. Wirl, F. u. Dangl, T., 2000.
[3] Vgl. Dixit, A. K. u. Pyndick, R. S., 1994, S. 319 ff.

durch die architektonische Gestaltung und den Standort des Objekts weitgehend mit der Bereitstellungsentscheidung festgelegt. Die verbleibende Nutzungselastizität des Gebäudes führt zu einer vergleichsweise geringen Zahl an bedeutsamen Anschlussoptionen. Zudem ist der Planungszeitraum bei Immobilieninvestitionen vergleichsweise lang, sodass die Vernachlässigung von Optionen auf Anschlussinvestitionen im Vergleich zu kurzlebigeren Investitionen von geringer Bedeutung ist.

In diesem Abschnitt wurde verdeutlicht, wie die durch die Bereitstellung von Immobilien verursachten Sunk Costs die Zeitdauer der Entscheidungsbindung verlängern. Im sicheren und Risikofall lassen sich die optimalen Ersatzzeitpunkte und Investitionsalternativen bestimmen. Dies ist nicht mehr der Fall, wenn es der Entscheidungsträger mit einer in der Realität ungewissen Datensituationen zu tun hat. In diesem Fall kann durch eine präferenzfreie Bewertung der Folgen der Ungewissheit mit Hilfe stochastischer Prozesse eine Entscheidungshilfe gegeben werden. Die Tatsache, dass der Entscheidungsträger seine Investition aufschieben kann, verschafft ihm die Möglichkeit, Gewissheit über die bislang ungewissen Daten zu erlangen. Seine Entscheidung kann er allerdings nicht unendlich aufschieben. Die hier entwickelten Modelle bestimmen Grenzwerte für die Optimalität der Investition. Die Ergebnisse zeigen, dass eine zunehmende Unsicherheit den Entscheidungsträger zu einem Hinauszögern seiner Entscheidungen verleitet. Damit ist die eingangs beschriebene Starrheit bei der Bereitstellung immobiliarer Ressourcen zumindest teilweise durch die Unsicherheit über die Höhe der Opportunitätskosten der Entscheidungsbindung erklärbar. Die Anwendung der Realoptionen-Theorie im Bereich des Immobilienmanagements zeigt, dass die bislang nur recht abstrakt behandelten Investitionsentscheidungsmodelle unter Unsicherheit durchaus entscheidungsunterstützend angewendet werden können. Ein praktischer Test steht allerdings noch aus.

8.7 Zwischenergebnis

Die Ausführungen zu den Alternativen der Immobilienbereitstellung im vorausgegangenen Kapitel 7 haben deutlich gemacht, dass in einem ersten Schritt vollständige Alternativen hinsichtlich der Eigentums- und Besitzentscheidung, des Entwicklungsgrads und der Finanzierung gebildet werden müssen, um die Vor- und Nachteile erschöpfend gegeneinander abwägen zu können. Aus der Menge der am Markt verfügbaren Alternativen können diejenigen ausgeschlossen werden, die Grundsatzentscheidungen oder strategischen Überlegungen des Unternehmens widersprechen. Grundsätzlich unterscheiden sich die Bereitstellungsformen hinsichtlich der Verfügungsrechte, die das Unternehmen an der Immobilie ausüben kann, der Kostenverursachung und der Veränderung der Risikoposition des Unternehmens. Die Entscheidung zwischen verschiedenen Varianten der Bereitstellung betrieblicher Immobilien kann mit Hilfe eines qualitativen und eines quantitativen Vergleichs erfolgen. Die Anwendung investitionsrechnerischer Verfahren auf Immobilienentscheidungen hat gezeigt, dass eine in jedem Fall richtige Entscheidung nur mit Hilfe eines vollständigen Finanzplans getroffen werden kann. Die Verwendung vereinfachender Verfahren wie der Kapitalwertmethode, den Vermögensendwertmethoden sowie den auf diesen Verfahren basierenden Rentabilitätsmaßen hat gezeigt, dass die Vereinfachungen mit einem erheblichen Genauigkeitsverlust erkauft werden, der nicht selten zu Fehlentscheidungen führen kann. Angesichts der Langfristigkeit der Immobilieninvestition und der Dynamik, insbesondere des zu Einzahlungen führenden Nutzens betrieblicher Immobilien, ist allerdings fraglich, ob dem Entscheidungsträger die benötigten Eingangsdaten hinreichend genau bekannt sind. Aufgrund der erheblichen Unsicherheiten über die von Immobilieninvestitionen ausgehenden Zahlungsströme, ist auf jeden Fall eine Analyse der Risikowirkungen auf das Unternehmen erforderlich. Die von betrieblichen Immobilien ausgehenden Risiken können entweder im Kalkulationszins oder in den Eingangsparametern berücksichtigt werden. Eine Berücksichtigung des Risikos im Kalkulationszins hat sich für die hier betriebene Anwendung als wenig praktikabel erwiesen, weil Immobilien mit den grundlegenden Prämissen der Kapitalmarkttheorie, auf denen die Berechnung der Risikoprämie basiert, kaum vereinbar sind. Zu Berücksichtigung des Risikos in Immobilieninvestitionsentscheidungen eignen sich die klassischen Verfahren der Sensitivitäts- und Risikoanalyse. Die Anwendung dieser sehr aufwendigen Verfahren im Immobilienbereich sind jedoch enge Grenzen gesetzt, da der Entscheidungsträger häufig sein Entscheidungsfeld nicht vollständig beschreiben kann und die Wahrscheinlichkeitsfunktionen unbekannt sind. Im Ergebnis stoßen diese Verfahren in der Praxis auf breite Ablehnung. Eine vergleichsweise neue, bislang zur Unterstützung von Entscheidungen über den betrieblichen Immobilienbestand kaum angewendete Methode der Investitionsrechnung ist die Theorie der Realoptionen. Diese berücksichtigt die im betrieblichen Immobilienmanagement sehr realistische Möglichkeit, eine Investition zu verschieben. In ihrer kontinuierlichen Formulierung ist die Realoptionen-Theorie sehr gut geeignet, die Problematik eines optimalen Ersatzzeitpunktes unter Unsicherheit für betrieblich genutzte Immobilien zu beschreiben. Mit Hilfe des in diesem Kapitel entwickelten Modells sind kritische Werte für den optimalen Ersatzzeitpunkt zu ermitteln. Dieser spezielle Anwendungsfall in der betrieblichen Immobilienökonomie entzieht sich dabei einem Großteil der gängigen Kritik an der Realoptionen-Theorie. Abschließend bleibt festzuhalten, dass der Aussagewert der mit Hilfe der Investitionsrechnung ermittelten Ergebnisse zur Bereitstellung von betrieblichen Immobilien in Abhängigkeit von der Unsicherheit über die zukünftige Entwicklung, insbesondere der Einzahlungsströme, begrenzt ist.

9 Zwischenergebnis

Der Teil B dient der Darstellung der Handlungsfelder der betrieblichen Immobilienökonomie. Ein kurzer Überblick über die bisherige Auseinandersetzung der mit der Thematik der betrieblichen Immobilienökonomie in der Betriebswirtschaftslehre hat deutlich gemacht, dass bislang kein geschlossenes Konzept erarbeitet worden ist. Vielmehr gibt es eine Reihe an unterschiedlichen Sichtweisen auf das Gebiet, die in entsprechenden Konzepten der betrieblichen Immobilienökonomie enden. Die breiteste Strömung stellt das finanzwirtschaftlich orientierte Corporate Real Estate Management dar, welches das Ziel verfolgt, die betriebliche Immobilienökonomie in die Prozesse der finanzwirtschaftlichen Unternehmensplanung, -steuerung und -kontrolle einzubeziehen. Eine zweite Strömung ist das stärker technisch orientierte Facility Management, welches die Immobilie und deren anonymen Nutzer in den Mittelpunkt der Überlegungen stellt. Wie die Ausführungen zu den einzelnen Handlungsfeldern verdeutlichen, erfordert ein geschlossenes Konzept der betrieblichen Immobilienökonomie die Integration von technischen und finanzwirtschaftlichen Komponenten. Darüber hinaus ist in den bisherigen Arbeiten das maßgebliche Ziel der betrieblichen Immobilienökonomie vernachlässigt worden: Die Zufriedenheit der Nutzer. Die Kernfrage der betrieblichen Immobilienökonomie lautet, wie ist der Immobilienbestand zur bedarfsgerechten Erstellung der betrieblichen Leistung auszugestalten? Zur Beantwortung dieser Frage ist im Kapitel 6 ein Verfahren entwickelt worden, mit dem aus immobilienbezogenen Grundsatzentscheidungen, den Unternehmensstrategien und dem technischen Flächenbedarf stufenweise der Flächenbestand des Unternehmens geplant wird.

In der Nutzung eines vorgegebenen Immobilienbestands sind die Handlungsmöglichkeiten des betrieblichen Immobilienmanagements sehr begrenzt. Der Nutzen betrieblicher Immobilien wird weitgehend im Bereitstellungsprozess determiniert. Das Nutzenmanagement beschränkt sich in dieser Phase auf die Vermarktung des Leerstands innerhalb des Immobilienbestands sowie der Marketingaktivitäten zur Steigerung des Werts für unternehmensexterne Nutzer. Im Vergleich dazu sind die Handlungsmöglichkeiten des Kostenmanagements größer. Im Zuge des Life-Cycle-Costing geht man davon aus, dass ca. 20 % der Kosten in der Betriebsphase beeinflussbar sind. Die größten Erfolge versprechen ein effizientes Instandhaltungs- und Modernisierungscontrolling sowie das Benchmarking der Immobilienkosten zur Aufdeckung von Kostensenkungspotenzialen. Die Grundlage der Bewirtschaftung des Immobilienbestands stellt ein EDV-gestütztes Immobilieninformationssystem dar. Am Funktionsumfang des Immobilieninformationssystems SAP R/3 Real Estate wird die große Komplexität und Heterogenität der im Immobilienmanagement benötigten Informationen deutlich. Angesichts des vergleichsweise geringen Kostensenkungspotenzials in der Nutzungsphase ist die Wirtschaftlichkeit eines Immobilieninformationssystems kritisch zu prüfen.

Die Möglichkeiten zur Beeinflussung des Erfolgs betrieblicher Immobilien beschränkt sich im Wesentlichen auf die Phase der Immobilienbereitstellung. Die Formen der Immobilienbereitstellung unterscheiden sich aufgrund der rechtlichen Situationen von Eigentümer und Besitzer am stärksten anhand der Frage, ob eine Immobilie gekauft, gemietet oder geleast wird. Eine Verkürzung der Bereitstellungsentscheidung auf diese Frage, wie sie in einigen Arbeiten vorgenommen wird, greift aus Sicht des betrieblichen Immobilienmanagements zu kurz. Der Vergleich von konkreten Bereitstellungsalternativen macht schnell deutlich, dass der Entwicklungsgrad und die Finanzierungssituation die Leistungsfähigkeit sowie die Kosten- und Risikowirkungen aus der Perspektive des Unternehmens maßgeblich beeinflussen. Die Immobilienentwicklung in Form der Projektentwicklung und des Redevelopments ermöglicht die konkrete Ausrichtung der Immobilie auf die Anforderungen des Unternehmens. Tritt ein wachsendes Qualitätsbewusstsein im Hinblick auf den Immobilienbestand ein, für welche im gesamten Teil B und insbesondere im Kapitel 6 eine Reihe an Anzeichen gefunden wurden, so wird die Projektentwicklung für Unternehmen größere Bedeutung gewinnen. Von entscheidender Bedeutung für eine erfolgreiche Projektentwicklung ist die Frage der Schaffung von Anreiz- und Sanktionsmechanismen der Beteiligten im Zuge der Organisation des Projektentwicklungsprozesses. Die Finanzierung betrieblicher Immobilien hat unbestritten starke Auswirkungen auf die finanzwirtschaftliche Sphäre des Unternehmens allgemein und die Risikosituation und den Marktwert des Eigenkapitals des Unternehmen im Besonderen. Folglich ist ein Teil des kapitalmarkttheoretischen Instrumentariums zur Planung des betrieblichen Immobilienbestands modifiziert und angewendet worden. Bedingt durch die Besonderheiten immobiliarer Wirtschaftsgüter, insbesondere der Struktur der Immobilienmärkte, sind diese Versuche jedoch aus methodischer Sicht mit großer Skepsis zu betrachten. Die deutschen Immobilienmärkte sind im Vergleich zum angelsächsischen Bereich erheblich intransparenter, was die Anwendungsvoraussetzungen kapitalmarkttheoretischer Modelle zusätzlich verschlechtert. Wendet man sich ab von der Fragestellung, welche finanzwirtschaftlichen Wirkungen die betrieblichen Immobilien haben, bleibt zu untersuchen, wie eine Immobilie zu finanzieren ist. Dem Unternehmen stehen hier grundsätzlich eine breite Palette an Finanzierungsinstrumenten zur Verfügung, welche einen immobilienspezifischen Beitrag zur Unternehmensfinanzierung leisten können. Potenziell können durch eine entsprechende Ausgestaltung der Immobilienfinanzierung die Liquidität des Unternehmens geschont, die Kapitalkosten gesenkt und die Verschuldungsgrenze ausgedehnt werden.

Die Entscheidung zwischen alternativen Bereitstellungsvarianten wird determiniert durch die verfügungsrechtliche Situation sowie die Kosten- und Risikowirkungen der Bereitstellungsvarianten. Die Anwendung investitionsrechnerischer Verfahren auf Immobilienentscheidungen hat gezeigt, dass eine richtige Entscheidung nur mit Hilfe eines vollständigen Finanzplans getroffen werden kann. Die

Verwendung vereinfachender Verfahren wie der Kapitalwertmethode geht mit einem erheblichen Genauigkeitsverlust einher, der nicht selten zu Fehlentscheidungen führen kann. Die Anwendung der Investitionsrechnung wird stark erschwert durch die Unsicherheit der Eingangsdaten, insbesondere der aus dem Nutzen von Immobilien erwachsenden Einzahlung. Es wurde gezeigt, wie die Unsicherheit mit Hilfe statistischer Verfahren in einer Sensitivitäts- und Risikoanalyse berücksichtigt werden kann. Allerdings dürften in den meisten Anwendungsfällen der betrieblichen Immobilienökonomie die benötigten Informationen über das Entscheidungsfeld und die Wahrscheinlichkeitsfunktionen nicht vorliegen. Absolut wirklichkeitsfern ist aus diesem Grund die Vorstellung, den Immobilienbestand des Unternehmens mit Hilfe eines simultanen Investitions- und Finanzierungsmodells optimieren zu können. Vielmehr ist die Anwendung investitionsrechnerischer Verfahren auf die Beurteilung konkreter im Unternehmen selbst oder am Markt zur Verfügung stehender Bereitstellungsalternativen beschränkt.

In Anbetracht des erheblichen Aufwands, den investitionsrechnerische Verfahren erfordern, ist der Nutzwert vor ihrer Anwendung kritisch zu prüfen. Im Hinblick auf die erforderten Informationen vergleichsweise anspruchslos sind die Modelle der Realoptionen-Theorie. Diese berücksichtigen die in der Realität der betrieblichen Immobilienökonomie sehr bedeutsame Möglichkeit, eine Investition zu verschieben. Die Anwendung zur Ermittlung eines optimalen Ersatzzeitpunktes einer Immobilieninvestition und der Evaluation des betrieblichen Immobilienbestands liefern Entscheidungshilfen in Form von kritischen Werten, bei deren Unter- oder Überschreiten Investitionsprojekte angestoßen werden.

Insgesamt hat der Teil B ein recht ernüchterndes Ergebnis im Hinblick auf die Handlungsmöglichkeiten des betrieblichen Immobilienmanagements erbracht. Der Erfolg des betrieblichen Immobilienbestands wird maßgeblich in der Bereitstellungsphase determiniert. Zum Zeitpunkt der Bereitstellung des Immobilienbestands sind die zu erwartenden Kosten- und Nutzenwirkungen allerdings weitgehend unsicher. Dennoch haben sich insbesondere in der Anwendung der Realoptionen-Theorie Möglichkeiten gezeigt, diese Unsicherheit zu reduzieren.

C Institutionalisierung des betrieblichen Immobilienmanagements. Grundlegende Probleme und empirische Ergebnisse

Bislang ist die betriebliche Immobilienökonomie in dieser Arbeit aus der objektorientierten Perspektive betrachtet worden. Immobilien wecken aufgrund ihrer physischen Präsenz potenziell Begehrlichkeiten bei allen mit ihnen in Kontakt tretenden Wirtschaftssubjekten. Betriebliche Immobilien sind zumindest zeitweilig unmittelbarer Lebensraum aller in ihnen Beschäftigten sowie der Besucher der Gebäude. Darüber hinaus üben die betrieblichen Immobilien prägenden Einfluss auf die räumliche Umgebung des Unternehmensstandortes aus, sodass sie mittelbar die Interessen der Öffentlichkeit in ihrer Nachbarschaft berühren können. Die betrieblichen Immobilien beeinflussen unmittelbar und mittelbar das Nutzenniveau vieler Wirtschaftssubjekte. Unterstellt man, dass die unternehmensexternen Interessen durchaus auch mit denen des Unternehmens konkurrieren können, entsteht das Problem, eine an den Zielen des Unternehmens ausgerichtete Immobilienpolitik zu entwickeln und durchzusetzen. Die Summe aller Maßnahmen, die dazu ergriffen werden, wird als Institutionalisierung der betrieblichen Immobilienwirtschaft zusammengefasst. Unter der Institutionalisierung werden dabei insbesondere die

1. Bildung eines Zielssystems für das betriebliche Immobilienmanagement,
2. Verteilung der immobilienwirtschaftlichen Aufgaben in der Unternehmensorganisation und die
3. Schaffung eines Steuerungssystems zur Wahrnehmung der immobilienwirtschaftlichen Verantwortung

verstanden. Ziel dieses Abschnitts ist es, einen Überblick über Forschung und Praxis des bislang wenig beleuchteten Feldes der Institutionalisierung der betrieblichen Immobilienwirtschaft zu geben. Zunächst ist das Problemfeld näher zu strukturieren, um in der Literatur nach Lösungsansätzen für die entstehenden Teilprobleme und deren Synthese zu suchen. Den theoretischen Erkenntnissen wird dann die Ist-Situation anhand der Ergebnisse einer explorativen Unternehmensbefragung in der Bundesrepublik Deutschland gegenübergestellt. Der Zweck dieser Vorgehensweise ist es, den gegenwärtigen Stand der Forschung in diesem Teilgebiet des Immobilienmanagements aufzuzeigen, empirische Defizite in der betrieblichen Immobilienwirtschaft zu identifizieren, gegebenenfalls auf vorhandene Lösungsansätze aufmerksam zu machen und weiteren Forschungsbedarf abzuleiten.

10 Problembereiche der Institutionalisierung der betrieblichen Immobilienwirtschaft

10.1 Immobilienmanagement als institutionenökonomisches Optimierungsproblem

In dieser Arbeit wurde bislang vorausgesetzt, dass die Zielsetzung des Unternehmens die Maximierung des Marktwerts ist und kein Entscheidungsträger eigene, von den Unternehmenszielen abweichende Interessen verfolgt. Eine ganze Reihe an nachfolgend näher zu betrachtenden Forschungsergebnissen haben deutlich gezeigt, dass diese Annahme im Hinblick auf Entscheidungen über betriebliche Immobilien nicht zu halten ist. Vielmehr ergeben sich aus abweichenden Interessen in den Delegationsketten ein Bündel an Ursachen für Ineffizienzen im Umgang mit betrieblichen Immobilien, die ein funktionstüchtiges Immobilienmanagementsystem im Unternehmen erforderlich machen. In diesem Kapitel sind zunächst die unterschiedlichen Interessen der Akteure im Immobilienmanagement darzulegen, bevor in den folgenden Kapiteln zu zeigen ist, wie ein entsprechendes Managementsystem auszugestalten ist.

Aufgrund der Eigenarten betrieblicher Immobilien ergeben sich eine Reihe an Schwierigkeiten, den Ressourceneinsatz quantitativ und qualitativ aus den Unternehmenszielen abzuleiten. Ist eine Bewertung der Kosten und vor allem des Nutzens von betrieblichen Immobilien unmöglich, sind im Immobilienmanagement quantitative Kriterien zur Ex-post-Messung der Zielerreichung unzweckmäßig. Aufgrund des geringen Informationsstands und der zusätzlich großen Unsicherheit der Nutzen und Kosten aus Immobilien können auch nur vage Ex-ante-Vorgaben für deren Wirtschaftlichkeit gegeben werden. Unpräzise Vorgaben und Probleme bei der Messung der Zielerreichung führen zu Entscheidungsspielräumen für einzelne Akteure. Dieser Sachverhalt stellt kein neues Problem dar, vielmehr beschäftigt sich die neue Institutionenökonomik schon seit längerem mit dieser Thematik.[1]

Im betrieblichen Immobilienmanagement gibt es folgende Gruppen von Beziehungen (siehe auch Abbildung 10.1):

---

[1] Vgl. zu einem Überblick: Milgrom, P u. Roberts, J., 1992; Richter, R. u. Furubotn, E. 1996.

1. zwischen Stakeholder und Unternehmensleitung,
2. zwischen Unternehmensleitung und Immobilienmanagement,
3. zwischen Immobilienmanagement und Immobilien-Nutzer.

Wie wir sehen werden, beeinflusst schließlich auch die Beziehung zwischen Nutzer und Unternehmensleitung indirekt die Koordination betrieblicher Immobilien. In allen Beziehungen haben die Akteure eigene auf die Verwendung der betrieblichen Immobilien gerichtete Ziele, die nicht zwangsläufig mit den Unternehmenszielen übereinstimmen müssen. Im einfachsten Fall wünscht sich beispielsweise ein Geschäftsführer den Standort des Unternehmens möglichst dicht an seinem Wohnort, was mit den organisatorischen Abläufen innerhalb des Unternehmens aber nicht unbedingt vereinbar sein muss.

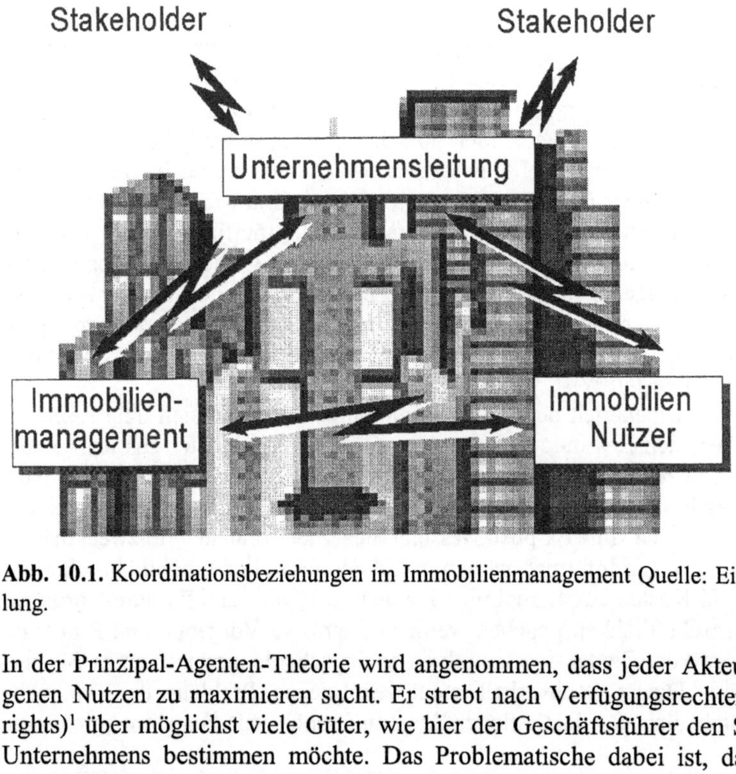

Abb. 10.1. Koordinationsbeziehungen im Immobilienmanagement Quelle: Eigene Darstellung.

In der Prinzipal-Agenten-Theorie wird angenommen, dass jeder Akteur seinen eigenen Nutzen zu maximieren sucht. Er strebt nach Verfügungsrechten (property-rights)[1] über möglichst viele Güter, wie hier der Geschäftsführer den Standort des Unternehmens bestimmen möchte. Das Problematische dabei ist, dass der Geschäftsführer als Agent der Stakeholder (Prinzipal), im einfachsten Fall der Eigentümer, nicht nur sein eigenes sondern auch das Nutzenniveau der Stakeholder bestimmt. In diesem Fall spricht man von Prinzipal-Agenten-Beziehungen, die stets gekennzeichnet sind durch Informationsvorsprünge des Agenten, die er zu seinem Nutzen, ohne Rücksicht auf den Nutzen des Prinzipals, ausnutzen wird. Es ist leicht einsichtig, dass neben „Drückebergerei", wie von JENSEN/MECKLING ur-

[1] Vgl. Coase, R. H., 1960; Demsetz, H., 1967.

sprünglich beschrieben,[1] auch die Veruntreuung betrieblicher Immobilien das Ergebnis sein kann. Für den Prinzipal verursachen diese Beziehungen Vertretungskosten (agency costs) in Höhe der Kontrollkosten, der Garantiekosten und seines verbleibenden Wohlfahrtsverlusts.[2]

Jede Übertragung der Verfügungsrechte von einem Akteur zum nächsten verursacht zudem Transaktionskosten, die es zu minimieren gilt. In unserem Fall müssten die Stakeholder die Immobilien-Aktivitäten des Geschäftsführers in jedem Schritt kontrollieren, was Kontrollkosten verursacht. Dieser müsste zudem noch einen Makler beauftragen (und zu Lasten des Unternehmensgewinns bezahlen), der ihm eine neue Immobilie neben seinem Wohnort verschafft.[3] Alle drei in Abbildung 10.1 dargestellten Beziehungen lassen sich als Prinzipal-Agenten-Beziehungen ausdrücken, in denen die Übertragung von Verfügungsrechten der Stakeholder Vertretungskosten und ebenso Transaktionskosten verursacht. Nachfolgend sind die spezifischen Besonderheiten jeder dieser Beziehungen zu analysieren, um Hinweise auf effiziente Koordinations- und Motivationssysteme sowie die Vertragsgestaltung zu erhalten.[4]

10.2 Ableitung von Zielen für den Einsatz betrieblicher Immobilien: Eigentümerfunktion versus Nutzerfunktion

Bei einem Blick in die größtenteils angelsächsisch geprägte immobilienwirtschaftliche Literatur könnte man meinen, die Identifikation des Ziels zur Steuerung der betrieblichen Immobilienwirtschaft sei ganz einfach.[5] Die Zielfunktion könnte in diesem Fall lauten: Maximiere den Shareholder Value![6] Dieser Auffassung folgen viele amerikanische und zunehmend auch deutsche Unternehmen.[7] Unterstützung finden sie in Ergebnissen der empirischen Kapitalmarktforschung. Insbesondere die Ankündigung personeller Veränderungen im Immobilienmanagement von Unternehmen beeinflusst demzufolge die Börsenkurse.[8] Neben Studien zu personellen Veränderungen gibt es in den USA eine ganze Reihe an empirischen Ergebnisse zur Wirkung einer Restrukturierung des Immobilienmanagements auf den Aktienkurs eines Unternehmens.[9] Untersucht wurden hier Immobilienabteilungen

[1] Vgl. Jensen M. C. u. Meckling, W. H., 1976, S. 309.

[2] Vgl. Jensen M. C. u. Meckling, W. H., 1976; Pratt, J. u. Zeckhauser, R., 1985.

[3] Vgl. Coase, R. H., 1937; Williamson, O. E., 1975; Richter, R. u. Furubotn, E., 1996, insb. S. 45 ff.

[4] Vgl. zu 1 und 2: Milgrom, P. u. Roberts, J., 1992; zu 3: Schäfer, H. - B. u. Ott, C., 1995.

[5] Vgl. Parker, J., 1993; Wurtzebach, C. H. u. Miles, M. E., 1995, S. 340; Rodriguez, M. u. Sirmans, C. F., 1996; von Jürgensonn, I., 1997; Grünert,L., 1999b; Hens, M., 1999.

[6] Vgl. zum Shareholder-Value-Konzept in der strategischen Unternehmensführung: Rappaport, A., 1994.

[7] Beispielsweise Eastman Kodak, Hewlett Packard in den USA und die Thyssen AG in Deutschland.

[8] Vgl. zu einer Übersicht: Rodriguez, M. u. Sirmans, C. F., 1996, S. 14 f

[9]. Vgl. zu einer Übersicht: Rodriguez, M. u. Sirmans, C. F., 1996, S. 24 f.

als rechtlich und wirtschaftlich selbständige Einheiten (Spin-Offs) und die Einrichtung von wirtschaftlich abhängigen Einheiten für das Immobilienmanagement. HITE/OWERS/ROGERS ermitteln bei 32 amerikanischen Unternehmen, die im Zeitraum von 1962 – 1983 den spin-off ihrer Immobilienabteilung ankündigten, einen durchschnittlichen abnormalen Anstieg der Aktienkurse um 5,7 %. Der Anstieg bei Unternehmen, deren Immobilienmanagement nicht zum Grundgeschäft gehört (Non-Property-Company), beträgt durchschnittlich sogar 9,1 %.[1] Zu ähnlichen Ergebnissen kommen BALL/RUTHERFORD/SHAW, die in 40 Fällen im Zeitraum von 1968 – 1990 innerhalb von zwei Tagen nach Ankündigung des Spin-off einen Anstieg der Aktienkurse um durchschnittlich 2,7 % ermitteln.[2] Dieser Anstieg wird neben steuerlichen Vorteilen auch auf die geringeren Vertretungs- und Transaktionskosten zurückgeführt.[3] Zur Institutionalisierung des Immobilienmanagement als wirtschaftlich abhängige Einheit gibt es eine ganze Reihe an Möglichkeiten der Bildung einer zentralen Abteilung oder als rechtlich selbstständige Tochtergesellschaft. RUTHERFORD/NOURSE zeigen mit den Ergebnissen einer empirischen Erhebung, dass auch hier die Ankündigung der Neuordnung der immobilienwirtschaftlichen Aktivitäten durchschnittlich zu einem signifikanten Anstieg des Börsenkurses führt. Interessanterweise führte aber die Ankündigung der Bildung einer Zentralabteilung für das Immobilienmanagement zu einem Rückgang des Aktienkurses von 1,46 %. Offensichtlich erwarten die Aktionäre mit abnehmenden Einflussmöglichkeiten der Muttergesellschaft zunehmende Effizienzsteigerungen im Immobilienmanagement.[4]

Von den Eigentümern des Unternehmens werden Immobilien, gleichgültig ob sie dem Unternehmen gehören oder ob sie nur gemietet sind, anhand ihrer Wirkung auf den Cashflow und den Wert des Unternehmens beurteilt. Die Bündelung der direkt auf die Ziele der Eigentümer gerichteten Wirkungen von Immobilien wird hier als Eigentümerfunktion von Immobilien bezeichnet.

Neben der Eigentümerfunktion dienen Immobilien der Nutzerfunktion. Die Nutzerfunktion zielt ab auf

1. den Grad der Effizienz der Immobilien im Leistungserstellungsprozess und
2. die Berücksichtigung des Interessenpluralismus in den Corporate-Governance-Strukturen bei der Zieldefinition des Unternehmens.

Zu 1.) Der Erfolg von Immobilien für das Unternehmen wird maßgeblich bestimmt durch die Eignung dieses Betriebsmittels als Ort der Durchführung des Leistungserstellungsprozesses. Versuche, den Nutzen zu isolieren und zu quantifizieren, sind aufgrund der engen Vermaschung mit den übrigen Produktionsfaktoren bislang nur bei Handelsimmobilien beispielsweise über die Kennzahl der Flächenproduktivität, die den Umsatz pro m^2 Handelsfläche angibt, erfolgreich

[1] Vgl. Hite, G. L., Owers, J. E. u. Rogers, R. C., 1984.
[2] Vgl. Ball, J. N., Rutherford, R. u. Shaw, R., 1993.
[3] Vgl. John, T. A., 1993; Rodriguez, M. u. Sirmans, C. F., 1996.
[4] Vgl. Rutherford, R. C. u. Nourse, H. O., 1988.

gewesen.[1] Daraus folgt, dass der finanzielle Erfolg der Leistung des Immobilienmanagements sich weitgehend im Ergebnis der nutzenden Einheiten des Unternehmens niederschlägt. Es zeigt sich, dass Immobilien nicht nur direkt, sondern auch indirekt über die Beiträge der beherbergten Organisationseinheiten den Shareholder-Value eines Unternehmens beeinflussen. Da dieser indirekte Beitrag gegenwärtig nur sehr schwer in Zahlungsströmen quantifizierbar ist, ist es zweckmäßig, bei der Ableitung der immobilienwirtschaftlichen Ziele die unternehmensspezifischen Anforderungen der Nutzer gesondert zu berücksichtigen.

Zu 2.) Corporate Governance bezeichnet die Herrschafts- und Verwaltungsstrukturen in Kapitalgesellschaften.[2] Diese Strukturen unterliegen in jedem Land anderen rechtlichen und wirtschaftlichen Einflüssen.[3] In Deutschland spricht die Unternehmensverfassung aus rechtlicher Sicht[4] ebenso wie der Stakeholder-Ansatz[5] aus wirtschaftlicher Sicht einer ganzen Reihe von Interessengruppen (Stakeholdern) grundsätzlichen Einfluss auf die Unternehmensziele zu. Immer dann, wenn unternehmerisches Handeln die Interessen dieser Gruppen berührt wie beispielsweise im Umweltschutz, suchen die Interessengruppen ihren Einfluss auf die Unternehmensziele geltend zu machen.[6] Aufgrund des maßgeblichen Einflusses von Gewerbeimmobilien auf die Gestaltung des menschlichen Lebensraums bestehen eine Reihe von starken Interessen an deren Ausgestaltung, die sicherlich vom Einzelfall abhängen, hier aber verallgemeinernd zu systematisieren und illustrieren sind:[7]

---

[1] Vgl. zu einer ansatzweisen Bestimmung der Wirtschaftlichkeit von Gebäuden: Kalusche, W., 1991, S. 41 ff.

[2] Vgl. Scheffler, H., 1995, S. 1; Bühner, R. u. Tuschke, A., 1997, S. 499 ff.

[3] Vgl. Titzrath, A., 1997, S. 32. Siehe zur Ausgestaltung der Corporate Governance in Deutschland: Schmidt, H., 1997.

[4] Vgl. Steinmann, H., 1969; Bea, F. X., Dichtl, E., Schweitzer, M., 1988, S. 180 ff.

[5] Vgl. erstmals: Freeman, R. E., 1984. Diesem Ansatz liegt das Koalitionenmodell der Unternehmung (vgl. Cyert, R. M. u. March, J. G., 1963) zugrunde, das auf die „Anreiz-Beitrags-Theorie" (vgl. Barnard, C., 1938) zurückgeht.

[6] Vgl. Pfnür, A., 1996, S. 20 ff.

[7] Prinzipiell wären in dieser Systematik auch die Interessen der Lieferanten und Fremdkapitalgeber zu berücksichtigen. Aufgrund der geringen themenspezifischen Relevanz wird hier davon abgesehen.

Tabelle 10.1. Interessen externer Nutzer

Interessengruppen:	Auf Immobilien gerichtete Interessen:
Arbeitnehmer	• Attraktiver Arbeitsplatz: sicher, gesund, attraktive Lage, gut erreichbar, großzügig, Prestigeträchtig, Freizeitangebot
Öffentlichkeit	• Städtebauliche und raumplanerische Attraktivität • ökologische Verträglichkeit • Gewerbesteuereinnahmen
Kunden	• Gute Erreichbarkeit: zentrale Lage, ausreichend Parkplätze • interessante Umgebung • ansprechende Gestaltung, Nahverkehrsanschluss etc. • sicherer Einkauf • Sauberkeit

Quelle: Eigene Darstellung.

Werden die Ziele der Interessengruppen nicht entsprechend ihrer Einflussmöglichkeiten berücksichtigt, so wird sich dies negativ auf den Erfolg der innerbetrieblichen Organisationseinheiten auswirken. Weil die Ziele der Interessengruppen sich aufgrund dieses Zusammenhangs in den Zielen der innerbetrieblichen Organisationseinheiten widerspiegeln und sich jedes dieser Ziele auf die Nutzung von Immobilien bezieht, werden deshalb alle auf diese Ziele gerichteten Wirkungen von Immobilien als Nutzerfunktion zusammengefasst.

Eigentümer- und Nutzerinteressen an den Immobilien im Unternehmensbestand sind nicht per se konkurrierend. Zwar ist unmittelbar einsichtig, dass die Berücksichtigung der Nutzerinteressen mit Ausgaben verbunden ist, die den Cashflow in einer kurzfristigen Betrachtungsweise verringern. Ob diesen Ausgaben allerdings ein adäquater Nutzen z. B. in Form einer höheren Produktivität, einer gestärkten CI oder in einem besseren Image des Unternehmens gegenüber steht, bleibt wohl in den meisten Fällen unsicher.

10.3 Eingliederung immobilienwirtschaftlicher Aufgaben in die Aufbauorganisation

Zur organisatorischen Eingliederung des Immobilienmanagements in die Unternehmensorganisation sind anhand dieser Kriterien vier konstituierende Entscheidungen zu treffen:

1. Welchen Aufgabenumfang soll die Abteilung wahrnehmen?
2. Auf welcher Hierarchieebene und in welchem Funktionsbereich wird die Verantwortung für das Immobilienmanagement wahrgenommen?
3. Erfolgt die Aufgabenerfüllung zentral oder dezentral?
4. Nach welchen Kriterien wird die Aufgabenteilung innerhalb des Immobilienmanagements vorgenommen?

Zu 1.) Bevor eine konkrete Einordnung immobilienwirtschaftlicher Aufgaben in die Organisation des Unternehmens erfolgen kann, muss zunächst geklärt sein, welchen Umfang und Stellenwert die immobilienwirtschaftlichen Aufgaben überhaupt einnehmen. Entsprechend der Ziele, die das Unternehmen mit seinen immobilienwirtschaftlichen Aktivitäten verfolgt, kann dieser Bereich entweder als Bestandteil des Kerngeschäfts des Unternehmens angesehen werden, der auch Dienstleistungen für Dritte erbringt,[1] oder im entgegengesetzten Extrem sind die immobilienwirtschaftlichen Aufgaben von untergeordneter Bedeutung und werden weitgehend fremd bezogen. In den vergangenen Jahren hat sich ein breiter Markt für Immobiliendienstleistungen entwickelt, der es Unternehmen vermehrt ermöglicht, den zweiten Weg zu gehen.[2]

Die Entscheidung des Fremdbezugs immobilienwirtschaftlicher Leistungen lässt sich auf der Grundlage von Überlegungen aus der Transaktionskosten-Theorie treffen. Als wichtigstes Kriterium zur Auswahl der transaktionskostenminimalen Koordinationsform dient hier die Spezifität. „Der Spezifitätsgrad einer Transaktion ist um so höher, je größer der Wertverlust ist, der entsteht, wenn die zur Aufgabenerfüllung erforderlichen Ressourcen nicht in der angestrebten Verwendung eingesetzt, sondern ihrer nächstbesten Verwendung zugeführt werden."[3] WILLIAMSON zeigt, dass es einen Zusammenhang zwischen Spezifitätsgrad und Koordinationsform gibt.[4] Demzufolge führt im Falle eines niedrigen Spezifitätsgrades die marktliche Koordination zu den geringsten Transaktionskosten, im Falle eines hohen Spezifitätsgrades hingegen sind die Transaktionskosten bei hierarchischer Koordination minimal. Für das Unternehmen ergibt sich daraus die Fragestellung, wie hoch der Spezifitätsgrad jeder immobilienwirtschaftlichen Aufgabe ist. Für die Gebäudereinigung ist sie wohl eher gering, die Flächenplanung hingegen ist ein Beispiel für tendenziell hohe Spezifität. Entsprechend sollte das Unternehmen Leistungen geringer Spezifität über marktliche Koordination extern beziehen. Sobald die Spezifität der immobilienwirtschaftlichen Dienstleistung allerdings steigt, verursacht die hierarchische Koordination der Leistungserstellung in der eigenen Immobilienabteilung weniger Transaktionskosten.[5]

Zu 2.) In Anbetracht der langfristigen Bindungsdauer und Irreversibilität maßgeblicher Entscheidungen des Immobilienmanagements innerhalb des Gesamtunternehmens erscheint es zweckmäßig, die Immobilienverantwortung von einer der oberen Hierarchieebenen wahrnehmen zu lassen.[6] Eine entsprechend der Bedeutung zu hohe Eingliederung, etwa beim Vorstandsvorsitzenden, birgt die Gefahr,

[1] Siehe hierzu beispielsweise die Thyssen AG (vgl. Lampe, P. u. Lechtenböhmer, A., 1998, S. 575).

[2] Vgl. Hinsche, S. D., 1994.

[3] Picot, A. u. Ripperger, T. u. Wolff, B., 1996, S. 43.

[4] Vgl. Williamson, O. E., 1975.

[5] Vgl. zum Outsourcing von Immobilienmanagementleistungen: Bergsmann, S., 1993; Kimbler, L. B. u. Rutherford, R. C., 1993; Walton, D., 1993; Bergsmann, S., 1994; Riebel, V., 1994; Carter, M. G., 1995; Schneider, H., 1995; Schneider, H., 1996; Manning, C., Rodriguez, M. u. Roulac, S. E., 1997.

[6] Vgl. Carn, N. G., Black, R. T. u. Rabianski,J. S., 1999, S. 289 f.

dass dieser Bereich von den Zuständigen vernachlässigt wird.[1] Eine zu niedrige Eingliederung hingegen beinhaltet die Gefahr mangelnder Durchsetzungsmacht im Gesamtunternehmen. COTTS/LEE empfehlen deshalb basierend auf praktischen Erfahrungen die Eingliederung des Immobilienmanagements zwei Ebenen unterhalb des Vorstandsvorsitzenden: „That balances necessary access against organizational reality in all size organizations."[2]

Die horizontale Einordnung des Immobilienmanagements wird mit dem Ziel der Schnittstellenoptimierung immobilienwirtschaftlicher Prozesse durchgeführt. Die Gestaltung der Schnittstellen innerhalb der Organisationsstrukturen kann sich grundsätzlich auf Personen, Sachmittel oder Aufgaben beziehen.[3] Da der Betrachtungsgegenstand hier Großunternehmen sind und zur Verrichtung der Aufgaben des Immobilienmanagements kaum Sachmittel eingesetzt werden, verbleibt der Aufgabenbezug als geeigneter Gestaltungsparameter. Dabei wird die Immobilienabteilung so eingegliedert, dass die Koordinationskosten minimal sind.[4] Ein sehr stark an der Nutzerfunktion orientiertes Immobilienmanagement wird beispielsweise dem Funktionsbereich eingegliedert, der das Kerngeschäft betreibt und somit die Anforderungen der Nutzer definiert. Dagegen wird ein schwerpunktmäßig an der Eigentümerfunktion orientiertes Immobilienmanagement besser in einen finanzwirtschaftlichen Funktionsbereich des Unternehmens wie z. B. dem Beteiligungscontrolling eingeordnet. Eine Übersicht über die wichtigsten Schnittstellen geben BROWN ET AL:

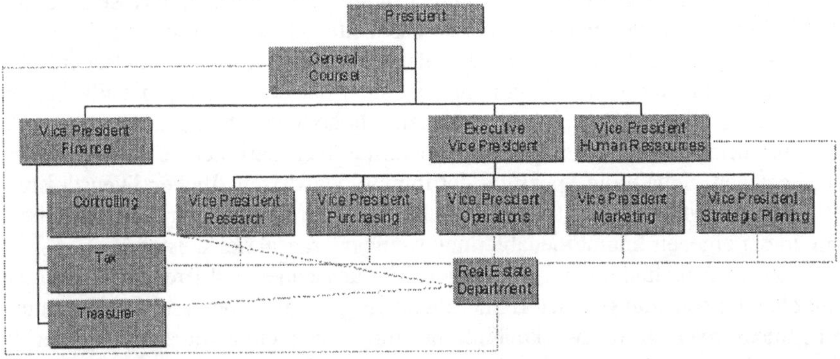

Abb. 10.2. Organisatorische Eingliederung des Immobilienmanagements. Quelle: In Anlehnung an Brown, R. K. et al., 1992, S. 22.

Zu 3.) Losgelöst von der hierarchischen Einordnung der Immobilienverantwortung ist zu klären, in welchem Umfang die immobilienwirtschaftlichen Aufgaben von zentralen und dezentralen Stellen ausgeführt werden und in welchem Umfang

[1] Vgl. Apgar, M., 1995, S. 162.
[2] Vgl. Cotts, D. G. u. Lee, M., 1992, S. 19.
[3] Vgl. z. B. Bleicher, K., 1991, S. 45 f.
[4] Vgl. Windsperger, J., 1996, S. 59.

die Verantwortung delegiert wird.[1] Die verschiedenen Organisationslösungen lassen sich in Abhängigkeit vom Grad der Zentralität in dezentrale und zentrale Lösungen unterteilen.[2] Im Extremfall dezentraler Lösungen werden die immobilienwirtschaftlichen Aufgaben soweit auf gespalten, dass sie neben dem operativen Geschäft von den Geschäftsbereichen selber wahrgenommen werden. In einem ersten Schritt der Zentralisation werden die immobilienwirtschaftlichen Aufgaben dezentral bei den einzelnen Geschäftsbereichen in Immobilienabteilungen zusammengefasst. Der Extremfall zentraler Lösungen ist das Zusammenfassen aller Immobilienaktivitäten in einem „Zentralbereich Immobilienmanagement". Betrifft die Zentralisation nur einen Teil der Aufgaben, so sind auch Mischformen denkbar, in denen neben einem Zentralbereich auch dezentrale Immobilienabteilungen von den Geschäftsbereichen vor Ort unterhalten werden. Die Vor- und Nachteile der jeweiligen Zentralisierungsgrade sind in der Literatur bereits ausführlich diskutiert worden.[3] Dabei ist zu beachten, dass eine Zerlegung von Aufgaben zusätzlichen Koordinationsbedarf verursacht. Beispielsweise sind folgende Aspekte besonders hervorzuheben:

- Die Zentralität der Aufgabenerfüllung richtet sich nach der Ausgestaltung der immobilienwirtschaftlichen Ziele. Die Dominanz der Nutzerfunktion im Zielsystem spricht für eine dezentrale Eingliederung des Immobilienbereichs, da die größere Nähe zu den Nutzern eine bessere und flexiblere Befriedigung ihrer Interessen ermöglicht. Dementgegen sprechen für die Zentralisierung der Immobilienfunktion die stärkeren Kontroll- und Beeinflussungsmöglichkeiten der Eigentümer.
- Eine dezentrale Flächenplanung behindert den unternehmensinternen Ausgleich von Flächenüberhängen in schrumpfenden Bereichen und wachsendem Flächenbedarf in prosperierenden Bereichen.
- Das zentrale Zusammenlegen von Aufträgen aus mehreren Organisationseinheiten eines Unternehmens bietet die Chance, Mengendegressionseffekte zu erzielen. Zusätzlich führt eine Poolung von Spezialisten insbesondere in den anspruchsvollen rechtlichen und technischen Fragestellungen des Immobilienmanagements zu einer höheren Professionalität, die qualitativ bessere Ergebnisse sowie Erfahrungskurveneffekte ermöglicht.

Die genannten Argumente betreffen jeweils nur Ausschnitte der immobilienwirtschaftlichen Aufgabengesamtheit. Es ist daher zu überlegen, welcher Ausschnitt des Aufgabenpakets im Unternehmen zentral und welcher dezentral ausgeführt werden soll. Dabei ist zu beachten, dass eine Zerlegung von Aufgaben zusätzlichen Koordinationsbedarf verursacht.

[1] Vgl. zur Klärung der Begriffe zentral und dezentral: Milgrom, P. u. Roberts, J., 1992, S. 114.

[2] Vgl. Schäfers, W., 1997, S. 208 ff.; Schäfers, W., 1998, S. 256 ff.

[3] Vgl. z. B. Schnutenhaus, O. R., 1952, 175 ff.; Nordsiek, F., 1955, S. 76 ff.; Simon, H. A., 1957, S. 234 ff.; Bleicher, 1991, S. 48 ff.; Laux, H. u. Liermann, F., 1993, S. 212 ff.; Bühner, R., 1993, S. 393 ff.

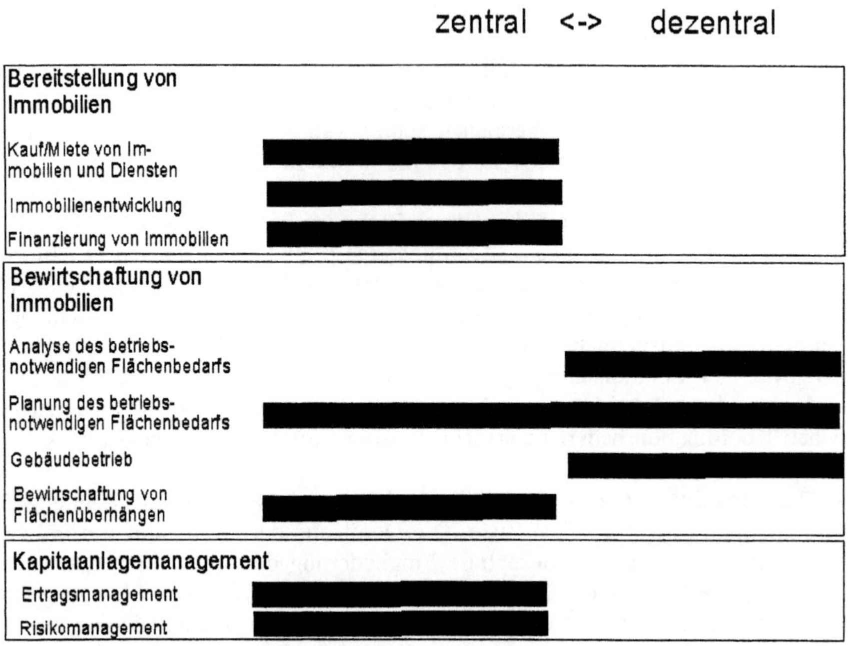

Abb. 10.3. Beispielhafte Aufgabenteilung im betrieblichen Immobilienmanagement. Quelle: Eigene Darstellung.

Die Zentralisierung bestimmter Aufgaben ist die Grundvoraussetzung des Outsourcing und einer rechtlichen Verselbstständigung des Immobilienmanagements.

Zu 4.) Die Aufgabenteilung innerhalb der Immobilienabteilung erfolgt nach Verrichtungen (funktional), nach Regionen oder objektorientiert. In der funktionalen Gliederung werden die in Abbildung 10.3 aufgelisteten Aufgaben des Immobilienmanagements in möglichst homogenen Funktionsbereichen zusammengefasst. Da diese Organisationsform zur Zentralisierung führt, stellen sich mit ihr die oben genannten Vor- und Nachteile zentral organisierter Immobilienabteilungen ein. Zur regionalen Gliederung werden die immobilienwirtschaftlichen Aufgaben geographisch nach nationalen oder internationalen Regionen verteilt. Diese Organisationsform eignet sich besonders, um den lokal individuellen außerbetrieblichen Einflussfaktoren zu begegnen.[1] Der Immobilienbereich kennzeichnet sich hier durch regional sehr spezifische bau- und steuerrechtliche Situationen sowie regionale Immobilienmärkte. Die üblicherweise mit der regionalen Gliederung einhergehende Dezentralisierung ermöglicht ferner eine größere Nähe zu den Nutzern der Immobilien. Die objektorientierte Gliederung folgt entweder verschiedenen Immobilientypen (z. B. Bürostandorte, Produktionsstätten, Handels- und Wohnimmobilien) oder den verschiedenen Sparten innerhalb eines Konzerns, die bedingt durch die Historie, die Unternehmenskultur oder die Branche als weitgehend

[1] Vgl. Blohm, H., 1977, S. 132 ff.

eigenständige Nutzer der Immobilien auftreten. Der Vorteil liegt hier wie bereits bei der regionalen Organisationsform in der Nutzernähe.

Sucht man die für ein spezielles Unternehmen adäquate Organisationsform, so kann sich durchaus eine Mischform als beste Lösung ergeben. Betrachtet man die betrieblichen Einflussfaktoren der Organisationsentscheidung,[1] so sehen COTTS/ LEE die optimale Aufgabengliederung im Immobilienmanagement in Abhängigkeit von der Größe der Abteilung selbst, der Größe des Unternehmens, der Anzahl und Verteilung der Standorte des Unternehmens und dem Umfang des Fremdbezugs immobilienwirtschaftlicher Leistungen.[2]

10.4 Koordinations- und Motivationsprobleme in der betrieblichen Immobilienwirtschaft

In der obigen Darstellung des betrieblichen Immobilienmanagements als institutionenökonomisches Optimierungsproblem sind drei Prinzipal-Agenten-Beziehungen identifiziert worden. In allen drei Beziehungen verursacht die Übertragung von Verfügungsrechten der Stakeholder Vertretungskosten und ebenso Transaktionskosten. Zu beachten ist dabei die Ausdünnung der Verfügungsrechte mit jeder Übertragung. Es besteht deshalb die Gefahr, dass die Ziele der Stakeholder gegenüber dem Immobilienmanagement und den Nutzern kaum noch zur Geltung kommen. Nachfolgend werden die spezifischen Besonderheiten jeder dieser Beziehungen kurz dargestellt, um Hinweise auf effiziente Koordinations- und Motivationssysteme sowie die Vertragsgestaltung zu erhalten.

10.4.1 Beziehung I: Stakeholder – Unternehmensleitung

10.4.1.1 Ausgestaltung der Beziehung

Grundsätzlich kann die Beziehung zwischen Stakeholdern und dem Unternehmen, vertreten durch die Unternehmensleitung, gesetzlich, einzelvertraglich oder marktlich bedingt sein. Gesetzlich geregelt ist der Einfluss der Stakeholder auf das betriebliche Immobilienmanagement im Raumordnungsgesetz (ROG), Bauplanungsrecht (BauGB), Bauordnungsrecht (Landesbauordnungen), im Immobiliensachenrecht (Wohnungseigentumsgesetz, BGB) und weniger spezifisch im Steuerrecht, Arbeitsrecht und Umweltschutzrecht. Neben dem öffentlichen Interesse des Staates werden in diesen Rechtsgrundlagen auch Ansprüche der anderen Stakeholder, vor allem der Mitarbeiter beispielsweise durch Regelung der Arbeitsplatzgestaltung konstituiert. Eine Effizienzprüfung der einzelnen Rechtsgrundlagen aus institutionenökonomischer Sicht wäre sicherlich sehr interessant, würde in dem hier in Rede stehenden Kontext aber zu weit führen.

---

[1] Vgl. Blohm, H., 1977, S. 127 ff.

[2] Vgl. Cotts, D. G. u. Lee, M., 1992, S. 18 ff.

Vertragliche Ansprüche können den Mitarbeitern aus ihren Arbeitsverträgen erwachsen, wenn ihnen beispielsweise ein Arbeitsplatz an einem bestimmten Ort zugesichert wird, den Kunden aus ihren Kaufverträgen, wenn beispielsweise eine Leistung in den Räumen des Unternehmens erbracht werden muss, und den Fremdkapitalgebern aus den Kreditverträgen, wenn beispielsweise Grundschulden als Sicherheiten dienen. Denkt man an den Fall Schneider, so ist unmittelbar einsichtig, dass Banken erhebliche Kontrolle über die betrieblichen Immobilien eines Unternehmens ausüben können, sobald die Werthaltigkeit ihrer Kreditsicherheiten in Gefahr gerät. In den oben genannten Fällen hat das Unternehmen bereits eine vertragliche Beziehung zu einem Marktpartner. Um an den Finanz-, Arbeits-, Beschaffungs- und Absatzmärkten als Kontraktpartner attraktiv zu werden, kann es erforderlich sein, bereits im Vorfeld der Vertragsanbahnung Anreize zu geben. Immobilien können zur Steigerung der Marktattraktivität im Zuge der Unternehmenskommunikation zur Prägung eines Corporate Design und zur Verbesserung der Beziehung zu den Bewohnern der räumlichen Umwelt gezielt eingesetzt werden. Insgesamt sind die Möglichkeiten der vertraglich oder marktlich konstituierten Einflussnahme dieser Gruppen auf das betriebliche Immobilienmanagement stark vom Einzelfall abhängig und als vergleichsweise gering zu bewerten.

Deutlich stärker ausgeprägt sind die vertraglichen Beeinflussungsmöglichkeiten des betrieblichen Immobilienmanagements durch die Eigenkapitalgeber. Im Immobilienmanagement tritt das klassische Prinzipal-Agenten-Problem der Trennung von Eigentum und Verfügungsrechten über das Eigentum par excellence zu Tage. Ohne spezielle Kontrolle durch die Eigentümer hat die Unternehmensführung die Möglichkeit, durch Bildung bzw. Auflösung stiller Reserven und den Kauf bzw. die Veräußerung von Immobilien kurzfristig den Jahresüberschuss und langfristig die Wertentwicklung des Unternehmens entsprechend eigener Ziele zu gestalten. Will die Unternehmensleitung beispielsweise ihre eigenen kurzfristigen Leistungen schönen, so wird sie durch den Verkauf von Immobilien den Periodengewinn steigern, auch wenn der Verkaufszeitpunkt in eine Baisse am Immobilienmarkt fällt.[1] Andererseits wird die Unternehmensführung in erfolgreichen Zeiten geneigt sein, einen Teil des Gewinns als Reserve für weniger erfolgreiche Zeiten zurückzuhalten und nicht an die Eigentümer auszuschütten. So hat AMBROSE in einer empirischen Erhebung festgestellt, dass die Wahrscheinlichkeit, Ziel einer Übernahme zu werden, maßgeblich vom Umfang des Immobilienbestands eines Unternehmens abhängt.[2] Dies kann als Indiz für eine ineffiziente Wahrnehmung der Eigentümerfunktion an Immobilien durch das Management und somit Ausdruck hoher Vertretungskosten gedeutet werden.[3] In den USA hat es weitere empirische Erhebungen gegeben, die die Beziehung zwischen Aktionären und Management im Hinblick auf betriebliche Immobilien analysieren. ALLI/RAMIREZ/YUNG zeigen, dass der Umzug einer Hauptverwaltung von den Aktionären mit einer Veränderung des Aktienkurses quittiert wird.[4] GHOSH/

[1] Vgl. Jensen, M. C. u. Meckling, W., 1976, Jensen, M. C., 1986.
[2] Vgl. Ambrose, W. B., 1990.
[3] Vgl. Rodriguez, M. u. Sirmans, C. F., 1996, S. 14.
[4] Vgl. Alli, K., Ramirez, G. u. Yung, K., 1991.

RODRIGUEZ/SIRMANS konnten zeigen, dass der Kurs steigt, wenn der Umzug aus Gründen der Kostensenkung erfolgt. Der Aktienkurs sinkt in den empirischen Ergebnissen dagegen, sobald der Umzug mit dem Eigeninteresse der Manager in Verbindung gebracht wird.[1]

10.4.1.2 Übertragung des Shareholder-Value-Managements

Einen Weg zur Verringerung ausufernder Vorteilsnahmen der Agenten und damit dem Anstieg der Vertretungskosten sehen RODRIGUEZ/SIRMANS in der Gleichrichtung der Interessen von Unternehmensführung und Aktionären.[2] Als Mittel gegen den Missbrauch von Verfügungsrechten am Unternehmenseigentum durch die Manager auf Kosten der Eigentümer, wird seit einiger Zeit das Konzept des Shareholder-Value-Managements diskutiert. Dass das Shareholder-Value-Management grundsätzlich geeignet ist, die Eigentümerinteressen in einem Unternehmen durchzusetzen, scheint trotz einer durchaus kritischen Diskussion des Konzepts unstrittig.[3] Theoretisch fußt das Shareholder Value Konzept unter anderem auf der Kapitalmarkt- und der Investitionstheorie. Die dynamische Investitionsrechnung und die Portfoliotheorie mitsamt seiner praxisorientierten Weiterentwicklungen als Bestandteile dieser Theorien sind bereits auf ihre Anwendbarkeit für Immobilienentscheidungen untersucht worden.[4] Aufgrund der ökonomischen Wesenszüge von Immobilien, insbesondere der Unvollkommenheit der Immobilienmärkte, waren diese Versuche nur bedingt erfolgreich, sodass auch bei der Übertragung des Shareholder-Value-Managements mit ähnlich großen Schwierigkeiten zu rechnen ist. Der Versuch, das Shareholder-Value-Management auf den betrieblichen Immobilienbestand zu übertragen,[5] macht deutlich, dass bei jedem der folgenden drei wertbeeinflussenden Faktoren

1. Kapitalkosten,
2. Residualwert und
3. Cashflow

immobilienspezifische Schwierigkeiten auftreten.[6]

Zu 1,) Die Kapitalkosten für das Eigenkapital bestimmen sich aus dem Zins für risikolose Anlagen zuzüglich einer Prämie für den Anteil, den die zu bewertenden

---

[1] Vgl. Gosh, C., Rodriguez, M. u. Sirmans, C.F., 1995.

[2] Vgl. Rodriguez, M. u. Sirmans, C. F., 1996, S. 15.

[3] Vgl. z. B. Bühner, R., 1994; Rappaport, A, 1994; Albach, H., 1997; Sieben, G. u. a., 1997 und die dort zitierte Literatur.

[4] Vgl. zur Investitionsrechnung: Greer, G. E., 1997, insb. S. 223 ff.; Schulte, K. - W. u. Ropeter, S. - E., 1998; vgl. zur finanzwirtschaftlichen Portfoliotheorie: Friedman, H. C., 1970; Brown, G. R., 1988; Flößer, K. P., 1989; Webb, J. R., 1990; Bruce, B. R. (ed.), 1991; Dubben, N. u. Sayce, S., 1991; Pagliari, J. L. (Hrsg.), 1995.

[5] Vgl. zur Übertragung: von Jürgensonn, I., 1997, insb. S. 215 ff.; Grünert,L., 1999a; Grünert,L., 1999 b; Hens, M., 1999.

[6] Siehe auch die Diskussion der Anwendung kapitalmarkttheoretischer Modelle im Immobilienbereich im Abschnitt 7.3.1.

Kapitalanlage am Risikos des Portefeuilles eines Investors aufweist.[1] Die Bestimmung des Eigenkapitalzinses erfolgt auf Basis der Grundüberlegungen des auf LINTNER/MOSSIN/SHARPE zurückgeführten Capital Asset Pricing Model (CAPM) und dessen Erweiterungen.[2] Das systematische Risiko einer Kapitalanlage drückt sich in diesen Modellen der Kapitalmarkttheorie im Beta-Faktor aus, der die Veränderung des Risikos des Marktportefeuilles durch den Erwerb einer zusätzlichen Anlage misst. Zur Bestimmung der Beta-Faktoren werden hohe Anforderungen an den Informationsstand hinsichtlich der Markttransaktionen gestellt.[3] Die Bestimmung der Risikowirkungen, die von Immobilien auf ein Portefeuille ausgehen, stellen aufgrund der Spezifität von Immobilien und der damit verbundenen Unvollkommenheit der Immobilienmärkte ein bislang nur unzureichend gelöstes Informationsproblem dar. Insbesondere fehlen geeignete Immobilienindizes die einen Anteil an Immobilien im Marktportefeuilles[4] repräsentieren ebenso wie Informationen über die Entwicklung der Betas, die sich aus dem Verhältnis der Wertentwicklung einzelner Immobilienobjekte oder Immobilienklassen zur Entwicklung des Marktportefeuilles ableiten.

Zu 2.) Bereits die gegenwartsbezogene Bewertung von Immobilien bringt erhebliche Schwierigkeiten mit sich.[5] Die Quantifizierung der Auswirkung von immobilienwirtschaftlichen Entscheidungen auf den im Shareholder-Value-Konzept benötigten Residualwert der Immobilie erscheint aufgrund der oben gezeigten Unvollkommenheit des Immobilienmarktes und der individuell sehr unterschiedlichen Preisbereitschaft aufgrund eines hohen Anteils subjektiver, nicht monetärer Nutzenstiftung von Immobilien als sehr fragwürdig.

Zu 3.) Wie oben bereits problematisiert, müssen die horizontalen Interdependenzen der Projekte zur Steigerung des Cashflow im Immobilienbereich mit den Cashflow der unternehmensinternen Nutzer berücksichtigt werden. Ansonsten besteht die Gefahr, dass die positiven Effekte der Steigerung des Shareholder-Value im Immobilienbereich mit Einbußen der Nutzungsqualität der Immobilie einhergehen, die zu einer Abnahme des Cashflow aus diesen Bereichen führt.[6]

Aus 3.) geht unmittelbar hervor, dass die Einführung des Shareholder-Value-Konzepts im Immobilienbereich besondere Anforderungen an die Koordination zwischen der Abteilung des Immobilienmanagements und den Nutzern stellt. Über eine entsprechende Ausgestaltung der vertraglichen Modalitäten der Immobiliennutzung (z. B. interne Mietverträge) lassen sich die Interdependenzen zumindest ansatzweise quantitativ erfassen und berücksichtigen. Um eine Verzerrung des Shareholder-Value zu vermeiden, müssen marktübliche Vertragskonditionen zum

---

[1] Die Bestimmung der Fremdkapitalkosten stellt kein immobilienspezifisches und deshalb hier zu vernachlässigendes Problem dar.

[2] Vgl. zur Darstellung des CAPM: Abschnitt 7.3.1 und die dort zitierte Literatur.

[3] In der Praxis behilft man sich bei der Abbildung des Marktportefeuilles mit der Verwendung von Indizes. (Vgl. Steiner, M. u. Kleeberg, J., 1991, insb. S. 173 ff.).

[4] Vgl. Webb, J. R., 1990; Maurer, R. u. Stefan, T. G., 1996; Thomas, M., 1997.

[5] Vgl. zur Bewertung von Gewerbeimmobilien Abschnitt 3.5.

[6] Vgl. Flößer, K. P., 1989, S. 304 ff.

Einsatz kommen bzw. die Nutzer die Möglichkeit erhalten, ihren Immobilienbedarf außerhalb des Unternehmens frei am Markt zu decken.

10.4.2 Beziehung II: Unternehmensführung – Immobilienmanagement

Zur Ausgestaltung der Beziehung zwischen Unternehmensführung und dem Immobilienmanagement ist zu klären, wie das Immobilienmanagement durch die Unternehmensleitung geführt wird. Im Einzelnen ist dazu festzulegen

1. wie die Ausgestaltung der Ergebnisverantwortung erfolgt und
2. wie Zielvereinbarungen formuliert werden und wie die Anreizsysteme ausgestaltet werden, um die vereinbarten Ziele zu erreichen.

10.4.2.1 Ausgestaltung der Ergebnisverantwortung

Wenn dem Immobilienmanagement die kaufmännische Verwaltung der Immobilien übertragen wird, nimmt die Ausgestaltung der Ergebnisverantwortung eine Schlüsselstellung der Institutionalisierung des betrieblichen Immobilienmanagements ein.[1] In der Ergebnisverantwortung kommt die wirtschaftliche Abhängigkeit des Immobilienbereichs von der Unternehmensleitung zum Ausdruck. Mit der wirtschaftlichen Autonomie des Immobilienbereichs geht in der Regel auch eine rechtliche Verselbstständigung einher. Diese wird allerdings weniger aus der Sicht der hier diskutierten Steuerungsaspekte, sondern vielmehr als Mittel zur Optimierung der Bilanzpolitik, der Steuersituation und des Rechnungswesens eingesetzt.[2] Wirtschaftlich kann der Immobilienbereich als Stabsstelle ohne Ergebnisverantwortung, als Cost-Center, Profit-Center oder Investment-Center geführt werden.[3]

In der Form eines Cost-Centers beschränkt sich die Verantwortung auf die Kostenentstehung durch Immobilien. Als Anreizsystem ist dieses Konzept dann effizient, wenn die Immobilienabteilung bei Vorliegen weitgehend standardisierter Anforderungen an die betriebliche Immobilienausstattung sich lediglich um die kostenminimale Bereitstellung zu kümmern hat. Beeinflussen die Handlungen des Immobilienmanagements allerdings auch die Qualität der Bereitstellung betrieblicher Immobilien für die Nutzer, so ist diese Form der Verantwortung ineffizient.[4] Im Hinblick auf Immobilien ist sehr fraglich, ob die Leistung des Immobilienmanagements derart standardisierbar ist, dass eine Beschränkung der Verantwortung auf die Kostenseite zu effizienten Lösungen führt. Vielmehr ist anzunehmen, dass das Immobilienmanagement auch die Qualität der Leistung variieren kann. So zeigt eine von SCHÄFERS bei deutschen Unternehmen durchgeführte empirische Erhebung die Gründe für die Implementation des Immobilienmanagements als

[1] Vgl. z. B. Bleicher, K., 1991, S. 693 ff.

[2] Vgl. Haarmann, W. u. Busch, B., 1998; Elsner, R., 1998.

[3] Vgl. zur Ergebnisverantwortung im Immobilienmanagement: Schäfers, W., 1998c, S. 263 ff. Vgl. allgemein zur Problematik der Ergebnisverantwortung z. B.: Bleicher, K., 1991, S. 697 f.; Milgrom, P. u. Roberts, J., 1992.

[4] Vgl. Milgrom, P. u. Roberts, P., 1992, S. 229 f.

Cost-Center auch eher in mangelndem Problembewusstsein, Hilflosigkeit und dem Mangel an Alternativen zu dieser Verantwortungsform, denn im Glauben an die Leistungsunabhängigkeit.

Tabelle 10.2. Motive für die Einrichtung eines Cost-Centers

Motive für die Einrichtung eines Cost-Centers	
Immobilien werden nicht als Geschäftsfeld gesehen	81,4 %
Gemeinkostencharakter der Immobilien	52,5 %
Mangelnde Ergebniseigenständigkeit der Immobilien-Instanz	52,5 %
Einfachheit und geringer Managementaufwand	44,1 %
Überprüfung der Kosteneffizienz der Immobiliennutzung	30,5 %
Ergebnisverantwortung ist nicht möglich bzw. durchsetzbar	18,6 %
sonstige Gründe	6,8 %

Quelle: Schäfers, W., 1998, S. 264, (n = 59).

Das Cost-Center-Konzept übt keine Anreize zur Leistungseffizienz aus. Ist dies gefordert, sind Profit-Center-Konzepte effizientere Lösungen, da hier dem Bereich Autonomie dann das Ergebnis seiner Kosten- und Leistungsverursachung gerecht zugeordnet werden kann.[1]

Die Voraussetzungen zur Institutionalisierung eines Profit-Centers liegen in folgenden Punkten:[2]

1. Unabhängigkeit in der operationalen Leistungserstellung und Verwertung,
2. freier Zugang zu internen und externen Absatz- und Beschaffungsmärkten und
3. Zurechenbarkeit aller Gewinnkomponenten.

Die ersten zwei Voraussetzungen bedeuten faktisch eine weitgehende Autonomie des Immobilienmanagements innerhalb des Unternehmens, die auch eine mögliche Vermarktung eigener betrieblicher Immobilien und Dienstleistungen außerhalb des Unternehmens umfasst. Dies wird nur dann uneingeschränkt wünschenswert sein, wenn die betriebliche Immobilien im Unternehmen keine strategische Bedeutung besitzen. Die Zurechenbarkeit der Gewinnkomponenten setzt voraus, dass ein realistischer Verrechnungspreis gefunden wird, zu dem interne Nutzer die Immobilienflächen und Immobiliendienstleistungen innerhalb des Unternehmens beziehen. Wie wir bei der näheren Analyse der Beziehung III zwischen Immobilienmanagement und Nutzer sehen, ergeben sich bei der Bestimmung des Verrechnungspreises erhebliche Probleme. Trotz dieser Probleme wird das Profit-Center-Konzept in der Praxis aufgrund folgender Motivlage eingeführt:

[1] Vgl. Behrens, A. H., 1982.

[2] Die 4. Voraussetzung: „getrennte Vertriebswege" spielt im hier diskutierten Zusammenhang keine Rolle. Vgl. Menz, W. – D., 1973, S. 8 f.

Tabelle 10.3. Motive für die Einrichtung eines Profit-Centers

Motive für die Einrichtung eines Profit-Centers	
Einführung marktähnlicher Verhältnisse	79,3 %
Aufspüren bzw. Ausnutzen von Rationalisierungspotentialen	72,4 %
Transparenz der Geschäftsbereiche	72,4 %
Erzielung von Gewinne bzw. Deckungsbeiträgen aus Immobilien	58,6 %
Stärkung der Eigenständigkeit und Verantwortlichkeit	55,2 %
sonstige Gründe	3,4 %

Quelle: Schäfers, W., 1998, S. 266, (n = 59).

Generelle Hauptkritikpunkte gegenüber dem Profit-Center-Konzept betreffen die unerwünschte Suboptimierung von Teileinheiten und die Kurzfristigkeit der üblichen Steuerungsgrößen Gewinn oder ROI.[1] Beides führt generell zu einer Vernachlässigung der strategischen Erfolgspotentiale des Unternehmens. In Anbetracht der Langfristigkeit von quasi täglich zu treffenden Immobilienentscheidungen wie Kauf oder Miete neuer Geschäftsräume erscheint es für einen unabhängig agierenden Immobilienbereich erforderlich, dass die Autonomie des Immobilienmanagements auf den Investmentbereich ausgedehnt wird.[2] Begrenzte Abhilfe schafft hier das Investment-Center Konzept. Im Investment-Center Konzept kann der Bereich über die Autonomie hinaus, die er im klassischen Profit-Center Konzept genießt, auch langfristig über seine Investitions- und Desinvestitionsstrategie entscheiden.[3]

Die enge Wechselwirkung der aufgezeigten Gestaltungsfelder in der Beziehung zwischen Unternehmensführung und Immobilienmanagement bedingt ein in sich geschlossenes Konzept zur Durchsetzung der Ziele, die das Unternehmen mit seinen betrieblichen Immobilien verfolgt. Grob verallgemeinert lassen sich in Abhängigkeit von der Bedeutung betrieblicher Immobilien und der Ausprägung immobilienwirtschaftlicher Ziele vier Typen unterscheiden:

Tabelle 10.4. Führung der Immobilienabteilung

Bedeutung: Ziel:	Immobilien als strategisch unbedeutende Ressource	Immobilien als strategisch bedeutsame Ressource
Nutzerfunktion	Typ I Immobilienkoordination durch Stabsstelle, Leistungsmessung unbedeutend	Typ II Investment-Center, sofern Probleme der Leistungsmessung lösbar, sonst Cost-Center
Eigentümerfunktion	Typ III Investment-Center, Leistungsmessung anhand des Shareholder-Value	Typ IV Immobilien als Sparte innerhalb des Kerngeschäfts

Quelle: Eigene Darstellung.

[1] Vgl. z. B. Bleicher, K., 1991, S. 697 f.
[2] Vgl. Ball, J. N., Rutherford, R. u. Shaw, R., 1993.
[3] Vgl. z. B. Bleicher, K., 1991, S. 696.

Im **Typ I** werden die immobilienwirtschaftlichen Aufgaben weitgehend dezentral wahrgenommen oder fremd bezogen. In diesem Fall ist die Einrichtung einer koordinierenden Stabsstelle ausreichend. Aufgrund des geringen Aufgaben- und Kompetenzumfangs haben die hier diskutierten Koordinations- und Motivationsprobleme keine besondere Bedeutung.

Im **Typ II** sind die Immobilien des Unternehmens z. B. aufgrund infrastruktureller Voraussetzungen oder ihrer Lage strategisch bedeutsame Ressourcen, von deren Kosten- und Leistungswirkungen der Erfolg des Kerngeschäfts maßgeblich abhängt. Immer dann, wenn es gelingt die Leistung von Immobilienabteilungen dieses Typs zu messen, ist das Investment-Center die geeignete Implementationsform. In der Mehrzahl der Fälle dürfte die Leistungsmessung allerdings praktisch unmöglich sein, sodass dem Immobilienmanagement lediglich die Kostenverantwortung in Form eines Cost-Centers übertragen werden kann.

Im **Typ III** sind betriebliche Immobilien für das Kerngeschäft des Unternehmens strategisch unbedeutend, gleichzeitig erwartet man durch den Immobilienbestand allerdings eine nachhaltige Verbesserung des Unternehmensergebnisses. In diesem Fall sind sowohl Kosten als auch Leistungen des Immobilienmanagements mit Hilfe des Shareholder-Value-Konzepts messbar, wenngleich der Einsatz dieses Verfahrens den oben gezeigten Grenzen unterliegt. Organisatorische Voraussetzung einer am Shareholder-Value orientierten Steuerung der betrieblichen Immobilien ist eine Führung des Immobilienbereichs als Investment-Center.

Im **Typ IV** sind Immobilien eigenständiger Bestandteil des Kerngeschäfts. Es handelt sich in diesem Fall um eine Property-Company. Hier richtet sich die Eingliederung entsprechend stark an den üblichen Organisationsstrukturen des Unternehmens. Allerdings dürfte aus der Immobilienperspektive auch hier der Shareholder-Value als Steuerungsgröße geeignet sein und eine weitgehende Ergebnisverantwortung für das Immobilienmanagement in Form eines Profit- oder Investment-Centers nach sich ziehen.

Die Typen I und II sind immer dann anzutreffen, wenn die Nutzerfunktion dominiert und gleichzeitig die Eigentümerfunktion zu vernachlässigen ist. Mit zunehmender Bedeutung der Unternehmensimmobilien gewinnt das Problem der Kosten- und Leistungsmessung und die entsprechend ansteigenden Vertretungskosten aus der Prinzipal-Agenten-Beziehung zwischen Unternehmensleitung und Immobilienmanagement an Bedeutung. Die Typen III und IV sind speziell auf die Wahrnehmung der Eigentümerfunktion von betrieblichen Immobilien ausgerichtet und basieren auf der Voraussetzung, dass der Shareholder-Value durch die betrieblichen Immobilien beeinflusst wird.

Problematisch sind Fälle, in denen gleichermaßen Eigentümer- und Nutzerfunktion von Immobilien aus dem Zielsystem des Unternehmens hervorgehen. Hier hat sich das Unternehmen für einen der oben angegebenen Typen zu entscheiden oder die Funktionen getrennt zu institutionalisieren. In diesem Fall gibt es eine Abteilung, deren Aufgabe entsprechend des Typs II die Wahrnehmung der Nutzerfunktion als Cost-Center ist und eine weitere Abteilung, je nach Quantität und Qualität des Immobilienbestands, entsprechend der Typen III oder IV, die die Erfüllung der Nutzerfunktion als Investment-Center gewährleisten muss. In Fällen von Zielkonkurrenz der zwei Funktionen müssten dann Verhandlungslösungen durch die zwei Abteilungen herbeigeführt werden.

10.4.2.2 Zielvereinbarungen und Anreizsysteme

Wie wir bereits gesehen haben, ist die Berücksichtigung von betrieblichen Immobilien im Zielsystem des Unternehmens mit erheblichen Problemen behaftet. Insbesondere die Messung der Nutzen und Kosten von Immobilien erschwert im Allgemeinen die Messung der Zielerreichung und im Besonderen die Operationalisierung immobilienwirtschaftlicher Ziele in Zielvereinbarungen zwischen Unternehmensführung und Immobilienmanagement. In der Tabelle 77 sind mögliche Kriterien für Zielvereinbarungen im Immobilienmanagement entsprechend den zwei Funktionen betrieblicher Immobilien systematisiert, die um weitere Kriterien in Abhängigkeit von der unternehmensindividuellen Situation (z. B. Branche, Größe) zu ergänzen sind.

Tabelle 10.5. Mögliche Kriterien für Zielvereinbarungen im Immobilienmanagement

Nutzerfunktion	Eigentümerfunktion
Unterstützung der Ziele des Kerngeschäftes: • Sicherung von Standorten für das Kerngeschäft • Flächenbereitstellung gemäß Nutzeranforderungen • Verfügbarkeit der erforderlichen Infrastruktur • Nutzerzufriedenheit • Flächeneffizienz	Rentabilität des Immobilienbestandes: • Minimierung der Immobilienkosten • Optimierung der lfd. Erträge aus Immobilien • Optimale Verwertung nicht betriebsnotwendiger Objekte • Werterhaltung und -steigerung des Bestandes
	Risikominimierung
Flexibilität bezüglich Nutzeranforderungen und Markt	Optimierung der Steuerbelastung
Reservenbildung	Optimierung der Bilanzstruktur bzw. Kapitalbindung

Quelle: Eigene Darstellung.

Wie aus den Überlegungen zur Übertragung des Shareholder-Value-Konzepts deutlich geworden ist, sind Messungen zur Beurteilung der Eigentümerfunktion zwar prinzipiell möglich, aber entsprechend der Bedenken gegen die Übertragung des Konzepts mit erheblichen Unsicherheiten behaftet. In der Praxis werden folglich quantitative Ziele wie beispielsweise Renditeziele für die Verwertung überschüssiger Immobilien durch eigene Immobilienbereiche nur sehr vorsichtig angesetzt. Neben der Eigentümerfunktion ist auch die Nutzerfunktion Gegenstand von Zielvereinbarungen. Zwar lassen sich quantitative Kennzahlen für die Flächeneffizienz wie beispielsweise der Verkaufserlös pro Quadratmeter Ladenfläche definieren. Diese sind in der betrieblichen Praxis aber eher auf Einzelfälle begrenzt und geben kein vollständiges Bild von dem Grad der Erfüllung der Nutzerfunktion durch das Immobilienmanagement. Hierzu sind Zielvereinbarungen und Leistungsmessung auf der Grundlage von qualitativen Zielen durchzuführen.[1] Beispielsweise könnten die Nutzer nach ihrer Zufriedenheit befragt werden. Die Leistungsmessung anhand qualitativer Ziele ist kostenintensiv und tendenziell ungenau.[2] Deshalb besteht die Gefahr, dass Zielvereinbarungen und Anreizsysteme auf der Grundlage der leichter operationalisierbaren Eigentümerfunktion ausgestaltet werden. In den meisten Unternehmen dürften dementgegen sowohl der Eigentümer- als auch der Nutzerfunktion betrieblicher Immobilien eine gewisse Bedeutung zukommen. Daraus entsteht ein Dilemma: Misst man den Immobilienbereich nur an der Erfüllung der Eigentümerfunktion besteht die Gefahr, dass diese Funktion überproportional gut erfüllt wird. Bei einer Zielkonkurrenz beider Funktionen führt dies zu einer schlechteren Erfüllung der Nutzerfunktion. Verzichtet man hingegen im Immobilienmanagement ganz auf eine Leistungsmessung, vergrößert sich die Gefahr des opportunistischen Umgangs mit betrieblichen Immobilien durch den Immobilienbereich. Ein Ausweg aus dem Dilemma zeigt sich in marktorientierten Lösungen. Setzt man das Immobilienmanagement einem Wettbewerb aus, in dem die Nutzer ihre betrieblichen Immobilien am Markt von einem frei gewählten Lieferanten beziehen können, muss das Immobilienmanagement über eine stärkere Kundenorientierung die Nutzerfunktion besser erfüllen.

10.4.3 Beziehung III: Immobilienmanagement – Nutzer

In der Beziehung II gehen die Verfügungsrechte an den Immobilien von der Unternehmensleitung an das Immobilienmanagement über. In der Beziehung III wird nun unterstellt, dass das Immobilienmanagement seinerseits als Agent der Unternehmensleitung Verfügungsrechte an die Nutzer überträgt. Diese Transaktion ist als internes Mietverhältnis beziehungsweise als interner Dienstleistungsvertrag interpretierbar, der einer Regelung von Leistung und Gegenleistung bedarf.[3] Regelungsbedarf besteht in dieser Beziehung bezüglich folgender Punkte:

1. Kontrahierungszwang für die Vertragsparteien,
2. Verrechnung von Immobilienkosten und -erträgen,
3. Regelung der weiteren Rechte und Pflichten aus dem internen Mietverhältnis,
4. zusätzliche Dienstleistungen der Immobilienabteilung.

Zu 1.) Der Umfang der Vertragsfreiheit ist sowohl für das Immobilienmanagement als auch die Nutzer zu klären. In beiden Fällen stellt sich hier die Alternative

[1] „Qualitative Sachverhalte beziehen sich ... auf Sachverhalte, die sich nicht unmittelbar in Zahlenangaben ausdrücken lassen." Bitz, M., 1977, S. 88.

[2] Vgl. Fischer, J., 1989, insb. S. 149 ff.

[3] Vgl. McIntosh, W., Davidson, W. u. Albert, J., 1987; Brandon, D. V., 1990.

Markt oder Hierarchie.[1] Kann das Immobilienmanagement frei darüber entscheiden, ob die betrieblichen Immobilien des Unternehmens an Dritte vermietet oder gar veräußert werden, besteht die Gefahr, dass für das Unternehmen strategisch bedeutsame Ressourcen durch das Immobilienmanagement eigennützig an besser zahlende Dritte abgegeben werden. Ist es auf der anderen Seite den Nutzern erlaubt, Immobilien und Dienstleistungen am Markt frei zu kaufen, besteht die Gefahr, dass die aus Sicht des Gesamtunternehmens wünschenswerten Mengendegressions- und Erfahrungskurveneffekte im Immobilienmanagement verloren gehen. Diesem Problem kann mittels hybrider Lösungen zwischen Markt und Hierarchie begegnet werden. Beispielsweise könnte dem Immobilienmanagement ein Veto-Recht bei der Anmietung von Flächen am Markt eingeräumt werden.

Zu 2.) Die Steuerung der Immobiliennutzung durch das Immobilienmanagement erfolgt in erster Linie über die Verrechnung von Immobilienkosten und -erträgen. Mit Hilfe von Verrechnungspreisen können prinzipiell die laufenden Immobilienkosten an die internen Nutzer weitergegeben werden.[2] Die wichtigsten Funktionen von Verrechnungspreisen sind die Koordination und Lenkung einzelner Bereiche innerhalb des Unternehmens und die Ermittlung des Erfolgs von Teileinheiten.[3] Verrechnungspreise im Immobilienmanagement sollen die Nutzer und das Immobilienmanagement dazu motivieren, Entscheidungen über den immobiliaren Ressourcenverbrauch den Unternehmenszielen unterzuordnen und die immobiliaren Aufwendungen und Erträge dem Ergebnis der dezentralen Einheiten verursachungsgemäß zuzurechnen. Dabei kommt der Koordinations- und Lenkungsfunktion im Immobilienmanagement größere Bedeutung zu als der Funktion der Erfolgsermittlung. Es lassen sich Verrechnungspreise auf Kostenbasis, auf Marktpreisbasis und Verhandlungslösungen unterscheiden.[4] Prinzipiell sind sowohl kostenorientierte als auch marktorientierte Verrechnungspreise im Immobilienmanagement anwendbar.[5] Allerdings ergeben sich bei der Umsetzung eine Reihe an immobilienspezifischen Problemen der Preisbildung, auf die im Folgenden näher eingegangen wird.

Verrechnungspreise auf Kostenbasis unterscheiden sich zunächst nach dem Umfang der Kostenverrechnung in Preise auf der Grundlage von Vollkosten und Grenzkosten. Nimmt man die Vollkosten der Bereitstellung betrieblicher Immobilien als Preisgrundlage, so umfasst dies neben den gesamten Immobilienkosten auch die Gemeinkosten der Immobilienabteilung, welche über einen Schlüssel auf die einzelnen Objekte umgelegt werden. Rechnet man zu den Vollkosten noch einen Gewinnaufschlag der Immobilienabteilung hinzu (Kosten-Plus), so entspricht das der Kalkulation für externe Leistungsempfänger. Allerdings erfüllen Verrechnungspreise auf Vollkostenbasis die im Immobilienmanagement wichtige Koordi-

---

[1] Vgl. z. B. Williamson, O. E., 1990; insb. S. 81 ff.; Picot, A. u. Reichwald, R., 1994.

[2] Vgl. Bennett, R. E., 1991; Gilbert, R. G., 1991. Vgl. zu einer Übersicht der Probleme, die mit Verrechnungspreisen zu lösen sind: z. B. Frese, E., 1987, S. 284 f.

[3] Vgl. z. B. Dopuch, N., Birnberg, J. G. u. Demski, J. S., 1982, S. 365 ff.; Ewert, R. u. Wagenhofer, A., 1997, S. 512 ff.

[4] Vgl. z. B. Ewert, R. u. Wagenhofer, A., 1995, S. 516 ff.

[5] Vgl. Schäfers, W., 1997, S. 215 ff.

nationsfunktion nur unzureichend.[1] Das Immobilienmanagement verspürt keine Anreize, sich kostenorientiert zu verhalten. Die internen Nutzer werden wiederum nicht einsehen, warum sie im Vergleich zu Marktmieten überhöhte Preise in Rechnung gestellt bekommen und auf Marktlösungen drängen. Zusätzlich droht die Gefahr geschäftspolitischer Fehlentscheidungen, wenn aufgrund der überhöhten Immobilienkosten eigentlich rentable Standorte im Budgetierungsprozess des Unternehmens benachteiligt oder sogar geschlossen werden.

Aus Steuerungsaspekten grundsätzlich besser ist hier der Ansatz der dem Unternehmen entstehenden Grenzkosten für die Bereitstellung der nachgefragten Immobilien.[2] Wegen der erheblichen Sunk Costs, die mit der Inbesitznahme von Immobilien entstehen, umfassen die Grenzkosten bei Immobilien oft nur die nutzungsbedingten Betriebs-, Bauunterhaltungskosten und Steuern. Bei mangelnder Veräußerbarkeit oder langfristigen Mietverträgen sind Abschreibungen und Kapitalkosten beziehungsweise die Mietausgaben nicht in Ansatz zu bringen. In diesem Fall betragen die Grenzkosten maximal 20 - 40 % der Gesamtkosten.[3] Aufgrund der Remanenz immobilienbezogener Kosten ist zu bezweifeln, ob von Preisen auf Grenzkostenbasis eine hinreichende Steuerungswirkung auf den Ressourcenverbrauch der Nutzer ausgeht.

Die Bestimmung des Verrechnungspreises bringt erhebliche Umsetzungsprobleme mit sich, da die Kostenaufstellung als Grundlage der Preiskalkulation sehr hohe Anforderungen an das Immobilieninformationssystem des Unternehmens stellt. Da die Kapitalintensität von Immobilien vergleichsweise hoch ist, stellt die Höhe der kalkulatorischen Kosten für das in Immobilien gebundene Kapital und die Höhe der Abschreibungen mit ca. 60 % der Gesamtkosten sehr wichtige Einflussgrößen bei der Verrechnung von Immobilienkosten auf Kostenbasis dar. Als Berechnungsbasis dieser Kosten muss ein Wertansatz von Immobilien gefunden werden. Aufgrund der erheblichen in Immobilien gebundenen stillen Reserven ist der auf Knopfdruck verfügbare Buchwert der Immobilien bei länger im Besitz befindlichen Objekten regelmäßig ungeeignet. Der geeignete Wertansatz entspräche dem Marktpreis. Dieser ist allerdings in den seltensten Fällen in den Unternehmen bekannt.[4] Dies liegt zum einen in der großen Zahl an Immobilien, die in Großunternehmen verwaltet werden, zum anderen an den erheblichen Schwierigkeiten, die sich aus der Unvollkommenheit der Immobilienmärkte bei der Wertermittlung ergeben. Das aus der Unsicherheit resultierende Risiko muss bei der Stellung effizienter Verrechnungspreise Berücksichtigung finden.[5] Außerdem schwanken die Marktpreise für Gewerbeimmobilien im Zeitablauf erheblich, sodass eine ständige Aktualisierung der Bewertungen erforderlich ist. Die Marktschwankungen erschweren die Implementation erheblich. Aufgrund der gezeigten Probleme, sind

[1] Vgl. Kaplan, R. S. u. Atkinsons, A. A., 1989, S. 613.

[2] Vgl. Ewert, R. u. Wagenhofer, A., 1995, S. 524 ff.

[3] Vgl. zur Kostenermittlung von Immobilien nach DIN: Kalusche, W., 1991, S. 28 ff.; Amelung, V. E., 1994, S. 44 ff.

[4] Vgl. Pfnür, A., 1998a, S. 11 ff.

[5] Vgl. Dopuch, N., Birnberg, J. G. u. Demski, J. S., 1982, S. 373.

Verrechnungspreise auf Kostenbasis im Immobilienmanagement nur selten als Steuerungsinstrument geeignet.

Eine Alternative ist die Ermittlung der Verrechnungspreise auf Marktpreisbasis. Zur Verwendung von marktorientierten Verrechnungspreisen muss zunächst ein einheitlicher Marktpreis vorhanden sein, auf dessen Preisbildung die Transaktionen der Unternehmensbereiche keinen Einfluss ausüben und der auch sonst nicht durch Kampfpreise oder Subventionierungen verzerrt ist.[1] Diese Grundbedingung ist für betriebliche Immobilien nicht immer erfüllt. In vielen Bereichen sind die Nutzer in den Unternehmen aufgrund der Einzigartigkeit von Immobilien auf ganz spezielle Objekte angewiesen, sodass hier kein unmittelbarer Marktpreis zu ermitteln ist. Vielmehr fungiert die eigene Immobilienabteilung als Monopolist und kann diese Stellung ausnutzten. Der Immobilienmarkt weist insbesondere im Bereich der Handels- und Produktionsimmobilien erhebliche Unvollkommenheiten auf. Büroimmobilien sind dagegen in der Regel fungibler, allerdings bedarf hier jedes Objekt der Einzelfallprüfung.

Der wesentliche Vorteil von Marktpreisen für die Nutzung betrieblicher Immobilien gegenüber den vielfältigen Manipulationsmöglichkeiten ausgesetzten Kostenpreisen liegt in ihrer hohen Objektivität begründet. Dadurch dürfte insbesondere die Akzeptanz bei den Nutzern hoch sein, die eine Verzerrung der Kostendaten durch die Immobilienabteilung hier nicht befürchten müssen. Grundsätzlich erfüllen Marktpreise die Koordinationsfunktion immer dann, wenn geringe Synergieeffekte vorliegen oder die Menge des Leistungsaustausches vergleichsweise gering ist. Problematischer kann es allerdings insbesondere dann werden, wenn im Bereich des Immobilienmanagements erhebliche Synergieeffekte entstehen, von denen der Nutzer nicht profitiert. Er würde bei der Kalkulation seiner Endprodukte in diesem Fall zu hohe Selbstkosten ansetzen, die bei Verhandlungen zur Ablehnung ursprünglich profitabler Aufträge führen könnten.[2] Das Ausmaß der Synergieeffekte beim Immobilienmanagement und der Anteil der Immobilienkosten an den Gesamtkosten der Nutzer dürfte allerdings in der Praxis selten so hoch sein, dass dies die Koordinationsfunktion marktorientierter Verrechnungspreise in Frage stellt. In den Fällen in denen hier dennoch ein maßgeblicher Anteil an Immobilienkosten zu verzeichnen ist, sind die Immobilien in der Regel auch von strategischer Bedeutung, sodass der freie Marktzutritt beider Parteien durch die Unternehmensleitung reglementiert wird. Der Marktpreis wird in diesem Fall nur noch als Ausgangspunkt der Verrechnungspreiskalkulation dienen, um zu einer Marktpreis-minus-Regelung zu gelangen. Im übrigen ist davon auszugehen, dass nicht nur das Immobilienmanagement, sondern auch der Nutzer aufgrund geringerer Transaktionskosten z. B. durch vertrauensvollere Beziehungen zu internen Lieferanten Synergieeffekte realisiert, die ihn zu einem internen Kontrakt bewegen.

Für die vier Typen an Immobilienabteilungen aus der Tabelle 10.6 ergeben sich aus dem Gesagten folgende Konsequenzen für die Wahl des Verrechnungspreises:

---

[1] Vgl. Ewert, R. u. Wagenhofer, A., 1995, S. 518.
[2] Vgl. Ewert, R. u. Wagenhofer, A., 1995, S. 524.

Tabelle 10.6. Verrechnungspreis für die Inanspruchnahme betrieblicher Immobilien

Bedeutung betrieblicher Immobilien: / Marktpreis:	Immobilien als strategisch unbedeutende Ressource Typ I + III	Immobilien als strategisch bedeutsame Ressource Typ II + IV
vorhanden:	Marktpreis als Grundlage der Preisfindung	Marktpreis-minus als untere und ggf. Grenzkosten als obere Preisgrenze
nicht vorhanden:	Grenzkosten als Grundlage der Preisfindung	Grenzkosten als Grundlage der Preisfindung

Quelle: Eigene Darstellung.

Sucht man nach einem zum Typ der Immobilienabteilung passenden Verrechnungspreis macht es keinen Sinn, eine Immobilienabteilung als Investment-Center (Typen III + IV) zu organisieren und gleichzeitig Grenzkostenpreise anzusetzen, die das Investment-Center in der Verlustzone festhalten. In der Praxis würden ferner häufig Kompromisslösungen notwendig sein. Insbesondere existiert bei den kostenorientierten Verrechnungspreisen häufig erhebliche Unstimmigkeit über Art und Höhe der entstehenden Immobilienkosten, sodass entweder eine Verhandlungslösungen oder die zentrale Vorgabe zu einem Preisbildungsverfahren führen muss.

Vor allem dann, wenn Verrechnungspreise weit von der tatsächlichen Kostenentstehung entfernt liegen oder erst gar nicht installiert sind, kann es sinnvoll sein, die Nutzer im Falle der weiteren Vermietung oder Veräußerung der ehemals von ihnen genutzten Immobilien an den Gewinnen und Verlusten zu beteiligen. Eine Beteiligung an den Gewinnen schafft Anreize, Flächenüberhänge aufzugeben. Durch die Beteiligung an realisierten Verlusten werden die Nutzer dazu angehalten, möglichst nur marktfähige Flächen zu beziehen. Von der Zuordnung der Ergebnisse aus Verkäufen und Vermietungen hängt demzufolge ab, in welchem Umfang die Eigentümerfunktion der Immobilien durch die dezentralen Nutzer wahrgenommen wird.

Zu 3.) In Mietverträgen gehen neben der Preisgestaltung von weiteren Vereinbarungen teilweise erhebliche ökonomische Konsequenzen aus. Insbesondere sind dies die Vertragslaufzeit, aber auch die Regelungen zur Verteilung von Einrichtungs-, Betriebs- und Instandhaltungskosten auf die Vertragsparteien. Hinsichtlich der Länge der Vertragslaufzeit ist es bei marktfähigen Objekten für die Immobilienabteilung grundsätzlich ohne nennenswerte Kostenverursachung möglich, sich auf kürzere Bindungszeiten einzulassen, als am Markt üblich. So können auf der einen Seite Marktmacht und Größenvorteile von Großunternehmen an die dezentralen Einheiten weitergegeben werden. Für die Nutzer ergeben sich daraus Flexibilitätsvorteile, die im Falle des freien Marktzugangs Anreize zu internen Kontrakten bilden können, ohne dass die Immobilienabteilung Mieteinbußen gegenüber der externen Vermietung hinnehmen muss. Dadurch steigen die Steuerungsmöglichkeiten der Immobilienabteilung. Auf der anderen Seite birgt dieses Vorgehen aber auch die Gefahr von Fehlallokationen zu Lasten des Unternehmenserfolgs.

Zu 4.) Die Immobilienabteilung bündelt die immobilienbezogene Kompetenz des Unternehmens. Deshalb erbringt sie zwangsläufig neben der Bereitstellung von Flächen im engeren Sinne zusätzliche Dienstleistungen für die Nutzer. Das Feld des Immobilienservice umfasst Marktaktivitäten, Rechts- und Steuerberatung, kaufmännische Verwaltung, technische und architektonische Dienstleistungen in der Gebäudeerstellung und Gebäudebetrieb.[1] Die Allokation der Kosten auf die internen und externen Leistungsempfänger ist ein Spezialfall der Verrechnungspreisproblematik, die in der Literatur als „service department problem" bereits ausführlich diskutiert worden ist.[2] Hier stellt sich die Frage, ob und gegebenenfalls nach welchem Schema die Kosten der zusätzlich erbrachten Dienstleistungen auf alle Leistungsempfänger verteilt werden. Die Verrechnung der Kosten ist mit Vor- und Nachteilen verbunden. Für eine Verrechnung spricht, dass die Leistungserbringer, deren Leistungen ansonsten nur schwer beurteilt werden konnten, entsprechend unter Leistungsdruck gesetzt werden. Gegen eine Bepreisung von Leistungen spricht, dass die Nutzer, um Kosten zu sparen, den im Unternehmen vorhandenen Immobiliensachverstand nicht in Anspruch nehmen, sodass die Bewirtschaftung von Immobilien eher zu Ineffizienzen führt. Entscheidet man sich für die Verrechnung der entstandenen Kosten, so bieten sich verschiedene Verfahrensweisen an. Im einfachsten Fall werden die Kosten entsprechend der Inanspruchnahme von Leistungen verrechnet. Als Wertansatz kommen dann Marktpreise oder Selbstkostenpreise in Frage. Die Vor- und Nachteile der Varianten entsprechen denen bei der Verrechnung der Flächenkosten. Ist eine leistungsabhängige Bezahlung nicht möglich oder gewollt, weil befürchtet wird, dass dann die Kompetenz der Immobilienabteilung innerhalb des Unternehmens nicht hinreichend genutzt wird, kann eine leistungsunabhängige Verteilungen der Kosten eingerichtet werden. Im einfachsten Fall werden die Kosten nach dem Durchschnittsprinzip verteilt. Das Grundproblem bei dieser Art der Verteilung ist die Akzeptanz des Verteilungsschlüssels durch die Leistungsempfängern, die aufgrund der Intransparenz der Situation ihren Kostenanteil als zu hoch empfinden. Der Grund für die Einrichtung einer Immobilienserviceabteilung zur hierarchischen Koordination der Immobiliendienstleistungen anstatt des Fremdbezugs über den Markt sind Mengendegressionseffekte. Die analytisch exakte Aufteilung der Kosten auf die Leistungsempfänger, die zu einer gerechten Lösung führt, ist in diesem Problem unmöglich. In der Vergangenheit sind allerdings eine Reihe an Näherungslösungen dieses Problems entwickelt worden.[3] Die größte Akzeptanz dürfte die aus der kooperativen Spieltheorie stammende Lösung mit Hilfe des Shapley-Werts gefunden haben.[4] Bei der Suche nach der geeigneten Verrechnungsmethode kann auch ein Mittelweg beschritten werden. MILLER/BUCKMAN zeigen beispielsweise, dass im Fall großer Mengendegressionseffekte die Verrechnung nur der variablen Kosten die beste Koordinationslösung ergeben

---

[1] Vgl. Hinsche, S. D., 1994.

[2] Vgl. zu einer Übersicht z. B.: Dopuch, N., Birnberg, J. G. u. Demski, J. S., 1982, S. 340 ff.

[3] Vgl. Holler, M. J. u. Li, X., 1996.

[4] Vgl., Shapeley, L. S., 1953.

kann, wohingegen bei Vorliegen geringer Mengendegressionseffekte die Vollkostenverrechnung zum effizienteren Ergebnis führt.[1] Da das „service department problem" im Fall der Immobilienserviceabteilung keine maßgeblichen Spezifikationen oder Besonderheiten birgt, soll auf eine weitere Diskussion an dieser Stelle verzichtet werden.

10.5 Zwischenergebnis

Als Zwischenergebnis des theoretischen Teils bleibt festzuhalten, dass sich die immobilienwirtschaftlichen Ziele in solche, die sich auf die Nutzerfunktion beziehen, und solche, die sich an der Eigentümerfunktion orientieren, trennen lassen. Mit dieser Besonderheit heben sich Immobilien und deren Management von den übrigen Ressourcen des Unternehmens entscheidend ab. Es hat sich gezeigt, dass das Shareholder-Value-Management grundsätzlich die Steuerung der Eigentümerfunktion leisten kann, sich bei der Umsetzung allerdings erhebliche Informationsprobleme ergeben können, für die es derzeit keine Lösungen gibt. Die Wahrnehmung der Nutzerfunktion von Immobilien ist gegenwärtig das am wenigsten aufgearbeitete Problemfeld. Die Hauptschwierigkeit besteht in der Messung der Kostenverursachung und insbesondere des Nutzens durch den Einsatz betrieblicher Immobilien im Leistungserstellungsprozess. Zur Messung des Nutzens existieren gegenwärtig bei Objekten geringer Fungibilität keine adäquaten Lösungen. Bei marktfähigen Objekten besteht mit der Einführung marktähnlicher Strukturen innerhalb des Unternehmens zumindest ansatzweise die Möglichkeit, den Nutzen zu ermitteln und zuzurechnen. Allerdings können sich betriebliche Immobilien und die mit ihrer Bereitstellung in Verbindung stehenden Dienstleistungen in ihrem Spezifitätsgrad erheblich unterscheiden, sodass die marktliche Koordination nicht immer zu den effizientesten Lösungen führt. Deshalb stellt sich für die Unternehmen das Problem, wie viel Markt und wie viel hierarchische Koordination ihr Immobilienmanagement zur Erfüllung der Nutzerfunktion einerseits benötigt und andererseits verträgt.

---

[1] Vgl. Miller, B. L. u. Buckman, A. G., 1987.

11 Empirische Ergebnisse

Nachfolgend sollen den theoretischen Überlegungen nun die empirischen Ergebnisse einer im Zeitraum von April 1997 bis Juli 1998 durchgeführten empirischen Erhebung gegenübergestellt werden. An der Konzeption, Durchführung und Auswertung der Studie waren maßgeblich beteiligt das Institut für Öffentliche Wirtschaft der Universität Hamburg, die Unternehmensberatung Eversmann & Partner Corporate Real Estate, Hamburg sowie das Marktforschungsinstitut forsa, Gesellschaft für Sozialforschung und statistische Analysen mbH, Berlin, welches die Befragung durchgeführt hat.

11.1 Vorbemerkung zur Studie

11.1.1 Ziel und Aufbau der Studie

Hauptziel der Studie ist es, Erkenntnisse über den Entwicklungsstand des Zielsystems, der Organisationsstrukturen und des Steuerungssystems des betrieblichen Immobilienmanagements mit dem Zweck zu erlangen, die gegenwärtigen Zustände in den befragten Unternehmen transparent zu machen und gegebenenfalls wiederkehrende Strukturen zu identifizieren. Über diesen rein deskriptiven Zweck hinaus sollen ferner Vermutungen über kausale Zusammenhänge der Implementierung des betrieblichen Immobilienmanagements formuliert werden, die Anhaltspunkte für die weitere Forschungsarbeit bieten. Die Vorgehensweise zur Durchführung der Studie untergliederte sich inhaltlich in folgende Bearbeitungsschritte:[1]

Definitionsphase:

1. Schritt: Definition des zu untersuchenden Problems, grundlegende Strukturierung des Problems, Festlegung von Zielen der Untersuchung.

[1] Vgl. zum Phasenschema: Nieschlag, R., Dichtl, E. u. Hörschgen, H., 1994, S. 684.

Designphase:

2. Schritt: Führen von Vorgesprächen mit potentiellen Beantwortern, Maklern, Journalisten, Wissenschaftlern und Unternehmensberatern, um das Befragungskonzept zu verfeinern, abzusichern und Hinweise auf die Relevanz einzelner abzufragender Variablen zu erhalten.

3. Schritt: Erstellung eines vorstrukturierten Fragebogens, der ausschließlich geschlossene Fragen enthält. Die gerade noch akzeptable durchschnittliche Interviewzeit wurde mit maximal 45 Minuten angenommen. Anschließend wurde der Fragebogen getestet sowie ein Grobplan der Datenauswertung angelegt.

4. Schritt: Auswahl der geeigneten Erhebungsmethodik. Hier wurden Telefoninterviews als geeignetes Medium angesehen, weil sich eine Dokumentenanalyse aufgrund des geringen Vorinformationsniveaus weitgehend ausschließt. Die persönliche Befragung ist der schriftlichen Befragung aufgrund folgender Überlegungen vorzuziehen:

1. zeitlicher Umfang der Befragung,
2. Sensibilität der abgefragten Informationen,
3. bessere Vergleichbarkeit der gewonnenen Informationen aufgrund von Erklärungs- und Nachfragemöglichkeiten,
4. Erhöhung der Rücklaufquote.
5. Grundsätzlich ist aus diesen Gründen zwar die persönliche Befragung noch besser geeignet als Telefoninterviews, aus Gründen der Praktikabilität (Zeit, finanzielle Mittel) wurde hier dennoch von der Methode der Telefoninterviews Gebrauch gemacht.

5. Schritt: Bestimmung von Grundgesamtheit und Erhebungsart. Als Grundgesamtheit der Befragung wurden alle privatwirtschaftlichen deutschen Großunternehmen ausgewählt.[2] Aufgrund der relativ geringen Grundgesamtheit wurde eine Vollerhebung durchgeführt.

Feldphase:

6. Schritt: Durchführung der computergestützten Telefoninterviews durch das forsa Institut. Anschließend schriftliche Nachfaßaktion bei Beteiligten, die am Telefon keine Auskunft geben konnten oder wollten, aber einer schriftlichen Befragung zustimmten.

[2] Siehe zu näheren Ausführungen Abschnitt 11.1.2.

Analysephase:

7. Schritt: Analyse der Grunddaten: Univariate Datenauswertung und Datenreduktion durch Faktorenanalysen. Anschließend multivariate Analysen: Prüfen der Variablen auf Zusammenhänge (nahezu vollständige Enummeration) mittels Kreuztabellierungen und entsprechender Testverfahren, Clusteranalysen.

8. Schritt: Interpretation der Ergebnisse, Erstellung und Veröffentlichung eines Abschlußberichts.

Zeitlich erstreckte sich das Forschungsprojekt über den Zeitraum von April 1997 bis Juli 1998. Im einzelnen wurde nach folgendem Plan verfahren:

April – Juli 1997
Festlegung von Untersuchungsgebiet, -methode und Befragungsumfang, explorative Interviews mit späteren Befragungsteilnehmern.

Juli – September 1997
Ermittlung der Ansprechpartner in den Unternehmen, Erstellung eines Fragebogenentwurfs.

Oktober – November 1997
Test und Evaluation des Fragebogens.

Dezember 1997 – Februar 1998
Durchführung der telefonischen Erhebung und derschriftlichen Nachfaßaktion.

April – Juni 1998
Auswertung der Untersuchungsergebnisse.

ab Mai 1998
Vertiefte Analyse der Ergebnisse durch die Verfasser und Diplomanden.

Juli 1998
Abfassung des Abschlußberichts.

11.1.2 Zur Grundgesamtheit und zu den tatsächlich Befragten

Entsprechend der Zielsetzung der Untersuchung setzt sich die Grundgesamtheit aus allen privatwirtschaftlichen Großunternehmen in Deutschland zusammen. Die Größe der Unternehmen wurde nach der Anzahl der Arbeitsplätze festgelegt, da dies unter den Indikatoren, anhand derer die Größe von Unternehmen üblicherweise gemessen wird (Bilanzsumme, Umsatzvolumen, Wertschöpfung), derjenige ist, der am ehesten auf das Volumen der bewirtschafteten Immobilien schließen lässt. Hier wird angenommen, dass ein Unternehmen dann ein Großunternehmen ist, wenn es mehr als 10.000 Beschäftigte hat. Dabei wird unterstellt, dass pro Beschäftigtem auch ein Arbeitsplatz eingerichtet wird. Geht man davon aus, dass pro Arbeitsplatz im Durchschnitt ca. 30 qm Nutzfläche zur Verfügung stehen, dürften die Unternehmen der Grundgesamtheit über mindestens 300.000 qm Gebäudeflächen verfügen.

Die Ermittlung aller Unternehmen der Grundgesamtheit brachte erhebliche Schwierigkeiten mit sich, da keine offiziellen Statistiken (z.B. des statistischen Bundesamtes) vorliegen. Die Grundgesamtheit wurde deshalb mit Hilfe des folgenden, an vielen Stellen sicher unzulänglichen, dafür aber pragmatischen Verfahrens bestimmt: Um die Grundgesamtheit der Unternehmen mit mehr als 10.000 Mitarbeitern zu ermitteln, wurde eine von der Tageszeitung DIE WELT veröffentlichte Liste der Top 500 Unternehmen in der Bundesrepublik Deutschland (1995) zunächst nach der Anzahl der Beschäftigten geordnet und um die fehlenden Banken und Versicherungen ergänzt.[3] Problematisch ist bei diesem Vorgehen die Konzernverflechtung einzelner Großunternehmen.[4] So sind Holdinggesellschaften und Tochterunternehmen gleichermaßen aufgeführt und Mitarbeiter mehrfach erfasst.

Ebenfalls ist zu vermuten, dass die internationalen Beteiligungen der Unternehmen nicht einheitlich behandelt worden sind; teils beinhalten die Angaben Beschäftigte im Ausland, teils werden diese nicht berücksichtigt. Um Verflechtungen bereinigt wurden auf diese Weise im Jahr 1995 in der Bundesrepublik 167 Konzernverbünde und Unternehmen mit mehr als 10.000 Mitarbeitern identifiziert. In diesen Unternehmen sind insgesamt mehr als 2,3 Millionen Arbeitnehmer beschäftigt. Verwendet man die durchschnittliche Zahl von 30 qm Nutzfläche pro Arbeitsplatz, so besaßen diese Unternehmen 69 Millionen m^2 Gewerbeflächen.

Aus dieser Grundgesamtheit von 167 Unternehmen führte das Marktforschungsinstitut forsa bei den verantwortlichen Führungskräften des Immobilienbereiches computergestützte Telefoninterviews und eine schriftliche Nachfassaktion durch. Insgesamt haben sich 57 Führungskräfte an der Befragung beteiligt. Insgesamt ist die Rücklaufquote im Vergleich mit ähnlichen Untersuchungen erfreulich hoch. Sie verdeutlicht das große Interesse und die Bedeutung, die dem Thema in der Praxis beigemessen wird.

11.1.3 Inhaltlicher Aufbau der Studie

Inhaltlich folgt die Studie ihren Zielen entsprechend einer Dreiteilung:

[3] Quellen der Zahlen der Versicherungswirtschaft: Hoppenstedts Handbuch der Großunternehmen 1997, Versicherungsjahrbuch 1997; Quellen der Zahlen der Banken: Top 100 Banken des Bankenverbandes.

[4] Außerdem weist die Liste der Unternehmen in der Spalte "Zahl der Mitarbeiter" Lücken auf, so dass hier in einigen Fällen eine Trennung nach Einschätzung der Verfasser vorgenommen wurde.

Abb. 11.1. Übersicht über die Probleme der Institutionalisierung des betrieblichen Immobilienmanagements

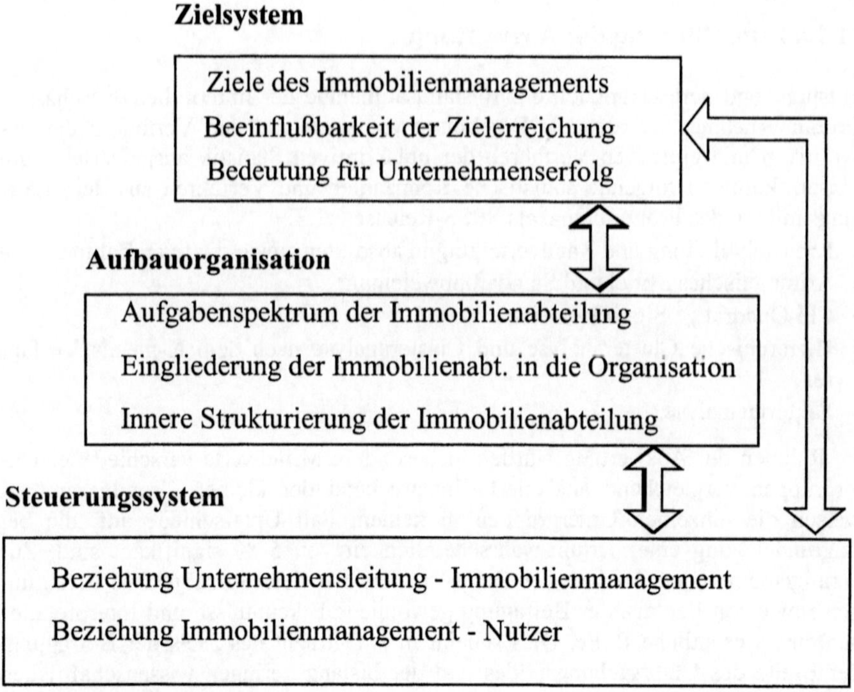

Quelle: Eigene Darstellung.

1. Zunächst werden die subjektiv wahrgenommenen Ziele und Beeinflussungsmöglichkeiten abgefragt. Dieser Block an Fragen enthält Variablen, die im weiteren Sinne auf das Zielsystem der Befragten schließen lassen.

2. Der zweite Block besteht aus Variablen, die Aussagen über die Aufbauorganisation des Immobilienmanagements ermöglichen sollen. Auch hier werden die Variablen nach ihrem Inhalt in Blöcke geteilt: Der erste Block fragt nach dem Umfang der immobilienwirtschaftlichen Aufgaben, der zweite nach der Eingliederung der Immobilienverantwortung in das Unternehmen und der dritte Block nach der inneren Struktur der Immobilienabteilung. Zusätzlich zu den in der Abbildung 11.1 abgebildeten Blöcken enthielt die Befragung zum Thema Aufbauorganisation zwei weitere Blöcke, die für eine qualitative Bewertung herangezogen werden können: Ein vierter Block verdeutlicht geplante organisatorische Veränderungen und der fünfte Block fragt nach der subjektiven Zufriedenheit mit der jeweils vorhandenen Organisationsstruktur.

3. Der dritte Fragenblock enthält Variablen, die auf das Steuerungssystem der Immobilienverantwortung innerhalb der Unternehmen abzielen. Hier werden zwei Subsysteme unterschieden: zunächst die Steuerung der Immobilienabtei-

lung durch die Unternehmens- oder Konzernleitung, anschließend die Steuerung der Immobiliennutzung durch die Immobilienabteilung.

11.1.4 Durchführung der Auswertung

Entsprechend dem Hauptziel, der Bestandsaufnahme der Immobilienwirtschaft in Großunternehmen, werden die Ergebnisse vor allem mit den Verfahren der deskriptiven und einfachen Verfahren der präskriptiven Statistik ausgewertet. Zum Einsatz kommen folgende statistische Kennzahlen und Verfahren aus dem Leistungsumfang des Programmpakets SPSS-Release 6.1.3:

- Kreuztabellierung und Randverteilung in absoluten sowie relativen Zahlen,
- Arithmetisches Mittel und Standardabweichung,
- Chi-Quadrat χ^2-Signifikanztest,
- Hierarchische Clusteranalyse und Clusteranalyse nach dem K-means Verfahren,
- Faktorenanalyse.

Im Rahmen der Auswertung wurden insbesondere Mittelwerte verschiedener Untergruppen vergleichend analysiert. Entsprechend der kleinen Grundgesamtheit weisen die einzelnen Untergruppen in keinem Fall Unterschiede auf, die bei Zugrundelegung einer Irrtumswahrscheinlichkeit von 5 % signifikant sind. Zur verallgemeinernden Analyse der Daten spielen hier deshalb subjektive Erfahrungen sowie sonstige aus der Befragung gewonnene Erkenntnisse und Interpretationen eine wesentliche Rolle. Dies scheint in Anbetracht des Ziels der Befragung, der Breite des Untersuchungsfeldes und der bislang geringen wissenschaftlichen Aufbereitung gerechtfertigt.

11.2 Zielsystem der betrieblichen Immobilienwirtschaft

Um das Konstrukt "Zielsystem des Immobilienmanagements" zu operationalisieren, wird es in drei Fragenkomplexe zergliedert, die jeweils Unterfragen mit vorgegebenen Antwortmöglichkeiten beinhalten. Es wurde gefragt

1. nach der Bedeutung der Immobilienwirtschaft für das Unternehmen,
2. nach den Zielen des Immobilienbereichs,
3. nach den Beeinflussungsmöglichkeiten des Immobilienmanagements zur Erreichung der eigenen Ziele.

11.2.1 Bedeutung des Immobilienmanagements für den Unternehmenserfolg

Um die wahrgenommene Bedeutung des Immobilienmanagements für den Unternehmenserfolg zu messen, wurden die Befragten um eine Beurteilung folgender

These gebeten: *"Das allgemeine Bewusstsein im Unternehmen für die Bedeutung und die Potenziale des Immobilienmanagements ist unzureichend" [C 22.4]*. Tabelle 11.1 zeigt die aggregierte Häufigkeitsverteilung der Messung.

Tabelle 11.1. Bewusstsein für das Immobilienmanagement

Grad der Zustimmung*	Anteil in Prozent	Anteil kumuliert
1	7,0	7,0
2	26,3	33,3
3	24,6	57,9
4	7,0	64,9
5	10,5	75,4
6	5,3	80,7
7	19,3	100,0

1 = stimme voll zu; 7 = stimme überhaupt nicht zu.

Wertet man jedes Urteil $\geq$ 3 als generelle Zustimmung zu der These, zeigt sich eine sehr geteilte Einschätzung: 57 % (n = 33) der Befragten empfinden das Immobilienmanagement in ihren Unternehmen als unterbewertet. Um genauere Hinweise darauf zu erhalten, worin die Bedeutung des Immobilienmanagements für die jeweiligen Unternehmen bestehen könnte, mussten die Befragten folgende Frage anhand von zehn vorgegebenen Items beurteilen:

" Wie bewerten Sie die Bedeutung des Immobilienmanagements für den Gesamterfolg des Unternehmens in bezug auf folgende Teilziele? (1-7: 1= sehr hohe Bedeutung; 7 = keine Bedeutung)"[Frage B 3].

Die Bedeutung des Immobilienmanagements für den Gesamterfolg des Unternehmens lässt sich mit Hilfe einer Faktorenanalyse auf zwei Faktoren zurückführen (arithmetisches Mittel der Bedeutungseinschätzung):

Tabelle 11.2. Bedeutung des Immobilienmanagements

Faktor B_1: operative, quantifizierbare Bedeutung (Eigentümerfunktion)	
Liquiditätssicherung	3,8
Steigerung der Eigenkapitalrentabilität	3,4
Steigerung der Gesamterträge	3,4
Senkung der Gesamtkosten	3,2
Steigerung des Unternehmenswertes	3,5
Ø	3,46

Faktor B_2: strategische, qualitative Bedeutung (Nutzerfunktion)

Erhalt und Verbesserung der Mitarbeiterzufriedenheit	3,3
Pflege des Unternehmensbildes in der Öffentlichkeit	3,0
Verbesserungen der Wettbewerbsfähigkeit	3,6
Steigerung der Attraktivität für Investoren	4,0
Sicherheit/Erhalt des Unternehmens	3,8
Ø	3,54

Die Reihenfolge der Variablen in der Übersicht entspricht der Faktorladung, d.h. der Stärke der Prägung der Faktoren durch die Variablen. Die Variablen, die die höchste Ladung aufweisen, sind zuerst genannt. Bemerkenswert ist die klare sachlogische Aufteilung der vorgegebenen Variablen auf die Faktoren. Faktor B_1 korreliert mit den Variablen, die eher von operativer und quantifizierbarer Bedeutung sind. Faktor B_2 korreliert mit den Variablen, welche die strategische, qualitative Bedeutung des Immobilienmanagements für das Unternehmen wiedergeben. Gleichzeitig enthält B_1 alle Variablen, welche die Bedeutung von Immobilien als Finanzanlage des Unternehmens beschreiben. Der Faktor B_1 gibt damit Auskunft über den Stellenwert der Eigentümerfunktion im Immobilienmanagement. Der Faktor B_2 hingegen enthält die Variablen, die auf die Bedeutung der betriebsbedingten Nutzung von Immobilien abstellen. B_2 gibt dementsprechend Auskunft über die Nutzerfunktion des Immobilienmanagements.

Ein Vergleich der Mittelwerte zeigt, dass die Bedeutung der Faktoren in etwa gleich hoch bewertet wird. Hier wird aufgrund weitgehend gegensätzlicher Interessenlagen beider Funktionen ein Konflikt deutlich, der organisatorisch und durch Steuermechanismen zu lösen ist. Bezogen auf die Eigentümerfunktion wird die Bedeutung des Immobilienmanagements vorwiegend in der Kostenreduktion gesehen, für die Nutzerfunktion vor allem in der Pflege des Unternehmensbildes in der Öffentlichkeit. Die gegenwärtig unter dem Stichwort "Shareholder-Value" geführte Diskussion um die Steigerung der Attraktivität für Investoren wird in ihrer Bedeutung für den Immobilienbereich dagegen als wenig bedeutsam eingestuft (Ø 4,0).

Gestützt wird die starke Betonung der Eigentümerfunktion des Immobilienmanagements bei gleichzeitig schwacher Ausprägung des Shareholder-Value Gedankens durch die Einschätzung zu folgender These: *"Im Sinne des Unternehmenswertes und der Konzentration auf das Kerngeschäft sollten Unternehmen auf Eigentumsobjekte verzichten" [C 22.5]*. Wertet man eine Einschätzung von ≥ 3 als Zustimmung, so unterstützt nur ein Drittel der Befragten diese These. Insgesamt ergeben die Urteile einen Mittelwert von 4,528 bei einer Standardabweichung von 2,081.

11.2.2 Ziele des Immobilienmanagements

Zur Klärung der Ziele der Immobilienabteilungen und deren Gewichtungen wurde folgende Frage gestellt, die anhand von 16 vorgegebenen Items beantwortet werden musste:

> "Welche Bedeutung messen Sie aus Sicht Ihres Unternehmens folgenden Zielen des Immobilienmanagements zu? (1-7: 1 = sehr hohe Bedeutung; 7 = keine Bedeutung)" [B 1].

Die Ergebnisse lassen sich auf fünf Faktoren reduzieren (Durchschnittswerte der Bedeutungseinschätzung):

Tabelle 11.3. Ziele des Immobilienmanagements

Faktor Z_1: Optimierung des operativen Geschäfts	
Werterhaltung und -steigerung des Bestandes	2,6
Optimierung der Erträge aus Immobilien	2,8
Minimierung der Immobilienkosten	2,0
Reservenbildung	4,1
Ø	2,85
Faktor Z_2: Erhöhung der Flexibilität, Senkung der Risiken	
Risikominimierung	3,2
Flexibilität bezüglich Nutzeranforderungen und Markt	2,7
Nutzerzufriedenheit	2,6
Ø	2,83
Faktor Z_3: Bilanz- und Steueroptimierung Faktor Z3	
Optimierung der Bilanzstruktur bzw. Kapitalbindung	2,8
Optimierung der Steuerbelastung	3,0
Optimale Verwertung nicht betriebsnotwendiger Objekte	2,4
Ø	2,7
Faktor Z_4: Erfüllung der Nutzungsanforderungen und Standortsicherung	
Flächenbereitstellung gemäß Nutzeranforderungen	2,2
Verfügbarkeit der erforderlichen Infrastruktur	2,1
Sicherung von Standorten für das Kerngeschäft	2,3
Ø	2,2

Faktor Z_5: Erhöhung der Immobilieneffizienz

Rentabilität des Immobilienbestandes	2,3
Flächeneffizienz	2,3
Unterstützung der Ziele des Kerngeschäftes	2,1
Ø	2,23

Vergleicht man die Bedeutung der einzelnen Ziele, so ist zu vermuten, dass die Ziele, die direkt auf die Eigentümerfunktion und den Shareholder-Value gerichtet sind (Z_1 – Z_3), im Zielsystem des Immobilienmanagements hinter die nutzerorientierten Ziele zurücktreten. Verglichen mit der gleichgewichtigen Bedeutung der Funktionen lässt sich folgern, dass die Eigentümerfunktion im Zielsystem des Immobilienmanagements gegenwärtig unterrepräsentiert ist.

Die Ergebnisse der Tabelle 11.4 zeigen in der Regel einen signifikanten Zusammenhang zwischen der Zielgewichtung und der Beurteilung des Beitrags des Immobilienmanagements zum Unternehmenserfolg.

Tabelle 11.4. Kreuztabellierung der Faktoren zu Zielen und Bedeutung des Immobilienmanagements

	Faktor Z_1	Faktor Z_2	Faktor Z_3	Faktor Z_4	Faktor Z_5
Faktor B_1 (Eigentümerfunktion)	0,00163	0,00002	0,00094	0,00029	0,00867
Faktor B_2 (Nutzerfunktion)	0,75626	0,16984	0,00323	0,01065	0,30379

Werte in der Tabelle: χ^2-Signifikanztest.

Lediglich die Ziele, die eher der Eigentümerfunktion zugeordnet werden können (hier fett gedruckt), stehen in keinem signifikanten Zusammenhang zur Nutzerfunktion. Schwierig gestaltet sich schon die Erklärung, warum die Erhöhung der Flexibilität in keiner signifikanten Abhängigkeit zur Nutzerfunktion steht. Dies ist auf die in diesem Zusammenhang heterogene Zusammensetzung der Variablen zurückzuführen. Die Variable Risikominimierung ist der Eigentümerfunktion zuzuordnen, während die übrigen Variablen augenscheinlich der Nutzerfunktion zurechenbar sind.

11.2.3 Einflussmöglichkeiten des Immobilienmanagements

Um die Einflussmöglichkeiten des Immobilienmanagements zu prüfen, wurde folgende Frage gestellt, die anhand von 16 vorgegebenen Items beantwortet werden musste:

" Wie bewerten Sie die Einflussmöglichkeiten Ihres bzw. des Bereiches Immobilienmanagements im Unternehmen folgende Ziele zu erreichen? (1-7:1= sehr große Einflussmöglichkeiten; 7= keine Einflussmöglichkeiten)"[B 2]

Die Einflussmöglichkeiten lassen sich zu drei Faktoren zusammenfassen:

Tabelle 11.5. Einflussmöglichkeiten des Immobilienmanagements

Faktor E_1: Beeinflussung des kaufmännischen Ergebnisses	
Optimierung der Erträge aus Immobilien	3,0
Rentabilität des Immobilienbestandes	3,0
Minimierung der Immobilienkosten	2,8
Werterhaltung und -steigerung des Bestandes	3,2
Optimale Verwertung nicht betriebsnotwendiger Objekte	2,7
Ø	2,94
Faktor E_2: Beeinflussung der Flächennutzung	
Nutzerzufriedenheit	3,0
Flächenbereitstellung gemäß Nutzeranforderungen	3,0
Flexibilität bezüglich Nutzeranforderungen und Markt	3,3
Flächeneffizienz	3,0
Unterstützung der Ziele des Kerngeschäftes	2,9
Verfügbarkeit der erforderlichen Infrastruktur	3,4
Ø	3,10
Faktor E_3: Beeinflussung der Kapitalbindung und des Risikos	
Optimierung der Bilanzstruktur bzw. Kapitalbindung	4,0
Optimierung der Steuerbelastung	3,8
Reservenbildung	4,1
Sicherung von Standorten für das Kerngeschäft	3,0
Risikominimierung	3,6
Ø	3,70

Vergleicht man die Unterschiede in der Stärke der Beeinflussbarkeit, wird deutlich, dass im Bereich des kaufmännischen Ergebnisses (E_1) die Handlungsspielräume am größten sind (Ø 2,9). Demgegenüber sind die Beeinflussungsmöglichkeiten hinsichtlich der Flächennutzung (Ø 3,1) und des eher strategischen Faktors der Kapitalbindung und des Risikos (Ø 3,7) geringer.

Tabelle 11.6. Kreuztabellierung der Faktoren zu Zielen und Beeinflussungsmöglichkeiten

	Faktor Z_1	Faktor Z_2	Faktor Z_3	Faktor Z_4	Faktor Z_5
Faktor E_1	0,00000	0,00000	0,00178	0,00160	0,00627
Faktor E_2	0,01638	0,01040	0,00577	0,00000	0,07203
Faktor E_3	0,00058	0,00021	0,00705	0,00115	0,01650

Werte in der Tabelle: χ^2-Signifikanztest.

Die in der Tabelle 11.6 aufgeführten Ergebnisse bestätigen die Hypothese, dass zwischen den Zielen des Immobilienmanagements und den Möglichkeiten, diese Ziele zu beeinflussen, ein enger Zusammenhang besteht. Dieses Ergebnis lässt darauf schließen, dass die Entscheider hinsichtlich der gesteckten Ziele keine Kompetenzdefizite wahrnehmen. Offen bleibt aber die Frage nach der Richtung des Zusammenhangs. Es bleibt zu klären, ob die Ziele des Immobilienmanagements entsprechend der historisch gewachsenen Strukturen, welche die Beeinflussungsmöglichkeiten determinieren, festgelegt worden sind, oder ob umgekehrt die Festlegung von Zielen die Strukturen des Immobilienmanagements nach sich gezogen hat.

Nachdem ein besonders enger Zusammenhang der Beeinflussungsmöglichkeiten des Immobilienmanagements mit der Zielbildung aufgedeckt wurde, stellt sich die Frage, inwieweit Abhängigkeiten zwischen dem Beitrag des Immobilienmanagements zum Unternehmenserfolg und der Beeinflussbarkeit durch das Immobilienmanagement vorliegen.

Tabelle 11.7. Kreuztabellierung der Faktoren zur Bedeutung des Immobilienmanagements für das Unternehmen und der Beeinflussungsmöglichkeiten

	Faktor B_1	Faktor B_2
Faktor E1	0,00267	0,04936
Faktor E2	0,00001	0,10112
Faktor E3	0,01294	0,35105

Werte in der Tabelle: χ^2-Signifikanztest.

Die Ergebnisse der Tabelle 11.7 bestätigen aufgrund der niedrigen χ^2-Werte die Hypothese, dass zwischen diesen beiden Aspekten eine Abhängigkeit besteht.

11.2.4 Schlussfolgerung bezüglich des Zielsystems

Die Bedeutung des Immobilienmanagements für den Unternehmenserfolg bzw. der Beitrag zur Erreichung von Zielen des Gesamtunternehmens lassen sich im wesentlichen in zwei Gruppen gliedern:

1. Ziele, die sich auf die Immobilie als Finanzanlage beziehen,
2. Ziele, welche die betriebsbedingte Nutzung zum Gegenstand haben.

Die erste Gruppe stellt auf die Eigentümer-, die zweite auf die Nutzerverantwortung ab. Beide Zielbündel werden von den Befragten gleichrangig betrachtet. Hier wird ein entscheidendes organisatorisches Problem deutlich: Aus Sicht des Immobilieneigentümers steht die Objektrendite im Vordergrund. Der Nutzer benötigt eine bestimmte Infrastruktur zu geringst möglichen Kosten. Innerhalb eines Unternehmens oder Konzerns geht die Maximierung des einen Zieles immer zu Lasten des anderen Zieles. Sind beide Verantwortungen organisatorisch zusammengefasst, kommt es zu einem immanenten Zielkonflikt.

Ziele, die der Shareholder-Value Orientierung des Unternehmens entsprechen, werden in ihrer Bedeutung für das Immobilienmanagement vergleichsweise gering bewertet. Der beträchtliche Hebel des Immobilienbestandes als Werttreiber auf den Shareholder-Value ist unstrittig. Dieser scheinbare Widerspruch ist zweifellos durch die methodischen Probleme begründet, das Shareholder-Value-Konzept praktisch umzusetzen und den Zielbeitrag "zu rechnen". Die Befragungsergebnisse zeigen ganz offensichtlich, dass die komplexen Wirkungen von Immobilien auf den Shareholder-Value noch unklar sind. So stimmt nur ein Drittel der Befragten der These zu, dass der Verzicht auf eigene Immobilien den Unternehmenswert und die Konzentration auf das Kerngeschäft fördert.

Der Vergleich der Kreuztabellen belegt, dass der Zusammenhang zwischen den Zielen und den Beeinflussungsmöglichkeiten eindeutig am stärksten ist. Der Vergleich der Durchschnittswerte zeigt, dass dieser Zusammenhangs geringer ist, als der Zusammenhang zwischen der Bedeutung des Immobilienmanagements und den Beeinflussungsmöglichkeiten. Die vergleichende Betrachtung der Zielsystemvariablen führt zu folgenden Vermutungen:

1. Die unterschiedliche Stärke der Zusammenhänge impliziert, dass die Ziele des Immobilienmanagements primär aufgrund der wahrgenommenen Beeinflussungsmöglichkeiten und erst sekundär aufgrund der Bedeutung für das Unternehmen gebildet werden.
2. Es besteht ein starker Zusammenhang zwischen den drei Variablengruppen.
3. Die vermutete Beziehung zwischen dem Zielsystem und der Branche konnte nicht bekräftigt werden.

Insgesamt zeigt die Analyse der Zielsysteme in den befragten Unternehmen schlüssige Konzepte innerhalb der Immobilienabteilungen. Allerdings fehlt es an einer planvollen Eingliederung des Immobilienmanagements in das Unternehmen.

11.3 Aufbauorganisation der betrieblichen Immobilienwirtschaft

Die aufbauorganisatorische Ausgestaltung der betrieblichen Immobilienwirtschaft wird nachfolgend in drei Bereichen dargestellt. Zunächst ist der Umfang des immobilienwirtschaftlichen Aufgabenbereichs und des Outsourcing zu klären, dann die Eingliederung des Immobilienbereichs in die Unternehmensorganisation und schließlich die innere Struktur des Immobilienbereichs.

11.3.1 Outsourcing und eigenes Angebot an Immobilienleistungen

Sowohl in der Presse als auch in der Fachliteratur finden sich in letzter Zeit vermehrt Hinweise darauf, dass der Markt für das Facility-Management zunehmend an Bedeutung gewinnen wird. Insbesondere die Tendenz zur Konzentration auf das Kerngeschäft macht demzufolge das Outsourcing von Facility-Management Dienstleistungen für die Unternehmen attraktiv. Für die Befragung war deshalb interessant, in welchem Umfang die Großunternehmen an dieser Entwicklung als Nachfrager, aber auch als Anbieter dieser Dienstleistungen teilhaben. Es wurde zunächst gefragt:

"Welche der folgenden immobilienbezogene Aufgaben sind bzw. sollen fremdvergeben werden?" [C 16]

Tabelle 11.8. Umfang der Fremdvergabe von Immobilienleistungen

Grad der Fremdvergabe: Aufgaben	ist fremd vergeben (n)	soll vergeben werden (n)	teils vergeben (n)	keine Vergabe (n)	weiß nicht/ k.A. (n)
Gebäude-/Glasreinigung	51	-	2	4	-
Wartung technischer Anlagen	27	1	17	10	1
Durchführung interner Umzüge	33	-	10	14	-
Planung und Überwachung von Neu- bzw. Umbauten	16	-	20	19	2
Gebäudeinstandhaltung	17	1	18	20	1
Sicherheits- und Pförtnerdienst	22	-	15	20	-
Energiemanagement	15	-	12	28	2
Wertermittlung	13	-	13	31	-
Technisches Gebäudemanagement	9	-	14	33	1
Verwertung nicht betriebsnotwendiger Immobilien	5	-	10	37	5
Standortsuche	2	3	10	40	2
Betrieb der Telefonzentrale	11	-	4	41	1
Miete/Vermietung von Flächen	5	-	9	43	-
Rechtliche/steuerliche Beratung	6	-	7	43	1
Postverteilung und Botendienste	8	-	4	44	1
Kauf/Leasing	2	1	4	47	3
Raum- und Flächenplanung	4	2	3	48	
Kaufmännische Verwaltung des Bestandes	2	-	6	49	-

In der Tabelle 11.8 sind die Ergebnisse nach der Spalte 5 "keine Vergabe" in absteigender Reihenfolge sortiert zusammengefasst. Die Ergebnisse zeigen generell, dass mit zunehmendem Spezifitätsgrad der Aufgabe die Fremdvergabe der Leistungen an Dritte abnimmt. Die Spalte 3 der Tabelle zeigt, dass die Unternehmen zukünftig nur in geringem Umfang zusätzlich Outsourcing betreiben werden. Dies bestätigt auch die überwiegende Einschätzung, dass gegenwärtig ein kostenoptimaler Fremdvergabeanteil erreicht sei. Vermutlich wird deshalb das erwartete Wachstum des Facility-Management Marktes nicht durch Großunternehmen vorangetrieben.

Zur Beurteilung der Fremdvergabe wurde den Befragten mit der Bitte um Einschätzung anhand einer Skala von 1 – 7 (1: stimme voll zu) folgende These vorgelegt:

"Das Outsourcing des gesamten Immobilienmanagements und des -betriebs an einen Partner bietet erhebliche Kostensenkungspotentiale" [C 22.2].

Die Abbildung 11.2 veranschaulicht, dass die Befragten im Outsourcing des gesamten Immobilienmanagements mit einem Durchschnittswert von 4,167 *"erhebliche Kostensenkungspotentiale"* eher nicht erkennen.

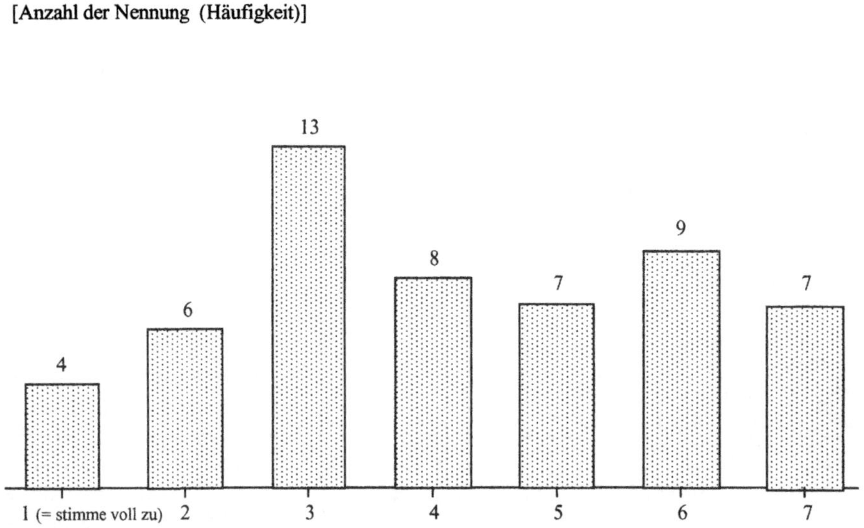

Abb. 11.2. Bewertung des Outsourcing des gesamten Immobilienmanagements

Die Meinung ist allerdings gespalten, wie die große Standardabweichung von 1,830 zeigt. Fasst man eine Bewertung von 1 – 3 als generelle Zustimmung auf, so stimmen immerhin 42,6 % (n = 23) der Befragten der These zu. Nähere Erkenntnisse sind aus der Kreuztabellierung der Einschätzung des Kostensenkungspotentials des Outsourcing mit dem tatsächlich realisierten Grad der Fremdvergabe zu erwarten, da hieraus Rückschlüsse auf die bestehenden Erfahrungen innerhalb der Unternehmen gezogen werden können. Die Analyse zeigt, dass signifikante Zusammenhänge zwischen den Antworten nicht bestehen. Allerdings ist auffällig, dass diejenigen, die einzelne Aufgaben teilweise fremd vergeben haben, häufig der These weniger zustimmen als diejenigen, die die entsprechenden Aufgaben entweder ganz oder gar nicht fremd vergeben haben. Vermutlich wurden mit der teilweise Vergabe von immobilienwirtschaftlichen Aufgaben am wenigsten Kosten eingespart.

Betrachtet man den Markt von Facility-Management Dienstleistungen, so ist bekannt, dass eine Reihe von Unternehmen die mit dem eigenen Immobilienbestand erworbenen Kompetenzen auf diesem Gebiet auch Dritten gegenüber anbieten. Deshalb wurde gefragt:

"Werden Leistungen des Immobilienmanagements Dritten (extern) angeboten? [Einfachnennung]" und "Wenn 'ja' oder 'geplant', wie viel Prozent der Gesamtkapazität Ihres Bereiches wird verrechnet bzw. soll an 'Dritte' verrechnet werden (grobe Schätzung reicht aus)?" [C 17 + C 18].

Insgesamt treten bereits 29,8 % (n = 17) als Anbieter am Markt auf. 5,3 % (n = 3) planen in Zukunft am Markt als Dienstleister aktiv zu werden. Das gute Drittel (35,1 %) der Unternehmen, die bereits am Markt sind bzw. Marktaktivitäten planen, wird mit einem verhältnismäßig eher geringen Anteil von bis zu 30 % ihrer Kapazitäten diese Leistungen erbringen (n = 15). 8,8 % (n = 5) der Unternehmen erstellen hingegen mit mehr als 30 % ihrer Kapazitäten Leistungen für Dritte.

11.3.2 Eingliederung der Immobilienabteilung in die Unternehmensorganisation

11.3.2.1 Vertikale Einbindung der Immobilienabteilung

Um Aussagen über die vertikale Einbindung der Verantwortung und des Eigentums bezüglich der Immobilien des Unternehmens treffen zu können, wurden die folgenden zwei Fragen gestellt:

"Wo ist die Immobilienverantwortung im Konzern organisatorisch zugeordnet? [Einfachnennung]" und "Sind Immobilienverantwortung und rechtliches Eigentum an Bestandsimmobilien in Ihrem Hause organisatorisch zusammengefasst oder getrennt [Einfachnennung]?" [C 7]

Tabelle 11.9. Verantwortung und Eigentum an Unternehmensimmobilien; in Prozent

	Zentral	Dezentral	eigenständige Tochter	Summe
Verantwortung:	68,8	29,2	2,1	100
Eigentum:	54,2	43, 8	2,1	100

keine Angabe: n = 3, nicht zurechenbare Mischform: n = 6.

Die Ergebnisse lassen eine Tendenz zur zentralen Konzentration (68,75 %) gegenüber der dezentralen Delegation (29,14 %) der Immobilienverantwortung erkennen. Das Immobilieneigentum verteilt sich recht gleichmäßig auf zentrale (54,17 %) und dezentrale (43,75 %) Lösungen. Die gegenwärtig häufig diskutierte Form der eigenständigen Immobilientochtergesellschaft ist nur in einem der befragten Unternehmen realisiert worden.

Die Kreuztabellierung zeigt, dass nur in knapp der Hälfte aller Fälle (n = 23) Verantwortung und Eigentum in einer Hand liegen. Geht man der Diskrepanz zwischen Eigentum und Verantwortung näher auf den Grund, so stellt man zunächst die hohe Fallzahl fest, in der das Eigentum bei den dezentralen Einheiten liegt, aber eine zentrale Immobilienverantwortung ausgeübt wird (n = 16). Weitere Analysen der Grunddaten haben ergeben, dass in vier dieser Fälle die Durchführung des Immobilienmanagements sehr stark dezentral erfolgt und lediglich die finale Verantwortung bei der Zentrale liegt.

Die Beurteilung des Statements *"Das zentrale Immobilienmanagement ist durch optimale Nutzung von Synergien effizienter als dezentrale Lösungen" [C 22.1]* durch die Befragten anhand einer Skala von 1 – 7 (1: stimme voll zu) bringt folgende, zusätzliche Erkenntnisse zur Beurteilung der Eingliederung des Immobilienmanagements:

Tabelle 11.10. Beurteilung des zentralen Immobilienmanagements

	Durchschnittliche Beurteilung	Standardabweichung	Häufigkeiten
zentral	2,6	1,6	33
dezentral	2,5	1,3	13
bei eigenständiger Tochter	2,0	0	1
Mischform	2,5	1,5	6
k.A.	3,0	0	1
gesamt	2,6	1,5	54

keine Beurteilung abgegeben: n = 3.

Die recht deutliche Zustimmung zu der These zeigt, dass der zentralen Lösung des Immobilienmanagements effizienzsteigernde Synergieeffekte zugesprochen werden. Auf diesen Vorteil will man vermutlich auch dann nicht verzichten, wenn aus anderen, z. B. steuerlichen Gründen das Eigentum bei den dezentralen Nutzern liegt. Eine Trennung von Eigentum und Verantwortung dürfte immer dann, wenn entsprechende Steuerungsmechanismen zum Einsatz kommen, unproblematisch sein.

Die in der Tabelle. 11.10 vorgenommene Schichtung zeigt aufgrund der annähernd gleichen Durchschnittswerte und der hohen Standardabweichungen, dass keine signifikanten Unterschiede der Beurteilung zwischen den tatsächlichen Organisationsformen vorliegen. Fraglich bleibt, ob dezentral organisierte Immobilienabteilungen aus anderen Gründen diese Organisationsform wählen, oder ob hier eine Unzufriedenheit mit der eigenen Situation vorliegt. Weitere Erkenntnisse bringt hier die Kreuztabellierung der vertikalen Einbindung des Immobilienmanagements in die Unternehmensorganisation mit der Selbsteinschätzung der Leistungsfähigkeit der Organisation.

Tabelle 11.11. Anzahl der Unzufriedenen gegliedert nach der horizontalen Eingliederung der Immobilienabteilung (Bewertung $\geq$ 4 auf der Skala von 1 – 7), Angaben in Prozent

Horizontale Eingliederung der Immobilienabteilung / Kriterien	zentral (n = 33)	dezentral (n = 14)	Mischform (n = 6)
Klare Verantwortungs- und Zuständigkeitsbereiche	9,1	7,1	16,7
Ausreichende Kompetenzen / Durchsetzungsmacht	21,2	7,1	16,7
Effizienter Einsatz von Personal- und Sachmitteln	15,2	7,1	16,7
Kostenoptimaler Fremdvergabeanteil	12,1	7,1	16,7
Geringer interner Koordinationsaufwand	15,2	21,4	50,0
Schnelligkeit der Entscheidungsfindung	27,3	7,1	33,3
Schnelligkeit der Umsetzung	21,2	7,1	16,7
Erreichung der Ziele der Geschäftsbereiche	12,1	7,1	16,7
Mitarbeitermotivation/-zufriedenheit	21,2	7,1	-

Die Ergebnisse der Tabelle 11.11. zeigen, dass insbesondere hinsichtlich der Kriterien Schnelligkeit der Entscheidungsfindung und -umsetzung, Mitarbeitermotivation und Durchsetzungsmacht die zentrale Lösung deutlich häufiger zu Unzufriedenheit der Befragten führt als die dezentrale Organisationsform oder die Mischform. Diese potentiellen Probleme der zentralen Organisation scheinen der Preis zu sein, den die Unternehmen für die positiven Synergieeffekte dieser Organisationsform zahlen müssen.

Unabhängig davon, an welcher Stelle die Immobilienverantwortung innerhalb des Unternehmens ausgeübt wird, sagt die Hierarchieebene, der die Immobilienabteilung innerhalb des Konzerns unterstellt ist, etwas über die Bedeutung des Immobilienmanagements aus. Deshalb wurde gefragt:

> "An wen berichten Sie bzw. der Leiter des Immobilienmanagements innerhalb des Konzerns/Unternehmensbereiches? [Einfachnennung]" [C 9].

Tabelle 11.12. Hierarchische Eingliederung der Immobilienabteilung; Angaben in Prozent

Hierarchieebene des Vorgesetzten	Häufigkeiten
Vorstand	87,7
2. Ebene	12,3

Insgesamt zeigt sich aus der Tabelle 11.12 eine hohe hierarchische Ebene für die Immobilienverantwortung innerhalb des Unternehmens.

11.3.2.2 Horizontale Einbindung der Immobilienabteilung

Um die horizontale Einbindung der Immobilienabteilungen zu ermitteln, wurden folgende zwei Fragen gestellt:

> "Wenn Sie bzw. der Leiter des Immobilienmanagements an den Vorstand bzw. Geschäftsführer berichten, für welche Ressorts ist er in erster Linie zuständig?“ und „Wenn Sie bzw. der Leiter des Immobilienmanagements an die 2., 3. oder nachgelagerte Ebenen berichten, welchem übergeordneten Organisationsbereich ist Ihr Bereich zugeordnet? [Mehrfachnennung]" [C 10 + C 11].

Die Abbildung 11.3 zeigt, dass die größte Zahl der Immobilienabteilungen an die Ressorts Finanzen/Controlling (38,2 %) und Zentrale Services (20,6 %) berichten. Dagegen sind vergleichsweise wenig Immobilienabteilungen operativen Ressorts wie Produktion, Logistik, kundenbezogenen Ressorts, produktgruppenbezogenen Ressorts oder dem Vertrieb unterstellt (13,2 %). Die Vermutungen über signifikante Zusammenhänge der horizontalen Einbindung des Immobilienmanagements mit der Branchenzugehörigkeit oder den Faktoren des Zielsystems bestätigen sich nicht.

[Anteil der Nennung an Gesamt in Prozent]

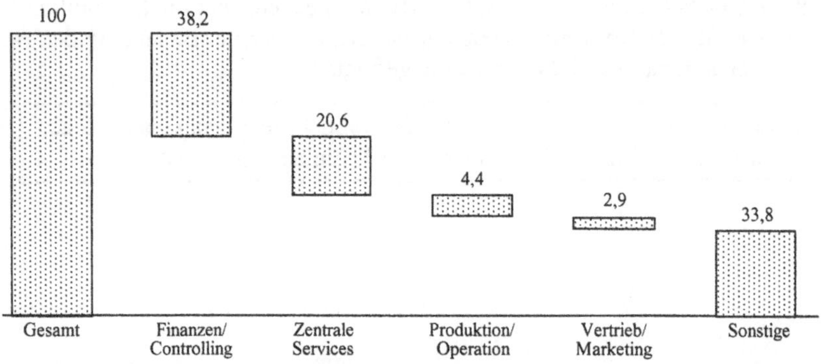

Abb. 11.3. An welches Vorstandsressort berichten Sie?

Neben der Eingliederung wurde in der Befragung auch nach der Intensität der Zusammenarbeit mit einzelnen Unternehmensbereichen gefragt:

"Wie intensiv ist die Zusammenarbeit zwischen dem Bereich Immobilienmanagement und folgenden Organisationseinheiten im Konzern zur Erfüllung Ihrer Aufgaben? (1-7: 1= sehr intensive Zusammenarbeit; 7= keine Zusammenarbeit)"[C 14].

Die Abbildung 11.4 zeigt, dass im Durchschnitt die Zusammenarbeit mit dem Vorstand vergleichsweise am intensivsten gesehen wird (Ø = 2,18). Dies ist einerseits überraschend, zeigt andererseits aber die hohe Bedeutung der Immobilienwirtschaft für die Unternehmen. Es folgen die Bereiche Recht/Steuern (Ø = 2,27) und Rechnungswesen/Controlling (Ø = 2,36).

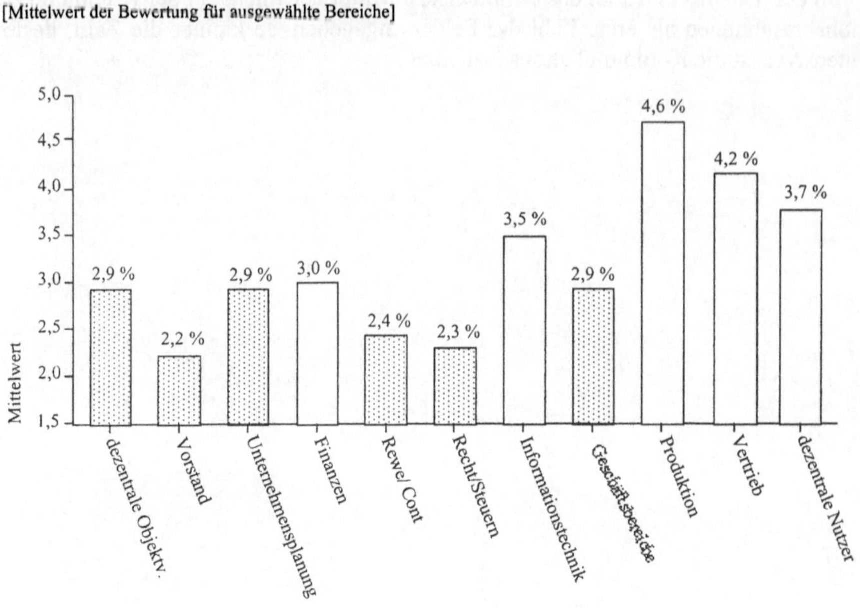

Abb. 11.4. Intensität der Zusammenarbeit der Immobilienabteilung mit anderen Unternehmensbereichen.

Die Zusammenarbeit mit den Abteilungen Produktion (Ø = 4,61), Vertrieb (Ø = 4,2) und den dezentralen Nutzern (Ø = 3,66) ist vergleichsweise weniger intensiv. Hier zeigt sich eine Diskrepanz zwischen der im Zielsystem des Immobilienmanagements verankerten Nutzerfunktion und der vergleichsweise schwachen Zusammenarbeit mit den nutzernahen Unternehmensbereichen und den Nutzern selbst. Es drängt sich die Frage auf, wie die Immobilienabteilungen unter diesen Umständen die Bedürfnisse der Nutzer richtig einschätzen und darüber hinaus Leerstände identifizieren können. Beides sind Funktionen des Immobilienmanagements, denen von den Befragten im Rahmen des Zielsystems wichtige Bedeutung beigemessen wurde.

Geht man davon aus, dass eine Abteilung aus Gründen der Effizienz in den Bereich organisatorisch eingegliedert wird, mit dem auch die Zusammenarbeit am stärksten ist, so liefert die Kreuztabellierung der letzten beiden Fragen Anhaltspunkte dafür, ob die Immobilienabteilungen der befragten Unternehmen effektiv in die jeweilige horizontale Unternehmensorganisation eingebunden sind. Die Werte für die Irrtumswahrscheinlichkeiten des χ^2–Tests bestätigen in keinem Fall einen im statistischen Sinne signifikanten Zusammenhang zwischen der jeweiligen horizontalen Unterstellung und der Intensität der Zusammenarbeit. D. h., es liegen zunächst keine Hinweise darauf vor, dass eine Unterstellung aufgrund der Kommunikationsintensität vorgenommen wird oder umgekehrt die Kommunikationsintensität der Unterstellung folgt.

In der Tabelle 11.13 ist das arithmetische Mittel der Intensität der Kommunikationsbeziehungen als erste Zahl der Felder angegeben. Je kleiner die Zahl, desto intensiver ist die Kommunikationsbeziehung.

Tabelle 11.13. Nach Unterstellung geschichteter Mittelwertvergleich für die Intensität der Zusammenarbeit

Unterstellung: / Zusammenarbeit mit:	Finanzen/ Controlling (n=23)	Produktion/ Operation (n=3)	Logistik (n=1)	Vertrieb/ Marketing (n=2)	Zentrale Services/ Stäbe (n=14)	Kundenbezogene Ressorts (n=2)	Produktbezogene Ressorts (n = 1)	Sonstige (n=16)
Vorstand	2,3 1,9	2,3 1,2	3,0	2,0 1,4	2,0 1,5	2,5 0,7	3,0	2,7 1,2
Unternehmensplanung	3,3 1,9	3,0 0,0	2,0	2,5 0,7	2,1 1,4	2,5 0,7	3,0	2,7 1,2
Finanzen	2,6 1,6	3,0 2,0	1,0	2,0 1,4	2,7 1,7	2,0 1,4	3,0	2,8 1,5
Rewe/ Controlling	2,3 1,2	2,7 1,2	2,0	2,0 0,0	2,2 1,1	2,0 0,0	2,0	2,6 1,1
Recht/Steuern	2,4 1,6	3,0 2,0	3,0	2,0 1,4	2,4 1,3	2,0 1,4	1,0	2,3 1,4
IT/EDV	3,8 1,8	2,7 0,6	3,0	3,0 0,0	3,1 1,7	3,0 0,0	3,0	3,4 1,8
Geschäftsbereiche	3,4 1,7	3,0 2,0	2,0	1,5 0,7	2,2 1,3	1,5 0,7	1,0	2,5 1,6
Produktion	4,9 2,1	3,0 2,0	2,0	1,5 0,7	4,4 2,6	1,5 0,7	1,0	4,5 2,2
Vertrieb	4,2 2,1	3,3 2,1	2,0	1,5 0,7	3,5 2,5	1,5 0,7	1,0	4,5 2,4
dezentrale Nutzer	3,7 1,7	4,3 2,5	3,0	3,5 0,7	3,9 1,9	3,5 0,7	4,0	3,2 1,6
dezentrale Objektverantwortliche	3,2 1,9	4,5 3,5	2,0	2,0 0,0	3,3 2,0	2,0 0,0	2,0	2,4 0,8

Erster Wert: arithmetisches Mittel, zweiter Wert: Standardabweichung

Ein nach der tatsächlichen Unterstellung geschichteter Mittelwertvergleich für die Intensität der Zusammenarbeit gibt Hinweise darauf, dass in den befragten Unternehmen vermutlich die Immobilienabteilungen dort eingegliedert sind, wo die Kommunikationsbeziehung am intensivsten ist.

11.3.3 Innere Struktur der Immobilienabteilung

Im folgenden steht nicht mehr die Eingliederung des Immobilienmanagements in die Unternehmensorganisation im Vordergrund, sondern die innere Struktur des Immobilienmanagements. Die explorativen Interviews in der Vorphase der Untersuchung ergaben Hinweise darauf, dass vor allem hinsichtlich der horizontalen Organisation (4.2.1) und dem Umfang der Fremdvergabe bzw. des Angebots an

Fremdleistungen (4.2.2.) erhebliche Unterschiede zwischen den Unternehmen bestehen.

11.3.3.1 Anzahl der Mitarbeiter

Erste Hinweise auf die Dimension der organisatorischen Aufgabenstellung des Immobilienmanagements erbringen zwei Fragen nach der Anzahl der immobilienwirtschaftlichen Mitarbeiter:

> "Wie viel Mitarbeiter sind im Konzern/Gesamtunternehmen insgesamt überwiegend mit Aufgaben des Immobilienmanagements und des Betriebes der Bestandsimmobilien betraut?" und "Wie viele Mitarbeiter davon gehören zu Ihrem Verantwortungsbereich bzw. zu dem Bereich, deren Leiter Sie vertreten?" [C 5 + C 6].

Tabelle 11.14. Anzahl der Mitarbeiter in der Immobilienwirtschaft

Mitarbeiter insgesamt / Mitarbeiter in der Abteilung	< 25	26-50	51–100	101–200	201-500	> 500	weiß nicht	k.A.	gesamt (n, %)
< 25	20,0	4,0	4,0	2,0	-	6,0	3,0	2,0	41,0 71,9
26 - 50	-	2,0	2,0	1,0	1,0	-	-	-	6,0 10,5
51 - 100	-	-	-	-	1,0	-	1,0	-	2,0 3,5
101 - 200	-	-	-	2,0	-	-	-	-	2,0 3,5
201 - 500	-	-	-	-	2,0	-	-	-	2,0 3,5
weiß nicht	-	-	-	-	-	-	1,0	-	1,0 1,8
k.A.	-	-	1,0	-	-	-	2,0	-	3,0 5,3
gesamt (n, %)	20,0 35,1	6.0 10,5	7,0 12,3	5,0 8,8	4,0 7,0	6,0 10,5	7,0 12,3	2,0 3,5	57,0 100,0

Aus den Randverteilungen der Spalten der Tabelle 11.14 ist zu entnehmen, dass in knapp der Hälfte der befragten Unternehmen (n = 26) bis zu 50 Mitarbeiter überwiegend mit immobilienwirtschaftlichen Aufgaben beschäftigt sind. In den Zeilen der Tabelle 11.14 ist die Anzahl der Mitarbeiter, die in der Immobilienabteilung des jeweiligen Unternehmens arbeiten, eingetragen. In dem größten Teil der Unternehmen (n = 41) sind dies weniger als 25 Mitarbeiter. Betrachtet man die einzelnen Felder der Tabelle 11.14, so stellt man fest, dass in knapp der Hälfte der auskunftsbereiten Unternehmen (n = 21) ein maßgeblicher Anteil der Beschäftigten in der Immobilienwirtschaft nicht zu der befragten Immobilienabteilung gehört. In diesen Fällen dürften die Aufgabenverteilung und Arbeitskoordination besondere Probleme mit sich bringen.

11.3.3.2 Horizontale Gliederung der Organisation

Um Aufschlüsse über die horizontale Struktur der Immobilienabteilung zu erhalten, wurde folgende Frage gestellt:

"Nach welchen Kriterien ist der Bereich Immobilienmanagement organisatorisch gegliedert" [C 12].

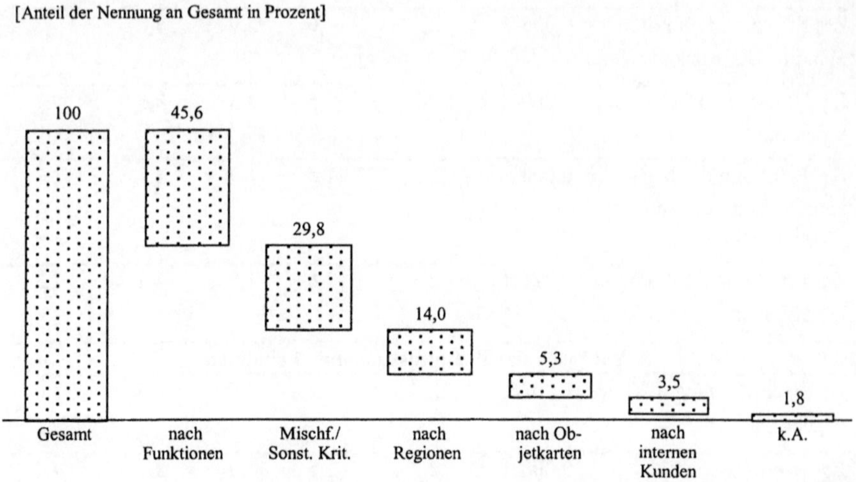

Abb. 11.5. Nach welchen Kriterien ist Ihr Verantwortungsbereich organisatorisch gegliedert?

Die Abbildung 11.5 zeigt, dass die Mehrzahl der Abteilungen in Form der funktionalen Organisation strukturiert sind. In der funktionalen Organisation gliedern sich die Immobilienabteilungen beispielsweise nach Verrichtung in die Bereiche Facility-Management, kaufmännische Verwaltung, Immobilienmarktaktivitäten etc. Die verhältnismäßig hohe Zahl der Nennung *"sonstige Kriterien/Mischformen"* dürfte insbesondere darauf zurückzuführen sein, dass in real existenten Organisationen aus historischen Gründen nahezu nur Mischformen zu finden sind.

Nachdem die Variablen, die Aufschluss über die Eingliederung der Immobilienabteilung in die Organisation des Unternehmens geben, keine nennenswerten Zusammenhänge zu den Zielsystemvariablen aufwiesen, stellt sich die Frage, ob

Zusammenhänge der hier diskutierten Innenstrukturierung der Immobilienabteilung mit den Zielsystemvariablen vorliegen.

Tabelle 11.15. Bewertung der horizontalen Organisationsformen.

Zielsystemvariablen	Zusammenhang*	funktional** (n=26)	regional (n=7)	nach Objektarten (n=3)	nach internen Kunden (n=2)	Mischform, sonst. (n=16)
Faktoren der Bedeutung für den Unternehmenserfolg:						
B_1: Eigentümerfunktion	0,01728	3,3	3,5	2,9	3,8	3,5
B_2: Nutzerfunktion	0,00035	3,4	3,5	4,4	4,0	3,6
Zielfaktoren:						
Z_1: Optimierung des operativen Geschäfts	0,98877	3,0	2,4	2,8	3,6	2,7
Z_2: Erh. der Flexibilität, Senkung der Risiken	0,00643	2,7	2,0	2,9	3,0	3,3
Z_3: Bilanz- und Steueroptimierung	0,00001	2,7	2,5	3,3	3,5	2,7
Z_4: Erfüllung der Nutzungsanforderungen, Standortsicherung	0,00014	1,9	1,5	1,9	4,7	2,7
Z_5: Erhöhung der Immobilieneffizienz	0,91610	2,3	2,0	1,9	2,3	2,3
Faktoren der Beeinflussungsmöglichkeiten:						
E_1: Beeinflussung d. kfm. Ergebnisses	0,00268	2,7	2,2	2,5	2,5	3,6
E_2: Beeinflussung d. Flächennutzung	0,00036	2,7	2,5	2,0	3,7	4,0
E_3: Beeinflussung d. Kapitalbindung und des Risikos	0,01421	3,3	3,2	1,8	4,5	4,5

* : genannter Wert: Π^2 ** : arithmetisches Mittel

Die Spalte 2 der Tabelle 11.15 zeigt mehrheitlich einen sehr engen Zusammenhang zwischen der horizontalen Art der Organisation und den Faktoren des Zielsystems. Lediglich zu der Zielfaktoren Z_1 und Z_5 besteht kein signifikanter Zusammenhang. Dies liegt vermutlich an der Allgemeingültigkeit dieser Ziele. Das Signifikanzniveau des Zusammenhangs ist in seiner Deutlichkeit sehr überraschend.

Vor allem der Vergleich mit den Signifikanzniveaus der bislang betrachteten Zusammenhänge zwischen

1. Zielsystem und Steuerungssystem sowie
2. der Eingliederung des Immobilienmanagements in die Unternehmensorganisation

lässt vermuten, dass der Zusammenhang von Zielsystem und horizontaler Organisation der Immobilienabteilung eine besonders strukturbildende Bedeutung für die Implementation des Immobilienmanagements aufweisen könnte. Fraglich dabei bleibt die Richtung des Zusammenhangs: beeinflusst die Wahrnehmung des Zielsystems die Ausgestaltung der inneren Struktur der Organisation oder umgekehrt die Ausgestaltung der inneren Struktur der Organisation die Wahrnehmung des Zielsystems. Unterstellt man, dass eine wechselseitige Abhängigkeit der Variablen-Gruppen vorliegt, so lassen sich aus der weiteren Auswertung der Befragungsergebnisse Vermutungen über die Wirkung der verschiedenen Organisationsformen auf die wahrgenommene Bedeutung des Immobilienmanagements, dessen Ziele und Handlungsspielräume anstellen. Im einzelnen führt eine zeilenweise Betrachtung der nach Organisationsformen geschichteten Auswertung der Zielsystemvariablen (Spalte 3 – 7 der Tabelle 11.15) zu folgenden thesenartigen Vermutungen, deren Gehalt in nachfolgenden Untersuchungen zu überprüfen ist:

1. Soll der Eigentümerfunktion große Bedeutung zugemessen werden, so ist die Objektarten-Organisation am effizientesten.
2. Soll hingegen der Nutzerfunktion große Bedeutung zugemessen werden, so ist die funktionale Organisationsform am besten geeignet.
3. Die Ziele Optimierung des operativen Geschäfts und Erhöhung der Immobilieneffizienz werden unabhängig von der Ausgestaltung der horizontalen Organisation des Immobilienmanagements verfolgt, da hier keine signifikanten Zusammenhänge erkennbar sind.
4. Soll den Zielen Erhöhung der Flexibilität oder Bilanz- und Steueroptimierung große Beachtung geschenkt werden, so sind die regionale oder die funktionale Organisationsform zu bevorzugen.
5. Die Ziele in bezug auf Erfüllung der Nutzungsanforderungen, Standortsicherung erfüllen die regionale und nach Objektarten gegliederten Organisationsformen am besten.
6. Soll dem Immobilienmanagement mehr Handlungsspielraum zur Beeinflussung des kaufmännischen Ergebnisses eingeräumt werden, so ist die regionale Organisationsform zu bevorzugen.
7. Die Organisation nach Objektarten schafft die größten Einflussmöglichkeiten auf die Flächennutzung sowie die Kapitalbindung und das Risiko.

Die horizontale Strukturierung der Immobilienabteilung steht in signifikantem Zusammenhang zur Anzahl der Mitarbeiter im Immobilienmanagement des Konzerns (χ^2 = 0,01523). Die nähere Analyse zeigt, dass bei den Unternehmen, die weniger Mitarbeiter haben, neben der funktionalen auch regionale, objektartenbezogene oder kundenorientierte Organisationsformen recht häufig sind. Bei denjenigen Unternehmen, die eine große Anzahl an Mitarbeitern beschäftigen, überwiegen funktionale Organisationsformen und Mischformen. Eine Bewertung der verschiedenen Organisationsformen anhand der Selbsteinschätzung zur Leistungsfähigkeit ihrer Organisationen hat kaum nennenswerte Unterschiede gezeigt. Allerdings bemängeln in der Form der funktionalen Organisation ca. ein Drittel der Befragten (n = 8) den hohen Koordinationsaufwand.

Da die innere Struktur des Immobilienmanagements in engem Zusammenhang zum Zielsystem steht, schließt sich die Frage an, ob es ähnlich starke Zusammenhänge zum Steuerungssystem und der Eingliederung des Immobilienmanagements in das Unternehmen gibt. Theoretisch lassen sich diesbezüglich vielfältige Abhängigkeiten zu den entsprechenden Variablen konstruieren. Allerdings bestätigen sich diese Hypothesen bis auf zwei Ausnahmen nicht:

1. Zunächst besteht ein Zusammenhang zur Trennung der Aufgabenbereiche, sofern es im Unternehmen weitere Einheiten gibt, die sich mit dem Management von Bestandsimmobilien beschäftigen (Frage C 3) (χ^2 = 0,05943). Die nähere Analyse zeigt, dass sich die horizontale Organisation des Immobilienmanagements recht eindeutig in der Trennung der Aufgabenteilung außerhalb der Immobilienabteilung fortsetzt.

2. Ein weiterer Zusammenhang ergibt sich zur Einheit von Immobilienverantwortung und rechtlichem Eigentum (χ^2 = 0,03519). Hier zeigt eine nähere Analyse recht eindeutig, dass bei funktionsweise gegliederten Immobilienabteilungen die Zusammenfassung von Verantwortung und Eigentum bevorzugt wird. Hingegen besteht in allen anderen Organisationsformen eine klare Tendenz zur Trennung von Eigentum und Verantwortung. Allerdings lässt sich hier über die Ursache und Wirkung des Zusammenhanges keine Aussage treffen.

Insgesamt zeigt dieser Abschnitt, dass die am häufigsten vertretene funktionale Organisationsform des Immobilienmanagements vermutlich durch vergleichsweise schwache Zielorientierung und geringe Flexibilität gekennzeichnet ist. Dies könnte darauf zurückzuführen sein, dass sie vor allem in mitarbeiterstärkeren Immobilienbereichen anzutreffen ist. Die übrigen Organisationsformen hingegen sind vermutlich zielorientierter und erlauben mehr Flexibilität sowohl im Hinblick auf die Nutzer- als auch auf die Eigentümerfunktion des Immobilienmanagements. Sie sind, mit Ausnahme der Mischform, vor allem in kleineren Immobilienabteilungen vertreten.

11.3.4 Reorganisationsprozesse des betrieblichen Immobilienmanagements

Ein Nebenziel der Studie ist es, neben einer Bestandsaufnahme von Zielen, Organisation und Führungssystemen auch die Entwicklungstendenzen in den befragten Unternehmen aufzuzeigen. Um eine Entwicklungstendenz sichtbar zu machen, wurde zunächst gefragt:

> "Wurde in den letzten drei Jahren die Organisation Ihres Unternehmens wesentlich verändert?" und "Wenn 'ja', war das Immobilienmanagement von der Reorganisation betroffen?" [C 17 + C 18].

In 61,4 % der befragten Unternehmen (n = 35) wurde die Organisation wesentlich verändert. Dies verdeutlicht die große Dynamik in den deutschen Großunternehmen, die vor allem durch Konzentrationstendenzen in vielen Branchen und durch große Rationalisierungsbemühungen in den letzten Jahre verursacht worden ist. Von den Veränderungen war das Immobilienmanagement in 68,6 % (n = 24) der Fälle betroffen. In 31,4 % (n = 11) der Fälle sind die Veränderungen ohne größere Wirkungen auf das Immobilienmanagement geblieben. Aus diesen Zahlen wird deutlich, dass

1. das Immobilienmanagement in den letzten drei Jahren insgesamt erheblichen Veränderungen unterworfen war;
2. Änderungen der Unternehmensorganisation sich vermutlich auch auf das Immobilienmanagement auswirken werden. Geht man davon aus, dass die gegenwärtige Reorganisationswelle in vielen Branchen noch nicht zum Stillstand kommen wird, so ist dementsprechend mit einem Voranschreiten des kräftigen Reorganisationsprozesses in der Immobilienwirtschaft von Großunternehmen zu rechnen.

Um zu erfahren, in welche Richtung zukünftige Reorganisationsprozesse gehen könnten, wurde gefragt:

> "Sind grundsätzliche Veränderung der derzeitigen Organisation des Immobilienmanagements in Ihrem Hause geplant?" und "Wenn 'ja', in welcher Form sind Veränderungen geplant?" [C 20].

In 15,8 % (n = 9) der befragten Unternehmen sind Veränderungen geplant, 6 Befragte konnten oder wollten auf diese Frage keine Auskunft geben, und in 42 Unternehmen (73,7 %) sind keine Veränderungen vorgesehen. Die nähere Analyse der 9 Fälle, in denen Veränderungen geplant sind, erbrachte das in Tabelle 11.16 dargestelltes Bild.

Tabelle 11.16. Geplante Veränderungen an der Organisation des Immobilienmanagements

	Erweiterung					Reduzierung	
n	Ausgliederung	Zentralisierung	Dezentralisierung	Kompetenz	Aufgabenumfang	Aufgabenumfang und Fremdvergabe	Aufgabenumfang und interne Verlagerung
1		x		x	x		
2		x	x				
3				x	x		x
4	x	x		x	x		x
5	x	x		x	x		
6		x		x	x		
7		x	x	x	x	x	
8		x					
9	k. A.	k. A.	k. A.	k. A.	k. A.	k. A.	k. A.

Es wird deutlich, dass in den meisten Fällen eine Zentralisierung von Funktionen mit einer gleichzeitigen Erweiterung von Kompetenz und Aufgabenumfang erreicht werden soll. Die gegenwärtig aktuelle Frage der Verselbstständigung der Immobilienabteilung in einer Tochtergesellschaft steht nur in 2 Fällen an. Eine Platzierung der Immobilientochtergesellschaft an der Börse ist in keinem Fall geplant. Eine reine Dezentralisierung der Funktionen ist ebenfalls in keinem Fall geplant. Vielmehr geht eine Dezentralisierung einzelner Funktionen im Zuge einer umfangreicheren Neuordnung der Aufgaben immer mit einer Zentralisierung einher.

Insgesamt sind verhältnismäßig wenig Änderungen an der Organisationsstruktur geplant. Die Fälle, in denen Veränderungen geplant sind, zeigen eine klare Tendenz zu mehr Zentralität und Selbstständigkeit des Immobilienmanagements, ohne dass damit zwingend eine rechtliche Verselbstständigung oder verstärktes Outsourcing einher gehen. Vergleicht man die geringe Anzahl an geplanten organisatorischen Veränderungen des Immobilienmanagements mit der großen Anzahl der in der Vergangenheit vorgenommenen Reorganisationen, so vermutet man in dem Unterschied auf den ersten Blick eine große Diskrepanz. Vermutlich ist der Unterschied aber darauf zurückzuführen, dass viele der vergangenen Reorganisationsprozesse auf externe Einflüsse in Form von Reorganisationsprozessen des gesamten Unternehmens zurückzuführen sind und nicht auf intern angestoßenen Reorganisationsbedarf der Immobilienabteilung. Weitere Erklärungen zu diesen Ergebnissen erbringt auch das folgende Kapitel zur Selbsteinschätzung der Leistungsfähigkeit der Organisation.

11.3.5 Einschätzung der Organisation des Immobilienmanagements

Die folgende Frage nach der Selbsteinschätzung ist innerhalb der vorangegangenen Abschnitte bereits gezielt ausgewertet worden:

"Wie bewerten Sie insgesamt die Organisation des Immobilienmanagements in Ihrem Hause in bezug auf folgende Kriterien (1-7: 1= sehr gut geeignet ; 7= völlig ungeeignet) [C 19].

In diesem Abschnitt werden die Ergebnisse ohne Verbindung zu den jeweiligen Ausgestaltungen der Organisation dargestellt. Wie Tabelle 11.17 zeigt, ist trotz der oben festgestellten Unterschiede die Einschätzung der eigenen Organisation des Immobilienmanagements generell recht positiv. Dies erklärt auch die im vorausgegangenen Kapitel aufgezeigte geringe Zahl der zukünftig geplanten Veränderungen an der Organisationsstruktur. Am ehesten herrscht bei einzelnen Unternehmen Unzufriedenheit hinsichtlich der Schnelligkeit der Entscheidungsfindung und -umsetzung, geringem internen Koordinationsaufwand und dem Kompetenzumfang. Diese Mängel sind potentiell durch die oben aufgezeigten Tendenzen der Reorganisation in Richtung auf Zentralisation und erhöhte Selbstständigkeit zu beheben.

Tabelle 11.17. Einschätzung der Organisation des Immobilienmanagements im eigenen Unternehmen

Gewichtung Kriterien	1	2	3	4	5	6	7	k.A.	Ø	Std. dev
Klare Verantwortungs- und Zuständigkeit	15	20	15	2	3	-	-	2	2,236	1,071
Ausreichende Kompetenzen/Durchsetzungsmacht	13	16	17	6	1	2	-	2	2,491	1,230
Effizienter Einsatz von Personal- und Sachmitteln	9	23	16	3	3	1	-	2	2,473	1,120
Kostenoptimaler Fremdvergabeanteil	6	25	15	4	1	1	-	5	2,462	0,999
Geringer interner Koordinationsaufwand	10	17	16	7	2	2	-	3	2,630	1,248
Schnelligkeit der Entscheidungsfindung	10	15	18	5	7	-	-	2	2,709	1,242
Schnelligkeit der Umsetzung	7	21	18	4	5	-	-	2	2,618	1,097
Erreichung der Ziele der Geschäftsbereiche	10	17	20	4	1	1	-	4	2,472	1,067
Mitarbeitermotivation/ -zufriedenheit	7	24	14	4	4	-	-	4	2,509	1,067

1 = sehr gut geeignet; 7 = völlig ungeeignet

Insgesamt zeigt eine Cluster-Bildung über sämtliche Variablen, zu denen die Befragten subjektive Einschätzungen abgeben mussten, eine Trennung in Zufriedene und Unzufriedene. Dies ist insofern überraschend, als von den Verfassern eher eine Aufteilung nach der Ausprägung der unterschiedlichen Kriterien (z.B. nach schnell aber durchsetzungsschwach versus langsam aber mächtig) erwartet worden war. Zum anderen überrascht die mit 15 recht hohe Anzahl derjenigen, die in das Cluster der Unzufriedenen gehören (gegenüber der Zahl von 27 im Cluster der Zufriedenen). Im Ergebnis bleibt festzuhalten, dass der Schein der Zufriedenheit, den die niedrigen durchschnittlichen Bewertungen anhand der meisten Kriterien auf den ersten Blick vermuten lassen, trügt.

11.3.6 Zwischenergebnis

Im Hinblick auf die vertikale Eingliederung der Immobilienabteilung in die Unternehmensorganisation werden zentrale Lösungen gegenüber dezentralen Organisationsformen deutlich bevorzugt. Den Synergieeffekten, die nach Ansicht der Befragten von einer zentralen Eingliederung ausgehen, stehen allerdings offensichtlich Probleme im Hinblick auf Schnelligkeit, Mitarbeitermotivation und Durchsetzungsmacht gegenüber. Unabhängig von der vertikalen Eingliederung der Immobilienabteilung ist das Immobilienmanagement in den Hierarchieebenen des Unternehmens sehr weit oben angesiedelt. Die Immobilienabteilung ist ausnahmslos entweder dem Vorstand oder der zweiten Ebene unterstellt.

Die horizontale Zuordnung der Immobilienabteilung erfolgt in den befragten Unternehmen vornehmlich in den Bereichen "Finanzen/Controlling" und "Zentrale Services". Nur in vergleichsweise wenigen Unternehmen findet eine nutzernahe Eingliederung bei den operativen Einheiten statt. Diese Zuordnung entspricht weitgehend der Intensität der Kommunikationsbeziehungen innerhalb der Unternehmen. Es stellt sich deshalb die Frage, ob die Immobilienabteilungen den Nutzungsanforderungen entsprechend Rechnung tragen können.

Die horizontale Organisation der Immobilienabteilung erfolgt in den meisten der befragten Unternehmen funktionsorientiert. Äußerst erstaunlich ist die hohe Wahrscheinlichkeit, mit der Abhängigkeiten zwischen der horizontalen Organisation und den Faktoren des Zielsystems bestehen. Vermutlich ist die Wahl der horizontalen Organisationsform der Immobilienabteilung deshalb ein sehr wichtiges Strukturmerkmal zur Beschreibung der Implementierung des Immobilienmanagements.

Insgesamt lassen die Ergebnisse zur Organisation des Immobilienmanagements vermuten, dass von den Unternehmen bei der Organisation des Immobilienmanagements häufig keine stringente Politik vertreten wird. Vielmehr scheint bei der Organisation dem opportunistischen Ansatz der Vorzug gegeben worden zu sein.

Die Auswertung der Antworten zum Outsourcing zeigt, dass Fremdvergaben von Leistungen selektiv stattfinden. Die befragten Unternehmen beschränken sich heute weitgehend auf die Vergabe klassischer Fremdleistungen mit niedrigem Spezifitätsgrad wie Gebäude- und Glasreinigung. Schon die Wartung technischer Anlagen, die Durchführung interner Umzüge oder die Planung von Baumaßnahmen werden in einer Reihe von Unternehmen komplett selbst erbracht. Das kaufmännische Infrastrukturmanagement oder das Flächenmanagement wird sogar nahezu ausschließlich durch eigene Mitarbeiter durchgeführt. Der derzeitige Fremdvergabegrad wird von der Mehrzahl der befragten Unternehmen als kostenoptimal beurteilt. So verwundert es nicht, dass wesentliche Änderungen in der Fremdvergabepolitik von kaum einem Unternehmen geplant ist. Der Facility-Management-Ansatz, weite Teile des gesamten Immobilienmanagements aus einer Hand anzubieten, wird eher nicht als erhebliches Kostensenkungspotential erkannt; allerdings sind hier die Meinungen uneinheitlich. Insgesamt folgen die befragten Unternehmen der allgemeinen FM-Euphorie nicht. Es wird deutlich, dass das erwartete Wachstum in diesem Markt nicht von den Großunternehmen getragen wird. Im Gegenteil: 30 % der Unternehmen bieten selbst Immobiliendienstleistungen am Markt an und sind so auch auf der Anbieterseite zu finden. Dieser Trend sollte Anlass sein, die Marktpotentiale und die FM-Konzepte kritisch zu hinterfragen. Allerdings binden diese Unternehmen maximal ein Drittel der verfügbaren Kapazität mit Leistungen an Dritte und verfolgen somit einen eher „opportunistischen" Marktauftritt.

Betrachtet man die Reorganisationsprozesse des Immobilienmanagements in den befragten Unternehmen, so zeigt sich aus der Vergangenheit ein Bild starker Dynamik. Befragt nach der Zufriedenheit mit der gegenwärtigen Organisation und zukünftig geplanten Änderungen hingegen zeichnet sich eher ein Bild der Zufriedenheit ab, aus dem kaum organisatorische Restrukturierungen hervorgehen dürften. Zu erwarten sind allerdings starke Reorganisationsprozesse, die von organisatorischen Änderungen des Gesamtunternehmens ausgehen.

Auf den ersten Blick zeigen die durchschnittlichen Antworten auf die Fragen nach der Zufriedenheit mit den eigenen Organisationsstrukturen ein deutlich positives Bild. Betrachtet man allerdings nicht den Durchschnitt, sondern die einzelnen Fälle genauer, zeigt sich schnell ein sehr geteiltes Bild, in dem jedes dritte Unternehmen, bezogen auf die Organisation des Immobilienmanagements, als grundsätzlich unzufrieden eingestuft werden muss.

11.4 Steuerungssystem der betrieblichen Immobilienwirtschaft

Die theoretischen Überlegungen zur zielkonformen Ausgestaltung der Agency-Beziehungen haben gezeigt, dass sowohl die Steuerung des Immobilienmanagements durch die Unternehmensleitung und als auch die Steuerung der Flächennutzung durch das Immobilienmanagement eine Reihe an Problemen aufwirft. Wie diese Probleme in der Praxis gehandhabt werden, ist im Folgenden zu untersuchen.

11.4.1 Die Steuerung der Immobilienabteilung durch die Unternehmensleitung

11.4.1.1 Aufgaben und Kompetenzumfang der Immobilienabteilung

Erste Hinweise auf den Aufgabenumfang der Immobilienabteilung innerhalb des Unternehmens ergeben sich aus der Frage:

> "Wie ist Ihr Verantwortungsbereich bzw. das Immobilienmanagement nach Art der Immobilien definiert ? [Einfachnennung]" [C 2]

Die Ergebnisse der Abbildung 11.6 zeigen, dass die Mehrzahl der Abteilungen sowohl für die betriebsnotwendigen als auch für die nicht betriebsnotwendigen Immobilien zuständig ist (68,4 %, n = 39).

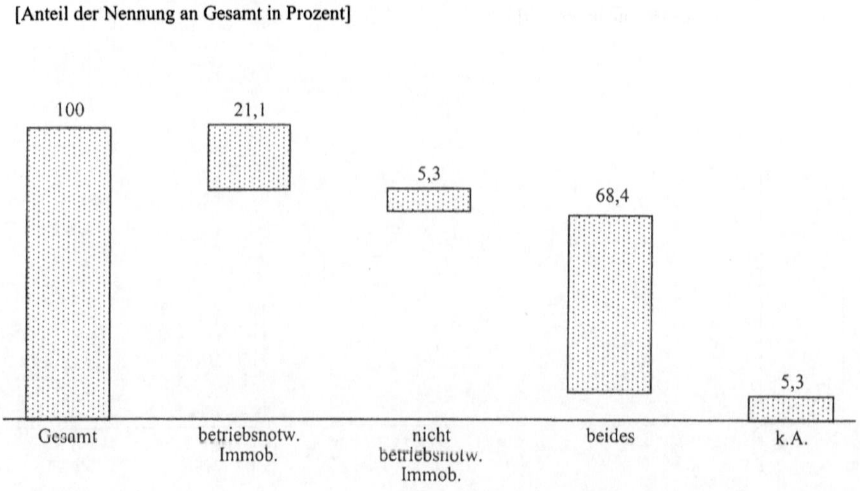

Abb. 11.6. Wie ist Ihr Verantwortungsbereich nach Art der Immobilien definiert?

Die Kreuztabellierungen zwischen den Zielsystemvariablen und dem Umfang des Verantwortungsbereichs zeigen nur signifikante Zusammenhänge (Irrtumswahrscheinlichkeiten bei 3 – 5 %) zwischen den eigentümerbezogenen Zielen der optimalen Verwertung von Immobilien, der Senkung der Gesamtkosten und der Wirtschaftlichkeit des Immobilienbestands. Hier werden jeweils die Bedeutung und die Ziele des Immobilienmanagements dann höher eingeschätzt, wenn das Immobilienmanagement auch für die nicht betriebsnotwendigen Immobilien zuständig ist. Dieses wenig überraschende Ergebnis lässt vermuten, dass die größere Marktnähe, die mit der Bewirtschaftung nicht betriebsnotwendiger Immobilien einher geht, zu einer stärkeren Beachtung der Wirtschaftlichkeit der eigengenutzten Immobilien führt.

Erste Hinweise des näheren Aufgaben- und Kompetenzumfang des Immobilienmanagements ergeben sich aus folgenden zwei Fragen:

"Gibt es weitere Organisationseinheiten innerhalb des Konzerns, die sich überwiegend mit dem Management und dem Betrieb der Bestandsimmobilien beschäftigen?" und "Wenn 'ja', wie erfolgt die Trennung der Zuständigkeit?" [C 3 + C 4]

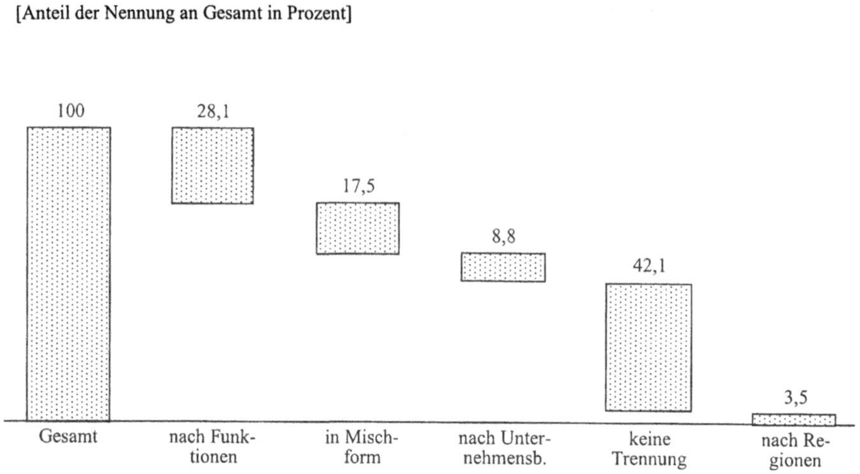

Abb. 11.7. Trennung der Zuständigkeiten im Immobilienmanagement.

Die Ergebnisse zeigen, dass nur in weniger als der Hälfte der Fälle (n = 24) keine weiteren Abteilungen existieren, die sich überwiegend mit dem Management und dem Betrieb von Bestandsimmobilien beschäftigen. Existieren weitere Abteilungen (n = 33), so sind diese in der Mehrzahl erwartungsgemäß nach Funktionen gegliedert (n = 16). Da zu vermuten ist, dass es in allen Unternehmen außerdem eine Reihe an Unternehmensteilbereichen gibt, die sich zwar nicht überwiegend mit der Immobilienbewirtschaftung beschäftigen, aber dennoch daran beteiligt sind, schließt sich zur detaillierteren Analyse folgende Frage an:

"In welchem Umfang ist der Bereich Immobilienmanagement in die Erfüllung folgender Aufgaben eingebunden? (Informations- und Beratungsrecht; Vetorecht; Entscheidungsrecht; Durchführung i. e. S.) [Mehrfachnennungen]" [C 13].

Den Beantwortern wurden eine reihe an Aufgaben vorgegeben, zu denen sie jeweils den Grad ihrer Beteiligung angaben. Zunächst wurde mit Hilfe der hierarchischen Clusteranalyse die Anzahl an Clustern bestimmt (hier 5 Cluster). Nach der Methode der „K-means Clusteranalyse" wurde im Folgenden eine eindeutige Zuordnung der Fälle zu 5 Clustern vorgenommen. Um die Cluster beschreiben zu können, wurden die Clustermittelpunkte näher betrachtet. Da sämtliche Variablen dichotom skaliert sind, liegen die Clustermittelpunkte zwischen 0 und 1. Für die folgende Clustercharakterisierung wird nun angenommen, dass die in einem Cluster gebündelten Immobilienabteilungen einen Aufgabenumfang immer dann wahrnehmen, wenn der Clustermittelpunkt > 0,5 ist.

Cluster 1 (Kaufmännische Immobilienabteilung mit begrenzten Kompetenzen):
Die Immobilienabteilungen des Cluster 1 führen die kaufmännischen Aufgaben durch wie Strategieplanung und -durchsetzung, Wirtschaftlichkeitsanalyse, Bauplanung, kfm. Verwaltung des Bestands, Controlling und Wertermittlung. Bei den durchführungsnahen Aufgaben dürfen sie stellenweise auch selbst entscheiden. Bei den übrigen nutzernahen und technischen Funktionen haben sie Beratungsrechte.
(n = 19)

Cluster 2 (Entscheidungsinstanz):
Die Immobilienabteilungen dieses Cluster beschränken sich sehr weitgehend auf das Treffen von Entscheidungen. Lediglich bei den nutzernahen Aufgaben wie der Flächenbedarfsermittlung und der Standortplanung kommt ihre Entscheidungsfunktion nicht so stark zum tragen. Hier haben sie Informations- und Beratungsfunktion. Ebenso bei Steuerfragen.
(n = 13)

Cluster 3 (Ausführende Einheit ohne Entscheidungskompetenz):
Die Immobilienabteilungen des Cluster 3 sind vor allem mit der Durchführung nahezu des gesamten Spektrums an Aufgabenstellungen befasst. Nur die technischen Aufgaben nehmen sie nicht so intensiv wahr. Bei markt- und nutzernahen Aufgabenstellungen haben sie auch begrenzt Entscheidungsrechte.
(n = 11)

Cluster 4 (Full Service Abteilung ohne kaufmännische Komponente):
Von der Immobilienabteilung dieses Cluster wird der nicht kaufmännische Teil der immobilienwirtschaftlichen Aufgaben vollständig und autonom übernommen. Diese Abteilung hat mit Finanzierung, Kauf/Verkauf/Leasing, Vorgabe und Kontrolle von Effizienzstandards, Einkauf von Dienstleistungen, Controlling des Bestands, Wertermittlung und Instandhaltung nichts zu tun. Es handelt sich hier aufgrund der Fallzahl von n = 1 allerdings um einen "Ausreißer".
(n = 1)

Cluster 5 (Koordinierende Stabsstelle):
Die Abteilungen des Cluster 5 haben nur sehr wenig über die allgemeine Beratung hinausgehende immobilienwirtschaftliche Aufgabenstellungen und Kompetenzen. Sie beraten bei der Immobilienstrategie, Wirtschaftlichkeitsanalysen und Investitionsplanungen, rechtlichen Aspekten und Wertermittlungen und sind in sehr begrenztem Umfang an der Durchführung beteiligt.
(n = 13)

Weil sich daraus Vermutungen über die unterschiedliche Leistungsfähigkeit der einzelnen Clustertypen ergeben könnten, ist die Frage, ob Zusammenhänge zwischen der Clusterzugehörigkeit und den Ausprägungen der Zielsystemvariablen bestehen, besonders interessant. Die nähere Analyse der Grunddaten hat nur vereinzelt Zusammenhänge mit Irrtumswahrscheinlichkeiten unter 5 % ergeben, die in der Tabelle 11.18 systematisiert wurden.

Tabelle 11.18. Zusammenhang von Aufgabenclustern und Zielsystem

Cluster Zielsystemvariablen (Signifikanz)	1 (n=19)	2 (n=13)	3 (n=11)	4 (n=1)	5 (n=13)	Durchschnitt
Ziele:						
Optimierung der Steuerbelastung (0,0068)	2,8 1,3	3 1,7	2,5 1,7	-	3,6 1,8	3,0 1,6
Risikominimierung (0,00293)	2,9 1,1	2,8 1,5	3,5 1,8	1,0 -	3,8 1,7	3,2 1,5
Beeinflussungsmöglichkeiten:						
Optimierung der Steuerbelastung (0,00324)	3,6 1,6	3,3 1,5	2,9 2,3	-	5,5 1,7	3,8 1,9
Flächenbereitstellung gemäß Nutzeranforderungen (0,01945)	2,6 1,2	2,7 1,7	2,5 1,6	1,0 -	4,3 2,0	2,9 1,7
Bedeutungen für den Unternehmenserfolg:						
Steigerung der Eigenkapitalrentabilität (0,00391)	3,1 1,2	2,9 1,7	2,8 0,6	-	5,1 1,8	3,4 1,6
Senkung der Gesamtkosten (0,08433)	2,9 1,2	3,3 1,7	2,5 1,0	2,0 -	4,5 2,1	3,2 1,6
Liquiditätssicherung (0,05008)	3,7 1,4	3,5 1,7	2,8 1,1	-	5,0 2,2	3,7 1,7
Verbesserungen der Wettbewerbsfähigkeit (0,04278)	3,5 1,6	3,5 1,8	2,5 1,3	1,0 -	5,0 2,1	3,6 1,9

Erster Wert: arithmetisches Mittel, zweiter Wert: Standardabweichung.

Die Auswahl der Zielsystemvariablen, bei denen Zusammenhänge zu den Clustern auftreten, lässt kein spezifisches Muster erkennen. Auffällig ist allerdings, dass die Anzahl der Variablen zu Bedeutungen für den Unternehmenserfolg eindeutig am höchsten ist. Vermutlich ist deshalb der Zusammenhang zwischen der Bedeutung des Immobilienmanagements und den Clustern gegenüber dem Zusammenhang zu den Beeinflussungsmöglichkeiten und den Zielen am größten.

Analysiert man die unterschiedlichen Antwortniveaus, so stellt man fest, dass bei den Immobilienabteilungen des Cluster 3 (ausführende Einheit ohne Entscheidungskompetenz) die Zielsystemorientierung eindeutig am stärksten ausgeprägt ist, da die Antworten regelmäßig am niedrigsten ausfallen. Dagegen ist bei den Abteilungen des Cluster 5 (koordinierende Stabsstellen) die Wahrnehmung des Zielsystems eindeutig am wenigsten stark ausgeprägt. Dies deutet darauf hin, dass die Stabsstellen tatsächlich nur koordinierende Aufgaben haben und von der tatsächlichen Erfüllung der einzelnen immobilienwirtschaftlichen Aufgaben recht weit entfernt sind. Im Gegensatz dazu sind die ausführenden Einheiten am stärksten motiviert. Die Cluster 1 (kaufmännische Immobilienabteilungen) und 2 (Entscheidungsinstanz) liegen in etwa auf gleichem Niveau zwischen diesen Extremen. Auffällig ist die hohe Gewichtung des Ziels der Risikominimierung im Cluster der Entscheidungsinstanzen.

Um Vermutungen über die Schwachstellen der unterschiedlichen Cluster anstellen zu können, ist es auch hier sinnvoll, die Selbsteinschätzung zur Leistungsfähigkeit der eigenen Organisation nach den einzelnen Clustern getrennt zu betrachten. In der Tabelle 11.19 sind jeweils die Unzufriedenen (Bewertung ≥ 4) auf die einzelnen Cluster aufgeteilt.

Tabelle 11.19. Anzahl der Unzufriedenen nach Aufgabenclustern

Cluster / Kriterien	1 (n = 19)	2 (n = 13)	3 (n = 11)	5 (n = 13)
Klare Verantwortungs- und Zuständigkeitsbereiche	5,3	7,7	-	27,3
Ausreichende Kompetenzen / Durchsetzungsmacht	10,5	7,7	9,1	45,5
Effizienter Einsatz von Personal- und Sachmitteln	10,5	7,7	-	36,4
Kostenoptimaler Fremdvergabeanteil	10,5	7,7	9,1	18,2
Geringer interner Koordinationsaufwand	26,3	7,7	-	45,5
Schnelligkeit der Entscheidungsfindung	21,1	15,4	27,3	27,3
Schnelligkeit der Umsetzung	10,5	23,1	18,2	18,2
Erreichung der Ziele der Geschäftsbereiche	10,5	7,7	-	9,1
Mitarbeitermotivation/-zufriedenheit	10,5	7,7	-	45,5

(Bewertung ≥ 4 auf der Skala von 1 – 7); Angaben in Prozent

Lässt man das Cluster 4 aufgrund der geringen Häufigkeit (n = 1) unbeachtet, so sind die Befragten, die in das Cluster 3 gehören (ausführende Einheit ohne Entscheidungskompetenz) am wenigsten unzufrieden. Sie scheinen auch an ihrer mangelnden Entscheidungskompetenz keinen Anstoß zu nehmen. Die Befragten des Cluster 2 sind ebenfalls selten unzufrieden. Auffällig ist allerdings, dass in knapp einem Viertel (n = 3) der Fälle die Schnelligkeit der Umsetzung bemängelt wird.

Tendenziell am ehesten unzufrieden sind die Befragten des Cluster 5 (koordinierende Stabstelle). In knapp der Hälfte dieser Fälle (n = 5) wird die Mitarbeitermotivation, der hohe Koordinationsaufwand und die fehlende Durchsetzungsmacht bemängelt. Die Befragten des Cluster 1 (kaufmännische Immobilienabteilung mit begrenzten Kompetenzen) beklagen in einem Viertel der Fälle (n = 5) den hohen Koordinationsaufwand und in einem Fünftel der Fälle (n = 4) das Tempo der Entscheidungsfindung.

11.4.1.2 Messung und Beurteilung der immobilienwirtschaftlichen Leistungen

Um Aussagen über die Steuerung der Immobilienabteilung durch die Unternehmensleitung treffen zu können, wurde zunächst folgende, auf die Beurteilung der Leistung der Immobilienabteilung ausgerichtete Frage gestellt:

> "Werden Sie bzw. der Bereich Immobilienmanagement an folgenden Zielen gemessen bzw. werden dazu Zielvereinbarungen getroffen?" [B 5].

Die jeweiligen Häufigkeiten der Antworten sind in den Spalten 2 – 5 der Tabelle 11.20 zusammengestellt.

Tabelle 11.20. Kriterien der Leistungsbeurteilung von Immobilienbereichen

Kriterien	ja (n)	z.T. (n)	nein (n)	k.A. (n)	Beeinflussbarkeit (Π^2)	Ziele (Π^2)
Minimierung der Immobilienkosten	33	7	14	3	0,08665	0,26871
Optimierung der Erträge aus Immobilien	33	15	5	4	0,05864	0,59012
Optimale Verwertung von Objekten	32	15	7	3	0,01145	0,00041
Unterstützung der Ziele des Kerngeschäftes	31	16	7	3	0,03583	0,00673
Rentabilität des Immobilienbestandes	31	12	10	4	0,26225	0,72878
Sicherung von Standorten für das Kerngeschäft	29	16	9	3	0,00655	0,00144
Flächenbereitstellung gemäß Nutzeranforderungen	28	20	6	3	0,08350	0,02359
Werterhaltung und -steigerung des Bestandes	27	14	13	3	0,27619	0,01666
Nutzerzufriedenheit	26	14	14	3	0,07615	0,15655
Flächeneffizienz	25	15	13	4	0,02394	0,29101
Flexibilität bezüglich Nutzeranforderungen und Markt	25	18	11	3	0,61060	0,18221
Verfügbarkeit der erforderlichen Infrastruktur	20	24	9	4	0,03863	0,78004
Risikominimierung	18	21	14	4	0,00076	0,01215
Optimierung der Bilanz bzw. Kapitalbindung	11	38	4	4	0,20703	0,11155
Reservenbildung	11	34	8	4	0,01129	0,00882
Optimierung der Steuerbelastung	10	34	9	4	0,05828	0,29855

Zielvereinbarungen sind nur dann zweckmäßig, wenn die verantwortliche Stelle diese Ziele auch tatsächlich beeinflussen kann. Deshalb liegt die Hypothese nahe, dass die Messung der Zielerreichung mit der Beeinflussbarkeit der Zielerreichung korrespondiert. Wie die Spalte 6 der Tabelle 11.20 zeigt, wird diese Hypothese in den meisten Fällen auch bestätigt. Betrachtet man die Fälle genauer, in denen die Hypothese verworfen werden muss, so zeigt die nähere Analyse der Grunddaten, dass in diesen Fällen vergleichsweise viele Befragte den Zielen zwar hohe Beeinflussungsmöglichkeiten beimessen, aber nicht oder nur zum Teil an diesen Zielen gemessen werden. Im einzelnen sind dies die Ziele:

- Flexibilität bezüglich Nutzeranforderungen und Markt,
- Rentabilität des Immobilienbestandes,
- Werterhaltung und -steigerung des Bestandes,
- Optimierung der Bilanzstruktur bzw. Kapitalbindung.

Auffällig ist, dass es sich bei den letzten dreien um Ziele handelt, die großen Einfluss auf die Entwicklung des Shareholder-Value haben. Da eine bewusste Vernachlässigung dieses Aspekts nicht im Sinne der Unternehmensleitung sein kann, stellt sich die Frage, warum für diese Kriterien keine Leistungsmessung durchgeführt wird. Die Vermutung liegt nahe, dass immer dann kein Zusammenhang zwischen Beeinflussbarkeit und Zielvereinbarung besteht, wenn die Messung der Zielerreichung problematisch ist. Theoretisch sind zwar Messkriterien konstruierbar, in der Praxis dürften aber die zur Umsetzung notwendigen Informationen wie beispielsweise Wertermittlungen, Flexibilitätsmaße, Kosten und Nutzen von Immobilien nicht bereit stehen.

Betrachtet man den Zusammenhang zwischen den Zielen der Immobilienabteilungen und den Messkriterien (Spalte 7 der Tabelle 11.20), liegt auch hier die Vermutung einer starken Abhängigkeit nahe. Allerdings muss diese Vermutung in 9 der 16 Fälle verworfen werden. Analysiert man diese in der Tabelle fett gedruckten Fälle anhand der Grunddaten genauer, zeigt sich, dass in allen Fällen eine Reihe von Befragten die Ziele für ihre Abteilung als sehr bedeutsam (1 – 2) eingestuft haben, ohne dass sie daran gemessen werden. Deshalb wird die These erhärtet, dass in zahlreichen befragten Unternehmen die Messung der Zielerreichung der Immobilienabteilung nur schwach ausgeprägt ist.

Zusammenfassend wird hier ein organisatorisches Defizit deutlich. Eine effektive Steuerung des Immobilienmanagements seitens der Unternehmensführung ist nicht durchsetzbar, wenn

1. Immobilienabteilungen Handlungsspielräume zur Erlangung wichtiger Unternehmensziele besitzen, zu deren Ausschöpfung kein Anreiz durch Zielvereinbarungen gegeben wird,
2. Immobilienabteilungen Ziele verfolgen, an denen sie nicht gemessen werden,
3. kein signifikanter Zusammenhang zwischen der Bedeutung des Immobilienmanagements für den Unternehmenserfolg und der Erfolgsmessung besteht.

11.4.1.3 Ausgestaltung der Erfolgsverantwortung des Immobilienmanagements

Die Ausgestaltung der Erfolgsverantwortung wurde mit Hilfe folgender Frage ermittelt:

"Wie wird das Immobilienmanagement im Unternehmen bezogen auf die Erfolgsverantwortung geführt?" [B 4].

Die in Abbildung 11.8 dargestellten Ergebnisse zeigen, dass die Mehrzahl der Immobilienabteilungen als Profit Center (n = 14), als Cost Center (n = 16) und in Mischformen (n = 19) geführt werden. Aufgrund der großen Steuerungswirkung, die von der Form der Ergebnisverantwortung ausgeht, ist ein enger Zusammenhang zu den Faktoren der Zielsystemvariablen zu erwarten. Diese Hypothese bestätigt sich jedoch in keinem Fall. D. h., es gibt keine Anhaltspunkte dafür, dass die Ausgestaltung der Erfolgsverantwortung von den Ausprägungen des Zielsystems abhängt oder umgekehrt. Auch ein Zusammenhang zur Branchenzugehörigkeit der Unternehmen besteht nicht.

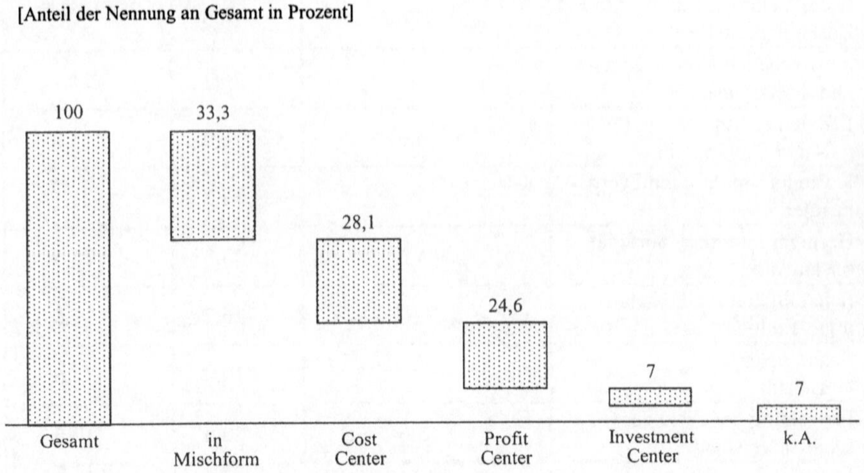

Abb. 11.8. Führung der Immobilienabteilung als ...

Am Ende der Befragung wurden die Interviewten gebeten, die Organisation des Immobilienmanagements in Ihrem Hause anhand von vorgegebenen Kriterien zu bewerten. Der χ^2-Test ergab zwar keine statistisch signifikanten Zusammenhänge zwischen der Ausgestaltung der Erfolgsverantwortung und der Zufriedenheit mit der Organisation, aber die nähere Betrachtung der Kreuztabellen zeigt, dass Unzufriedenheiten (Bewertungen $\geq$ 4 auf einer Skala von 1 – 7) nahezu ausschließlich von Mitarbeitern der in Mischform oder als Cost Center organisierten Unternehmen geäußert wird.

Tabelle 11.21. Anzahl der Unzufriedenen nach der Form der Ergebnisverantwortung (Bewertung ≥ 4 auf der Skala von 1-7); Angaben in Prozent

Ergebnisverantwortung: / Kriterien	Profit Center/ Investment Center (n = 18)	Cost Center (n = 15)	Mischform (n = 19)
Klare Verantwortungs- und Zuständigkeitsbereiche	5,6	20,0	5,3
Ausreichende Kompetenzen / Durchsetzungsmacht	-	26,7	21,1
Effizienter Einsatz von Personal- und Sachmitteln	5,6	20,0	15,8
Kostenoptimaler Fremdvergabeanteil	-	13,3	21,1
Geringer interner Koordinationsaufwand	5,6	33,3	26,3
Schnelligkeit der Entscheidungsfindung	11,1	26,7	31,6
Schnelligkeit der Umsetzung	-	20,0	31,6
Erreichung der Ziele der Geschäftsbereiche	5,6	20,0	10,5
Mitarbeitermotivation/-zufriedenheit	11,1	13,3	21,1

Die Tabelle 11.21 zeigt, dass vor allem die Durchsetzungsmacht, der Koordinationsaufwand und die Schnelligkeit von beinahe jedem dritten Befragten aus einer Abteilung, die als Cost Center oder in Mischform organisiert ist, bemängelt werden. Die Mitarbeiter in Profit- oder Investment-Centern sind hingegen mit ihrer Organisationsform weitaus weniger unzufrieden. Es wäre sehr interessant zu erfahren, ob die Unzufriedenheit tatsächlich auf die Ausgestaltung der Ergebnisverantwortung zurückzuführen ist oder ob sie durch externe, bislang nicht berücksichtigte Faktoren hervorgerufen wird.

11.4.2 Die Steuerung der Immobiliennutzung durch das Immobilienmanagement

11.4.2.1 Verrechnung von Immobilienkosten und -erträgen

Die Steuerung der Immobiliennutzung durch das Immobilienmanagement erfolgt in erster Linie über die Verrechnung von Immobilienkosten und -erträgen. Mit Hilfe von Verrechnungspreisen können prinzipiell

1. die Gebäudekosten,
2. die Gewinne/Verluste von Immobilienmarkttransaktionen,
3. die Leistungen des Immobilienmanagements

   an die internen Nutzer weitergegeben werden.

Zu 1.) Um zu klären, in welchem Umfang und auf welche Weise Verrechnungspreise zur Umlage von Immobilienkosten in den befragten Unternehmen angewendet werden, wurde folgende Frage gestellt:

"Werden die Gebäudekosten den internen Nutzern berechnet? Wenn 'ja' bzw. 'teilweise', wie erfolgt die Verrechnung? [Einfachnennung]" [B 10 + B 11].

Die in der Abbildung 11.9 wiedergegebenen Ergebnisse zeigen, dass in der Mehrzahl der befragten Unternehmen eine Verrechnung dieser Kosten stattfindet. Nur 15,79 % (n = 9) der befragten Unternehmen gaben an, keine Verrechnung durchzuführen. Bei den Verrechnungsverfahren dominiert die Verrechnung auf Vollkostenbasis. Die Erfahrungen zeigen jedoch, dass Verrechnungspreise auf Vollkostenbasis, bezogen auf eine effektive

- Ressourcenverteilung und
- Erfolgsermittlung

im Vergleich zu marktpreisbasierten Verfahren Nachteile haben. Die Möglichkeit, die Steuerung über Verrechnungspreise durch Vorgaben zu verbessern, wird unterschiedlich bewertet. So findet die These *"Die zentrale Vorgabe von Flächen- / Kostenstandards führt zu einem effizienteren Ressourceneinsatz als die ausschließliche Steuerung mittels entsprechend gestalteter Verrechnungspreise" [C 22.3]* mit einer Durchschnittsbewertung von 3,491 (Skala von 1 – 7, 1: stimme voll zu) bei einer Standardabweichung von 1,825 nur geteilte Zustimmung.

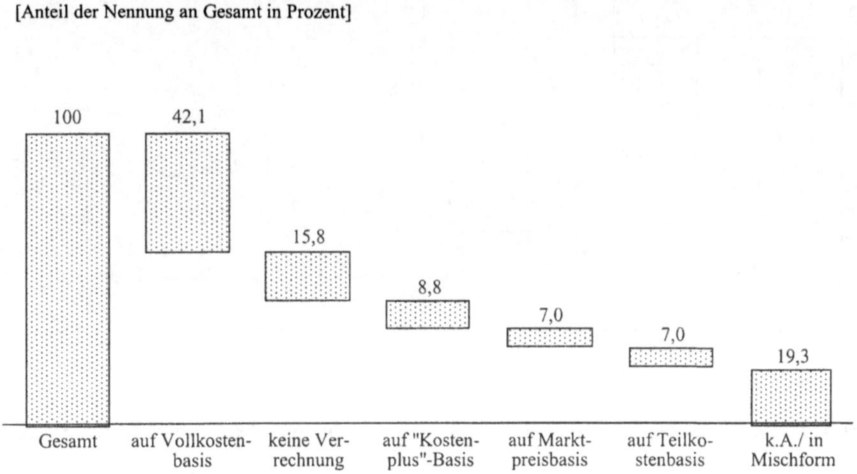

Abb. 11.9. Art der Verrechnung von Immobilienkosten.

Auch hier bestätigt sich die Hypothese, dass ein Zusammenhang mit den Faktoren der Zielsystemvariablen besteht, in nahezu allen Fällen nicht. Lediglich die Verbindung zwischen der Flächenverrechnung und den Einflussmöglichkeiten auf die

Flächennutzung (E_2) wird mit einer relativ geringen Irrtumswahrscheinlichkeit von 8 % bestätigt. Dieser Zusammenhang zwischen der Kostenverrechnung und den Einflussmöglichkeiten auf die Flächennutzung erscheint sehr plausibel. Allerdings wäre die Verbindung zwischen Kostenverrechnung und Eigentümerfunktion ebenso plausibel, da das Ausmaß der Flächeninanspruchnahme durch die operativen Einheiten von der Höhe der zu tragenden Kosten abhängig sein dürfte. Dieser Zusammenhang bestätigt sich hier jedoch nicht.

Da die Kapitalkosten von Immobilien vergleichsweise hoch sind, stellt die Höhe der kalkulatorischen Kosten für das in Immobilien gebundene Kapital eine wichtige Einflussgröße bei der Verrechnung von Immobilienkosten auf Kostenbasis dar. Die Höhe der kalkulatorischen Kosten wird durch den gewählten Zinssatz und den Wertansatz der Immobilien bestimmt. Da die Höhe des Zinssatzes kein immobilienspezifisches Problem darstellt, ist hier vor allem der Wertansatz als Basis der Kapitalkostenbelastung von Interesse. Deshalb wurde folgende Frage gestellt:

"Werden die Grundstücke und Gebäude als Anlagevermögen den Nutzern zugeordnet und mit entsprechenden kalkulatorischen Zinsen belastet? Wenn 'ja', zu welchem Wertansatz werden Grundstücke/Gebäude zugeordnet? [Einfachnennung]" [B 10 + B 11].

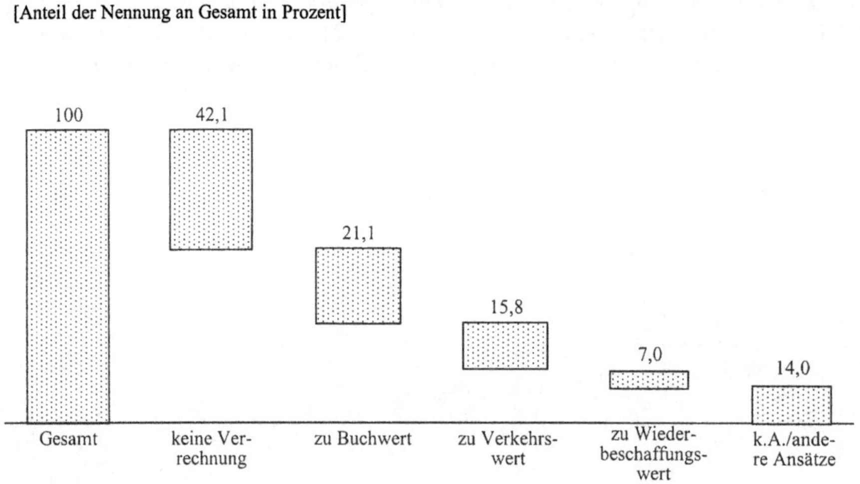

Abb. 11.10. Wertansätze von Immobilien zur Berechnung von kalkulatorischen Kapitalkosten.

Die Abbildung 11.10 zeigt, dass ein Großteil der befragten Unternehmen (n = 24) den Nutzern keine kalkulatorischen Kapitalkosten berechnen. Der größte Teil derjenigen Unternehmen, die den Nutzern kalkulatorische Kosten in Rechnung stellen, wählt als Berechnungsgrundlage die Buchwerte. Diese liegen allerdings erheblich unter den wirklichkeitsnäheren Verkehrs- (n = 9) oder Wiederbeschaffungswerten (n = 4). Wie wir oben gesehen haben, findet in den meisten Unternehmen eine Verrechnung auf Kostenbasis statt. Dieses Verfahren ist nicht konsequent und gefährdet die Steuerungsfunktion der immobilienwirtschaftlichen Verrechnungspreise.

Zu 2.) Von der Zuordnung des Ergebnisses aus Verkäufen von Immobilien hängt ab, in welchem Umfang innerhalb eines Unternehmens die Eigentümerfunktion der dezentralen Nutzer ausgeprägt ist. So sind operative Einheiten an einer Veräußerung nicht betriebsnotwendiger Flächen insbesondere dann interessiert, wenn ein Veräußerungsgewinn auch ihrem Ergebnis zugute kommt. Die Anreize einer Aufdeckung der Reserven dürften dagegen bei den dezentralen Nutzern geringer sein, wenn die erzielbaren Gewinne nicht dem Geschäftsbereich selbst, sondern anderen Einheiten zugerechnet werden.

Es wurde gefragt:

"Welcher Einheit werden die außerordentlichen Erträge/Verluste aus Veräußerung von Grundstücken und Gebäuden zugeordnet? [Einfachnennung]" [B 12].

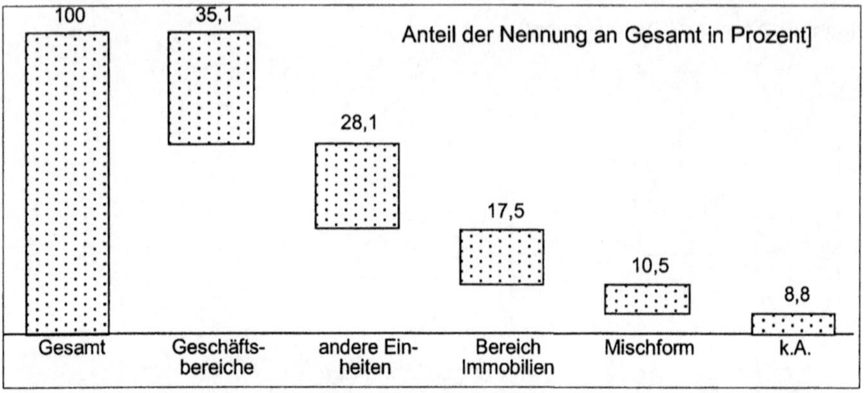

Abb. 11.11. Zuordnung von Erträgen/Verlusten aus der Veräußerung von Immobilien.

Wie Abbildung 11.11 zeigt, wird das Ergebnis der Markttransaktionen in 35,1 % der Fälle (n = 20) den Geschäftsbereichen voll zugerechnet. Vermutlich sind die Geschäftsbereiche auch in den 10,5 % der Fälle (n = 6), die eine Mischform aufweisen, an dem Ergebnis beteiligt. Aufgrund von Branchenerfahrungen ist davon auszugehen, dass mit "anderen Einheiten" in der Regel gemeint ist, dass der Verkaufserfolg als außerordentliches Ergebnis auf Unternehmensebene zentral verbucht wird (28,1 %, n= 16). Dem Bereich Immobilien wird das Ergebnis in 17,5 % der Fälle (n = 10) voll zugerechnet und eventuell in den 6 Fällen der Mischform zum Teil.

Vermutlich besteht ein Zusammenhang zwischen der Zurechnung des Ergebnisses zum Immobilienmanagement und dem Ziel, die Verwertung nicht betriebsnotwendiger Objekte zu optimieren. Diese Hypothese wird mit einer vergleichsweise geringen Irrtumswahrscheinlichkeit von 8 % bestätigt. In diesem Fall wird das Immobilienmanagement motiviert sein, ungenutzte Flächen zu identifizieren und diese eventuell auch gegen Widerstände der verfügungsberechtigten dezentralen Einheiten bestmöglich zu verkaufen. Dagegen dürfte der Anreiz, den Verkaufserfolg zu optimieren, geringer sein, wenn das Ergebnis den dezentralen Nutzern zugerechnet wird. In genau der Hälfte der 20 Fälle, in denen der Erfolg den Nutzern zugerechnet wird, führt die Immobilienabteilung den Verkauf durch. In fünf Fällen hat die Immobilienabteilung sogar das Entscheidungsrecht bei Verkaufsaktionen, obwohl der Erfolg den dezentralen Einheiten zugerechnet wird.

Zu 3.) Interviews im Vorfeld der Befragung haben gezeigt, dass es sehr unterschiedliche Beurteilungen der Leistungsverrechnung von Immobilienabteilungen gibt. Für eine Verrechnung spricht, dass die Leistungserbringer, deren Leistungen ansonsten nur schwer beurteilt werden konnten, entsprechend unter Leistungsdruck gesetzt werden. Gegen eine Bepreisung von Leistungen spricht, dass die Nutzer, um Kosten zu sparen, den im Unternehmen vorhandenen Immobiliensachverstand nicht in Anspruch nehmen, sodass die Bewirtschaftung von Immobilien eher zu Ineffizienzen führt. Bei den befragten Unternehmen zeigte sich auf die Frage: *"Wie werden die Leistungen des Immobilienmanagements den internen Abnehmern verrechnet?" [B 8]* folgende Situation:

[Anteil der Nennung an Gesamt in Prozent]

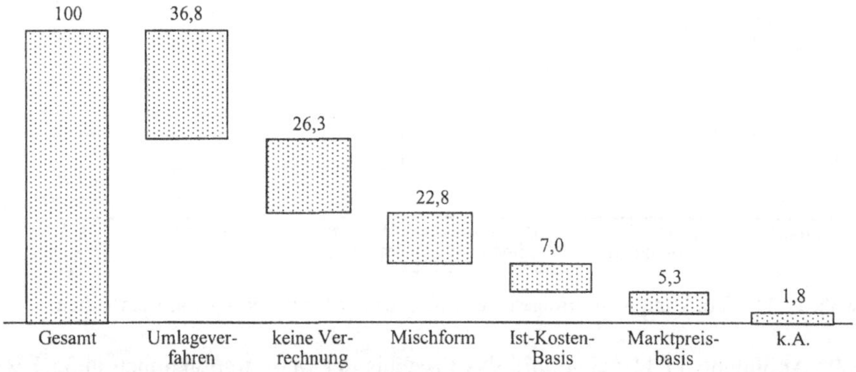

Abb. 11.12. Verrechnung von Leistungen des Immobilienmanagements.

Die Ergebnisse zeigen, dass in der Mehrheit der Fälle die Leistung der Immobilienabteilung nicht entsprechend der Inanspruchnahme abgerechnet wird. Stattdessen findet in 26,3 % der Fälle (n = 15) keine Verrechnung statt, oder die Leistungen der Immobilienabteilung werden durch Umlagen (n = 21), z. B. über Gemeinkostenzuschläge der Nutzer oder m^2-Schlüssel verrechnet. Eine leistungsabhängige Verrechnung findet nur in 12,3 % der Fälle bei der Berechnung von Marktpreisen (5,3 %, n = 3) und der Verrechnung von Ist-Kosten (7 %, n = 4) statt. Bei Mischformen (22,8 %, n = 13) werden vermutlich vor allem Unterschiede hinsichtlich der Leistungsarten gemacht.

11.4.2.2 Vertragsbeziehung zwischen Immobilienabteilung und Nutzern

Eine weitere Steuerungsmöglichkeit des Immobilienmanagements hinsichtlich der Flächennutzung liegt in der Ausgestaltung der internen Leistungsbeziehungen. Unter der Frage *"Inwieweit finden folgende 'Spielregeln' zwischen dem Immobilienmanagement und den übrigen Organisationseinheiten Anwendung?" [B 9]* wurden den Befragten folgende Vertragsmodalitäten vorgelegt:

Tabelle 11.22. Vertragsmodalitäten zwischen Immobilienmanagement und Nutzern; Angaben in Prozent

Modalität	ja	nein	zum Teil	k.A.
marktübliche Vertragslaufzeiten für interne Mietverträge	47,4	36,8	15,8	0
marktübliche Kündigungsmöglichkeiten und entsprechende Belastung der Leerstände	45,6	35,1	17,5	1,8
Interne Leistungen des Immobilienmanagements können bei Dritten bezogen werden	54,4	29,8	15,8	0

Die Antworten belegen, dass ein erheblicher Teil der Unternehmen von marktüblichen Vertragskonditionen abweicht. So können auf der einen Seite Marktmacht und Größenvorteile von Großunternehmen an die dezentralen Einheiten weitergegeben werden. Außerdem steigen die Steuerungsmöglichkeiten der Immobilienabteilung immer dann, wenn die internen Vertragskonditionen günstiger sind als die Marktbedingungen. Auf der anderen Seite birgt dieses Vorgehen aber auch die Gefahr von Fehlallokationen zu Lasten des Unternehmenserfolgs.

11.4.3 Zwischenergebnis

Die Analyse der verschiedenen Formen der Ausgestaltung des Aufgaben- und Kompetenzumfangs der Immobilienabteilungen ergibt ein sehr aufschlussreiches Bild. Mit Hilfe einer Clusteranalyse lassen sich nach diesem Kriterium vier Grundtypen von Immobilienabteilungen herausarbeiten. Es handelt sich um die:

1. kaufmännische Immobilienabteilung mit begrenzten Kompetenzen,
2. Entscheidungsinstanz,
3. ausführende Einheit ohne Entscheidungskompetenz,
4. koordinierende Stabsstellen.

In der Mehrzahl der befragten Unternehmen existiert der Typ der "kaufmännischen Immobilienabteilung mit begrenzten Kompetenzen". Die übrigen Typen sind allerdings ebenfalls recht häufig vertreten. Nach allgemeinen Kriterien der Leistungsfähigkeit von Organisationen befragt, sind die Befragten der "ausführenden Einheiten ohne Entscheidungskompetenz" am seltensten unzufrieden. Tendenziell am stärksten ist die Unzufriedenheit bei den koordinierenden Stabsstellen.

Die Steuerung des Immobilienmanagements durch die Unternehmensführung erfolgt bei den befragten Unternehmen wenig konsequent. Die Steuerung mittels Leistungsbeurteilung und Zielvereinbarungen erfolgt zwar anhand einer ganzen Reihe von Kriterien, diese entsprechen allerdings häufig nicht den verfolgten Zielen der Immobilienabteilungen in den jeweiligen Unternehmen.

Entscheidend für die wirkungsvolle Zielvereinbarung ist die Zielvorgabe selbst sowie die Möglichkeit, die Erreichung auch tatsächlich zu beeinflussen. Hier bestätigt die Studie einen engen Zusammenhang.

Die wichtigsten Zielvorgaben beziehen sich auf Kostenminimierung, Ertragsoptimierung, optimale Verwertung, Unterstützung des Kerngeschäftes und Rentabilität. Bei den befragten Unternehmen zeigt sich deutlich, dass die Entscheider keine Kompetenzdefizite im Hinblick auf die Zielverfolgung wahrnehmen. Regelmäßig Probleme bei der Zielvereinbarung bereiten die Ziele, die in der Praxis nur schwer operrationalisierbar sind. Dies gilt insbesondere für Flexibilität bezüglich der Nutzeranforderungen, Rentabilität des Bestandes, Wertentwicklung und Optimierung der Bilanzstruktur. In einer Reihe von Unternehmen ist die Messung der Zielerreichung nur schwach ausgeprägt.

Die Erfolgsverantwortung der Immobilienabteilungen ist in ca. der Hälfte der Fälle als Profit- bzw. Investment-Center geführt. Die andere Hälfte wird als Cost-Center geführt. Diejenigen Befragten, die nur Verantwortung für die Kosten haben, sind deutlich unzufriedener mit allen Kriterien zur Messung der Organisation als diejenigen, die Profit- oder Investmentverantwortung haben.

Von der Steuerung der Immobiliennutzung durch die Immobilienabteilung über Verrechnungspreise und interne Verträge wird starker Gebrauch gemacht. Die Immobilienkosten werden dabei meistens auf Vollkostenbasis verrechnet. Dies verdeutlicht, dass der Steuerungsfunktion von Verrechnungspreisen in diesem Zusammenhang insgesamt wenig Bedeutung beigemessen wird. Deshalb verwundert es auch nicht, dass den Nutzern in der Regel keine oder zumindest keine marktnahen kalkulatorischen Kapitalkosten für das in Immobilien gebundene Kapital in Rechnung gestellt werden. Die Zuordnung des finanziellen Erfolgs aus der Veräußerung von Immobilien zeigt kein einheitliches Bild. Aus Steuerungssicht problematisch sind häufig auftretende Konstellationen, in denen andere Organisationseinheiten den Erfolg zugesprochen bekommen als die mit der Transaktion direkt befassten. Die Verrechnung der Leistungen des Immobilienmanagements weist ähnlich heterogene Strukturen auf wie die Verrechnung von Flächenkosten und Verkaufserfolgen. Eine von der Leistungsinanspruchnahme abhängige Verrechnung findet in den wenigsten Fällen statt. In der Mehrzahl wird dem Umlageverfahren der Vorzug gegeben oder auf eine Verrechnung ganz verzichtet. Im Hinblick auf vertragliche Konstellationen weichen die meisten Unternehmen von marktüblichen Vertragsgestaltungen ab.

Wie aus den Ausführungen deutlich wird, ist der Zusammenhang zwischen den Variablen des Zielsystems und denen des Steuerungssystems als nicht sehr eng anzusehen. Weitere Analysen haben zudem ergeben, dass außer den hier aufgezeigten keine sonstigen signifikanten Zusammenhänge zu den Faktoren des Zielsystems bestehen. Zum effizienten Umgang mit Immobilien ist jedoch ein Steuerungssystem erforderlich, dass die Ziele des Immobilienmanagements sowohl hinsichtlich des Eigentums an Immobilien als auch ihrer Nutzung strikt an den Unternehmenszielen ausrichtet.

11.5 Würdigung der empirischen Ergebnisse

Die vorliegende empirische Untersuchung hat ein sehr heterogenes Bild der Implementierung des Immobilienmanagements gezeigt, dass sich durch die Branchenzugehörigkeit auf keinen Fall erklären lässt. Grundsätzlich schlüssig und stringent präsentieren sich die inneren Strukturen der Immobilienabteilungen. Dies zeigen insbesondere die Abhängigkeiten zwischen der inneren Organisation des Immobilienmanagements und ihrem Zielsystem sowie die generelle Zufriedenheit der Befragten mit diesen organisatorischen Strukturen. Allerdings zeigen sich erhebliche Probleme hinsichtlich der Einordnung des Immobilienmanagements in das gesamte Unternehmen. Auffällig sind in erster Linie die starken Diskrepanzen von Zielsystem, Steuerungssystem und Organisation. An vielen Stellen finden sich Anhaltspunkte dafür, dass das Immobilienmanagement in den Unternehmen nicht aktiv geplant wird. Statt dessen sind die Strukturen des Immobilienmanagements in vielen Unternehmen reaktiv und fallweise aus der historischen Entwicklung des Unternehmens oder dringenden Notwendigkeiten heraus entstanden. Besonderes Indiz dafür ist die stark strukturbildende Bedeutung der horizontalen Aufgabengliederung des Immobilienbereichs. Die Voraussetzung zur Erfüllung der zwei zentralen Aufgaben des Immobilienmanagements innerhalb des Unternehmens, der Bereitstellung von Immobilien zur Leistungserstellung und der Wahrnehmung der Eigentümerfunktion am Immobilienvermögen des Unternehmens, sind deshalb bei den befragten Unternehmen nicht gegeben.

12 Zusammenfassung und weiterführende Überlegungen

Die Ergebnisse dieser Studie zeigen, dass die gegenwärtige Implementierung des Immobilienmanagements eine Integration in die Unternehmensführung sehr stark erschwert, wenn nicht sogar ausschließt. Die diffuse Situation in den Kostenstrukturen bei gleichzeitig unzureichend ausgeprägtem Steuerungssystem laden förmlich zum unwirtschaftlichen Umgang mit Immobilien ein. Angesichts der Rationalisierungsbemühungen der Unternehmen im Bereich der personellen Ressourcen und der zunehmenden Transparenz von Kapitalmärkten und Unternehmen ist dieser Missstand sehr verwunderlich. Zum Teil mag er auf Versäumnisse in den Unternehmen zurückzuführen sein, allerdings wird hier die Hilflosigkeit bei der Institutionalisierung eines effizienten Immobilienmanagements deutlich. Die empirischen Ergebnisse bestätigen, dass die komplette Fremdvergabe des immobilienwirtschaftlichen Leistungsbereichs allein keine Lösung ist. Der theoretische Teil macht deutlich, wie die Eigentümerfunktion von Immobilien durch Einführung eines Shareholder-Value-Managements in Verbindung mit einem weitgehend marktorientierten Steuerungssystem grundsätzlich effizient zu lösen ist. Die eigentliche zukünftige Herausforderung für das Immobilienmanagement ist aber die effiziente Wahrnehmung der Nutzungsfunktion von Immobilien, die bislang sowohl in Wissenschaft als auch in der Praxis kaum Verbreitung gefunden hat. Hier helfen marktorientierte Steuerungsmechanismen nur in wenigen Fällen. Vielmehr ist in enger Kooperation zwischen Immobilienmanagement und den Nutzern im Kerngeschäft des Unternehmens die Bereitstellung von immobiliaren Ressourcen und Dienstleistungen abzustimmen. Die empirischen Ergebnisse zeigen zudem, dass durch die verstärkte Wahrnehmung der Eigentümerfunktion zwar offensichtliche Unwirtschaftlichkeiten aufgedeckt, die Immobilienbereiche aber von den Nutzern organisatorisch weitgehend abgekoppelt werden, sodass die effiziente Wahrnehmung der Nutzerfunktion zusätzlich gefährdet wird. Zukünftig ist zu untersuchen, ob und gegebenenfalls wie sich der Interessenkonflikt der konkurrierenden Verantwortungen "Eigentümerfunktion" und "Nutzungsfunktion" des Immobilienmanagements organisatorisch am effizientesten lösen lässt und wie die Steuerungsmechanismen dafür auszugestalten sind.

D GESTALTUNGSEMPFEHLUNGEN FÜR EIN EFFEKTIVES IMMOBILIENMANAGEMENT

In den Teilen B und C wurden die Optimierungsmöglichkeiten der betrieblichen Immobilienökonomie bislang getrennt nach der objektorientierten Perspektive auf den Immobilienbestand und der Perspektive der Institutionalisierung des Immobilienmanagements betrachtet. Die Steigerung der Effektivität des Einsatzes betrieblicher Immobilien im Leistungserstellungsprozess des Unternehmens erfordert die gleichzeitige Berücksichtigung beider Perspektiven. In diesem Teil der Arbeit werden die wichtigsten Ergebnisse der Teile B und C mit dem Ziel zusammengeführt, Gestaltungsempfehlungen für ein effektives Immobilienmanagement abzugeben.

13 Optimierungskonzept des betrieblichen Immobilienmanagements

Zur Ableitung von Gestaltungsempfehlungen für ein effektives betriebliches Immobilienmanagement werden die wichtigsten Ergebnisse der Teile B und C dieser Arbeit in einem Optimierungskonzept zusammengefasst. Die folgenden Gestaltungsempfehlungen richten sich auf

1. die Integration immobilienwirtschaftlicher Ziele in das Zielsystem des Unternehmens,
2. die Bildung von Clustern innerhalb des betrieblichen Immobilienbestands als Basis einer zielgerichteten Bestandsoptimierung,
3. die Steigerung der Flexibilität des Immobilienbestands und des Immobilienmanagements,
4. die Ableitung von Basisstrategien für das betriebliche Immobilienmanagement.

13.1 Integration immobilienwirtschaftlicher Ziele

Die Ergebnisse im Teil B der Arbeit haben die Notwendigkeit der Integration der Ziele der Immobilienwirtschaft in die Unternehmensplanung zur bedarfsgerechten Flächenbereitstellung deutlich gemacht. Im Teil C wurde gezeigt, dass die bisherigen theoretischen und empirischen immobilenwirtschaftlichen Konzepte dieser Anforderung nicht gerecht werden. Die immobilienwirtschaftlichen Ziele lassen sich aus der Interessenorientierung der Unternehmensverfassung und dem Anspruchgruppenkonzept ableiten.[1] Die Interessengruppen in der Unternehmensumwelt werden aufgrund gesetzlich fixierter Einflüsse z. B. im Zuge der Mitbestimmung oder aufgrund einzelvertraglicher Vereinbarungen wie Arbeitsverträgen ihre Interessen gegenüber dem Unternehmen durchzusetzen versuchen.[2] Aus der Beachtung der rechtlich fixierten Interessen ergibt sich der Spielraum für die Gestaltung der Unternehmenspolitik durch die Unternehmensleitung. Diese juristische Erklärung zur Entstehung der Unternehmenspolitik wird aus betriebswirtschaftlicher Sicht im Anspruchsgruppenkonzept (Stakeholder-Ansatz) erweitert und verfeinert. „Als Anspruchsgruppen werden dabei alle diejenigen innerhalb und außerhalb der Unternehmung bezeichnet, die einen Beitrag zu der Leistungserstel-

---

[1] Vgl. zu einer Übersicht: Pfnür, A., 1996, S. 21 ff.

[2] Vgl. Steinmann, H., 1969; Bea, F. X., Dichtl, E. u. Schweitzer, M., 1988, S. 180 ff.

lung der Unternehmung erbringen und die andererseits einen Anspruch an diese erheben."[1] Das Unternehmen ist nach Auffassung des Konzepts eine Koalition von Anspruchsgruppen, die bei Wettbewerbsgleichheit unter den einzelnen Anspruchsgruppen erst dann ihre Leistung erbringen kann, wenn alle Anspruchsgruppen ihren Beitrag erbracht haben.[2] Aufgabe der Unternehmensführung ist daraufhin die Verteilung der beschränkt zur Verfügung stehenden Mittel, sodass die Anspruchsgruppen als Gegenleistung ihren Beitrag tatsächlich erbringen. Dem Anspruchsgruppenkonzept folgend ergeben sich die Ziele des Unternehmens als Konsens einer Reihe von Zielen einzelner Gruppen, die ihre Ansprüche gegenüber dem Unternehmen geltend machen. Die Unternehmensführung gestaltet auf der Basis dieser Vorgaben die Unternehmenspolitik und legt die Unternehmensziele fest. Vor diesem allgemeinen Hintergrund der Bildung von Unternehmenszielen stellt sich die Frage, welche Ansprüche an die Leistungsfähigkeit der betrieblichen Immobilien erhoben werden.

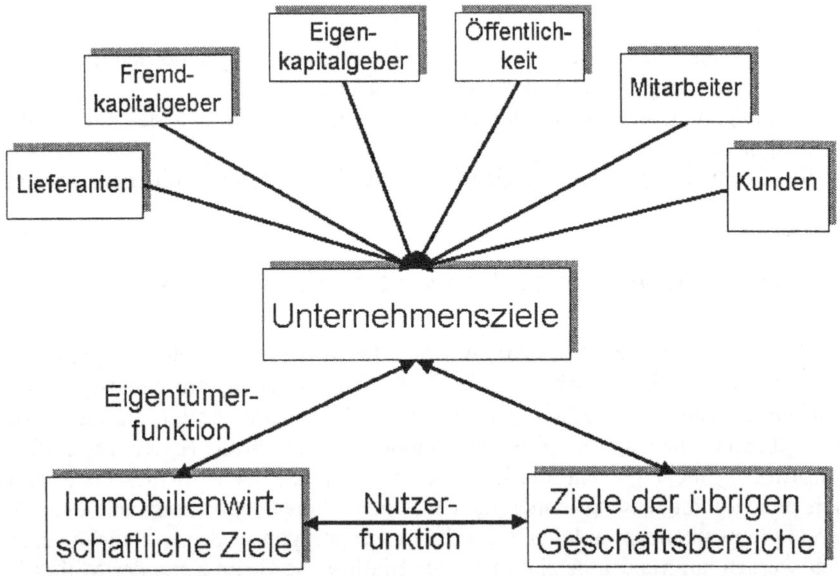

Abb. 13.1. Ableitung immobilienwirtschaftlicher Ziele. Quelle: Eigene Darstellung.

In den Abschnitten 10.2 und 10.4.1 sind die immobiliengerichteten Ziele der wichtigsten Anspruchsgruppen ganz allgemein erläutert worden. Direktes Interes-

[1] Vgl. Dyllick, T., 1984, S. 74.

[2] Dem Anspruchsgruppenkonzept liegt das Koalitionenmodell der Unternehmung zugrunde, das auf die „Anreiz-Beitrags-Theorie" zurückgeht (vgl. Barnard, C., 1938, S. 65; Cyert, R. M., u. March, J. G., 1963, insb. S. 27 ff.).

se an der Leistungsfähigkeit des Immobilienmanagements haben demnach nur die Eigenkapitalgeber, welche an einer Maximierung des Shareholder Value aus der betrieblichen Immobilienwirtschaft interessiert sind. Dieser Zusammenhang erklärt die Eigentümerfunktion von betrieblichen Immobilien.

Für alle Stakeholder stellen die betrieblichen Immobilien den physikalischen Ort der Leistungserstellung dar. Als Mitarbeiter, Kunde, Lieferant oder Bewunderer der Architektur sind sie Nutzer der Immobilie, welche die Leistung des Unternehmens als Ganzes beurteilen. Zu dieser trägt die Immobilie als Betriebsmittel der einzelnen Geschäftsbereiche mehr oder weniger stark bei. Der Beitrag zur Leistung des Unternehmens erklärt die Nutzerfunktion von betrieblichen Immobilien.

Das Oberziel des Immobilienmanagements besteht in der parallelen Optimierung des Nutzens aus den Eigentümer- und Nutzerfunktionen aus Sicht der Unternehmensziele. Die Integration immobilienwirtschaftlicher Ziele in die Unternehmensziele hängt davon ab, ob die im Abschnitt 10.1 festgestellten Interdependenzen zwischen beiden Funktionen aufgelöst werden können. Teil C hat gezeigt, dass die Eigentümerfunktion betreffende Ziele gut zu operationalisieren sind, die Nutzerfunktion betreffende Ziele hingegen sich in der betrieblichen Praxis der Operationalisierung bislang weitgehend entziehen. Ziel der Nutzerfunktion ist es, den Bedarf der Geschäftsbereiche bestmöglich zu erfüllen. Die Probleme der Operationalisierung ergeben sich bei der Ermittlung des Flächenbedarfs. Im Abschnitt 6.2.4.1 wird ein Prozess zur Planung der benötigten Immobilienflächen aufgezeigt, aus dem sich konkrete Ziele hinsichtlich der bereitzustellenden Immobilien ergeben. Im Laufe des Planungsprozesses werden aus den Grundsatzentscheidungen des Unternehmens zum betrieblichen Immobilienbestand, aus der Unternehmensstrategie und der technischen Flächenplanung in einem Top-down-Vorgehen Zielvorgaben für den Umfang, die Qualität und die Bereitstellungsform unter Einhaltung der Restriktion des betrieblichen Immobilienmanagements ermittelt.

Zur Auflösung der Interdependenzen zwischen Eigentümer- und Nutzerfunktion sind die Wirkungen der geplanten Flächen auf den Unternehmenserfolg quantitativ zu bewerten und mit Hilfe eines vollständigen Finanzplans zu optimieren. Die Bewertung betrieblicher Immobilien mit Hilfe des vollständigen Finanzplans ist im Abschnitt 3.5.3.3 erläutert. Der Nutzerfunktion sind dabei alle Ausgaben zuzurechnen, die üblicherweise ein Mieter trägt. Dies sind insbesondere die nutzungsabhängigen Betriebskosten wie Energie, Wasser sowie Auszahlungen für Dienstleistungen des Immobilienmanagements. Der Eigentümerfunktion sind alle Zahlungen zuzurechnen, welche üblicher Weise dem Eigentümer zuzurechnen sind. Dabei handelt es sich um die Ausgaben für die Immobilienbereitstellung, die Instandhaltung und Modernisierung sowie den Verwertungserlös. Mit Hilfe von Alternativenrechnungen können dann Wunschlösungen des Immobilienmanagements mit denen der Nutzer sowie Kompromisslösungen anhand der Endwerte ihrer vollständigen Finanzpläne miteinander verglichen werden.

Dieses idealtypische Vorgehen hat folgende im Laufe der Arbeit bereits umfassend diskutierte Grenzen:

1. Die Nutzen- und Kostenwirkungen werden nicht in einem Immobilieninformationssystem erfasst (siehe hierzu Abschnitt 5.3) oder sie sind nicht quantifizierbar (siehe hierzu insbesondere Abschnitte 3.1 bis 3.3 sowie 8.4).
2. Die von den betrieblichen Immobilien ausgehenden Zahlungswirkungen sind unsicher (siehe hierzu insbesondere Abschnitte 3.4 sowie 8.5).
3. Die Nutzen- und Kostenwirkungen betrieblicher Immobilien lassen sich nicht den einzelnen Nutzern zurechnen (siehe Abschnitte 10.3 sowie 11.4).

Die Grenzen machen deutlich, dass es vom Immobilienbestand des Unternehmens abhängt, wie exakt immobilienwirtschaftliche Ziele in das Zielsystem des Unternehmens integriert werden können. Diese Erkenntnis wird im nächsten Abschnitt bei der Analyse der Differenzierungsmöglichkeiten des Immobilienmanagements nach Objekt-Clustern wieder aufgegriffen.

13.2 Differenzierung des Immobilienmanagements nach Objekt-Clustern

Die Ausführungen zur Bedeutung von Immobilien für den Unternehmenserfolg im Kapitel 3 und zur Institutionalisierung des Immobilienmanagements im Teil C haben deutlich gemacht, dass die verschiedenen Immobilien innerhalb des Immobilienbestands von unterschiedlicher Bedeutung für das Unternehmen sein können. Die unterschiedliche Bedeutung erfordert ein differenziertes betriebliches Immobilienmanagement. Im Wesentlichen lässt sich der Immobilienbestand an drei mit ja oder nein zu beantwortenden Fragen einteilen:

1. Sind Nutzen und Kosten der Immobilien quantifizierbar sowie den Nutzern zurechenbar?
2. Sind Immobilien strategisch bedeutend?
3. Ist das in Immobilien gebundene Risikopotenzial hoch?

Die Beantwortung der Fragen erlaubt Folgerungen für die Ausgestaltung des betrieblichen Immobilienmanagements. Es lassen sich Rückschlüsse ziehen auf die Planung des Bestands, die Bereitstellung von Immobilien, die Bewirtschaftung und die Institutionalisierung des Immobilienmanagements. Die bislang in der Arbeit herausgearbeiteten gestalterischen Konsequenzen werden nachfolgend noch einmal zusammengefasst. Anschließend wird gezeigt, wie das Unternehmen seinen Immobilienbestand mit Hilfe der Beantwortung der drei Fragen in acht Cluster zerlegen kann. Durch Zuordnung der Gestaltungsempfehlungen zu den Clustern ergeben sich nach Immobilienobjekten differenzierte allgemeine Handlungsempfehlungen für das betriebliche Immobilienmanagement.

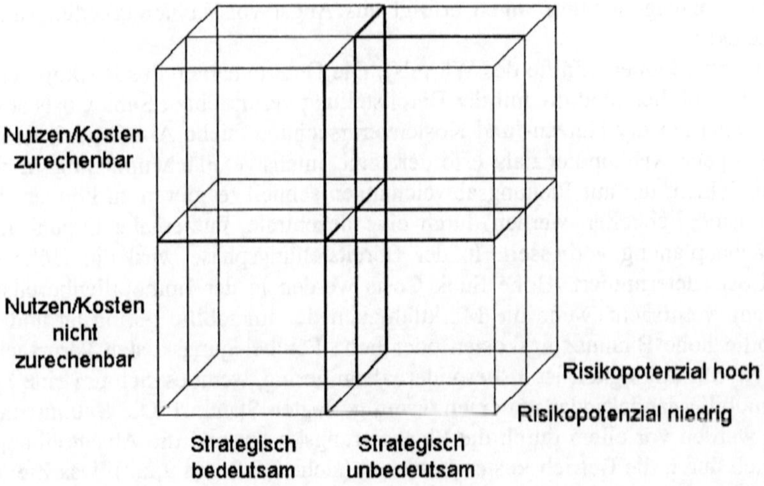

Abb. 13.2. Dreidimensionale Einteilung des Immobilienbestands. Quelle: Eigene Darstellung.

Zu 1. (vordere/hintere Hälfte des Würfels): Unter der Voraussetzung, dass Nutzen und Kosten von Immobilien quantifiziert und den Nutzern zugerechnet werden können, sind in der Flächenplanung, Bereitstellung und der Instandhaltungs- und Modernisierungsplanung die Voraussetzungen der investitionsrechnerischen Verfahren erfüllt. In der Bewirtschaftung ist eine immobilienbezogene Kosten- und Leistungsrechnung die Entscheidung über das Outsourcing von Immobiliendienstleistungen. Die Inanspruchnahme immobilienwirtschaftlicher Leistungen kann über Verrechnungspreise sehr exakt geplant werden.

Zu 2. (rechte/linke Seite des Würfels): Die strategische Bedeutung von Immobilien beeinflusst die Form der Bereitstellung von Immobilien. Strategisch bedeutsame Immobilien müssen über einen längeren Zeitraum ohne das Risiko des Verlusts bereit gestellt werden. Dies ist zu erreichen durch langfristige Mietverträge, Leasingvereinbarungen sowie den Kauf der Objekte. Die gewünschte Leistung strategischer Objekte ist häufig nur durch eigene Immobilienentwicklung zu erzielen. Mit zunehmender strategischer Bedeutung wächst die Anforderung an die Spezifität der Immobilie. Je spezifischer die Immobilie zu sein hat, desto geringer wird die Wahrscheinlichkeit, ein adäquates Angebot zum Kauf eines geeigneten Objekts am Markt zu erhalten.

Im Zuge der Bereitstellungsentscheidung treten Kostenminimierungsziele gegenüber Nutzen- und Risikoaspekten in den Hintergrund. Mit wachsender strategischer Bedeutung der Immobilien wächst deren Einfluss auf den Unternehmenserfolg. Im Zuge der Institutionalisierung wird das Immobilienmanagement deshalb zentralisiert und weit oben in der Unternehmenshierarchie angesiedelt. Die Nutzerfunktion überwiegt die Eigentümerfunktion. Marktmechanismen verlieren in der Steuerung des Immobilienbestands ihre Bedeutung. Die Fremdvergabe von Immobilienmanagementleistungen erfolgt aus Angst vor Abhängigkeiten zunehmend selektiv.

Zu 3. (obere/untere Hälfte des Würfels): Die Determinanten des Risikopotenzials von Immobilien sind die mit der Bereitstellung verursachten Sunk Costs sowie die Unsicherheit der Nutzen- und Kostenverursachung (siehe Abschnitt 3.4). Das Ansteigen des Risikopotenzials erfordert eine intensive Flächenplanung in verkürzten Zyklen, um auf Planungsabweichungen schnell reagieren zu können. Die Reaktionsmöglichkeiten werden durch eine dezentrale, nutzernahe Organisation der Flächenplanung verbessert. In der Bereitstellungsphase wird die Höhe der Sunk Costs determiniert. Hohe Sunk Costs werden in der Immobilienbereitstellung dann verursacht, wenn die Marktfähigkeit der Immobilie gering ist und die Immobilie hohe Baunutzungskosten oder hohe Fehlbelegungskosten verursachen wird. Die Marktfähigkeit ist insbesondere dann gering, wenn es sich um eine Spezialimmobilie handelt oder um einen wenig gefragten Standort. Die Baunutzungskosten werden vor allem durch die Finanzierungskosten und die Abschreibungen aber auch durch die Betriebskosten bestimmt (siehe 3.3.2 und 9.2.2). Das Ziel der Bereitstellung liegt in der Senkung des Risikopotenzials durch die Auswahl flexibler Nutzungskonzepte und attraktiver Standorte. Sind aus betrieblichen Gründen Immobilien mit hohem Risikopotenzial erforderlich, so sind im Falle des Kaufs partizipative Formen der Finanzierung unter Einbezug externer Kapitalgeber, Leasingkonstruktionen und Mietverhältnisse vorteilhaft. Kurzfristige Mietverträge dominieren aufgrund höherer Flexibilität langfristige. Ist eine Immobilie nicht marktfähig kommt der Senkung der Betriebskosten im Rahmen einer lebenszyklusorientierten Bereitstellungsplanung (siehe 9.2.2.2) besondere Bedeutung zu, welche Leerstand zu geringen Betriebskosten ermöglicht. Im Falle hohen Risikopotenzials erfolgt die Bereitstellungsentscheidung mit Hilfe risikoanalytischer Verfahren und Anwendung der Realoptionen Theorie. Kostenaspekte treten in der Beurteilung in den Hintergrund, risikosenkende Maßnahmen gewinnen an Gewicht. In der Bewirtschaftung des Immobilienbestands wächst mit zunehmender Unsicherheit die Bedeutung des Immobilienmarketings, um ungeeignete Objekte am Markt schnellstmöglich verwerten zu können. Die Institutionalisierung des Immobilienmanagements wird einer hohen Dynamik in der Unternehmensumwelt durch eine dezentrale Eingliederung des Immobilienmanagements gerecht, welche die Reaktionsmöglichkeiten auf unerwartete Bedarfsänderungen erhöht. Marktmechanismen erhöhen den Druck auf die Entscheidungsträger, Fehlallokationen von Flächen zu vermeiden. Ist das Risikopotenzial allgemein gering, kann bei fest determinierten Leistungsanforderungen an die Immobilien primär Kostenmanagement betrieben werden.

Teilt man den Immobilienbestand gleichzeitig nach allen drei Kriterien ein, ergeben sich acht Cluster.

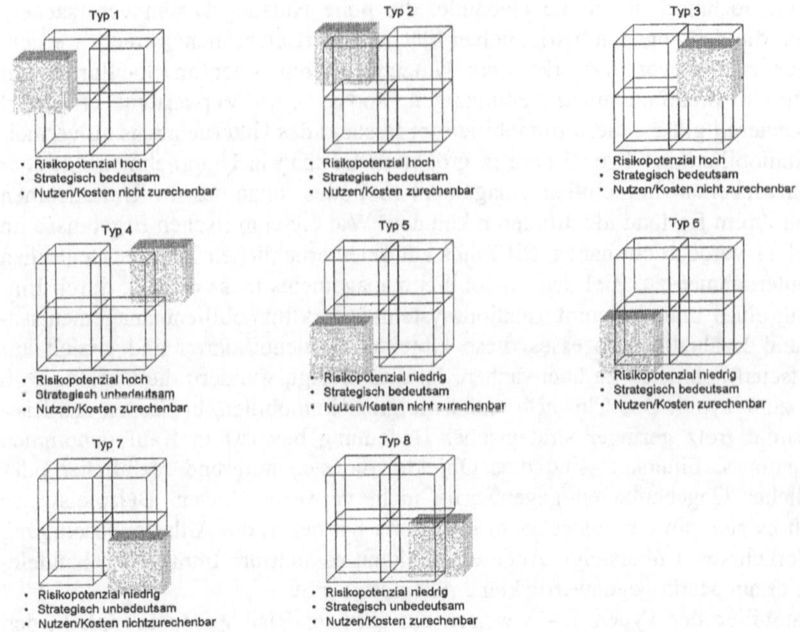

Abb. 13.3. Typen von Immobilien. Quelle: Eigene Darstellung.

In den Typen 1 – 4 handelt es sich um Immobilien in denen das Risikopotenzial hoch ist. Bei den Typen 1 und 2 ist gleichzeitig die strategische Bedeutung hoch. Es handelt sich um Unternehmen oder Unternehmensteilbereiche, deren Flächenbedarf z. B. aufgrund des Wandels in Leistungserstellungsprozessen, Produkten, Standorten oder veränderter Flächenproduktivität einer hohen Dynamik unterliegt (siehe 5.1). Der Immobilienbestand setzt sich zusammen aus individuell zugeschnittenen Produktions-, Handels- und Verwaltungsgebäuden oder er befindet sich an Standorten, die eine Vermarktung erschweren. Beim Typ 1 handelt es sich zum Beispiel um aufwendige Produktionsstätten, um Bürogebäude mit einer hohen Imagewirkung. Klassischerweise gehört dazu der traditionelle Sitz des Unternehmens. Bei diesen Objekten ist die Kosten- und Nutzenzurechnung im Falle einer herausragenden Bedeutung für das gesamte Unternehmen nur von geringer Aussagekraft. Es bleibt aber im Einzelfall zu prüfen, ob eine Zurechnung Kosten und Nutzen den dafür notwendigen Aufwand rechtfertigt. Der Typ 2 umfasst ähnliche Immobilien wie der Typ 1, in denen aber eine Zurechnung von Nutzen und Kosten erfolgen kann. Dies ist beispielsweise bei den Handelsimmobilien der Fall. Diese lassen sich mit Hilfe von kostenrechnerischen und investitionsrechnerischen Verfahren beispielsweise durch das Shareholder-Value-Management steuern.

Die Immobilien der Typen 3 und 4 weisen bei hohem Risikopotenzial eine geringe strategische Bedeutung auf. Es handelt sich um Immobilien an für das Unternehmen weniger wichtigen Standorten, die gleichwohl durch Kauf, Leasing oder Mietvertrag langfristig zur Verfügung stehen. Typischerweise handelt es sich dabei um technisch überholte Gebäude, die hohe Nutzungskosten verursachen, Flächen, die dem eigenen betrieblichen Flächenbedarf nicht mehr gerecht werden, Gebäude mit schwer vermarktbarem Nutzungskonzept oder an Standorten mit schwierigen Immobilienmarktbedingungen, sodass eine Verwertung erschwert wird. Generell gilt es, diese Immobilien im Bestand des Unternehmens zu vermeiden. Immobilien des Typs 3 sind in größerem Umfang in Unternehmen mit eher unterentwickeltem Immobilienmanagement zu finden, ohne das die Unternehmen diese in ihrem Bestand identifizieren könnten. Wie die empirischen Ergebnisse im Kapitel 11 verdeutlicht haben, trifft dies auf einen erheblichen Teil der Deutschen Großunternehmen zu. Ziel des Immobilienmanagements muss es sein, durch Einrichtung eines Immobilieninformationssystems, eines Immobilienmanagementsystems und Evaluationsprozesses diese Objekte zu identifizieren und gezielt auf Unwirtschaftlichkeiten zu überwachen. Ist dies erfolgt, wandern die Objekte vom Typ 3 zum Typ 4. Das Cluster 4 enthält folglich Immobilien, bei denen das Risikopotential trotz geringer strategischer Bedeutung bewusst in Kauf genommen werden muss. Einerseits sind dies Objekte, die sich aufgrund rechtlicher oder marktlicher Gegebenheiten gegenwärtig nicht verwerten lassen. Beispielsweise handelt es sich um Grundstücke im Eigentum, bei denen die Altlastenbeseitigung den Verkehrswert übersteigt. Andererseits kann es sich um Immobilien handeln, für die es am Markt gegenwärtig keine Alternative gibt.

Immobilien der Typen 5 – 8 weisen ein geringes Risikopotenzial auf. In den Typen 5 und 6 ist gleichzeitig die strategische Bedeutung hoch. Aufgrund der strategischen Bedeutung bei gleichzeitig hoher Sicherheit über die zukünftigen Kosten und Nutzen bestehen die Cluster 5 und 6 aus Immobilien, welche langfristig gemietet, geleast oder gekauft worden sind. Dabei handelt es sich entweder um Objekte einer hohen Marktfähigkeit, um Objekte, die keiner hohen Dynamik in den Anforderungen an den Immobilienbestand ausgesetzt sind, oder um Objekte die sich jeder neuen Anforderung anpassen können. Die Zurechnung von Nutzen und Kosten ist aufgrund des niedrigen Risikopotenzials und der hohen strategischen Bedeutung für die Gestaltung des Immobilienmanagements vergleichsweise weniger bedeutsam.

Die Cluster 7 und 8 enthalten Immobilie von geringem Risikopotenzial und geringer strategischer Bedeutung. Dies sind einerseits Objekte mit einer hohen Marktfähigkeit, die langfristig zur Verfügung stehen. Andererseits handelt es sich um Objekte, die mittels flexibler Mietverträge kurzfristig zur Verfügung stehen. Der Nutzungsart nach handelt es sich primär um fungible Büro- und Handelsimmobilien. Das Cluster 7 enthält Immobilien, bei denen die Nutzen und Kosten nicht zurechenbar sind. Dies ist entweder auf ein vernachlässigtes Immobilieninformationssystem oder auf die Geringfügigkeit der betriebswirtschaftlichen Wirkungen dieser Immobilien zurückzuführen, welche den Aufwand eines Immobilieninformationssystems nicht rechtfertigen. Im Cluster 8 sind Nutzen und Kosten der Objekte zurechenbar. Die Auswahl der Bereitstellungsalternativen sowie die Nutzung kann somit primär unter der Zielsetzung der Kostenminimierung erfolgen.

Im Ergebnis zeigt sich, dass von der strategischen Bedeutung der Objekte vergleichsweise wenig Impulse für das Immobilienmanagement ausgehen. Das wichtigste Gestaltungskriterium ist das Risikopotenzial, welches die Immobilienobjekte bergen. Von Immobilien mit hohem Risikopotenzial geht eine Lähmung der Handlungsalternativen des Immobilienmanagements insbesondere dann aus, wenn Nutzen und Kosten nicht zurechenbar sind. Dies trifft insbesondere für die Typen 1 und 3 zu. Berücksichtigt man den Umfang, den die einzelnen Immobilien im Bestand einnehmen sowie die mangelnde strategische Bedeutung dieser Immobilien, so ist der Handlungsbedarf bei Immobilien des Typs 3 am größten. In Anbetracht der großen Bedeutung des Risikopotenzials betrieblicher Immobilien ist nachfolgend zu klären, wie das Risiko mit Hilfe flexibilitätsbildender Maßnahmen beherrschbar wird.

13.3 Flexibilität des betrieblichen Immobilienbestands

Wegen des erheblichen Risikopotenzials im betrieblichen Immobilienbestand reicht es nicht aus, die Kosten zu minimieren oder den Nutzen zu maximieren. Vielmehr ist es erforderlich, sich unerwarteten Änderungen der Umweltzustände möglichst optimal anpassen zu können. Diese Anpassung ist allerdings nicht umsonst. Sie muss in der Regel durch Verzicht auf kurzfristig optimale Kosten-Nutzen-Relationen erkauft werden. Man kann den Kaufpreis der Flexibilität mit der Bildung von Reserven gleichsetzen. Flexibilitätsbildende Maßnahmen sind alle diejenigen, in denen von Kostenminimierung und Nutzenmaximierung aus Gründen der Unsicherheit der Planung abgewichen wird, um sich optimal an unerwartete Umweltänderungen anpassen zu können.[1]

13.3.1 Begriff der Flexibilität

Sucht man nach Möglichkeiten, Unsicherheit der Eingangsdaten und damit Risiken in betrieblichen Plänen zu berücksichtigen, stößt man auf den Begriff der Flexibilität, der in verschiedenen Forschungsrichtungen der Betriebswirtschaftslehre ganz unterschiedlich ausgefüllt worden ist.[2] Die Anfänge der betrieblichen Flexibilität lassen sich auf SCHMALENBACH zurückführen, der bereits 1928 explizit auf die flexibilitätszerstörende Wirkung steigender Fixkosten hinwies.[3]

Für JACOB bedeutet Flexibilität „...die Eigenschaft eines Dinges, einer Sache (z. B. Maschine, Fertigungssystem) einer Einrichtung oder eines Teils davon (z. B. Unternehmen, Unternehmensorganisation, Produktions-, Finanz-, Marketingbereich), eines Tätigwerdens oder Tuns, sich gut an veränderte Gegebenheiten und,

---

[1] Vgl. Jacob, H., 1989, S. 32.

[2] Vgl. zu einer Übersicht der Inhalte des Flexibilitätsbegriffs im betriebswirtschaftlichen Zusammenhang: Behrbohm, P., 1985, S. 35 ff.

[3] Vgl. Schmalenbach, E., 1928, S. 245.

daraus resultierend, veränderte Aufgaben anpassen zu lassen."[1] Folgt man JACOBs Definition, hängt Flexibilität von technischen und ökonomischen Größen ab. Technische Größen begrenzen die Machbarkeit von flexibilitätsbildenden Maßnahmen. Ökonomische Größen begrenzen aufgrund der Kosten- und Leistungswirkungen von flexibilitätsbildenden Maßnahmen ihren Einsatz.[2] SCHNEEWEISS hebt die Bedeutung der Flexibilität in dynamischen Systemen hervor. Flexibilität sorgt im Regelkreismodell dafür, Störungen besser beseitigen zu können. Für SCHNEEWEISS bezeichnet Flexibilität die Fähigkeit, „...sich unvorhergesehenen Veränderungen bestmöglich anzupassen."[3] Diese Definition grenzt sich gegenüber der JACOB'SCHEN dadurch ab, dass SCHNEEWEISS sich explizit auf Unvorhergesehenes bezieht. Generell wird Flexibilität dadurch erreicht, dass man (strategische) Potenziale aufbaut, die man im Störungsfall kurzfristig (operativ) nutzt.

In der Investitionstheorie wird der Begriff der Flexibilität als Bestandteil der flexiblen Investitionsplanung abweichend abgegrenzt. Bei der Planung unter unsicheren Erwartungen ist der Entscheider im Zeitpunkt der Planaufstellung unvollkommen informiert. Außerdem wird sich sein Informationsstand im Zeitablauf ändern. Deshalb ist es zweckmäßig, nicht alle Aktionen im Planungszeitpunkt definitiv festzulegen. Vielmehr werden zwar alle Aktionen nach dem Informationsstand im Entscheidungszeitpunkt geplant, aber nicht endgültig festgelegt. So wird ein System bedingter Teilpläne erstellt, die je nach zukünftiger Entwicklung zur Ausführung kommen. Dieses Vorgehen wird als flexible Investitionsplanung bezeichnet.[4] HAX fasst den Begriff der Flexibilität enger als JACOB und grenzt die Flexibilität von der Elastizität ab. Der Ausdruck Flexibilität bezeichnet „...eine Eigenschaft des Planungsverfahrens, Elastizität hingegen ein Merkmal der Projekte, die geplant werden."[5] Auch wenn die Differenzierung von Elastizität und Flexibilität in diesem Zusammenhang zur genaueren Fassung beiträgt, werden hier Eigenschaft und Merkmal unter dem Begriff Flexibilität zusammengefasst. Dies erscheint sinnvoll, weil die Eigenschaft der variablen Veränderbarkeit von Gebäuden gemeinhin als flexibel und nicht als elastisch bezeichnet wird.[6] Allgemein gelten für das Phänomen Flexibilität folgende Wesenszüge:

1. Die Möglichkeit flexibel auf alternativ eintretende Umweltzustände zu reagieren, ist in aller Regel nicht umsonst erhältlich, sondern mit einer Kostenverursachung verbunden. Es wird ganz bewusst auf eine Kostenminimierung verzichtet, um Reaktionsmöglichkeiten in Form von Handlungsspielräumen zu schaffen, die zielabträgliche Wirkungen aus abweichend von der ursprünglichen Planung eintretenden Datensituationen kompensieren bzw. zielfördernde

---

[1] Jacob, H., 1989, S. 16.

[2] Vgl. Jacob, H., 1989, S. 17.

[3] Vgl. Schneeweiß, C., 1992, S. 141.

[4] Vgl. Hax, H. 1985, S. 165 f.

[5] Hax, H. 1985, S. 166.

[6] Vgl. Falk, B. (Hrsg.), 1992, Kap. 15.3, S. 1.

Wirkungen nutzen lassen.[1] Die Kostenverursachung der Flexibilität bewirkt, dass ein Maximum an Flexibilität nicht zwangsläufig optimal ist.

2. Die Schaffung von Flexibilität ist vergleichbar mit dem Denken in Sicherheitsäquivalenten. Für bestimmte kritische Größen werden Risikozuschläge oder Abschläge eingeplant. Diese Korrekturen werden von WITTMANN als Planreserven interpretiert.[2]
3. Bei der Bildung von Flexibilität geht es nicht nur um einen bloßen Aufschub von Entscheidungen. Ein Aufschub von Entscheidungen mit der Absicht, zum Entscheidungszeitpunkt einen möglichst hohen Informationsstand zu erreichen, fördert zwar den Handlungsspielraum, kann aber zu einer Starrheit führen, deren Folge das Verfehlen der eigentlichen betrieblichen Ziele ist.
4. Die Grundidee der Berücksichtigung von Flexibilität in der Planung setzt ein sukzessives Vorgehen voraus. Der Plan wird in einzelne Segmente zerlegt, die zu zeitlich versetzten Zeitpunkten revolvierend abgearbeitet werden. Würden alle Aktionen simultan geplant, so wäre eine Reaktion auf abweichende Datensituationen zu einem späteren Zeitpunkt nicht möglich.
5. Dabei reicht es nicht aus, zu den jeweiligen Entscheidungszeitpunkten des segmentierten Plans die Planung bei entsprechend von der Ausgangssituation abweichenden Situationen zu revidieren. Vielmehr muss bei der Rahmenplanung bereits die Möglichkeit zur Berücksichtigung dieser Abweichungen geschaffen werden.[3]

Flexibilität entsteht in einem Plan immer dann, wenn es gelingt in zeitlich vorgelagerten Entscheidungen bewusst Handlungsspielräume für Folgeentscheidungen offen zu halten, d. h. zeitlich-vertikale Interdependenzen zu berücksichtigen.[4] Die Teilentscheidungen werden dabei automatisch hierarchisiert. Ein Unternehmen legt sich in seiner Entscheidung erst dann fest, wenn es sich festlegen muss. Dies ist insofern von Vorteil, da ein Planer damit rechnen kann, zu einem späteren als dem Planungszeitpunkt zusätzliche, relevante Informationen zu erhalten, die den Erfolg der geplanten Handlung beeinflussen.[5]

13.3.2 Maßnahmen zur Flexibilisierung des Immobilienmanagements

Bevor einzelne Maßnahmen zur Erhöhung der Flexibilität des Immobilienbestands vorgeschlagen werden können, sind zunächst die Ursachen der Starrheit aufzudecken, welche für das Risikopotenzial verantwortlich sind. In den Abschnitten 3.3.4.3 und 3.4.3.2 ist ein Modell entwickelt worden, mit dessen Hilfe die Starrheit erklärt werden kann. Treten für das Unternehmen unerwartete Änderungen

[1] Vgl. Behrbohm, P., 1985, S. 192.
[2] Vgl. Wittmann, W., 1951, S. 181.
[3] Vgl. Laux, H., 1982, S. 272 ff.
[4] Vgl. Laux, H., 1982, S 249 f.
[5] Vgl. Wittmann, W., 1959, S. 187.

des Flächenbedarfs ein, bei denen eigentlich eine Reaktion in Form eines Verkaufs der Immobilie sowie eines Umzugs in ein besser geeignetes Gebäude oder eine Umbaumaßnahme erforderlich wären, so hat das Unternehmen Wechselkosten zu tragen. Solange die Wechselkosten höher sind als die erwarteten Opportunitätskosten des Verbleibs in der alten Immobilie, muss das Unternehmen die Opportunitätskosten hinnehmen. Der geringere Betrag von Opportunitätskosten einerseits oder Wechselkosten andererseits ist der Betrag, den das Unternehmen bei unerwarteten Veränderungen des Flächenbedarfs zusätzlich zu den Nutzungskosten zu tragen hat oder, mit anderen Worten, der Preis der Starrheit betrieblicher Immobilien. Durch flexibilitätsbildende Maßnahmen müssen die Opportunitätskosten oder die Fehlbelegungskosten sinken (siehe Abbildung 13.4).[1] Der Preis der Starrheit, in der Abbildung 13.4 im Falle einer unflexiblen Immobilie mit S_2 gekennzeichnet, sinkt durch Rechtsdrehung oder Parallelverschiebung der Wechselkosten oder der Opportunitätskosten auf S'_2 beziehungsweise S''_2. Dabei muss der Effekt nicht auf den gesamten Kurvenverlauf entstehen, auch von Rechtsdrehungen oder Parallelverschiebung einzelner Abschnitte geht eine Flexibilisierung aus.

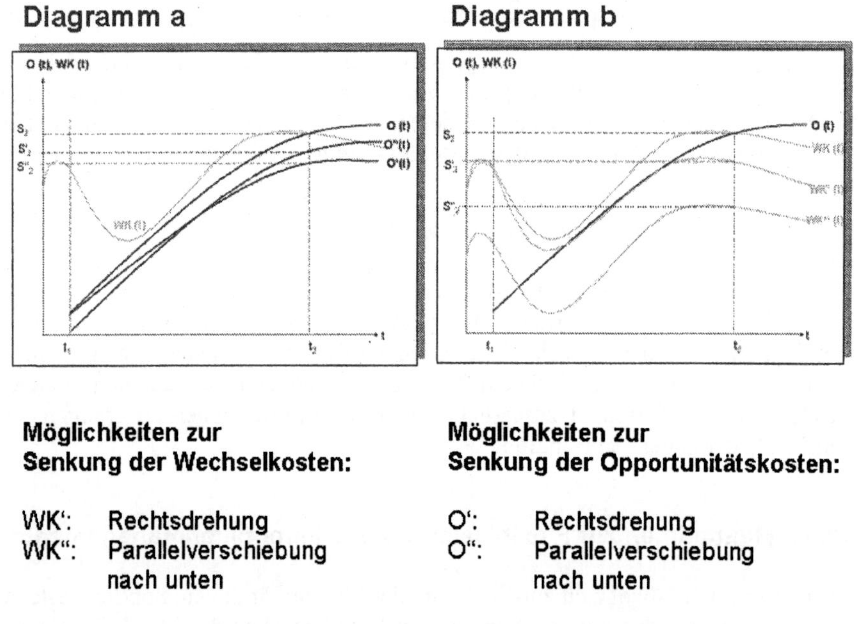

Abb. 13.4. Ansätze zur Erhöhung der Flexibilität. Quelle: Eigene Darstellung.

Nachdem die grundsätzliche Wirkungsweise von flexibilitätssteigernden Maßnahmen geklärt ist, stellt sich als nächstes die Frage, wie Flexibilität eines Bestands zu erzielen ist. Die Möglichkeiten der Schaffung von Flexibilität sind in der Tabelle 13.1 getrennt nach den einzelnen Handlungsfeldern der Flexibilisierung zusammengestellt.

[1] Vgl. zur Erläuterung der Kurven die Abschnitt 3.3.4.3 sowie 3.4.4.3.

Tabelle 13.1. Flexibilitätsbildende Maßnahmen und ihre Wirkung

Handlungsfelder der Flexibilisierung	Flexibilitätsbildende Maßnahme	Wirkung
Planung des Flächenbedarfs	Substitution von Immobilien mit Hilfe von IT	• Elimination des Risikopotenzials
	Einplanung von großzügigen Ersatzflächen	• Senkung der Opportunitätskosten
Planung des Flächenbestands	Standortwahl: • Bevorzugung attraktiver Standorte mit flexiblen Nutzungsmöglichkeiten • Identifikation potentialorientierter Standorte	• Senkung der Wechselkosten
Eigentumsentscheidung	Verzicht auf Eigentum, Leasing und langfristige Mietverträge zugunsten kurzfristiger Mietverträge	• Senkung der Wechselkosten • Ausnahme: wenn Spekulationsgewinne am Immobilienmarkt möglich, kein Wechselkostensenkungseffekt
Entwicklungsgrad	Immobilien mit Bestandsflexibilität	• Senkung der Fehlbelegungskosten
	Immobilien mit Nutzungsflexibilität	• Senkung der Fehlbelegungskosten
Finanzierung	Erhöhung der Verfügungsrechte durch Eigenkapitalanteile	• Senkung der Fehlbelegungskosten
	Partizipative Finanzierungsformen	• Senkung der Wechselkosten
Bewirtschaftung des Bestands	Intensives Immobilienmarketing und präventive Instandhaltung mit dem Ziel des Erhalts der Drittverwendungsfähigkeit	• Senkung der Wechselkosten
	Kurze Redevelopment-Zyklen	• Senkung der Wechselkosten • Senkung der Fehlbelegungskosten
Organisation	Nutzernahe, dezentrale Eingliederung des Immobilienmanagements	• Senkung der Fehlbelegungskosten
	Fremdvergabe von unspezifischen Immobiliendienstleistungen	• Senkung der Wechselkosten
Managementsystem	Einführung von Verrechnungspreisen für die Flächeninanspruchnahme	• Senkung der Fehlbelegungskosten

Tabelle 13.1. (Fortsetzung)

Handlungsfelder der Flexibilisierung	Flexibilitätsbildende Maßnahme	Wirkung
	Beteiligung der Nutzer am Verwertungserfolg frei werdender Flächen	• Senkung der Fehlbelegungskosten • Senkung der Wechselkosten

Quelle: Eigene Darstellung.

Die radikalste Art zur Erzeugung von Flexibilität besteht in der Elimination des Flächenbedarfs. Im Abschnitt 6.1.2 werden eine Reihe an Möglichkeiten gezeigt, wie der Flächenbedarf durch den gezielten Einsatz von Informationstechnologie substituiert werden kann. Flächen können gezielt reduziert werden durch

1. den Einsatz von Hochregallagern,
2. die Miniaturisierung von Produkten, Betriebsmitteln und Betriebsstoffen,
3. die Steigerung der Arbeitsproduktivität mittels Informationstechnologie,
4. die Einführung von Telearbeit,
5. Vertrieb über das Internet und
6. die Just-in-Time-Anlieferung.

Bei der Planung des Flächenbestands bestehen zwei Möglichkeiten zur Erhöhung der Flexibilität. Durch die Berücksichtigung von großzügigen Ersatzflächen bei der Layoutplanung wird die Anpassungsmöglichkeit im Falle veränderter Flächenanforderungen erhöht. Bei der Standortwahl ist die Erhöhung der Flexibilität durch eine Immobilienmarktorientierung mit dem Ziel der Maximierung des Verwertungserfolgs von nicht mehr benötigten Flächen zu erreichen. Immobilienwirtschaftliche Zielsetzungen gewinnen dabei gegenüber den sonstigen betrieblichen Zielen der Standortwahl an Gewicht.

Am gravierendsten kann die Flexibilität im Zuge der Immobilienbereitstellung beeinflusst werden. Langfristige Miet- und Leasingverträge schicken ein Unternehmen in eine Position maximaler Starrheit.[1] Auch im Falle des Eigentums wächst das Risikopotenzial. Eine Ausnahme besteht unter Umständen dann, wenn nicht mehr benötigte Immobilien mit Erfolg am Markt einer neuen, sehr viel rentableren Nutzung zugeführt werden können. Gegenüber Vermietern und Leasinggesellschaften ist das Unternehmen hier bei entsprechender Vertragsgestaltung in der Position, den Vertrag ohne Kompensationszahlungen vorzeitig zu kündigen. Der Eigentümer kann einen Verkaufserfolg erzielen, welcher unter Umständen die sonstigen Wechselkosten überkompensiert. Grundsätzlich bieten kurzfristige Mietverträge die höchste Flexibilität.

Insbesondere durch die eigene Entwicklung von Immobilien aber im Einzelfall auch beim Erwerb eines fertigen Objekts bestehen in erheblichem Umfang technische Möglichkeiten zur Erhöhung der Flexibilität.[2] Die technische Flexibilität lässt sich unterteilen in Bestandsflexibilität und Nutzungsflexibilität. Unter Bestandsflexibilität versteht man die Flexibilität von Baukörper, Rohbau und Erschließung.

[1] Vgl. Linneman, P., 1998, S. 2.
[2] Vgl. Kalusche, W., 1991, S. 70 ff.

Die Nutzungsflexibilität betrifft die Installationen, Innenwände und den Grundriss. Das Maß der technischen Flexibilität einer Immobilie lässt sich bestimmten Gebäudemerkmalen zuordnen (siehe Tabelle 13.2).

Tabelle 13.2. Technische Flexibilität von Immobilien

Gebäudemerkmal	Grad der Veränderlichkeit
Baukörper, Baukörperzuordnung	Erweiterungsfähigkeit
Rohbaukonstruktion	Rohbauveränderlichkeit
Ausbaukonstruktion, technischer Ausbau	Ausbauveränderlichkeit
Flächenlayout	Erweiterungsfähigkeit der Erschließung
Räumliche Organisation	Variabilität des Innenraums

Quelle: In Anlehnung an: Kalusche, W., 1991, S. 80.

KALUSCHE zeigt, dass die stärkste Restriktion einer flexiblen Flächennutzung des Bestands von der Bauweise und dem Bautyp abhängen. Diese bestimmen die horizontale, vertikale und flächige Erweiterbarkeit der Gebäude. Ferner kann die Erweiterungsfähigkeit durch die Größe, das zulässige Maß und die zulässige Art der Nutzung beschränkt werden.[1] Starke Restriktionen hinsichtlich der Rohbauveränderlichkeit bestehen in der Geschosshöhe, dem Tragsystem, der Deckendurchbruchhöhe sowie im Achs- und Stützmaß.[2] Die Schaffung von Nutzungsflexibilität ist vor allem durch variable Innenwandsysteme und eine geeignete Installationsführung zu erreichen.[3]

Die Erhöhung der Flexibilität durch die Finanzierung ist prinzipiell durch die partizipativen Formen der Immobilienfinanzierung möglich. Das ökonomische Risiko kann bei diesen Finanzierungsformen auf die Vertragspartner abgewälzt werden. Ein flexibilitätssteigernder Effekt tritt aber nur dann ein, wenn dem nicht andere verfügungsrechtliche Regelungen wie beispielsweise die Übernahme von langfristigen Mietgarantien durch das Unternehmen im Weg stehen. Grundsätzlich verringert ein geringer Eigenkapitalanteil die Flexibilität dann, wenn externe Kapitalgeber durch Wahrnehmung ihrer Verfügungsrechte die Bandbreite der Nutzungs- und Verwertungsmöglichkeiten beeinträchtigen. Die Abwägung der Argumente bei der Beurteilung der Finanzierung unter Flexibilitätsgesichtspunkten ist im Einzelfall vorzunehmen. Bei der Bewirtschaftung des Bestands ist durch gezieltes Immobilienmarketing, eine präventive Instandhaltung und die laufende Modernisierung der Gebäude die Nutzungsmöglichkeit den zeitgemäßen Anforderungen anzupassen, um intern alternative Nutzungen zu ermöglichen sowie eine bestmögliche Verwertung am Markt zu gewährleisten.

Die Institutionalisierung des Immobilienmanagements eröffnet hinsichtlich der Organisation des Immobilienmanagements und des Managementsystems Möglichkeiten zur Steigerung der Flexibilität. Bei der Organisation ist durch umfangreiche Fremdvergabe unspezifischer Dienstleistungen zu erreichen, dass kein großer Apparat aufgebaut wird, der hohe Fixkosten verursacht, welche einer

[1] Vgl. Kalusche, W., 1991, S. 82 ff.
[2] Vgl. Kalusche, W., 1991, S. 85 f.
[3] Vgl. Kalusche, W., 1991, S. 87 ff.

Anpassung der Immobilienstrategie im Weg stehen könnten. Die weitgehend nutzernahe Eingliederung des Immobilienmanagements erhöht die Reaktionsfähigkeit bei plötzlichen Änderungen des Flächenbedarfs. Diese werden von dezentralen Einheiten schneller wahr genommen und können flexibler beantwortet werden als bei einer zentralen Organisationsform. Ein gleich gerichteter, motivationssteigernder Effekt geht von der finanziellen Beteiligung der Nutzer aus. Dazu werden die dem Flexibilitätsgrad zuzurechnenden Kosten und Erlöse an die Nutzer durch Verrechnungspreise der Flächeninanspruchnahme sowie Beteiligungen am Verwertungserfolg weitergegeben.

13.4 Immobilienwirtschaftliche Basisstrategien

Unter Basisstrategien werden hier richtungweisende Leitlinien für das Immobilienmanagement in Bezug auf einzelne Immobilien-Cluster verstanden. Die Einteilung der Immobilien in verschiedene Cluster ist eine zeitpunktbezogene Betrachtung. Beim Vergleich der Zustände zu zwei verschiedenen Zeitpunkten können sich erhebliche Veränderungen ergeben. Auf eine gezielte Verlagerung der Zugehörigkeiten von Immobilien zu einzelnen Clustern sowie eine Verbesserung der Position innerhalb der Cluster zielen die folgenden drei Strategietypen ab:

1. Intensivierung,
2. Kostenminimierung,
3. Flexibilität.

Zu 1.) Das Ziel der Intensivierungsstrategie ist die bestmögliche Erfassung aller Nutzen- und Kostenwirkungen der betrieblichen Immobilien. Eine Intensivierung des Immobilienmanagements ist insbesondere dann erforderlich, wenn Nutzen und Kosten der Immobilien nicht näher bekannt sind oder einzelnen Nutzern nicht zugerechnet werden können. Als zweite Voraussetzung nehmen die Nutzungskosten dieser Immobilien einen maßgeblichen Umfang ein. Grundsätzlich lassen sich durch die Intensivierungsstrategie die Immobilien der Cluster 1, 3, 5 und 7 in das jeweils nächst höhere Cluster 2, 4, 6 und 8 schieben. Die Beschreibung der Immobilien-Cluster hat gezeigt, dass der größte Intensivierungsbedarf bei Immobilien des Clusters 3, welche großes Risikopotenzial bei nur geringer strategischer Bedeutung bergen, gegeben ist. Weil hier ebenfalls das Risikopotenzial für das Unternehmen hoch ist, ist eine Intensivierungsstrategie auch auf die Immobilien des Clusters 1 anzuwenden. Allerdings schränkt hier die strategische Bedeutung unter Umständen die Handlungsmöglichkeiten ein. Bei Immobilien des Clusters 5 mit geringem Risikopotenzial und strategischer Bedeutung hat die Nutzen- und Kostenermittlung aufgrund der grundsätzlichen Bedeutung der Objekte für das Unternehmen nur geringe Konsequenzen. Anders ist dies bei Immobilien des Clusters 7. Von ihnen kann sich das Unternehmen jederzeit trennen, sobald die Grenzen der Unwirtschaftlichkeit erreicht sind.

Der erste Schritt der Intensivierungsstrategie ist die Einrichtung eines Immobilieninformationssystems (siehe Abschnitt 5.3). Im nächsten Schritt sind die Immobilienobjekte zu evaluieren. Aus der Ermittlung des Flächenbedarfs (Abschnitt 6.2) lassen sich Kriterien für die Messung von Nutzen- und Kostenwirkungen der Immobilien ableiten, welche im Zuge der Immobilienbewertung (Abschnitt 3.5) zu einem Urteil in der Bereitstellungsentscheidung über den Verbleib im Bestand (Kapitel 8) führen. Scheitert die Zurechnung der Nutzen und Kosten an der mangelnden Quantifizierbarkeit, so muss dieser Prozess auf die in den genannten Abschnitten diskutierten qualitativen Analysen beschränkt bleiben. Im Zuge der Institutionalisierung eines Managementsystems sind mangels Steuerungsinformationen dezentrale Verantwortlichkeiten für die Immobilien zu definieren (Abschnitt 10.2) und Steuerungs- und Sanktionsmechanismen zwischen der Unternehmensführung und dem Immobilienmanagement einerseits und dem Immobilienmanagement und den Nutzern andererseits einzuführen (Abschnitt 10.3).

Zu 2.) Ziel der Kostenminimierungsstrategie ist die Erfüllung des Immobilienbedarfs zu den geringst möglichen Kosten. Die Verfolgung der Kostenminimierung entspricht dem Ziel der Maximierung des Endwerts aller Immobilienmanagementaktivitäten aus Sicht des Unternehmens. Wie in Abschnitt B deutlich wurde, sind die Voraussetzungen dieser Strategie die Kenntnis und Zurechenbarkeit aller Nutzen- und Kostenwirkungen des betrieblichen Immobilienbestands sowie die Beherrschbarkeit der Unsicherheit also ein niedriges Risikopotenzial. Unter diesen Voraussetzungen ist die Integration von Eigentümer- und Nutzerfunktion des Immobilienmanagements unproblematisch. Wie die Überlegungen zur Bereitstellungsentscheidung im Kapitel 8, zur Anwendung des Shareholder-Value-Managements im Abschnitt 10.4.1.2 und zur empirischen Situation im Kapitel 11 deutlich gemacht haben, ist diese Voraussetzung nur in sehr wenigen Fällen erfüllt. Es handelt sich dabei um die Immobilien in den Clustern 6 und 8.

Die Kostenminimierungsstrategie basiert auf einer detaillierten und weitgehend sicheren Planung der benötigten Immobilienflächen (Kapitel 6) sowie einer performanceorientierten Bewertung des Immobilienbestands sowie dessen Alternativen (Abschnitt 3.5.3.3). Die Bereitstellungsentscheidung wird mit Hilfe der Verfahren der Investitionsrechnung (Kapitel 8) getroffen. Auf der Basis der vollständigen Finanzplanung werden unter der Zielsetzung der Endwertmaximierung die Ergebnisse der Alternativen ermittelt (Abschnitte 8.3 – 8.6) und anhand der qualitativen Kriterien der Bereitstellungsentscheidung kritisch diskutiert (Abschnitt 8.2). Die Institutionalisierung des Immobilienmanagements erfolgt weitgehend nach Marktmechanismen (Kapitel 10 und 11). Das Immobilienmanagement kann aufgrund der guten Steuerbarkeit zentral organisiert werden, um Degressionseffekte nutzen zu können. Die unspezifischen Leistungen des Immobilienmanagements werden dann fremd bezogen, wenn sie am Markt kostengünstiger bezogen werden können. Das Immobilienmanagement wird mittels wertorientiertem Management durch die Unternehmensführung gesteuert. Die Immobilienabteilung wird als Investment-Center geführt (in Form von Typ III im Falle strategisch geringer Bedeutung der Immobilien oder Typ IV im Falle strategisch größerer Bedeutung). Die Ausgliederung großer Teile des Immobilienmanagements in eine eigene Tochtergesellschaft wird auf mögliche Finanzierungsvorteile geprüft. Die Verrechnung der Leistungen erfolgt verursachungsgerecht auf der Basis von Marktpreisen.

Abschließend lässt sich festhalten, dass die Ergebnisse der Kostenminimierungsstrategie zum Endziel des betrieblichen Immobilienmanagements führen. Da die Anwendungsvoraussetzungen allerdings sehr hoch sind, muss für einen Großteil der betrieblichen Immobilien zunächst eine der beiden anderen Strategien gewählt werden.

Zu 3.) Die Strategie der Flexibilität hat zum Ziel, das Risikopotenzial in Immobilien zu verringern. Bildlich gesprochen werden dadurch die Immobilien in den Clustern der oberen Hälfte des Würfels in ihre Pendants in der unteren Hälfte befördert. Wie bereits bei der Kostensenkungsstrategie ist auch bei der Flexibilitätsstrategie somit die grundsätzliche Kenntnis der Nutzen- und Kostenwirkungen, zumindest in Form von Verteilungsfunktionen, Voraussetzung. Die Flexibilitätsstrategie hat somit nur Bedeutung für die Immobilien in den Clustern 2 und 4. Die Immobilien der Cluster 1 und 3 müssen zunächst der Intensivierungsstrategie unterzogen werden. Die Immobilien des Typs 2 wandern bei Erfolg in den Typ 6 und diejenigen aus dem Cluster 4 in das Cluster 8.

Die Möglichkeiten zur Verringerung des Risikopotenzials bestehen in der Verringerung der Sunk Costs der Bereitstellungsentscheidung. Die Unsicherheit in den Nutzen- und Kostenwirkungen der Immobilien wird sich naturgemäß nicht verringern lassen. Wie sich Flexibilität des Immobilienbestands und des betrieblichen Immobilienmanagements erhöhen lässt, ist im vorausgegangenen Kapitel ausführlich behandelt worden.

Die Ausführungen zu den einzelnen Strategien haben deutlich gemacht, dass das Endziel des betrieblichen Immobilienmanagements darin bestehen muss, in möglichst große Teile des Immobilienbestands in die Cluster 6 und 8 zu bewegen. Aufgrund der Eigenarten von betrieblichen Immobilien wird dies nicht in jedem Fall möglich sein. Auch wird es Immobilien geben, in denen der Aufwand der Strategiedurchführung ihren Erfolg nicht rechtfertigt. Für die verbleibenden Objekte zeichnet sich der folgende Weg ab (siehe Abbildung 13.5):

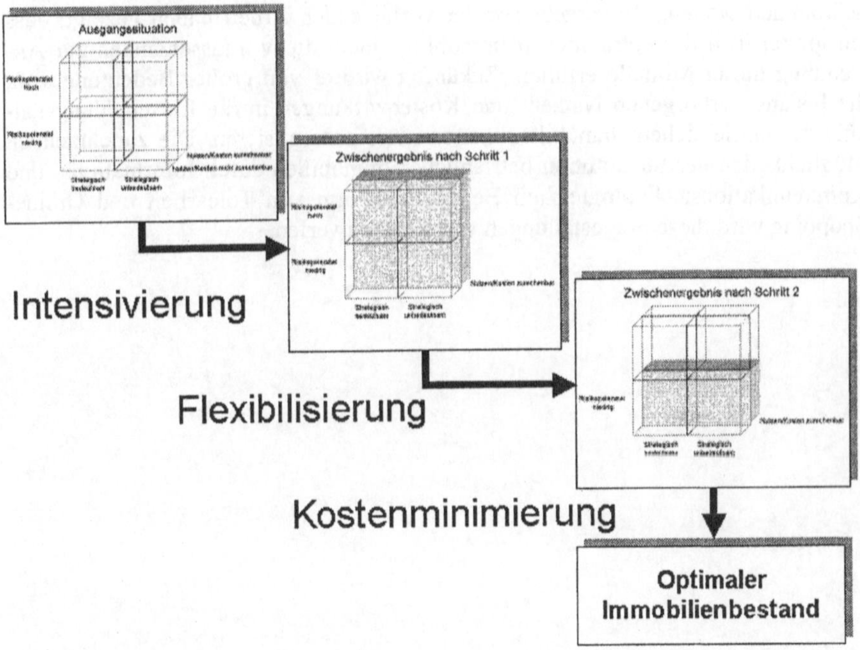

Abb. 13.5. Strategiepfad des Immobilienmanagements. Quelle: Eigene Darstellung.

1. Intensivierungsstrategie in den Clustern 1, 3 und 7. Unter den genannten Vorbehalten auch in Cluster 5. Es verbleiben Optimierungsmöglichkeiten in der hinteren Hälfte des Würfels.
2. Flexibilisierungsstrategie in den Clustern 2 und 4. Es verbleiben Optimierungsmöglichkeiten innerhalb der als optimal anzusehenden unteren Cluster.
3. Kostenminimierung in den Clustern 6 und 8.

Die bisherigen Ausführungen diese Kapitels haben deutlich gemacht, wie Immobilienobjekte in einzelne Cluster geteilt werden können. Die einzelnen Cluster bieten unterschiedliche Handlungsalternativen, welche in drei Basisstrategien zusammengefasst werden können. Durch sukzessives Abarbeiten der drei Strategien entlang des beschriebenen Pfads werden die Optimierungspotenziale des betrieblichen Immobilienmanagements bestmöglich ausgeschöpft. Das erzielte Ergebnis kann sich im Zeitablauf durch eine Veränderung in den ökologischen, rechtlichen, ökonomischen und technischen Rahmenbedingungen des Einsatzes betrieblicher Immobilien ändern, sodass eine Wiederholung der Aktivitäten erforderlich ist.

Die Ergebnisse der Teile B und C dieser Arbeit haben deutlich gemacht, dass die Gestaltungsmöglichkeiten der betrieblichen Immobilienökonomie hinsichtlich der Optimierung des Immobilienbestands und der Institutionalisierung eines Immobilienmanagements aufgrund der Probleme bei der Bewertung von immobiliaren Wirtschaftsgütern begrenzt ist. In der Literatur finden sich sehr viele Arbeiten, die diesem Missstand mit der Übertragung kapitalmarkttheoretischer Methoden beikommen wollen. Die Ergebnisse der vorliegenden Arbeit haben gezeigt, dass ein großer Teil der betrieblichen Immobilien nicht die Voraussetzungen zur Anwendung dieser Modelle erfüllen. Zukünftig wird es von großer Bedeutung sein, die bislang verborgenen Nutzen- und Kostenwirkungen in die Entscheidungskalküle der betrieblichen Immobilienökonomie zu internalisieren. Die zunehmenden Möglichkeiten der Substitution betrieblicher Immobilien durch Informations- und Kommunikationstechnologie zum Beispiel in Form von Telearbeit und Online-Shopping wird diese Fragestellungen vermehrt aufwerfen.

Literatur

Abromeit - Kremser, B. (1986): Offene Immobilieninvestmentfonds – Betriebswirtschaftliche Aspekte ihres Managements. Wien.

Adam, D. (1997): Investitionscontrolling. München.

Aengevelt, L. (1992): Flächen-Recycling. In: Falk, B. (Hrsg.), Gewerbeimmobilien, 5. Aufl., Landsberg, S. 573 - 593.

Albach, H. (Hrsg.) (1997): Betriebswirtschaftslehre und Rechtsentwicklung. In: ZfB - Erg. - H. 4.

Albustin, K. E. (1951): Probleme der Kostenremanenz. Köln.

Allen, M. T., Rutherford, R. u. Springer, T. (1993): The wealth effects of corporate real estate leasing. In: JoRER, Vol. 8, H. 4, S. 567 - 578.

Alli, K., Ramirez, G. and Yung, K. (1991): Corporate headquaters relocation: Evidence from the capital markets. In: AREUEA Journal, 8. Jg., H. 4, S. 583 - 599.

Alvayay, J. R., Rutherford, R. C. u. Smith, W. S. (1995): Tax rules and the sale and leaseback of corporate real estate. In: Real estate economics, Vol. 23, H. 2, S. 207 - 238.

Ambrose, W. B. (1990): Corporate real estate's impact on the takeover market. In: Journal of Real Estate Finance and Economics, 3. Jg., H. 4, S. 307 - 322.

Amelung, V. E. (1994): Die Erstellung von Gewerbeimmobilien - Struktur und Wandel des Marktes unter besonderer Berücksichtigung der Vergabe architektonischer Planungsleistungen. Hallstadt.

Amelung, V. E. (1996): Baukosten besser einschätzen. In: Immobilien Manager H. 4, S. 14 - 16.

Amelung, V. E. (1996): Gewerbeimmobilien. Berlin, et al.

Amran, M. u. Kulatilaka, N. (1999): Real options: managing strategic investment in an uncertain world. Boston, Mass.

Ansell, J. u. Wharton, F. (Hrsg.) (1992): Risk - analysis, asessment and management. Chichester.

Apgar, M. (1986): A strategic view of real estate. In: Real Estate Issues, 11. Jg., S. 6 - 11.

Apgar, M. IV (1993): Uncovering your hidden occupancy costs. In: HBR, 71. Jg., H. 3, S. 124 - 136.

Apgar, M. IV (1995): Managing real estate to build value. In: HBR, 73. Jg., H. 6, S. 162 - 179.

Apgar, M. IV (1998): The alternative workplace: changing where and how people work. In: HBR, 76. Jg., H. 1, S. 121 - 136.

Arnold, V. (1992): Theorie der Kollektivgüter. München.

Arthur Andersen & Company S. C. (1993): Real estate in the corporation: The bottom line from senior management. Arthur Andersen Corporate Estate Services (Hrsg.), San Francisco.

Arthur Andersen (Hrsg.) (1995): Wasted assets? A survey of corporate real estate in Europe. o. Ort.

Backhaus, K. u. Uekermann, H. (1990): Projektfinanzierung - Eine Methode zur Finanzierung von Großprojekten. In: WiSt, 19. Jg., H. 3, S. 106 - 112.

Baetge, J. (1991): Bilanzen. Düsseldorf.

Balck, H. (1998): Neue Servicekonzepte revolutionieren die Unternehmensinfrastruktur. In: Schulte, K. - W. u. Schäfers, W. (Hrsg.), Handbuch Corporate Real Estate Management, Köln, S. 731 - 772.

Baldwin, R. H. (1959): How to assess investment proposals. In: HBR, 37. Jg., H. 3, S. 98 - 104.

Ball, J. N., Rutherford, R. u. Shaw, R. (1993): The wealth effects of real estate spin-offs. In: JoRER, Vol. 8., H. 4, S. 597 - 606.

Balogh, C. u. Corgel, J. (1992): Initital return behavior of one class of composite security IPOs: REITs. Working Paper, Bentley College.

Balogh, C., Corgel, J. u. Logan, G. (1987): Financial planning for real estate production decisions. In: Real Estate Issues, 12. Jg., H. 2, S. 1 - 5.

Bamberger, I. u. Wrona, T. (1996): Der Ressourcenansatz und seine Bedeutung für die Strategische Unternehmensführung. In: zfbf, 48. Jg., H. 2, S. 130 - 153.

Barkham,R. u. Geltner, D. (1996): Price discovery and efficiency in the UK housing market. In. : Journal of Housing Economics, Vol. 5, Nr. 1, S. 41 - 63.

Barlow, S. (1991): Institutionalizing the renegade asset class. In: Bruce, B. R. (ed.), Real - estate - portfolio - management, Chicago, S. 29 - 34.

Barnard, C. (1938): The functions of the executive. Cabridge, Mass.

Barrett, P. (1998): Facilities Management: Optimierung der Gebäude- und Anlagenverwaltung. London, et al.

Bartholmai, B. (1998): Baurezession setzt sich 1998 noch fort, aber guenstigere Perspektive fuer 1999. In: DIW - Wochenbericht, 42/98, http://www. diw - berlin. de/diwwbd/98 - 42 - 1. html#FN7 v. 23. 1. 2001.

Battis, U., Krautzberger, M. u Löhr, R. - P. (1994): Kommentar zum Baugesetzbuch. 4. Auflg., München.

Bauer, W. u. Kern, P. (1996): Arbeits- und Lebensraum der Zukunft. In: Knirsch, J. (Hrsg.), Büroräume, Bürohäuser, Leinfelden - Echterdingen.

Baum, A. E. (1993): Quality, depreciation and property performance. In: JoRER, Vol. 8, H. 4, S. 541 - 566.

Bea, F. X., Dichtl, E. u. Schweitzer, M. (Hrsg.) (1988): Allgemeine Betriebswirtschaftslehre, Bd. 1. Stuttgart, New York.

Beck, H. - J. (2000): Steuern sparen mit Immobilien. 2. Auflg., Berlin.

Becker, F. (1991): Adding value through process management. In: Site Selection & Industrial Development, Vol. 162, December, S. 1 - 5.

Becker, F. (1993): The ecology of new ways of working: non-territorial offices. In: Site Selection & Industrial Development, 32. Jg., February, S. 1 - 6.

Behrbohm, P. (1985): Flexibilität in der industriellen Produktion. Frankfurt a. M.

Behrens, A. H. (1982): Managing corporate real estate as a profit center. In: Industrial Development, Vol. 151, Juli/August, S. 4 - 8.

Behrens, K. C. (1971): Allgemeine Standortbestimmungslehre. 2. Auflg., Köln.

Bell, M. (1987): The importance of sound fixed asset management. In: Industrial Development and Site Selection Handbook, 156. Jg., H. 1, S. 11 - 13.

Bender, A. (1991): Disposition alternatives for surplus corporate real estate. In: Real Estate Finance Journal, 6. Jg., H. 3, S. 18 - 22.

Benkert M., Haritz, D., Menner, S. und Schneider, J., (1996): Übersicht über die Steuerarten. In: Usinger, W. (Hrsg.),Immobilien - Recht und Steuern, Köln, S. 1055 - 1112.

Bennett, R. E. (1991): Transfer pricing for corporate real estate. In: Site Selection & Industrial Development, Vol. 160, November/December, S. 20 - 23.

Berens, W. u. Hoffjan, A. (1995): Wertermittlung von Immobilien auf Basis vollständiger Finanzpläne. In: zfbf, 47. Jg., H. 4, S. 373 - 395.

Bergman, A. M., Jinnett, R. J. u. Cudd, R. A. N. (1989): Strategic use of real estate against a hostile takeover bid. In: Real Estate Finance Journal, Winter, S. 7 - 15.

Bergsman, S. (1993): Emphasis on core competency redefines corporate (outsourcing) and boosts strategic alliances. In: National Real Estat Investor, Vol. 35, Nr. 8, S. 30 - 40.

Bergsman, S. (1994): The bloom is off: Why real estate outsourcing isn't always the low-cost solution it's been hyped to be. In: Corporate Finance, Vol. 4, S. 26 - 32.

Berndt, R. (1988): Marketing für öffentliche Aufträge. München.

Bernoulli, D. (1738): Specimen theoritae novae de mensura sortis. In: Commentarii Academiae Scientarium Imperalis Petropolitanae, S. 175 - 192. Deutsche Übersetzung In: DBW, 56. Jg. (1996), H. 6, S. 733 - 742.

Betge, P. (2000): Investitionsplanung. 4. Auflg., Müchen.

Bickmann, R. (1998): Chance: Identität. Impulse für das Management. Berlin, et al.

Biedermann, H. (1990): Anlagenmanagement - Managementwerkzeuge zur Rationalisierung. Köln.

Binder, S. (1989): Corporate facility planning. New York.

Birkigt, K., Stadler, M. M. u. Funck, H. J. (1998): Corporate Identity: Grundlagen, Funktionen, Fallbeispiele. 9. Auflg., Landsberg/Lech.

Bitz, M. (1977): Strukturierung ökonomischer Entscheidungsmodelle. Wiesbaden.

Bitz, M. (1981): Entscheidungstheorie. München.

Bitz, M. (1997): Finanzdienstleistungen. 3. Auflg., München, Wien.

Bitz, M. (1998): Bernoulli-Prinzip und Risikoeinstellung. In: zfbf, 50 Jg., H. 10, S. 916 - 932.

Bizer, K. (1995): Das umweltpolitische Lenkungsziel in der Flächennutzung. In: Ewringmann, D. (Hrsg.), Ökologische Steuerreform: Steuern in der Flächennutzung, Berlin, S. 11 - 21.

Bleicher, K. (1991): Organisation. 2. Auflg., Wiesbaden.

Blohm, H. (1977): Organisation, Information + Überwachung. 3. Auflg., Wiesbaden.

Blohm, H. u. Lüder, K. (1991): Investition. 7. Auflg, München.

Blohm, H. u. Lüder, K. (1995): Investition. 8. Auflg, München.

Bobber, M. u. Brade, K. (1998): Immobilienmarketing. In: Schulte, K. - W. (Hrsg.), Immobilienökonomie, München, Wien, S. 581 - 644.

Bollen, N. P. B. (1999): Real option and product life cycles. In: Management Science, 45. Jg., H. 5, S. 670 - 684.

Bölter, H. H. (1986): Der geschlossene Immobilienfonds - Kapitalanlage, Finanzierungsinstrument und Banktyp. Frankfurt/ Bern/ New York.

Bone - Winkel, S. (1994): Das strategische Management offener Immobilienfonds - unter besonderer Berücksichtigung der Projektentwicklung von Gewerbeimmobilien. Köln.

Bone - Winkel, S. (1995): Ansatzpunkte für eine strategische Bewertung von Immobilienbeständen. In: Der Langfristige Kredit, 46. Jg., H. 3, S. 68 - 72.

Bone - Winkel, S. (1998): Immobilienportfolio - Management. In: Schulte, K. - W. (Hrsg.), Immobilienökonomie, München, Wien, S. 765 - 812.

Bonus, H. u. Pauk, H. (1997): Der Immobilienmakler in der Dienstleistungsgesellschaft. Gedanken zum Berufsbild des Maklers. Münster, Hamburg.

Borggreve, C. H. (1995): Leasing. In: Peter, K. u. Crezelius, G. (Hrsg.), Gesellschaftsverträge und Unternehmensformen, 6. Aufl., Herne, Berlin.

Born, K. (1997): Rechnungslegung international. Stuttgart.

Born, W. A. u. Phyrr, S. A. (1994): Real estate valuation: the effect of markets and property cycles. In: JoRER, Vol. 9, Nr. 4, S. 455 - 485.

Borsuk, M. (1996): What is the impact of INFOTECH on commercial real estate? SIOR Professional Report, Spring, Vol. 55, No. 2.

Boykin, J. H. u. Haney, R. L. (1993): Financing real estate. 2. Auflg., Englewood Cliffs.

Bradley, D. M. (1990): The law of real estate dynamics. In: The Appraisal Journal, 58 J. g, S. 314 - 323.

Brandhuber, J. u. Schenk, J. (1993): Geschlossene Immobilienfonds - ein Muß für die steuerorientierte Anlageberatung. In: Die Sparkasse, 110. Jg., H. 9, S. 424 - 431.

Brandon, D. V. (1990): The role of incentives in corporate facility planing. In: Site Selection & Industrial Development, Vol. 159, February, S. 15 - 18.

Braun, H. - P., Oesterle, E. u. Haller, P. (1995): Facility Management - Erfolg in der Immobilienbewirtschaftung. Berlin, et al.

Braun, H. P. (1994): Facility Management: Wirtschaftlichkeit durch ein Gebäudeinformationssystem. In: Office Management, 42. Jg., H. 12, S. 56 - 59.

Brealey, R. A. u. Myers, S. C. (2000): Principles of corporate finance. 6. Auflg., Boston.

Brennan, M., Schwartz, B. (1985): Evaluating natural resource investments. Journal of Business, Vol. 58, No. 2, S. 135 - 157.

Brittinger, T. (1992): Betriebswirtschaftliche Aspekte des Industriebaues: eine Analyse der baulichen Gestaltung industrieller Fertigungsstätten. Diss. Berlin.

Bronner, T. (1995): Wertsteigerung durch strategische Entscheidungen. Stuttgart.

Brown, G. R. (1988): Portfolio theory and property investment analysis. In: MacLeary, A. R. u. Nanthakumaran, N. (Eds.), Property Investment Theory, London, S. 110 - 133.

Brown, M. G. (1999): Design and value: spatial form and the economic failure of a mall. In: JoRER, Vol. 17, H. 1/2, S. 189 - 225.

Brown, R. K., et al (1992): Managing corporate real estate. New York, et al.

Brown, Stephen J., u. Warner, Jerold B. (1985): Using daily stock returns: The case of event studies. In: Journal of Financial Economics, 14. Jg., H. 1, S. 3 - 31.

Bruce, B. R. (ed.) (1991): Real - estate - portfolio - management. Chicago.

Brueggeman, W. B., Fischer, J. D. u. Porter, D. M. (1990): Rethinking corporate real estate. In: Journal of Applied Corporate Finance, Vol. 3, H. 1, S. 39 - 50.

Bruhn, M. (1995): Marketing. 2. Auflg., Wiesbaden.

Brunner, D. (1994): Sind die Wertansätze von Immobilien über jeden Zweifel erhaben? In: Der Langfristige Kredit, 45. Jg., H. 13, S. 462 - 463.

Brzeski, W. J., Jaffe, A. J. u. Lundström, S. (1993): Institutional real estate investment practise: Swedish and United States experiences. In. JoRER, Vol. 8, Nr. 3, S. 293 - 323.

Budäus, D. (1988): Theorie der Verfügungsrechte als Grundlage der Effizienzanalyse öffentlicher Regulierung und öffentlicher Unternehmen? In: Budäus, D., Gerum, E. u. Zimmermann, G. (Hrsg.), Betriebswirtschaftslehre und Theorie der Verfügungsrechte, Wiesbaden.

Budäus, D., Gerum, E. u. Zimmermann, G. (Hrsg.) (1988): Betriebswirtschaftslehre und Theorie der Verfügungsrechte. Wiesbaden.

Bühner, R. (1993): Strategie und Organisation. Wiesbaden.

Bühner, R. (Hrsg.) (1994): Der Shareholder - Value - Report. Landsberg/Lech.

Bühner, R. u Tuschke, A. (1997): Zur Kritik am Shareholder Value - eine ökonomische Analyse. In: BFuP, 49. Jg., H. 5, S. 499 - 516.

Bullinger, H. - J., Fröschle, H. - P. (1987): Dezentrale Organisationskonzepte mit neuen Bürotechnologien. In: JFB, 37. Jg., H. 1, S. 2 - 11.

Bullinger, H. - J., Fröschle, H. - P. u. Niemeier, J. (1990): Intelligent Building. In: Office Management, o. Jg., H. 7 - 8, S. 6 - 12.

Bulwien, H. (1997): Überblick über den Immobilienanlagemarkt in Deutschland. In: Schulte, K. - W., Bone - Winkel, S. u. Thomas, M. (Hrsg.), Handbuch Immobilien - Investition, Köln, S. 37 - 76.

Bundesinstitut für Bevölkerungsforschung (1998): Demographische Lage 1997. http://home. t - online. de/home/bib - 2499/demolage. htm, v. 01. 04. 1999.

Bundesminister der Finanzen (1991): Teilamortisations-Erlaß zum Immobilien-Leasing. Bonn, 23. Dezember.

Bundesminister für Wirtschaft und Finanzen (1972): Immobilien-Leasing-Erlaß. Bonn, 21. März.

Büschgen, H. (Hrsg.) (1998): Praxishandbuch Leasing. München.

Büschgen, H. E. (1996): Betrachtung des Leasing aus theoretischer Sicht. Mitteilungen und Berichte des Instituts für Leasing an der Universität zu Köln Bd. 24, Köln.

Byrne, P. (1996): Risk, uncertainty and decision-making in property development. London et. Al.

Byrne, P. u. Cadman, D. (1984): Risk and uncertainty in property development. London, New York.

Cameron, I., et al (1993): Real estate in the corporation: The bottom line from senior management. Arthur Andersen Corporate Estate Services (Hrsg.), San Francisco.

Carn, N. G., Black, R. T. u. Rabianski,J. S. (1999): Operational and organizational issues facing corporate real estate executives and managers. In: JoRER, Vol. 17, H. 3, S. 281 - 299.

Carter, M. G. (1995): Outsourcing in corporate real estate: Best practice keys at mid-decade. http://www. arthurandersen. com/Framesalt. asp?/REHSG/trends/outsrc. asp, v. 28. 07. 99.

Chalk, M. B. (1993): Implementing total quality within corporate real estate. In: Site Selection & Industrial Development, 32. Jg., H. 2, S. 7 - 10.

Chan, S. H., Gau, G. u. Wang, K. (1995): Stock market reaction to capital investment decisions: Evidence from business relocations. In: Journal of Financial and Quantative Analysis, 30. Jg., H. 1, S. 81 - 100.

Chaplin, R. (1999): The predictability of real office rents. In: Journal of Property Research, Vol. 16, Nr. 1, S. 21 - 50.

Chen, S. - J., Hsieh, C. - H. u. Jordan, B. D. (1997): Real estate and the arbitrage pricing theory: macrovariables vs. derived factors. In: Real Estate Economics, Vol. 25, Nr. 3, S. 505 - 523.

Christensen, D. G. u. Levi, D. R. (1993): Corporate restructurings involving real estate assets: Some earnings and risk signal implications. In: JoRER, Vol. 8, H. 4, S. 579 - 595.

Clark, Truman A., u. Weinstein, Mark I. (1983): The behaviour of the common stock of bankruptcy firms. In: Journal of Finance, 38. Jg., H. 2, S. 489 - 504.

Clayton, J. (1996): Market fundamentals, risk and the canadian property cycle: implications for property valuation and investment decicions. In: JoRER, Vol. 12, Nr. 3, S. 347 - 367.

Clayton, J. (1998): Further evidence on real estate market efficiency. In: JoRER, Vol. 15, Nr. 1/2, S. 41 - 57.

CMG (2000): Im E-Handel wird kaum Geld verdient. Eschborn, http://www. cmg. de/DE/Presse+und+Events/Presse/CMG+Im+E - Handel+wird+kaum+Geld+verdient. htm, v. 18. 01. 2001.

Coase, R. H. (1937): The nature of the firm. In: Economica, 4. Jg., S. 386 - 405.

Coase, R. H. (1960): The problem of social cost. In: Journal of Law and Economics, 3. Jg., S. 1 - 44.

Coenenberg, A. G. (1997): Jahresabschluß und Jahresabschußanalyse. 16. Auflg., Landsberg/Lech.

Coenenberg, A. G. (1999): Kostenrechung und Kostenanalyse. 4. Auflg., Landsberg/Lech.

Cohen, G. (1988): Sale/leasebacks: How they can benefit the corporation. In: Site Selection & Industrial Development, 33. Jg., H. 6, S. 18 - 20.

Conroy, B., Miles, M. u. Wurtzebach, C. (1982): A practical view of real estate and modern portfolio theory. In: Industrial Development, Vol. 155, May/June, S. 605.

Conzen, G. (1993): Development - Eine Strukturanalyse des bundesrepublikanischen Projektentwicklungsmarktes unter besonderer Beachtung von Development-Gesellschaften. Dortmund.

Copeland, T., Koller, T. u. Murrin, J. (1990): Valuation: Measuring and managing the value of companies. New York.

Corcoran, P. J. (1987): Explaining the commercial real estate market. In: Journal of Portfolio Management, 13. Jg., H. 3, S. 15 - 21.

Corcoran, P. J. (1991): Real estate and asset allocation. In: Bruce, B. R. (ed.), Real - estate - portfolio - management, Chicago, S. 35 - 52.

Corgel, J. B., McIntosh, W. u. Ott, S. H. (1995): Real estate investment trusts: A review of the financial economics literature. In: Journal of Real Estate Literature, 3. Jg., H. 1, S. 13 - 43.

Cors, K. G. (1992): Der internationale Verkehrswert des Betriebsgrundstücks. In: Der Langfristige Kredit, 43. Jg., , H. 3, S. 76 - 80.

Cotts, D. G. u. Lee, M. (1992): The Facility Management Handbook. New York.

Cox, J., Ross, S. A. u. Rubinstein, M. (1979): Option pricing: A simplified approach. In: Journal of Financial Economics, Vol. 7, S. 229 - 263.

Crasselt, N. u. Tomaszewski, C. (1999): Realoptionen – Eine neue Methode der Investitionsrechnung? In: Wirtschaftswissenschaftliches Studium, 28. Jg., S. 556 - 559.

Cyert, R. M. u. March, J. G. (1963): A behavioral theory of the firm. Englewood Cliffs.

Dangl, T. u. Wirl, F. (1998): Explanation of observed high implicit discount rates of conservation investments using the theory of "investment under uncertainty". In: OR Spektrum, 20. Jg., S. 259 - 267.

Dangl, T. u. Wirl, F. (2000): Was Dixit und Pindyck bei der Analyse von Managementproblemen unter Unsicherheit verschweigen an Hand des Beispiels der optimalen Wartung und Ausmusterung einer Maschine. In: ZfB, 70. Jg., H. 2, S. 211 - 230.

Darrow, L. R. (1987): Maximizing corporate real estate's profit potential. In: Industrial Development and Site Selection Handbook, 156. Jg., H. 2, S. 14 - 17.

Dasso, J., Kinnard, W. u. Rabianski, J. (1989): Corporate real estate: A course outline and rationale. In: JoRER, Vol. 4, H. 3, S. 35 - 46.

David, W. u. Malone, M. (1992): The virtal corporation: Structuring and revitalizing the corporation for the 21st century. New York.

Dax, P. u. Kirmann, M. (1993): Außerbetriebliche Arbeitsstätten bei der IBM. In: Die Bank, o. Jg., H. 4, S. 207 - 211.

Debes, H. u. Lindner - Figura, J. (1996): Eigentum und sonstige Rechte an Grundstücken. In: Usinger, W. (Hrsg.), Immobilien - Recht und Steuern, Köln, S. 31 - 68.

DEGW Group Ltd. (Hrsg.) (1985): Study on Organisations, Buildings and Information Technology. London.

Demsetz, H. (1967): Toward a theory of property rights. In: American Economic Review, 57. Jg., Papers and Proceedings, S. 347 - 359.

Deng, Y. u. Gyourko, J (1999): Real estate ownership by non-real estate firms: the impact on firm returns. Working Paper, prepared for the Corporate Real Estate Alliance, Seattle, January 30, 1999.

DePasquale, D. u. Wheaton, W. C. (1996): Urban economics and real estate markets. Englewood Cliffs, et al.

Deutsche Bundesbank (1999): Jahresabschlüsse westdeutscher Unternehmen 1971 bis 1996. Frankfurt, http://www.bundesbank.de/de/monatsbericht/sonderpub/jahrabwestu.-pdf.

Diederichs, C. J. (1985): Wirtschaftlichkeitsberechnungen und Nutzen/Kostenuntersuchungen. Allgemeine Grundlagen und spezielle Anwendungen in der Bauwirtschaft. Sindelfingen.

Diederichs, C. J. (1991): Grundlagen der Projektentwicklung. In: BW, 45. Jg., H. 3, S. 72 - 76 u. H. 4, S. 46 - 52 u. H. 5, S. 74 - 77.

Diederichs, C. J. (1992): Bauwirtschaftslehre als Branchenbetriebswirtschaftslehre. In: BW, H. Juli, S. 30 - 33.

Diederichs, C. J. (1996): Grundkonzeption der Projektentwicklung. Schulte, K. - W. (Hrsg.), Handbuch Immobilien Projektentwicklung, Köln.

DiPasquale, D. u. Wheaton, W. C. (1992): The markets for real estate assets and space: A conceptual framework. In: Journal of the American Real Estate and Urban Economics Association, Vol. 20, Issue 2,.

Diverse (1994): Leasing Berater. In: BB, 49. Jg., Beilage 6 zu H. 12.

Diverse (1994): Outsourcing. In: BFuP, 46. Jg., H. 4, S. 277 - 408.

Diverse (1995): Leasing. In: Beilage der SZ Nr. 91 v. 20. 04. 1995.

DIW (1996): Immobilienvermögen der privaten Haushalte. In: DIW Wochenbericht 4/96, 63. Jg., 25. 01. 1996, S. 61 - 72.

DIW (1997): Geplante Einkommensteuerreform: Erhebliche Folgen für den Wohnungsbau. In: DIW Wochenbericht 64. Jg., Nr. 10 v. 06. 03. 1997, S. 169 - 173.

DIW (1998): Baurezession setzt sich 1998 noch fort, aber günsitgere Perspektive für 1999. DIW Wochenbericht, 65. Jahrgang, H. 42, S. 735 - 744.

DIW u. IfS (Hrsg.) (1995): Revitalisierung der Innenstädte in Ostdeutschland. Bonn.

Dixit, A. K. u. Pyndick, R. S. (1994): Investment under uncertainty. Princeton.

Doetsch, P. u. Rüpke, A. (1998): Revitalisierung von Altstandorten versus Inanspruchnahme von Naturflächen. Forschungs- und Entwicklungs-Vorhaben Nr. 103 40 119 im

Auftrag des Umweltbundesamtes. In: UBA - Text 15/98, Berlin, http://www. umweltdaten. de/altlast/web1/berichte/gwiese/gwiese. Htm v. 07.10.200.

Dohse, D. (1996): Lokale und öffentliche Güter, privatwirtschaftliche Standortwahl und räumliche Effizienz. München.

Dokko, Y. u. Edelstein, R. H. (1990): Towards a real estate land use modeling paradigm. In: Journal of the American Real Estate and Urban Economics Association, Vol. 20, Nr. 1, S. 199 - 209,.

Dolde, K. - P. u. Menke, R. (1996): Das Recht der Bauleitplanung. In: Neue Juristische Wochenschrift, H. 40, S. 2616 - 2627.

Domschke, W. (1975): Modelle und Verfahren zur Bestimmung betrieblicher und innerbetrieblicher Standorte - Ein Überblick. In: Zeitschrift für Operations Research, 19. Jg., Serie B, S. 13 - 41.

Donath, P. (1999): Prozessorientiertes Management mit SAP R/3. München, et al.

Dopuch, N., Birnberg, J. G. u. Demski, J. S. (1982): Cost accounting. Accounting data for management`s decicions. 3. Auflg., New York, u . a.

Dotzour, M. G., Levy, D. R. (1989): Reducing the cost of corporate employee relocation. In: JoRER, Vol. 4, H. 3, S. 157 - 168.

Dreyer, A. (1975): Nutzwertanalyse als Entscheidungsmodell bei mehrfacher Zielsetzung. Hamburg.

Dubben, N. u. Sayce, S. (1991): Property portfolio management - an introduction. London, New York.

Duckworth, S. L. (1993a): Total quality management: a team-based approach to monitoring real property performance. In: Site Selection & Industrial Development, Vol. 162, October, S. 20 - 25.

Duckworth, S. L. (1993b): Realizing the strategic dimension of corporate real property through improved planning and control systems. In: JoRER, Vol. 8., H. 4, S. 495 - 509.

Dues, J. J. (1982): Real estate management and the corporte planning process. In: Industrial Development, Vol. 151, Juli/August, S. 9 - 11.

Duffy, F. u. Tanis, J. (1993): A vision of the new workplace. In: Site Selection & Industrial Development, 32. Jg., H. 2, S. 1 - 6.

Dyllick, T. (1984): Erfasse der Umweltbeziehung der Unternehmung. In: Management Zeitschrift io, 53. Jg., H. 2, S. 74 - 78.

Ebering, T. (1998): Fallstudie Mannesmann AG. In: Schulte, K. - W. u. Schäfers, W. (Hrsg.), Handbuch Corporate Real Estate Management, Köln, S. 607 - 637.

Ebert, L. (1987): Lease vs. buy: The corporate perspective. In: Real Estate Issues, 12. Jg., H. 1, S. 15 - 20.

Ebert, L. P. (1986): Computer technology`s impact on corporate real estate asset management. In: Industrial Development and Site Selection Handbook, Vol. 155, March/April, No. 2, S. 11 - 15.

Eggers, B. u. Kuhnert, B. (1992): Aspekte des Büros der Zukunft. In: Management Zeitschrift, 61. Jg., H. 9, S. 67 - 71.

Eickmann, D. u. Pinger, W. (1988): Westermann Sachenrecht, Bd. II: Immobiliarsachenrecht. 6. Auflg., Heidelberg.

Elayan, F. A. (1993): The announcement effect of real estate joint ventures on returns to stockholders: An empirical investigation. In: JoRER, Vol. 8., H. 1, S. 13 - 26.

Elayan, F. u. Maris, B. E. (1991): Stock market response to voluntary liquidations and reorganization of real estate corporations. In: AREUEA Journal, 19. Jg., H. 1, S. 92 - 101.

Elayan, F. u. Young, P. (1994): The value of control: Evidence from full and partial acquisitions in the real estate industry. In: Journal of Real Estate Finance and Economics, 8. Jg., H. 2, S. 167 - 182.

Elsner, R. (1998): Bilanzielle Aspekte im Corporate Real Estate Management. In: Schulte, K. - W. u. Schäfers, W. (Hrsg.), Handbuch Corporate Real Estate Management, Köln, S. 433 - 446.

Empirica (1999): Telearbeit. www. empirica. de/telearbeit/ v. 18. 10. 1999.

Engels, W. (1962): Betriebswirtschaftliche Werttheorie im Licht der Entscheidungstheorie. Köln, Opladen.

Epley, D. R. (1997): A note on the optimal selection and weighting of comparable properties. In: JoRER, Vol. 14, Nr. 1/2, S. 175 - 182.

Eschenbruch, K. u. Niebuhr, F. (1996): Immobilienleasing und öffentliche Vergabe. In: BB, 51. Jg., H. 47, S. 2417 - 2426.

Eversmann, M. (1995): Die Betriebsimmobilie als Produktionsfaktor: Verborgene Potentiale. In: Gablers Magazin, H. 6/7, S. 50 - 53.

Eversmann, M. (1997): Bekommen Sie Ihre Immobilienkosten in den Griff. In: controller magazin, H. 6, S. 433 - 436.

Ewert, R. u. Wagenhofer, A. (1997): Interne Unternehmensrechnung. 3. Auflg., Berlin, et al.

Ewert, R., Wagenhofer, A. (2000): Interne Unternehmensrechnung. 3. Auflg., Berlin, et al.

Ewringmann, D. (Hrsg.) (1995): Ökologische Steuerreform: Steuern in der Flächennutzung. Berlin.

Falk, B. (1992): Gewerbe - Immobilien - Management. In: Falk, B. (Hrsg.), Gewerbeimmobilien; 5. Auflg., Landsberg/Lech, S. 527 - 544.

Falk, B. (1992): Marketing für Gewerbeimmobilien. In: Falk, B. (Hrsg.), Gewerbeimmobilien; 5. Auflg., Landsberg/Lech, S. 574 - 591.

Falk, B. (1997): Das große Handbuch Immobilien-Marketing. Landsberg.

Falk, B. (Hrsg.) (1992): Gewerbweimmobilien. 5. Auflg., Landsberg/Lech.

Falk, B. (Hrsg.) (1992): Immobilien - Handbuch. 3. Auflg., Landsberg/Lech.

Fanning, S. F., Grissom, T. V. u. Pearson, T. D. (1994): Market analysis for real estate appraisals. Chicago.

Farragher, E. J. (1982): Investment decision-making practices of equity investors in real estate. In: Real Estate Appraiser and Analyst, Vol. 48, Summer, S. 36 - 42.

Federmann, R. (2000): Bilanzierung nach Handelsrecht und Steuerrecht. 11. Auflg., Berlin.

Feinen, K, (1995): Kommunales Leasing. Frankfurt.

Feinen, K. (1991): Leasing für Gewerbeimmobilien. In: Falk, B. (Hrsg.), Gewerbeimmobilien, 4. Auflg., Landsberg/Lech, S. 499 - 514.

Feinen, K. (1992): Fonds-Leasing als Instrument für gewerbliche und öffentliche Investitionen. In: Der Langfristige Kredit, 13. Jg., H. 13, S. 442 - 445.

Feinen, K. (1994a): Kommunal - Leasing. In: DB Spezial, 48. Jg., Beilage 6, S. 14 - 16.

Feinen, K. (1994b): Kommunales Immobilien-Leasing. In: Der Langfristige Kredit, 45. Jg., H. 22, S. 749 - 755.

Ferguson, J. u. Heizer, J. (1990): Real estate investment analysis. Boston, London, et al.

Fischer, J. (1989): Qualitative Ziele in der Unternehmensplanung. Konzepte zur Verbesserung betriebswirtschaftlicher Problemlösungstechniken. Berlin.

Fischer, S. u. Ollmann, R. (1991): Auswirkungen neuer Produktionstechnologien auf den einzelbetrieblichen Flächenbedarf - Ergebninsse einer Befragung von Unternehmen in Nordrhein-Westfalen. In: Schriftenreihe des Institut für Landes - und

Stadtentwicklungsforschung des Landes Nordrhein - Westfalen(ILS), Bd. 58, Neue Fabrikkonzepte und gewerblicher Flächenbedarf, Dortmund, S. 22 - 35.

Fisher, J. D. (1992): Integrating research on markets for space and capital. In: Journal of the American Real Estate and Urban Economics Association, Vol. 20, Issue 2,.

Fisher, J. D. u. Webb, R. B. (1992): Current issues in the analysis of commercial real estate. In: Journal of the American Real Estate and Urban Economics Association, Vol. 20, Nr. 1, S. 211 - 227.

Flegel, D. D. (1992): Disposing of surplus corporate real estate. In: Real Estate Review, Vol. 21, Nr. 4, S. 53 - 56.

Flehinghaus, W. (1996): Gewerbe- und Wohnungsmiete, Dauernutzungsrechte. Usinger, W. (Hrsg.), Immobilien - Recht und Steuern, Köln.

Flehinghaus, W. (1998): Probleme und Gestaltungsmöglichkeiten bei Kauf- und Gewerbemietverträgen aus der Sicht von Immobiliennutzern. In: Schulte, K. - W. u. Schäfers, W. (Hrsg.), Handbuch Corporate Real Estate Management, Köln, S. 463 - 494.

Flößer, K. P. (1989): Portfolio-Selektionsteheorie und Kapitalanlage institutioneller Anleger in Immobilien - Grundsätzliche Anmerkung zur Übertragbarkeit theoretischer Ansätze. In: Jokisch, J., et al (Hrsg.), Finanz - , Bank - und Kooperationsmanagement, Festtschrift zum 65. Geburtstag von Helmut Lipfert, Frankfurt a. M., S. 299 - 323.

Fohlmeister, K. (1988): Immobilien-Leasing. In: Leasing - Handbuch für die betriebliche Praxis, 5. Aufl. Frankfurt am Main.

Fohlmeister, K. J. (1992): Immobilien-Leasing. In: Hagenmüller, K. F. u. Eckstein, W. (Hrsg.): Leasing - Handbuch für die betriebliche Praxis, 6. Aufl., Frankfurt am Main.

Follak, K. P. (1993): Immobilien-Projektfinanzierung - Joint-ventures und andere Modelle zur Teilung von Profit und Risiko. In: Der Langfristige Kredit, 44. Jg., H. 4, S. 100 - 103.

Follak, K. P. u. Leopoldsberger, G. (1996): Finanzierung von Immobilienprojekten. In: Schulte, K. - W. (Hrsg.), Handbuch Immobilienprojektentwicklung, Köln, S. 223 - 246.

Francis, R. L. u. White, I. A. (1974): Facility layout and location: An analytical approach. Englewood Cliffs.

Franke, G. u. Hax, H. (1994): Finanzwirtschaft des Unternehmens und Kapitalmarkt. 3. Auflg., Berlin, et al.

Franz, K. P. u. Kajüter, P. (1997): Proaktives Kostenmanagement als Daueraufgabe. In: Franz, P. (Hrsg.), Kostenmanagement, Stuttgart.

Freeman, R. E. (1984): Strategic management: A stakeholder approach. Boston, et al.

Freidank, C. - C. (1997): Kostenrechnung. 6. Auflg., München, Wien.

Frenz, W. (2000): Sustainable Development durch Raumplanung. Berlin.

Frese, E. (1987): Grundlagen der Organisation. 3. Auflg., Wiesbaden.

Friday, H. S., Sirmans, G. S. u. Conover, C. M. (1999): Ownership structure and the value of the firm: The case of REITs. In: JoRER, Vol. 17, H. 1/2, S. 71 - 90.

Friedeman, H. C. (1970): Real estate investment and portfolio theory. In: Journal of Financial and Quantitative Analysis, April, S. 333 - 354.

Friedrich, P. (1976): Standorttheorie für öffentliche Verwaltungen. Baden - Baden.

Friedrich, P. (Hrsg.) (1987): Finanzierung kommunaler Investitionen über geschlossene Immobilienfonds. Baden - Baden.

Froot, K. A. (1995): Hedging portfolios with real assets. In: Journal of Portfolio Management, 21 Jg., H. 4, Summer, S. 60 - 77.

Frutig, D. u. Reiblich, D. (1995): Facility Management: Erfolgsfaktoren der Immobilien- und Anlagenbewirtschaftung. Stuttgart.

Fuller, R. J. u. Kerr, H. S. (1981): Estimating the divisonal cost of capital: An analysis of the pure - play technique. In: Journal of Finance, Nr. 5, S. 997 - 1009.

Gabele, E. u. Kroll, M. (1991): Grundlagen des Immobilien - Leasing. In: DB, 44. Jg., H. 5, S. 241 - 248.

Gabele, E., Dannenberg, J. u. Kroll, M. (1995): Immobilien - Leasing: Vertragsformen, Vor- und Nachteile, steuerliche Analyse. 2. Auflg., Wiesbaden.

Gale, J. u. Case, F. (1989): A study of real estate ressource management. In: JoRER, Vol. 4, Nr. 3, S. 23 - 34.

Gatzlaff, D. H. u. Tirtiroglu, D. (1995): Real estate market efficiency: Issues and evidence. In: Journal of Real Estate Literature, 3. Jg., H. 1, S. 157 - 189.

Gatzlaff, D. u. Smith, M. (1993): Uncertainty, growth controls and the efficiency of development patterns. In: Journal of Real Estate Finance and Economics, Vo. 6, S. 157 - 189.

GEFMA - Deutscher Verband für Facility Management e. V. (1995): Richtlinie Nr. 195/2, Ermittlung von Arbeitsplatzkosten. Köln.

GEFMA e. V. (Hrsg.) (1996): GEFMA Richtlinie 100: Fachility Management: Begriffe, Strutur, Inhalte. Bonn.

Gerardy, T. u. Möckel, R. (1995): Praxis der Grundstücksbewertung, Loseblattsammlung. 5. Auflg., München.

Ghosh, C. u. Sirmans, C. F. (1999): An introduction to real-options analysis for corporate real estate. In: IDRC Bulletin No. 24, Atlanta.

Gibson, V. (1994): Strategic property management. In: Property Management, Vo. 12, Nr. 3. S. 9 - 14.

Gilbert, R. G. (1991): Corporate real estate transfer pricing at IDS. In: Site Selection & Industrial Development, Vol. 160, No. 6, S. 24 - 26.

Ginschel, A. (1999): Ein allgemeines Binomialmodell zur Bewertung von Realoptionen. In: Kredit und Kapital, 32. Jg., H. 1, S. 60 - 84.

Glanegger, P. (1987): Anschaffungs- und Herstellungskosten bei Grundstücken und Gebäuden (I) + (II). In: DB, 40. Jg., H. 42, S. 2115 - 2120 + H. 43, S. 2173 - 2176.

Glascock, J. u. Hughes Jr., W. T. (1995): NAREIT identified exchange listed REITs and their performance characteristics: 1972-1991. In: Journal of Real Estate Literature, 3. Jg., H. 1.

Glascock, J., Davidson, W. u. Sirmans, C. F. (1989): An analysis of the acquisition and disposition of real estate assets. In: JoRER, Vol. 4., H. 3, S. 131 - 140.

Glascock, J., Davidson, W. u. Sirmans, C. F. (1991): The gains from corporate selloffs: The case of real estate assets. In: AREUEA Journal, 19. Jg., H. 4, S. 567 - 582.

Glöckler, T. (1995): Strategische Erfolgspotentiale durch Corporate Identity. Wiesbaden.

Godehardt, B., Worch, A. u. Förster, G. (1997): Teleworking: so verwirklichen Unternehmen das Büro der Zukunft. Landsberg/Lech.

Goldberg, V. P. (1976): Regulation and administered contracts. In: Bell Journal of Economics and Management Science, 7. Jg., S. 439 - 441.

Gondert, H. - G., Gach, B., Biagosch, P. u. Jacob, U. (1996): Immobilienleasing. In: Usinger, W. (Hrsg.), Immobilien - Recht und Steuern, Köln, S. 641 - 682.

Gordon, J., Mosbaugh, P. u. Canter, T. (1996): Integrating regional economic indicators with the real estate cycle. In: JoRER, Vol. 4, Nr. 3, S. 469 - 501.

Gosh, C. M., Rodriguez, M. u. Sirmans, C. F. (1995): Gains from corporate headquarters relocations: Evidence from the stock market. In. Journal of urban economics, Vol. 38, S. 291 - 311.

Gowan, C. A. (1993): Decision making under uncertainty: a case study in evaluating surplus property. In: Site Selection & Industrial Development, 32. Jg., June, S. 22 - 25.

Graaskamp, J. A. (1977): An approach to real estat finance education by analogy to risk management principles. In: Real Estate Issues, Summer 1977, S. 53 - 70.

Graaskamp, J. A. (1992): Fundamentals of real estate development. In: Journal of Property Valuation & Investment, 10. Jg., S. 619 - 639.

Grau, W. (1996): Telearbeit: Erfahrungen bei der Einführung und in der Praxis. In: Office Management, 44. Jg., H. 1/2, S. 82 - 86.

Grauer, R. R. u. Hakansson, N. H. (1995): Gains from diversifying into real estate: three decades of portfolio returns based on the dynamic investment model. In: Real estate economics, Vol. 25, Nr. 2, S. 117 - 159.

Greer, G. E. (1997): Investment analysis for real estate decicions. 4. Auflg., Chicago.

Greer, G. E. u. Farrell, M. (1988): Investment analysis for real estate decisions. 2. Auflg., Chicago.

Grenadier, S. R. (1995): Valuing lease contracts, A real-options approach. In: Journal of Finance, Vol. 38, S. 297 - 331.

Grill, H. W. u. Percynski, H. (1991): Wirtschaftslehre des Kreditwesens. 26. Auflg, Bad Homburg vor der Höhe.

Grinblatt, M. u. Titman, S. (1998): Financial markets and corporate strategy. Boston.

Grob, H. L. (1984): Investitionsrechnung auf der Grundlage vollständiger Finanzpläne. In: WISU, 13. Jg., S. 16 - 23.

Grob, H. L. (1989): Investitionsrechnung mit vollständigen Finanzplänen. München.

Grob, H. L. (1990): Das System der VOFI-Rentabilitätskennzahlen bei Investitionsentscheidungen. In: ZfB, 60. Jg., H. 2, S. 179 - 192.

Grossman, S. J. u. Hart, O. (1986): The costs and benefits of ownership: a theory of vertical and lateral integration. In: Journal of Political Economy, Vol. 94, S. 691 - 719.

Grünert,L. (1999a): Der Beitrag betrieblicher Immobilien zur Erhöhung des Unternehmenswertes. In: Controlling, 11. jg, H. 8/9, S. 417 - 423.

Grünert,L. (1999b): Wertorientierte Steuerung betrieblicher Immobilien. Wiesbaden.

Gutenberg, E. (1983): Grundlagen der Betriebswirtschaftslehre, Erster Band, Die Produktion. 24. Auflg., Berlin, et al.

Gutte, H., Ullrich, H. u. Kottmann, E. (1998): Fallstudie Deutsche Bank. In: Schulte, K. - W. u. Schäfers, W. (Hrsg.), Handbuch Corporate Real Estate Management, Köln, S. 641 - 670.

Haarmann, W. u. Busch, B. (1998): Steuerliche Aspekte im Corporate Real Estate Management. In: Schulte, K - - W. u. Schäfers, W. (Hrsg.), Handbuch Corporate Real Estate Management, Köln, S. 379 - 432.

Haas, E. u Weyers, G. (1989): Immobilienanalyse und Immobilienbewertung - Grundlagen für Investitionsentscheidungen und Beleihungen von gewerblich nutzbaren Großimmobilien. Teil I Immobilienanalyse. In: Die Sparkasse, 106. Jg., H. 10, S. 467 - 474.

Haber, W. (1980): Über den Beitrag der Ökosystemforschung zur Entwicklung der menschlichen Umwelt. In: Bierfelder, W. u. Höcker, K. H. (Hrsg) Systemforschung und Neuerungsmanagement, München u. Wien, S. 135 - 159.

Haberstock, L. (1998): Kostenrechnung I. 10. Auflg., Berlin.

Haberstock, L. u. Breithecker, V. (1998): Einführung in die Betriebswirtschaftliche Steuerlehre. 8. Auflg., Hamburg.

Hachmeister, D. (1998): Shareholder Value. In:DBW, 57. Jg., H. 6, S. 823 - 839.

Hacker, S. (1996): Der Immobilienmakler und sonstige Vertriebssysteme für Immobilien. In: Usinger, W. (Hrsg.), Immobilien - Recht und Steuern, Köln, S. 709 - 746.

Haller, M. (1986): Risiko-Management - Eckpunkte eines integrierten Konzepts. In: SzU, Bd. 33, Wiesbaden, S. 7 - 44.

Hamann, D. (1998): Probleme und Gestaltungsmöglichkeiten bei den Vertragsbeziehungen zu Dienstleistern im betrieblichen Immobilienmanagement. In: Schulte, K. - W. u. Schäfers, W. (Hrsg.), Handbuch Corporate Real Estate Management, Köln, S. 495 - 520.

Hamel, G., Prahalad, C. (1990): The core competence of the corporation. In: HBR, 13. Jg., H. 2, S. 66 - 78.

Hammann, P., Palupski, R. u. Trautmann, C. (1997): Facility Management. In: zfo, H. 5, S. 290 - 295.

Hammerl, B. M. (1994): Umweltbewußtsein in Unternehmen. Frankfurt a. M.

Hanraths, J. (1974): Grundstücks- und Gebäudewerte in der Steuerbilanz und Steuerpraxis. 3. Auflg., Herne, Berlin.

Hansen, R. (1995): Immobilien-Leasing als Full-Service-Paket. In: Börsenzeitung, Frankfurt am Main, 28. 10. 1995.

Hansmann, K. - W. (1974): Entscheidungsmodelle zur Standortplanung der Industrieunternehmen. Wiesbaden.

Hanson, R. A. (1998): Shareholder value's black hole . . . corporate real estate. In: Real Estate Issues, Vol. 23, Nr. 4, S. 30 - 36.

Harbich, A. (1986): Die Besteuerung des betrieblichen und privaten Grundbesitzes. 2. Auflg., Bielefeld.

Harden, H. u. Kahlen, H. (Hrsg.) (1993): Facility Management 3. Köln.

Harmening, S. (1993): Szenarien der räumlichen Strukturierung der Bürofunktion in Unternehmen des Dienstleistungssektors. Frankfurt a. M.

Hart, O. (1995): Firms, contracts and financial structure. Oxford, et al.

Hartmann - Wendels, T., Pfingsten, A. u. Weber, M. (1998): Banketriebslehre. Berlin, et al.

Hartzell, D. J., Shulman, D. G., Langetieg, T. C. u. Leibowitz, M. L. (1991): A look at real estate duration. In: Bruce, B. R. (ed.), Real - estate - portfolio - management, Chicago, S. 67 - 98.

Hasenack, W. (1925): Betriebskalkulation im Bankgewerbe. Berlin.

Hauptverband des Deutschen Einzelhandels (2000): E-Commerce. http://www. einzelhandel. de/stichwort/E - Commerce. htm, v. 18. 01. 2001.

Hax, H. (1985): Investitionstheorie. 5. Auflg., Würzburg, Wien.

Hayden, G. (1988): Strategic management practices of real estate developers in a volatile economic climate. In: JoRER, Vol. 3, H. 3, S. 63 - 72.

Hayn, S. u. Waldersee, G. Graf (2000): IAS/US-GAAP/HGB im Vergleich. Synoptische Darstelluung für den Einzel- und Konzernabschluß. Stuttgart.

Healey, P. (1992): An institutional model of the developement process. In: Journal of Property Research, 9. Jg., S. 33 - 44.

Heidenreich, K. (1995): Geschlossene Immobilienfonds - Wo liegen die Grenzen des Vertretbaren? In: Der Langfristige Kredit, 46. Jg., H. 5, S. 149 - 151.

Heinen, E. (1991): Industriebetriebslehre. 9. Auflg., Wiesbaden.

Hellinger, C. (1999): Kernkompetenzbasiertes Outsourcing in Kreditgenossenschaften. Münster.

Hemmer, W. E. (1994): Immobilien-Leasing mit Bauherren-Service auf Wunsch mit Festpreis und Festtermin - eine interessante Variante für mittelständische Unternehmen. In: DB Spezial, Beilage 6 zu Heft 19.

Henke, M. (1973): Vermögensrentabilität - ein einfaches Dynamisches Investitionskalkül. In: ZfB, 43. Jg., H. 3, S. 177 - 198.

Hennrichs, J. (1999): Wahlrechte im Bilanzrecht der Kapitalgesellschaften unter besonderer Beruecksichtigung der EG-Bilanz-Richtlinie. Köln.

Hens, M. (1999): Marktwertorientiertes Management von Unternehmensimmobilien. Köln.

Herring Baker Harris Deutschland GmbH (Hrsg.) (1996): Standort Deutschland - Büro 2000. Eine Umfrage unter führenden Unternehmen in Deutschland. Hamburg.

Herter, R. (1994): Unternehmenswertorientiertes Management: strategische Erfolgsbeurteilung von dezentralen Organisationseinheiten auf der Basis der Wertsteigerungsanalyse. München.

Hertwig, S. (2000): Praxis der öffentlichen Auftragsvergabe (VOB/VOL/VOF). München.

Hertz, D. B. (1964): Risk analysis in capital investment. In: HBR, Vol. 42, S. 95 - 106.

Herzog, R. (1998): Fallstudie IBM Deutschland. In: Schulte, K. - W. u. Schäfers, W. (Hrsg.), Handbuch Corporate Real Estate Management, Köln, S. 671 - 702.

Hess, E. D. (1999): The role of real estate in maximizing shareholder value - asset or liability? http://www. arthurandersen. com/Framesalt. asp?/REHSG/trends/maxshr. asp, v. 28. 07,99.

Hilke, W. u. Zinke, D. (1983): Steuerliche Zurechnung von Wirtschaftsgütern bei Mobilien-Leasing-Verträgen. In: WISU, 12. Jg., H. 4, S. 163 - 169.

Hillier, F. S. (1963): The derivation of probabilistic information for the evaluation of risky investments. In: Management Science, Vol. 9, S. 443 - 457.

Hines, M. A. (1990): Global corporate real estate management. New York, et al.

Hinsche, S. D. (1994): Immobilienservice als Angebotserweiterung in der Immobilienwirtschaft. Bergisch Gladbach, Köln.

Hinterhuber, H. H. (1990): Wettbewerbsstrategie. 2. Auflg., Berlin, New York.

Hite, G. L. u. Owers, J. E. (1983): Security price reaction around corporate spin-off announcements. In: Journal of Financial Economics, 12. Jg., H. 4, S. 409 - 436.

Hite, G. L., Owers, J. E. u. Rogers, R. C. (1984): The separation of real estate operations by spin-off. In: AREUEA Journal, 12. Jg., H. 3, S. 318 - 332.

Hoffman, J. J., Schniederjans, M. J., u. Sirmans, S. (1990): A multi-criteria model for corporate property evaluation. In: JoRER, Vol. 5, H. 3, S. 285 - 300.

Hoffman, U. (1999): Corporate Real Estate. Produktpräsentation der SAP AG Walldorf.

Hoitsch, H. - J. (1997): Kosten- und Erlösrechnung. 2. Auflg., Berlin, et al.

Holler, M. u. Illing, G. (2000): Einführung in die Spieltheorie. 4. Auflg., Berlin, et al.

Holler, M. u. Li, X. (1996): Efficient public good pricing: An application of cooperative game theory. In: Owsinski J. W. u. Nahorski, Z. (Hrsg.) Modelling and Analysing Economies in Transition. Warsaw, The Interface Institute, S. 219 - 234.

Holz, I. - H. (1994): Stadtentwicklungs- und Standorttheorien unter Einbeziehung des Immobilienmarktes. Mannheim.

Homann, K. (1998c): Immobiliencontrolling. In: Schulte, K. - W. (Hrsg.), Immobilienökonomie, München, Wien, S. 707 - 738.

Homann, K. (1998a): Instandhaltungsmanagement von Gebäuden. In: Schulte, K. - W. u. Schäfers, W. (Hrsg.), Handbuch Corporate Real Estate Management, Köln, S. 309 - 344.

Homann, K. (1998b): Bau-Projektmanagement. In: Schulte, K. - W. (Hrsg.), Immobilienökonomie, München, Wien, S. 229 - 274.

Homann, K. (1999): Immobiliencontrolling: Ansatzpunkte einer lebenszyklusorientierten Konzeption. Wiesbaden.

Homann, K. u. Schäfers, W. (1998): Immobiliencontrolling. In: Schulte, K. - W. u. Schäfers, W. (Hrsg.), Handbuch Corporate Real Estate Management, Köln, S. 187 - 212.

Horváth, P. (1998): Controlling. 7. Auflg., München.

Howland, M u. Wessel, D. S. (1994): Projecting suburban office space demand: alternative estimates of employment in offices. In: JoRER, Vol. 9, H. 3, S. 369 - 390.

Hugo, A., Koch, M. u. Lindemann, H. (1999): Altlastensanierung und Bodenschutz:: Planung und Durchführung von Sanierungsmaßnahmen. Ein Leitfaden. Berlin.

Hummeltenberg, W. (1981): Optimierungsmodelle zur betrieblichen Standortwahl. Würzburg, Wien.

Hundhausen, H. (1925): Innerbetriebliche Standortwahl. Köln.

Ibbotson, R. G. u. Siegel, L. B. (1984): Real estate returns: A comparison with other investments. In: AREUEA Journal, 12. Jg., H. 3, S. 219 - 242.

IDRC (1997): Foundation focuses on the future of corporate infrastructure management. In: The Newsletter of the International Development Research Council, Vol. 1997, No. 6, http://www. sitenet. com/idrcnet/communicator/1997/june/researcH. htm, Zugriff: 4. 9. 98.

Isenhöfer, B. u. Väth, A. (1998a): Immobilienanalyse. In: Schulte, K. - W. (Hrsg.), Immobilienökonomie, München, Wien, S. 319 - 380.

Isenhöfer, B. u. Väth, A. (1998b): Projektentwicklung. In: Schulte, K. - W. (Hrsg.), Immobilienökonomie, München, Wien, S. 149 - 228.

Ito, T. u. Hirono, K. N. (1993): Efficiency of tokyo housing market. In: NBER Working Paper No, 4382.

Iudicello, K. P. (1998): Companies look to unlock equity trapped In their real estate holdings. http://www. arthurandersen. com/REHSG/pdf/iudicello. pdf, v. 28. 7. 99.

Jacob, H. (1976): Zur Standortwahl der Unternehmung. 3. Auflg., Wiesbaden.

Jacob, H. (1989): Flexibilität und ihre Bedeutung für die Betriebspolitik. In: Adam, D., et al (Hrsg.), Integration und Flexibilität, Wiesbaden, S. 15 - 60.

Jaffe, A. J. (1979): Property management in real estate decision. Lexington, Toronto.

Jaffe, A. J. u. Sirmans, C. F. (1995): Fundamentals of real estate investment. 3. ed, Englewood Cliffs.

Jain, P. C. (1985): The effect of voluntary sell-off announcements on shareolder wealth. In: Journal of Finance, Vol. 40, March, S. 209 - 224.

Jenkis, H. W. (Hrsg.) (1996): Kompendium der Wohnungswirtschaft. 3. Auflg., München.

Jensen, M. C. (1986): Agency costs of rree cash flow, corporate finance, and takeovers. In: American Economic Review, 76. Jg., H. 2, S. 323 - 329.

Jensen, M. C. u. Meckling, W. (1976): Theory of the firm: managerial behavior, agency costs and ownership structure. In: Journal of Financial Economics, 3. Jg., H. 4, S. 304 - 360.

Jensen, M. C., u. Warner, J. B. (1988): The distribution of power among corporate managers, shareholders, and directors. In: Journal of Financial Economics, 20. Jg., H. 1/2, S. 3 - 24.

Jenyon, B. (1995): Valuation methods for investment properties in the United Kingdom. In: Der Langfristige Kredit, 46. Jg., H. 3, S. 73 - 76.

Jewett, C. L. (1977): How to market surplus real estate. In: HBR, Vol. 55, H. 1, S. 7 - 10.

Jinnett, R. J. (1990): Strategic use of real estate in defending against hostile takeovers. In: Industrial Development, Vol. 163, February, S. 5 - 10.

John, T. A. (1993): Optimiality of spin-offs and allocation of debt. In: Journal of Financial and Quantitative Analysis, 28. Jg. H. 1, S. 139 - 160.

Johnson, L. u. Keasler, T. (1993): An industry profile of corporate real estate. In: JoRER, Vol. 8., H. 4, S. 455 - 473.

Jones Lang Lasalle (Hrsg.) (2000): Immobilien Anlagemarkt Report, Juli 2000. Hamburg.

Joroff, M. (1993): Corporate real estate 2000 - management strategies for the next decade. In: Site Selection & Industrial Development, Vol. 38, No. 3, S. 763 - 768.

Joroff, M. L. et. al. (1996): Smart communities: competitive advantage in the knowledge - based economy. IDRC White Paper. http://www. idrc. org/, v. 19. 06. 2000.

Joroff, M., Louargarnd, M, Lambert, S. u. Becker, F. (1993): Strategic management of the fifth resource: corporate real estate. In: Site Selection & Industrial Development, Vol. 38, No. 5, S. 14 - 19.

Jud, G. D. (1996): The Journal of Real Estate Research: A ten-year review. In; JoRER, Vol. 12, Nr. 2, S. 249 - 313.

Kaen, F. R. (1995): Corporate finance. Cambridge, Mas.

Kahlen, H. (1996): Die Aufgaben des Facility Management - Informationsmanagement und Facility Management. unveröffentlichtes Vortragsmanuskript ebs Immobilien Professional Collegs, Facility Managment, v. 22. - 26. . 011996, Berlin. www. fca. de/kahlen/vortrag1. Htm, v. 21.01.2001.

Kaiser, K. - H. (1979): Industrielle Standortfaktoren und Betriebstypenbildung. Berlin.

Kaiser, R. W. (1997): The long cycle in real estate. American Real Estate Society Conference, Sarasota, Florida, 18. 04. 1997, Manusscript.

Kalusche, W. (1991): Gebäudeplanung im Betrieb. Berlin, et al.

Kamann, M. u. Wiegel, K. D. (1983): Internationale Projektfinanzierung. In: Die Bank, o. Jg., H. 5, S. 226 - 230.

Kaplan, R. S. u Atkinsons, A. A. (1989): Advanced management accounting. 2. Auflg., Englewood Cliffs.

Karl, P. ,Crezielius, G. u. Borggreve, C. H. (Hrsg.) (1995): Gesellschaftsverträge und Unternehmensformen. 6. Aufl. Herne/Berlin.

Karolyi, G. A. u. Sanders, A. B. (1998): The variation of economic risk premium in real estate return. In: Journal of Real Estate Finance and Economics, Vol. 17, H. 3., S. 245 - 262.

Karten, W. (1993): Risk-Management. In: Handwörterbuch der Betriebswirtschaft, Hrsg. : Wittmann, W., Kern, W., Köhler, R., Küpper, H. - U., v. Wysocki, K., 5. Auflage, Stuttgart , Sp. 3825 - 3836.

Kemmler, F. (1998): Organisation von Immobilienunternehmen. In: Schulte, K. - W. (Hrsg.), Immobilienökonomie, München, Wien, S. 687 - 706.

Kemna, A. G. Z. (1993): Case studies on real options. In: Financial Management, Vol. 22, Autumn, S. 259 - 270.

Kern, P. u. Zinser, S. (1997): Bürowelten im 21. Jahrhundert - Arbeitsumgebungen für Kreativität und Innovation. In: Lippert, W. (Hrsg.), Future Office, S. 88 - 109, Düsseldorf.

Keunecke, K. P. (1994): Immobilienbewertung - Entscheidungsorientierte Ansätze bei der Grundstücks- und Gebäudebewertung. Berlin, et al.

KGSt (1985): Bauinvestitionscontrolling zur Vermeidung von Baukostenüberschreitungen und unwirtschaftlichem Bauen. KGSt Bericht Nr. 12/1985, Köln.

KGST (1991): Mobilisierung von Grundstücken für investitve Zwecke durch die Gemeinden und Kreise in den neuen Bundesländern. KGST Bericht Nr. 14.

Kim, T. (1991): Modeling the behavior of real asset prices. In: Journal of Real Estate Finance and Economics, H. 4, S. 273 - 291.

Kimbler, L. B. u. Rutherford, R. C. (1993): Corporate real estate outsourcing: A survey of the issues. In: JoRER, Vol. 8, H. 4, S. 525 - 565.

Kirchhof, F. (1999): Haushaltssanierung durch "sale and lease back" von Verwaltungsgebäuden? In: DÖV, 52. Jg., H. 6, S. 242 - 248.

Kirsch, D. (1997): Public Private Partnership - Eine empirische Untersuchung der kooperativen Handlungsstrategien in Projekten der Flächenerschließung und Immobilienentwicklung. Köln.

Kirsch, H. - J. u. Krause, C. (1996): Kritische Überlegungen zur Discounted Cash Flow - Methode. In: ZfB, 66. Jg., H. 7, S. 793 - 812.

Kistenmacher, H. (1996): Umweltvorsorge durch die Regional- und Landesplanung und ihre Bedeutung für die Flächennutzungsplanung. In: ZAU, Sonderheft 7, S. 15 - 35.

Kleiber, W., Simon, J. u. Weyers, G. (1995a): Verkehrswertermittlung von Grundstücken. 2. Auflg., Köln.

Kleiber, W., Simon, J. u. Weyers, G. (1995b): WertV '88 - Wertermittlungsverordnung 1988. 4. Auflg., München.

Kloess, S. G. C. (1999): Konzeption eines Aktiven Immobilien-Managements als Dienstleistung für institutionelle Investoren. Bern, et al.

Kloock, J., Sieben, G. u. Schildbach, T. (1984): Kosten- und Leistungsrechnung. 3. Auflg., Düsseldorf.

Klumpe, W. u. Nasthold, U. A. (1993): Immobilienfonds: offene und geschlossene Immobilienfonds, Grundlagen, Unterschiede, Besonderheiten. Bonn.

Knauer, V. (1990): Vernetzte Planung für mehr Gebäudeintelligenz. In: Office Management, 38. Jg., H. 7 - 8, S. 14 - 19.

Knight, F. H. (1957): Risk, uncertainty and profit. 4. Auflg., New York.

Knocke, D. (1986): Anforderungen neuer Produktionen an Flächen und Bauten. In: Zeitschrift für wirtschaftliche Fertigung, 81. Jg., H. 7, S. 353 - 357.

Knyphausen - Aufseß, D. zu (1997): Auf dem Weg zu einem ressourcenorientierten Paradigma? Ressource - Dependence - Theorie der Organisation und Ressource - based View des strategischen Managements im Vergleich. In: Ortmann, G., Sydow, J. u. Türk, K. (Hrsg.) Theorien der Organsation, S. 452 - 480.

Kommunale Gemeinschaftsstelle (KGSt) (1994): Kosten eines Arbeitsplatzes. Köln.

Kommunale Gemeinschaftsstelle (KGST) (1995): Vom Geldverbrauchs- zum Ressourcenverbrauchskonzept: Leitlinien für ein neues kommunales Haushalts- und Rechnungsmodell auf doppischer Grundlage. In: KGSt Bericht Nr. 4/1996, Köln.

Kommunale Gemeinschaftsstelle (KGSt) (1996): Aufgaben und Produkte der Gemeinden, Städte und Kreise für die Bereiche Räumliche Nutzung, Bau, Kommunale Immobilien und Umweltschutz. KGSt Bericht Nr. 5/1996, Köln.

Kommunale Gemeinschaftsstelle (KGSt) (1996): Organisation der Gebäudewirtschaft. KGSt Bericht Nr. 4/1996, Köln.

Koopmans, T. C. u. Beckmann, M. (1957): Assignment problems and the location of economic activities. In: Econometrica, Vol. 25, S. 53 - 76.

KPMG (1997): K-Toc. KPMG - Tomorrow's - Office - Concept. Konzept Hamburg. Hamburg.

KPMG Unternehmensberatung GmbH (1998): Vorteilhaftigkeitsvergleich zwischen Business Centern und herkömmlichem gewerblichen Mietraum. Berlin.

Krahnen, J. P. (1990): Objektfinanzierung und Vertragsgestaltung - Eine theoretische Erklärung der Struktur langfristiger Leasingverträge. In: ZfB, 60. Jg., H. 1, S. 21 - 38.

Krautzberger, M. (1990): Altlasten-, Rechts- und Finanzierungsfragen. In: Wirtschaft und Verwaltung, H. 3, S. 180 - 199.

Krcmar, H. (1990): Bedeutung und Ziele von Informationssystem - Architekturen. In: Wirtschaftsinformatik, 32. Jg., H. 5, S. 395 - 402.

Kreyzig, E. (1979): Statistische Methoden und ihre Anwendung. 7. Auflg., Göttingen.

Kröger, H. u. Schulze, M. (1999): Alles aus einer Hand. In: Immobilien Manager H. 9, S. 66 - 70.

Kroll, M. (Hrsg.) (1995): Handbuch des Kommunal-Leasing. Lichtenfeld.

Krüger, W. (1994): Organisation der Unternehmung. 3. Auflg., Stuttgart, Berlin, Köln.

Krumbholz, S. u. Streitferdt, L. (1975): Leasing oder Kreditfinanzierung? Köln.

Kruschwitz, L. (1995): Investitionsrechnung. 6. Auflg., München, et al.

Kruschwitz, L. (1998): Investitionsrechnung. 7. Auflg., München, et al.

Kühne - Büning, L. u. Heuer, J. (Hrsg.) (1994): Grundlagen der Wohnungs- und Immobilienwirtschaft. 3. Auflg., Frankfurt a. M.

Kyrein, R. (1997): Immobilien - Projektmanagement. Köln.

Lampe, P. u. Lechtenböhmer, A. (1998): Fallstudie Thyssen. In: Schulte, K. - W. u. Schäfers, W. (Hrsg.), Handbuch Corporate Real Estate Management, Köln, S. 575 - 606.

Launhardt, W. (1882): Die Bestimmung des zweckmäßigsten Standortes einer gewerblichen Anlage. In: Zeitschrift des Vereins deutscher Ingenieure, Bd. 26, G, 3.

Lausberg, C. u. Weißenbacher, F. (1999): Risikomanagement: Status Quo und Entwicklungen bei Immobilienkrediten. In: Betriebswirtschaftliche Blätter, 48. Jg., Nr. 8, S. 383 - 389.

Lausberg, C. u. Weißenbacher, F. (2000): Das Management von Immobilienrisiken bei deutschen Banken. In: Controlling, 12. Jg., H. 7, S. 341 - 346.

Laux, H. (1982): Entscheidungstheorie. Berlin et al.

Laux, H. (1998): Entscheidungstheorie. 4. Auflg.,Berlin et. Al.

Laux, H. u. Liermann, F. (1993): Grundlagen der Organisation. In: Berlin, Heidelberg, et al.

Laux, M. u. Ohl, K. (1988): Grundstücksinvestment: Die offenen Immobilienfonds. Frankfurt a. M.

Layer, M. (1970): Deckungsbeitragsrechnung. In: Management - Enzyklopädie, Bd. 2, München, S. 198 - 224.

Lenk, T. (1989): Telearbeit: Möglichkeiten und Grenzen einer telekommunikativen Dezentralisierung von betrieblichen Arbeitsplätzen. Berlin.

Leopoldsberger, G. (1997): Kontinuierliche Wertermittlung von Immobilien. Köln.

Leopoldsberger, G. u. Thomas, M. (1998): Bewertung von Unternehmensimmobilien. In: Schulte, K. - W. u. Schäfers, W. (Hrsg.), Handbuch Corporate Real Estate Management, Köln, S. 117 - 154.

Lewellen, W. G., Long, M. S. u. McConnell, J. J. (1976): Asset leasing in competitive capital markets. In: Journal of Finance, Vol. 31, Nr. 3, S. 799 - 820.

Linneman, P. (1998): Corporate real estate strategies. In: Working Paper of the Real Estate Department, The Wharton School, University of Pensylvenia, September 1998.

Lipshitz, R. u. Strauss, O. (1997): Coping with uncertainty: A naturalistic decision - making analysis. In: Organizational Behaviour and Human Decision Processes, 69. Jg., H. 2, S. 149 - 163.

Lisowski, A. (1954): Grundprobleme der Betriebswirtschaftslehre. Zürich, St. Gallen.

Loipfinger, S. (2000): Marktanalyse der steuersparenden Kapitalanlagen. Griesstätt.

Loipfinger, S., Nickl, L. u. Richter, U. (1994): Geschlossene Immobilienfonds: Grundlagen, Analyse, Bewertung. Stuttgart.

Lösch, A. (1940): Die räumliche Ordnung der Wirtschaft. Jena.

Louargand, M. A. (1992): A survey of pension fund real estate portfolio risk management practises. In: JoRER, Vol. 11, Nr. 2, S. 131 - 148.

Lubieniecki, E. C. (1993): Benchmarking in corporate real estate: The measurement of quality. In: Ernst & Young (Hrsg.): the Digest of Corporate Real Estate, San Francisco, S. 9 - 12.

Lüder, K. (1990): Standortwahl – Verfahren zur Planung betrieblicher und innerbetrieblicher Standorte. Jacob, H. (Hrsg.), Industriebetriebslehre, 4. Auflg., Wiesbaden, S. 24 - 100.

Lüder, K. u. Küpper, W. (1983): Unternehmerische Standortplanung und regionale Wirtschaftsförderung. Göttingen.

Lüdiger, M. (1992): Bewertung von Immobilien als Renditeobjekt. In: Die Bank, o. Jg., H. 1, S. 30 - 32.

Lutter, M. u. Bayer, W. (Hrsg.) (2000): Umwandlungsgesetz: Kommentar. Loseblattsammlung, Köln.

Mackewicz, D. (1995): Facility Management. In: Mergers and Acquisitions, H. 3, S. 116 - 120.

MacLeary, A. R. u. Nanthakumaran, N. (Eds.) (1988): Property investment theory. London.

Maier, K. M. (1999): Risikomanagement im Immobilienwesen. Frankfurt a. M.

Majd, S. u. Pindyck, R. S. (1987): Time to build, pption value, and investment decisions. In: Journal of Industrial Economics, Vol. 18, S. 7 - 27.

Malagoli, M. (1985): Probleme der Kostenremanenz in Theorie und Praxis. Basel.

Malizia, E. (1992): A framework for real Estate feasibility research. In: Journal of Property Valuation & Investment, 10. Jg., S. 640 - 645.

Männel, W. (1968): Wirtschaftlichkeitsfragen der Anlagenerhaltung. Wiesbaden.

Männel, W. (1999): Bedeutung und Aufgaben des Anlagencontrolling. In: krp, 43. Jg., Sonderheft Nr. 1, S. 5 - 13.

Männel, W. (Hrsg.) (1999): Instandhaltungscontrolling. In: krp, 43. Jg., Sonderheft 1/99.

Manning, C. (1988): Is ownership of corporate real property better than leasing? In: Site Selection & Industrial Development, Vol. 157, February, S. 8 - 12.

Manning, C. A. (1986): The economics of real estate decisions. In: HBR, 64. Jg., H. 6, S. 12 - 22.

Manning, C. A. (1990): Selecting a discount rate for corporate real estate lease-vs -buy DCF analysis. In: Site Selection & Industrial Development, Vol. 159, February, S. 24 - 27.

Manning, C. A. (1991): Leasing versus purchase of corporate real property: leases with residual equity interests. In: JoRER, Vol. 6. ., H. 1, S. 79 - 85.

Manning, C. A. (1992): Managing environmental risk and investment opportunities to maximize shareholder wealth. In: JoRER, Vol. 7, H. 3, S. 351 - 359.

Manning, C. A. u. Roulac, S. E. (1996): Structuring the corporate real property function for Greater "bottom line" impact. In: JoRER, Vol. 12, H. 3, S. 383 - 396.

Manning, C. u. Roulac, S. E. (1979): Corporate real estate research within the academy. In: JoRER, Vol. 17, H. 3, S. 265 - 279.

Manning, C. u. Roulac, S. E. (1999): Introduction: Corporate real estate thought leadership. In: JoRER, Vol. 17, Nr. 3, S. 259 - 263.

Manning, C., Rodriguez, M. u. Gosh, C. (1999): Devising a corporte facility location strategy to maximize shareholder wealth. In: JoRER, Vol. 17, H. 3, S. 321 - 340.

Manning, C., Rodriguez, M. u. Roulac, S. E. (1997): Which corporate real estate management functions should be outsourced? In: JoRER, Vol. 14, H. 3, S. 259 - 274.

Markowitz, H. M. (1952): Portfolio selection. In: Journal of Finance, Vol 7, March, S. 77 - 91.

Martens, C. - P. (1996): Bauordnungsrecht. In: Usinger, W. (Hrsg.), Immobilienrecht und -steuern, Köln, S. 907 - 956.

Maurer, R. u. Sebastian, S. (1999): Immobilienfonds und Immobilienaktiengesellschaften als finanzwirtschaftliche Substitute für Immobiliendirektanlagen. In: ZfB - Ergänzungsheft 3/99, S. 169 - 194.

Maurer, R. u. Stephan, T. G. (1996): Konstruktion einer Immobilien - Benchmark und deren Anwendung im Investment - Management. In: ZfB, 66. Jg., H. 12, S. 1527 - 1546.

May, A., Eschenbaum, F. u. Breitenstein, O. (1998): Projektentwicklung im CRE - Management. Berlin, et al.

Mayr - Kerber, G. M. (1998): Strukturelemente der visuellen Erscheinung von Corporate Identity. In: Birkigt, K., Stadler, M. M. u. Funck, H. J. (Hrsg.), Corporate Identity: Grundlagen, Funktionen, Fallbeispiele. 9. Auflg., Landsberg/Lech, S. 287 - 322.

McDonald R. und Siegel D. (1985): Investment and the value of the firm when there is an option to shut down. In: International Economic Review Vol. 26, No. 2, S. 331 - 349.

McDonald, R. u. Siegel, D. (1984): Option pricing when the underlying asset earns a below-equilibrium rate of return: A note. In: Journal of Finance, March, S. 261 - 265.

McDonald, R. u. Siegel, D. (1986): The value of waiting to invest. In: Quarterly Jour - nal of economics Vol. 101, No. 4, S. 707 - 727.

McIntosh, W., Davidson, W. u. Albert, J. (1987): Capital budgeting practices of corporate real estate executives. In: Appraisal Journal, 55. Jg., H. 1, S. 125 - 137.

McIntosh, W., Ott, S. H. u. Liang, Y. (1995): The wealth effects of real estate transactions: The case of REITs. In: Journal of Real Estate Finance and Economics, 11. Jg.

McMahan, J. (1998): The changing real estate environment. In: Real Estate Issues, Vol. 23, Nr. 4, S. 1 - 7.

McNamara, P. F. (1983): Towards a classification of land developers. In: Urban Land Policy, Vol. 6, S. 87 - 94.

Meffert, H. (1989): Die Wertkette als Instrument einer integrierten Unternehmensplanung. In: Delfmann, W., et al (Hrsg.), Der Integrationsgedanke in der Betriebswirtschaftslehre, Wiesbaden, S. 255 - 278.

Meffert, H. (1991): Corporate Identity. In: DBW, H. 6, S. 817 - 819.

Meffert, H. (1994): Marketing-Management. Wiesbaden.

Mehrens, K. (1978): Standortwahl und Flächenbedarf von Betrieben des tertiären Sektors in der Stadtmitte. Kiel.

Mellerowicz, K. (1968): Betriebswirtschaftlehre der Industrie, Bd. 1. 6. Auflg., Freiburg.

Menz, W. - D. (1973): Die Profit - Center Konzeption. Theoretische Darstellung und praktische Anwendung. Bern, Stuttgart.

Merkle, W. (1991): Corporate Identity für Handelsbetriebe. Theoretische Grundlagen und Realisierungsansätze eines umfassenden Profilierungskonzepts. Göttingen.

Mielke, B. (1991): Veränderung des gewerblichen Flächenbedarfs durch neue Fabrikkonzepte? In: Schriftenreihe des Institut für Landes - und Stadtentwicklungsforschung des Landes Nordrhein - Westfalen(ILS), Bd. 58, Neue Fabrikkonzepte und gewerblicher Flächenbedarf, Dortmund, S. 5 - 21.

Miles, M. (1988): Financing tactics for the corporate real estate officer. In: Site Selection & Industrial Development, Vol. 157, February, S. 1 - 4.

Miles, M., Pringle, J. u. Webb, B. (1989): Modeling the corporate real estate decision. In: JoRER, Vol. 4, H. 3, S. 47 - 66.

Milgrom, P. u. Roberts, J. (1992): Economics, organization & management. Englewood Cliffs.

Miller, B. L. u. Buckman, A. G. (1987): Cost Allocation and Opportunity Costs. In: Management Science, Vol. 33, May, S. 629 - 639.

Miller, M. u. Upton, C. (1976): Leasing, buying and the cost of capital services. In: Journal of Finance, Vol. 31, Nr. 3, S. 761 - 786.

Minuth, K. (1996a): Recht der Architekten und Ingenieure sowie der Projektsteuerer. In: Usinger, W. (Hrsg.), Immobilien - Recht und Steuern, Köln, S. 445 - 474.

Minuth, K. (1996b): Bauverträge. In: Usinger, W. (Hrsg.), Immobilien - Recht und Steuern, Köln, S. 475 - 526.

Mirow, M. (1994): Shareholder Value als Instrument zur Bewertung von Strategischen Allianzen. In: Schulte, K. W. (Hrsg.), Beteiligungscontrolling, Wiesbaden, S. 43 - 60.

Möller, D. - A. (1996): Planungs- und Bauökonomie. 3. Auflg., München.

Möller, H. P. (1988): Die Bewertung risikobehafteter Anlagen an deutschen Wertpapierbörsen. In: ZfbF, 40. Jg., H. 9, S. 779 - 797.

Morely, S. J. E. (1988): The analysis of risk in tihe appraisal of property investment. In: MACLeary, A. R. u. Nanthakumaran, M. (Eds.), Property Investment Theory, London, S. 70 - 97.

Müller, K. (1995): Immobilien-Leasing-Fonds und traditionelle geschlossene Immobilien-Fonds. In: FLF, o. Jg., H. 6, S. 225 - 226.

Muncke, G. (1996): Standort- und Marktanalyse in der Immobilienwirtschaft - Ziele, Gegenstand, methodische Grundlagen, Datenbasis und Informationslücken. In: Schulte, K. - W. (Hrsg.)., Handbuch Immobilienprojektentwicklung, Köln, S. 101 - 164.

Munsberg, F. (1997): Immobilienbesicherte Schuldverschreibung: Hypothekenpfandbriefe, Mortgage-backed Securities und First Mortgage Debentures. In: Schulte, K. - W., Bone - Winkel, S. u. Thomas, M. (Hrsg.), Handbuch Immobilien - Investition, Köln, S. 691 - 736.

Munzer, S. R. (1990): A theory of property. In: Cambridge Studies in Philosophy and Law, Cambridge, New York, et al.

Myers, S. C., Dill, D. A. u. Bautista, A. J. (1976): Valuation of financial lease contracts. In: Journal of Finance, Vol. 31, Nr. 3, S. 799 - 820.

Myers, S. u. Majd, S. (1990): Abandonment value and project life. In: Advances in Futures and Options Research, Vol. 4, S. 1 - 21.

Nägele, P., Maaß, E. u Flehinghaus, W. (1996): Finanzierung, Finanzierungshilfen und Kreditsicherheiten. In: Usinger, W. (Hrsg.), Immobilien - Recht und Steuern, Köln, S. 787 - 838.

Näger, L. (1991): Ein Entscheidungsmodell zur Bilanzierung und Bewertung von Gebäuden unter bilanzpolitischer Zielsetzung. Stuttgart.

Nahlik, W. (1994): Finanzierung von Immobilien - Developments. In: Die Bank, o. Jg., H. 7, S. 391 - 396.

National Retail Federation (2000): NRF/Forrester Online Retail Index. http://www. forrester. com/NRF/1,2873,0,00. html, v. 18. 01. 2001.

Nävy, J. (1998): Facility Management: Grundlagen, Computerunterstützung, Einführungsstrategie, Praxisbeispiel. Berlin.

Neidich, D. u. Steinberg, T. (1984): Corporate real estate: Source of new equity. In: HBR, 62. Jg., H. 4, S. 76 - 83.

Niehaus, P., Fleige, P. u. Dobler, R. (1998): Fallstudie Siemens. In: Schulte, K. - W. u. Schäfers, W. (Hrsg.), Handbuch Corporate Real Estate Management, Köln, S. 551 - 574.

Nielen, K. (1996): Immobilien-Marketing: Vermarktung von Bauträgermassnahmen und Bestandsimmobilien. Düsseldorf.

Nielen, K. (1998): Immobilien-Marketing Teil 1. 2. Auflg., Düsseldorf.

Nieschlag, R., Dichtl, E. u. Hörschgen, H. (1994): Marketing. 17. Auflg., Berlin.

Niles, J. H., Carlson, F. R. u. Gray, P. (1976): The telecommunications-transportation tradeoff. Options for tomorrow. New York.

Noha, E. A. (1993): Benchmarking: The search for best practices in corporate real estate. In: JoRER, Vol. 8, H. 4, S. 511 - 523.

Nordsiek, F. (1955): Rationalisierung der Betriebsorganisation. 2. Auflg., Stuttgart.

Nourse, H. (1994): Measuring business real property performance. In: JoRER, Vol. 9., H. 4, S. 431 - 444.

Nourse, H. O. (1986): Using real estate asset management to improve strategic performance. In: Industrial Development and Site Selection Handbook, Vol. 155, No. 3, S. 595 - 601.

Nourse, H. O. (1990): Managerial real estate: Corporate real estate asset management. Englewood Cliffs, NJ: Prentice Hall.

Nourse, H. O. (1992): Real estate flexibility must complement business strategie. In: Real Estate Review, Vol. 21, Nr. 4, S. 25 - 29.

Nourse, H. O. u. Kingery, D. (1987a): Marketing idle corporate real estate. In: Real Estate Issues, Vol. 12, Nr. 2, S. 21 - 25.

Nourse, H. O. u. Kingery, D. (1987b): Survey of approaches to disposing of surplus corporate real estate. In: JoRER, Vol. 2, H. 1, S. 51 - 59.

Nourse, H. O. u. Roulac, S. E. (1993): Linking real estate decisions to corporate strategy. In: JoRER, Vol. 8, Fall, S. 475 - 494.

Nourse, H. u. Kingery, D. (1987c): Marketing surplus corporate real estate. In: Industrial Development and Site Selection Handbook, 156. Jg., H. 4, S. 1 - 3.

o. V. (1975): Arbeitsstättenverordnung (ArbstättV). http://www. umweltrecht. de/recht/arbeitss/arbst. vo/ast_ges. htm, v. 27. 11. 98.

o. V. (1991): 25 Jahre DIFA - Fonds Nr. 1. In: Der Langfristige Kredit, 42. Jg., H. 14, S. 416 - 417.

o. V. (1991): Mietgesetze im BGB. 25. Auflg., München.

o. V. (1996): Jahrbuch 1996 aller Offenen Immobilien-Fonds in Deutschland. Berlin.

o. V. (1998): Bau- und Raumordnungsgesetz (BauROG). http://www. baustoffe - online. de/BauNetz/6orga/baumini/gesetze/rog/00101c__. Htm v. 21.01.2001.

o. V. (1998): My home is my office. In: iwd (Hrsg.), 24. Jg., v. 09. 07. 1998, S. 1.

O'Brien, T. u. Nunnally, B. (1983): A 1982 survey of corporate leasing analysis. In: Financial Management, Vol. 12, Summer, S. 30 - 36.

Oho, W. u. Scheinberger, F. - J. (1996): Steuerfolgen verschiedener Rechts- und Finanzierungsformen der Immobilienentwicklung und - investition. In: Usinger, W. (Hrsg.), Immobilien - Recht und Steuern, Köln, S. 1113 - 1176.

O'Mara, M. A. (1997): Corporate real estate strategy: uncertainty, values and decision making. In: Journal of applied real property analysis, Vol. 1, H. 1, S. 15 - 28.

O'Mara, M. A. (1999): Strategic drivers of location decicions for information-age companies. In: JoRER, Vol. 17, Nr. 3, S. 365 - 386.

Opitz, G. (1993): Geschlossene Immobilienfonds in den neuen Bundesländern - Konstruktion, steuerliche Regelung, praktische Erfahrungen. In: Der Langfristige Kredit, 44. Jg., H. 5, S. 104 - 112.

Ott, C., u. Schäfer, H. - B. (1989): Allokationseffizienz in der Rechtsordnung. Berlin, et al.

Ouye, J. A., Darwish, A. u. Young, J. D. (1993): Reinventing corporate real estate and facilities. In: Site Selection & Industrial Development, 32. Jg., June, S. 11 - 17.

Owers, J. E. u. Rogers, R. C. (1986): The disvestiture of real estate assets by sell-offs. In: Real Estate Issues, 11. Jg., H. 1, S. 29 - 35.

Pachowsky, R. (2000): Bau- und Immobilien-Marketing. München.

Paddock, J., Siegel, D. und Smith, J. (1988): Option valuation of claims on real assets: The case of offshore petroleum leases. In: Quarterly Journal of Economics, Vol. 103, August, S. 479 - 508.

Pagliari, J. L. (1990): Real estate in 3-d: see it now? In: Real Estate Issues, 15. Jg., H. 2, S. 16 - 19.

Pagliari, J. L. (Hrsg.) (1995): The handbook of real estate portfolio management. Chicago, et al.

Park, Z. H. u. Switzer, L. N. (1995): Risk management of real estate : the case of real estate swaps. In: Journal of real estate finance and economics, 11. Jg., Nr. 3 (nov), S. 219 - 233.

Parker, F. J. (Hrsg.) (1988): Institutional real estate strategies. Washington D. C.

Parker, J. (1993): CRE - 2000: Corporate real estate`s emerging model. In: Site Selecion, Vol. 38, No. 2, S. 412.

Parker, J. R. (1990): Corporate real estate progress and challenges. In: Site Selection & Industrial Developement, Vol. 159, Nr. 1, S. 19 - 23.

Pearson, T. D. (1991): Location! Location! Location! What is Location? In: The Appraisal Journal, 59 J. g, S. 7 - 20.

Peter, K. u. Crezelius, G. (Hrsg.) (1995): Gesellschaftsverträge und Unternehmensformen. 6. Auflg., Herne, Berlin.

Pfarr, K. - H. (1983): Die Geschichte der Bauwirtschaft. Essen.

Pfarr, K. - H. (1984): Grundlagen der Bauwirtschaft. Essen.

Pfarr, K. (1976): Handbuch der kostenbewussten Bauplanung. Wuppertal.

Pfarr, K. (1977): Die Kostenrechnung in der Bauwirtschaft unter Berücksichtigung der dabei sich ergebenden branchenspezifischen Probleme. In: SzU, Bd. 23, Wiesbaden, S. 35 - 76.

Pfnür, A. (1996): Informationsinstrumente und -systeme im betrieblichen Umweltschutz. Heidelberg.

Pfnür, A. (1998a): Kosten und Leistungswirkungen betrieblich genutzter Immobilien - Ergebnisse einer schriftlichen Befragung bei Großunternehmen in der Bundesrepublik Deutschland. Arbeitspapier Nr. 23 - August 1998 des Arbeitsbereichs Öffentliche Wirtschaft am Fachbereich Wirtschaftswissenschaften der Universität Hamburg.

Pfnür, A. (1998b): Stand und Entwicklung der Organisation des Immobilienmanagements bei Großunternehmen in Deutschland. Arbeitspapier Nr. 24 - Oktober 1998 des Arbeitsbereichs Öffentliche Wirtschaft am Fachbereich Wirtschaftswissenschaften der Universität Hamburg.

Pfnür, A. (2000a): Bausparen und Immobilien. 3. Auflg., Hamburg.

Pfnür, A. (2000b): Bewertung von Immobilien im öffentlichen Rechnungswesen. In: Budäus, D., Küpper, W. u. Streitferdt, L. (Hrsg.), Reform des öffentlichen Rechnungswesens, Wiesbaden 2000, S. 571 - 602.

Pfnür, A. (2000c): Institutionalisierung des betrieblichen Immobilienmanagements. In: zfbf, 52. Jg., H. 9, S. 571 - 591.

Pfnür, A. (2001): Organisation des betrieblichen Immobilienmanagements. In: Gondring, H. P. (Hrsg.) Handbuch der Immobilienwirtschaft, S. 301 - 333, Wiesbaden, in Vorbereitung.

Pfnür, A. u. Schaefer, C. (2001): Realoptionen als Instrument des Investitionscontrollings. In: WiSt, H. 5, in Vorbereitung.

Phyrr, S. A., et al (1989): Real estate investment - Strategy, analysis, decicions. 2. Auflg., New York, Chichester, et al.

Picot, A. u. Reichwald, R. (1991): Informationswirtschaft. In: Heinen, E. (Hrsg.), Industriebetriebslehre, 9. Auflg., Wiesbaden, S. 241 - 395.

Picot, A. u. Reichwald, R. (1994): Auflösung der Unternehmung? In: ZfB, 64. Jg., H. 5, S. 547 - 570.

Picot, A., Reichwald, R. u. Wigand, R. T. (1996): Die grenzenlose Unternehmung - Information, Organisation und Management. Wiesbaden.

Picot, A., Ripperger, T. u. Wolff, B. (1996): The fading boundaries of the firm: The role of information and communication technology. In: Journal of Institutional and Theoretical Economics (JITE), 152. Jg., H. 1, S. 65 - 79.

Pierschke, B. (1998): Facilities Management. In: Schulte, K. - W. (Hrsg.), Immobilienökonomie, München, Wien, S. 275 - 315.

Pindyck, R. (1988): Uncertainty in the theory of renewable resource markets. In: Review of Economic Studies, Vol. 51, April, 289 - 303.

Pittman, R. u. Parker, J. (1989): A survey of corporate real estate executives on factors influencing corporate real estate performance. In: JoRER, Vol. 4, H. 3, S. 107 - 119.

Platz, J. (1994): Immobilien - Management: Prüfkriterien zu Lage, Substanz, Rendite. 4. Auflg., Wiesbaden.

Pohnert, F. (1992): Kreditwirtschaftliche Wertermittlungen: typische und atypische Beispiele der Immobilienbewertung. 4. Auflg., Wiesbaden.

Porter, M. E. (1992): Wettbewerbsstrategie. 7. Auflg., Frankfurt.

Porter, M. E. (1996): Wettbewerbsvorteile: Spitzenleistung erreichen und behaupten. 4. Auflg., Frankfurt.

Pratt, J. u. Zeckhauser, R. (Hrsg.) (1985): Principals and agents: The structure of business. Boston.

Pratt, J. W. (1964): Risk aversion in the small and in the large. In: Econometrica, 32. Jg., S. 122 - 136.

Putzier, E. (1996): Ausschreibungen und Vergabe durch die öffentliche Hand. In: Usinger, W. (Hrsg.),Immobilien - Recht und Steuern, Köln, S. 527 - 595.

Quaas, F. u. Quass, G. (Hrsg.) (1997): Elemente zur Kritik der Werttheorie. Frankfurt, et al.

Rappaport, A. (1994): Shareholder Value. Stuttgart.

Rasmusen, E. (1995): Games and information: an introduction to game theory. 2. Auflg., Cambridge, Mass.

Rat von Sachverständigen für Umweltfragen (Hrsg.) (1978): Umweltgutachten. Stuttgart, Mainz.

Redman, A. L. u. Tanner, J. (1989): The acquisition and disposition of real estate by corporate executives: A survey. In: JoRER, Vol. 4, H. 3, S. 67 - 80.

Redman, A. L. u. Tanner, J. (1991): The financing of corporate real estate: A survey. In: JoRER, Vol. 6, H. 2, S. 217 - 240.

Reichmann, T. u. Fröhling, O. (1994): Produktlebenszyklusorientiere Planungs- und Kontrollrechnungen als Bausteine eines dynamischen Kosten- und Erfolgs-Controlling. Dellmann, K. u. Franz, K. P. (Hrsg.), Neuere Entwicklungen im Kostenmanagement, Bern et. al., S. 281 - 333.

Reinhardt, W. (1977): Angewandte Methoden der regionalen Planung von Betriebs-standorten. Hannover.

Reuter, A. (1999): Was ist und wie funktioniert Projektfinanzierung? In: Der Betrieb, 52. Jg., H. 1, S. 31 - 37.

Reuter, A. u . Wecker, C. (1999): Projektfinanzierung. Anwendungsmöglichkeiten, Risikomanagement, Vertragsgestaltung und bilanzielle Behandlung. Stuttgart.

Richter, R. u Furubotn, E., (1996): Neue Institutionenökonomik. Tübingen.

Riebel, V. (1994): Outsourcing als Möglichkeit der EDV-gestützten Immobilien-Bewirtschaftung. In: Der Langfristige Kredit, 45. Jg., H. 9, S. 306 - 308.

Rodriguez, M. u. Sirmans, C. F. (1996): Managing corporate real estate: Evidence from the capital markets. In: Journal of Real Estate Literature, Vol. 4, S. 13 - 33.

Rolfes, B. (1992): Moderne Investitionsrechnung. München, Wien.

Roll, R. (1978): Ambiguity when performance is measured by the security market line. In: Journal of Finance, Vol 3, Nr. 4, S. 1051 - 1069.

Ropeter, S. - E. u. Vaaßen, N. (1998): Wirtschaftlichkeitsanalysen von Immobilien-bereitstellungsalternativen. In: Schulte, K. - W. u. Schäfers, W. (Hrsg.), Handlbuch Corporate Real Estate Management, Köln, S. 155 - 186.

Ropeter, S. E. (1998): Investitionsanalyse für Gewerbeimmobilien. Köln.

Rosen, H. S. u. Windisch, R. (1992): Finanzwissenschaft I. München, Wien.

Ross, S. (1976): The arbitrage pricing theory of capital asset pricing. In: Journal of Economic Theory, Vol. 13, Decembber, S. 341 - 360.

Rössler, R., Langner, J., Simon, J. u. Kleiber, W. (1990): Schätzung und Ermittlung von Grundstückswerten. Neuwied.

Roulac, S. E. (1986): Real estate as a strategic ressource. In: Chief Financial Officer International, ?? Jg., H. ??, S. 317 - 321.

Roulac, S. E. (1999): Real estate value chain conections: tangible and transparent. In: JoRER, Vol. 17, H. 3, S. 387 - 404.

Rowe, W. D. (1977): An anatomy of risk. New York.

Rozek, J. M. (1986): The marketing myth of the century: Location, location, location. In: Real Estate Review, 16. Jg., H. 2, S. 94 - 96.

Ruben, P. (1997): Vom Problem der ökonomischen Messung und seiner möglichen Lösungen. In: Quaas, F. u. Quass, G. (Hrsg.), Elemente zur Kritik der Werttheorie, Frankfurt, et al, S. 53 - 76.

Rüchardt, K. (1988): Zur Bewertung von Immobilien in den EG - Ländern. In: Der Langfristige Kredit, 39. Jg., S. 164 - 169.

Rüchardt, K. (1991): Bemerkungen zur Immobilienbewertung in Deutschland und Großbritannien. In: Grundstücksmarkt und Grundstückswert, 3. Jg. H. 6., S. 307 - 312.

Rückle, D. u. Klein, A. (1994): Product-Life-Cycle-Cost Management. Dellmann, K. u. Franz, K. P. (Hrsg.), Neuere Entwicklungen im Kostenmanagement, Bern et. al., S. 335 - 367.

Rudolf, B. (1979): Kapitalkosten bei unsicheren Erwartungen. Berlin.

Rudolph, B. (1986a): Klassische Kapitalkostenkonzepte zur Bestimmung des Kalkulationszinsfußes für die Investitionsrechnung. In: zfbf, 38. Jg., H. 7/8, S. 608 - 617.

Rudolph, B. (1986b): Neuere Kapitalkostenkonzepte zur Bestimmung des Kalkulationszinsfußes für die Investitionsrechnung. In: zfbf, 38. Jg., H. 10, S. 892 - 898.

Rumpf, H. (1966): Die Kostenremanenz als ein betriebswirtschaftliches Phänomen - dargestellt am Industriebetrieb. Mannheim.

Rußig, V. (1997): Bauvolumen in Westdeutschland: Wachstumsbremse trotz moderatem Trendanstieg. In: Ifo - Schnelldienst, 50. Jg., Nr. 5 - 6, S. 3 - 15.

Rußig, V. (1998): Baukonjunktur 1997/98 in Westeuropa: Wachstumsbremse trotz zunehmender Dynamik. In: ifo - Schnelldienst, 51. Jg., Nr. 3, S. 21 - 30.

Rußig, V. u. Spillner, A. (1998): Hohes Niveau, aber nur moderates Trendwachstum des westdeutschen Bauvolumens. In: Ifo - Schnelldienst, 51. Jg., Nr. 3, S. 7 - 15.

Rutherford, R. C. (1990): Sale-leaseback of corporate real estate. An empirical investigation. In: AREUEA Journal, 18. Jg., H. 4, S. 522 - 529.

Rutherford, R. C. u. Nourse, H. O. (1988): The Impact of Corporate Real Estate Unit Formation on the Parent Firm`s Value. In: JoRER, Vol. 3, Nr. 3., S. 73 - 84.

Rutherford, R. C. u. Stone, R. W. (1989): Corporate Real Estate Unit Formation: Rationale, Industry and Type of Unit. In: JoRER, Vol. 4, H. 3, S. 212 - 129.

Salway, F. (1986): Depreciation of commercial property. Reading, UK.

SAP AG (2000a): You can. It does. Delivering the business internet. Ein Firmenportrait. o. O., www. sap - ag. de/germany/pdf/cp2000_0. pdf, v. 19. 09. 2000.

SAP AG (2000b): Welcome to the wold of one-step-business: mySAP. com. o. O., www. sap - ag. de/germany/pdf/50036954. pdf, v. 19. 09. 2000.

SAP AG (2000c): Funktionen im Detail: Materialwirtschaft. o. O., www. sap - ag. de/germany/, v. 19. 09. 2000.

SAP AG (2000d): SAP Real Estate. o. O.

SAP AG (Hrsg.) (1998): Funktionen im Detail - IS-RE System R/3. Immobilienmanagement. Walldorf.

Sartor, F. J. (1997): Risikomanagement im Kreditgeschäft. Ansätze zur Risikobeurteilung und -begrenzung in der gewerblichen Immobliienfinanzierung. In: Hummel, D., et al (Hrsg.), Banken in globalen und regionalen Umbruchsituationen, Stuttgart, S. 499 - 519.

Scarrett, D. (1991): Property valuation - The five methods. London, New York.

Schaefer, C. u. Pfnür, A. (2000): Controlling des Immobilienbestands mit Realoptionen. In: Controlling, 12. Jg., H. 11, S. 539 - 544.

Schaefer, C. u. Pfnür, A. (2001): Evaluating corporate real estate with real options. In: OR Proceedings 2000, S. 188 - 195.

Schaefer, C. und Pfnür, A. (1999): Investition unter Ungewißheit am Beispiel der Bereitstellungsentscheidung immobiliarer Ressourcen. Arbeitspapier Nr. 25 - Oktober 1999 des Arbeitsbereichs Öffentliche Wirtschaft am Fachbereich Wirtschaftswissenschaften der Universität Hamburg.

Schäfer, H. B. u. Ott, C. (1995): Lehrbuch der ökonomischen Analyse des Zivilrechts. 2. Auflg., Berlin, et al.

Schäfers, W. (1996): Immobilien-Management in deutschen Industrie-, Dienstleistungs- und Handelsunternehmen. Arbeitspapier Nr. 2, Stiftungslehrstuhl Immobilienökonomie, European Business School, Oestrich - Winkel.

Schäfers, W. (1997): Strategisches Management von Unternehmensimmobilien. Köln.

Schäfers, W. (1998a): Corporate Real Estate Management. In: Schulte, K. - W. (Hrsg.), Immobilienökonomie, München, Wien, S. 813 - 868.

Schäfers, W. (1998b): Corporate Real Estate Management in deutschen Unternehmen: Ergebnisse einer empirischen Untersuchung. In: Schulte, K. - W. u. Schäfers, W. (Hrsg.), Handbuch Corporate Real Estate Management, Köln, S. 53 - 80.

Schäfers, W. (1998c): Organisatorische Ausrichtung im Immobilienmanagement. In: Schulte, K. - W. u. Schäfers, W. (Hrsg.), Handbuch Corporate Real Estate Management, Köln, S. 251 - 270.

Schäfers, W. (1998d): Strategische Ausrichtung im Immobilienmanagement. In: Schulte, K. - W. u. Schäfers, W. (Hrsg.), Handbuch Corporate Real Estate Management, Köln, S. 215 - 250.

Schäfers, W. (1999): Corporate Real Estate Management: Evidences from German Companies. In: JoRER, Vol. 17, H. 3, S. 301 - 320.

Schall, L. D. (1987): Analytic issues in lease vs. Purchase decisions. In: Financial Management, Vol. 16, Nr. 2, S. 17 - 20.

Scharpenack, F., Nack, U. u. Haub, C. (1997): Immobilien - Aktiengesellschaften. In: Schulte, K. - W., Bone - Winkel, S. u. Thomas, M. (Hrsg.), Handbuch Immobilien - Investition, Köln, _S. 655 - 690.

Scheer, A. W. (1991): Konsequenzen für die Betriebswirtschaftslehre aus der Entwicklung der Informations- und Kommunikationstechnologie. In: Heinrich, L., et al (Hrsg.), Die Informationswirtschaft im Unternehmen, Linz, S. 37 - 60.

Scheer, A. W. (1997): Wirtschaftsinformatik : Referenzmodelle für industrielle Geschäftsprozesse. 7. Auflg., Berlin, et al.

Scheffler, E. (1995): Corporate Governance - Editoral. In: SzU, Bd. 56, Wiesbaden.

Schefold, B. (1997): Wert und Preis im historischen Kontext. In: Quaas, F. u. Quass, G. (Hrsg.), Elemente zur Kritik der Werttheorie, Frankfurt, et al, S. 77 - 112.

Schenk, K. E. (1992): Die neue Institutionenökonomie -Ein Überblick über wichtige Elemente und Probleme der Weiterentwicklung. In: ZWS, 112. Jg., H. 3, S. 337 - 378.

Scheuch, F. (1987): Das Schaufenster als Marketinginstrument. In: der markt, Zeitschrift für Absatzwirtschaft und Marketing, Nr. 101, 26. Jg., S. 1 - 6.

Schlag, A. (1995): Innovative Formen der Kapitalanlage in Immobilien: Möglichkeiten und Perspektiven der Beteiligung privater Anleger an Grundstücksvermögen. Kiel.

Schlemminger, H. (1996): Altlasten. In: Usinger, W. (Hrsg.), Immobilienrecht und - steuern, Köln, S. 555 - 596.

Schmalen, H. (1985): Schaufensterwerbung. Theoretische Betrachtung und empirische Analyse. In: DBW, 45. Jg., H. 6, S. 703 - 709.

Schmalenbach, E. (1928): Die Betriebswirtschaftslehre an der Schwelle der neuen Wirtschaftsverfassung. In: ZfhF, S. 241 ff.

Schmidt, F. (1965): Die Bestimmung des Produktionsmittel-Standortes in Industriebetrieben. Berlin.
Schmidt, H. (1997): Corporate governance in Germany. Baden Baden.
Schmoigl, R. (1998): Energie- und Umweltmanagement von Gebäuden. In: Schulte, K. - W. u. Schäfers, W. (Hrsg.), Handbuch Corporate Real Estate Management, Köln, S. 345 - 376.
Schneeweiß, C. (1992): Planung. Berlin, et al.
Schneider, D. (1996): Investition, Finanzierung und Besteuerung. 6. Auflg., Wiesbaden.
Schneider, F. (1991): Corporate-Identity-orientierte Unternehmenspolitik. Heidelberg.
Schneider, H. - J. (1996): Städtebaurecht. In: Usinger, W. (Hrsg.), Immobilien - Recht und Steuern, Köln, S. 841 - 906.
Schneider, H. (1994): Facility Management und Kostensteuerung. In: Beschaffung aktuell, H. 5, S. 32 - 34.
Schneider, H. (1995): Outsourcing als neue Zauberformel. In: Beschaffung aktuell, H. 3, S. 28 - 31.
Schneider, H. (1996): Outsourcing von Gebäude- und Verwaltungsdiensten. Stuttgart.
Schneider, R. u. Gentz, M. (1997): Intelligent Office. Köln.
Schneider, R. u. Gentz, M. (1998): Das Intelligent Office als ganzheitlicher Lösungsansatz für das Corporate Real Estate Management. In: Schulte, K. - W. u. Schäfers, W. (Hrsg.), Handbuch Corporate Real Estate Management, Köln, S. 773 - 818.
Schnell, R, Hill, B. u. Esser, E. (1995): Methoden der empirischen Sozialforschung. 5. Auflg., München, Wien.
Schnermann, J. (1992): Projektentwicklung für Gewerbe-Immobilien. In: Falk, B. (Hrsg.), Gewerbeimmobilien, 5. Auflg., Landsberg, S. 279 - 310.
Schnurr, W. (1994): Real Estate Investment Trusts. In: Der Langfristige Kredit, 45. Jg., H. 20, S. 680 - 682.
Schnutenhaus, O. R. (1952): Allgemeine Organisationslehre. Berlin.
Schöck, T. A. H. (1997): Facility Management - Privatwirtschaftliche Wege der öffentlichen Hand am Beispiel eines Univesitätsgebäudes. In: Wissenschaftsmanagement, 3. Jg., H. Mai/Juni, S. 145 - 150.
Schöpe, B. (2000): Immobilienfinanzierung. Köln.
Schrammen, B. (1988): Zusammenhang zwischen sich wandelnden Bedingungen der Büroarbeit und dem Büroarbeitsplatz. Aachen.
Schub, A. u. Stark, K. (1985): Life Cycle Cost von Bauprojekten. Köln.
Schuck, E. J. u. Brown, G. R. (1997): Value weighting and real estate portfolio risk. In: Journal of Property Research, Vol. 14, Nr. 3, S. 169 - 188.
Schulte - Althoff, M. (1992): Projektfinanzierung - Ein kooperatives Finanzierungsverfahren aus Sicht der Anreiz - Beitrags - Theorie und der Neuen Institutionenökonomik. Münster, et al.
Schulte, F. - J. (1997): Immobilien - Management einer Kommune. In: der städtetag, 50. Jg., H. 9, S. 609 - 611.
Schulte, K. - W. (1998): Shareholder Value. In: FAZ v. 17. Juli 1998, Nr. 163, S. 41.
Schulte, K. - W. (Hrsg.) (1996): Handbuch Immobilien Projektentwicklung. Köln.
Schulte, K. - W. (Hrsg.) (1998): Immobilienökonomie. Bd. I Betriebswirtschaftliche Grundlagen. München, Wien.
Schulte, K. - W. u. Hupach, I. (1998): Bedeutung der Immobilienwirtschaft. In: Schulte, K. - W. (Hrsg.), Immobilienökonomie, München, Wien, S. 3 - 12.

Schulte, K. - W. u. Schäfers, W. (1998): Einführung in das Corporate Real Estate Management. In: Schulte, K. - W. u. Schäfers, W. (Hrsg.), Corporate Real Estate Management, München, S. 25 - 52.

Schulte, K. - W. u. Schäfers, W. (1998): Immobilienökonomie als wissenschaftliche Disziplin. In: Schulte, K. - W. (Hrsg.), Immobilienökonomie, München, Wien, S. 97 - 116.

Schulte, K. - W. u. Schulte - Daxbök, G. (1998): Aus- und Weiterbildung für Immobilienberufe. In: Schulte, K. - W. (Hrsg.), Immobilienökonomie, München, Wien, S. 81 - 96.

Schulte, K. - W. u. Walbröhl, V. (1996): Bauwirtschaft in der Betriebswirtschaftslehre. In: Gesellschaft zur Förderung des Deutschen Baugewerbes mbH (Hrsg.), Baubetriebswirtschaft in Theorie und Praxis, Bonn, S. 7 - 32.

Schulte, K. - W., Allendorf, G. J. u. Ropeter, S. - E. (1998): Immobilieninvestition. In: Schulte, K. - W. (Hrsg.), Immobilienökonomie, München, Wien, S. 507 - 580.

Schulte, K. - W., Brade, K. u. Haub, C. (1998): Planung und Kontrolle in Immobilienunternehmen. In: Schulte, K. - W. (Hrsg.), Immobilienökonomie, München, Wien, S. 647 - 686.

Schulte, K. - W., et al (Hrsg.) (1998): Handbuch Immobilien - Investition. Köln.

Schulte, K. - W., et. al. (1998): Immobilienfinanzierung. In: Schulte, K. - W. (Hrsg.), Immobilienökonomie, München, Wien, S. 449 - 506.

Schulte, K. - W., Schäfers, W. (Hrsg.) (1998): Handbuch Corporate Real Estate Management. Köln.

Schulte, K. - W., Schäfers, W. u. Hoberg, W. (1998): Betrachtungsgegenstand der Immobilienökonomie. In: Schulte, K. - W. (Hrsg.), Immobilienökonomie, München, Wien, S. 13 - 80.

Schulte, K. - W., Schulz, T. u. Nack, U. (1998): Immobilien - Rechnungslegung. In: Schulte, K. - W. (Hrsg.), Immobilienökonomie, München, Wien, S. 739 - 762.

Schütz, B. (1991): Kennziffernmodell zur Beurteilung von Immobilieninvestitionen. Chur/CH.

Schwanzer, B. (1986): Die Bedeutung der Architektur für die Corporate Identitiy eines Unternehmens. Eime empirische Untersuchung von Geschäften und Bankfilialen. 2. Auflg., Wien.

Schwanzer, B. (1988): Die Erlebniswelt von Geschäften und Schaufenstern. Die Werbewirksamkeit der Architektur, dargestellt anhand von empirischen Untersuchungen. Wien.

Schwarz, S. (1985): Kommunales Immobilien-Leasing: eine Analyse zur Steigerung der Effizienz in der öffentlichen Verwaltung und Entlastung des Gemeindehaushalts unter Berücksichtung des gemeindlichen Haushaltsrechts. Thun.

Schwarze, J. (1991): Informationsmanagement als Voraussetzung für ein erfolgreiches Facility Management. In:ZfP, Bd. 2, H. 3, S. 209 - 229.

Schwarze, J. (1998): Informationsmanagement als Voraussetzung für ein erfolgreiches Immobilienmanagement. In: Schulte, K. - W. u. Schäfers, W. (Hrsg.), Handbuch Corporate Real Estate Management, Köln, S. 83 - 115.

Schweizer, W. (1990): Der Planungs- und Bauprozeß als kybernetisches System: Strukturen der Bauwirtschaft - gemessen am lebensfähigen System. Frankfurt a. M.

Seifert, F. (1998): Was ist Facility Management. In: Lochmann: H. - D. u. Köllgen, R. (Hrsg.), Facility Management: Strategisches Immobilienmanagement in der Praxis, Wiesbaden, S. 23 - 30.

Seldin, M. u. Boykin, J. H. (Hrsg.) (1990): The real estate handbook. 2. Auflg., Homewood.

Shapeley, L. S. (1954): A value for n - person games. In: Kuhn, H. u. Tucker, A. W. (Hrsg.), Contributions to the Theory of Games, Vol II., Princeton, S. 307 - 317.
Sharpe, F. und Gordon, G. J. (1989): Investments. Englewood Cliffs.
Sharpe, W. F. (1963): A simplified model for portfolio analysis. In: Management Science, Vol. 9, January, S. 277 - 293.
Shilton, L. u. Stanley, C. (1999): Spatial patterns of headquarters. In: JoRER, Vol. 17, Nr. 3, S. 341 - 364.
Sieben, G., et al (Hrsg.) (1997): Shareholder value. In: BFuP, 49. Jg., H. 5.
Sieverts, E. (1980): Bürohaus- und Verwaltungsbau. Stuttgart.
Silverman, R. A. (Hrsg.) (1987): Corporate real estate handbook. New York, et al.
Simon, H. A. (1957): Administrative behaviour. 2. Auflg., New York, London.
Simon, J. u. Kleiber, W. (1996): Schätzung und Ermittlung von Grundstückswerten. 7. Auflg., Neuwied.
Simon, J., Cors, K. u. Troll., M. (1993): Handbuch der Grundstückswertermittlung. 3. Auflg., München.
Sirmans, C. F. u. Fisher, J. D. (1993): Real estate in multi-asset portfolios: A review of the literature. Pension Real Estate Association, Glastonbury, CT.
Sirmans, C. F., Jaffe, A. (1985): The complete real estate investment handbook. 3. Auflg., Englewood Cliffs.
Sirmans, G. S. u. Sirmans, C. F. (1987): The historical perspective of real estate returns. And a comrehensive review of the literature. In: Journal of Portfolio Management, Spring.
Slovin, M. B., Sushka, M. E. u. Polonchek, J. A. (1990): Corporate sale-and-leaseback and shareholder wealth. In: Journal of Finance, Vol 45., Nr. 1, S. 289 - 299.
Smith, C. W. u. Wakeman, L. M. (1985): Determinants of corporate leasing policy. In: Journal of Finance, Vol. 40, H. 3, S. 895 - 908.
Sobotka, S. (1992): Der neue Teilamortisationserlaß im Immobilien-Leasing. In: BB, 47. Jg., H. 12, S. 827 - 832.
Spencer - Jones, J. (1998): Revitalisierung der Docklands in London. In: Westdeutsche Immobilienholding (Hrsg.), Industrie - und Brachflächenreaktivierung, Marktbericht VI, Düsseldorf, S. 101 - 121.
Spreman, K. (1990): Asymmetrische Information. In: ZfB, 60. Jg., H. 5/6, S. 561 - 586.
Spremann, K. (1991): Investition und Finanzierung. 4. Auflg., München, Wien.
Städtler, A. (1996): Leasing in Deutschland. Ifo - Schnelldienst 49. Jg., Nr. 1/2, S. 3 - 11.
Stahlknecht, P. u. Hasenkamp, U. (1997): Wirtschaftsinformatik. 8. Auflg., Berlin, et al.
Statistisches Bundesamt Deutschland (1998): Basisdaten - Statistische Grundzahlen. Amtliche Statistik. http://www. statistik - bund. de/basis/bd_ueber. htm, v. 01. 04. 1999.
Staudt, E., Kriegesmann, B. u. Thomzik, M. (1999): Facility Management: der Kampf um Marktanteile beginnt. Frankfurt.
Steele, K. D. (1990): A "backdoor" approach to highest and best use analysis. In: The Appraisal Journal, 58 J. g, S. 314 - 323.
Steger, J. (1999): Kosten- und Leistungsrechnung. 2. Auflg., München, Wien.
Steiner, M. u. Bruns, C. (1998): Wertpapiermanagement. 6. Auflg., Stuttgart.
Steiner, M. u. Kleeberg, J. (1991): Zum Problem der Indexauswahl im Rahmen der wissenschaftlich - empirischen Anwendung des Capital Asset Pricing Model. In: DBW, 51. Jg., H. 2, S. 171 - 182.

Steinle, C., Bruch, H. u. Unruhe, A. (1995): Grenzenlose Unternehmen - Virtuelle Realität der Unternehmenspraxis? In: Management Zeitschrift, 64. Jg., H. 12, S. 27 - 29.

Steinmann, H. (1969): Das Großunternehmen im Interessenkonflikt. Stuttgart.

Steinmann, H. u Schreyögg, G. (1993): Management. Wiesbaden.

Stemmler, U. (1991): Ansätze zur stärkeren Einbindung räumlicher Aspekte in die betriebliche Standortplanung. Frankfurt.

Stephan, A. H. (1994): Immobilien - Leasing in rezessiven Zeiten. In: DStR, H. 33, S. 1205 - 1208.

Stich, R. (1996): Öffentliches Planungs- und Baurecht. In: Schulte, K. - W. (Hrsg.)., Handbuch Immobilienprojektentwicklung, Köln, S. 245 - 300.

Stigler, G. J. (1961): The economics of information. In: Journal of Political Economy, 69. Jg., S. 213 - 225.

Stiglitz, J. E. u. Weiss, A., (1981): Credit rationing in markets with imperfect information. In: American Economic Review, 71. Jg., S. 393 - 410.

Stinner, J. (1993): Immobilien-Leasing für kommunale Investitionen. In: Die Sparkasse, 109. Jg., H. 3, S. 136 - 138.

Stonebraker, M. u. Moore, D. (1999): Objektrelationale Datenbanken. München, et al.

Streitferdt, L. (1973): Grundlagen und Probleme der betriebswirtschaftlichen Risikotheorie. Wiesbaden.

Streitferdt, L. (1993): Kostenmanagement. In: Chmielewicz, K. u. Schweitzer, M. (Hrsg.), Handwörterbuch des Rechnungswesens, Stuttgart, S. 1215 - 1227.

Strohmann, K. W. (1998): Fallstudie Douglas Holding AG. In: Schulte, K. - W. u. Schäfers, W. (Hrsg.), Handbuch Corporate Real Estate Management, Köln, S. 703 - 727.

Strube, E. (1936): Kostenremanenz und Beschäftigungsschwankungen. In:Zeitschrift für handelswissenschaftliche Forschung (zfhF), 30. Jg., S. 505 - 524.

Stuecklin, W. u. Beretitsch, S. (1998): Fallstudie ABB Grundbesitz GmbH & Co. OHG. In: Schulte, K. - W. u. Schäfers, W. (Hrsg.), Handbuch Corporate Real Estate Management, Köln, S. 525 - 550.

Stumpf, E. (1995): Beurteilung des kommunalen Immobilien-Leasing unter Anwendung des Transaktionskostenansatzes. In: Mitteilungen und Berichte des Forschungsinstituts für Leasing an der Universität zu Köln, Nr. 19.

Sturm, G. (1970): Mehrstufige Entscheidungen unte Ungewißheit - zur Theorie adaptiver Prozesse. Meisenheim a. G.

Tacke, H. R. (1995): Konzeptionelle Gestaltung und Struktur eines Leasing- Fonds. In: DB, Beilage 6/95 zu H. 19, S. 5 - 11.

Tacke, H. R. (1999): Leasing. 3. Aufl. Stuttgart.

Teichroew, D., Robichek, A. A. u. Montalbano, M. (1965): An analysis of criteria for investment and financing decisions under certainty. In: Management Science, Vol. 11, H. 3, S. 395 - 403.

Teoh, W. K. (1993): Corporate real estate asset management: The New Zealand evidence. In: JoRER, Vol. 8., H. 4, S. 607 - 623.

Tesch, P. (1980): Bestimmungsgründe des internationalen Handels und der Direktinvestition. Berlin.

Thiele - Mühlhan, I. (1996): Der Grundstückskauf (einschließlich Erwerb durch freiwillige Versteigerung). In: Usinger, W. (Hrsg.), Immobilien - Recht und Steuern, Köln, S. 219 - 258.

Thomas, M. (1995): Immobilienwertbegriffe in Deutschland und Großbritannien. In: Die Bank, o. Jg., H. 4, S. 263 - 268.

Thomas, M. (1997): Die Entwicklung eines Performanceindexes für den deutschen Immobilienmarkt. Köln.

Thomas, M., Leopoldsberger, G. u. Walbröhl, V. (1998): Immobilienbewertung. In: Schulte, K. - W. (Hrsg.), Immobilienökonomie, München, Wien, S. 381 - 448.

Tiemann, H. J. (1997): Geschlossene Immobilienfonds. In: Schulte, K. - W., Bone - Winkel, S. u. Thomas, M. (Hrsg.), Handbuch Immobilien - Investition, Köln, S. 595 - 620.

Titman, S. (1985): Urban land prices under uncertainty. In: American Economic Review, 75. Jg., H. 3, S. 505 - 514.

Titzrath, A. (1997): Corporate Governance: Vertragen sich die deutsche Unternehmensverfassung und das Shareholder Value-Prinzip? In: ZfB, 67. Jg., Erg. - H. 4, S. 31 - 41.

Tompson, B. u. Hills, M. (1999): Wired up for extra value. In: JoRER, Vol. 17, H. 1/2, S. 245 - 255.

Tregoe, B. B. u. Zimmerman, J. W. (1980): Top management strategy: What it is and how to make it work. New York.

Trigeorgis, L. (1993): The nature of options and the valuation of investments with multiple real options. In: Journal of Financial and Quantitative Analysis, Vol. 2, No. 1, S. 1 - 20.

Trigeorgis, L. (1999): Options in capital budgeting: managerial flexibility and strategiy in resource allocation. Cambridge, MA.

Tytko, D. (1999): Grundlagen der Projektfinanzierung. Stuttgart.

Uhlir, H. u. Steiner, P. (1986): Wertpapieranalyse. Heidelberg, et al.

Uphoff, H. (1978): Bestimmung des optimalen Standortes mit Hilfe der Profilmethode. Berlin.

Usinger, W. (1996): Rechtliche Probleme bei Kauf- und Gewerbemietverträgen für Entwicklungsobjkete. In: Schulte, K. - W. (Hrsg.), Handbuch Immobilienprojektentwicklung, Köln, S. 321 - 358.

Usinger, W. (Hrsg.) (1996): Immobilien - Recht und Steuern. Köln.

van Horne, J. C. (1998): Financial management and policy. 11. Auflg., Englewood Cliffs.

Veale, P. R. (1989): Managing corporate real estate assets. Current executive attitutes and prospects for an emergent discipline. In: JoRER, Vol. 4, Nr. 3, S. 1 - 22.

Verband öffentlicher Banken (Hrsg.) (1994): Facility Management - Optimierung der internen Betriebswirtschaft. Bonn.

Verlag Hoppenstedt (1997): Handbuch der Großunternehmen. Darmstadt et al.

Verlag Hoppenstedt (1997): Versicherungsjahrbuch. Darmstadt et al.

Vogels, M. (1996): Grundstücks- und Gebäudebewertung - marktgerecht. 5. Auflg., Wiesbaden, Berlin.

Volhard, R., Weber, D. u. Usinger, W. (Hrsg.) (1998): Real property in Germany. Legal and tax aspects of development and investment. 5 Auflg., Frankfurt a. M.

von Jürgensonn, I. (1997): Strategische Optionen für das Corporate Real Estate Management -Beiträge zum Shareholder Value-Management. Wien.

von Jürgensonn, I. u. Schäfers, W. (1998): Ansätze zur Shareholder Value - Analyse im Corporate Real Estate Management. In: Schulte, K. - W. u. Schäfers, W. (Hrsg.), Handbuch Corporate Real Estate Management, Köln, S. 819 - 856.

von Kalckstein, A. (1997): Immobilien als Teil der Portfolioentscheidung privater Anleger. Konstanz.

von Thünen, J. H. (1826): Der isolierte Staat in Beziehung auf Landwirtschaft und Nationalökonomie. Hamburg.

Vossen, G. (1999): Datenbankmodelle, Datenbanksprachen und Datenbankmanagement-Systeme. 3. Auflg., München, et al.

Wagle, B. (1967): A statistical analysis fo risk in capital investment projects. Operations Reseach Quarterly, Vol. 18, S. 13 - 33.

Wagner, K. - R. (1995): Schwierigkeiten bei der Konzeption von Leasing - Fonds. In: DStR, H. 30, S. 1153 - 1158.

Walton, D. (1993): Picking up pieces: Opportunities in corporate outsourcing. In: Journal of Property Management, 58. Jg., H. ?, S. 26 - 29.

Wang, K., Chan, S. H. u. Gau, G. W. (1992): Initial public offerings of equity securities: Anormalous evidence using REITs. In: Journal of Financial Economics, 31. Jg., H. 3, S. 381 - 410.

Wäscher, G. (1982): Innerbetriebliche Standortwahl. Wiesbaden.

Webb, J. R. (1984): Real estate investment acquisition rules for life insurance companies and pension funds: A survey. In: AREUEA Journal, Vol. 12, Winter, S. 495 - 520.

Webb, J. R. (1990): On the exclusion of real estate from the market portfolio. In: Journal of Portfolio Management, 17 Jg., H. 1, Fall, S. 78 - 84.

Webb, J. R. u. McIntosh, W. (1986): Real estate investment acquisition rules for REITs: A survey. In: JoRER, Vol. 1, H. 1, S. 77 - 91.

Weber, A. (1922): Über den Standort der Industrien. 2. Auflg., Tübingen.

Weber, A. (1998): Instrumente und Grenzen des Umgebungsschutzes bei Baudenkmälern. Köln.

Weber, K. - H. (1992): Miet- und Pachtrecht bei Gewerbeimmobilien. In: Falk, B. (Hrsg.), Gewerbeimmobilien, 5. Auflg., Landsberg, S. 673 - 702.

Weber, R. (1991): Qualitative Standortanforderungen neuer Produktionstechniken. In: Schriftenreihe des Institut für Landes - und Stadtentwicklungsforschung des Landes Nordrhein - Westfalen(ILS), Bd. 58, Neue Fabrikkonzepte und gewerblicher Flächenbedarf, Dortmund, S. 36 - 50.

Weber, R. (1994): Immobilien-Leasing - Immer attraktiver für den Mittelstand. In: BB, 49. Jg., H. 12, Beilage S. 6 - 8.

Weimer, A. M. (1966): Real estate decisions are different. In: HBR, 44. Jg. ; H. 6, S. 105 - 112.

Weingartner, H. M. (1987): Rejoinder: Leasing, asset lives and uncertainty. In: Financial Management, Vol. 16, H. 2, S. 21 - 23.

Werner, H. S. u. Machunsky, J. (1993): Immobilienfonds und Erwerbermodelle. Haftung bei steuerbegünstigten Kapitalanlagen. 2. Auflg., Neuwied, et al.

Westdeutsche Immobilien Holding (Hrsg.) (1998): Industrie- und Brachflächen-reaktivierung - Herausforderung und Chance für die Stadtentwicklung und Immobilienwirtschaft. Düsseldorf.

Weston, J. F. u. Copeland, T. E. (1992): Managerial finance. 9. Auflg., Fort Worth, et al.

Wharton, F. (1992): Risk management: Basic concepts and general principles. In: Ansell, J. u. Wharton, F. (Hrsg.), Risk - Analysis, Asessment and Management, Chichester, S. 1 - 14.

Wieling, H. - J. (1992): Sachenrecht. Berlin, et al.

Wild, J. (1971): Zur Problematik der Nutzenbewertung von Informationen. In: ZfB, 41. Jg., H. 5, S. 315 - 334.

Wiley, R. J. (1976): Real estate investment analysis: an empirical study. In: Apparaisal Journal, Vol. 44, October, S. 586 - 592.

Will, A., Buhl, H. - U. u. Weinhardt, C. (1993): Immobilienleasing und Steuern im Allfinanz - Kontext. In: ZfB, 63. Jg., H. 9, S. 933 - 959.

Williams, J. E. (1995): Real estate portfolio diversification by sources of return. In: Alternative ideas in real estate investment, A. L. Schwartz/S. D. Kapplin (Hrsg.), Boston, et al, S. 99 - 111.

Williams, J. T. (1997): Redevelopment of real assets. In: Real estate economics, Vol. 25, Nr. 3, S. 387 - 407.

Williamson, O. E. (1975): Markets and hierarchies: Analysis and antitrust impilcations. A study in economics of internal organization. New York.

Williamson, O. E. (1990): Die ökonomische Institution des Kapitalismus: Unternehmen, Märkte und Kooperationen. Tübingen.

Windsperger, J. (1996): Transaktionskostenansatz der Entstehung der Unternehmensorganisation. Heidelberg.

Wit, D. P. M. de (1996): Real estate portfolio management practises of pension funds and insurence companies in the Netherlands: a survey. In: JoRER, Vol. 11, Nr. 2, S. 131 - 148.

Wittmann, W. (1959): Unternehmung und unvollkommene Information. Köln.

Wörn, T. (1997): Die Beurteilung von Immobilienleasing durch Kommunen. Hamburg.

Wurtzebach, C. H. (1991): Assembling an equity real estate portfolio. In: Bruce, B. R. (ed.), Real - estate - portfolio - management, Chicago, S. 21 - 28.

Wurtzebach, C. H., Miles, M. E. (1995): Modern real estate. 5. Auflg., New York, et al.

Yavas, A. u. Yang, S. (1995): The strategic role of listing price in marketing real estate: Theory and evidence. In: Real Estate Economics, Vol. 23, Nr. 3, S. 347 - 368.

Young, J. (1995): The information age and the potential effects on the comercial real estate market. In: SIOR Journal, Vol. 54, S. 16 - 20.

Zahn, H. (1992): Risiko des Leasinggebers und Vertragsgestaltung nach dem Immobilienerlaß vom 23. 12. 1991 (Teil I + II). In: DB, 45. Jg., H. 49, S. 2482 - 2488 u. H. 50, S. 2537 - 2540.

Zechner, A. (1951): Kostenremanenz und Betriebselastizität im Industriebetrieb. Wien.

Zeckhauser, S. u. Silverman, R. (1983): Rediscovering your company's real estate. In: HBR, 61. Jg., H. 1, S. 111 - 117.

Zerbst, R. H. u. Cambon, B. R. (1984): Historical returns on real estate investment. In: Journal of Portfolio Management, Vol. 10, Nr. 3, S. 5 - 20.

Sachverzeichnis

Agency-Beziehungen 462
Agency-Theorie 307
Alternative Use Value 75
Altlastenbearbeitung 266
Altlastenproblematik 264
Altlastenverdacht 266
Anlagenerhaltung 112
Anlagenwirtschaft 112, 143
Annuitätenmethode 343
Anspruchsgruppenkonzept 485
Arbeitsplatzanordnung 186
Arbitrage Pricing Theorie (APT) 276
Architekt 253
Asset Management 198
Aufbauorganisation 433

Bauaufsichtsbehörde 243
Bauflächen 18
Baugenehmigung 243
Baunutzungskosten 47, 327
Bauplanungs- und Bauordnungsrecht 16
Bebauungsplan 17, 263
Bedarfswert 76
Befragung 430
Beleihungswert 79, 298
Benchmarking 150
Benchmarking-Prozess 151
Benchmarks 151
Bereitstellung 219
Bereitstellungsentscheidung 124, 303
Bereitstellungsvarianten 303
Bernoulli-Prinzip 365
Besitz 219
Bestandsflexibilität 498
Betriebliche Standortlehre 111
Betriebsausfallrisiko 61
Betriebsmittel 112
Bewertungsanlässe 72
Bewertungsverfahren 83
Bewertungszweck 72
Binomial-Modell 375
Bonitätsrisiken 315
Brown'sche Bewegung 376
Bundes-Bodenschutzgesetz 264

CAD 157
Call-Center 191
Capital Asset Pricing Model (CAPM) 276
Cash Flow Debt Coverage Ratio (CDCR) 286
Cashflow-related-lending 286
Computer Aided Facility Management 116
Computer Integrated Building 116
Corporate Identity 170
Corporate Infrastructure Management 33, 121, 192
Corporate Real Estate 118
Corporate Real Estate Management 111, 118, 121
Cost-Center 417

Dauerschuldzinsen 223
DCF-Methode 95
Dematerialisierung 181
Denkmalrecht 261
Denkmalschutz 261
Desinvestitionen 322
Desinvestitionsentscheidung 130
Desk-Sharing 186
Developer 242
DIMAX 290
DIN 18960 40, 136
DIN 276 38
DIN 31051 143
Distributionspolitik 133
Diversifikation des Anlagevermögens 274

Eigenkapitalfinanzierung 284
Eigentum 219

Eigentümerfunktion 406, 421, 436, 455, 481, 487
Eigentumsentscheidung 219
Einheitswert 77
Einnahmenüberschuss 81
Elastizität 494
Environment Design 170
Erfolgsverantwortung 470
Ergebnisverantwortung 417, 471
Ersatzinvestitionen 322
Ertragswertverfahren 84, 92
Erweiterungsinvestitionen 322
Eversmann & Partner Corporate Real Estate 429
Existing Use Value 75

Facilities 113
Facilities Planning 206, 216
Facility Management 111, 113, 121
Facility-Management 442
Fehlkonzeptionsrisiko 59
Finanzierung 274
Finanzierungsformen 310
Finanzierungsinstrumente 283
Flächenallokation 14
Flächenbedarf 167
Flächenbestand 195
Flächennutzungsplan 17
Flächennutzungsplanung 196
Flächenproduktivität 178
Flächenrecycling 259
Flexibilität 456, 493, 498, 500
Flexibilitätsbildende Maßnahmen 493
forsa 429
Fremdkapitalfinanzierung 285

Gebäudeflexibilität 139
Gefährdungsabschätzung 266
GEFMA 114
Genehmigungsrisiko 59, 272, 315
Generalplaner 254
Generalübernehmer 255
Generalunternehmer 255
Geschlossene Immobilienfonds 293
Grund und Boden 7
Grundbuchgrundstück 8
Grunderwerbssteuer 76
Grunderwerbsteuer 221
Grundstück 6

Herstellungskosten 90
Highest-and-Best-Use-Konzept 92
HOAI 252
Höhenpräferenzen 365
Holdup-Situation 60
Hold-up-Situation 319
Hoteling-System 186
Hypothekarkredit 285
Hypothekenbankgesetz 79
Hypothekenpfandbrief 285
Hypothekenpfandbriefe 298

Ideallayouts 211
IFMA 114
Immobiliare Wirtschaftsgüter 13
Immobilien
  Anschaffungskosten 77
  Betriebsmittel im Leistungserstellungsprozess 11
  Kostenmanagement 134
  Kostenverursachung 38
  Nutzenmanagement 129
  Nutzenstiftung 34
  Produktionsfaktoren 27
  Risiko 55
  Umweltdimensionen 23
  Unterscheidungskriterien 10
Immobilienabteilung 409, 426, 448, 458, 465
Immobilienaktiengesellschaft 290
Immobilienbegriff 6
Immobilienbewertung 69
Immobilienbezogene Kostenrechnung 134
Immobilienentwicklung 309
Immobilienfinanzierung 274, 284
Immobilienfonds 293
Immobilieninformationssystem 154
Immobilienkapitalanlagen 275
Immobilienkosten 42
Immobilienleasing 226, 297
Immobilienmanagement 410, 463, 487, 500
  Bedeutung 435
  Handlungsfelder 123
Immobilienmarketing 129
Immobilienökonomie 13
Immobilienverantwortung 447
Immobilienvermögen 31
Immobilienwechsel 43
Inflation 333

Informationsbedarf 155
Informationssystem 156
Inhouse-Logistik 182
Innerbetriebliche Flächenplanung 207
Innerbetriebliche Standortplanung 207
Instandhaltung 143
Instandhaltungs- und Modernisierungscontrolling 144
Instandhaltungsstrategien 149
Instandhaltungszyklus 146
Instrumente des Kostenmanagements 140
Intensivierung 500
International Research Developement Council (IDRC) 33, 123
Interne-Zinssatz-Methode 347
Investitionsausgaben 326
Investitionszulagen 229
Investment-Center 417
IuK-Technologie 180

Kalkulatorische Kapitalkosten 474
Kapitalmarktorientierte Immobilienbewertung 95
Kapitalstruktur 284
Kapitalwert 82
Kapitalwertmethode 343
Kauf eines Grundstücks 220
Kaufvertrag 221
Kernkompetenzen 115
Klassische Kreditfinanzierung 297
Kommunikationspolitik 133
Kontrahierungspolitik 133
Kontrahierungszwang 422
Koordinations- und Motivationssysteme 413
Korrekturverfahren 350
Kostenbeeinflussbarkeit 46
Kosteneinflussgrößen 134
Kostenentstehung 47, 136
Kosteninformationen 141
Kostenmanagement 134
  Integrale Kostenpolitik 142
Kostenminimierung 500
Kostenremanenz 48
Kostensenkungspotenzial 143
Kostensteuerung 140
Kostenwirksamkeitsanalyse 101
Kriterien der Leistungsbeurteilung 469

Latin-Hypercube-Methode 360
Leasing 226, 296
Leasingerlasse 228
Leasinggeber 227
Leasinggesellschaften 233
Leasingnehmer 227
Leasingrate 227, 231
Leasings-Fonds 296
Leistungsverrechnung 476
Liegenschaftszins 93
Life-cycle-costing 141
Life-Cycle-Costing 48
Liquiditätsrisiko 63

Marktrisiko 65
Messen 70
Mezzanine-Finanzierung 285
Mietanpassungen 224
Mieter 224
Mieterdarlehenszahlung 231
Mietpreisgestaltung 134
Mietvertrag 223
Mietzahlungen 327
Mindestdauern der Unveränderlichkeit von Kosten (MdU) 46
Modernisierung 143
Modernisierungszyklus 146
Monte-Carlo-Simulation 360
Multikriteria-Ansatz 212
Multikriterielle Entscheidungsverfahren 304

Neue Institutionenökonomie 307
Nutzer 422
Nutzerfunktion 406, 421, 436, 449, 455, 481, 487
Nutzungsflexibilität 498
Nutzungsrisiko 61
Nutzwertanalyse 101

Off balance sheet financing 287
Open Market Value 75
Opportunitätskosten 51, 65, 67, 68, 496
Optimaler Wechselzeitpunkt 55
Optimierungskonzept 485
Optionswert 82
Organisationsberater 257
Organisationslösungen 411
Outsourcing 115, 442

Participating-Mortgage-Finanzierung 285
Planungshorizont 324, 332
Portfolio-Selektion 275
Prinzipal-Agenten-Theorie 404
Produktionsfaktoren-Systematik 29
Produktpolitik 133
Profit-Center 417, 419
Projektentwicklung 240, 251, 270, 309
Projektfinanzierung 286
Projektsteuerer 240, 253
Property-Company 169

Realkredit 297
Realoptionen 370
Realoptionen-Ansatz 100
Redevelopment 259, 270, 309
Reinvestitionsrücklage 238
REIT 279, 291
Renditeziele 421
Rentabilitätskennzahlen 346
Residualwertverfahren 94
Ressourcenansatz 35
Restwert der Immobilie 332
Revitalisierung 259
Risiko 56, 358
Risiko des Standortentzugs 63
Risiko feindlicher Übernahmen 62
Risikoanalyse 358
Risikoeinstellung 364
Risikonutzenfunktion 365
Risikopotenzial 493
Risikoprofil 363
Rohertrag 92
Royal Institution of Chartered Surveyors (RICS) 75

Sachanlagevermögen 78
Sachwertverfahren 84
Sale-and-lease-back 174
Sale-and-Lease-back-Transaktionen 279
Sale-and-lease-back-Verfahren 237
Sanierung 266
SAP R/3 163
SAP Real Estate 162
Securisation 284
Sensitivitätsanalyse 354
Sensitivitätsanalysen 350
service department problem 427
Service-Center 191
Servicepolitik 133
Shapley-Wert 427
Shareholder 278
Shareholder-Value 330, 438
Shareholder-Value-Ansatz 331
Shareholder-Value-Management 415, 428, 481
Sollzinssatzmethoden 347
Sonderabschreibungen 294
Space Planning 206
Spezifität 36, 409
Stakeholder-Ansatz 485
Standortfaktorenforschung 21
Standortfaktorentheorie 111
Standortlehre 21
Standortrisiko 58, 272
Standortwahl 111
Steuerliche Bewertung von Immobilien 75
Steuersituation 331
Steuerungssystem 433
Steuervorteile 232
Stille Reserven 280
Strategiepfad des Immobilienmanagements 503
Sunk Costs 50, 424
Sustainable Development 14
Synergieeffekte 446

Technischer Flächenbedarf 177
Telearbeit 187
Tele-Conferencing 187
Telekommunikation 180
Tornado-Diagramm 356
Totalunternehmer 255
Transaktionskosten 44, 311

Umweltverträglichkeitsprüfung 243
Umwidmung 259
Unsicherheit 56, 65, 350
Unternehmensführung 417
Unternehmensgrundsätze 169
Unternehmensimmobilien
Bilanzwert 32
Unternehmensstrategie 199

Verfügungsrechte 307, 404
Vergleichswertverfahren 84
Verhaltensrisiken 273
Verhaltensunsicherheit 60
Verkehrswert 74

Verkehrswertermittlung 84
Vermarktung von Immobilieneigentum 131
Vermieter 224
Vermögensendwertmethode 343
Verrechnungspreis 418
Verrechnungspreise 423, 472
Versicherungswert 78
Vertragsrisiken 64
VoFi-Eigenkapitalrentabilität 347
VoFi-Methode 96, 335
Vollständiger Finanzplanung (VoFi) 335

Wechselkosten 51, 68, 327
Wertänderungsrisiko 63
Wertansatz 474
Wertermittlungsverfahren 74
Wertkette 203
Wertkettenanalyse 198
Werttheorie 70
Wettbewerbsvorteile 202
Wiederbeschaffungswert 90

Zeit 65
Ziele der Immobilienabteilungen 437
Zielsystem 421, 433
Zielvereinbarungen 421, 469
Zinsbindung 299

GPSR Compliance

The European Union's (EU) General Product Safety Regulation (GPSR) is a set of rules that requires consumer products to be safe and our obligations to ensure this.

If you have any concerns about our products, you can contact us on ProductSafety@springernature.com

In case Publisher is established outside the EU, the EU authorized representative is:

Springer Nature Customer Service Center GmbH
Europaplatz 3
69115 Heidelberg, Germany

Batch number: 10815974

Printed by Printforce, the Netherlands